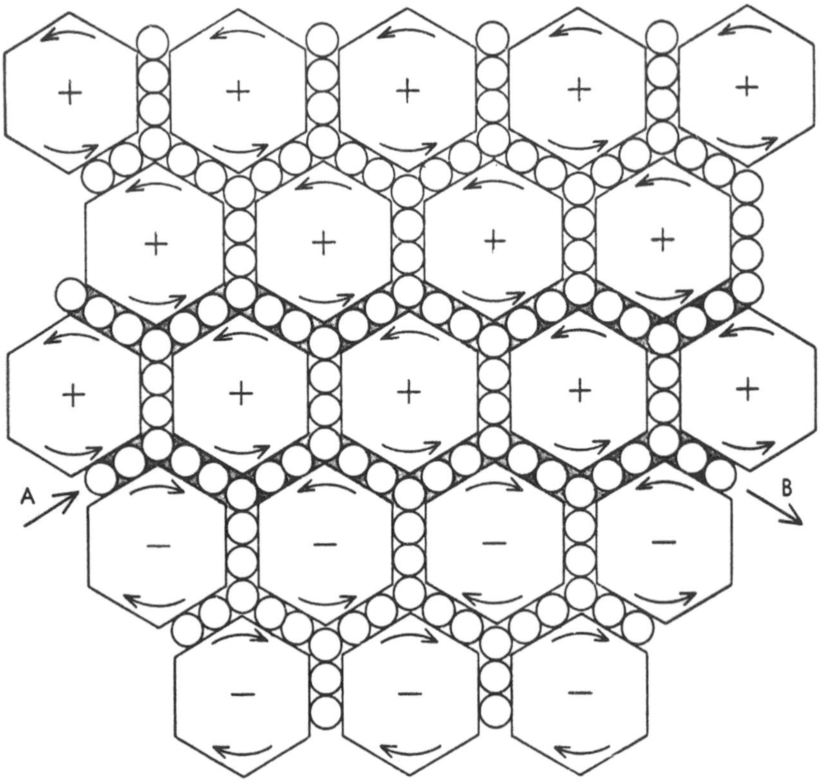

Das Maxwellsche Äthermodell ist charakteristisch für die mechanischen Theorien des Äthers, die in 19. Jahrhundert vorherrschten. Maxwell stellte sich ein Magnetfeld als eine Menge von „Molekularwirbeln“ vor, die um die Feldlinien rotieren. Ihre Rotationsgeschwindigkeit ist dabei der Feldstärke proportional. Die „Kugellager“ zwischen den Wirbeln sollen aus Ladungsteilchen bestehen. Rotieren benachbarte Molekularwirbel verschieden schnell, so kommt es zur Verschiebung der Ladungsteilchen. Dieses Modell des Elektromagnetismus lag der Herleitung der Maxwellschen Gleichungen zugrunde. Die Aufstellung der Relativitätstheorie durch Albert Einstein im Jahre 1905 setzte derartigen mechanischen Erklärungsversuchen für elektromagnetische Erscheinungen ein Ende.

Roman U. Sexl und Helmuth K. Urbantke

Relativität, Gruppen, Teilchen

Spezielle Relativitätstheorie als Grundlage der Feld- und Teilchenphysik

Dritte, neubearbeitete Auflage

Springer-Verlag Wien GmbH

Univ.-Prof. Dr. Roman U. Sexl †
Univ.-Prof. Dr. Helmuth K. Urbantke

Institut für Theoretische Physik
der Universität Wien
Wien, Österreich

ISBN 978-3-211-82355-2 ISBN 978-3-7091-2289-1 (eBook)
DOI 10.1007/978-3-7091-2289-1

Ursprünglich erschienen bei Springer Vienna 1992.

Gedruckt auf säurefreiem Papier

Mit 57 Abbildungen

Die Deutsche Bibliothek – CIP-Einheitsaufnahme

Sexl, Roman:
Relativität, Gruppen, Teilchen : spezielle Relativitätstheorie als Grundlage der Feld- und Teilchenphysik / Roman U. Sexl ; Helmuth K. Urbantke. – 3., neubearb. Aufl. – Wien ; New York : Springer,1992

NE: Urbantke, Helmuth K.:

Vorwort

Die Grundlagen der speziellen Relativitätstheorie werden heute meist in einführenden Vorlesungen über Mechanik oder Elektrodynamik gelehrt. Die Anwendungen der Theorie sind dagegen vor allem in der Teilchenphysik zu finden, wo relativistische Kinematik und die Darstellungstheorie der Lorentzgruppe eine prominente Rolle spielen. Zwischen Grundlagen und Anwendungen klafft allerdings eine weite Lücke: Die Vielzahl der in den Einführungsvorlesungen zu behandelnden Themen verbietet es, der Relativitätstheorie dort breiten Raum einzuräumen. Andererseits ist es Aufgabe der Spezialvorlesungen über Teilchenphysik, möglichst schnell zu den konkreten Rechnungen der Quantenelektrodynamik, Theorie der schwachen Wechselwirkungen etc. vorzustoßen, so daß auch dort nur wenig Zeit für die mit der Relativitätstheorie eng verknüpften Grundlagen erübrigt werden kann.

Diese Lücke zu schließen und zwischen Einführung und Anwendung zu vermitteln, ist Ziel der Vorlesung über spezielle Relativitätstheorie, die die Autoren seit einigen Jahren in Wien abhalten. Ziel der Vorlesung ist es aber auch, an Hand der Lorentzgruppe eine Einführung in die Begriffswelt der Darstellungstheorie Liescher Gruppen zu geben. Wenn wir diese Vorlesungen nun in Buchform vorlegen, so war dafür die Tatsache ausschlaggebend, daß bisher nur in der englischsprachigen Literatur einführende Werke mit verwandter Aufgabenstellung zur Verfügung stehen.

Da die experimentellen Grundlagen der Einsteinschen Theorie in anderen Lehrbüchern ausführlich dargestellt sind, haben wir uns hier nur auf ganz wenige charakteristische Experimente zur Illustration der Theorie beschränkt. Insbesondere wurde dem Michelson-Morley-Experiment weit weniger Raum zugewiesen, als dies üblicherweise geschieht. Historische Analysen der letzten Jahre haben gezeigt, daß diesem Experiment keine entscheidende Bedeutung in der Entstehungsgeschichte der Relativitätstheorie zukam. Eine kurze Einführung in diese historische Problematik wird im Abschnitt 2.10 gegeben[1]. Dieser Abschnitt wie auch diejenigen über Uhrensynchronisation und Hydrodynamik wurden in Zusammenarbeit mit Dr. R. Mansouri gestaltet, dem wir für seine Mitarbeit herzlich danken.

Bei der Behandlung der Darstellungstheorie der Lorentzgruppe nehmen mathematische Entwicklungen breiten Raum ein. Wir haben dabei heuristische Betrachtungen und die Motivierung der verwendeten Begriffe in den Vordergrund gestellt. Leider mußte auf Funktionalanalysis völlig verzichtet werden, ihre Bedeutung wird jedoch an einigen Stellen hinreichend erläutert. Die Darstellungstheorie der Lie-Gruppen läßt sich – bei ansteigender Schwierigkeit – an der räumlichen Drehgruppe, der homogenen Lorentzgruppe und der Poincaré-Gruppe gut illustrieren, wobei sich anschauliche Begriffe wie Mannigfaltigkeit, Lie-Algebren, Überlagerungsräume, Faserbündel etc. ergeben. Da diese Begriffe heute immer stärker in die mathematisch-physikalische

[1] 2.11 in der vorliegenden Auflage.

Literatur eindringen, erscheint es günstig, sie in einfachen, aber einprägsamen Situationen kennenzulernen.

Für eine gründliche Durchsicht des Manuskriptes und viele Verbesserungsvorschläge danken wir den Herren Prof. Dr. Paul Urban und Prof. Dr. Otto Nachtmann. Frau F. Wagner hat die schwierigen Schreibarbeiten rasch und exakt ausgeführt. Die Zeichnungen wurden größtenteils von Herrn H. Prossinger angefertigt.

Wesentlich für das Zustandekommen des vorliegenden Buches war auch die Unterstützung durch den „Fonds zur Förderung der wissenschaftlichen Forschung in Österreich" sowie durch die Österreichische Akademie der Wissenschaften im Rahmen des Instituts für Weltraumforschung. Die Unterstützung durch diese Organisationen hat es uns ermöglicht, die internationale Entwicklung aktiv mitzuverfolgen und in diesem Buch im Überblick darzustellen.

Wien, im September 1975

Roman U. Sexl
Helmuth K. Urbantke

Vorwort zur zweiten Auflage

Die vorliegende erweiterte Auflage wurde durch Anhänge ergänzt, in denen vor allem die relativistische Invarianz im Formalismus der Zweiten Quantisierung an einfachen Beispielen demonstriert werden soll (Anhang D). Das algebraische Kernstück dieses Formalismus wird dabei in einem Abschnitt über multilineare Algebra (Anhang B) vorbereitet, der auch einige Begriffe enthält, die bei der Behandlung der multilinearen Algebra im Text zu kurz kommen. Als Anwendungsbeispiele der hier entwickelten Techniken beschreibt Anhang C in basisfreier Weise die Theorie der Majoranaspinoren, die in letzter Zeit bei der Behandlung der Supergravitation wieder an Aktualität gewonnen haben.

Auch der Haupttext des Buches wurde an vielen Stellen durch kleine Zusätze und Ergänzungen überarbeitet, wobei selbstverständlich auch die in der ersten Auflage enthaltenen kleineren Druckfehler korrigiert wurden. Für entsprechende Hinweise danken wir vor allem den Hörern unserer Vorlesung. Die schwierigen Korrektur- und Schreibarbeiten hat wieder Frau F. Wagner mit gewohnter Sorgfalt ausgeführt.

Wir hoffen, daß das Buch auch weiterhin ein nützlicher Begleiter auf dem Weg zum Studium der relativistischen Feld- und Teilchenphysik sein kann.

Wien, im Oktober 1981

Roman U. Sexl
Helmuth K. Urbantke

Vorwort zur dritten Auflage

Prof. Roman Sexl, der Hauptmotor dieses Buchprojekts, ist im Juli 1986 verstorben. Die Verantwortung für alle Veränderungen in dieser vorliegenden Auflage liegen daher allein bei mir, wiewohl ich für zahlreiche Anregungen vor allem seitens Hörern meiner Vorlesungen, aber auch Kollegen zu danken habe. Wäre Sexl noch am Leben, würden die Veränderungen wohl zwischen mathematischem und experimentellem Material etwas balancierter erfolgt sein.

Die Entwicklung der Teilchen- und Feldtheorie der letzten Zeit hat zu einer gewaltigen Vermehrung des mathematischen Rüstzeugs der angehenden Physiker in dieser Branche geführt, ohne daß sich eine vorläufige TOE („theory of everything") abzuzeichnen beginnt. So habe ich diesmal noch der Versuchung widerstehen können, Material aus dieser Richtung (vor allem konforme Symmetrie und Supersymmetrie) aufzunehmen. Es wären ja auch nur die Anfangsgründe hiervon infrage gekommen, dem Spezialisierungswilligen stehen zahlreiche vorgeschrittene Lehrbücher dazu zur Verfügung. Besonders zu erwähnen ist aber auch das Erscheinen des monumentalen Werkes „Spinors & Space Time" von R. Penrose und W. Rindler (1984, 1986), welches mich der Aufgabe enthebt, viel ausführlicher auf die Beziehung zwischen Spinoren und Raum-Zeitgeometrie einzugehen.

Zu den heute eher im Hintergrund stehenden Grundlagenfragen der speziellen Relativitätstheorie möchte ich vor allem auf das nun in 3. Auflage erschienene Buch von P. Mittelstaedt und auf die Arbeiten von A.A. Ungar hinweisen.

Was die Veränderungen selbst betrifft, bestehen sie abgesehen von der Beseitigung einiger mir bekannt gewordener Fehler oder Unklarheiten in: 1. Vorverlegung der Zerlegung allgemeiner Lorentztransformationen ins erste Kapitel; 2. Vorverlegung der Behandlung der Thomasdrehung ins zweite Kapitel; 3. Beschreibung der Relation zwischen Drehgruppe und Lorentzgruppe als quasidirektes Produkt; 4. Verbreiterung der Diskussion des Begriffs der mehrwertigen Darstellung; 5. Skizze der Darstellungstheorie der vollen Poincaré-Gruppe mit Spiegelungen.

Die Verfahrensweise, historische oder weitergehende mathematische Bemerkungen, die beim ersten Lesen eventuell übersprungen werden können, in Kleindruck erscheinen zu lassen, wurde weiterhin angewendet. Neu ist der Übergang zur abschnitts- anstatt kapitelweisen Formelnumerierung und zur kapitelweisen Abbildungsnumerierung. Originalarbeiten sind weiterhin im Text, Buchliteratur im Verzeichnis zitiert, wobei einige in letzter Zeit erschienene und damit leicht zugängliche Werke aufgenommen werden konnten.

Die Erstellung der TEXnischen Grundlage dieser Auflage und damit auch jener für alle eventuell folgenden verdanke ich Herrn Dr. Franz Hinterleitner, der auch zahlreiche Mängel aufgespürt und beseitigt hat.

Wien, im Oktober 1991 Helmuth K. Urbantke

Inhaltsverzeichnis

Die größte Kunst im Lehr- und Weltleben besteht darin, das Problem in ein Postulat zu verwandeln, damit kommt man durch.

Goethe an Zelter, 9.8.1828

1 Die Lorentztransformation

Traditionellerweise werden zwei Postulate an die Spitze der speziellen Relativitätstheorie gestellt, aus denen alle Resultate hergeleitet werden können:

A) Das Relativitätsprinzip

B) Das Prinzip der Konstanz der Lichtgeschwindigkeit

Aus diesen Prinzipien läßt sich die Lorentztransformation auf zahlreichen mehr oder weniger elementaren Wegen herleiten, wie dies in den meisten Darstellungen der Relativitätstheorie auch geschieht. Bereits ab 1910 haben Autoren immer wieder darauf hingewiesen[1], daß das Relativitätsprinzip allein schon fast die gesamte Struktur der Theorie bestimmt und die Existenz einer (numerisch nicht festgelegten) invarianten Geschwindigkeit zur Folge hat. Die Lorentztransformation soll daher hier auf einem Weg hergeleitet werden, der die zentrale Rolle des Relativitätsprinzips berücksichtigt und die Invarianz der Lichtgeschwindigkeit mehr als Resultat denn als Postulat erscheinen läßt.

Zum Verständnis des Relativitätsprinzips ist eine genaue Analyse des Begriffs „Inertialsystem" notwendig, die zunächst vorausgeschickt werden soll.

1.1 Inertialsysteme

Eine Anzahl von Laboratorien (Abb. 1.1) soll sich selbst überlassen frei fliegen, von ihrer gegenseitigen Wechselwirkung (etwa Gravitation) sei abgesehen.

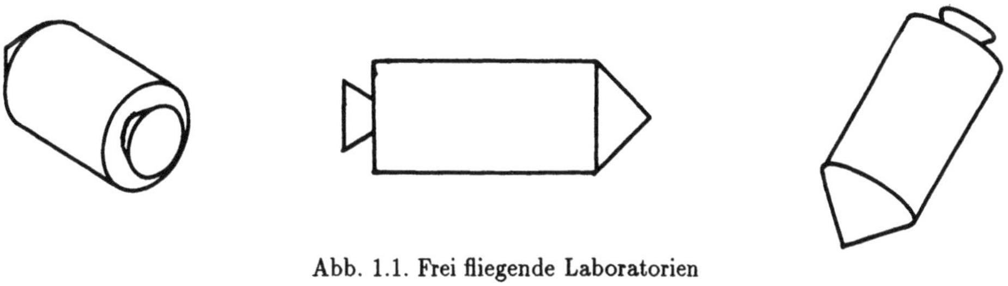

Abb. 1.1. Frei fliegende Laboratorien

In jedem dieser Labors gilt das erste Newtonsche Axiom (Trägheitsgesetz), jeder darin sich selbst überlassene Körper verharrt - vom Labor aus beurteilt - in Ruhe oder geradlinig-gleichförmiger Bewegung. Ein derartiges Labor definiert ein *Inertialsystem* I. Jedes *Ereignis* kann durch die Koordinatenwerte x, y, z in bezug auf ein mit I verbundenes rechtwinkeliges Koordinatensystem - wir beschränken uns bis auf

[1] W. v. Ignatowsky, Phys. Zeits. *11*, 927 (1910), P. Frank, H. Rothe, Ann. Physik *34*, 825 (1911); s. auch G. Süßmann, Z. Naturforsch. *24*a, 495 (1969).

weiteres auf Rechtssysteme – und durch die Anzeige t einer in I befindlichen Uhr festgelegt werden. Diese 4 Koordinaten faßt man zweckmäßigerweise in der Form $x^i = (x^0, x^1, x^2, x^3) := (t, x, y, z)$ zusammen. Dabei erscheint die Zeit – zunächst rein formal – als vierte („nullte") Koordinate.

Der Zeitablauf der Bewegung eines Massenpunktes wird in einem Inertialsystem am einfachsten in einem *Raum-Zeit-Diagramm* („graphischer Fahrplan") beschrieben, wobei es aber in der zeichnerischen Darstellung erforderlich ist, sich auf höchstens zwei Raumdimensionen zu beschränken (siehe Abb. 1.2).

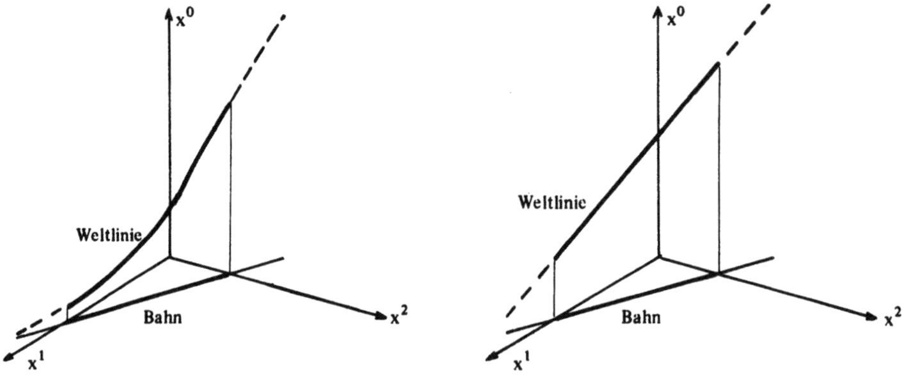

a) Weltlinie einer beschleunigten Bewegung b) geradlinig-gleichförmige Bewegung

Abb. 1.2. Raum-Zeit-Diagramme für die Bewegung eines Massenpunktes

Die *Weltlinie*, die die aufeinanderfolgenden Positionen des Massenpunktes in diesem Diagramm angibt, ist für eine geradlinig-gleichförmige Bewegung eine Gerade, wie man sich leicht überzeugt.

Unsere nächste Aufgabe ist es, die Relation zwischen verschiedenen Inertialsystemen festzustellen. Wenn I ein Inertialsystem ist, so ist erfahrungsgemäß ein dagegen

a) um $\mathbf{a}$ verschobenes[1]
b) um $\boldsymbol{\alpha}$ verdrehtes[1]
c) mit konstanter Geschwindigkeit $\mathbf{v}$ bewegtes
d) um a^0 späteres

(10 Parameter)

System $\bar{\text{I}}$ wieder ein Inertialsystem; dabei ist $\boldsymbol{\alpha}$ der Drehvektor (s. später, oder auch ein anderes zur Festlegung einer Drehung geeignetes Zahlentripel), a^0 die Verschiebung des Zeitnullpunktes. Man erhält aber *keine* neuen Inertialsysteme, wenn man etwa gegen I beschleunigte Systeme heranzieht. Transformationen von Längen- und Zeiteinheiten schließen wir aus, indem wir annehmen, es gibt beschleunigungsunempfindliche Maßstäbe und Uhren, mit deren Hilfe alle Inertialsysteme geeicht werden. (Vgl. dazu Abschnitt 2.8.)

[1] Bezeichnungs- und Sprechweise sollen andeuten, daß es sich um Operationen der dreidimensionalen *euklidischen* Geometrie handelt.

Formal wird die Relation zwischen zwei Inertialsystemen I, $\bar{\text{I}}$ dadurch beschrieben, daß für jedes Ereignis x der Zusammenhang zwischen seinen Koordinaten x^i bezüglich I und seinen Koordinaten $x^{\bar{i}}$ bezüglich $\bar{\text{I}}$ angegeben wird. Wir suchen also die Transformation

$$x^{\bar{i}} = f^i(x^k). \tag{1.1.1}$$

Die mögliche Form der Funktionen f^i wird bereits durch die Bedingung stark eingeschränkt, daß sowohl I wie $\bar{\text{I}}$ Inertialsysteme sind. Geradlinig-gleichförmige Bewegungen eines Massenpunktes in bezug auf I müssen unter der Transformation (1.1.1) in ebensolche Bewegungen in bezug auf $\bar{\text{I}}$ übergehen, gerade Weltlinien also wieder in gerade. Die Transformationen, die Gerade in Gerade überführen – wobei im Endlichen verlaufende Gerade im Endlichen verbleiben – sind bekanntlich die Affinitäten

$$x^{\bar{i}} = L^i{}_k x^k + a^i, \qquad i = 0, 1, 2, 3. \tag{1.1.2}$$

In (1.1.2) wurde die *Einsteinsche Summenkonvention* benützt, d.h., bei doppelt vorkommenden Indizes ist über deren Wertebereich (hier $k = 0, 1, 2, 3$) zu summieren. Wir werden diese Konvention auch in der Folge stets verwenden, wobei der Wertebereich kleiner lateinischer Indizes $\{0, 1, 2, 3\}$, griechischer dagegen nur $\{1, 2, 3\}$ ist.

Will man auf die globale Annahme des Verbleibens im Endlichen verzichten, da experimentell nicht die ganze Raumzeit zugänglich ist, sind projektive Transformationen möglich, und die Analyse muß das Prinzip der Konstanz der Lichtgeschwindigkeit (Abschnitt 1.4) wesentlich stärker benützen. Siehe dazu Weyl (1923).

1.2 Das Relativitätsprinzip

Wir betrachten zwei Experimente, die in gleicher Weise in den Inertialsystemen I und $\bar{\text{I}}$ ausgeführt werden, wie z.B. die Messung der Anziehung zwischen Elektron und Proton (Abb. 1.3).

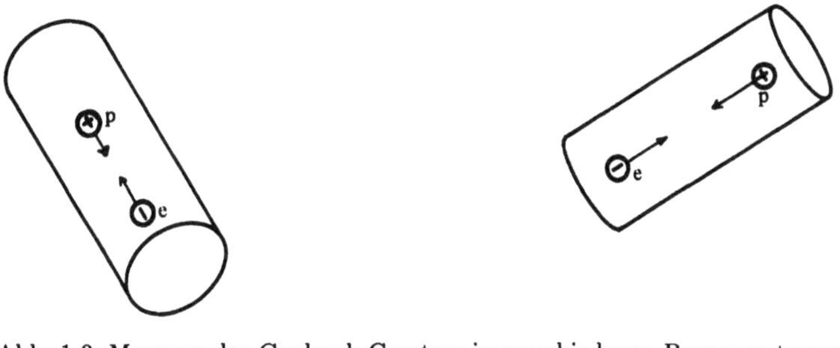

Abb. 1.3. Messung des Coulomb-Gesetzes in verschiedenen Bezugssystemen

Dabei zeigt sich, daß das Resultat dieses – und jedes anderen in I und $\bar{\text{I}}$ gleichartig aufgebauten – Experiments unabhängig vom zugrundegelegten Inertialsystem ist. Wenn Naturvorgänge unter gleichen Anfangs- und Randbedingungen in I und $\bar{\text{I}}$ zu gleichen Resultaten führen, so müssen auch die zu ihrer Beschreibung dienenden Naturgesetze so formulierbar sein, daß sie in I und $\bar{\text{I}}$ und jedem anderen Inertialsystem die gleiche Form haben. Dies drückt man formal durch die Forderung aus, daß die

Naturgesetze unter der Menge der Transformationen zwischen Inertialsystemen *kovariant* sein müssen. Das ist das ***Relativitätsprinzip***. Den Grund für diesen Namen sieht man ein, wenn man es negativ formuliert: Es gibt keine absolute Ruhe (bzw. Geschwindigkeit) in einem absoluten Raum, die sich etwa dadurch äußern würde, daß in dem absolut ruhenden System der Wert der Proton-Elektron-Anziehung einen Extremwert erreicht. Ebenso gibt es keinen ausgezeichneten Raumpunkt, keine ausgezeichnete Raumrichtung, keinen ausgezeichneten Zeitpunkt[1], es kommt daher nie auf absolute Geschwindigkeiten, Abstände, Winkel, Zeiten, sondern immer nur auf *relative* Werte dieser Größen an.

Das Relativitätsprinzip gilt auch in der Newtonschen Mechanik. Seine prominente Position im Rahmen der Relativitätstheorie verdankt es der Tatsache, daß man gegen Ende des 19. Jahrhunderts seine Gültigkeit bezweifelte, da nur durch die Einführung eines absoluten Raums, „Äther" genannt, die Vereinigung von klassischer Mechanik und Elektrodynamik möglich schien. Einstein zeigte 1905, daß der richtige Weg nicht in der Abschaffung des Relativitätsprinzips, sondern in einer Änderung der klassischen Mechanik zu suchen war.

1.3 Folgerungen aus dem Relativitätsprinzip

In diesem Abschnitt wollen wir die aus dem Relativitätsprinzip folgenden Einschränkungen der Transformation (1.1.2) herleiten. Da sich für die raum-zeitlichen Translationen a^i keine Einschränkungen ergeben, wollen wir nur die homogenen Transformationen, (1.1.2) mit $a^i = 0$, betrachten und die Translationen erst später wieder mitberücksichtigen.

Das Relativitätsprinzip hat zur Konsequenz, daß es keine absoluten Richtungen und Geschwindigkeiten gibt, so daß die Relation zwischen den Inertialsystemen I und $\bar{\text{I}}$ bzw. die Matrix $L^i{}_k$ durch den *axialen* Vektor $\boldsymbol{\alpha}$, der die relative Verdrehung der Raumachsen der beiden Inertialsysteme beschreibt, und durch den *polaren* Vektor $\mathbf{v}$ der Relativgeschwindigkeit der beiden Systeme allein ausdrückbar sein muß.

Falls $\bar{\text{I}}$ gegen I nur verdreht ist, kann $L^i{}_k$ nur aus dem Drehvektor $\boldsymbol{\alpha}$ gebildet werden. ($\boldsymbol{\alpha}$ hat die Richtung der Drehachse, als Betrag den Drehwinkel $\alpha := |\boldsymbol{\alpha}| \leq \pi$ und sei nach der üblichen Rechtsschraubenregel orientiert). (1.1.2) hat in diesem Fall die Form

$$\begin{aligned} x^{\bar{0}} &= x^0 \\ \bar{\mathbf{x}} &= \frac{\boldsymbol{\alpha}\mathbf{x}}{\alpha^2}\boldsymbol{\alpha} + \left(\mathbf{x} - \frac{\boldsymbol{\alpha}\mathbf{x}}{\alpha^2}\boldsymbol{\alpha}\right)\cos\alpha - \frac{\boldsymbol{\alpha}}{\alpha} \times \mathbf{x}\sin\alpha, \end{aligned} \tag{1.3.1}$$

d.h., $L^0_{\ 0} = 1$, $L^0_{\ \alpha} = 0 = L^\alpha_{\ 0}$, $L^\mu_{\ \nu} = R^\mu_{\ \nu}$, wo $R^\mu_{\ \nu}$ die eigentlich-orthogonale Matrix

$$R^\mu_{\ \nu} := \frac{\alpha^\mu\alpha^\nu}{\alpha^2} + \left(\delta^\mu_\nu - \frac{\alpha^\mu\alpha^\nu}{\alpha^2}\right)\cos\alpha + \frac{\sin\alpha}{\alpha}\epsilon^{\mu\nu\lambda}\alpha^\lambda \tag{1.3.2}$$

ist.

Wenn sich die beiden Inertialsysteme hingegen nur durch eine geradlinig-gleichförmige Relativbewegung unterscheiden, so steht nur $\mathbf{v}$ zur Konstruktion von $L^i{}_k$ zur

[1] Diese drei Tatsachen werden oft formuliert als Homogenität und Isotropie des Raumes, Homogenität der Zeit.

Verfügung, und die Transformation muß die Gestalt haben:

$$x^{\bar{0}} = a(v)\, x^0 + b(v)\, \mathbf{v}\,\mathbf{x} \tag{1.3.3a}$$

$$\bar{\mathbf{x}} = c(v)\,\mathbf{x} + \frac{d(v)}{v^2}\mathbf{v}\,(\mathbf{v}\,\mathbf{x}) + e(v)\,\mathbf{v}\,x^0. \tag{1.3.3b}$$

Dabei ist $\mathbf{v} = (v^1, v^2, v^3)$ die in I gemessene Geschwindigkeit von $\bar{\text{I}}$ und $v := |\mathbf{v}|$. Folgende Überlegungen führen zu (1.3.3): Zunächst müssen $L^{\bar{0}}{}_0$, $L^{\bar{0}}{}_\alpha\, x^\alpha$ Skalare sein, also $L^{\bar{0}}{}_0$ ein aus $\mathbf{v}$ zu bildender Skalar, $L^{\bar{0}}{}_0 = a(v)$, $L^{\bar{0}}{}_\alpha$ ein aus $\mathbf{v}$ zu bildender Vektor, $L^{\bar{0}}{}_\alpha = b(v)\, v^\alpha$. Ferner ist $\bar{\mathbf{x}}$ ein polarer Vektor, der aus x^0 und den polaren Vektoren $\mathbf{x}$ und $\mathbf{v}$ so zu bilden ist, daß er linear von den x^i abhängt; die einzige Möglichkeit dafür ist (1.3.3*b*).

Eine erste Einschränkung für die unbekannten Funktionen $a(v)$, $b(v)$, $c(v)$, $d(v)$ und $e(v)$ folgt aus der Bedingung, daß sich der Ursprung von $\bar{\text{I}}$ relativ zu I mit der Geschwindigkeit $\mathbf{v}$ bewegen soll. Das bedeutet, aus $\mathbf{x} = \mathbf{v}x^0$ muß $\bar{\mathbf{x}} = \mathbf{0}$ folgen, und das ist für

$$c(v) + d(v) + e(v) = 0 \tag{1.3.4}$$

der Fall.

Weitere Bedingungen für die unbekannten Funktionen folgen nun aus dem Relativitätsprinzip. Als erstes vertauschen wir die Rollen von I und $\bar{\text{I}}$. Wenn sich $\bar{\text{I}}$ gegen I mit der Geschwindigkeit $\mathbf{v}$ bewegt, so bewegt sich I gegen $\bar{\text{I}}$ mit der Geschwindigkeit $\bar{\mathbf{v}} = -\mathbf{v}$. (Diese Aussage über die Geschwindigkeits*komponenten,* häufig als *Reziprozität* bezeichnet, ist so plausibel, daß sie jahrzehntelang ohne Beweis geblieben ist; der 1969 von Berzi und Gorini gegebene Beweis findet sich als Anhang zu diesem Abschnitt.) Da die Form (1.3.3) der Relation zwischen Inertialsystemen universell sein muß, ist zu verlangen, daß die Umkehrtransformation zu (1.3.3) die Gestalt

$$\begin{aligned} x^0 &= a(\bar{v})\, x^{\bar{0}} + b(\bar{v})\, \bar{\mathbf{v}}\,\bar{\mathbf{x}} \\ \mathbf{x} &= c(\bar{v})\,\bar{\mathbf{x}} + \frac{d(\bar{v})}{\bar{v}^2}\,\bar{\mathbf{v}}\,(\bar{\mathbf{v}}\,\bar{\mathbf{x}}) + e(\bar{v})\,\bar{\mathbf{v}}\,x^{\bar{0}} \end{aligned} \tag{1.3.5}$$

hat, wobei $\bar{\mathbf{v}} = -\mathbf{v}$, $\bar{v} = v$. Setzt man (1.3.5) unter dieser Bedingung in (1.3.3) ein, so ergibt sich eine Identität nur, wenn

$$c^2 = 1, \quad a^2 - ebv^2 = 1, \quad e^2 - ebv^2 = 1, \quad e(a+e) = 0, \quad b(a+e) = 0 \tag{1.3.6}$$

gilt, wie man am besten durch Spezialisierung auf $\mathbf{v} = (v, 0, 0)$ nachrechnet.

Der Wert $c = -1$ entspräche einer in (1.3.3*b*) enthaltenen Verdrehung von $\bar{\text{I}}$ gegen I um die Achse $\mathbf{v}$ um 180° und ist hier auszuschließen. Nach der dritten Gleichung (1.3.6) ist $e \neq 0$, daher $a + e = 0$ nach der vierten Gleichung. Dadurch ist auch die fünfte erfüllt, und die zweite wird mit der dritten gleichwertig. Somit folgt

$$b = \frac{1 - a^2}{av^2}, \quad c = 1, \quad d = a - 1, \quad e = -a. \tag{1.3.7}$$

Die einzige noch unbekannte Funktion $a(v)$ ergibt sich schließlich durch Anwendung des Relativitätsprinzips auf drei Inertialsysteme I, $\bar{\text{I}}$, $\bar{\bar{\text{I}}}$, wobei $\bar{\text{I}}$ sich mit $\mathbf{v}$ gegen

I, $\bar{\bar{\mathrm{I}}}$ mit $\bar{\mathbf{w}}$ gegen $\bar{\mathrm{I}}$ bewegen soll. Sind dabei $\mathbf{v}$ und $\bar{\mathbf{w}}$ proportional, so muß die Relation zwischen $\bar{\bar{\mathrm{I}}}$ und I wieder eine reine Geschwindigkeitstransformation in der gemeinsamen Richtung von $\mathbf{v}$ und $\bar{\mathbf{w}}$ sein. (Wenn $\mathbf{v}$, $\bar{\mathbf{w}}$ nicht proportional sind, kann man noch den axialen Vektor $\mathbf{v} \times \bar{\mathbf{w}}$ bilden, so daß bei Zusammensetzung zweier beliebiger Geschwindigkeitstransformationen eine relative Verdrehung von $\bar{\bar{\mathrm{I}}}$ gegen I denkbar ist; tatsächlich hängt die in Abschnitt 2.10 betrachtete Thomaspräzession damit zusammen). Legen wir $\mathbf{v}$ und $\bar{\mathbf{w}}$ in die jeweilige 1-Richtung, so muß nach dem Gesagten das Produkt der Transformationen

$$\begin{aligned} x^{\bar{0}} &= a(v)x^0 + \frac{1-a^2(v)}{v\,a(v)}x^1 \\ x^{\bar{1}} &= a(v)\,x^1 - v\,a(v)\,x^0 \\ x^{\bar{2}} &= x^2, \quad x^{\bar{3}} = x^3 \end{aligned} \qquad \text{und} \qquad \begin{aligned} x^{\bar{\bar{0}}} &= a(\bar{w})x^{\bar{0}} + \frac{1-a^2(\bar{w})}{\bar{w}\,a(\bar{w})}x^{\bar{1}} \\ x^{\bar{\bar{1}}} &= a(\bar{w})\,x^{\bar{1}} - \bar{w}\,a(\bar{w})\,x^{\bar{0}} \\ x^{\bar{\bar{2}}} &= x^{\bar{2}}, \quad x^{\bar{\bar{3}}} = x^{\bar{3}} \end{aligned} \tag{1.3.8}$$

die Gestalt

$$\begin{aligned} x^{\bar{\bar{0}}} &= a(u)\,x^0 + \frac{1-a^2(u)}{u\,a(u)}x^1 \\ x^{\bar{\bar{1}}} &= a(u)\,x^1 - u\,a(u)\,x^0 \\ x^{\bar{\bar{2}}} &= x^2, \quad x^{\bar{\bar{3}}} = x^3 \end{aligned} \tag{1.3.9}$$

haben. Setzen wir die beiden sich durch Koeffizientenvergleich für $a(u)$ ergebenden Ausdrücke einander gleich, so erhalten wir

$$\frac{v\,a(v)}{\bar{w}\,a(\bar{w})}\left(1-a^2(\bar{w})\right) = \frac{\bar{w}\,a(\bar{w})}{v\,a(v)}\left(1-a^2(v)\right)$$

oder

$$\frac{1-a^2(v)}{v^2\,a^2(v)} = \frac{1-a^2(\bar{w})}{\bar{w}^2\,a^2(\bar{w})} = K. \tag{1.3.10}$$

Hier ist K eine für jedes beliebige Paar von Inertialsystemen gleiche, also universelle Konstante. Die Auflösung von (1.3.10) ergibt[1]

$$a(v) = (1+K\,v^2)^{-1/2}, \qquad b(v) = K\,a(v),$$

so daß für die Beziehung zwischen I und $\bar{\mathrm{I}}$ schließlich folgt:

$$\begin{aligned} x^{\bar{0}} &= a(v)(x^0 + K\,\mathbf{v}\,\mathbf{x}) \\ \bar{\mathbf{x}} &= \mathbf{x} + \frac{a(v)-1}{v^2}\,\mathbf{v}\,(\mathbf{v}\,\mathbf{x}) - a(v)\,\mathbf{v}\,x^0 \\ &\text{mit } a(v) := (1+K\,v^2)^{-1/2}. \end{aligned} \tag{1.3.11}$$

[1]Das negative Vorzeichen bei der Quadratwurzel entspräche einer Zeitumkehr und scheidet hier aus, da Uhren wie üblich in die Zukunft laufen.

Das Relativitätsprinzip legt daher die Gestalt der Transformationen zwischen Inertialsystemen völlig fest, wobei nur eine universelle Konstante K unbestimmt bleibt. Setzen wir in (1.3.11) $K = 0$, so erhalten wir die *Galileitransformation*

$$\begin{aligned} x^{\bar{0}} &= x^0 \\ \bar{\mathbf{x}} &= \mathbf{x} - \mathbf{v}\,x^0, \end{aligned} \tag{1.3.12}$$

welche bekanntlich der Newtonschen Mechanik zugrunde liegt (*„Galilei-Relativität“*).

Anhang: Geschwindigkeitsreziprozität

Wie bereits erwähnt, kann die Relation $\bar{\mathbf{v}} = -\mathbf{v}$, die zwischen der Geschwindigkeit $\mathbf{v}$ von $\bar{\mathrm{I}}$ relativ zu I und der Geschwindigkeit $\bar{\mathbf{v}}$ von I relativ zu $\bar{\mathrm{I}}$ besteht, aus dem Relativitätsprinzip gefolgert werden[1]. Dazu macht man sich erst klar, daß $\mathbf{v}$ und $\bar{\mathbf{v}}$ proportional sein müssen – andernfalls könnte die Zusammensetzung von (1.3.3) und (1.3.5) nicht die Identität liefern. Da kein Paar I, $\bar{\mathrm{I}}$ vor einem anderen ausgezeichnet ist, muß gelten

$$\bar{\mathbf{v}} = f(v)\,\mathbf{v}/v, \quad \mathbf{v} = f(\bar{v})\,\bar{\mathbf{v}}/\bar{v} \quad \text{mit } f(0) = 0.$$

Daraus schließt man zunächst auf die Funktionalgleichung

$$|f(|f(v)|)| = v$$

für die Funktion $|f(v)|$, die den – aufgrund des Relativitätsprinzips universellen – Bereich der möglichen Beträge von Relativgeschwindigkeiten zwischen Inertialsystemen umkehrbar eindeutig (wieder wegen des Relativitätsprinzips!) auf sich abbildet: $\bar{v} = |f(v)|$. Eine solche Funktion muß bekanntlich streng monoton sein und wegen $|f(0)| = 0$, $|f(v)| \geq 0$ monoton wachsend. Diese Bedingung und die obige Funktionalgleichung führen aber die Annahmen $|f(v)| > v$ und $|f(v)| < v$ sofort zu einem Widerspruch, so daß $|f(v)| = v$, $f(v) = \pm v$, $\bar{\mathbf{v}} = \pm\mathbf{v}$ folgt. Die formale Möglichkeit $\bar{\mathbf{v}} = \mathbf{v}$ (Bewegungsumkehr) führt bei Verfolgung der weiteren Prozedur dieses Abschnitts zu Transformationen mit Umkehr des Zeitsinnes, die wir aber hier ausschließen. – Es sei darauf verwiesen, daß der Artikel[1] von Berzi und Gorini auch zahlreiche Literaturangaben zur Herleitung der Lorentztransformation und kritische Bemerkungen dazu enthält.

Aufgabe

Man beweise (1.3.1)

1.4 Invarianz der Lichtgeschwindigkeit und Lorentztransformation

Die noch unbestimmte universelle Konstante K hat die Dimension eines reziproken Geschwindigkeitsquadrates. Um sie zu deuten, bemerken wir, daß für die Transformationen (1.3.11), aber auch für die Relationen (1.3.1) und für Raum-Zeit-Translationen die fundamentale Identität

$$(dx^0)^2 + K(d\mathbf{x})^2 \equiv (dx^{\bar{0}})^2 + K(d\bar{\mathbf{x}})^2 \tag{1.4.1}$$

gilt. Das hat zur Folge, daß für eine Bewegung $\mathbf{x} = \mathbf{x}(x^0)$, für die in einem Inertialsystem $(d\mathbf{x}/dx^0)^2 = -1/K$ ist, die entsprechende Relation auch in jedem anderen

[1] V. Berzi, V. Gorini, J. Math. Phys. *10*, 1518 (1969); siehe auch Artikel in Barut (1973).

Inertialsystem gilt. Folglich spielt $c := 1/\sqrt{-K}$ die Rolle einer *invarianten Geschwindigkeit.*

Ob in der Natur eine derartige invariante Geschwindigkeit existiert und welchen Wert sie hat, ist vom Experiment her zu entscheiden. Zahlreiche bekannte Versuche[1] zeigen nun, daß die Ausbreitungsgeschwindigkeit elektromagnetischer Wellen im Vakuum mit einer vom Inertialsystem bzw. Beobachter unabhängigen Geschwindigkeit

$$c = 2,997925.10^{10}\,\text{cm/sec} \tag{1.4.2}$$

erfolgt; daher ist K negativ. Wir wollen im folgenden meist Einheiten verwenden, in denen $c = 1$ ist, d.h., Geschwindigkeiten in Vielfachen von c ausdrücken. Dann ist

$$K = -1, \qquad a(v) = \frac{1}{+\sqrt{1-v^2}} =: \gamma, \qquad \frac{\gamma - 1}{v^2} \equiv \frac{\gamma^2}{\gamma + 1} \tag{1.4.3}$$

und (1.3.11) geht über in die (spezielle) *Lorentztransformation*

$$\begin{aligned} x^{\bar{0}} &= \gamma(x^0 - \mathbf{v}\,\mathbf{x}) \\ \bar{\mathbf{x}} &= \mathbf{x} + \frac{\gamma^2}{\gamma+1}\mathbf{v}\,(\mathbf{v}\,\mathbf{x}) - \gamma\,\mathbf{v}\,x^0. \end{aligned} \tag{1.4.4}$$

Wir haben in (1.4.3) ausdrücklich die positive Quadratwurzel gewählt; negatives $a(v)$ entspräche einer Umkehrung des Zeitsinnes, was bei der hier besprochenen „passiven“ Interpretation der Lorentztransformation nicht deutbar ist und daher ausgeschlossen werden soll.

Die in der Natur realisierte Relativität, bei der die Transformationen zwischen Inertialsystemen durch Raum-Zeit-Translationen, Raumdrehungen und Lorentztransformationen (1.4.4) gegeben sind, ist die *Einsteinsche Relativität.* Wir wollen in diesem Buch zeigen, welche Folgerungen sich aus ihr für die Formulierung physikalischer Gesetze ergeben.

Durch Hintereinanderanwendung der verschiedenen Transformationen obiger Art entstehen kompliziertere. Die homogenen davon wollen wir *(allgemeine) Lorentztransformationen,* die inhomogenen *Poincarétransformationen* nennen.

Aufgabe

Man verifiziere (1.4.1)

1.5 Das Linienelement

Die allgemeinen Lorentz- und Poincarétransformationen sind nicht mehr so einfach gebaut wie (1.3.1) oder (1.4.4). Wir suchen daher noch eine weitere Möglichkeit, die Transformationen zwischen Inertialsystemen zu charakterisieren. Diese ergibt sich durch Vergleich mit Situationen in der Galilei-Relativität. Wie man aus (1.3.12) entnimmt, gilt dort:

---

[1]Sie sind z.B. in French (1971) beschrieben.

1) Es gibt eine absolute Zeit t, d.h., bei Übergang von einem Inertialsystem I zu einem anderen, $\bar{\mathrm{I}}$, ist stets $dx^{\bar{0}} = dx^0 = dt$ *invariant.*

2) Der räumliche Abstand zweier gleichzeitiger Ereignisse ist unabhängig vom Inertialsystem, in dem er gemessen wird: $d\mathbf{x}^2 = d\bar{\mathbf{x}}^2$ für $dx^0 = 0$, wegen der Existenz der absoluten Zeit ist diese Gleichzeitigkeit in allen Inertialsystemen erfüllt: $dx^{\bar{0}} = 0$.

Diese beiden Eigenschaften, also die Existenz absoluter, beobachtungsunabhängiger (= invarianter) Raum- und Zeitintervalle, charakterisieren alle Transformationen der Galilei-Relativität vollständig.

In der Einstein-Relativität zeigt (1.4.4), daß $dx^{\bar{0}} \neq dx^0$. Es gibt also *keine absolute Zeit,* Zeitintervalle sind vom Beobachter (Inertialsystem) abhängig, ebenso Raumintervalle. Absolute Zeit und absoluter Raum sind hier relativiert, was zum Namen Relativitätstheorie geführt hat. Minkowski wies aber 1908 darauf hin, daß alle Poincarétransformationen analog durch ein *Invarianzprinzip* charakterisierbar sind, nämlich durch die Invarianz des vierdimensionalen *Linienelements ds,*

$$ds^2 := (dx^0)^2 - (d\mathbf{x})^2 \equiv (dx^{\bar{0}})^2 - (d\bar{\mathbf{x}})^2. \tag{1.5.1}$$

(1.5.1) entsteht aus (1.4.1) mit $K = -1$ und schreibt je zwei benachbarten Ereignissen einen Abstand zu (den Ereignissen selbst, und nicht nur ihren Bildpunkten in einem speziellen Koordinatendiagramm!). Raum und Zeit für sich allein sind nicht mehr absolut, sondern nur mehr die *Raum-Zeit* (die Menge aller Ereignisse, von Minkowski auch die „Welt“ genannt) und der auf ihr definierte Abstand (1.5.1). (Ausführlicheres dazu siehe Abschnitt 3.2.)

Zum Beweis dieser Charakterisierung, der bis zur Lektüre von Abschnitt 2.10 übergangen werden kann, ist noch umgekehrt zu zeigen, daß wirklich alle Transformationen, die ds^2 invariant lassen, tatsächlich vom Relativitätsprinzip zugelassen werden. Den Beweis der Linearität dieser Transformation schieben wir bis zur Entwicklung eines dafür effizienten Formalismus in Abschnitt 3.1 auf und führen hier nur aus, wie jede homogene Transformation dieser Art in das Produkt einer Drehung (1.3.1) und einer Geschwindigkeitstransformation (1.4.4) zerlegt werden kann[1].

Es sei also $x^{\bar{i}\prime} = L^i{}_k\, x^k$ oder, in Matrixschreibweise, $\bar{x}' = L\,x$ eine ds^2 invariant lassende linear-homogene Transformation. Spalten wir die Matrix L in der Gestalt[2]

$$L = \begin{pmatrix} \gamma & -\mathbf{a}^T \\ -\mathbf{b} & \mathrm{M} \end{pmatrix} \tag{1.5.2}$$

auf, so ergibt Einsetzen von $x' = L\,x$ in ds^2, daß γ, $\mathbf{a}$, $\mathbf{b}$, M die Relationen

$$\begin{array}{lll} \gamma^2 - \mathbf{b}^2 = 1 & \mathbf{b}^T \mathrm{M} = \gamma\, \mathbf{a}^T & \mathrm{M}^T \mathrm{M} = \mathbf{a}\,\mathbf{a}^T + \mathbf{1} \\ & (\Leftrightarrow \mathrm{M}^T \mathbf{b} = \gamma\, \mathbf{a}) & \end{array} \tag{1.5.3}$$

erfüllen müssen. Daraus folgt

$$L^{-1} = \begin{pmatrix} \gamma & \mathbf{b}^T \\ \mathbf{a} & \mathrm{M}^T \end{pmatrix}, \tag{1.5.4}$$

[1]Eventuell nach Abspaltung einer Raum- und/oder Zeitspiegelung. Von letzterer Operation müssen wir aber vorläufig absehen, da sie in der gegenwärtigen „passiven“ Interpretation der Transformationen nicht ohne weiteres sinnvoll ist.

[2]$\mathbf{a}$, $\mathbf{b}$ sind 3-zeilige Spalten, M, R, $\mathbf{1}$ sind 3×3-Matrizen, ^{T} bezeichnet Transponieren.

denn das Produkt $L^{-1} L$ ergibt mit (1.5.3) die 4×4-Einheitsmatrix E. Daraus folgt aber auch $L L^{-1} = E$ oder nach Aufspaltung

$$\gamma^2 - \mathbf{a}^2 = 1 \qquad \mathrm{M}\,\mathbf{a} = \gamma\,\mathbf{b} \qquad \mathrm{M}\,\mathrm{M}^T = \mathbf{b}\,\mathbf{b}^T + \mathbf{1}. \tag{1.5.5}$$

Aus der durch (1.5.4) gegebenen Gestalt der Umkehrtransformation $x = L^{-1}\,\bar{x}'$ ergeben sich nun für den räumlichen Ursprung $\bar{\mathbf{x}}' = \mathbf{0}$ des Bezugssystems $\bar{\mathrm{I}}'$, auf welches sich die $x^{\bar{i}'}$ beziehen, in den Koordinaten x^i die Relationen $x^0 = \gamma\, x^{\bar{0}'}$, $\mathbf{x} = \mathbf{a}\, x^{\bar{0}'}$: dieser Punkt bewegt sich also relativ zum System I, auf das sich die x^i beziehen und das inertial sei, mit der Geschwindigkeit $\mathbf{v} = \mathbf{x}/x^0 = \mathbf{a}/\gamma$, für die aufgrund der ersten der Beziehungen (1.5.5) $|\mathbf{v}| = |\mathbf{a}|\,(1 + \mathbf{a}^2)^{-1/2} < 1$ gilt.

Bezeichnen wir die Transformation (1.4.4) mit $L_{\mathbf{v}}$, so führt $L_{\mathbf{v}}$ von I zu einem Inertialsystem $\bar{\mathrm{I}}$ mit derselben Relativgeschwindigkeit gegen I wie $\bar{\mathrm{I}}'$, wenn wir $\mathbf{v} = \mathbf{a}/\gamma$ setzen. Also sollte sich L von $L_{\mathbf{v}}$ und damit $\bar{\mathrm{I}}'$ von $\bar{\mathrm{I}}$ nur um eine räumliche Verdrehung unterscheiden. Die Matrix von $L_{\mathbf{v}}$ ist

$$L_{\mathbf{v}} = \begin{pmatrix} \gamma & -\gamma\,\mathbf{v}^T \\ -\gamma\,\mathbf{v} & \mathbf{1} + \dfrac{\gamma^2}{1+\gamma}\,\mathbf{v}\,\mathbf{v}^T \end{pmatrix} = \begin{pmatrix} \gamma & -\mathbf{a}^T \\ -\mathbf{a} & \mathbf{1} + \dfrac{\mathbf{a}\,\mathbf{a}^T}{1+\gamma} \end{pmatrix}, \tag{1.5.6}$$

da γ in (1.4.4) und hier wegen (1.5.5) dieselbe Bedeutung hat, falls $\gamma > 0$. Den Fall $\gamma < 0$, bei dem die Transformation L eine Umkehrung des Zeitsinnes involviert, müssen wir bei der vorliegenden „passiven" Interpretation der Transformation (Wirkung auf Bezugssysteme) ausschließen; formal kann man ihn mitnehmen, indem man im Anschluß an die Transformation $L_{\mathbf{v}}$, in deren Definition (1.5.6) dann γ durch $|\gamma|$ und $\mathbf{a}$ durch $-\mathbf{a}$ zu ersetzen ist, noch eine Zeitspiegelung

$$T := \begin{pmatrix} -1 & \mathbf{0}^T \\ \mathbf{0} & \mathbf{1} \end{pmatrix} \tag{1.5.7}$$

einschiebt.

Die Beziehung zwischen $\bar{\mathrm{I}}'$ und $\bar{\mathrm{I}}$ ist durch $\bar{x}' = L\,x = L\,L_{\mathbf{v}}^{-1}\,\bar{x}$ gegeben, d.h. durch die Matrix $L\,L_{\mathbf{v}}^{-1}$. Benützung von $L_{\mathbf{v}}^{-1} = L_{-\mathbf{v}}$ und Ausführung der Matrixmultiplikation ergibt unter Verwendung der Relationen (1.5.5) tatsächlich

$$L\,L_{\mathbf{v}}^{-1} = \begin{pmatrix} 1 & \mathbf{0}^T \\ \mathbf{0} & \mathrm{R} \end{pmatrix} =: L_{\mathrm{R}} \qquad \text{mit} \quad \mathrm{R} := \mathrm{M} - \frac{\mathbf{b}\,\mathbf{a}^T}{1+\gamma}. \tag{1.5.8}$$

Dabei muß R eine orthogonale Matrix sein, denn die Gestalt von $L\,L_{\mathbf{v}}^{-1}$ zeigt $x^{\bar{0}'} = x^{\bar{0}}$, und aus der Invarianz von ds^2 unter L und $L_{\mathbf{v}}$ folgt $d\bar{\mathbf{x}}'^2 = d\bar{\mathbf{x}}^2$; die Orthogonalitätsrelation $\mathrm{R}^T\,\mathrm{R} = 1$ ist aber auch direkt mittels (1.5.3) nachprüfbar. Aus ihr folgt $(\det \mathrm{R})^2 = 1$, $\det \mathrm{R} = \pm 1$, und für $\det \mathrm{R} = -1$ (Drehspiegelung) ist vor dem Vergleich mit (1.2.3) zur Bestimmung des Drehvektors $\boldsymbol{\alpha}$ noch eine Raumspiegelung in $\bar{\mathrm{I}}$ oder $\bar{\mathrm{I}}'$ auszuführen, d.h. eine Transformation

$$P := \begin{pmatrix} 1 & \mathbf{0}^T \\ \mathbf{0} & -\mathbf{1} \end{pmatrix}, \tag{1.5.9}$$

die dem Übergang von einem Links- zu einem Rechtssystem entspricht. Danach ergibt sich der Drehvektor $\boldsymbol{\alpha}$ aus

$$1 + 2\cos\alpha = \mathrm{Sp}\,\mathrm{R}, \qquad \alpha^{\mu} = \frac{1}{2}\,\epsilon^{\mu\nu\lambda}\,R^{\nu}{}_{\lambda}\,\frac{\alpha}{\sin\alpha} \tag{1.5.10}$$

für $0 \leq \alpha < \pi$ und für $\alpha = \pi$ als Eigenvektor von R zum Eigenwert $+1$ mit unbestimmt bleibender Orientierung. Damit ist die gewünschte Zerlegung *eindeutig* ausgeführt und auch $\bar{\mathrm{I}}'$ als Inertialsystem erwiesen.

Zur Vermeidung von Fehlschlüssen ist es wichtig, streng festzuhalten, worauf sich die auftretenden Größen beziehen. Als Illustration lesen wir aus (1.5.4) ab, daß die Komponenten der Relativgeschwindigkeit von I gegen $\bar{\mathrm{I}}'$ durch $-\mathbf{b}/\gamma$ gegeben sind, und dies ist *kein* Widerspruch zu der in Abschnitt 1.3 diskutierten Reziprozität, da die Relation zwischen I und $\bar{\mathrm{I}}'$ auch eine Verdrehung enthält. Aus (1.5.5) folgt nämlich, daß

$$\mathrm{R}\,\mathbf{a} \equiv \mathbf{b}; \tag{1.5.11}$$

dieselbe Drehmatrix, die $\bar{\mathrm{x}}' = \mathrm{R}\,\bar{\mathrm{x}}$ leistet, liefert also die Umrechnung der die Reziprozitätsregel erfüllenden Geschwindigkeitskomponenten $-\mathbf{a}/\gamma$ von I gegen $\bar{\mathrm{I}}$ auf das System $\bar{\mathrm{I}}'$, wie es sein muß. Geht man umgekehrt von $\bar{\mathrm{I}}'$ mit einer reinen Geschwindigkeitstransformation $L_{-\mathbf{b}/\gamma}$ zu einem System I' über, so hat dieses bezüglich $\bar{\mathrm{I}}'$ dieselben Relativgeschwindigkeitskomponenten $-\mathbf{b}/\gamma$ wie I und sollte gegen I bloß verdreht sein. Man findet in völlig analoger Weise $x' = L_{-\mathbf{b}/\gamma}\,L\ x$, wobei mittels (1.5.4)

$$L_{-\mathbf{b}/\gamma}\,L = \begin{pmatrix} 1 & \mathbf{0}^T \\ \mathbf{0} & \mathrm{R} \end{pmatrix} = L_{\mathrm{R}} \tag{1.5.12}$$

mit *derselben* Matrix R wie in (1.5.8) folgt. Damit haben wir (im spiegelungsfreien Fall) die beiden alternativen, jeweils eindeutigen Zerlegungen (beachte (1.5.11)) von (1.5.2):

$$\begin{gathered} L_{\mathrm{R}\mathbf{v}}\,L_{\mathrm{R}} = L = L_{\mathrm{R}}\,L_{\mathbf{v}}, \\ \mathbf{v} = \mathbf{a}/\gamma, \qquad \mathrm{R} = \mathrm{M} - \frac{\mathbf{b}\,\mathbf{a}^T}{1+\gamma}. \end{gathered} \tag{1.5.13}$$

Als Anwendung untersuchen wir folgende Frage. Ersichtlich ist die Matrix einer reinen Geschwindigkeitstransformation (1.5.6) symmetrisch. Gilt auch die Umkehrung? Wir haben

$$L = L_{\mathrm{R}}\,L_{\mathbf{v}} \Rightarrow L^T = L_{\mathbf{v}}^T\,L_{\mathrm{R}}^T = L_{\mathbf{v}}\,L_{\mathrm{R}^T}\,;$$

soll dies mit $L = L_{\mathrm{R}\mathbf{v}}\,L_{\mathrm{R}}$ übereinstimmen, ergibt die Eindeutigkeit der Zerlegung $\mathrm{R}\,\mathbf{v} = \mathbf{v}$, $\mathrm{R} = \mathrm{R}^T\ (= \mathrm{R}^{-1})$. Ist hierbei R eigentlich-orthogonal (spiegelungsfrei), so folgt aus (1.3.2): $\sin\alpha = 0$, also $\alpha = 0$ oder $\alpha = \pi$ und damit $\mathrm{R} = \mathbf{1}$ oder $\mathrm{R} = 2\,\mathbf{n}\,\mathbf{n}^T - \mathbf{1}$ mit $|\mathbf{n}| = 1$. Für $\mathbf{v} \neq \mathbf{0}$ muß dabei $\mathbf{n} = \mathbf{v}/v$ sein, für $\mathbf{v} = \mathbf{0}$ kann $\mathbf{n}$ ein beliebiger Einheitsvektor sein. Abgesehen von reinen Geschwindigkeitstransformationen (1.4.4) kommen also noch 180°-Drehungen infrage sowie Produkte solcher Drehungen mit Geschwindigkeitstransformationen, wo die Drehachse die Richtung der Relativgeschwindigkeit hat.

Es sei darauf hingewiesen, daß statt (1.5.1) ebensogut das Negative des Ausdrucks der rechten Seite als Linienelement verwendet werden kann und in der Wahl eine Konvention vorliegt, die von Autor zu Autor verschieden ist. Die (1.5.1) entgegengesetzte Konvention ist zu empfehlen, wenn häufige Raum-Zeit-Aufspaltungen auszuführen sind, weil (1.5.1) für $dx^0 = 0$ einfach in die gewohnte Euklidische Metrik übergeht. (Vgl. diesbezügliche Bemerkungen in Abschnitt 5.9.) Die gewählte Konvention (1.5.1) ist vor allem im Zusammenhang mit dem in Kap. 8 zu besprechenden 2-Komponenten-Spinorkalkül von Vorteil.

Es seien hier auch Ansätze der letzten Zeit erwähnt, eine *physikalische* Entscheidung zwischen beiden Konventionen herbeizuführen, die auf der Nichtisomorphie der zu den beiden gehörenden Pin-Gruppen (s. dazu den Anhang von Abschnitt 9.1) beruht, welche sich bei Dirac-Spinorfeldern auswirkt, falls die Raumzeit im Großen eine von $\mathbf{R}^4$ abweichende, nicht orientierbare Struktur hat. Siehe S. Carlip, C. DeWitt-Morette, Phys. Rev. Lett. *60*, 1599 (1988) und C. DeWitt-Morette, B.S. DeWitt, Phys. Rev. D *41*, 1901 (1990).

Minkowskis geometrische Formulierung erwies sich in der Folge als sehr fruchtbar, sowohl was die Rechentechnik anlangt, als auch begrifflich. Ersteres werden wir in den späteren Kapiteln sehen; zum letzteren sei nur bemerkt, daß Einstein nur mit ihrer Hilfe über das Äquivalenzprinzip seine relativistische Gravitationstheorie, die „allgemeine Relativitätstheorie“, aufbauen konnte. Es ist historisch bemerkenswert, daß – einem Bericht Sommerfelds („Zum 70. Geburtstag A. Einsteins“, Deutsche Beiträge, Bd. III, Nr. 2. München: Nymphenburger Verlagshandlung, 1949) zufolge – Einsteins erste Reaktion auf Minkowskis Formulierung war, er verstehe nun seine eigene Theorie nicht mehr.

Aufgabe

Man zeige, daß die aus (1.5.13) folgende Relation $L_{\mathrm{R}}\, L_{\mathrm{v}}\, L_{\mathrm{R}}^{-1} = L_{\mathrm{Rv}}$ allgemein für orthogonale R gilt. Was bedeutet sie?

1.6 Michelson, Lorentz, Poincaré, Einstein

(gemeinsam mit R. Mansouri)

Die hier angegebene Herleitung der Lorentztransformation entspricht nicht der ursprünglich von Einstein 1905 benützten Argumentation. Wir wollen sie daher durch eine Skizze der historischen Entwicklung ergänzen, die auch die Rolle von Michelson, Poincaré und Lorentz berücksichtigt.

Die Messung der Bewegung der Erde durch den Äther, der für das 19. Jahrhundert unbezweifelbare Realität besaß (siehe Titelblatt), war in der letzten Dekade des 19. Jahrhunderts ein zentrales Anliegen physikalischer Forschung. Zahlreiche Experimente wurden ersonnen, und ebenso viele ad hoc-Hypothesen mußten herangezogen werden, um den negativen Ausgang der Experimente zu erklären. Die meisten dieser Experimente waren zur Messung von Effekten der Ordnung v/c (v ist die Erdgeschwindigkeit im Äther) bestimmt. H.A. Lorentz war schließlich in zwei grundlegenden Untersuchungen (der Jahre 1892 und 1895) in der Lage zu zeigen, daß eine korrekt formulierte „Elektronentheorie“ – in der die Maxwellschen Gleichungen durch Hypothesen über mikroskopische Ladungsverteilungen und deren Dynamik ergänzt werden – für alle derartigen Experimente einen negativen Ausgang vorhersagt.

In diesen Abhandlungen findet sich auch die Einführung der „lokalen Zeit“ $t' = t - (vx)/c^2$ als rechnerisches Hilfsmittel, das in ähnlicher Form bereits von Voigt 1887 in einer Untersuchung des Dopplerprinzips verwendet worden war. Die Situation vor der Jahrhundertwende wird von Lorentz

1927 (in „Conference on the Michelson-Morley-Experiment", Astrophys. J. *68*, 341 - 402 (1928)) so beschrieben: „Ich erinnere speziell der Versammlung der deutschen Gesellschaft für Naturforschung in Düsseldorf 1898, bei der zahlreiche deutsche Physiker anwesend waren, darunter Planck, W. Wien, Drude und viele andere. Wir diskutierten speziell die Frage der Effekte erster Ordnung. Einige Apparate, mit denen ein derartiger Effekt bestimmt werden könnte, wurden vorgeschlagen, aber kein Versuch einer Messung wurde je gemacht, so weit ich weiß. Die Überzeugung, daß Effekte erster Ordnung nicht existierten, wurde allmählich zu stark. Gewöhnlich lasen wir nur noch die Zusammenfassung experimenteller Arbeiten, die sich mit solchen Effekten beschäftigten. Wenn die Effekte negativ waren, fühlten wir uns sehr befriedigt".

Es war daher notwendig, auf Experimente der Ordnung $(v/c)^2$ zurückzugreifen. Für die Geschwindigkeit der Erde im Äther hatte man keine guten theoretischen Anhaltspunkte, sicher sollte sie aber von der Größenordnung der Bahngeschwindigkeit der Erde sein, so daß $(v/c)^2 \approx 10^{-8}$ sehr klein war.

Michelson hatte bereits 1882 ein Experiment vorgeschlagen und ausgeführt, das es erlauben sollte, Effekte zweiter Ordnung zu bestimmen. Sowohl 1882 als auch bei einer verbesserten Wiederholung im Jahre 1887 erwies es sich aber als unmöglich, die gesuchte Bewegung der Erde im Äther zu beobachten. Um dieses negative Resultat zu erklären, postulierten Fitzgerald und Lorentz 1892, daß sich die Länge eines durch den Äther bewegten Körpers in der Bewegungsrichtung um den Faktor $\sqrt{1 - v^2/c^2}$ verkürzt (Lorentzkontraktion; siehe Abschnitt 2.4. Es gab auch andere Erklärungsversuche, die eine Mitführung des Äthers durch die Erde postulierten. Dieses Postulat stand jedoch mit Abberationsexperimenten in Widerspruch und soll hier nicht weiter diskutiert werden). Lorentz war auch in der Lage, die Kontraktion aus den Grundgleichungen der Elektrodynamik zu begründen (siehe Abschnitt 5.8).

In den folgenden Jahren erschien eine große Zahl von Artikeln und Büchern, die sich mit dem Problem der Bewegung der Erde durch den Äther beschäftigten. So ist z.B. die Lorentztransformation (1.4.4) außer bei Voigt (1887) auch in Larmors Buch „Aether and Matter" (1900) zu finden. Ein wesentlicher Beitrag zu der umfangreichen Diskussion (die bei Whittaker (1960) kritisch analysiert wird) stammt von Lorentz (abgedruckt in Lorentz et al. (1958)), der 1904 die Kovarianz der Maxwell-Gleichungen unter Lorentztransformationen (1.4.4) bewies, allerdings nur näherungsweise. Lorentz konnte damit den negativen Ausgang aller bisher bekannten Experimente, einschließlich des Michelson-Morley-Experimentes, erklären.

Einen Schritt weiter ging Poincaré[1] in der im Juli 1905 geschriebenen Arbeit „Sur la dynamique de l'électron". Poincaré formulierte das Relativitätsprinzip: „Es scheint, daß die Unmöglichkeit, die absolute Bewegung der Erde im Äther zu bestimmen, ein allgemeines Naturgesetz ist; wir werden dazu geführt, dieses Gesetz, das wir ‚Relativitätspostulat' nennen, ohne Einschränkung anzunehmen".

Poincaré führt in dieser Arbeit auch die Begriffe „Lorentztransformation" und „Lorentzgruppe" erstmals ein und fordert, daß die Naturgesetze kovariant unter Lorentztransformationen sein müssen. Die Rolle der formal eingeführten Zeitkoordinate wird auch bei Poincaré nicht klar und bleibt undiskutiert.

[1] H. Poincaré, Rendiconti del Circolo Math. di Palermo *21*, 129 (1906); eine englische Teilübersetzung findet sich in Kilmister (1970) und eine kommentierte, in moderne Fachsprache übersetzte Version in H.M. Schwartz, Amer. J. Phys. *39*, 1287 (1971), *40*, 862 (1972).

Wie schwierig gerade dieser Punkt war, zeigt folgendes Zitat von Lorentz (in der erwähnten „Conference on the Michelson-Morley-Experiment", p. 350), der 1928 schreibt: „Was Effekte zweiter Ordnung betrifft, war die Situation viel komplizierter. Die Experimente konnten durch eine bestimmte Transformation der Koordinaten von einem System zum anderen erklärt werden. Auch eine Zeittransformation war notwendig. Daher führte ich das Konzept der lokalen Zeit ein, die für relativ zueinander bewegte Bezugssysteme verschieden ist. Ich dachte aber nie, daß sie etwas mit der wirklichen Zeit zu tun hat. Die wirkliche Zeit war für mich noch immer durch das Konzept einer absoluten Zeit gegeben, die unabhängig von jedem Koordinatensystem ist. Es gab für mich nur diese eine wahre Zeit. Ich betrachtete die Zeittransformationen nur als heuristische Arbeitshypothese. So ist die Relativitätstheorie wirklich allein Einsteins Werk". Poincaré dürfte 1905 den gleichen Standpunkt eingenommen haben, da er sonst den radikalsten und wichtigsten Schritt auf dem Weg zur Relativitätstheorie, die Elimination der absoluten Zeit, in seiner Veröffentlichung nicht unerwähnt gelassen hätte. Ziel des Mathematikers Poicaré war vor allem die formale Verbesserung und Ausfeilung von Lorentz' Untersuchung, wie er selbst schreibt: „Die Resultate, die ich erzielt habe, stimmen mit denen des Herrn Lorentz in allen wichtigen Punkten überein; ich wurde nur dazu geführt, sie in einigen Details zu verbessern; die Unterschiede, die von nebensächlicher Bedeutung sind, werden später klar". Vom wissenschaftstheoretischen Standpunkt gesehen liegt bei Poincaré ein teilweise uninterpretierter Formalismus vor, bei dem die Zuordnungsregeln zwischen theoretischen und empirischen Termen fehlen. Siehe dazu z.B. Leinfellner (1965), p. 107.

Einstein leitete schließlich die Lorentzkontraktion ohne jede Bezugnahme auf die Elektrodynamik her. Der erste Abschnitt seiner berühmten Arbeit „Zur Elektrodynamik bewegter Körper" (abgedruckt in Lorentz et al. (1958); es ist unbedingt zu empfehlen, diese Arbeit im Original zu lesen) trägt den Titel „Definition der Gleichzeitigkeit" und untersucht den Begriff der Gleichzeitigkeit entfernter Ereignisse (siehe Abschnitt 2.2); der nächste Abschnitt „Über die Relativität von Längen und Zeiten" schließt mit der Feststellung: „Wir sehen also, daß wir dem Begriff der Gleichzeitigkeit keine *absolute* Bedeutung zumessen dürfen, sondern daß zwei Ereignisse, welche, von einem Koordinatensystem aus betrachtet, gleichzeitig sind, von einem, relativ zu diesem System bewegten System aus betrachtet, nicht mehr als gleichzeitige Ereignisse aufzufassen sind". Bei der folgenden Herleitung der Lorentztransformation werden die Zeitkoordinaten t und $\bar{t}$ sofort mit den in den jeweiligen Systemen tatsächlich gemessenen Zeiten identifiziert (so daß die Zuordnungsregeln zwischen theoretischen und empirischen Termen von Anfang an gegeben sind). Im zweiten Hauptabschnitt seiner Arbeit zeigt Einstein dann, daß die aus der Analyse der Gleichzeitigkeit (bei vorausgesetztem Relativitätsprinzip und Prinzip der Konstanz der Lichtgeschwindigkeit) gewonnenen Lorentztransformationen die Maxwell-Gleichungen forminvariant lassen.

Lorentz (1909) charakterisiert die Unterschiede zwischen seiner und Einsteins Auffassung in einer 1909 erschienenen (1906 abgehaltenen) Vorlesungsreihe so: „Der wesentliche Unterschied ist, daß Einstein einfach postuliert [das Relativitätsprinzip], was wir hier mit einiger Mühe und nicht ganz zufriedenstellend, aus den Grundgleichungen des elektromagnetischen Feldes hergeleitet haben. Dabei ist anzumerken, daß er die negativen Resultate von Experimenten wie Michelson, Rayleigh oder Brace [die Letztgenannten versuchten Doppelbrechung in durch den Äther bewegten Körpern nachzuweisen, die wegen der durch die Lorentzkontraktion bedingten Anisotropie erwartet wurde] nicht als zufällige Kompensation entgegengesetzter Effekte erklärt, sondern als Manifestation eines allgemeinen und fundamentalen Prinzips.

Dennoch, glaube ich, hat auch die Form, in der ich die Theorie hier dargestellt habe, Vorteile. Ich kann den Äther, der der Träger des elektrischen Feldes mit seinen Schwingungen und Energien sein kann, nur als mit einem gewissen Maß von Substantialität versehen betrachten, wie auch immer er von gewöhnlicher Materie verschieden sein mag. Diesem Gedankengang gemäß scheint es natürlich, Abstände und Zeiten mit Maßstäben und Uhren zu bestimmen, die eine feste Lage relativ zum Äther haben, und nicht mit der Annahme zu beginnen, daß es niemals einen Unterschied macht, ob sich ein Körper durch den Äther bewegt oder nicht".

Dieses Zitat zeigt deutlich, daß Einsteins Theorie durchaus nicht sofort in ihrer Bedeutung erkannt wurde, sie erschien vielmehr als ein (allerdings ungewöhnlicher) Beitrag zur umfangreichen „Ätherliteratur".

Vom heutigen Standpunkt ist auch zu betonen, daß Einsteins Vorgangsweise den Problemkreis „Raum-Zeit-Relativität" von den Problemen der „Elektronentheorie" trennte, deren Lösung nicht aus der Relativitäts-, sondern aus der Quantentheorie folgte. In Lorentz' Elektronentheorie war das Problem der Raum-Zeit-Transformation mit dem (auch heute noch schwierigen, siehe Abschnitt 5.10) der Dynamik geladener Teilchen verknüpft, aber auch der Zeeman-Effekt, die elektrische Leitfähigkeit etc. sollten aus der Theorie korrekt resultieren. Erst viel später wurde klar, wie unterschiedlich die theoretische Analyse der hier angeschnittenen Themen sein mußte.

Die obige Analyse der Beiträge von Lorentz, Poincaré und Einstein ist im Zusammenhang mit Whittakers (1960) bereits zitierter historischer Untersuchung „A History of the Theories of Aether and Electricity" von Interesse. Kapitel 2 des zweiten Bandes dieses Werkes trägt den Titel „Die Relativitätstheorie von Poincaré und Lorentz", und nach einer ausführlichen Würdigung der Verdienste dieser beiden Autoren schreibt Whittaker: „Im Herbst desselben Jahres [1905]... veröffenlichte Einstein eine Arbeit, die Poincarés Relativitätstheorie mit einigen Erweiterungen diskutierte und die ziemliche Aufmerksamkeit erregte". Warum Whittaker in seinem im übrigen ausgezeichneten Buch Einsteins Verdienste in bezug auf die spezielle Relativitätstheorie so unterschätzte, ist nicht völlig geklärt.

Auch die Rolle des Michelson-Morley-Experiments in der Entstehungsgeschichte der Relativitätstheorie ist in den letzten Jahren viel diskutiert worden. Einstein bezieht sich in seiner Originalarbeit des Jahres 1905 nur allgemein auf „die mißlungenen Versuche, eine Bewegung der Erde relativ zum ‚Lichtmedium' zu konstatieren", ohne irgendein Experiment besonders hervorzuheben. In didaktisch aufgebauten Darstellungen findet sich dagegen oft die Bemerkung, daß das Michelson-Morley-Experiment und die Relativitätstheorie in engster historischer und sachlicher Beziehung stünden. Eine Beschreibung dieses Experiments fehlt überhaupt in kaum einem Buch über Einsteins Theorie – ja man gewinnt manchmal den Eindruck, daß die Relativitätstheorie aus dem Michelson-Morley-Experiment folge.

Welche Bedeutung kommt dem Michelson-Morley-Experiment in sachlicher und historischer Hinsicht in bezug auf die Relativitätstheorie zu? War es das berühmte „experimentum crucis", das die Epoche der klassischen Physik beendete und eine Revolution im Weltbild der Physik hervorrief?

Einstein hat zur Frage, inwieweit dieses Experiment seine Überlegungen beeinflußt hatte und ob es für die Aufstellung der Relativitätstheorie von Bedeutung war, unterschiedliche Stellungnahmen abgegeben, die bei Holton (1973) kritisch analysiert werden.

So teilte Einstein im Jahre 1950 Shankland mit, er habe vom Michelson-Morley-Experiment erst nach 1905 aus den Schriften von Lorentz erfahren. Zwei Jahre später war er bei einem weiteren Gespräch nicht mehr ganz so sicher, wann er zum ersten Mal davon gehört hatte, und meinte: „Ich bin mir nicht bewußt, daß es mich während der sieben Jahre, die die Relativitätstheorie mein Lebensinhalt war, beeinflußt hat. Ich glaube, daß ich seine Richtigkeit einfach annahm". 1954 schrieb

Einstein an Davenport: „Auf meine eigene Entwicklung hat Michelsons Resultat keinen bedeutenden Einfluß gehabt“.

Tatsächlich war das Michelson-Morley-Experiment nur innerhalb der technischen Diskussion der Elektronentheorie von Bedeutung, da es sich von deren Standpunkt aus wesentlich von den anderen Ätherdrift-Experimenten unterschied. Einstein hatte sich aber gerade von der Begriffswelt dieser Theorie losgelöst, und in seiner Ideenkette ist das Michelson-Morley-Experiment nur eine von vielen Messungen, die die Unbeobachtbarkeit der Erdbewegung im Äther zeigen. Ob diese Experimente von erster oder zweiter Ordnung in v/c waren, spielte in seinem Aufbau der Theorie keine Rolle – *alle* derartigen Experimente waren nur Hinweis auf die Nichtexistenz des Äthers.

In der historischen Entwicklung der Elektronentheorie war die Unterscheidung zwischen Experimenten erster und zweiter Ordnung allerdings grundlegend, wie wir bereits erläutert haben. Daher behandelten auch in der Zeit von 1895 – 1905 zahllose Artikel das Michelson-Morley-Experiment und die Lorentzkontraktion. Wie das Studium von „Physics Abstracts“ dieser Zeit lehrt, beschäftigten sich Arbeiten von Abraham, Sommerfeld, Wien, Brillouin, Cohn, Hasenöhrl, Langevin, Kohl, Gans etc. mit diesem Problemkreis. Es erscheint uns daher unwahrscheinlich, daß Einstein erst nach 1905 davon Kenntnis erlangt hat.

Nicht nur aus historischer, auch aus logischer Sicht ist das Michelson-Morley-Experiment nicht das „experimentum crucis“, das zwischen klassischer Physik und Relativitätstheorie entschied. Wollte man nämlich die Relativitätstheorie (oder eine dazu im Sinne von Abschnitt 2.11 äquivalente Theorie) aus der experimentellen Evidenz deduzieren, so sind dazu noch zwei weitere Experimente erforderlich, wie Robertson[1] zeigte: Das Kennedy-Thorndike-Experiment und das Ives-Stilwell-Experiment (siehe z.B. Schwartz (1968); die beiden Experimente legen zusammen die Konstanz von Maßstäben senkrecht zur Bewegungsrichtung und die Zeitdilatation fest, nachdem das Michelson-Morley-Experiment die Längenkontraktion erweist). Auf „deduktivem“ Weg kann man unmöglich aus dem Michelson-Morley-Experiment die Relativitätstheorie erschließen.

Das Michelson-Morley-Experiment hat aber auch keinen Wandel im Weltbild der Physik hervorgerufen – es war ja befriedigend durch die Elektronentheorie zu erklären, die nur durch die Lorentzkontraktion ergänzt zu werden brauchte (und für die Lorentz bereits 1895 eine im Rahmen der Elektronentheorie überzeugende Erklärung gab; siehe Abschnitt 5.8). So haben Poincaré und Lorentz, zwei der Hauptexponenten der Elektronentheorie, noch Jahre nach der Aufstellung der Relativitätstheorie den Wandel im Weltbild der Wissenschaft nicht akzeptiert, wie die bereits zitierten Bemerkungen von Lorentz zeigen, oder aber auch ein Bericht von Moszkowski (1922) über einen Vortrag Poincarés vom 13. Oktober 1910 zeigt: „Poincaré sprach über: ‚Die neue Mechanik‘... Diese Revolution, so sagte er, scheint zu bedrohen, was in der Wissenschaft bis vor kurzem als das Sicherste galt: Die Grundlehren der klassischen Mechanik, die wir dem Geiste Newtons verdanken. Vor der Hand ist diese Revolution freilich nur erst ein drohendes Gespenst, denn es ist sehr wohl möglich,

[1] H.P. Robertson, Rev. Mod. Phys. *21*, 378 (1949). „Deduzieren“ trifft nur mit vielen Einschränkungen und in dem in der Physik gebräuchlichen (unexakten) Sinn zu; siehe zu dieser Problematik die Diskussion bei Popper (1971).

daß über kurz oder lang jene altbewährten Newtonschen dynamischen Prinzipien als Sieger hervorgehen werden. Und im weiteren Verlauf erklärte er wiederholt, daß er vor Ängsten kopfscheu würde angesichts der sich auftürmenden Hypothesen, deren Einordnung in ein System ihm schwierig bis zur Grenze der Unmöglichkeit erschien".

Bei der Analyse der Rolle des Michelson-Morley-Experiments ist auch die Begriffsbildung von Kuhns (1973) „Die Struktur wissenschaftlicher Revolutionen" von Nutzen. Im Verlauf der „normalwissenschaftlichen Entwicklung" der Elektronentheorie war das Michelson-Morley-Experiment tatsächlich ein „experimentum crucis" – es erforderte die Einführung der Lorentzkontraktion, die in diese Entwicklung eingebaut wurde. Damit waren alle Experimente zufriedenstellend erklärt, ohne daß an der Bedeutung der gewohnten Begriffe etwas geändert werden mußte.

Erst Einsteins spezielle Relativitätstheorie brachte die Revolution – sie gab den physikalischen Begriffen Raum, Zeit, Äther und Elektron teils neuen Inhalt, teils stellte sie diese als irrelevant hin oder wies sie auch anderen Teilgebieten physikalischer Forschung zu. Sie erklärte zunächst nicht mehr als die herkömmliche Theorie – daher konnten auch die Vertreter der Äthertheorie ihre Meinung oft noch jahrzehntelang beibehalten (vielleicht erklärt sich auch Whittakers Darstellung der Geschichte der Relativitätstheorie so). Erst allmählich wurde die große *Vereinfachung* klar, die das neue Begriffssystem herbeiführte.

2 Physikalische Interpretation

Bereits die Herleitung der Lorentztransformation hat gezeigt, daß manche Überlegungen durch Benützung von Diagrammen erleichtert werden, bei denen Raum- und Zeitkoordinaten gemeinsam aufgetragen sind. Bei der folgenden Untersuchung der physikalischen Konsequenzen der Lorentztransformation werden derartige Diagramme fast unentbehrlich sein. Auch läßt sich die Widerspruchsfreiheit einiger scheinbar paradoxer Folgerungen der speziellen Relativitätstheorie am einfachsten mit Hilfe von Raum-Zeit-Diagrammen aufzeigen.

Allerdings hat der Gebrauch der Diagramme den Nachteil, nur bei Beschränkung auf eine Raumdimension übersichtlich zu sein. Für praktische Anwendungen – wo fast immer alle drei Raumdimensionen von Bedeutung sind – müssen daher andere Techniken entwickelt werden (Kap. 3). Für die prinzipiellen Überlegungen dieses Kapitels ist es aber hinreichend, sich auf eine Raumdimension (Koordinate) und die Zeit t zu beschränken.

2.1 Geometrische Darstellung der Lorentztransformation

Bei Beschränkung auf eine Raumdimension lautet die Lorentztransformation (1.4.4)

$$\begin{aligned} \bar{t} &= \gamma(t - v\,x) \\ \bar{x} &= \gamma(x - v\,t). \end{aligned} \qquad (2.1.1)$$

Um sie in einem Raum-Zeit-Diagramm geometrisch darzustellen, müssen wir zunächst die durch (2.1.1) bedingte Relation zwischen den t-, x- und $\bar{t}$-, $\bar{x}$-Achsen bestimmen.

Die durch $\bar{t} = 0$ definierte $\bar{x}$-Achse hat nach (2.1.1) im (x, t)-Diagramm die Gleichung $t = v\,x$, ist daher eine Gerade durch den Nullpunkt mit Anstieg $\operatorname{tg}\delta = v$. Analog ist die $\bar{t}$-Achse ($\bar{x} = 0$) durch $x = v\,t$ bestimmt, also durch den Anstieg $\operatorname{tg}\delta' = 1/v$ (Abb. 2.1).

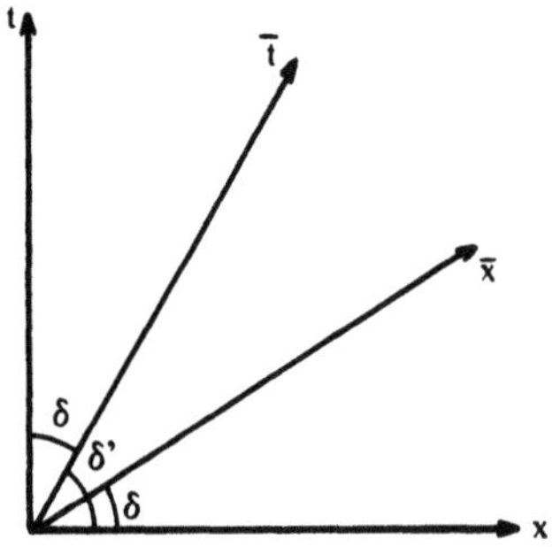

Abb. 2.1. Relation zwischen (t, x) und $(\bar{t}, \bar{x})$

Um die Einheiten auf den $\bar{t}$-, $\bar{x}$-Achsen zu bestimmen, benützen wir die für (2.1.1) geltende Identität (vgl. (1.3.1))

$$t^2 - x^2 \equiv \bar{t}^2 - \bar{x}^2. \tag{2.1.2}$$

Der Einheitspunkt auf der $\bar{t}$-Achse, ($\bar{t} = 1$, $\bar{x} = 0$), erfüllt demnach

$$t^2 - x^2 = 1, \tag{2.1.3}$$

und analog gilt für den Einheitspunkt ($\bar{t} = 0$, $\bar{x} = 1$) der $\bar{x}$-Achse

$$x^2 - t^2 = 1. \tag{2.1.4}$$

Die Einheitspunkte sind also die Schnittpunkte der jeweiligen Achse mit den Hyperbeln (2.1.3,4), wie sie in Abb. 2.2 gezeigt ist. (Dabei sind die Tangenten an die Hyperbeln in diesen Punkten jeweils parallel zur anderen Achse – eine Tatsache, die bei der Anfertigung qualitativer Handskizzen zu beachten ist, um Fehlschlüsse zu vermeiden, und als Übung bewiesen werden möge).

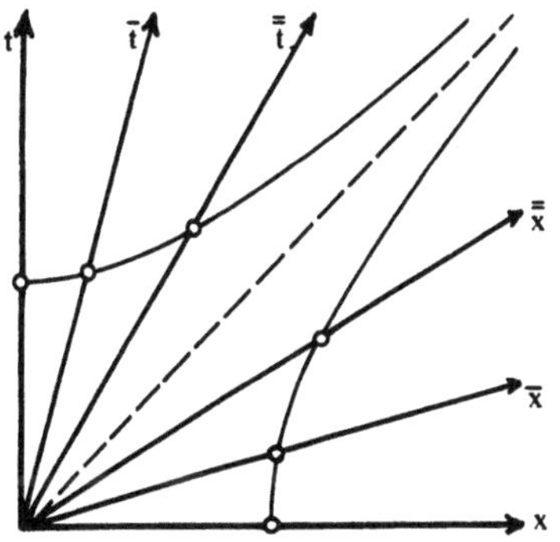

Abb. 2.2. Die Einheitspunkte auf den Achsen

Zur weiteren Deutung der Transformation bemerken wir, daß (2.1.2) nach Einführung einer imaginären Zeitkoordinate durch $t = i\,x^4$ auch in der Form

$$(x^4)^2 + x^2 \equiv (x^{\bar{4}})^2 + \bar{x}^2 \tag{2.1.5}$$

geschrieben werden kann. Die Transformationen, die eine solche Quadratsumme invariant lassen, sind aber gerade die Drehungen

$$\begin{aligned} x^{\bar{4}} &= \cos\varphi\, x^4 - \sin\varphi\, x \\ \bar{x} &= \sin\varphi\, x^4 + \cos\varphi\, x. \end{aligned} \tag{2.1.6}$$

Wir können die Lorentztransformationen folglich als „komplexe Drehungen" auffassen, wobei durch den Übergang $x^4 \to -it$ aus dem Einheitskreis, auf dem in der gewöhnlichen, reellen euklidischen Geometrie die neuen Einheitspunkte liegen, die in Abb. 2.2 eingezeichneten Hyperbeln werden. Um den Zusammenhang von (2.1.6) mit

(2.1.1) herzustellen, multiplizieren wir die obere Gleichung (2.1.6) mit i und erhalten mit $\alpha := i\varphi$, $\cos\varphi = \cosh\alpha$, $i\sin\varphi = \sinh\alpha$:

$$\begin{aligned}\bar{t} &= \cosh\alpha\, t - \sinh\alpha\, x \\ \bar{x} &= -\sinh\alpha\, t + \cosh\alpha\, x.\end{aligned} \tag{2.1.7}$$

Damit für reelle (t, x) auch $(\bar{t}, \bar{x})$ reell wird, muß α reell, d.h., φ ein rein imaginärer Winkel sein. Vergleich von (2.1.7) mit (2.1.1) ergibt

$$\cosh\alpha = \gamma, \quad \sinh\alpha = \gamma\, v, \quad \mathrm{tg}\,\alpha = v. \tag{2.1.8}$$

Diese Analogie zwischen Lorentztransformationen und Drehungen ist gelegentlich von Nutzen.

Aufgabe

Man beweise die im Text angegebene Eigenschaft der in den Einheitspunkten der neuen Achsen an die „Einheitshyperbeln" gelegten Tangenten.

2.2 Relativität der Gleichzeitigkeit. Kausalität

Der fundamentale Unterschied zwischen Lorentz- und Galileitransformation tritt zutage, wenn man Abb. 2.2 dem entsprechenden Diagramm für die Galileitransformation gegenüberstellt (Abb. 2.3).

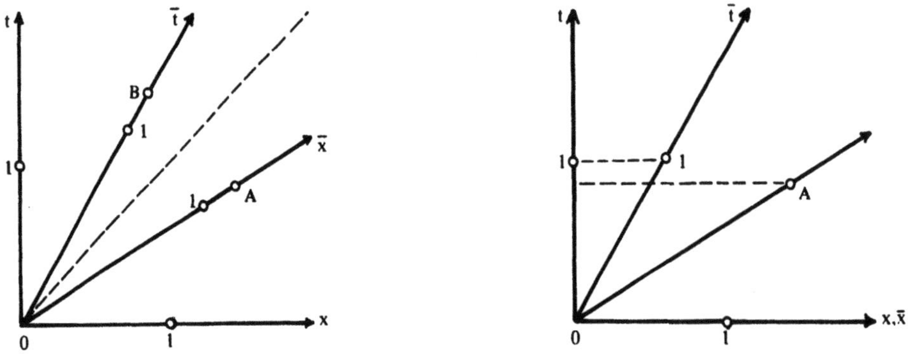

a) Lorentztransformation
$\bar{x} = \gamma(x - vt)$
$\bar{t} = \gamma(t - vx)$

b) Galileitransformation
$\bar{x} = x - vt$
$\bar{t} = t$

Abb. 2.3 Vergleich zwischen klassischer und relativistischer Transformation

Bei der *Galileitransformation* wird nur die t-Achse gedreht, während die x-Achse fest bleibt. Da es für $|v|$ keine obere Grenze gibt, kann man durch Wahl eines geeigneten Inertialsystems $\bar{\bar{I}}$ stets erreichen, daß ein beliebiges (nicht auf der x-Achse liegendes) Ereignis A auf der $\bar{\bar{t}}$-Achse zu liegen kommt und A damit bezüglich $\bar{\bar{I}}$ am gleichen Ort $\bar{\bar{x}} = 0$ wie O (Ereignis im Koordinatenursprung) stattfindet. Der räumliche Abstand nicht-gleichzeitiger Ereignisse hängt folglich in der (der klassischen

Mechanik zugrundeliegenden) Galileischen Relativität vom benützten Inertialsystem ab und kann durch Wahl eines geeigneten Systems stets zum Verschwinden gebracht werden (*uneingeschränkte Relativität der „Gleichortigkeit“*). Der zeitliche Abstand beliebiger Ereignisse dagegen ist unabhängig vom Bezugssystem und hat hier – ebenso wie der räumliche Abstand gleichzeitiger Ereignisse – absolute Bedeutung (*absolute Gleichzeitigkeit*).

Die *Lorentztransformation* führt zu einer Drehung sowohl der t- als auch der x-Achse. Das hat zur Konsequenz, daß das in Abb. 2.3 eingezeichnete Ereignis A, welches bezüglich I später als O eintritt, auf der $\bar{x}$-Achse zu liegen kommt und damit bezüglich $\bar{\text{I}}$ mit O gleichzeitig stattfindet, nämlich zur Zeit $\bar{t} = 0$. Dies zeigt, daß in der Einsteinschen Relativität die *Gleichzeitigkeit räumlich getrennter Ereignisse kein absoluter Begriff* ist, sondern vom Inertialsystem, also vom Bewegungszustand des Beobachters, abhängt.

Allerdings kann *nicht jedes* Ereignis durch Wahl eines Inertialsystems mit O gleichzeitig gemacht werden: Da die Lorentztransformation (2.1.1) für $v = 1$ sinnlos wird, kann die x-Achse nicht über das Geradenpaar $x^2 = t^2$ gedreht werden. Das in Abb. 2.3a eingezeichnete Ereignis B findet für alle Beobachter (d.h. von allen Inertialsystemen aus gesehen) später als O statt. Ebenso kann A nicht mit O „gleichortig“ gemacht werden wie in Abb. 2.3b (*eingeschränkte Relativität von Gleichortigkeit und Gleichzeitigkeit*).

Das Geradenpaar $x^2 = t^2$ heißt *Lichtkegel* von O, es ist der geometrische Ort aller Ereignisse, die durch von O ausgehende Lichtstrahlen erreichbar sind bzw. von denen aus O durch Lichtstrahlen erreicht werden kann – $x = \pm t$ bedeutet ja Bewegung mit Lichtgeschwindigkeit. Die Bezeichnung „Kegel“ wird bei Hinzunahme einer weiteren Raumdimension klar (Abb. 2.4); er beschreibt auch den Zeitverlauf einer sich mit Lichtgeschwindigkeit auf O kontrahierenden und dann reexpandierenden Kugelwellenfront $x^2 = t^2$.

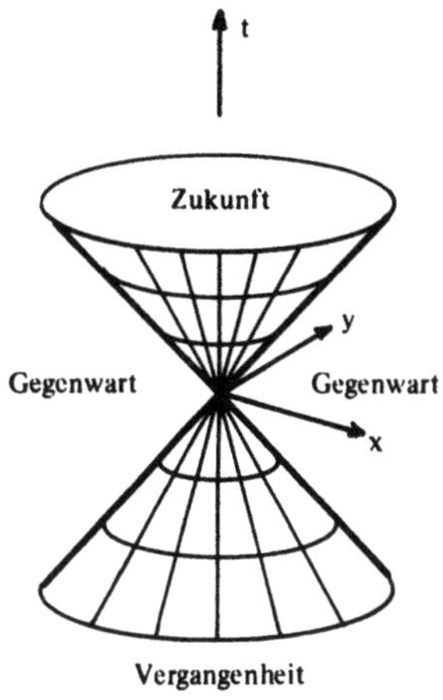

Abb. 2.4 Der Lichtkegel

Der Lichtkegel ist nach dem Gesagten von fundamentaler Bedeutung für die Theorie. Jedes Ereignis außerhalb des Lichtkegels von O kann durch geeignete Wahl eines Inertialsystems mit O simultan gemacht werden und ist in diesem Sinn zur Gegenwart von O zu zählen. Die innerhalb des *Vorwärtslichtkegels* ($t > 0$) liegenden Punkte liegen dagegen für alle möglichen Beobachter in der *Zukunft* von O, finden für jeden Beobachter später statt als O. Analog begrenzt der *Rückwärtslichtkegel* die *Vergangenheit* von O.

Die Lichtkegel der Ereignispunkte bestimmen die *Kausalstruktur* der Relativitätstheorie. Ein Ereignis, das außerhalb das Lichtkegels von O, also in dessen Gegenwart liegt, kann die Geschehnisse in O weder kausal beeinflussen noch von ihnen beeinflußt werden – es gibt ja einen Beobachter, für den dieses Ereignis und O gleichzeitig und räumlich getrennt erscheinen. Dagegen kann das Ereignis O alle Vorgänge im Vorwärtslichtkegel beeinflussen und von allen Ereignissen im Rückwärtslichtkegel beeinflußt werden.

Um diese Überlegungen an einem konkreten Beispiel zu überprüfen, betrachten wir die Paarvernichtung zweier Elektron-Positron-Paare:

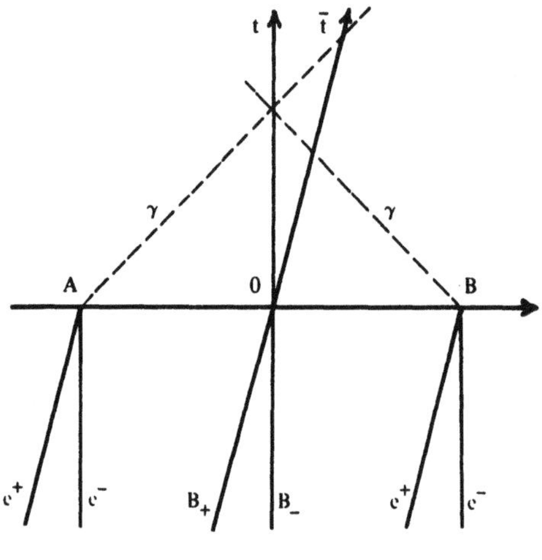

Abb. 2.5. Paarvernichtung zweier Elektron-Positron-Paare

In Abb. 2.5 sind die Weltlinien der beiden Paare zusammen mit der Weltlinie von zwei Beobachtern B_+, B_- eingezeichnet. Die beiden Elektronen e^- ruhen im (x,t)-System, B_- genau in der Mitte zwischen beiden; die Positronen e^+ ruhen dagegen im $(\bar{x},\bar{t})$-System mit B_+ in ihrer Mitte. Zur Zeit $t = 0$, d.h. gleichzeitig im (x,t)-System, annihilieren sich die beiden Paare in der Reaktion $e^+ + e^- \to \gamma + \gamma$ (γ = Photon = = Lichtquant), wobei in der Abbildung der Einfachheit halber nur je eines der Photonen eingezeichnet ist. B_- empfängt nun die beiden Lichtblitze genau gleichzeitig, für ihn war die Vernichtung wirklich simultan. B_+ dagegen erhält den Lichtblitz von Ereignis A wesentlich später und kommt zu dem Schluß, daß B wesentlich früher als A stattgefunden hat. Da beide Beobachter gleichberechtigt sind, kann absolute Gleichzeitigkeit für A, B nicht definiert werden.

Das obige Beispiel ist von Bedeutung, weil analoge Überlegungen Einstein 1905 zur speziellen Relativitätstheorie führten. Sein Ausgangspunkt war eine erkenntnistheoretische Analyse der

Gleichzeitigkeit räumlich getrennter Ereignisse. In der klassischen Mechanik war dieser Begriff nie genau analysiert, sondern als selbstverständlich angesehen worden. Einstein zeigte, daß es notwendig ist, die Gleichzeitigkeit räumlich getrennter Ereignisse zu definieren. Das von ihm vorgeschlagene Verfahren, zwei in einem Inertialsystem an verschiedenen Orten ruhende Uhren zu synchronisieren (d.h. auf gleichen Uhrenstand zu stellen), entspricht genau dem oben angegebenen Gedankengang: Einstein schlug vor, zwei räumlich getrennte Ereignisse (wie etwa die Erreichung der Nullstellung durch Uhrzeiger) als gleichzeitig zu definieren, wenn von ihnen ausgehende Lichtsignale zugleich bei einem in der Mitte befindlichen Beobachter eintreffen. Äquivalent dazu könnte man die Synchronisation verschiedener Uhren in einem Bezugssystem auch durch den (sehr langsamen) Transport einer Normaluhr von Ort zu Ort vornehmen.

Durch die in Kap. 1 gegebene Version des Relativitätsprinzips ist eine derartige Uhrensynchronisation bereits impliziert: Die Gleichberechtigung beliebiger Inertialsysteme ist natürlich nur dann gegeben, wenn auch das Verfahren der Uhrensynchronisation keines von ihnen auszeichnet. Nur wenn die Synchronisation in jedem System auf die gleiche, *systeminterne* Weise – wie etwa durch Lichtsignalübertragung oder langsamen Uhrentransport – ausgeführt wird, sind die verschiedenen Inertialsysteme tatsächlich äquivalent (siehe dazu Abschnitt 2.11).

2.3 Überlichtgeschwindigkeit

Wir haben bereits festgestellt, daß die Lorentztransformation (2.1.1) für $|\mathbf{v}| \geq 1$ sinnlos wird. Dies legt nahe, daß sich Inertialsysteme nur mit Relativgeschwindigkeiten $|\mathbf{v}| < 1$ bewegen können. Dieses Resultat werden wir in Abschnitt 4.2 auch aus der Relativitätsmechanik folgern.

Noch weitergehend muß aber gelten, daß auch *keine Signale* existieren (z.B. Schallsignale), die sich mit *Überlichtgeschwindigkeit* ausbreiten. Gäbe es nämlich ein solches Signal, so könnte man in die eigene Vergangenheit zurücksignalisieren: Nehmen wir der Einfachheit halber an, es gäbe ein Signal, das sich (relativ zu seiner Quelle) mit der Geschwindigkeit $v = \infty$ ausbreitet, und betrachten Abb. 2.6. Wird bei A ein derartiges Signal emittiert und von einem bewegten Beobachter in B reflektiert, so müßte die Antwort in C empfangen werden, also noch vor der ursprünglichen Emission!

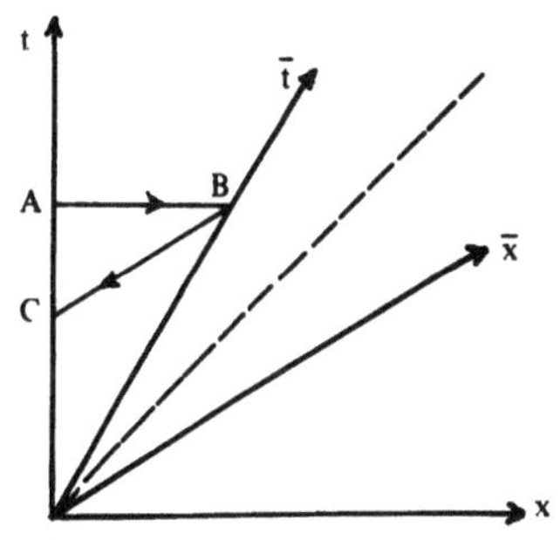

Abb. 2.6. Konsequenzen unendlicher Signalgeschwindigkeiten

Aus dem Postulat, daß die Signalgeschwindigkeit die Lichtgeschwindigkeit nicht überschreiten darf, können viele Konsequenzen für relativistische Theorien hergeleitet werden. So ist z.B. das klassische Konzept eines *starren Körpers* dadurch *ausgeschlossen.* Stößt man nämlich einen derartigen Körper an einem Ende an, so bewegt sich (nach seiner Definition) zugleich auch sein anderes Ende, und unendliche Signalgeschwindigkeit würde resultieren.

Die grundlegende Bedeutung des Postulates der Nichtexistenz von Überlichtgeschwindigkeiten für die Relativitätstheorie erfordert es, den Begriff der Signalgeschwindigkeit genauer zu formulieren. Dazu ist es zunächst erforderlich, die *Phasen-, Gruppen- und Frontgeschwindigkeit* einer Welle zu unterscheiden.

Betrachten wir eine Welle $\varphi(x,t)$, die sich in einem dispergierenden Medium (d.h. in einem Medium mit vom Wellenzahlvektor abhängigem Brechungsindex) ausbreitet. Die Phasengeschwindigkeit v_P der Welle $\varphi_k(x,t) = \exp(ikx - i\omega t)$ ist durch $kx - \omega t =:$ $=: k(x - v_P t)$ definiert, also

$$v_P(k) = \omega(k)/k. \tag{2.3.1}$$

Für die Signalübertragung ist v_P nicht maßgebend, da der monochromatische Wellenzug $\varphi_k(x,t)$ unendliche Länge aufweist und unmoduliert ist, also kein Signal trägt. Durch Überlagerung von Wellen verschiedener Frequenz, im einfachsten Fall durch Bildung von

$$\varphi = \frac{1}{2}(\varphi_{k-\Delta k} + \varphi_{k+\Delta k}) = \underbrace{\exp(ikx - i\omega t)}_{\text{Phase}} \cdot \underbrace{\cos(\Delta k\, x - \Delta\omega\, t)}_{\text{Amplitude}} \tag{2.3.2}$$

erhält man Wellenpakete, die sich mit Gruppengeschwindigkeit v_G ausbreiten, wobei $(\Delta k \to 0)$

$$v_G = \frac{d\omega}{dk}\,. \tag{2.3.3}$$

Jedoch beschreibt auch die Gruppengeschwindigkeit die Signalausbreitung nur in den einfachsten Fällen korrekt. Es gibt bereits in der klassischen Elektrodynamik Situationen, in denen sowohl v_P als auch v_G die Lichtgeschwindigkeit überschreiten ($v_P > 1$ z.B. bei der Wellenausbreitung in Hohlleitern, $v_P > 1$ und $v_G > 1$ bei Vorliegen anormaler Dispersion, vgl. Jackson (1962); Brillouin (1960)). In diesen Fällen ist die Dispersion so ausgeprägt, daß der Begriff des Wellenpaketes nicht mehr sinnvoll ist, da das Paket durch die unterschiedliche Phasengeschwindigkeit der in ihm enthaltenen Frequenzanteile im Laufe der Ausbreitung völlig deformiert wird und damit zur Signalübertragung unverwendbar ist.

Unter diesen Verhältnissen können nur Diskontinuitäten des Feldes (z.B. plötzliches Ein- oder Ausschalten) zum Signalisieren herangezogen werden. *Diskontinuitäten* breiten sich mit *Frontgeschwindigkeit* v_F

$$v_F = \lim_{k\to\infty} v_P(k) = \lim_{k\to\infty} \frac{\omega(k)}{k} \tag{2.3.4}$$

aus, mit der sich auch die Wellenfront, die die Bereiche $\varphi \neq 0$ von $\varphi = 0$ trennt, fortpflanzt.

In keinem Fall können Signale mit größerer Geschwindigkeit als v_F übertragen werden, da sich z.B. die Diskontinuität des ersten Einschaltens der Welle (bzw. ihres Senders) nur mit v_F ausbreitet (Signale sind stets als eine Art Diskontinuität anzusehen, da die zu einem gewissen Zeitpunkt getroffene Entscheidung, A oder non-A zu signalisieren, aus dem bis dahin vorliegenden Wellenzug nicht erschlossen werden kann).

Um den Beweis von (2.3.4) zumindest zu skizzieren, setzen wir

$$\varphi(x,t=0)=\int_{-\infty}^{\infty} f(k)\, e^{-ikx} dk, \tag{2.3.5}$$

wobei $f(k)$ Pole nur in der oberen komplexen k-Halbebene habe. Dann kann man für $x > 0$ den Integrationsweg durch einen großen Halbkreis in der unteren Halbebene schließen und erhält (mittels des Residuensatzes) $\varphi(x > 0, t = 0) = 0$. (2.3.5) hat also eine für ein Signal erforderliche Diskontinuität. Schreiben wir für die Zeitentwicklung

$$\varphi(x,t)=\int_{-\infty}^{\infty} f(k)\, e^{-i[kx-\omega(k)t]}\, dk, \tag{2.3.6}$$

so hat dieses Integral nach dem Residuensatz den Wert Null, wenn für $k \to \infty$ gilt

$$\lim(kx-\omega(k)t) > 0,$$

da der Integrationsweg wieder in der polfreien Halbebene geschlossen werden kann. Wir erhalten daher

$$\varphi(x,t) = 0 \quad \text{für} \quad x > \left(\lim_{k\to\infty} \frac{\omega(k)}{k}\right) t, \tag{2.3.7}$$

so daß sich die Wellenfront tatsächlich mit v_F ausbreitet.

Die Details des Beweises sind bei Brillouin (1960) zu finden, wo auch eine klassische Arbeit von Sommerfeld zum Thema Frontgeschwindigkeit abgedruckt ist. Dort ist auch gezeigt, daß für $v_G < v_F$ nur schwache Vorläufer der Welle sich mit Frontgeschwindigkeit ausbreiten, während der Hauptteil der Welle und damit das eigentliche Signal mit v_G propagiert.

In der Elektrodynamik (und in allen anderen sinnvollen Feldtheorien) ist stets $v_F = 1$, da für unendliche Frequenzen (d.h. unendliche Photonenenergien) alle Einflüsse des Mediums auf die Wellenausbreitung vernachlässigt werden können.

Mangelhafte Unterscheidung zwischen Phasen-, Gruppen- und Frontgeschwindigkeit hat bis in die jüngste Vergangenheit immer wieder zu Fehlern in physikalischen Argumenten geführt. Als Beispiel sei hier die Schallgeschwindigkeit v_S in Kernmaterie angeführt. Allgemein ist $v_S^2 = dp/d\rho$ aus der Zustandsgleichung $p(\rho)$ zu ermitteln, wobei Näherungsrechnungen bei Dichten $\rho \approx 10^{15}$ g/cm^3 auf Zustandsgleichungen führen, aus denen $v_S > 1$ folgt. Da v_S eine Phasengeschwindigkeit ist, steht dieses Resultat nicht im Widerspruch zur Relativitätstheorie. Andererseits kann aber die Bedingung $v_S < 1$ nicht zur Einschränkung möglicher Zustandsgleichungen in Kernmaterie auf solche verwendet werden, bei denen $dp/d\rho < 1$ gilt. Derartige Argumente wurde vielfach bei der Berechnung von Neutronensternmodellen herangezogen, bei denen die Frage möglicher Zustandsgleichungen der Kernmaterie eine bedeutende Rolle spielt. Siehe dazu z.B. die Artikel von Ruffini in DeWitt (1973).

Bemerkenswert ist ferner, daß das in Abb. 2.6 dargestellte Argument gegen die Existenz von Überlichtgeschwindigkeiten nur unter der Voraussetzung eines freien Willens schlüssig ist. Ohne den – in der Physik stets vorausgesetzten – freien Willen ergeben sich aus der Möglichkeit, Signale in die Vergangenheit zu senden, keine Widersprüche (siehe dazu die Diskussion in Hawking & Ellis (1973), p. 189, und Terletskii (1968), der die thermodynamischen Aspekte betont; H. Schmidt, Foundations of Physics *8*, 463 (1978)).

Die Möglichkeit oder Unmöglichkeit der Existenz von Teilchen, die sich mit Überlichtgeschwindigkeit bewegen (*„Tachyonen“*), wurde eine Zeitlang viel diskutiert. Auslösend war dabei vor allem ein Artikel von G. Feinberg (Phys. Rev. *159*, 1089 (1957)), der versuchte, die hier beschriebenen Kausalitätsprobleme durch eine „Reinterpretation“ der Gesetze der Tachyonenausbreitung zu lösen, was unserer Meinung nach nicht gelungen ist (siehe z.B. F. Pirani, Phys. Rev. D*1*, 3224 (1970)). Auch erweist es sich – ganz abgesehen von Fragen der Kausalität – als unmöglich, eine konsistente Quantentheorie freier, lokalisierbarer Tachyonen aufzubauen, da negative Energien zu Instabilitäten führen (siehe z.B. G. Ecker, Ann. Phys. (N.Y.) *58*, 303 (1970)).

Sehr ausführlich (mit einem pro-Tachyonen-Standpunkt) informiert der Überblicksartikel von E. Recami und R. Mignani, Revista Nuovo Cim. *4*, 209 (1974) über die Problematik. Es wird dort sogar die Existenz von Inertialsystemen postuliert, die sich relativ zueinander mit Überlichtgeschwindigkeit bewegen. Der Artikel enthält über 100 Literaturzitate, die sich mit der Theorie und der experimentellen Suche nach Tachyonen beschäftigen.

Lesenswert sind auch die Ausführungen von Terletskii (1968), der die informationstheoretischen und thermodynamischen Probleme im Zusammenhang mit Tachyonen und Teilchen mit negativer Energie studiert.

2.4 Die Lorentzkontraktion

Ein ausgedehntes Objekt – wir werden in der Folge einen Einheitsmaßstab betrachten – wird im Raum-Zeit-Diagramm z.B. durch die Weltlinien einer Anzahl seiner Atome beschrieben, wie Abb. 2.7 zeigt, bzw. durch die Angabe der Oberfläche seiner *„Weltröhre“*.

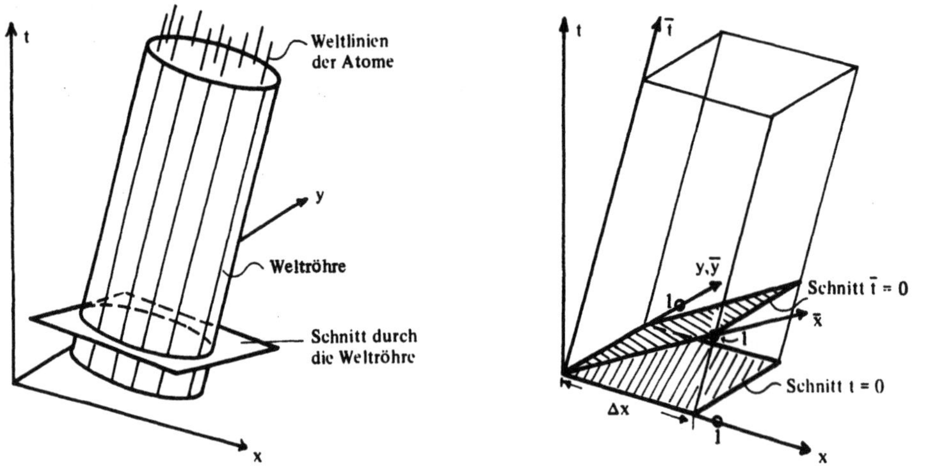

a) Weltröhre eines bewegten Objektes

b) Lorentzkontraktion eines bewegten Einheitsmaßstabes

Abb. 2.7. Zur Lorentzkontraktion

Die Größe des bewegten Objektes wird durch die Lage seiner Punkte zu irgendeinem Zeitpunkt t gegeben, d.h., durch einen Schnitt der Weltröhre mit der Fläche $t = const.$ Wegen der Relativität der Gleichzeitigkeit hängt der Schnitt, und damit die Ausdehnung des betrachteten Gegenstandes, von dem zugrundegelegten Inertialsystem ab.

Abb. 2.7 zeigt einen Maßstab, der in seinem Ruhsystem $\bar{\mathrm{I}}$ die Länge $\Delta\bar{x} = 1$ hat. Die Abbildung zeigt deutlich, daß der Schnitt $t = const.$ eine Länge des Maßstabes $\Delta x < 1$ ergibt, d.h., der ***bewegte Maßstab ist kontrahiert (Lorentzkontraktion).*** Diese Feststellung gilt nur für die Bewegungsrichtung, während senkrecht dazu (y-Richtung) keine Kontraktion resultiert.

Den numerischen Wert der Lorentzkontraktion können wir sofort aus (2.1.1) herleiten. Setzen wir dort t=0, so folgt

$$\bar{x} = \gamma\, x \quad (t = 0). \tag{2.4.1}$$

Da die Länge des Maßstabes in seinem *Ruhsystem* $\bar{\mathrm{I}}$ gleich Eins sein soll, $\Delta\bar{x} = 1$, wird seine Länge im System I

$$\Delta x = \gamma^{-1} = \sqrt{1 - v^2}. \tag{2.4.2}$$

Beobachtbare Konsequenzen der Lorentzkontraktion sind in Abschnitt 5.8 angegeben; die „Unsichtbarkeit" der Lorentzkontraktion werden wir im nächsten Abschnitt diskutieren.

Aufgaben

1. Man zeige anhand von Abb. 2.7 und auch mittels (2.1.1), daß die Lorentzkontraktion ein reziproker Effekt ist, d.h., auch ein im (t, x)-System ruhender Maßstab erscheint, vom $(\bar{t}, \bar{x})$-System beurteilt, um den gleichen Faktor verkürzt.

2. Die Länge eines dünnen Maßstabes, der relativ zum Inertialsystem I bewegt wird, soll gemessen werden. Dazu werden in I eine Serie von Blitzlampen simultan gezündet und der Schatten, den der Maßstab wirft, auf einer Photoplatte festgehalten. Man zeige, daß die Lorentzkontraktion von einem mitbewegten Beobachter so erklärt wird, daß die Blitze für ihn nicht simultan sind.

3. Ein Mann, der eine 2,1 m lange Leiter vor sich herträgt, läuft mit der Geschwindigkeit $v/c = \sqrt{3}/2$ in ein 1 m langes Zimmer und schließt die Tür hinter sich zu (Achtung auf die Zahlenwerte!).
   a) Wieso ist das möglich?
   b) Wie sieht die Situation vom Mann gesehen aus?
   c) Was passiert nachher?
   d) Man zeichne eine Reihe von Schnitten $t = const.$ bzw. $\bar{t} = const.$, um den Ablauf des Geschehens von beiden Systemen aus zu beschreiben.

(Diese Aufgabe ist aus Rindler (1966) entnommen, wo sich noch eine Reihe anderer „Paradoxien" der Lorentzkontraktion findet.

2.5 Retardierungseffekte: Die Unsichtbarkeit der Lorentzkontraktion und Überlichtgeschwindigkeiten

Bis vor wenigen Jahren waren die meisten Physiker unkritisch der Meinung, daß die Lorentzkontraktion bei der *visuellen* oder *photographischen Beobachtung* schnell bewegter Objekte festgestellt werden würde. Erst 1959 machten R. Penrose und J. Terrell unabhängig voneinander darauf aufmerksam, daß die Lorentzkontraktion auf diese Weise nicht gemessen werden kann.

Übliche Beobachtungsverfahren messen nämlich nicht die *momentane* Position eines Objektes (zur Zeit $t = const.$, wie wir es den Überlegungen des vorigen Abschnittes zugrunde gelegt haben), sondern die *retardierte* Position, bei der die Ausbreitungszeit des Lichtes vom Objekt zum Beobachter mitzuberücksichtigen ist. Ein einfaches Beispiel mag dies erläutern (Abb. 2.8a).

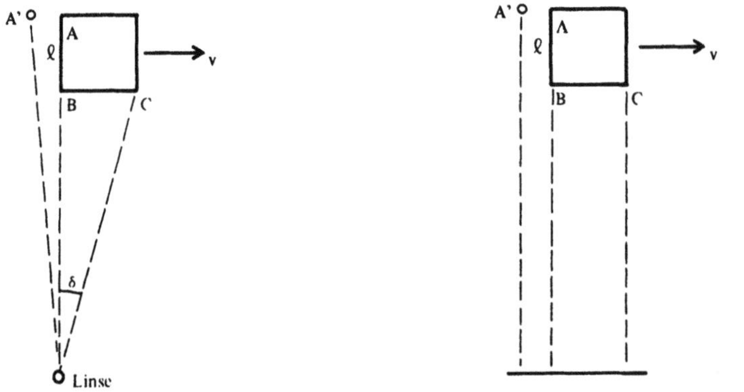

a) Photographie eines Würfels b) Vereinfachte Anordnung

Abb. 2.8. Zur Unsichtbarkeit der Lorentzkontraktion

Ein Würfel bewege sich mit der Geschwindigkeit v an einer Kamera vorbei, wobei eine Momentaufnahme gemacht werden soll. Dabei werden alle Lichtstrahlen erfaßt, die gleichzeitig bei der Kamera eintreffen – und nicht etwa jene, die zugleich vom Würfel emittiert werden.

Da der Lichtstrahl von der Kante A eine größere Entfernung zu überwinden hat als von B, wird diese Kante offenkundig zu einem früheren Zeitpunkt, also weiter links (A') registriert. Im Falle einer (relativ zur Würfeldimension) weit entfernten Kamera läßt sich dieser Effekt leicht berechnen, da dann die in Abb. 2.8a angedeuteten Winkel δ klein sind und alle Lichtwege ohne merklichen Fehler (von der Größenordnung $1 - \cos\delta \approx \delta^2/2 \approx 0$) für die parallelen Strahlen der Abb. 2.8b berechnet werden können.

Da die Kante A um ℓ weiter von der Kamera entfernt ist, muß das Licht von dort um $\Delta t = \ell$ früher emittiert werden als das von B bzw. C. In dieser Zeit bewegt sich der Würfel um $\Delta x = v\Delta t = v\ell$ nach rechts, so daß die Strecke AA'$= v\ell$ beträgt. Ohne Berücksichtigung der Lorentzkontraktion erhält man daher das in Abb. 2.9a gezeigte Bild.

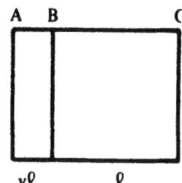

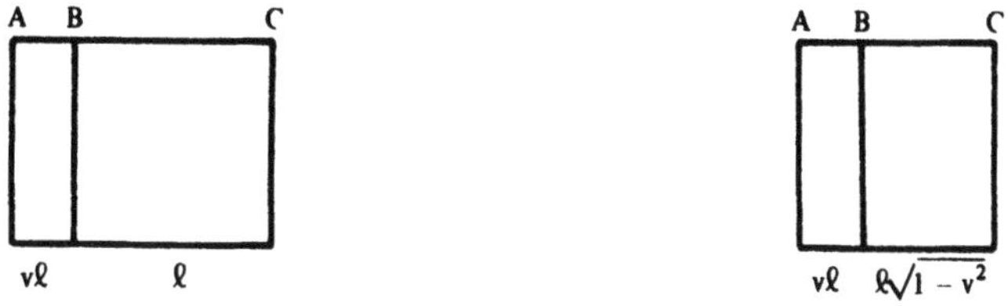

a) Bild ohne Berücksichtigung der Lorentzkontraktion

b) Die Lorentzkontraktion *entzerrt* das Bild

Abb. 2.9. Photographieren eines Würfels

Die Lorentzkontraktion bewirkt, daß die Seite BC auf $\ell\cdot\sqrt{1-v^2}$ verkürzt wird, so daß Abb. 2.9b entsteht. Dies ist aber gerade das Bild eines um $\alpha = \arcsin v$ *verdrehten* (ruhenden) Würfels gleicher Größe.

Dieses hier in einem einfachen Spezialfall hergeleitete Resultat gilt ganz allgemein: Bewegte Objekte erscheinen bei photographischen Aufnahmen nicht kontrahiert, sondern verdreht. Der Beweis dieser Behauptung und der Zusammenhang der Unsichtbarkeit der Lorentzkontraktion mit der bekannten Aberration von Lichtstrahlen ist in Abschnitt 4.3 zu finden.

Ein weiterer Retardierungseffekt ist im Zusammenhang mit astrophysikalischen Überlegungen von Bedeutung. Eine (viele Lichtjahre große) Gaskugelschale umgebe ein zentrales Objekt (Abb. 2.10), das für kurze Zeit aufleuchtet und intensive Strahlung emittiert. Dadurch wird die Gashülle kurzzeitig – und zwar in einem mit ihr mitbewegten System in allen Punkten simultan – zum Aufleuchten gebracht. Welche Leuchterscheinungen beobachtet ein irdischer Astronom, wenn sich das Objekt mit der Geschwindigkeit v (kosmische Expansion) von uns entfernt?

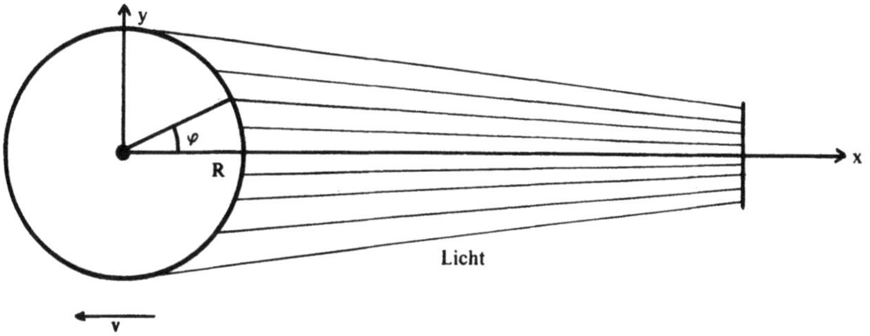

Abb. 2.10. Zur Lichtemission durch Gaskugeln

Wir beschränken uns der Einfachheit halber auf zwei Raumdimensionen und betrachten einen Gasring in der (x, y)-Ebene des Systems I (dies ist für manche Anwendungen sogar realistischer als eine Gaskugelschale), dessen Zentrum sich zur Zeit $t = 0$ im Nullpunkt befindet und sich mit Geschwindigkeit v in x-Richtung von einem in $(x = D, y = 0)$ ruhenden Beobachter entfernt. Wenn das Aufleuchten des

Ringes in dem mit ihm mitbewegten System $\bar{\text{I}}$ zur Zeit $\bar{t} = 0$ erfolgt, in welchem er durch $\bar{x} = R\cos\varphi$, $\bar{y} = R\sin\varphi$ beschrieben wird, so bedeutet das im System I des Beobachters

$$\begin{aligned} t &= \gamma(\bar{t} - v\,\bar{x}) = -\gamma\, v\, R\cos\varphi \\ x &= \gamma(\bar{x} - v\,\bar{t}) = \gamma\, R\cos\varphi \\ y &= \bar{y} = R\sin\varphi. \end{aligned} \tag{2.5.1}$$

Der Gasring leuchtet also von I gesehen nicht in allen Punkten simultan auf. Könnte man seine Gestalt in I z.B. durch Anbringen einer riesigen Photoplatte in der (x,y)-Ebene registrieren, so wird der Ring dort nicht lorentzkontrahiert, sondern im Gegenteil dilatiert abgebildet, denn aus (2.5.1) ergibt sich $y^2 + (x/\gamma)^2 = R^2$, die Gleichung einer Ellipse mit der großen Halbachse $\gamma R > R$ in x-Richtung. Dies zeigt, daß kurz aufleuchtende Objekte wieder völlig anderes Verhalten zeigen als mit Momentaufnahmen registrierte, wie wir sie oben untersucht haben[1].

Das emittierte Licht breitet sich zum Beobachter aus, das Aufleuchten der Ringpunkte mit $\varphi = \pm\varphi_1$ wird von ihm zur Zeit t_1 beobachtet, wobei

$$t_1 + \gamma\, v\, R\cos\varphi_1 = [(D - \gamma\, R\cos\varphi_1)^2 + R^2\sin^2\varphi_1]^{1/2} \approx D - \gamma\, R\cos\varphi_1 \tag{2.5.2}$$

(in der betrachteten Situation ist ja $D \gg R$). Der Beobachter sieht also zur Zeit t_1 zwei Lichtpunkte im Abstand

$$y_1 = R\sin\varphi_1 = \left[R^2 - (D - t_1)^2 \frac{1-v}{1+v}\right]^{1/2} =: y_1(t_1), \tag{2.5.3}$$

die sich nach Einsetzen der Leuchterscheinung mit einer Relativgeschwindigkeit $2dy_1/dt \gg 1$ auseinanderbewegen. Für den Beobachter ergibt sich der Eindruck eines Objektes, das in zwei Bruchstücke explodiert, die – scheinbar gegen alle Vorhersagen der Relativitätstheorie – mit vielfacher Lichtgeschwindigkeit auseinanderfliegen; danach erfolgt eine Verlangsamung und Umkehr der Explosion.

Diese Überlegungen zeigen, wie vorsichtig man bei der Interpretation optischer Daten sein muß. Mit Überlichtgeschwindigkeit bewegte Objekte können durch Retardierungseffekte, aber auch durch andere Ursachen vorgetäuscht werden, ohne daß dabei tatsächlich Massen oder Signale mit Überlichtgeschwindigkeit übertragen werden.

Radioastronomische Beobachtungen zeigen, daß Komponenten der quasi-stellaren Radioquellen (Quasare) 3C 279 und 3C 273 sich mit 6- bzw. 4-facher Lichtgeschwindigkeit auseinanderbewegen. Diese Entdeckung erregte 1971 großes Aufsehen, und viele Theorien wurden vorgeschlagen, um den scheinbaren Widerspruch zur Relativitätstheorie zu beseitigen. Manche Autoren vertraten auch die Meinung, daß die Relativitätstheorie durch diese Beobachtungen widerlegt sei. Das oben angegebene Modell soll illustrieren, daß die astronomischen Beobachtungen ohne Heranziehung exotischer Hypothesen erklärt werden können. Einen Überblick über andere Modelle und die Beobachtungstatsachen findet man bei R.H. Sanders, Nature *248*, 390 (1974).

[1] Siehe dazu z.B. N.C. McGill, Cont. Phys. *9*, 33 (1968).

Aufgabe

Man zeige, daß Bruchstücke einer explodierenden Masse mit Überlichtgeschwindigkeit auseinanderzufliegen scheinen, falls sie hinreichend große Geschwindigkeitskomponenten in Richtung auf den Beobachter aufweisen.

2.6 Eigenzeit und Zeitdilatation

Wir kommen nun zur physikalischen Interpretation des in 1.5 formal eingeführten Linienelements ds. Wenn wir wieder die x^2- und x^3-Koordinate weglassen, ist

$$ds^2 = dt^2 - dx^2 = d\bar{t}^2 - d\bar{x}^2. \tag{2.6.1}$$

Wir betrachten die Weltlinie eines beliebig bewegten Massenpunktes (Abb. 2.11). Nach Abschnitt 2.3 muß sie stets innerhalb des Lichtkegels jedes ihrer Punkte verbleiben. Es gibt dann stets ein Inertialsystem $\bar{\text{I}}$, das sich instantan mit dem Massenpunkt mitbewegt, das *momentane Ruhsystem.* Die Zeitachse von $\bar{\text{I}}$ ist parallel zur Tangente an die Weltlinie in diesem Moment. Im Ruhsystem – das im allgemeinen von Punkt zu Punkt der Weltlinie wechselt – ist $d\bar{x} = 0$, $ds = d\bar{t}$. Das Linienelement mißt also in jedem Moment die von einer mit dem Massenpunkt mitgeführten Uhr angezeigten Zeitintervalle und heißt daher auch das Element der *Eigenzeit.* Da es in jedem Inertialsystem den gleichen Wert annimmt, ist es das (unter Poincarétransformationen) *invariante Maß* für die Länge der Weltlinie des Massenpunktes, so wie in der ebenen euklidischen Geometrie $d\sigma^2 = dx^2 + dy^2$ die unter euklidischen Bewegungen invariante Länge einer Kurve mißt.

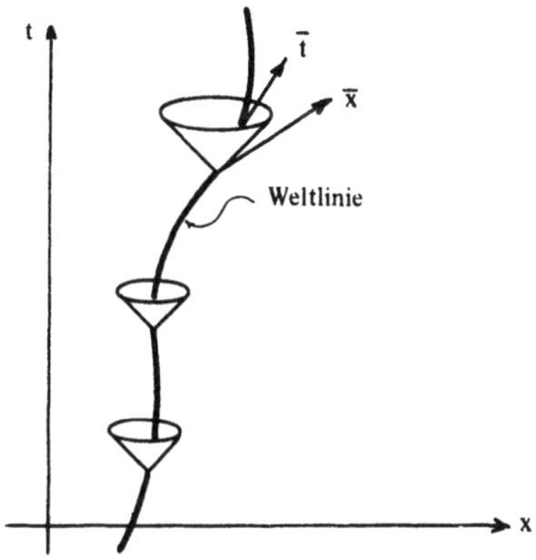

Abb. 2.11. Momentanes Ruhsystem eines Massenpunktes

Der Vorzeichenunterschied zwischen $ds^2 = dt^2 - dx^2$ und $d\sigma^2 = dx^2 + dy^2$ bewirkt, daß in der Relativitätstheorie die Weltlinie eines Körpers, die im Raum-Zeit-Diagramm länger erscheint als die eines anderen mit gleichen Endpunkten, eine kürzere „Bogenlänge" ds aufweist (weil dx für sie mehr „ausgibt").

Da das momentane Ruhsystem eines beschleunigten Massenpunktes ständig wechselt, ist es zweckmäßig, die Bahn nur in bezug auf ein Inertialsystem I anzugeben. Die

Gleichung der Weltlinie ist dann wie üblich $x = x(t)$, und die Geschwindigkeit des Massenpunktes in bezug auf I ist $v = dx/dt$. Die Eigenzeit ds entlang der Weltlinie des Massenpunktes wird dann $ds^2 = dt^2 - dx^2 = dt^2(1 - v^2)$, so daß die von einer bewegten Uhr angezeigte Zeit

$$ds = dt\sqrt{1 - v^2} < dt \tag{2.6.2}$$

beträgt. *Bewegte Uhren gehen daher langsamer.* Diesen Effekt, die *Zeitdilatation,* können wir auch aus dem in Abb. 2.12 gezeigten Raum-Zeit-Diagramm ablesen. In der Abbildung sind zwei Uhren 1 und 2 gezeigt, die im Ursprung von I bzw. $\bar{\text{I}}$ ruhen, deren Weltlinien also durch die t- bzw. $\bar{t}$-Achsen gegeben sind.

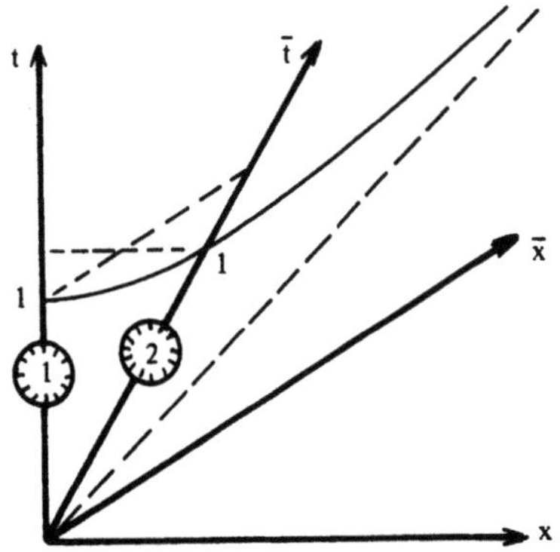

Abb. 2.12. Zur Zeitdilatation

Der Einheitspunkt auf der $\bar{t}$-Achse gibt den Zeitpunkt an, zu dem Uhr 2 die Zeit $\bar{t} = 1$ anzeigt. Dieser Zeitpunkt entspricht offensichtlich einer Zeit $t > 1$ im System I, so daß die bewegte Uhr, von I aus beurteilt, verlangsamt ist. Das trifft aber auch auf Uhr 1, vom System $\bar{\text{I}}$ aus gesehen, zu, wobei nach (2.6.2)

$$\bar{t} = t\sqrt{1 - v^2} \quad \text{für Uhr 2, d.h. für } d\bar{x} = 0 \tag{2.6.3}$$

$$t = \bar{t}\sqrt{1 - v^2} \quad \text{für Uhr 1, d.h. für } dx = 0 \tag{2.6.4}$$

gilt. Die Zeitdilatation ist ein reziproker Effekt, da von jedem System aus gesehen die Uhren im anderen System verlangsamt sind. Abb. 2.12 zeigt, daß dieses Resultat auf die Relativität der Gleichzeitigkeit zurückzuführen ist.

In der Form (2.6.3) und (2.6.4) geschrieben erscheint die Zeitdilatation zunächst paradox, wenn man diese Formeln als Transformationsformeln für t bzw. $\bar{t}$ mißversteht. Dies ist natürlich nicht der Fall, die Transformation, die t und $\bar{t}$ verbindet, ist durch (2.1.1) gegeben. (2.6.3) und (2.6.4) sind vielmehr Relationen zwischen bestimmten Zeitintervallen (und nicht Zeitkoordinaten), die durch Abb. 2.12 eindeutig definiert sind. Die Abbildung zeigt deutlich, daß „t" und „$\bar{t}$" in (2.6.3) und (2.6.4) verschiedene Bedeutung haben. Dies kann man vielleicht noch besser dadurch zum Ausdruck bringen, daß man (2.6.3,4) in der Form

$$\left.\frac{\partial \bar{t}}{\partial t}\right|_{\mathrm{X}} = \gamma, \qquad \left.\frac{\partial \bar{t}}{\partial t}\right|_{\bar{\mathrm{X}}} = \gamma^{-1} \tag{2.6.5}$$

schreibt.

Die Literatur über das Mißverständnis, (2.6.3,4) als Transformationsformeln anzusehen, ist sehr umfangreich. Besonders im Zusammenhang mit dem im nächsten Abschnitt diskutierten „Zwillingsparadoxon“ sind zahllose Arbeiten erschienen; so umfaßt die ausgewählte Bibliographie, die in Marder (1971) enthalten ist, 305 Zitate. Interessant ist dabei z.B. H. Dingle, der 1940 ein Lehrbuch der Relativitätstheorie verfaßte, bei dessen Neuauflage (Dingle (1961)) er im Vorwort schreibt: „Since this book was written, reasons have appeared, which to me are conclusive for believing that the theory is no longer tenable“. Dies zeigt deutlich, zu welchen Problemen ein allzu unexakter Gebrauch mathematischer Symbole führen kann.

2.7 Das Uhren- oder Zwillingsproblem (-„Paradoxon“)

Die bekannteste Formulierung der oben angeschnittenen Probleme ist durch das sogenannte Zwillings-„paradoxon“ gegeben (Abb. 2.13).

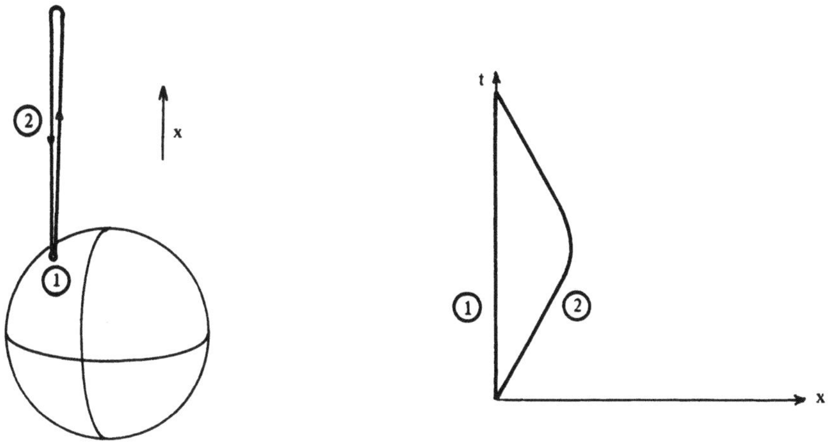

a) Räumliche Darstellung (Bahn) b) Raum-Zeit-Diagramm (Weltlinie)

Abb. 2.13. Zum Uhren-„paradoxon“

Ein Zwilling 1 verbleibe auf der Erde, während 2 mit einer der Lichtgeschwindigkeit vergleichbaren Geschwindigkeit v eine Reise durch den Weltraum unternimmt und wieder zur Erde zurückkehrt. Während dabei auf der Erde die Zeit T_1 vergeht, sollte nach Gleichung (2.6.2) oder (2.6.3) für den bewegten Zwilling 2 nur die Zeit

$$T_2 = T_1\sqrt{1-v^2} \tag{2.7.1}$$

vergangen sein. Der bewegte Zwilling sollte daher bei seiner Rückkehr weniger gealtert sein als der erdfeste. Vom Standpunkt von 2 aus gesehen, bewegt sich aber 1 ständig mit einer Geschwindigkeit v, so daß 2 erwarten würde, daß 1 weniger gealtert sein wird.

In eine wissenschaftliche Terminologie übersetzt, lautet das Problem (siehe Abb. 2.13b): Eine Uhr 1 ruht in einem Inertialsystem, während sich Uhr 2 davon gleichförmig wegbewegt, zurückbeschleunigt wird und schließlich wieder die Bahn von 1 kreuzt. Da sich 2 ständig mit der Geschwindigkeit v bewegt, sollte 2 bei der Rückkehr (die zur Zeit $t = T_1$ im (x,t)-System erfolgen soll) nur die Zeit $T_2 = T_1\sqrt{1-v^2}$

anzeigen. Nun lautet wie vorher das Argument, das Anlaß zum eigentlichen Paradoxon gibt, daß man sich auch auf den Standpunkt der Uhr 2 stellen kann, der gegenüber sich 1 ständig mit v bewegt, so daß die Relation gerade umgekehrt, nämlich $T_1 = T_2\sqrt{1-v^2}$ lauten sollte.

Um den Fehler dieser Argumentation zu finden, stellen wir zunächst fest, daß die beiden Uhren 1 und 2 *keinesfalls symmetrisch* in das Problem eingehen, wie auch das Raum-Zeit-Diagramm Abb. 2.13b unmittelbar zeigt. Die Uhr 1 ruht im Inertialsystem I, während 2 beschleunigt wird. Im Raum-Zeit-Diagramm ist die Weltlinie von 2 daher *keine* Gerade.

Man könnte nun vermuten, daß der Unterschied zwischen den Uhren 1 und 2 etwas mit der Beschleunigung von 2 zu tun hat, und man hier einen Einfluß der Beschleunigung und nicht der Geschwindigkeit auf die Uhren feststellt. Im nächsten Abschnitt soll dieser Gesichtspunkt untersucht werden, hier wollen wir vorgreifend nur feststellen, daß man Beschleunigungseffekte auf Uhren stets eliminieren kann. Außerdem ist die Phase der Beschleunigung beliebig kurz gegenüber dem unbeschleunigten freien Flug wählbar, so daß sie von I gesehen beliebig wenig Einfluß auf das Endergebnis hat.

Untersuchen wir das „paradoxe“ Argument genau! Wir haben im vorigen Abschnitt festgehalten, daß der Weltlinie eines Körpers, die im Raum-Zeit-Diagramm am längsten aussieht, die kürzere Eigenzeit ds entspricht. Diese allgemeine Feststellung zeigt sofort, daß die Kurve 2 in Abb. 2.13b zur kürzeren Eigenzeit gehört[1], Zwilling (d.h. Uhr) 2 altert daher weniger als 1. Das zum Paradoxon führende Gegenargument heißt jetzt: Wenn man sich auf den Standpunkt von 2 stellt und die Weltlinie von 2 als Gerade $\bar{x} = 0$ einzeichnet (siehe Abb. 2.14), so erscheint die Bahn von 1 eckig und daher länger, so daß die ihr entsprechende Eigenzeit kürzer als auf 2 sein sollte[2].

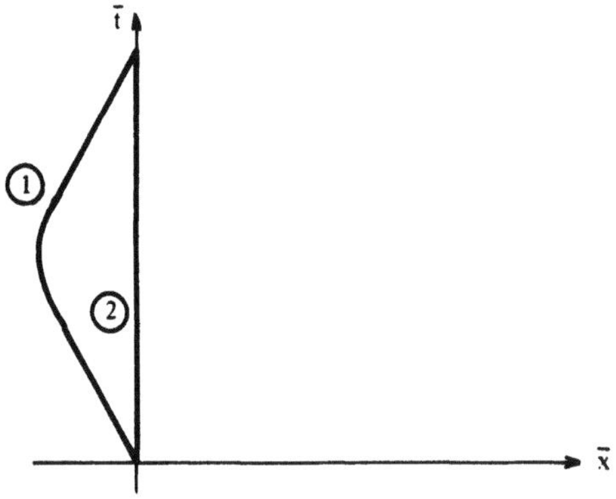

Abb. 2.14 Das Zwillingaparadoxon, gesehen vom Standpunkt von 2. In dieser Abbildung wurde ein Koordinatensystem $(\bar{t}, \bar{x})$ gewählt, in dem Uhr 2 im Ursprung $\bar{x} = 0$ ruht

[1] Weg 2 ist wohl länger, *weil* er ein gekrümmtes Stück enthält; aber während letzteres zwar die größere Länge *ermöglicht*, stammen die wesentlichen Beiträge dennoch nur von den geradlinigen Stücken (= unbeschleunigte Bewegung)!

[2] J. Crampin, W. McCrea, D. McNally, Proc. Roy. Soc. *A252*, 156 (1959) geben für konkrete Fälle maßstäbliche Diagramme.

Der Irrtum in dieser Argumentation liegt darin, daß das (t, x)-Koordinatensystem, wie Abb. 2.13b zeigt, krummlinig ist. Koordinaten, krummlinige Die $\bar{t}$-Koordinatenlinie (d.h. die Weltline 2) ist offenbar gekrümmt. Dem entspricht die Tatsache, daß das mit der Uhr 2 mitbewegte System kein Inertialsystem ist. Die Benützung eines derartigen Systems ist natürlich ebenso zulässig wie etwa die Verwendung von Polarkoordinaten in der ebenen Geometrie, nur muß man alle Formeln geeignet transformieren, so daß sie auch in krummlinigen Koordinatensystemen (hier: in Nicht-Inertialsystemen = beschleunigten Bezugssystemen) gelten.

So kann man etwa – wie in Abb. 2.15 – die ebenen Polarkoordinaten (r, φ) genau wie kartesische auftragen. Nur ist dann der Abstand zwischen den Punkten A und B nicht einfach durch die Formel $d\sigma^2 = dr^2 + d\varphi^2$ gegeben, sondern muß durch eine Koordinatentransformation wie üblich zu $d\sigma^2 = dr^2 + r^2 d\varphi^2$ bestimmt werden.

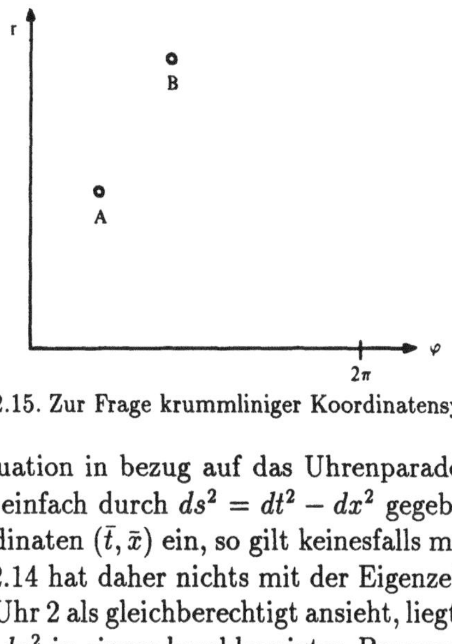

Abb. 2.15. Zur Frage krummliniger Koordinatensysteme

Ebenso liegt die Situation in bezug auf das Uhrenparadoxon. Im Inertialsystem I ist das Linienelement einfach durch $ds^2 = dt^2 - dx^2$ gegeben. Führt man dagegen die krummlinigen Koordinaten $(\bar{t}, \bar{x})$ ein, so gilt keinesfalls mehr $ds^2 = d\bar{t}^2 - d\bar{x}^2$. Die Kurvenlänge der Abb. 2.14 hat daher nichts mit der Eigenzeit zu tun. Der Irrtum in dem Argument, das die Uhr 2 als gleichberechtigt ansieht, liegt also in der Verwendung der Formel $ds^2 = dt^2 - dx^2$ in einem beschleunigten Bezugssystem. Diese Formel ist ausschließlich in Inertialsystemen gültig.

Man kann natürlich die entsprechenden Umrechnungen auf das beschleunigte Bezugssystem durchführen und die korrekte Form von ds in diesem System ermitteln. Die entsprechenden mathematischen Techniken dafür werden in der allgemeinen Relativitätstheorie entwickelt. Dort kann man explizit zeigen, daß sich dann selbstverständlich das Resultat (2.7.1) ergibt.

Die Tatsache, daß diese Techniken üblicherweise erst im Zusammenhang mit der allgemeinen Relativitätstheorie gelehrt werden, hat zu der irrigen Vermutung geführt, daß diese Theorie irgendetwas mit dem Uhren-„paradoxon“ zu tun hat. Man kann natürlich auch die spezielle Relativitätstheorie auf beschleunigte Bezugssysteme umschreiben, es ist aber an dieser Stelle überflüssig, diese etwas komplizierten Techniken einzuführen, da man sich stets auf ein Inertialsystem beziehen kann und so alle Resultate einfacher erhält.

Die bisher genaueste *Messung* der speziell-relativistischen Zeitdilatation ist 1968 am CERN im Zusammenhang mit Messungen an Elementarteilchen erfolgt. Der Zeitdilatationsfaktor betrug dabei $\gamma = 12,1$, die Meßgenauigkeit war 2% (s. F.M. Farley et al., Nature *217*, 17 (1968)). Es gab auch

Vorschläge, Atomuhren (Cäsium-Uhren) in Erdsatelliten einzubauen und so den Uhreneffekt zu messen. Während die Vorbereitungen für ein derartiges Experiment nur langsam vorangingen, wurde die Genauigkeit von Cs-Uhren inzwischen derart gesteigert, daß der Effekt in gewöhnlichen Verkehrsflugzeugen meßbar ist. In einem wissenschaftsgeschichtlich bedeutenden Experiment gelang es J. Hafele und R. Keating 1971 tatsächlich, die Zeitdilatation ohne allzuviele Vorbereitungen während eines normalen Linienfluges rund um die Erde mit einer Genauigkeit von 10% nachzuweisen (vgl. Science *177*, 166, 168 (1972); Sexl & Sexl (1975)). Allerdings spielen dabei auch Gravitationseffekte eine Rolle, die wir hier nicht behandeln können.

2.8 Über den Einfluß von Beschleunigungen auf Uhren

Im vorigen Abschnitt haben wir gesehen, daß Geschwindigkeitseffekte den Gang von Uhren beeinflussen. Es fragt sich, ob es einen analogen Einfluß der Beschleunigung gibt, so daß Gleichung (2.6.2) etwa auf die Art $ds = \sqrt{1-v^2}\sqrt{1+ab^2}$ abzuwandeln wäre, wobei a eine Konstante und b die Beschleunigung der Uhr ist (diese Form der b-Abhängigkeit wurde rein willkürlich als Beispiel gewählt). Eine derartige b-Abhängigkeit würde in differentieller Weise aussagen, daß der Gang der Uhr auch von ihrer Vorgeschichte abhängt, also von der Art, wie sie ihren Bewegungszustand erreicht hat. Betrachten wir etwas weniger differentiell zwei Uhren, die zunächst in I ruhen und dort den gleichen *Stand* und *Gang* aufweisen, dann auf unterschiedliche Weise beschleunigt werden, sich schließlich im System $\bar{\text{I}}$ treffen und dort beide zur Ruhe kommen, wobei sie gegen I die Relativgeschwindigkeit v haben. In leichter Verallgemeinerung der Ergebnisse des vorigen Abschnitts haben wir dann einen *ersten Uhreneffekt* zu erwarten: der *Stand* der Uhren wird am Treffpunkt nicht mehr übereinstimmen. Demgegenüber ist die hier gestellte Frage, ob sie nun auch einen unterschiedlichen *Gang* aufweisen (*zweiter Uhreneffekt*), obwohl sie wieder dieselbe Geschwindigkeit haben.

Eine beschleunigte Uhr muß unter dem Einfluß von *Kräften* stehen. Es wird nun von der Art der Uhr und der Kräfte abhängen, welche Gangveränderungen dabei zustande kommen (wenn die Uhr etwa aus magnetisierbarem Material gebaut ist und durch ein Magnetfeld beschleunigt wird, bleibt sie stehen). Damit diese Gangveränderungen vernachlässigbar klein sind, ist zu fordern, daß die inneren Kräfte, die die Uhr zusammenhalten, weit stärker sind als die äußeren, die die Uhr beschleunigen. Diese Forderung ist nicht so trivial, wie sie auf den ersten Blick erscheinen mag. Wir haben z.B. im vorigen Abschnitt die CERN-Experimente erwähnt, die mit im Beschleuniger zirkulierenden μ-Mesonen arbeiten, deren Lebensdauer dadurch vergrößert wird. Damit die Formeln der Relativitätstheorie angewendet werden können, muß das Meson zunächst im obigen Sinn gut gebaut sein, d.h., die inneren Kräfte, die den Zerfall hervorrufen, müssen sehr stark sein, verglichen mit den äußeren, magnetischen Kräften. Da aber atomare, nukleare und noch viel mehr Felder innerhalb von Teilchen immer sehr stark im Vergleich zu künstlich erzeugten makroskopischen Feldern sind, ist das Meson in dieser Hinsicht eine ausgezeichnete Uhr. Etwa zu erwartende Beschleunigungseffekte sind um viele Größenordnungen schwächer als die relativistischen Geschwindigkeitseffekte.

Das obige Argument zeigt, daß Mesonen bereits ausgezeichnete „Uhren“ sind, die für alle „praktischen“ Zwecke ausreichen. Wir wollen aber noch weitergehend zeigen, daß man im Rahmen der speziellen Relativitätstheorie im Prinzip sogar eine ideale Uhr konstruieren kann, bei der keinerlei Beschleunigungseffekte auftreten.

Dazu verwenden wir irgendeine gute Uhr, d.h. eine, die in den oben erwähnten Beschleunigungsversuchen nur geringen Beeinflussungen unterliegt und nicht etwa stehenbleibt. Man versieht nun die Uhr mit einem Beschleunigungsmeßgerät, wie etwa in Abb. 2.16. (Beschleunigungen haben ja in der speziellen Relativitätstheorie *absolute* Bedeutung, wie wir in Abschnitt 4.1 explizit zeigen werden.)

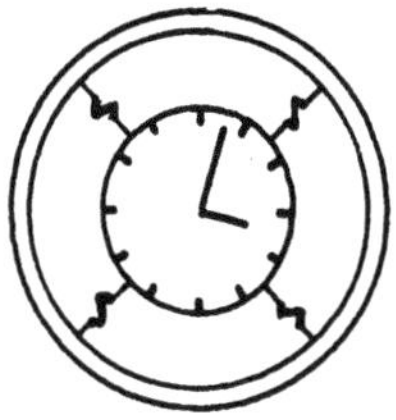

Abb. 2.16. Uhr mit Beschleunigungsmeßgerät. Die Spiralfedern, an denen die Uhr aufgehängt ist, werden gedehnt und zeigen so Beschleunigung an

Die Ablesung dieses Gerätes verwendet man zur Korrektur des Einflusses der Beschleunigung auf die Uhr, d.h., um die Uhr geeignet nachzuregulieren. Durch diese einfache Anordnung erhält man – zumindest im Prinzip – eine ideale Uhr, die gänzlich unempfindlich gegen Beschleunigung ist, wobei allerdings für jede Art von Beschleunigung (elektrisch, magnetisch, mechanisch etc.) eine eigene notwendig ist.

Eine derartige beschleunigungsunempfindliche Idealuhr zeigt bei beliebig beschleunigter Bewegung die Eigenzeit $\int ds$ an.

Diese Überlegungen zeigen allerdings nur die *Selbstkonsistenz* der Theorie mit den in Kapitel 1 gemachten Annahmen. Dort hatten wir ja Transformationen der Zeit- und Längeneinheiten mit dem Hinweis weggelassen, daß es beschleunigungsunempfindliche Uhren und Maßstäbe gebe. Dies erlaubte es, die skalaren Koeffizienten in (1.3.3) als Funktionen von v allein anzusetzen. In der resultierenden, von der Lorentztranformation beherrschten Kinematik haben Beschleunigungen absolute Bedeutung, und das haben wir soeben ausgenützt. Die empirische Tatsache, daß es praktisch ideale Uhren gibt, bei denen also kein zweiter Uhreneffekt auftritt und die die Eigenzeit anzeigen, wird deshalb von manchen etwas axiomatischer vorgehenden Autoren explizit als Grundpostulat C) zu den Postulaten A), B) von Abschnitt 1.1 hinzugefügt.

2.9 Das Geschwindigkeitsadditionstheorem

Wir betrachten einen Massenpunkt, der sich mit Geschwindigkeit $\bar{\mathbf{w}}$ im System $\bar{\text{I}}$ bewegt. Welche Geschwindigkeit $\mathbf{u}$ weist dieser Massenpunkt vom System I aus gesehen auf, wenn $\bar{\text{I}}$ sich gegen I mit Geschwindigkeit $\mathbf{v}$ bewegt?

Um diese Frage zu beantworten, bilden wie zunächst die Umkehrung von (1.4.4):

$$\begin{aligned} \mathbf{x} &= \bar{\mathbf{x}} + \frac{\gamma^2}{\gamma+1}(\bar{\mathbf{x}}\,\mathbf{v})\,\mathbf{v} + \gamma\,\mathbf{v}\,\bar{t} \\ t &= \gamma\,\bar{t} + \gamma\,(\mathbf{v}\,\bar{\mathbf{x}}). \end{aligned} \tag{2.9.1}$$

Setzen wir $\bar{\mathbf{x}} = \bar{\mathbf{w}}\,\bar{t}$ in (2.9.1) ein, so folgt für $\mathbf{u} = \mathbf{x}/t$

$$\mathbf{u} = \frac{\frac{\bar{\mathbf{w}}}{\gamma} + \frac{\gamma}{\gamma+1}(\mathbf{v}\,\bar{\mathbf{w}})\,\mathbf{v} + \mathbf{v}}{1 + \mathbf{v}\,\bar{\mathbf{w}}}. \tag{2.9.2}$$

Will man das hier auftretende formale Skalarprodukt $\mathbf{v}\,\bar{\mathbf{w}}$ geometrisch interpretieren, ist zu beachten, daß sich die Komponenten von $\mathbf{v}$ auf I, die von $\bar{\mathbf{w}}$ auf $\bar{\text{I}}$ beziehen und es zunächst wegen der Relativität der Gleichzeitigkeit sinnlos ist, vom Winkel zwischen $\mathbf{v}$ und $\bar{\mathbf{w}}$ zu reden. Allerdings ist $\mathbf{v}\,\bar{\mathbf{w}} = -(-\mathbf{v})\,\bar{\mathbf{w}}$, und $\bar{\mathbf{v}} = -\mathbf{v}$ sind die Komponenten der Geschwindigkeit von I gegen $\bar{\text{I}}$ (Reziprozität), so daß das Produkt mit dem Winkel zwischen $\bar{\mathbf{v}}$ und $\bar{\mathbf{w}}$ in $\bar{\text{I}}$ in Verbindung gebracht werden kann. Trotz dieser Möglichkeit bleibt die in (2.9.2) aufscheinende Vektoraddition formal, und bei Anwendung ist stets *streng* zu beachten, worauf sich die vorkommenden Größen beziehen, um Scheinparadoxa zu vermeiden, wie etwa das folgende. „Nach der Reziprozitätseigenschaft hat $\bar{\text{I}}$ gegen das Ruhsystem $\bar{\bar{\text{I}}}$ des Massenpunktes die Geschwindigkeit $\bar{\bar{\mathbf{w}}} = -\bar{\mathbf{w}}$, I gegen $\bar{\bar{\text{I}}}$ die Geschwindigkeit $\bar{\bar{\mathbf{u}}} = -\mathbf{u}$, also muß sich $-\mathbf{u}$ durch Einsetzen von $-\bar{\mathbf{w}}$ statt $\mathbf{v}$ und $-\mathbf{v} = \bar{\mathbf{v}}$ statt $\bar{\mathbf{w}}$ ins Additionstheorem ergeben, d.h. (nach Wegkürzen des Minuszeichens), das Additionstheorem müßte in $\mathbf{v}$, $\bar{\mathbf{w}}$ symmetrisch sein, was aber offensichtlich (für $\mathbf{v} \times \bar{\mathbf{w}} \neq 0$) nicht der Fall ist – Widerspruch!" Die durch (2.9.2) gegebene Verknüpfung ist tatsächlich weder kommutativ noch assoziativ. Die Lösung der entsprechenden Paradoxa ergibt sich aus den Betrachtungen des nächsten Abschnitts. Charakteristische Schwierigkeit ist das Versagen der zweidimensionalen Raum-Zeit-Diagramme, die bisher so hilfreich waren.

Zwei Spezialfälle dieses *allgemeinen Geschwindigkeitsadditionstheorems* sind zu erwähnen:

1) Wenn $\bar{\mathbf{w}}$ parallel zu $\mathbf{v}$ ist, folgt

$$\mathbf{u} = \frac{\mathbf{v} + \bar{\mathbf{w}}}{1 + \mathbf{v}\,\bar{\mathbf{w}}}. \tag{2.9.3}$$

Dies ist der Spezialfall, der üblicherweise angegeben ist.

2) Für einen Massenpunkt, der sich orthogonal zur Relativgeschwindigkeit $\mathbf{v}$ der Inertialsysteme bewegt, ist $\mathbf{v}\,\bar{\mathbf{w}} = 0$ und

$$\mathbf{u} = \mathbf{v} + \bar{\mathbf{w}}/\gamma = \mathbf{v} + \bar{\mathbf{w}}\sqrt{1 - v^2}. \tag{2.9.4}$$

Die Bewegung senkrecht zur Relativgeschwindigkeit ist verlangsamt. Man sieht leicht ein, daß es sich hier um einen Effekt der Zeitdilatation handelt (die Distanzen senkrecht zu $\mathbf{v}$ sind in beiden Inertialsystemen gleich).

Für das Quadrat von $\mathbf{u}$ ergibt sich nach kurzer Rechnung

$$\mathbf{u}^2 = 1 - \frac{(1 - \bar{\mathbf{w}}^2)(1 - \mathbf{v}^2)}{(1 + \mathbf{v}\,\bar{\mathbf{w}})^2} \leq 1. \tag{2.9.5}$$

$\mathbf{u}^2 = 1$ resultiert nur für $\bar{\mathbf{w}}^2 = 1$ oder $\mathbf{v}^2 = 1$ (Invarianz der Lichtgeschwindigkeit).

Lorentz (1909; Note 86) hatte die Invarianz der Maxwell-Gleichungen unter Lorentztransformationen und damit die Gültigkeit des Relativitätsprinzips nicht exakt zeigen können, da er aus seinen Überlegungen ein falsches Geschwindigkeitsadditionstheorem herleitete.

Aufgaben

1. Man verifiziere (2.9.5)

2. Man formuliere ein der Nichtassoziativität von (2.9.2) entsprechendes Paradoxon!

2.10 Die Thomaspräzession

Wir ersetzen den im vorigen Abschnitt betrachteten Massenpunkt durch ein Inertialsystem $\bar{\bar{I}}$, das aus $\bar{I}$ durch eine reine Geschwindigkeitstransformation mit der Relativgeschwindigkeit $\bar{\mathbf{w}}$ hervorgehe. Dann hat $\bar{\bar{I}}$ gegen I die durch (2.9.2) gegebene Relativgeschwindigkeit $\mathbf{u}$, geht aber überraschenderweise aus I *nicht* durch eine reine Geschwindigkeitstransformation hervor (ausgenommen im erwähnten Spezialfall 1)). Es ist nämlich $\bar{\bar{x}} = L_{\bar{\mathbf{w}}}\,\bar{x} = L_{\bar{\mathbf{w}}}\,L_{\mathbf{v}}\,x$ mit

$$L_{\mathbf{v}} = \begin{pmatrix} \gamma_v & -\gamma_v\,\bar{\mathbf{v}}^T \\ -\gamma_v\,\mathbf{v} & \mathbf{1} + \dfrac{\gamma_v^2}{1+\gamma_v}\,\mathbf{v}\,\mathbf{v}^T \end{pmatrix}, \qquad L_{\bar{\mathbf{w}}} = \begin{pmatrix} \gamma_{\bar{w}} & -\gamma_{\bar{w}}\,\bar{\mathbf{w}}^T \\ -\gamma_{\bar{w}}\,\bar{\mathbf{w}} & \mathbf{1} + \dfrac{\gamma_{\bar{w}}^2}{1+\gamma_{\bar{w}}}\,\bar{\mathbf{w}}\,\bar{\mathbf{w}}^T \end{pmatrix}, \tag{2.10.1}$$

$$\gamma_v := \frac{1}{\sqrt{1-\mathbf{v}^2}}, \qquad \gamma_{\bar{w}} := \frac{1}{\sqrt{1-\bar{\mathbf{w}}^2}},$$

also durch Matrixmultiplikation

$$L := L_{\bar{\mathbf{w}}}\,L_{\mathbf{v}} = \begin{pmatrix} \gamma & -\mathbf{a}^T \\ -\mathbf{b} & \mathrm{M} \end{pmatrix} \tag{2.10.2}$$

mit

$$\begin{aligned} \gamma &= \gamma(\mathbf{v},\bar{\mathbf{w}}) := \gamma_v\,\gamma_{\bar{w}}\,(1 + \mathbf{v}\,\bar{\mathbf{w}}) \equiv \gamma(\bar{\mathbf{w}},\mathbf{v}), \\ \mathbf{a} &= \gamma(\mathbf{v},\bar{\mathbf{w}})\,\bar{\mathbf{w}} \circ \mathbf{v}, \qquad \mathbf{b} = \gamma(\bar{\mathbf{w}},\mathbf{v})\,\mathbf{v} \circ \bar{\mathbf{w}}, \end{aligned} \tag{2.10.3}$$

$$\mathrm{M} = \mathrm{M}(\bar{\mathbf{w}},\mathbf{v}) :=$$

$$:= \mathbf{1} + \frac{\gamma_v^2}{1+\gamma_v}\,\mathbf{v}\,\mathbf{v}^T + \frac{\gamma_{\bar{w}}^2}{1+\gamma_{\bar{w}}}\,\bar{\mathbf{w}}\,\bar{\mathbf{w}}^T + \gamma_v\,\gamma_{\bar{w}}\left(1 + \frac{\gamma_v\,\gamma_{\bar{w}}}{(1+\gamma_v)(1+\gamma_{\bar{w}})}\,\mathbf{v}\,\bar{\mathbf{w}}\right)\bar{\mathbf{w}}\,\mathbf{v}^T,$$

wo

$$\bar{\mathbf{w}} \circ \mathbf{v} := \left(\gamma_{\bar{w}}\,\gamma_v\,\mathbf{v} + \gamma_{\bar{w}}\,\bar{\mathbf{w}} + \gamma_{\bar{w}}\,\frac{\gamma_v^2}{1+\gamma_v}\,(\bar{\mathbf{w}}\,\mathbf{v})\,\mathbf{v}\right)/\gamma(\mathbf{v},\bar{\mathbf{w}}) \tag{2.10.4}$$

die Summengeschwindigkeit $\mathbf{u}$ (2.9.2) ist. Die erste der Relationen (1.5.5) zeigt nun unmittelbar die Richtigkeit von (2.9.5), d.h.,

$$\gamma_u = \gamma(\mathbf{v},\bar{\mathbf{w}}). \tag{2.10.5}$$

Die Matrix (2.10.2) ist für $\mathbf{v} \times \bar{\mathbf{w}} \neq \mathbf{0}$ nicht symmetrisch, wie dies für reine Geschwindigkeitstransformationen notwendig wäre. Nach (1.5.13) können wir aber

(2.10.2) in ein Produkt $L_{\mathrm{R}}\, L_{\mathbf{u}} = L_{\mathrm{R}\mathbf{u}}\, L_{\mathrm{R}}$ zerlegen, wo

$$\mathrm{R} = \mathrm{R}(\bar{\mathbf{w}}, \mathbf{v}) := \mathrm{M}(\bar{\mathbf{w}}, \mathbf{v}) - \frac{\mathbf{b}\,\mathbf{a}^T}{1+\gamma} \tag{2.10.6}$$

die zu $\mathbf{v}$, $\bar{\mathbf{w}}$ gehörende *Thomasrotation* ist. Aus den Definitionen für M, $\mathbf{a}$, $\mathbf{b}$ sieht man, daß $\mathbf{v} \times \bar{\mathbf{w}}$ Eigenvektor von R zum Eigenwert 1 ist, also die Drehachse angibt. (Für $\mathbf{v} \times \bar{\mathbf{w}} = \mathbf{0}$ wird $\mathrm{R} = \mathbf{1}$, woraus aus Stetigkeitsgründen auch $\det \mathrm{R}(\bar{\mathbf{w}}, \mathbf{v}) = +1$ folgt.) Der Drehwinkel α ergibt sich aus $\mathrm{Sp}\,\mathrm{R} = 1 + 2\cos\alpha$ in etwas unübersichtlicher Form, und erst eine langwierige Umformung[1] führt auf den symmetrischen Ausdruck (McFarlane, J. Math. Phys. *3,* 1116 (1962))

$$1 + \cos\alpha = \frac{(1 + \gamma_u + \gamma_v + \gamma_{\bar{w}})^2}{(1 + \gamma_u)(1 + \gamma_v)(1 + \gamma_{\bar{w}})} > 0. \tag{2.10.7}$$

Zur Interpretation dieser Formeln ist wieder zu beachten, daß sich die Komponenten $\mathbf{v}$ und $\bar{\mathbf{w}}$ auf verschiedene Inertialsysteme beziehen und daher in Analogie zu dem in Abschnitt 2.9 über das Skalarprodukt $\mathbf{v}\,\bar{\mathbf{w}}$ Gesagten auch das formale Vektorprodukt $\mathbf{v} \times \bar{\mathbf{w}}$ vor einer geometrischen Deutung geeignet umzuformen ist. Um $\mathbf{v} \times \bar{\mathbf{w}}$ als Drehachse im System I zu interpretieren, entsprechend der Aufspaltungsversion $L = L_{\mathrm{R}\mathbf{u}}\, L_{\mathrm{R}}$, beachten wir, daß aufgrund der Definition von $\mathbf{u} = \bar{\mathbf{w}} \circ \mathbf{v}$ in (2.10.4)

$$\mathbf{v} \times \mathbf{u} = \frac{\mathbf{v} \times \bar{\mathbf{w}}}{\gamma_v\,(1 + \mathbf{v}\,\bar{\mathbf{w}})} \tag{2.10.8}$$

gilt, so daß die Achse für die Thomasdrehung von I auf die beiden Relativgeschwindigkeitsvektoren $\mathbf{v}$, $\mathbf{u}$ von $\bar{\mathrm{I}}$, $\bar{\bar{\mathrm{I}}}$ gegen I senkrecht steht.

Um $\mathbf{v} \times \bar{\mathbf{w}}$ andererseits als Drehachse im System $\bar{\bar{\mathrm{I}}}$ zu interpretieren, entsprechend der Aufspaltungsversion $L = L_{\mathrm{R}}\, L_{\mathbf{u}}$, beachten wir, daß $L = L_{\mathrm{R}\mathbf{u}}\, L_{\mathrm{R}}$ besagt: $\bar{\bar{\mathrm{I}}}$ geht durch reine Geschwindigkeitstransformationen aus dem System I′ hervor, das durch die Drehung R aus I entsteht. Daher hat $\bar{\bar{\mathrm{I}}}$ gegen I oder I′ eine Geschwindigkeit, deren Komponenten in I′ durch $\mathrm{R}\mathbf{u}$ gegeben sind. Gemäß Reziprozität sind die Komponenten der Geschwindigkeit von I oder I′ gegen $\bar{\bar{\mathrm{I}}}$ in $\bar{\bar{\mathrm{I}}}$ durch $\bar{\bar{\mathbf{u}}} = -\mathrm{R}\mathbf{u}$ gegeben. Aus der obigen Gestalt von R sieht man, daß sich $\mathrm{R}\mathbf{u}$ von $\mathbf{u}$ nur um lineare Kombinationen von $\mathbf{v}$ und $\bar{\mathbf{w}}$ unterscheidet, also wie $\mathbf{u}$ selbst eine solche Kombination ist. Da $\bar{\bar{\mathbf{w}}} = -\bar{\mathbf{w}}$ die Geschwindigkeit von $\bar{\mathrm{I}}$ gegen $\bar{\bar{\mathrm{I}}}$ ist, folgt also

$$\bar{\bar{\mathbf{u}}} \times \bar{\bar{\mathbf{w}}} = (-\mathrm{R}\mathbf{u}) \times (-\bar{\mathbf{w}}) \propto \mathbf{v} \times \bar{\mathbf{w}}, \tag{2.10.9}$$

die Achse für die Thomasdrehung von $\bar{\bar{\mathrm{I}}}$ steht auf die Relativgeschwindigkeitsvektoren $\bar{\bar{\mathbf{u}}}$, $\bar{\bar{\mathbf{w}}}$ von I, $\bar{\mathrm{I}}$ gegen $\bar{\bar{\mathrm{I}}}$ senkrecht.

Mit der Einsicht, daß $\bar{\bar{\mathbf{u}}} = -\mathrm{R}\mathbf{u}$ und nicht etwa $\bar{\bar{\mathbf{u}}} = -\mathbf{u}$ gilt, löst sich nach A.A. Ungar (Found. Phys. *19,* 1385 (1989) – aber Achtung auf andere Konventionen!) auch das im vorigen Abschnitt formulierte Paradoxon (s. Aufgabe), und eine analoge, aber etwas kompliziertere Analyse löst auch das erwähnte Assoziativitätsparadoxon.

---

[1]Eine kurze Herleitung mittels Vierervektoren und Cliffordalgebra ist enthalten in H. Urbantke, Am. J. Phys. *58,* 747 (1990), *59,* 1150 (1991).

Zur Ermittlung des Drehsinnes genügt es aus Stetigkeitsgründen, sich auf den Fall zu beschränken, daß $\bar{\mathbf{w}}$ sehr klein ist, so daß wir quadratische Terme in $\bar{\mathbf{w}}$ vernachlässigen können. Dann wird mit $\gamma_{\bar{w}} \approx 1$:

$$\mathrm{R} \approx \mathbf{1} + \frac{\gamma_v}{1+\gamma_v}\left(\bar{\mathbf{w}}\,\mathbf{v}^T - \mathbf{v}\,\bar{\mathbf{w}}^T\right), \tag{2.10.10}$$

d.i. die Matrix einer kleinen (passiven!) Drehung mit dem Drehvektor

$$\boldsymbol{\alpha} \approx -\frac{\gamma_v}{1+\gamma_v}\mathbf{v} \times \bar{\mathbf{w}} \approx -\frac{\gamma_v^2}{1+\gamma_v}\mathbf{v} \times \mathbf{u}, \tag{2.10.11}$$

wie man durch Vergleich mit (1.3.1,2) leicht sieht ($\cos\alpha \approx 1$, $\sin\alpha \approx \alpha$). Die Verdrehung erfolgt also von der „neuen" Relativgeschwindigkeit $\mathbf{u}$ zur „alten", $\mathbf{v}$, hin, wobei – vgl. (2.10.7) – der Drehwinkel nie 180° erreicht.

Wir betrachten nun folgende Situation. Relativ zu einem Inertialsystem I bewege sich das System S beschleunigt, aber so, daß die räumlichen Achsen von S stets parallel bleiben in dem Sinn, daß die zu S gehörigen instantanen Ruhsysteme I′ zur Zeit t und $t + \Delta t$ für $\Delta t \to 0$ durch eine reine Geschwindigkeitstransformation verknüpft sein sollen – praktisch ist das durch Orientierung an mitgeführten, im Schwerpunkt unterstützten (drehmomentfreien), schnell rotierenden Kreiseln realisiert. Von I aus gesehen scheint nach obigen Ausführungen das Achsenkreuz von S in jedem Moment verdreht zu sein, und da sich die Geschwindigkeit von S stetig ändert, ändert sich auch diese Verdrehung. Mit der beschleunigten Bewegung von S ist also eine Präzession von S relativ zu I verbunden, die *Thomas-Präzession.* Wir wollen den Vektor $\boldsymbol{\omega}_T$ ihrer Winkelgeschwindigkeit bestimmen.

Während eines kleinen Zeitintervalls Δt (gemessen in I) erfährt die momentane Relativgeschwindigkeit $\mathbf{v}(t)$ von S gegen I den Zuwachs $\Delta\mathbf{v}$, gemessen in I; daher gibt (2.10.11) für die Verdrehung während Δt den Ausdruck $\Delta\boldsymbol{\alpha} = -\gamma_v^2\,\mathbf{v} \times \Delta\mathbf{v}/(1+\gamma_v)$, d.h. für $\Delta t \to 0$ den gesuchten Vektor der Winkelgeschwindigkeit

$$\boldsymbol{\omega}_T = -\frac{\gamma_v^2}{1+\gamma_v}\mathbf{v} \times \frac{d\mathbf{v}}{dt}. \tag{2.10.12}$$

Dieser relativistische Präzessionseffekt wurde von Thomas benützt, um eine Diskrepanz zu beseitigen, die sich in der nichtrelativistischen Quantenmechanik des spinnenden Elektrons ergab. Das aus dem anomalen Zeeman-Effekt bestimmte gyromagnetische Verhältnis des Elektrons führte ohne Berücksichtigung der Thomas-Präzession zu falschen Werten der Feinstrukturaufspaltung. Die Thomas-Präzession liefert einen Korrekturterm in der Bewegungsgleichung des Elektronspins im äußeren elektromagnetischen Feld und damit eine Korrektur zur Spin-Bahn-Wechselwirkungsenergie, die zur richtigen Feinstruktur führt[1].

Von historischem Interesse sind die einleitenden Sätze in Thomas' Arbeit:
„It seems that Abraham [1903(!)] was the first to consider in any detail an electron with an axis.

[1] L.H. Thomas, Nature *117*, (1926); Phil. Mag. *3*, 1 (1927); s. besonders W.H. Furry, Am. J. Phys. *23*, 517 (1955); wegen einer Kritik an der Herleitung siehe H. Bacry, Ann. de Physique, *8*, 197 (1963); N. Davidovich (Univ. Bariloche 1974, unveröffentlicht), N. Davidovich, G. Beck, Nuovo Cimento *27B*, 19 (1957); H. Mathur, Phys. Rev. Lett. *67*, 3325 (1991).

Many have since considered spinning electrons, ring electrons, and the like. Compton [1921] in particular suggested a quantized spin for the electron. It remained for Uhlenbeck and Goudsmit [1925] to show how this idea can be used to explain the anomalous Zeeman effect. The assumptions they had to make seemed to lead to optical and relativity doublet separations twice as large as those observed.

The purpose of the following paper, which contains the results mentioned in my recent letter to ‚Nature' [1926], is to investigate the kinematics of an electron with an axis on the basis of the restricted theory of relativity. The main fact used is that the combination of two ‚Lorentz transformations without rotation' in general is not of the same form".

Historisch ist auch anzumerken, daß der Präzessionseffekt bereits Ende 1912 dem Mathematiker E. Borel bekannt war (C. R. *156,* 215 (1913)) und von ihm und von L. Silberstein schon 1914 in Lehrbüchern beschrieben wurde (E. Borel, *Introduction Géométrique à Quelques Théories Physiques,* Paris: Gautier-Villars; L. Silberstein, *The Theory of Relativity,* London: McMillan). Es scheint, als wäre der Effekt bereits 1909 Sommerfeld und vor ihm Poincaré bekannt gewesen. Thomas' Verdienst war also nicht nur die unabhängige Wiederentdeckung, sondern die *relevante* Anwendung auf ein virulentes Problem.

In der später von Dirac aufgestellten relativistischen Quantentheorie des Elektrons ist dieser Effekt automatisch mitberücksichtigt.

Aufgaben

1. Man berechne die Präzessionsdauer für eine gleichförmige Kreisbewegung im nichtrelativistischen Grenzfall.

2. Wird bei periodischem Durchlaufen einer geschlossenen Kurve die Anfangsorientierung notwendigerweise wieder erreicht?

3. Man deduziere (2.10.7) aus (2.10.6)!

4. Aus $L_{\bar{\mathbf{w}}}\, L_{\mathbf{v}} = L_{\mathrm{R}(\bar{\mathbf{w}},\mathbf{v})}\, L_{\bar{\mathbf{w}}\circ\mathbf{v}} = L_{\mathrm{R}(\bar{\mathbf{w}},\mathbf{v})\,\bar{\mathbf{w}}\circ\mathbf{v}}\, L_{\mathrm{R}(\bar{\mathbf{w}},\mathbf{v})}$ folgere man durch Transponieren die Relationen

$$\mathrm{R}(\mathbf{v},\bar{\mathbf{w}}) = \mathrm{R}^{-1}(\bar{\mathbf{w}},\mathbf{v}), \tag{2.10.13}$$

$$\mathbf{v}\circ\bar{\mathbf{w}} = \mathrm{R}(\bar{\mathbf{w}},\mathbf{v})\,\bar{\mathbf{w}}\circ\mathbf{v}, \tag{2.10.14}$$

deren direkte Verifikation aufgrund der Definitionen zwar möglich, aber mühsam wäre.

5. Für jedes orthogonale S zeige man

$$\gamma(\mathrm{S}\bar{\mathbf{w}},\mathrm{S}\mathbf{v}) = \gamma(\bar{\mathbf{w}},\mathbf{v}),\quad \mathrm{S}\bar{\mathbf{w}}\circ\mathrm{S}\mathbf{v} = \mathrm{S}(\bar{\mathbf{w}}\circ\mathbf{v}),\quad \mathrm{R}(\mathrm{S}\bar{\mathbf{w}},\mathrm{S}\mathbf{v}) = \mathrm{S}\,\mathrm{R}(\bar{\mathbf{w}},\mathbf{v})\,\mathrm{S}^{-1}. \tag{2.10.15}$$

6. Man zeige, daß sich nicht jede Lorentztransformation als Produkt von zwei reinen Geschwindigkeitstransformationen darstellen läßt!
Hinweis: im allgemeinen sind in (1.5.13) R und $\mathbf{u}$ unabhängig.

2.11 Die Synchronisation von Uhren

(gemeinsam mit R. Mansouri)

Vom Standpunkt der Raum-Zeit-Diagramme sind die entscheidenden Unterschiede zwischen Relativitätstheorie und klassischer Physik die Verschiedenheit der Bestimmung der Einheitspunkte und die Drehung der x-Achse bei der Transformation. Diese Drehung soll hier näher analysiert werden. Die Gleichung $\bar{t} = \gamma(t - v\,x)$ besagt, daß für $t = 0$ die Uhren im vorbeibewegten $\bar{\text{I}}$-System den *Stand* $\bar{t} = -\gamma\, v\, x$ aufweisen.

Dieser Unterschied ist auf das *Synchronisationsverfahren* zurückzuführen: In *jedem* Inertialsystem sind Uhren an verschiedenen Raumpunkten dadurch auf gleichen Stand gebracht (synchronisiert), daß die von zwei Uhren beim jeweiligen Stand $t = 0$ ausgehenden Signale (Licht, Schall[1] etc; siehe Abb. 2.17a) zugleich bei einem Beobachter in der Mitte eintreffen.

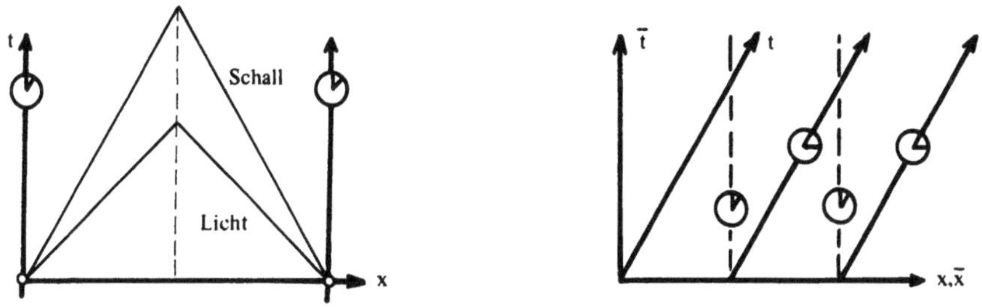

a) Einsteins Synchronisierung b) Systemexternes Verfahren

Abb. 2.17. Synchronisationsverfahren

Dieses Synchronisationsverfahren – das Einstein-Verfahren – ist als *systeminternes* Verfahren zu bezeichnen, da es in jedem Inertialsystem ohne Bezugnahme auf irgendwelche andere Systeme ausgeführt werden kann. Es zeichnet deshalb auch kein Inertialsystem aus. Ein anderes systeminternes Verfahren wäre etwa der (unendlich langsame) Transport einer Kontrolluhr von Punkt zu Punkt im Inertialsystem. Die Bedeutung derartiger Verfahren liegt darin, daß sie die Symmetrie zwischen Inertialsystemen nicht zerstören, falls diese Symmetrie aufgrund der anderen Naturgesetze gewährleistet ist. Bei unserer Formulierung des Relativitätsprinzips haben wir ein systeminternes Verfahren zur Uhrensynchronisation *vorausgesetzt,* da sonst die völlige Gleichberechtigung der Inertialsysteme nicht gewährleistet wäre.

Man kann Uhren jedoch auch anders synchronisieren, wobei andere Verfahren der Substitution $t \to t + f(x)$ entsprechen: Diese Substitution bedeutet, daß wir die Zeitnullpunkte der Uhren an verschiedenen Orten des Inertialsystems I um einen vorgegebenen Wert $f(x)$ gegenüber der Einstein-Synchronisierung verstellen ($f(x)$ kann für jedes Inertialsystem anders gewählt werden).

[1]Falls der Schall zur Synchronisierung verwendet wird, muß das übertragende Gas im jeweiligen Inertialsystem mitgeführt werden.

Schreiben wir die Lorentztransformation in der Form

$$\begin{aligned} x &= \gamma(\bar{x} - v\,\bar{t}), \\ t &= \bar{t}/\gamma - v\,x, \end{aligned} \tag{2.11.1}$$

so können wir im System I durch die Wahl $f(x) = -v\,x$ das Synchronisationsverfahren so abändern, daß (2.11.1) nun

$$x = \gamma\,(\bar{x} - v\,\bar{t}) \tag{2.11.2a}$$

$$t = \bar{t}/\gamma = \bar{t}\sqrt{1 - v^2} \tag{2.11.2b}$$

lautet. Durch die obige Wahl von $f(x)$ wird *ein System* z.B. $(\bar{t}, \bar{x})$, willkürlich dadurch ausgezeichnet, daß in diesem System die Synchronisierung der Uhren an verschiedenen Orten nach dem Einstein-Verfahren durchgeführt wird; in allen anderen Systemen ist dies *nicht* der Fall, und die Abweichungen sind umso stärker, je schneller sich ein Inertialsystem gegen das System $(\bar{t}, \bar{x})$, das wir auch als *Äther* bezeichnen können, bewegt. Wir haben hier durch die willkürliche Wahl einer *Konvention* die Symmetrie zwischen den Inertialsystemen zerstört und ein System ausgezeichnet. Das dadurch entstehende, neue *systemexterne* Synchronisierungsverfahren können wir uns praktisch so ausgeführt denken: Ein Inertialsystem $(\bar{t}, \bar{x})$ wird willkürlich ausgewählt und mit „Äther" bezeichnet. In ihm werden Uhren mit Hilfe des Einstein-Verfahrens synchronisiert. In jedem anderen System stellt man die Uhren dadurch ein, daß man sie an der Reihe von „Ätheruhren" vorbeifliegen läßt und die Uhren im bewegten System in dem Moment einschaltet (d.h., $t = 0$ einstellt), in dem die am gleichen Ort befindliche Ätheruhr gerade $\bar{t} = 0$ zeigt (Abb. 2.17b). Dieses Synchronisationsverfahren kann nicht intern im System (t, x) ausgeführt werden, sondern erfordert Bezugnahme auf ein willkürlich ausgezeichnetes System $(\bar{t}, \bar{x})$; es ist daher wie angegeben als systemextern zu bezeichnen.

Da $t = 0$ und $\bar{t} = 0$ übereinstimmen, gibt es bei dieser Wahl der Uhrensynchronisation *keine Relativität der Gleichzeitigkeit.* Dies ersieht man auch daraus, daß die x- und $\bar{x}$-Achsen in Abb. 2.17b gegeneinander nicht verdreht sind.

Man kann aus dieser anderen Wahl der *Konvention über Uhrensynchronisation* sehr viel über die Struktur physikalischer Theorien im allgemeinen, und über Relativitätstheorie im besonderen lernen. Hier seien nur einige der einfachsten Konsequenzen angedeutet[1]:

a) Die Transformation (2.11.2) gilt nur zwischen dem willkürlich gewählten Äthersystem $(\bar{t}, \bar{x})$ und einem beliebigen anderen System (t, x). Die Transformation zwischen zwei Nicht-Äthersystemen hat nicht die einfache Form (2.11.2). (Die Transformationen der Form (2.11.2) bilden auch *keine* Gruppe – vgl. die Ausführungen von Kap. 3).

b) Aus (2.11.2) folgt, daß Uhren langsamer gehen, wenn sie gegen den Äther bewegt sind, da $t < \bar{t}$, aber vom bewegten System aus gesehen gehen die im Äther ruhenden Uhren schneller. Denn (2.11.2*b*) ist hier – zum Unterschied von der Standardformulierung der Theorie – eine Transformationsformel zwischen *Zeit-*

[1] Ausführlicheres in R. Mansouri, R.U. Sexl, GRG *8*, 497, 515, 809 (1977), und Mittelstaedt (1989).

koordinaten und nicht nur Zeitintervallen. Die Umkehrung von (2.11.2*b*) lautet daher $\bar{t} = \gamma\, t$ und *nicht* etwa $\bar{t} = \sqrt{1-v^2}\, t$. Man überzeugt sich aber leicht, daß alle beobachtbaren Konsequenzen wie „Uhrenparadoxon" etc. in dieser Version der Theorie ebenso resultieren wie in der Standardversion. Beide Versionen unterscheiden sich, um dies nochmals zu betonen, nur um eine Konvention über die Synchronisation von Uhren.

c) Die Transformation (2.11.2) entspricht etwa den vorrelativistischen Ansichten. Es gibt hier einen (beliebig festlegbaren) Äther, das System $\bar{\mathrm{I}}$ mit den Koordinaten $(\bar{t}, \bar{x})$. Gegenüber diesem Äther bewegte Maßstäbe sind um den Faktor $\sqrt{1-v^2}$ verkürzt – dies entspricht den ursprünglichen Lorentzschen Ideen. Andererseits sind im Äther ruhende Maßstäbe vom bewegten System her gesehen verlängert. (Dieser Effekt ist analog zu der früher diskutierten Verlängerung eines bewegten, momentan selbstleuchtenden Ringes). Der Unterschied zwischen Lorentzkontraktion und Dilatation ist wieder auf verschiedene Definition der Gleichzeitigkeit entfernter Ereignisse zurückzuführen, die in dem Meßverfahren zur Längenbestimmumg (*gleichzeitige* Messung der Enden des Maßstabes) ihren Ausdruck finden.

Vom kinematischen Standpunkt sind also die Betrachtungsweisen der Relativitätstheorie und der hier beschriebenen Äthertheorie, die absolute Gleichzeitigkeit aufrechterhält, *äquivalent,* d.h., man kann durch Messung von Raum- und Zeitintervallen zwischen den beiden Theorien nicht unterscheiden.

In der Leidener Antrittsvorlesung (1913) von P. Ehrenfest (er übernahm dort den Lehrstuhl, den H.A. Lorentz innegehabt hatte) findet sich eine ausgezeichnete Gegenüberstellung von Äthertheorie und Relativitätstheorie: „Wir besprechen zunächst den Standpunkt von Lorentz in seiner Arbeit von 1904 ohne leider auf die stufenweise Entwicklung dieses Standpunktes eingehen zu können.

Die Hypothese vom feststehenden Aether sowie auch die anderen Grund-Hypothesen der älteren Theorie von Lorentz werden in dieser 1904-Arbeit beibehalten. Deshalb geht auch keiner von den Erfolgen verloren, welche jener älteren Lorentz'schen Theorie zu ihrem Sieg über die concurrierenden Theorieen verholfen hatten.

Neu ist in der 1904-Arbeit die systematische Verwerthung zweier formell sehr einfacher Hypothesen. Nämlich darüber, wie sich infolge einer Bewegung durch den Aether
1. die Kräfte zwischen den Molekülen
2. die geometrische Gestalt der Elektronen aendern.

Merkwürdigerweise beseitigen diese beiden Hypothesen absolut restlos den Widerspruch, der zwischen der Hypothese vom feststehenden Aether und dem prägnant-negativen Resultat aller Aetherwind-Experimente bestanden hatte. Dieser Widerspruch verschwand nun restlos. Denn ausgehend von jenen Grundannahmen gewinnt die 1904-Arbeit rein deductiv für eine sehr umfassende Klasse von Experimenten den folgenden Satz: Angenommen ein Laboratorium laufe mit beliebig grosser Geschwindigkeit durch den Aether (nur nicht rascher als das Licht selbst). Wenn dann ein Experimentator in diesem Laboratorium ein Experiment ausführt, so beobachtet er genau denselben Verlauf des Experimentes, als er beobachten würde, falls sein Laboratorium relativ zum Aether ruhig stünde. – Gestatten Sie diesen Satz weiterhin kurz als „1904-Theorem" zu bezeichnen.

Es empfiehlt sich, dieses Theorem in seiner Anwendung auf ganz spezielle Fälle durchzudenken. Man überblickt dann in einem zusammenhängenden Bild, wieso es dank jener Hypothesen wirklich gelingt, vor dem Experimentator den Aetherwind zu verbergen.

Gestatten Sie in einigen grellen Strichen das Bild zu skizzieren, das sich so ergibt: Der Aetherwind stört den Ablauf der Processe mit denen der Experimentator operiert; derselbe Aetherwind verdirbt aber auch – wenn wir uns so ausdrücken dürfen – die Messinstrumente des Experimentators:

er deformiert die Masstäbe, verändert den Gang der Uhren und die Federkraft in den Federwagen u.s.w. Für alles das sorgen jene Grundhypothesen, insbesondere auch die Hypothese, dass die Bewegung durch den Aether die Anziehungskräfte zwischen den Molekülen verändert. Und wenn nun der Experimentator die durch den Aetherwind gestörten Processe mit seinen Instrumenten beobachtet, die derselbe Aetherwind verdorben hat, dann sieht er exact das, was der ruhende Beobachter, an den ungestörten Processen mit den unverdorbenen Instrumenten beobachtet.

Es ist erstaunlich, dass sich dieses Resultat für eine sehr umfassende Klasse von Experimenten aus so wenigen Grundannahmen streng beweisen liess. Es ist wunderbar, dass es überhaupt gelungen ist eine derartige Schlusskette lückenlos durchzuführen. Es wäre unbescheiden von mir, wenn ich die besondere Methode, durch die Herr Lorentz diese Aufgabe bewältigt hat, durch irgend ein Epitheton bewerten wollte ...

Wir sehen also, dass hier die aetherlose Theorie von Einstein genau dasselbe verlangt, wie die Aethertheorie von Lorentz. Auf diesem Umstand beruht dann auch, dass nach der Einstein'schen Theorie ein Beobachter an den vor ihm laufenden Masstäben, Uhren etc. exact dieselben Contractionen, Gangänderungen usw. beobachten muß, wie nach der Lorentz'schen Theorie. Und hier sei gleich allgemein bemerkt: Ganz principiell gibt es kein experimentum crucis zwischen diesen beiden Theorieen".

Wenn sich die Standardformulierung der Einsteinschen Theorie von (2.11.2) nur durch eine andere Konvention über Uhrensynchronisierung unterscheidet, so kommt man doch aufgrund der „Ätherformulierung" auf völlig andere Hypothesen bezüglich möglicher Tests der Theorie. So haben Morley und Miller[1] das Michelson-Morley-Experiment 1904 auf einem Fichtenholzgerüst wiederholt, um festzustellen, ob dieses Material bei der Bewegung durch den Äther ebenso kontrahiert wird wie der ursprünglich verwendete Sandstein.

Morley und Miller formulieren ihre Hypothesen 1904 folgendermaßen: „Wenn der Fitzgerald-Lorentz-Effekt existiert, könnte er alle Materialien gleichermaßen beeinflussen, unabhängig von der Natur des Materials. Aber es ist möglich, daß der Effekt von den Materialeigenschaften abhängt, so daß Fichtenholz mehr beeinflußt wird als Sandstein. In diesem Fall würde Fichtenholz – in einem Experiment wie 1887, bei dem Sandstein keine Verschiebung der Interferenzstreifen ergab – mehr als Sandstein komprimiert werden, und zu einem Effekt mit umgekehrtem Vorzeichen zu der ursprünglichen einfachen Theorie führen".

Ein anderes Experiment, das seiner Idee nach der vorrelativistischen Auffassung von Lorentzkontraktion entspricht, wurde 1937 (!) von Wood, Tomlinson und Essen[2] ausgeführt. Ein mit seiner Eigenfrequenz longitudinal vibrierender Stab wurde in Drehung versetzt. Durch die Längenkontraktion sollte in manchen Orientierungen eine Veränderung der Eigenfrequenz ν resultieren – falls der Effekt nicht durch eine Veränderung der elastischen Konstanten des Stabes genau kompensiert wird. Das Experiment ergab eine Obergrenze von 4.10^{-11} für die relative Frequenzänderung $\Delta\nu/\nu$.

Aufgrund der Relativitätstheorie ist dieses Resultat selbstverständlich. In der Theorie, die die Autoren des Versuches zugrundelegten, war dies keinesfalls so – sonst hätten sie den Versuch kaum gemacht. Sie nahmen vielmehr die zur Relativitätstheorie *kinematisch* äquivalente „Ätherversion" (2.11.2) an. Was unberücksichtigt blieb, ist, daß auch die Eigenschwingungen des Stabes einen periodischen Vorgang darstellen, der als Uhr benützt werden kann. Wäre der Versuch positiv ausgegangen, so hätte dies bedeutet, daß es in einem relativ zum Äther bewegten System Klassen von Uhren gibt, die durch die Bewegung unterschiedlich beeinflußt werden (die Autoren wollten ja die

[1]E. Morley, D. Miller, Phil. Mag. *8*, 753 (1904); *9*, 680 (1905).

[2]A. Wood, G. Tomlinson, L. Essen, Proc. Roy. Soc. *A 158*, 606 (1937).

Veränderung der Eigenfrequenz des bewegten Stabes durch Vergleich mit einer ebenfalls bewegten Uhr feststellen!). Dies wäre in einer Äthertheorie möglich. In diesem Fall hätte die Transformation (2.11.2) sehr eingeschränkte Bedeutung – es wäre zu spezifizieren, mit welcher Art von Uhr die Zeit gemessen werden kann. Um Übereinstimmung mit der Relativitätstheorie zu erzielen, ist in der „Äthertheorie" zu postulieren, daß *jede* Art von Uhren bei Bewegung durch den Äther um den Faktor $\sqrt{1-v^2}$ langsamer geht, *jeder* Maßstab um diesen Faktor schrumpft. Dieses *kinematische* Postulat muß dann auch aus der *Dynamik* (inneren Struktur) des Maßstabes oder der Uhr heraus bewiesen werden. Für die Lorentzkontraktion wurde dies von Lorentz teilweise gezeigt (siehe Abschnitt 5.8). In der Relativitätstheorie wird durch die Lorentzkovarianz der Naturgesetze (siehe folgende Kapitel) garantiert, daß Kinematik und Dynamik stets übereinstimmende Resultate liefern.

Das Problem der Uhrensynchronisation wurde bereits vor Einstein ausführlich diskutiert. So haben sich S. Newcomb 1880 und A. Michelson 1887 damit beschäftigt. Andere frühe Arbeiten zu diesem Thema sind z.B. H. Poincaré, Rev. Metaphys. Morales *6,* 1 (1888), W. Wien, Phys. Zeitschr. *5,* 585, 603 (1904). M. Brillouin, Compt. Rend. *140,* 1674 (1905). Allerdings wurde die Bedeutung der Problematik erst von Einstein klar erkannt.

Auch in der modernen wissenschaftstheoretischen Literatur wird der Frage der Uhrensynchronisation breiter Raum eingeräumt, so z.B. Grünbaum (1973). Die „Panel Discussion of Simultaneity by Clock Transport" in Phil. of Science *36,* No. 1 (1969) ist ausschließlich diesem Thema gewidmet.

Einsteins Synchronisationsvorschrift für Uhren schien lange sehr abstrakt und wurde üblicherweise mit Blitzen, die vor und hinter Zügen einschlagen, und ähnlichen Gedankenexperimenten erläutert. Heute ist die Einstein-Synchronisation von Uhren ein Routineverfahren. Die Entwicklung der Atomuhr hat zu Cäsiumuhren geführt, die eine jährliche Ganggenauigkeit von wenigen Mikrosekunden aufweisen. Diese Uhren sind innerhalb Nordamerikas und Europas mit einer Genauigkeit von etwa 5.10^{-7}sec synchronisiert, wobei sowohl Uhrentransport als auch das Einstein-Verfahren (Signalübermittlung mittels Radiosender von Uhr zu Uhr) zur Synchronisierung verwendet werden.

Besonders wesentlich ist dies für die Arbeit der LORAN-C-Netzwerke (*Lo*ng *R*ange *A*id to *N*avigation). Diese Netze bestehen aus einer Reihe von Radiosendern, die untereinander synchronisiert sind. Die Zeitzeichen, die von diesen Sendern ausgehen, dienen Schiffen zur Standortbestimmung, wobei die Schiffsposition aus dem unterschiedlichen Zeitpunkt des Eintreffens der Zeitzeichen verschiedener Sender mit einer Ungenauigkeit von etwa 30 m bestimmt werden kann. Das Satellitensystem GPS (*G*lobal *P*ositioning *S*ystem), das nach dem gleichen Prinzip arbeitet[1], erlaubt sogar Positionsbestimmungen mit einer Ungenauigkeit von 5 m.

Von historischer Bedeutung ist, daß diese Navigationssysteme die Ungültigkeit des klassischen Konzeptes einer absoluten Zeit zur wesentlichen Voraussetzung haben, da bei ihrer Anwendung die Konstanz der Lichtgeschwindigkeit stets angenommen wird. Aufgrund der klassischen Äthertheorie würden sich Mißweisungen der Schiffe im Ausmaß von bis zu 2 km ergeben. Im Computerprogramm des Satellitennavigations-

[1]Dieses System steht seit Ende der 80er-Jahre jedem zur Verfügung, der sich die entsprechenden Empfangsgeräte kauft, allerdings mit verminderter Datengenauigkeit. Die volle Genauigkeit dient nicht etwa zur Feststellung tektonischer Veränderungen zwecks Erdbebenvorhersagen, sondern militärischen Zwecken.

systems wird sogar die allgemeine Relativitätstheorie berücksichtigt. Die Abweichungen vom Newtonschen Konzept der absoluten Zeit, die erstmals 33 Jahre nach der Aufstellung der Relativitätstheorie im Experiment von Ives und Stilwell direkt nachgewiesen werden konnten, haben damit das Gebiet technischer Routineanwendungen erreicht! Vor wenigen Jahrzehnten noch wäre eine derartige technische Anwendung des Raum-Zeit-Konzepts von Einsteins Theorie undenkbar gewesen.

3 Lorentz-, Poincarégruppe und Minkowskigeometrie

Das Relativitätsprinzip bewirkt, daß die Menge $\mathcal{P}$ der Transformationen zwischen Inertialsystemen eine besondere mathematische Struktur hat. Zwei Transformationen aus $\mathcal{P}$ ergeben zusammengesetzt wieder eine Transformation aus $\mathcal{P}$, und jede Transformation aus $\mathcal{P}$ hat in $\mathcal{P}$ eine eindeutige Umkehrung. Die Menge $\mathcal{P}$ bildet daher eine *Gruppe,* wobei die Gruppenmultiplikation die Zusammensetzung von Transformationen ist.

Allgemein versteht man unter einer Gruppe $\mathcal{G}$ eine Menge von Elementen $\{g, h, \dots\}$, bei der jedem geordneten Paar (g, h) von Elementen eindeutig ein Element aus $\mathcal{G}$ zugeordnet ist, ihr „Produkt" gh, wobei gilt

1) $(g_1 g_2) g_3 = g_1 (g_2 g_3)$ (Assoziativität)

2) Es existiert ein $e \in \mathcal{G}$ mit
$eg = ge = g$ für alle $g \in \mathcal{G}$ (Einheitselement)

3) Zu jedem $g \in \mathcal{G}$ gibt es ein Element
$g^{-1} \in \mathcal{G}$ mit $g^{-1}g = g g^{-1} = e$. (Inverses)

In unserem Fall $\mathcal{G} = \mathcal{P}$ ist e die identische Transformation, g^{-1} die Umkehrtransformation. Zwei Dinge sind zu beachten:

1) Eine Gruppe $\mathcal{G}$ ist abstrakt festgelegt durch ihre „Multiplikationstafel", die zu jedem Elementpaar g, h das Produktelement gh verzeichnet; wenn stets $gh = hg$ in $\mathcal{G}$ gilt, heißt $\mathcal{G}$ ***abelsch*** oder ***kommutativ.*** Die vorliegende Gruppe $\mathcal{P}$ ist nicht abelsch; ihre Elemente sind durch 10 kontinuierlich variierende Parameter „durchzunumerieren" (vgl. 1.1).

2) Die Gruppe $\mathcal{P}$ ist nicht abstrakt gegeben, sondern als Gruppe von Transformationen, die auf der Menge $\mathcal{J}$ der Inertialsysteme oder der Menge ($\subset \mathbf{R}^4$) der Ereigniskoordinaten wirken. Wir werden sehen, daß dieselbe abstrakte Gruppe in verschiedenster Weise als Transformationsgruppe auf Mengen von Objekten unterschiedlicher Art (Inertialsysteme, Ereigniskoordinaten, Ereignisse, Vierervektoren, Tensoren, Spinoren, Felder, Zustandsvektoren in Hilberträumen, ...) realisiert ist, so daß der Nutzen einer abstrakten Betrachtungsweise bald hervortreten wird.

Die Grundidee ist dabei folgende: aus einer Realisierung der Gruppe liest man ihre abstrakte Struktur ab und benützt dann systematisch mathematische Methoden, um die weiteren Realisierungen der abstrakten Gruppe als Transformationsgruppe zu klassifizieren und zu konstruieren. Die auf diese Weise gefundenen neuen Objekte kommen dann als Bausteine einer physikalischen Theorie infrage, in der das Relativitätsprinzip verwirklicht ist.

Wir wollen in diesem Buch dieses Programm schrittweise verfolgen und dabei einige typische Methoden und Argumentationsweisen kennenlernen, ohne allerdings Wert auf große mathematische Strenge oder Vollständigkeit zu legen.

3.1 Die Lorentz- und Poincarégruppe

In Abschnitt 1.5 wurden die allgemeinen Poincarétransformationen charakterisiert als diejenigen Koordinatentransformationen

$$x^{\bar{i}} = f^i(x^k), \tag{3.1.1}$$

welche das Linienelement (1.5.1),

$$ds^2 = (dx^0)^2 - (dx^1)^2 - (dx^2)^2 - (dx^3)^2 = \eta_{ik}\, dx^i dx^k, \tag{3.1.2}$$

invariant lassen. Hier haben wir die für die weiteren Manipulationen unentbehrliche Zahlenmatrix

$$\eta = (\eta_{ik}) := \mathrm{diag}\,(1, -1, -1, -1) = (\eta_{ki}) \tag{3.1.3}$$

(den sog. *metrischen Tensor*[1]) eingeführt, mit deren Hilfe die Bedingung der Invarianz von ds^2 unter (3.1.1) als

$$\eta_{ik}\, dx^i dx^k = \eta_{mn}\, dx^{\bar{m}} dx^{\bar{n}} \tag{3.1.4}$$

erscheint, oder wegen der Willkürlichkeit der dx^j:

$$\eta_{mn} \frac{\partial f^m}{\partial x^i} \frac{\partial f^n}{\partial x^k} = \eta_{ik}. \tag{3.1.5}$$

Wir zeigen nun als Nachtrag zu 1.5, daß (3.1.1) tatsächlich eindeutig umkehrbar und linear sein muß. Lesen wir (3.1.5) als Matrixgleichung und bilden die Determinante, so folgt sofort $\det(\partial f^m/\partial x^i) = \pm 1 \neq 0$. Nun differenzieren wir (3.1.5) nach x^j, permutieren die Indizes i, k, j zyklisch, addieren zwei der entstehenden Gleichungen und subtrahieren die dritte. Wegen $\eta_{mn} = \eta_{nm}$ ergibt sich daraus

$$2\eta_{mn} \frac{\partial f^n}{\partial x^k} \frac{\partial^2 f^m}{\partial x^j \partial x^i} = 0.$$

Wegen $\det(\partial f^n/\partial x^k) \neq 0$ müssen daher alle zweiten Ableitungen von f^m verschwinden, f^m ist also linear:

$$x^{\bar{i}} = f^i(x^k) = L^i{}_k\, x^k + a^i. \tag{3.1.6}$$

Gemäß (3.1.5) sind dabei die Koeffizienten der homogenen Transformationen

$$x^{\bar{i}} = L^i{}_k\, x^k \tag{3.1.7}$$

durch

$$\eta_{mn} L^m{}_i\, L^n{}_k = \eta_{ik} \quad \Rightarrow \quad \det L = \pm 1 \tag{3.1.8}$$

[1] Diese Bezeichnung wird später erklärt.

eingeschränkt.

Es ist trivial, daß alle umkehrbaren Transformationen (3.1.1), die ds^2 invariant lassen, eine Gruppe bilden; d.h. aber, die Transformationen (3.1.6) mit (3.1.8) bilden eine Gruppe, die *Poincarégruppe* $\mathcal{P}$. (Der Beweis, daß $\mathcal{P}$ mit der Gruppe aller Transformationen zwischen Inertialsystemen cum grano salis – siehe Bemerkungen über Spiegelungen – identisch ist, ist damit vervollständigt.) Die homogenen Transformationen (3.1.7) mit (3.1.8) bilden hiervon eine *Untergruppe*, die *Lorentzgruppe*[1] $\mathcal{L}$.

(3.1.6,7,8) können in leicht verständlicher Matrix-Symbolik geschrieben werden als

$$\bar{x} = Lx + a \tag{3.1.6'}$$

$$\bar{x} = Lx \tag{3.1.7'}$$

$$L^T \eta L = \eta, \tag{3.1.8'}$$

wobei L^T die zu L transponierte Matrix bezeichnet. (3.1.8′) ist völlig analog zur Relation $O^T E\, O = E$ für orthogonale Matrizen O, wo E die Einheitsmatrix diag(1,1,1,1) ist. (3.1.8,8′) bezeichnen wir deshalb auch als Pseudo-Orthogonalitätsrelation, die durch (3.1.2) in der Raum-Zeit definierte Metrik als *pseudoeuklidisch.*

Wir können $\mathcal{L}$ demnach auch beschreiben als Matrixgruppe, d.h. als Gruppe aller 4×4-Matrizen L, für die (3.1.8′) gilt. Die Gruppenaxiome mögen in dieser Form als Übung verifiziert werden.

Entsprechend kann $\mathcal{P}$ auch beschrieben werden als Menge aller Paare (a, L) aus einem Spaltenvektor a und einer Lorentzmatrix L, wobei sich als Produktregel für diese Paare durch Zusammensetzung zweier Transformationen vom Typ (3.1.6′) ergibt:

$$(\bar{a}, \bar{L})(a, L) = (\bar{a} + \bar{L}a, \bar{L}L). \tag{3.1.9}$$

In späteren Kapiteln werden wir uns noch ausführlich mit Eigenschaften und Realisierungen der Lorentz- und Poincarégruppe beschäftigen. Hier wollen wir uns vorläufig nur mit den einfachsten Objekten und Begriffen vertraut machen, die zur Formulierung der relativistischen Mechanik und Elektrodynamik nötig sind.

Aufgaben

1. Man wiederhole die wichtigsten Grundbegriffe der Gruppentheorie aus einem Standardwerk über Algebra (vgl. auch das Glossar im Anhang A).

2. Man verifiziere die Gruppenpostulate für die Matrixgruppe $\mathcal{L} = \{L : L^T \eta L = \eta\}$.

3. Man verifiziere (3.1.9).

4. Man verifiziere die Gruppenpostulate für $\mathcal{P} = \{(a, L) : L^T \eta L = \eta\}$ mit (3.1.9) als Produkt.

[1] Andere Nomenklatur: $\mathcal{P}$ ... inhomogene, $\mathcal{L}$ ... homogene Lorentzgruppe; entsprechend für die Transformationen.

5. Man wiederhole den Begriff des *Normalteilers* (= invariante Untergruppe) einer Gruppe. Man zeige: die Menge $\mathcal{T}$ aller reinen Translationen (a, E) bildet einen abelschen Normalteiler von $\mathcal{P}$.

6. Das ***direkte Produkt*** zweier Gruppen $\mathcal{G}_1$, $\mathcal{G}_2$ ist die Menge $\mathcal{G} = \mathcal{G}_1 \times \mathcal{G}_2$ aller geordneten Paare (g_1, g_2), (h_1, h_2), ... wo $g_i \in \mathcal{G}_i$, $h_i \in \mathcal{G}_i, \ldots$, versehen mit der Multiplikationsregel $(g_1, g_2)(h_1, h_2) = (g_1 h_1, g_2 h_2)$. Man zeige, daß $\mathcal{G}$ dadurch zu einer Gruppe gemacht werden kann. Man bilde das direkte Produkt der Translationsgruppe $\mathcal{T}$ mit $\mathcal{L}$ und vergleiche mit $\mathcal{P}$ („*semi*direktes Produkt“, siehe Anhang A). In welchem Fall ist $\mathcal{T}$, in welchem Fall $\mathcal{L}$ Normalteiler?

3.2 Der Minkowski-Raum. Vierervektoren

Bereits in Abschnitt 1.1 wurden die Raum-Zeit-Koordinaten jedes Ereignisses x in bezug auf ein Inertialsystem I zu einem Quadrupel x^i zusammengefaßt. Diese Quadrupel bilden in gewohnter Weise einen vierdimensionalen Vektorraum $\mathbf{R}^4$ („Spaltenvektoren“ in der Matrixschreibweise (3.1.6′,7′)). Gleiches gilt für die Quadrupel $x^{\bar{i}}$ bezüglich $\bar{\text{I}}$. Da die Transformation zwischen x^i und $x^{\bar{i}}$ affin ist, vgl (3.1.6), erhält so die Menge der Ereignisse x selbst in eindeutiger Weise die Struktur eines affinen Raumes $\mathbf{X}^4$, die Menge der Verbindungsvektoren Δx zwischen Ereignispaaren die Struktur eines vierdimensionalen Vektorraumes $\mathbf{V}^4$.

Durch das in Abschnitt 1.5 eingeführte Linienelement wird auch den endlichen Verbindungsvektoren Δx ein „Längenquadrat“

$$(\Delta x)^2 := \eta_{ik}\, \Delta x^i \Delta x^k \tag{3.2.1}$$

zugeordnet – die rechte Seite von (3.2.1) ist ja unabhängig vom speziellen System I, in dem sie berechnet wird. Die Raum-Zeit, versehen mit der so eingeführten affinen pseudometrischen Struktur, nennt man den *Minkowskiraum.* Es ist zu beachten, daß zu seiner Konstruktion die Einsteinsche Form der Relativität wesentlich ist.

Bei den Poincarétransformationen (3.1.6) transformieren die Komponenten der Verbindungsvektoren Δx zweier Ereignisse homogen, d.h. nach der Lorentztransformation

$$\Delta x^{\bar{i}} = L^{\bar{i}}{}_k\, \Delta x^k. \tag{3.2.2}$$

Es gibt nun eine Reihe von physikalischen Objekten u, die bezüglich jedes Inertialsystems I ebenso wie Δx durch 4 Komponenten u^i festgelegt sind, wobei beim Übergang zu einem anderen Inertialsystem $\bar{\text{I}}$ gemäß (3.1.6) die Komponenten nach

$$u^{\bar{i}} = L^{\bar{i}}{}_k\, u^k \tag{3.2.3}$$

umzurechnen sind. Solche Objekte nennen wir *Vierervektoren;* die Verbindungsvektoren Δx sind ihr Prototyp. Vierervektoren kann man addieren und mit Zahlen multiplizieren: sind u, v Vierervektoren und a, b reelle Zahlen, so ist $\mathrm{a}\, u + \mathrm{b}\, v = w$ durch $w^i = \mathrm{a}\, u^i + \mathrm{b}\, v^i$ gegeben, wobei die w^i wirklich das richtige Umrechnungsverhalten (3.2.3) haben. Vierervektoren bilden also einen Vektorraum. In ihm ist analog zu (3.2.1) ein „Längenquadrat“ (*Viererquadrat*)

$$u^2 := \eta_{ik}\, u^i u^k = (u^0)^2 - (\mathbf{u})^2 \tag{3.2.4}$$

und dadurch ein *Skalarprodukt*

$$u\,w := \frac{1}{2}\left((u+w)^2 - u^2 - w^2\right) = \eta_{ik}\,u^i w^k = u^0 w^0 - \mathbf{u}\,\mathbf{w} = w\,u \qquad (3.2.5)$$

eingeführt; die rechten Seiten von (3.2.4,5) sind Prototypen lorentzinvarianter Ausdrücke (*Viererskalare*). Einen vierdimensionalen Vektorraum $\mathbf{V}^4$ mit einem Skalarprodukt der Form (3.2.5) nennen wir Vektorraum mit *Minkowski-Geometrie*. Vektoren mit verschwindendem Skalarprodukt heißen in ihrem Sinn *orthogonal*.

Trotz der suggestiven Schreibweise u^2 ist (3.2.4) nicht definit: u^2 kann positive und negative Werte annehmen und auch verschwinden, ohne daß u selbst verschwindet. (Ein solches „Längenquadrat" eignet sich natürlich nicht, um in $\mathbf{V}^4$ eine metrische Topologie einzuführen, diese ist vielmehr die übliche des $\mathbf{R}^4$.) Die Vektoren $u \neq 0$ aus $\mathbf{V}^4$ fallen somit in eine der folgenden Klassen:

$$\begin{array}{lll} u^2 > 0 & \textit{zeitartige} & \\ u^2 = 0 & \textit{lichtartige} & \text{Vierervektoren.} \\ u^2 < 0 & \textit{raumartige} & \end{array} \qquad (3.2.6)$$

Lichtartige Vektoren werden oft auch Nullvektoren genannt. Beim englischen Wort ‚null vector' gibt das keinen Anlaß zu Verwirrungen, da dort für das Nullelement eines Vektorraumes ‚zero vector' zur Verfügung steht. In der Geometrie werden zu sich selbst orthogonale Vektoren wie im Französischen *isotrop* genannt, ihre Richtungen isotrope, Null- oder Minimalrichtungen, der von ihnen gebildete Kegel entsprechend isotroper, Null- oder Minimalkegel.

Die Nomenklatur in (3.2.6) wird verständlich, wenn wir u als Verbindungsvektor zweier Ereignisse deuten (Abb. 3.1):

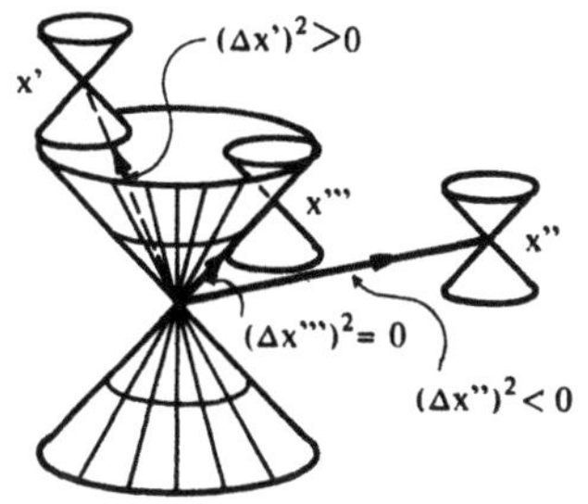

Abb. 3.1. Raumartige, zeitartige und lichtartige Verbindungsvektoren von Ereignissen

Sind sie zeitartig getrennt (x, x' in der Abbildung), so liegt x' innerhalb des Lichtkegels von x, also in seiner Zukunft oder Vergangenheit. Bei raumartiger Trennung (x, x'' in der Abbildung) gehört x'' zur Gegenwart von x; bei lichtartiger Trennung (x, x''' in der Abbildung) liegt x''' auf dem Lichtkegel von x.

Bei diesen Unterscheidungen können die Rollen der beiden Ereignisse noch vertauscht werden. Da wir uns aber auf Lorentztransformationen ohne Umkehr des Zeitsinnes beschränkt haben, ist in $\mathbf{V}^4$ noch eine *Zeitorientierung* für nicht-raumartige

Vektoren erklärt. Ist nämlich für einen Vierervektor ($\neq 0$) $u^2 \geq 0$, so folgt $|u^0| > 0$, und gilt $u^0 > 0$ in einem System I, so gilt $u^{\bar{0}} > 0$ in jedem anderen Inertialsystem $\bar{\mathrm{I}}$, wir haben also tatsächlich eine Eigenschaft des Vierervektors selbst vor uns, wir nennen ihn *zukunftsgerichtet*. Gilt $u^0 < 0$, so nennen wir ihn analog dazu *vergangenheitsgerichtet*. Um die eben gemachten Bemerkungen formal zu beweisen, können wir uns auf reine Geschwindigkeitstransformationen (1.4.4) beschränken. Zunächst folgt aus $u \neq 0$, $u^2 > 0$, $u^0 > 0$:

$$(u^0)^2 - \mathbf{u}^2 > 0 \;\Rightarrow\; u^0 > |\mathbf{u}| \geq 0,$$

und sodann wegen $|\mathbf{v}| < 1$ für Relativgeschwindigkeiten $\mathbf{v}$ zwischen Inertialsystemen I, $\bar{\mathrm{I}}$ mittels der Cauchyschen Ungleichung:

$$|\mathbf{u}\,\mathbf{v}| \leq |\mathbf{u}|\,|\mathbf{v}| \leq |\mathbf{u}| < u^0 \;\Rightarrow\; u^{\bar{0}} = \gamma\,(u^0 - \mathbf{v}\,\mathbf{u}) > 0.$$

Für $u^2 = 0$ ist ganz ähnlich zu schließen.

Die zukunftsgerichteten lichtartigen bzw. zeitartigen Vektoren bilden den *Vorwärts-Lichtkegel* von $\mathbf{V}^4$ bzw. sein Inneres – in Anlehnung an die Terminologie in Kap. 2; entsprechend ist der *Rückwärtslichtkegel* von $\mathbf{V}^4$ definiert.

Zu einem zeitartigen Vektor u gibt es stets ein Inertialsystem $\bar{\mathrm{I}}$ (sein „Ruhsystem"), in dem seine Komponenten die Normalform

$$u^{\bar{i}} = \left(\pm\sqrt{u^2}, \mathbf{0}\right) \tag{3.2.7}$$

annehmen (± je nach Zeitorientierung); nur die Zeitkomponente ist $\neq 0$, was die vorher eingeführte Bezeichnung erklärt. Zum Beweis deuten wir u als Verbindungsvektor zweier Ereignisse, von denen eines der raum-zeitliche Nullpunkt ist, und drehen durch Lorentztransformationen die Zeitachse so, daß sie durch das andere hindurchgeht ($\mathbf{v} = \mathbf{u}/u^0$ in (1.4.4)). Da u^2 invariant ist, kann bei verschwindendem $\bar{\mathbf{u}}$ die Zeitkomponente nur $\pm\sqrt{u^2}$ sein.

Analog kann man durch räumliche Drehung und Lorentztransformation die Komponenten raumartiger Vektoren u stets etwa auf die Form bringen

$$u^{\bar{i}} = \left(0, \sqrt{-u^2}, 0, 0\right). \tag{3.2.8}$$

Bei lichtartigem u erreicht man durch Raumdrehung z.B. das Verschwinden der 2- und 3-Komponente und damit wegen $u^2 = 0$ die Form $u^i = (\pm a, a, 0, 0)$. Der Wert von a ist aber nicht invariant, die einzige unabhängige Invariante u^2 verschwindet ja. Es ist leicht zu sehen, daß bei Geschwindigkeitstransformationen in 1-Richtung u^i nur mit einem Faktor multipliziert wird und so

$$u^{\bar{i}} = (\pm 1, 1, 0, 0) \tag{3.2.9}$$

erreicht werden kann, je nach Zeitorientierung.

Wie schon erwähnt, ist die Minkowskimetrik (3.2.1) in der Einsteinschen Relativitätstheorie im selben Sinn absolut wie es Zeitintervalle in der Galilei-Relativität sind. Der im folgenden immer weiter auszubauende Formalismus der Vierervektoren und -tensoren gestattet es, diese absolute

Struktur effizient auszunützen. Das betrifft sowohl die grundsätzliche Einsicht in die Theorie wie den praktischen Umgang mit ihr – es sei bloß an die in Abschnitt 2.9 und 2.10 aufgezeigten Gefahren einer formalen 3-Vektor-Schreibweise erinnert. Im Gegensatz zu ihr vermeiden der Vierervektorformalismus und die Minkowskigeometrie solche Pannen fast automatisch, so daß es durchaus rentabel wird, ein beschränktes Ausmaß an „Anschauung“ für diese Geometrie zu entwickeln.

Ein „Geheimtip“ für die Veranschaulichung der Orthogonalitätsverhältnisse linearer Teilräume des $\mathbf{V}^4$ ist es, zum zugehörigen 3-dimensionalen projektiven Raum $\mathrm{P}(\mathbf{V}^4)$ überzugehen, in dem der Lichtkegel von $\mathbf{V}^4$ eine ovale Fläche 2. Ordnung („Kugel“) definiert und Orthogonalität dann Polarität bezüglich dieser Fläche bedeutet. Durch diese Reduktion der Dimension befindet man sich (fast) wieder im Gebiet der Anschauung. (Der Leser diskutiere Aufgabe 2 in diesem Bild!)

Aufgaben

1. Man zeige, daß die Summe von nicht-raumartigen, zukunftsgerichteten Vierervektoren nicht raumartig und zukunftsgerichtet (Konvexität des Lichtkegels) und das Skalarprodukt zweier solcher Vektoren nichtnegativ ist.

2. Man zeige, daß die zu einem lichtartigen Vektor orthogonalen Vektoren entweder raumartig oder zu ihm proportional sind. Was läßt sich über Vektoren sagen, die zu einem zeit- oder raumartigen Vektor orthogonal sind?

3. Die Weltlinie eines Beobachters habe die Richtung des Vierervektors u. Man zeige, daß zwei Ereignisse x, y für diesen Beobachter genau dann gleichzeitig sind, wenn $u\,(x-y)=0$.

4. Das Ereignis z liege sowohl zu x als auch zu y lichtartig. Man zeige, daß der Verbindungsvektor von x nach y orthogonal auf den Verbindungsvektor von z zum Mittelpunkt zwischen x und y steht. Man deute dieses Ergebnis im Hinblick auf das Resultat zu Aufgabe 3 im Sinn der Einstein-Synchronisierung!

5. Zwei „Lichtteilchen“ mögen ein „Kopf-an-Kopf-Rennen“ ausführen, d.h., sich auf parallelen Bahnen bewegen und auf einem (hypothetischen) dazu senkrechten Bildschirm für einen Beobachter gleichzeitig auftreffen. Man zeige, daß diese Kopf-an-Kopf-Eigenschaft (engl. „abreastness“) beobachterunabhängig ist und der Orthogonalität $kv = 0$ eines Richtungsvierervektors k der Weltlinien auf jeden Verbindungsvektor zwischen ihnen entspricht. Man überzeuge sich, daß dies für Kopf-an-Kopf-Rennen mit Unterlichtgeschwindigkeit nicht der Fall ist.

Hinweis: Da es sich hier um bezugssystemunabhängige Aussagen handelt, genügt es, sie in speziellen, geeignet gewählten Bezugssystemen zu verifizieren. Dadurch kann man von obigen Normalformen Gebrauch machen.

3.3 Passive und aktive Transformationen. Spiegelungen

In einem Raum $\mathbf{V}^4$ mit Minkowski-Geometrie führen wir als *Basis* vier linear unabhängige Vektoren e_i $(i = 0,1,2,3)$ ein und können damit die Komponentenzerlegung eines Vierervektors u schreiben als

$$u = u^i e_i. \tag{3.3.1}$$

Der Deutlichkeit halber erscheinen *in diesem Abschnitt* Symbole für Komponenten (das sind Zahlen!) *nicht* kursiv, während Vierervektoren und aktive Transformationen mit kursiven Symbolen gesetzt sind.

In späteren Abschnitten werden wir dies nicht konsequent beachten. Insbesondere drückt dann die Schreibweise u^i entweder Komponenten von u in einem nicht spezifizierten Bezugssystem I aus oder meint einfach den Vierervektor u selbst, wobei der Index i nur andeutet, daß es sich um einen Vierervektor handelt, aber keine numerischen Werte annimmt. Es geht aus dem Zusammenhang meist eindeutig hervor, ob etwa mit u^2 das Viererquadrat oder die Komponente u^2 gemeint ist. Im vorliegenden Abschnitt wäre diese etwas saloppe Vorgangsweise verwirrend, da wir numerierte, d.h. indizierte Basisvektoren e_i verwenden. Eine konsequente Unterscheidung von Indizes beider Arten (Vektorsymbol vs. Komponentennummer) wird in der von Penrose propagierten abstrakten Indexschreibweise vorgenommen (siehe Penrose-Rindler (1984)).

Das Viererquadrat davon hat die Gestalt

$$u^2 = \mathrm{u}^i\mathrm{u}^k e_i e_k, \tag{3.3.2}$$

die mit (3.2.4) nur übereinstimmt, wenn die Basisvektoren im Sinne der Minkowski-Geometrie *orthonormiert* sind:

$$\begin{aligned} &e_i e_k = \eta_{ik} \\ &e_0 e_0 = +1, \qquad e_1 e_1 = e_2 e_2 = e_3 e_3 = -1. \end{aligned} \tag{3.3.3}$$

Wir wollen im weiteren stets orthonormierte Basen verwenden. Dies entspricht der getroffenen Wahl, in jedem Inertialsystem kartesische Orthogonalkoordinaten und die Einstein-Synchronisation sowie $c = 1$ zu verwenden (vgl. Aufgaben 3, 4 des vorigen Abschnitts).

Der Übergang (3.2.3) zu einem neuen Inertialsystem entspricht dem Übergang zu einer neuen, ebenfalls orthonormierten Basis $\{\bar{e}_i\}$:

$$u = \mathrm{u}^i e_i = \mathrm{u}^{\bar{i}}\bar{e}_i = \mathrm{L}^i{}_k \mathrm{u}^k \bar{e}_i. \tag{3.3.4}$$

Die Transformationskoeffizienten $\mathrm{L}^i{}_k$ erscheinen hier als Komponenten der e_k nach der neuen Basis $\{\bar{e}_i\}$:

$$e_k = \mathrm{L}^i{}_k \bar{e}_i. \tag{3.3.5}$$

Bei unserer Beschränkung auf Lorentztransformationen, die den Zeitsinn nicht umkehren ($\mathrm{L}^0{}_0 > 0$), folgt, daß $\bar{e}_0$ dieselbe Zeitorientierung wie e_0 hat und es sinnvoll ist, sich auf *zukunftsorientierte* $e_0, \bar{e}_0, \dots$ zu beschränken. Zusammen mit der Beschränkung auf räumliche Rechtssysteme ergibt dies eine *Gesamtorientierung* für $\{e_i\}, \{\bar{e}_i\}, \dots$, die unter spiegelungsfreien Lorentztransformationen invariant ist. Für die Umkehrung der Relation (3.3.5) schreiben wir

$$\bar{e}_i = \mathrm{L}_i{}^j e_j, \tag{3.3.6}$$

wobei also

$$\mathrm{L}^i{}_k \mathrm{L}_i{}^j = \delta_k{}^j = \mathrm{L}_k{}^i \mathrm{L}^j{}_i, \tag{3.3.7}$$

d.h., die Matrizen $(\mathrm{L}^i{}_k)$ und $(\mathrm{L}_i{}^j)$ sind zueinander *kontragredient*, eine ist die transponierte Inverse der anderen.

Die bisher ausgeführten Transformationen nennen wir *passiv,* die Vierervektoren bleiben dabei unverändert, nur den 4 Basisvektoren e_i wurden auf umkehrbar eindeutige Art unter Wahrung der Orthonormierung 4 neue Basisvektoren $\bar{e}_i$ zugeordnet.

Bei *aktiven* Lorentztransformationen L wird der ganze Raum $\mathbf{V}^4$ linear in sich abgebildet, wobei Skalarprodukte invariant bleiben sollen:

$$u \to \bar{u} = Lu \quad \text{mit} \quad \bar{u}^2 = u^2. \tag{3.3.8}$$

Eine Basis $\{e_i\}$ wird dabei in eine Basis $\{\bar{e}_i\} = \{Le_i\}$ abgebildet, deren Vektoren sich nach den e_i zerlegen lassen müssen:

$$\bar{e}_i = \mathrm{L}_i{}^j e_j. \tag{3.3.9}$$

Dadurch ist der Transformation L eine Matrix $(\mathrm{L}_i{}^j)$ zugeordnet. Der Vektor $\bar{u}$ hat in der alten Basis $\{e_i\}$ Komponenten, die sich aus

$$\bar{u} = L\,u = \mathrm{u}^i\,L\,e_i = \mathrm{u}^i\,\mathrm{L}_i{}^j\,e_j = \bar{\mathrm{u}}^j e_j \tag{3.3.10}$$

zu

$$\bar{\mathrm{u}}^j = \mathrm{L}_i{}^j \mathrm{u}^i \tag{3.3.11}$$

ergeben, mit der Umkehrung

$$\mathrm{u}^i = \mathrm{L}'^i{}_k \bar{\mathrm{u}}^k \tag{3.3.12}$$

(vgl. (3.3.7)). Der Gegensatz zwischen (3.2.3) und (3.3.12) ist anschaulich klar. Bezüglich der neuen Basis $\{\bar{e}_i\}$ hat $\bar{u}$ natürlich dieselben Komponenten wie u bezüglich $\{e_i\}$.

Ganz entsprechend sind in der Raum-Zeit *passive* und *aktive* Poincarétransformationen zu beschreiben. An die Stelle der linearen oder Vektorbasen $\{e_i\}$ von $\mathbf{V}^4$ treten hier die *affinen* Orthonormalbasen von $\mathbf{X}^4$, die aus einem Punkt $o \in \mathbf{X}^4$ („Ursprung") und einer Vektorbasis $\{e_i\}$ bestehen; jedem Ereignis sind dann bezüglich einer derartigen affinen Basis Ereigniskoordinaten x^i zugeordnet, indem der Verbindungsvektor von o zu x nach $\{e_i\}$ in Komponenten zerlegt wird. Das mathematische Modell, das hiermit einem inertialen Bezugssystem I entspricht, ist eine affine (raum- und zeitorientierte) Orthonormalbasis $\{o, e_i\}$ für $\mathbf{X}^4$. (Vgl. dazu Anhang B.14.) Mit dieser neuen Terminologie wollen wir nun nochmals auf die Situation in Kap. 1 zurückkommen: In den Abschnitten 1.3,4 bestimmten wir die passive Form der Transformationen, nachdem uns die Überlegungen in Abschnitt 1.2 gezeigt hatten, daß die Naturgesetze unter aktiven Transformationen invariant sind. Denn es ist eine aktive Transformation, die ein in I aufgebautes Experiment in ein in $\bar{\mathrm{I}}$ „in gleicher Weise" aufgebautes Experiment überführt; hingegen ist es eine passive Transformation, ein und dasselbe Ereignis oder ein und denselben Vorgang – wie etwa in Abschnitt 1.4 einen mit Lichtgeschwindigkeit stattfindenden Ausbreitungsvorgang – von zwei Systemen I und $\bar{\mathrm{I}}$ aus zu betrachten.

Es ist nunmehr möglich, auch kurz auf die bisher immer ausgeschlossenen *Spiegelungen* einzugehen. Bei den *räumlichen Spiegelungen* ist eine passive Interpretation ohne weiteres möglich, sie bedeutet ja nur den Übergang von einem Rechtssystem zu einem Linkssystem oder umgekehrt. Die Frage ist nur, ob diese Transformation dem Relativitätsprinzip genügt, und dazu muß sie aktiv interpretiert werden. Die Schwierigkeiten, die sich ergeben können, wenn man versucht, ein Experiment bezüglich zweier spiegelbildlicher Bezugssysteme „gleichartig" aufzubauen, können am bekannten Örsted-Versuch leicht illustriert werden. Spiegelt man die Magnetnadel naivgeometrisch, so scheint der Vorgang nicht spiegelungsinvariant zu sein; denkt man sich die Magnetisierung der Nadel aber durch elementare Kreisströme hervorgerufen und spiegelt diese, so ergibt sich wieder Spiegelungsinvarianz. Dies zeigt bereits, daß die Durchführung einer aktiven Raumspiegelung keineswegs trivial ist. Die Elementarteilchenphysik hat weiters gezeigt[1], daß nicht alle Naturvorgänge spiegelungsinvariant sind.

Noch komplizierter ist die Situation bei der *Zeitspiegelung* (Zeitumkehr). Es ist nicht möglich, diese Transformation passiv zu realisieren (Übergang zu einem Beobachter, für den die Zeit zurückläuft?!). Die Transformation ist aber aktiv realisierbar als *Bewegungsumkehr*. Die sich ergebenden Schwierigkeiten können wieder am Örsted-Versuch illustriert werden. Die Teilchenphysik hat auch Prozesse entdeckt, die man so interpretieren kann, als wären sie nicht invariant unter Zeitumkehr[2].

Wir werden die Diskussion der Spiegelungen erst in Kap. 6 wieder aufnehmen.

3.4 Kontravariante und kovariante Vektorkomponenten. Felder

Neben den bisher eingeführten, sog. *kontravarianten* Vektorkomponenten u^i, die nach (3.2.3) transformieren, ist es zweckmäßig, noch durch

$$u_i := \eta_{ik}\, u^k = (u^0, -u^1, -u^2, -u^3) \tag{3.4.1}$$

kovariante Komponenten einzuführen. Die Berechnung erfolgt in jedem (orthonormierten) Bezugssystem mit derselben Zahlenmatrix η, (3.1.3). Mit Hilfe dieser Komponenten schreibt sich das Skalarprodukt (3.2.5) kürzer

$$u\, w = u_i w^i. \tag{3.4.2}$$

Um die kontravarianten aus den kovarianten Komponenten zurückzugewinnen, definieren wir die Zahlenmatrix

$$\eta^{ik} := \eta_{ik}, \tag{3.4.3}$$

die die Rolle der Inversen zu (η_{ik}) hat:

$$\eta^{ik}\eta_{kj} = \delta^i_j. \tag{3.4.4}$$

Dann lautet die Umkehrformel zu (3.4.1)

$$u^i = \eta^{ik} u_k. \tag{3.4.5}$$

[1] Vgl. Källén (1965); für die Verletzung der Spiegelungsinvarianz in der organischen Welt – hier bricht kein dynamisches Gesetz die Invarianz! – siehe z.B. A. McDermott, Nature *323*, (4. Sept. 1986). Vgl. auch Janoschek (1991).

[2] Vgl. Kabir (1968); Davies (1974).

Das *Transformationsverhalten* der kovarianten Komponenten ergibt sich aus

$$u_{\bar{i}} = \eta_{ik}\, u^{\bar{k}} = \eta_{ik}\, L^k{}_j\, u^j = \eta_{ik}\, L^k{}_j\, \eta^{jm} u_m \tag{3.4.6}$$

zu

$$u_{\bar{i}} = L_i{}^m u_m \tag{3.4.7}$$

mit

$$L_i{}^m := \eta_{ik}\, L^k{}_j\, \eta^{jm}. \tag{3.4.8}$$

Wie sich leicht aus $u\,w = u_i w^i = u_{\bar{i}} w^{\bar{i}}$ ergibt und auch mittels (3.1.8) verifiziert werden kann, stimmt (3.4.8) mit der in (3.3.6) eingeführten kontragredienten Matrix zu $(L^i{}_k)$ überein.

Die Einführung kovarianter Vektorkomponenten sieht zunächst wie ein überflüssiger Luxus aus. Es gibt aber Objekte, für die sie „natürlicher" sind als die kontravarianten. Ein wichtiges Beispiel dafür ist der *Vierergradient,* den wir weiter unten betrachten werden.

Ein Beispiel, bei dem ebenfalls das Transformationsgesetz (3.4.7) eher auf der Hand liegt, tritt bei der Beschreibung von raum-zeitlich periodischen Ausbreitungsvorgängen (ebenen Wellen) auf. Beschreiben Beobachter in I so einen Vorgang etwa durch $\cos(\omega t - \mathbf{k}\,\mathbf{x})$, d.i. eine Welle, die in der Richtung des *Wellenzahlvektors* $\mathbf{k}$ mit der *Phasengeschwindigkeit* $v_{Ph} = \omega/|\mathbf{k}|$ läuft und die *Kreisfrequenz* ω ($\Rightarrow$ reduzierte Wellenlänge $= 1/|\mathbf{k}|$) hat, so ist dieser Vorgang auch für einen Beobachter in $\bar{\mathrm{I}}$ räumlich und zeitlich periodisch: Setzen wir $\omega = k^0$ und definieren $k_i = \eta_{ij} k^j$, so ist $\omega t - \mathbf{k}\,\mathbf{x} = k_i\, x^i$, und Lorentztransformation $x^i = L_j{}^i\, x^{\bar{j}}$ ergibt $\cos k_i\, x^i = \cos\, k_i\, L_j{}^i\, x^{\bar{j}} = \cos\, k_{\bar{j}}\, x^{\bar{j}}$, einen Ausdruck gleicher Gestalt mit

$$k_{\bar{j}} = L_j{}^i\, k_i$$

wie in (3.4.7), wobei nun $k^{\bar{0}} = \bar{\omega}$ und $\bar{\mathbf{k}} = (k^{\bar{1}}, k^{\bar{2}}, k^{\bar{3}})$ die in $\bar{\mathrm{I}}$ registrierte Frequenz und vektorielle Wellenzahl sind.

Der hierdurch definierte *Wellenzahl-Vierervektor* k liefert ein lineares Funktional auf $\mathbf{V}^4$, indem er jeder raum-zeitlichen Verschiebungsstrecke Δx die zugehörige Phasenänderung $k\,\Delta x$ zuordnet, die beobachterunabhängig ist (wie die Zahl der längs Δx registrierten Maxima). (Wegen des Begriffs des Dualraums $\widetilde{\mathbf{V}}$ zu einem Vektorraum $\mathbf{V}$ als Menge der linearen Funktionale auf $\mathbf{V}$ siehe Anhang B.2.)

Unter Verwendung des Basisvektors e_0 von I haben wir $\omega = k^0 = e_0\, k$ und $\mathbf{k}^2 = (e_0\, k)^2 - k^2$, also

$$v_{Ph}^2 = \frac{(e_0\, k)^2}{(e_0\, k)^2 - k^2}\,.$$

Dies ist explizit beobachterabhängig, außer in Fall $k^2 = 0$, wo $v_{Ph} = 1$ der Lichtgeschwindigkeit gleicht. Zu $k^2 > 0$ bzw. $k^2 < 0$ gehört $v_{Ph} > 1$ bzw. $v_{Ph} < 1$, diese Aussagen sind ebenfalls beobachterunabhängig.

Neben Skalaren und Vierervektoren spielen *skalare Felder* und *Vierervektorfelder* eine wichtige Rolle, die jedem Punkt x der Raum-Zeit eine Zahl $\varphi(x)$ bzw. einen

Vierervektor $u(x)$ zuordnen. In einem Bezugssystem I haben die Ereignisse x Koordinaten x^i, und jeder Vektor $u(x)$ Komponenten $u^i(x)$, so daß $\varphi(x)$ und $u(x)$ durch Funktionen der Koordinaten festgelegt werden:

$$\begin{aligned} \Phi(x^k) &= \varphi(x) = \bar{\Phi}(x^{\bar{k}}) \\ U^i(x^k)e_i &= u(x) = U^{\bar{i}}(x^{\bar{k}})\bar{e}_{\bar{i}}. \end{aligned} \tag{3.4.9}$$

Hier haben wir rechts die entsprechende Festlegung in einem System $\bar{\text{I}}$ angeschrieben und erhalten daraus das Transformationsgesetz

$$\begin{aligned} \bar{\Phi}(x^{\bar{k}}) &= \Phi(x^k) \\ U^{\bar{i}}(x^{\bar{k}}) &= L^{\bar{i}}{}_j U^j(x^k) \qquad\qquad x^{\bar{k}} = L^{\bar{k}}{}_m x^m + a^{\bar{k}} \\ U_{\bar{i}}(x^{\bar{k}}) &= L_{\bar{i}}{}^j U_j(x^k). \end{aligned} \tag{3.4.10}$$

Wir betrachten nun den *Vierergradienten* eines Skalarfeldes, der durch Komponenten

$$\partial_i\varphi := \frac{\partial\Phi}{\partial x^i} =: \Phi_{,i}, \qquad \partial_{\bar{i}}\varphi = \frac{\partial\bar{\Phi}}{\partial x^{\bar{i}}} = \bar{\Phi}_{,\bar{i}} \tag{3.4.11}$$

gegeben ist. Nach der Kettenregel gilt

$$\frac{\partial\bar{\Phi}}{\partial x^{\bar{i}}} = \frac{\partial\Phi}{\partial x^k}\frac{\partial x^k}{\partial x^{\bar{i}}},$$

und da wegen (3.3.7) die Transformation $dx^{\bar{i}} = L^{\bar{i}}{}_j\, dx^j$ der Koordinatendifferentiale die Umkehrung

$$dx^k = L_{\bar{i}}{}^k dx^{\bar{i}} \Rightarrow \frac{\partial x^k}{\partial x^{\bar{i}}} = L_{\bar{i}}{}^k \tag{3.4.12}$$

hat, sind durch (3.4.11) tatsächlich kovariante Komponenten eines Vierervektorfeldes erklärt.

Der durch die Komponenten (3.4.12) definierte Vierervektor $\nabla\varphi$ hat die kontravarianten Komponenten $\partial^i\varphi = \eta^{ik}\,\partial_k\varphi$. Die (inverse) Metrik η ist also unentbehrlich, um $\nabla\varphi$ eine raum-zeitliche Fortschreitungsrichtung zuzuordnen. Da aber η nicht die gewohnten Definitheitseigenschaften der euklidischen Metrik hat, ist die durch $\partial^i\varphi$ gegebene Fortschreitungsrichtung *nicht* immer die Richtung des steilsten Anstiegs von φ, wie man dies vom gewöhnlichen Gradienten gewohnt ist! (s. Aufgabe.)

Die zentrale Rolle von Vierervektoren und anderen Objekten mit Komponenten, die sich bei Poincarétransformationen linear-homogen verhalten, wird in den nächsten Abschnitten deutlich werden. Wir werden dabei nicht immer konsequent in Notation und Sprechweise zwischen einem Vierervektor u und seinen Komponenten u^i unterscheiden: manchmal erscheint u^i als Symbol des Vierervektors u, so daß i quasi als ein „abstrakter" Index fungiert, der nur einen Vierervektor anzeigt. Statt Vierervektorfeld steht oft nur Vierervektor oder Vektor. Beim skalaren Feld wird nicht immer wie oben zwischen der auf dem Minkowskiraum definierten Funktion φ und den auf den Koordinatenräumen definierten zugehörigen Funktionen Φ, $\bar{\Phi}$ unterschieden; analog bei Vektorfeldern. Der jeweilige Zusammenhang sollte dabei meist ausreichen, um zu entscheiden, was gemeint ist. Dies folgt dem allgemeinen Gebrauch in der Physik.

Es darf aber nicht übersehen werden, daß hier begriffliche Unterschiede vorliegen (die sich u. a. in Vorzeichenunterschieden bei aktiven und passiven Transformationen etc. auswirken können). Ein typisches Beispiel: Der Terminus Skalar oder Invariante wird verschieden gebraucht. Im Zusammenhang mit Vektorräumen sind Skalare einfach Zahlen, mit denen die Vektoren multipliziert werden oder ihnen durch verschiedene Operationen zugeordnet werden. Wird letzteres durch Komponenten beschrieben, so darf das Resultat nicht vom speziellen Bezugssystem abhängen; man betont dies, indem man Invariante sagt. Skalar oder Invariante wird statt „skalares Feld" gebraucht. Es gibt aber auch lorentzinvariante skalare Felder $\varphi(x)$, d.h. Felder, die an der Stelle x und der (aktiv) transformierten Stelle $L\,x$ denselben Wert annehmen.

Ein ähnliches Terminologieproblem besteht bei der Verwendung der Worte „invariant", „kovariant". Wir wollen hier keine Lösung vorschlagen, da die dahinterliegenden physikalischen Sachverhalte in Anderson (1967) ausreichend geklärt sind und die Mathematik sich heute eindeutiger, wenn auch anders formulierter Konzepte bedient.

Aufgabe

Man rekapituliere den Beweis der Aussage, daß sich eine Funktion in der Richtung ihres Gradienten am stärksten ändert, und gebe die Modifikation dieser Aussage für den Minkowskiraum an!
Hinweis: Um die Änderung in verschiedenen Richtungen zu vergleichen, müssen die Richtungsvektoren gleich normiert sein.

4 Relativistische Mechanik

Wir kommen in diesem Kapitel zur Formulierung der kinematischen und dynamischen Grundgesetze. Dabei ist darauf zu achten, daß diese Gesetze dem Relativitätsprinzip genügen. Sie müssen zum Ausdruck bringen, daß die Inertialsysteme, die auseinander durch Poincarétransformationen hervorgehen, gleichberechtigt sind und durch kein Experiment ein solches System vor einem anderen ausgezeichnet ist. In die Sprache der Mathematik übersetzt lautet diese Forderung, daß die Naturgesetze *lorentzkovariant,* d.h. so formulierbar sein müssen, daß sie in jedem Bezugssystem die gleiche Form annehmen.

Rechentechnisch soll in diesem Kapitel vor allem die Verwendung von Vierervektoren und ihrer Skalarprodukte erläutert werden. Diese Technik hat große Vorteile gegenüber den in Kap. 2 eingeführten Raum-Zeit-Diagrammen und ist bei den meisten praktischen Anwendungen vorzuziehen.

4.1 Kinematik

Die Geschwindigkeit eines Massenpunktes, dessen Bewegung in bezug auf ein Inertialsystem I durch $\mathbf{x} = \mathbf{x}(t)$ beschrieben wird, ist durch

$$\mathbf{v} = \frac{d\mathbf{x}}{dt} \tag{4.1.1}$$

gegeben. Bei einer Lorentztransformation

$$x^{\bar{i}} = L^{\bar{i}}{}_k\, x^k \tag{4.1.2}$$

ist der Übergang zur entsprechenden Größe $\bar{\mathbf{v}} = d\bar{\mathbf{x}}/d\bar{t}$ kompliziert und unübersichtlich[1], da die im Nenner von (4.1.1) stehende Koordinate t mittransformiert werden muß. Es ist daher nicht zu erwarten, daß mit Hilfe des obigen Geschwindigkeitsbegriffes einfache lorentzkovariante Naturgesetze formuliert werden können.

Denken wir uns aber die Weltlinie des Massenpunktes durch die (lorentzkovariante) Eigenzeit s in der Form $x^i = x^i(s)$ parametrisiert, so bietet sich sofort eine geeignete Verallgemeinerung von $\mathbf{v}$ in Form der *Vierergeschwindigkeit* u mit den Komponenten

$$u^i := \frac{dx^i}{ds} \tag{4.1.3}$$

an, in die die vier Koordinaten ebenso gleichartig eingehen wie in (4.1.2). Die u^i bilden offenkundig die Komponenten eines Vierervektors, die x^i waren ja Prototyp dafür. Wegen (2.6.2) ist

$$u^i = \left(\frac{dt}{ds}, \frac{d\mathbf{x}}{ds}\right) = \frac{dt}{ds}(1, \mathbf{v}) = \gamma\,(1, \mathbf{v}). \tag{4.1.4}$$

[1] Vgl. (2.9.2) und das im Anschluß daran Gesagte.

Im nichtrelativistischen Grenzfall (N.R.) ist $|\mathbf{v}| \leq 1$, $\gamma \approx 1$ und somit $u^i \approx (1, \mathbf{v})$. u ist somit eine Verallgemeinerung des gewöhnlichen Geschwindigkeitsbegriffes, wobei die Komponenten sich bei Lorentztransformationen linear verhalten. Es enthält natürlich auch nicht mehr Information als $\mathbf{v}$, denn es gilt für das Viererquadrat

$$u^2 = u^i u_i = \frac{dx^i dx_i}{ds^2} = \frac{ds^2}{ds^2} = 1. \tag{4.1.5}$$

Die Vierergeschwindigkeit ist daher ein zeitartiger und wegen $dx^0 > 0$, $ds > 0$ zukunftsgerichteter Vektor – geometrisch die Tangente an die Weltlinie. Die Tatsache, daß es keine absoluten Geschwindigkeiten gibt, findet hier darin den Niederschlag, daß die einzigen Lorentzinvarianten zeitartiger Vektoren u die Viererquadrate u^2 und die Vorzeichen $\operatorname{sign} u^0$ sind – und diese sind für alle Vierergeschwindigkeiten gleich.

Diese Definition legt es nahe, dem Massenpunkt (Masse m) einen *Viererimpuls*

$$p := mu, \qquad p^i = (p^0, \mathbf{p}) \tag{4.1.6}$$

zuzuschreiben. N.R. gilt $p^i \approx (m, m\mathbf{v})$, so daß die räumlichen Komponenten $\mathbf{p}$ für $|\mathbf{v}| \leq 1$ mit den in der klassischen Mechanik eingeführten Impulskomponenten übereinstimmen.

Für das Viererquadrat des Viererimpulses folgt aus (4.1.5)

$$p^2 = (p^0)^2 - \mathbf{p}^2 = m^2, \tag{4.1.7}$$

eine für die relativistische Kinematik grundlegende Relation. Sie bedeutet geometrisch, daß die möglichen Viererimpulse von Teilchen der Masse m zeitartig sind und im 4-dimensionalen Impulsraum ein Hyperboloid bilden, die sogenannte *Massenschale,* die für zwei Raumdimensionen in Abb. 4.1 illustriert ist.

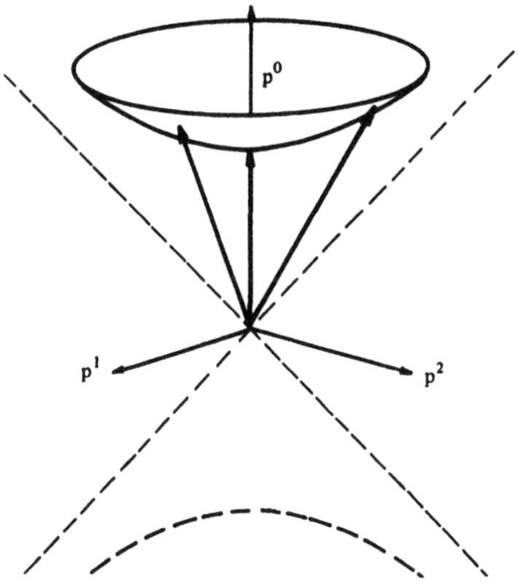

Abb. 4.1. Die Massenschale $(p^0)^2 - (p^1)^2 - (p^2)^2 = m^2$, $p^0 > 0$

Die Asymptoten der Massenschale bilden den Lichtkegel des Impulsraumes; da die Viererimpulse p ebenso wie u zukunftsgerichtet sind, wurde der untere Teil des Hyperboloids nur punktiert eingezeichnet.

Analog zur Vierergeschwindigkeit definieren wir die *Viererbeschleunigung* b durch

$$b^i := \frac{d^2x^i}{ds^2} = \frac{du^i}{ds}. \tag{4.1.8}$$

Aus (4.1.5) ergibt sich durch Differentiation nach s

$$0 = \frac{d}{ds}\left(\eta_{ik}\, u^i u^k\right) = \eta_{ik}\left(u^i b^k + b^i u^k\right) = 2u^i b_i. \tag{4.1.9}$$

b ist also (im Sinn der Minkowski-Geometrie) auf u orthogonal und somit ein raumartiger Vierervektor. Die Größe $(-b^2)^{1/2}$, geometrisch eine lorentzinvariante Krümmung der Weltlinie, ist gleich dem Betrag der im momentanen Ruhsystem gemessenen Beschleunigung (Aufgabe). Dies zeigt formal, inwieweit Beschleunigungen im Gegensatz zu Geschwindigkeiten *absoluten* Charakter haben.

Es liegt nun nahe, das zweite Newtonsche Axiom $\mathbf{K} = m\mathbf{b}$ zu

$$K^i = mb^i = m\frac{du^i}{ds} = \frac{dp^i}{ds} \tag{4.1.10}$$

zu verallgemeinern. K^i sind die Komponenten eines Vierervektors K, der *Viererkraft*. K ist durch (4.1.10) zunächst nur formal eingeführt; damit (4.1.10) physikalische Bedeutung erhält, muß K aus irgendeiner Theorie wie etwa der Elektrodynamik entnommen werden. Sodann kann aus (4.1.10) durch Integration die Teilchenbewegung berechnet werden.

Die K^i können allerdings nicht beliebig vorgegeben werden, denn sie müssen ja Komponenten eines Vierervektors sein. Dies garantiert aber dann, wie man durch Multiplikation von (4.1.10) mit $L^{\bar{j}}{}_i$ sieht, daß (4.1.10) in jedem anderen System $\bar{\mathrm{I}}$ von der gleichen Form $K^{\bar{i}} = mb^{\bar{i}}$ ist. Dies ist ein Beispiel einer Lorentz- (und Poincaré-) kovarianten Gleichung, die wir auch als Gleichung zwischen Vierervektoren selbst schreiben können:

$$K = mb = m\frac{d^2x}{ds^2} = m\frac{du}{ds} = \frac{dp}{ds}. \tag{4.1.10'}$$

Läßt sich ein Naturgesetz als Gleichung zwischen Vierervektoren schreiben, so genügt es automatisch dem Relativitätsprinzip. Wir werden später systematisch alle Größen suchen, die bei der Formulierung von Naturgesetzen eine ähnliche Rolle spielen wie Vierervektoren.

Noch eine weitere Forderung ist an K zu stellen. Aus (4.1.9) folgt

$$Ku = 0, \tag{4.1.11}$$

K ist wie b ein zu u orthogonaler, also raumartiger Vektor. Im momentanen Ruhsystem ist $u^{\bar{i}} = (1, \mathbf{0})$, also muß dort wegen (4.1.11) K durch $K^{\bar{i}} = (0, \mathbf{k})$ gegeben sein. $\mathbf{k}$ ist dabei die auf das Teilchen im Ruhsystem wirkende Kraft, die wie üblich sowohl mit statischen wie dynamischen Methoden gemessen werden kann. Lorentztransformation auf das System I, in dem sich das Teilchen mit der Geschwindigkeit $\mathbf{v}$ bewegt, liefert

$$K^i = \left(\gamma\,\mathbf{v}\,\mathbf{k}, \mathbf{k} + \frac{\gamma^2}{\gamma+1}(\mathbf{v}\,\mathbf{k})\,\mathbf{v}\right). \tag{4.1.12}$$

Die Nullkomponente

$$K^0 = \gamma\,\mathbf{k}\,\mathbf{v} = \gamma\,\mathbf{k}\frac{d\mathbf{x}}{dt} = \mathbf{k}\frac{d\mathbf{x}}{ds} =: \frac{dA}{ds} \tag{4.1.13}$$

hat die Bedeutung der am Teilchen von der Kraft $\mathbf{k}$ pro (Eigen-) Zeiteinheit geleisteten Arbeit. (4.1.10) ergibt für $i = 0$

$$\frac{dp^0}{ds} = K^0 = \frac{dA}{ds}. \tag{4.1.14}$$

Die dem Teilchen zugeführte Arbeit erhöht die (bisher uninterpretiert gebliebene) Nullkomponente p^0 des Viererimpulses. p^0 ist daher – zunächst bis auf eine mögliche additive Konstante – die *Energie* des Teilchens. p wird deshalb auch als *Energie-Impuls-Vektor* bezeichnet. Tatsächlich ist nach (4.1.4,6)

$$p^0 = \gamma m = m + \frac{mv^2}{2} + \ldots \quad . \tag{4.1.15}$$

Für kleine Geschwindigkeiten $v \ll 1$ ist p^0 bis auf die Konstante m gleich der kinetischen Energie des Teilchens.

Die Überlegungen des nächsten Abschnittes (Energieerhaltung) werden zeigen, daß p^0 als Gesamtenergie des Teilchens aufzufassen ist, die sich aus der *Ruhenergie* m (in konventionellen Einheiten mc^2) und der *kinetischen Energie* T (Translationsenergie) zusammensetzt. Der für relativistische Geschwindigkeiten gültige Ausdruck für die kinetische Energie ergibt sich aus

$$p^0 =: m + T \tag{4.1.16}$$

zu

$$T = (\gamma - 1)\,m = \frac{mv^2}{2} + \frac{3}{8}mv^4 + \ldots \quad . \tag{4.1.17}$$

Anhang: Zur Geometrie des Geschwindigkeitsraumes

Das durch $u^2 = 1$, $u^0 > 0$ im Vierervektorraum $\mathbf{V}^4$ gebildete Geschwindigkeitshyperboloid ist, analog zu dem in Abb. 4.1 gezeichneten Impulshyperboloid, ein ***homogener Raum*** der Lorentzgruppe: jeder Punkt kann in jeden transformiert werden (***transitive Wirkung*** der Gruppe), keiner ist vor anderen lorentzinvariant ausgezeichnet. Auch in der Galilei-Relativität können Vierergeschwindigkeiten $u^i := (1, \mathbf{v})$ eingeführt werden, die in einem analogen Vektorraum die affine Hyperebene $u^0 = 1$ erfüllen – ein homogener Raum der Galilei-Gruppe. Diesem flachen affinen Raum gegenüber ist das relativistische Geschwindigkeitshyperboloid ***gekrümmt*** – genauer: die lorentzinvariante Metrik $d\sigma^2 := -du^2$ macht es zu einem Riemannschen Raum konstanter negativer Krümmung (sog.

Weierstraßsches Modell des *Lobatschewskiraums,* vgl. Fock (1960)), wie er in kosmologischen Modellen Verwendung findet (vgl. Sexl - Urbantke (1987)). Projektion vom Nullpunkt des $\mathbf{V}^4$ auf eine Tangentialhyperebene des Hyperboloids liefert das sog. *Kleinsche projektive Modell;* projiziert man hingegen vom Antipodenpunkt (auf dem gestrichelten Teil der Abb. 4.1) des Berührpunkts, entsteht das sog. *Poincarésche konforme (=winkeltreue) Modell* (vgl. Strubecker (1969)), das für halbquantitative Überlegungen von Nutzen sein kann.

Das Geschwindigkeitshyperboloid erlaubt, allgemeine Lorentztransformationen geometrisch zu veranschaulichen. Man identifiziert dazu die Bezugssysteme I, $\bar{\text{I}}$, ... mit Orthonormalbasen $\{e_i\}$, $\{\bar{e}_i\}$, ... von $\mathbf{V}^4$ und deutet e_0, $\bar{e}_0$, ... als Vierergeschwindigkeiten von I, $\bar{\text{I}}$, ..., somit als Punkte des Hyperboloids. Jetzt kann man die dazu orthogonalen Vektoren e_α, $\bar{e}_\alpha$, ... $(\alpha = 1,2,3)$ als Tangentialvektoren in den Punkten e_0, $\bar{e}_0$, ... des Hyperboloids eintragen; sie bilden dort jeweils Orthogonalbasen des Tangentialraums. Jede derartige orthonormale Tangentialbasis kann durch genau eine Lorentztransformation in jede andere transformiert werden – man sagt, die Lorentzgruppe wirke auf dem gesamten *Bündel* der orthonormalen Tangentialbasen des Geschwindigkeitshyperboloids *einfach-transitiv (=frei* und *transitiv).* Auszeichnung eines Systems I liefert daher eine Bijektion zwischen diesem Bündel und der Lorentzgruppe.

Für jede Weltlinie $x(s)$ sind die Tangenten an die auf dem Geschwindigkeitshyperboloid gelegenen Kurve $u(s)$ (*relativistischer Hodograph* der Bewegung) gerade durch die Viererbeschleunigung $b(s)$ gegeben.

Aufgaben

1. Man bestimme das Transformationsgesetz der gewöhnlichen Geschwindigkeitskomponenten (4.1.1) unter (4.1.2).

   Vom Standpunkt der Gruppentheorie ist hierzu und zur Vierergeschwindigkeit zu bemerken, daß es sich beim Transformationsgesetz von $\mathbf{v}$ um eine „nichtlineare Realisierung" (projektiv im Sinn des erwähnten Kleinschen Modells) der Lorentzgruppe handelt, die durch Einführung von $\mathbf{u} = \gamma\,\mathbf{v}$ und der eigentlich überflüssigen Komponente $u^0 = \gamma$ zu einer linearen Realisierung („Darstellung") der Gruppe gemacht wird.

2. Die Relativgeschwindigkeit zweier Teilchen mit Vierergeschwindigkeiten u', u'' ist $(1 - (u'u'')^{-2})^{1/2}$.

3. Man zeige, daß $(-b^2)^{1/2}$ der Betrag der im momentanen Ruhsystem gemessenen gewöhnlichen Beschleunigung ist.

4.2 Die Stoßgesetze. Relativistische Massenzunahme

Stoßexperimente sind von prinzipieller Bedeutung für die Mechanik, da sie die Erhaltung von Energie und Impuls testen, ohne daß dabei die Kräfte bekannt zu sein brauchen, die zwischen den Teilchen beim Stoß wirksam werden. Auf die Problematik der Kräfte zwischen Teilchen werden wir erst in Kap. 5 kurz eingehen.

In Abb. 4.2 ist der Stoß zweier Teilchen symbolisch dargestellt. Der Kreis in der Mitte deutet die Region der Wechselwirkung an, über deren Natur man in vielen Fällen keine genauen Aussagen machen kann.

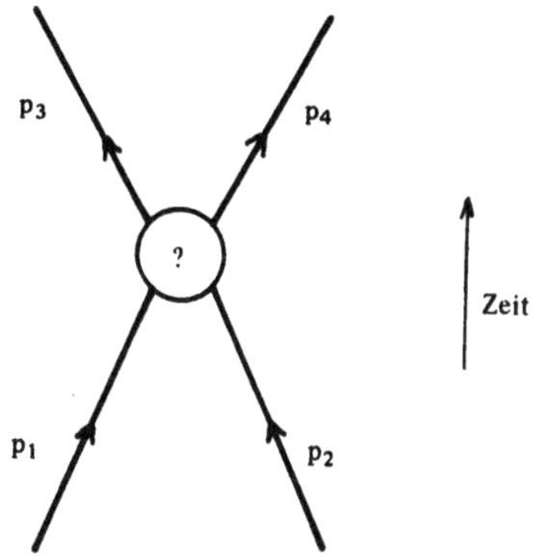

Abb. 4.2. Stoß zweier Teilchen

Unabhängig von der Natur der dort wirkenden Kräfte gilt im nichtrelativistischen Fall stets, daß die Summe der Impulse

$$\mathbf{p}_1 + \mathbf{p}_2 = \mathbf{p}_3 + \mathbf{p}_4 \qquad \text{(N.R.)} \qquad (4.2.1)$$

und die Summe der Energien ($T_A := \mathbf{p}_A^2/2m_A$ N.R.)

$$T_1 + T_2 = T_3 + T_4 \qquad \text{(N.R.)} \qquad (4.2.2)$$

vor und nach dem Stoß dieselbe ist. Da die Impulse $\mathbf{p}_3$, $\mathbf{p}_4$ sechs unabhängigen Größen entsprechen und in (4.2.1,2) nur vier Gleichungen vorliegen, ist der Endzustand ohne Kenntnis der Wechselwirkung nicht vollständig durch den Anfangszustand bestimmt, doch schränken die Erhaltungssätze die Menge der Endzustände bereits entscheidend ein.

Die Menge der kinetisch möglichen, d.h. mit den Erhaltungssätzen verträglichen, Endzustände bei gegebenem Anfangszustand nennt man – in Anlehnung an die statistische Mechanik – in der Teilchenphysik den *Phasenraum* des Stoßprozesses. Aus ihm wählt die spezifische, durch die Wechselwirkung gegebene Dynamik des Prozesses den tatsächlichen Endzustand aus, der nach der klassischen Physik eindeutig ermittelt werden kann, während die Quantenmechanik lehrt, mit welcher Wahrscheinlichkeit er in irgendeinen Bereich des Phasenraumes fällt. Die Untersuchung der Geometrie dieses Phasenraumes wird in der Teilchenphysik übrigens nicht als Kinetik, sondern als Kinematik bezeichnet.

Da für die außerhalb der Stoßregion kräftefrei bewegten Massenpunkte außer den Viererimpulsen p_A (A numeriert die Teilchen) bzw. den dazu proportionalen u_A keine anderen Vierervektoren entsprechender Dimension zur Verfügung stehen, muß die *relativistische* Verallgemeinerung der *Erhaltungssätze* (4.2.1,2)

$$p_1 + p_2 = p_3 + p_4 \qquad (4.2.3)$$

lauten. (4.2.3) enthält vier Gesetze, man wird vermuten, daß im N.R. Grenzfall sowohl Energie- wie Impulserhaltung resultieren. Für $|\mathbf{v}| \ll 1$ ist $p^i \approx (m, m\mathbf{v})$, (4.2.3) spezialisiert sich zu

$$m_1 + m_2 = m_3 + m_4 \qquad \text{(N.R.)} \qquad (4.2.4)$$

$$m_1\mathbf{v}_1 + m_2\mathbf{v}_2 = m_3\mathbf{v}_3 + m_4\mathbf{v}_4. \qquad \text{(N.R.)} \qquad (4.2.5)$$

Statt der erwarteten Energieerhaltung haben wir in (4.2.4) das Gesetz der Erhaltung der Masse vor uns, das in der Newtonschen Mechanik üblicherweise als selbstverständlich vorausgesetzt und nicht eigens angeführt wird! Mit (4.1.16) ergeben sich aber aus (4.2.3) Aussagen über die Energieerhaltung: statt (4.2.4) bekommen wir

$$m_1 + T_1 + m_2 + T_2 = m_3 + T_3 + m_4 + T_4, \qquad (4.2.6)$$

wobei T_A wie früher die relativistische kinetische Energie des A-ten Teilchens bedeutet.

Das Auftreten des Summanden m in $p^0 = m + T$ gewinnt dadurch weit mehr als formale Bedeutung: Nach (4.2.6) ist nur die Summe der kinetischen und der Ruhenergien erhalten, die Erhaltung der kinetischen Energie allein wie in (4.2.2) ist dadurch *nicht* gefordert. Es kann daher Prozesse geben, in denen die eine Energieform in die andere umgewandelt wird. Diese überraschende Möglichkeit, die durch die relativistische Form der Erhaltungssätze zugelassen wird, ist durch zahlreiche bekannte Experimente belegt, von denen in Abschnitt 4.5 einige theoretisch wesentliche Beispiele besprochen werden sollen.

Eine weitere Folgerung aus (4.2.3) ist, daß sich wegen $\mathbf{p} = \gamma m \mathbf{v}$ ein schnell bewegtes Teilchen beim Stoß so verhält, als hätte es – im Vergleich zur Newtonschen Mechanik – eine Masse γm, also eine gegenüber der *Ruhmasse* m vergrößerte „dynamische" Masse. Diese Tatsache bezeichnet man auch als *relativistischen Massenzuwachs.* Die Ruhmasse m ist daher durch Experimente im nichtrelativistischen Geschwindigkeitsbereich zu ermitteln.

Wesentlich ist ferner, daß die Gesamtenergie $p^0 = \gamma m$ eines Teilchens für $v \to 1$ unbegrenzt zunimmt. Um ein Teilchen auf Lichtgeschwindigkeit zu beschleunigen, ist eine unendlich große Energiezufuhr nötig. Dies ist der angekündigte dynamische Grund für die *Unerreichbarkeit der Lichtgeschwindigkeit.*

Aus der Relation $p^2 = m^2$ folgt schließlich eine viel verwendete Formel für die Gesamtenergie p^0:

$$p^0 = {}_{+}\sqrt{m^2 + \mathbf{p}^2}. \qquad (4.2.7)$$

Subtraktion der Ruhenergie m ergibt für die kinetische Energie

$$T = \sqrt{m^2 + \mathbf{p}^2} - m, \qquad (4.2.8)$$

was sich für $|\mathbf{p}| \ll m$ auf den nichtrelativistischen Ausdruck $\mathbf{p}^2/2m$ reduziert. Die Geschwindigkeit des Teilchens ist, durch $\mathbf{p}$ ausgedrückt,

$$\mathbf{v} = \frac{\mathbf{p}}{p^0} = \frac{\mathbf{p}}{\sqrt{m^2 + \mathbf{p}^2}}. \qquad (4.2.9)$$

4.3 Lichtquanten: Dopplereffekt und Comptoneffekt

Die bisherigen Überlegungen lassen sich nicht auf *Lichtquanten (Photonen)* anwenden, da für Teilchen mit Lichtgeschwindigkeit $ds = 0$ und daher $p^i = m\,dx^i/ds$ nur sinnvoll sein kann, wenn auch $m = 0$ ist: Photonen sind *masselose Teilchen.* In diesem

Fall kann man nur $p^i \propto dx^i$ schließen, wobei der Proportionalitätsfaktor unbestimmt bleibt. Aus $p^2 = (p^0)^2 - (\mathbf{p})^2 = m^2 = 0$ folgt ferner, daß der Energie-Impuls-Vektor eines Photons ein *lichtartiger*, zukunftsgerichteter Vektor p mit den Komponenten

$$p^i = (|\mathbf{p}|, \mathbf{p}) \tag{4.3.1}$$

sein muß.

Den Zusammenhang zwischen p und dem Wellenzahlvierervektor des Lichtquants liefert die Quantenmechanik. Es ist

$$p = \hbar k, \qquad k^i = (\omega, \mathbf{k}), \tag{4.3.2}$$

wobei $h = 2\pi\hbar$ die Plancksche Konstante ist.

Aus der ursprünglichen Planckschen Quantelung $E = n\hbar\omega$ der Energie von eher formalen „Feldoszillatoren“ wurde 1905 die Einsteinsche Hypothese der Lichtquanten, die eine Energie $\hbar\omega$ tragen sollten. Relativistische Symmetrie war einer der Gründe, dies auf (4.3.2) zu verallgemeinern. (Einstein, Stark u.a.) Compton scheint (4.3.2) unabhängig und anfänglich nur widerstrebend angenommen zu haben. Für de Broglie war die relativistische Version (4.3.2) Ausgangspunkt für seine Idee der Materiewellen, die aber zunächst in den Händen Schrödingers erst in nichtrelativistischer Version Erfolg brachte.

Die Eigenschaften von p bzw. k sollen in der Folge an einigen charakteristischen Beispielen erläutert werden, die zugleich die Vorteile des Rechnens mit Vierervektoren verdeutlichen.

Dopplereffekt und Aberration von Licht folgen aus dem Transformationsverhalten von k^i. Ein Photon habe in bezug auf ein Inertialsystem $\bar{\mathrm{I}}$ den Wellenzahlvektor

$$k^{\bar{i}} = \bar{\omega}\,(1, \cos\bar{\Theta}, \sin\bar{\Theta}, 0). \tag{4.3.3}$$

Es pflanzt sich also in der $(\bar{x}, \bar{y})$-Ebene im Winkel $\bar{\Theta}$ zur $\bar{x}$-Achse fort. In bezug auf ein System I, das sich gegen $\bar{\mathrm{I}}$ mit Geschwindigkeit v in die $\bar{x}$-Richtung bewegt, hat k die Komponenten

$$k^i = \omega\,(1, \cos\Theta, \sin\Theta, 0), \tag{4.3.4}$$

wobei der Zusammenhang zwischen (4.3.3) und (4.3.4) durch

$$k^i = \omega \begin{pmatrix} 1 \\ \cos\Theta \\ \sin\Theta \\ 0 \end{pmatrix} = \bar{\omega} \begin{pmatrix} \gamma & -\gamma v & 0 & 0 \\ -\gamma v & \gamma & 0 & 0 \\ 0 & 0 & 1 & 0 \\ 0 & 0 & 0 & 1 \end{pmatrix} \begin{pmatrix} 1 \\ \cos\bar{\Theta} \\ \sin\bar{\Theta} \\ 0 \end{pmatrix} \tag{4.3.5}$$

gegeben ist. Die kurze Rechnung liefert den *relativistischen Dopplereffekt*

$$\omega = \frac{\sqrt{1-v^2}\,\bar{\omega}}{1 + v\cos\Theta} \tag{4.3.6}$$

und die Beziehung zwischen Θ und $\bar{\Theta}$ (*Aberration*)

$$\cos\Theta = \frac{\cos\bar{\Theta} - v}{1 - v\cos\bar{\Theta}}, \qquad \sin\Theta = \frac{\sqrt{1-v^2}\,\sin\bar{\Theta}}{1 - v\cos\bar{\Theta}}. \tag{4.3.7}$$

Betrachten wir zunächst den Dopplereffekt für $\Theta = \bar{\Theta} = 0$

$$\omega = \sqrt{\frac{1-v}{1+v}}\,\bar{\omega}, \qquad \bar{\omega} = \sqrt{\frac{1+v}{1-v}}\,\omega. \tag{4.3.8}$$

Der Zusammenhang zwischen ω und $\bar{\omega}$ geht aus demjenigen zwischen $\bar{\omega}$ und ω durch die Substitution $v \to -v$ hervor, wie dies nach dem Relativitätsprinzip der Fall sein muß. Beim nichtrelativistischen Dopplereffekt (Schall!) trifft dies nicht zu, da dort die Wurzel in (4.3.6) fehlt und man Fallunterscheidungen treffen muß, je nachdem, ob sich die Quelle oder der Beobachter gegenüber dem Gas bewegt, das den Schall überträgt. Hier kommt es dagegen nur auf die Relativgeschwindigkeit zwischen I (in dem z.B. der Beobachter ruht) und $\bar{\mathrm{I}}$ (in dem sich die Lichtquelle befinde) an.

Von prinzipieller Bedeutung ist der *transversale Dopplereffekt* $\Theta = \pi/2$. In diesem Fall bewegt sich der Beobachter senkrecht zur Richtung des einfallenden Lichtes, so daß klassisch kein Effekt zu erwarten wäre. Die von der Relativitätstheorie vorhergesagte Frequenzverminderung

$$\omega = \bar{\omega}\sqrt{1-v^2} \tag{4.3.9}$$

ist auf die Zeitdilatation zurückzuführen, und die Messung dieses Effektes durch Ives und Stilwell im Jahre 1938 ist von wissenschaftsgeschichtlicher Bedeutung als erste quantitative Bestätigung der Zeitdilatation (Details sind z.B. bei French (1971), p. 146 zu finden).

Neuere Experimente zur Messung des transversalen Dopplereffektes beruhen auf dem Mößbauer-Effekt[1]. Eine Quelle von γ-Strahlen wird von einem rotierenden zylinderförmigen Absorber aus dem gleichen Material umgeben. Durch die Drehung wird die Übereinstimmung von Emissions- und Absorptionsfrequenz wegen (4.3.9) verschoben und der Zylinder wird für die γ-Strahlen transparent, wie man mit einem außerhalb angebrachten Detektor feststellt. Damit kann (4.3.9) auf einige Prozent genau getestet werden.

Die Bedeutung der *Aberrationsformel* (4.3.7) für die Beobachtung von Sternen von der bewegten Erde aus ist in allen elementaren Einführungen (z.B. French (1971), Kaczer (1970)) zu finden.

Wichtig ist der Zusammenhang zwischen *Aberration* und der *Unsichtbarkeit der Lorentzkontraktion* bzw. der bei photographischen Aufnahmen (theoretisch) zu beobachtenden Verdrehung des Objektes. Das von einem bewegten Objekt in seinem Ruhsystem $\bar{\mathrm{I}}$ unter einem Winkel $\bar{\Theta}$ zur Bewegungsrichtung abgestrahlte Licht wird im System I unter dem Winkel Θ beobachtet. Das Objekt erscheint also um den Winkel $\alpha = \Theta - \bar{\Theta}$ verdreht, wobei sich für $\Theta = \pi/2$ (Beobachtung in I senkrecht zur Bewegungsrichtung) $\sin\bar{\Theta} = \sqrt{1-v^2}$ ergibt, also $\cos\alpha = \sqrt{1-v^2}$, was genau mit dem im Abschnitt 2.5 auf anschauliche Weise gewonnenen Resultat übereinstimmt. Besonders interessante Effekte ergeben sich für extrem relativistische Bewegung, $\gamma \gg 1$. In Abb. 4.3 ist der Zusammenhang zwischen Θ, $\bar{\Theta}$ und α für $\gamma = 2$ dargestellt und in Abb. 4.4 die daraus folgende scheinbare Verdrehung eines an einer Kamera vorbeifliegenden Würfels.

---

[1]H. Hay, J. Schiffer, T. Cranshaw, P. Engelstaff, Phys. Rev. Lett. *4*, 165 (1960).

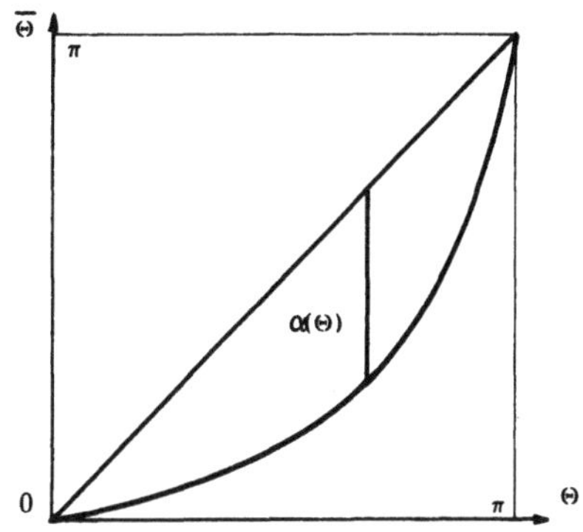

Abb. 4.3. Aberration für $\gamma = 2$

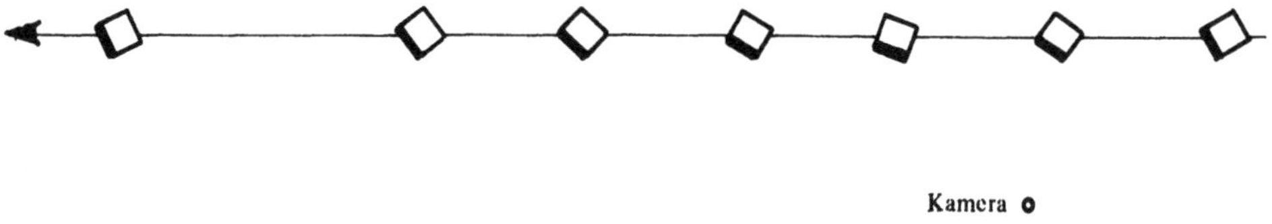

Abb. 4.4. Verdrehung eines an einer Kamera vorbeifliegenden Würfels

Allerdings haben wir noch den allgemeinen Beweis der Unsichtbarkeit der Lorentzkontraktion nachzutragen und zu zeigen, daß bei photographischen Aufnahmen tatsächlich stets nur eine Verdrehung des (sehr weit von der Kamera entfernten) Objektes festzustellen ist.

Dazu betrachten wir zwei Photonen, die den gleichen Wellenzahlvektor k haben (hier geht die große Kameraentfernung ein). Ihre Weltlinien sind durch

$$x_A = k\,\lambda_A + d_A, \qquad x_B = k\,\lambda_B + d_B \tag{4.3.10}$$

gegeben, wobei λ_A und λ_B zwei Parameter sind, die entlang der Weltlinie variieren. (Da für Photonen $ds = 0$ ist, kann die Eigenzeit nicht wie bei massiven Teilchen zur Parametrisierung der Weltlinie dienen; λ wird *affiner* Parameter genannt). Beide Photonen treffen zugleich auf einer zur Ausbreitungsrichtung senkrecht stehenden photographischen Platte (Momentaufnahme!) ein, falls $k\,(d_A - d_B) = 0$ gilt, wie man am besten im Ruhsystem der Platte einsieht (vgl. Aufgabe 5 zu Abschnitt 3.2). Da auch $k^2 = 0$ ist, wird der Abstand der beiden Lichtstrahlen durch den lorentzinvarianten Ausdruck $(x_A - x_B)^2 = (d_A - d_B)^2$ gegeben. Daher ist *dieser* für die photographische Aufnahme relevante Abstand im Ruhsystem des zu photographierenden Objektes der gleiche wie im Ruhsystem der Kamera, womit der gewünschte Beweis erbracht ist.

Als letztes Beispiel untersuchen wir die Kinematik der *Compton-Streuung,* d.i., der Streuung von Licht an Elektronen (Abb. 4.5).

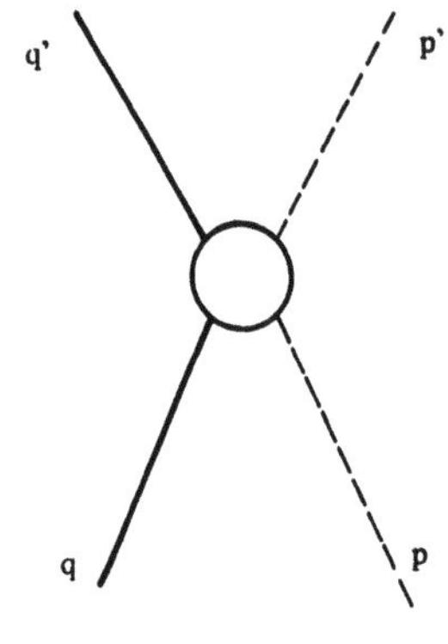

Abb. 4.5. Compton-Streuung

Sind die Viererimpulse des Photons bzw. Elektrons vor und nach der Streuung p und p' bzw. q und q', so verlangt die Energie-Impuls-Erhaltung

$$p + q = p' + q'. \tag{4.3.11}$$

Um die Energieänderung des Photons bzw. Elektrons bei der Streuung zu berechnen, eliminieren wir q' aus (4.3.11). Dazu arbeitet man zweckmäßigerweise mit Invarianten, statt sofort auf ein Inertialsystem zu spezialisieren. Wir schaffen in (4.3.11) p' nach links und bilden das Viererquadrat:

$$m^2 = q'^2 = (p - p' + q)^2 = \underset{=0}{p^2} + \underset{=0}{p'^2} - 2pp' + 2q(p - p') + \underset{=m^2}{q^2}. \tag{4.3.12}$$

In der resultierenden Formel

$$q\,(p - p') = p\,p' \tag{4.3.13}$$

ist der üblicherweise nicht gemessene Impuls q' des Elektrons nach dem Stoß eliminiert.

Nun verwenden wir den Zusammenhang $p = \hbar k$ zwischen Impuls und Wellenzahlvektor des Photons und spezialisieren auf das Ruhsystem des Elektrons, wo $q^i = (m, \mathbf{0})$, $k^i = (\omega, \mathbf{k})$, $k'^i = (\omega', \mathbf{k}')$ sei. Aus (4.3.13) folgt

$$\hbar m(\omega - \omega') = \hbar^2\,\omega\,\omega'\,(1 - \cos\Theta), \tag{4.3.14}$$

wobei Θ der Winkel zwischen der Richtung des einfallenden und des gestreuten Photons ist. Mit $2\pi/\omega = \lambda$ erhalten wir aus (4.3.14)

$$\Delta\lambda := \lambda' - \lambda = \frac{h}{m}(1 - \cos\Theta). \tag{4.3.15}$$

Dies ist die bekannte Comptonsche Relation. Für $\Theta = \pi/2$ ist die Wellenlängenänderung durch die *Compton-Wellenlänge* $h/mc = 2{,}426.10^{-10}$ cm des Elektrons gegeben.

Vom Standpunkt des Teilchenbildes ist die Frequenzverringerung des gestreuten Photons nicht überraschend, da Energie an das Elektron (Rückstoß) abgegeben wird. Vom Standpunkt der klassischen Elektrodynamik ist der Compton-Effekt dagegen unverständlich, da dort die Streuung so gedeutet wird, daß die einfallende elektromagnetische Welle das Elektron zum Mitschwingen bringt. Das schwingende Elektron strahlt dann seinerseits elektromagnetische Wellen ab, die die gleiche Frequenz (aber andere Richtung) haben wie die einfallende Welle.

Die Bedeutung von Comptons Versuchen liegt in der quantitativen Bestätigung von $p = \hbar k$ durch (4.3.15). Seit 1912 war die verminderte Durchdringungsfähigkeit gestreuter Röntgenstrahlen mehrfach beobachtet und auf eine Frequenzverminderung zurückgeführt worden, für die verschiedene klassische Gründe gesucht wurden. 1922 leitete Compton (4.3.15) her und bestätigte die Formel experimentell. Die Rückstoßelektronen wurden 1923 von Wilson in der Nebelkammer nachgewiesen.

Die Intensität und Winkelverteilung des Streulichtes kann nicht aus den Erhaltungssätzen (4.3.11) berechnet werden, da diese, zusammen mit $q'^2 = m^2$, $p'^2 = 0$, nur 6 Gleichungen für die 8 Unbekannten p', q' ergeben. Im Grenzfall großer Wellenlängen (so daß $\Delta\lambda$ vernachlässigbar ist) wird die Intensität des Streulichtes durch den *Thomson-Querschnitt* σ_T bestimmt: Die Bewegungsgleichung eines Elektrons in einer einfallenden elektromagnetischen Welle lautet $m\ddot{\mathbf{x}} = e\mathbf{E}$, die vom Elektron abgestrahlte Energie ist durch

$$\frac{dE}{dt} = \frac{2}{3}\frac{e^2}{c^3}\ddot{\mathbf{x}}^2 = \frac{2}{3}\frac{e^2}{c^3}\frac{e^2}{m^2}\mathbf{E}^2 \tag{4.3.16}$$

gegeben. Der Energiefluß I des einfallenden Lichtes ist $I = c\overline{\mathbf{E}^2}/4\pi$ (der Querstrich bedeutet Mittelung über die Periode), so daß der Wirkungsquerschnitt der Streuung

$$\sigma_T = \overline{\frac{dE}{dt}}/I = \frac{8\pi}{3}\frac{e^4}{m^2c^4} = \frac{8\pi}{3}r_e^2 = 6,65.10^{-25}\,\mathrm{cm}^2 \tag{4.3.17}$$

beträgt. Dabei ist $r_e = e^2/mc^2 = 2,818.10^{-13}$cm der klassische Elektronenradius (siehe Kap. 5). Bei Photonenenergien, die mit der Elektonenruhenergie vergleichbar sind, ist der Wirkungsquerschnitt durch die Klein-Nishina-Formel gegeben (siehe Bjørken & Drell (1966)).

In der Astrophysik ist der ***inverse Compton-Effekt*** von Bedeutung, bei dem ein hochenergetisches Elektron (kosmische Strahlung) an einem niederenergetischen Photon (Sternenlicht bzw. „kosmische Hintergrundstrahlung") gestreut wird. Wenn wir uns der Einfachheit halber auf den frontalen Zusammenstoß von Elektron und Photon (in x-Richtung) beschränken, ist $q^i = (\gamma m, \gamma m v, 0, 0)$, $p^i = \hbar(\omega, -\omega, 0, 0)$, $p'^i = \hbar(\omega', \omega', 0, 0)$, wobei (4.3.13) mit den Näherungen $1 + v \approx 2$, $1 - v \approx 1/2\gamma^2$ auf

$$\omega' = \frac{4\omega\gamma^2}{1 + 4\hbar\omega\gamma/m} \tag{4.3.18}$$

führt. Inverse Compton-Streuung ist eine wichtige Quelle von Röntgenstrahlen (siehe z.B. D. Sciama in Sachs (1971)).

Aufgaben

1. Ein Teilchen strahle in seinem Ruhsystem $\bar{\mathrm{I}}$ Licht isotrop in alle Richtungen, d.h., mit einer Winkelverteilung $L(\bar{\Theta}) = L = const.$ aus. Welche Verteilung $L(\Theta)$ der Strahlung beobachtet man in einem System I, in dem sich das Teilchen extrem relativistisch ($\gamma \gg 1$) bewegt? (Anleitung: $L(\Theta)\sin\Theta\, d\Theta = L(\bar{\Theta})\sin\bar{\Theta}\, d\bar{\Theta}$.) Man diskutiere das Vorwärtsmaximum von $L(\Theta)$ im Zusammenhang mit der Strahlung relativistischer Teilchen (siehe z.B. Jackson (1983), Abschnitt 14). Man zeige, daß der Dopplereffekt zusätzlich zur Verstärkung des Vorwärtsmaximums beiträgt.

2. Aus (4.3.7) ergibt sich eine einfache Relation zwischen $\operatorname{tg}\Theta/2$, $\operatorname{tg}\bar{\Theta}/2$. Wie lautet sie?

   Wegen ihrer Anwendung auf die Kontur schnell fliegender Kugeln siehe R. Penrose, Proc. Cambridge Phil. Soc. *55*, 137 (1959).

4.4 Die Umwandlung von Masse in Energie. Der Massendefekt

Die relativistische Verallgemeinerung (4.2.3) der Erhaltungssätze hat gezeigt, daß nur die Summe aus Ruhenergie und kinetischer Energie der Teilchen bei einer Wechselwirkung erhalten ist. Falls nicht andere Erhaltungssätze zusätzliche Einschränkungen bedingen - dies wird tatsächlich im allgemeinen der Fall sein - ist die Umwandlung von Masse in Energie (oder umgekehrt) bei Stoßprozessen zu erwarten.

Aus der Fülle von Beispielen, die die Elementarteilchenphysik für derartige Umwandlungen liefert, sind in Abb. 4.6 einige charakteristische Fälle symbolisch dargestellt.

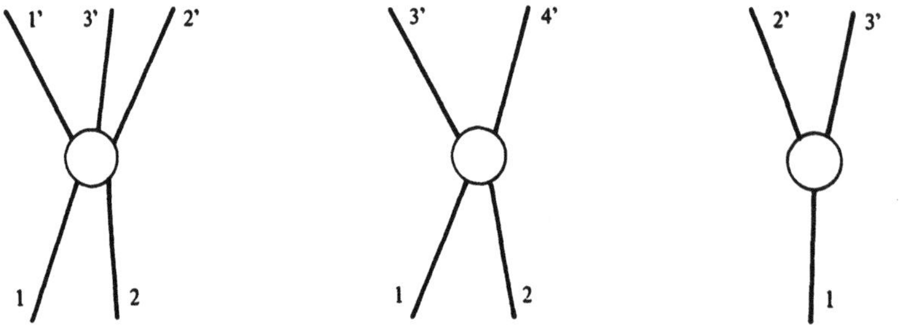

a) Erzeugungsprozeß b) Paarvernichtung c) Zerfall

Abb. 4.6. Wechselwirkungen von Elementarteilchen

a) ist ein *Erzeugungsprozeß*, wie er z.B. in der Proton-Proton-Streuung beobachtet wird, wo häufig ein (oder mehrere) π-Mesonen produziert werden: $p + p \to p + p + \pi^0$, oder auch $p + p \to p + n + \pi^+$. Die kinetische Energie des einfallenden Protons liefert dabei die nötige Ruhenergie des Pions.

b) Das historisch wichtigste Beispiel dieser Art ist die *Paarvernichtung* $e^+ + e^- \to 2\gamma$, die 1932 Präzisionsmessungen zur Überprüfung der Gültigkeit von (4.2.3) ermöglichte. Bei diesem Prozeß wird die Ruhmasse völlig in Energie umgewandelt.

c) Der *Zerfall* $\pi^0 \to 2\gamma$ ermöglicht ebenfalls eine genaue Überprüfung der Umwandlung der Masse in Energie. Auch kann damit das Geschwindigkeitsadditionstheorem getestet werden, indem man die Geschwindigkeit der γ-Quanten bestimmt, die von im Flug ($v = 0{,}98c$) zerfallenden Pionen stammen.

Diese Beispiele sollen hinreichen, um zu zeigen, daß die Umwandlung von Masse in Energie in der Welt der Elementarteilchen in einer Unzahl von Experimenten beobachtet und überprüft werden kann. Im Alltag zerfällt der relativistische Massen-Energieerhaltungssatz dagegen praktisch in zwei getrennte Teile: Masse und Energie sind (mit hoher Genauigkeit) separat erhalten. Der Grund dafür ist vor allem in den Erhaltungssätzen für Ladung, Leptonenzahl und Baryonenzahl[1] zu finden. So kann das Elektron nicht in andere Teilchen zerfallen, da es das leichteste geladene Teilchen ist, das Proton wiederum das leichteste Baryon. Beim Neutron ist die Situation etwas komplizierter: Freie Neutronen zerfallen durch β-Zerfall

$$n \to p + e + \bar{\nu}_e \tag{4.4.1}$$

mit einer Halbwertszeit von etwa 1000 sec in Proton, Elektron und Antineutrino. Stabile Atomkerne sind dagegen (unter anderem) dadurch charakterisiert, daß die in ihnen enthaltenen Neutronen wegen des Pauli-Prinzips nicht zerfallen, da die Energieniveaus, die dem beim β-Zerfall entstandenen Protonen zur Verfügung stehen, so ungünstig liegen, daß (4.4.1) energetisch unmöglich ist.

Damit haben wir die Gründe für die Stabilität „normaler" Materie kurz charakterisiert: Die nichtgeometrischen Erhaltungssätze (Ladung, Leptonenzahl, Baryonenzahl, etc.; der Terminus „geometrischer Erhaltungssatz" wird in Kap. 10 erläutert) sichern in Abwesenheit von Antimaterie die Ruhmassenerhaltung.

Allerdings gilt dies nur näherungsweise. Analysieren wir z.B. eine chemische Reaktion genauer, wobei wir als einfachstes Beispiel die Bildung von Wasserstoff aus Proton und Elektron heranziehen wollen:

$$p + e \to H + 13,55 \text{ eV}. \tag{4.4.2}$$

Die dabei frei werdende Bindungsenergie ist durch $E_B = 13,55 \text{ eV} = \frac{1}{2}\, m\, \alpha^2$ gegeben, wobei m die Elektronenmasse und $\alpha = 1/137$ die Feinstrukturkonstante ist. Der Einfachheit halber nehmen wir an, daß E_B durch die Emission von 2 Photonen in entgegengesetzte Richtungen freigesetzt wird, wie Abb. 4.7 zeigt.

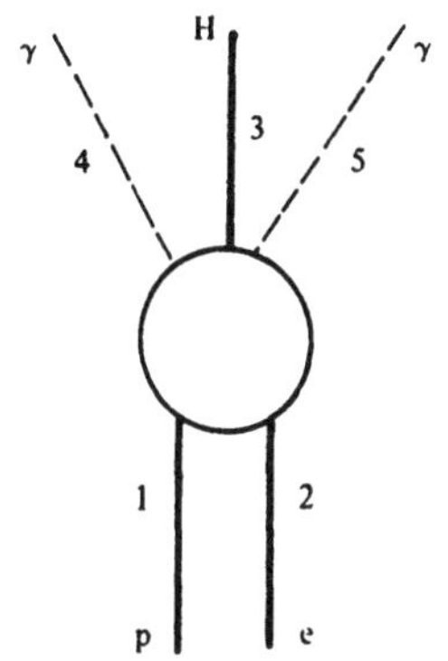

Abb. 4.7. Zur Bildung von Wasserstoff

[1] Zu diesen Begriffen siehe Lehrbücher der Teilchenphysik.

Wenn wir Elektron und Proton (Masse M) als ruhend nähern, so sind ihre Viererimpulse $p_1^i = (M, \mathbf{0})$, $p_2^i = (m, \mathbf{0})$, während für die bei (4.4.2) emittierten Photonen $p_4^i = (\omega, \mathbf{p})$, $p_5^i = (\omega, -\mathbf{p})$ mit $2\omega = 2|\mathbf{p}|$ gilt. Die Energie-Impulsbilanz

$$p_1 + p_2 = p_3 + p_4 + p_5 \tag{4.4.3}$$

ergibt somit

$$p_3^i = (m + M - 2\omega, \mathbf{0}). \tag{4.4.4}$$

Das Wasserstoffatom ruht, seine Masse μ ist aber nicht durch $m+M$ gegeben, sondern kleiner: $\mu = m + M - 2\omega$, wobei der *Massendefekt* $\Delta\mu = (m + M) - \mu = 2\omega = E_B$ auf die Bindungsenergie zurückzuführen ist. Der relative Massendefekt $\Delta\mu/\mu$

$$\frac{\Delta\mu}{\mu} = \frac{E_B}{m + M - E_B} \approx \frac{E_B}{M} = \frac{1}{2}\alpha^2 \frac{m}{M} \approx 10^{-8} \tag{4.4.5}$$

ist wegen der Kleinheit der Feinstrukturkonstanten und des Elektron-Proton-Massenverhältnisses sehr gering (und bei anderen chemischen Reaktionen noch unbedeutender, da meist schwerere Moleküle und kleine Bindungsenergien auftreten).

Vom Standpunkt der Relativitätstheorie kann man chemische Reaktionen als Beispiele für Umwandlungen von Ruhmasse in Energie betrachten, wobei der Massendefekt allerdings unmeßbar klein ist. Dies scheint zunächst der üblichen Darstellung zu widersprechen, wonach bei der Reaktion eine Veränderung zu Bindungsenergien eintritt und diese Energie freigesetzt werden kann. Diese Erklärung ist aber natürlich auch gemäß der Relativitätstheorie korrekt, nur sagt die Theorie zusätzlich voraus, daß diesem Energieverlust $\Delta E = E_B$ auch eine Massenverminderung des Systems $\Delta\mu = E_B/c^2$ entspricht. Die Newtonsche Theorie macht hingegen keine Aussagen über Massenänderungen bzw. Erhaltung bei Stößen bzw. chemischen Reaktionen. Derartige Aussagen sind dort stets zusätzlich zur Energie- und Impulserhaltung zu postulieren und stehen nicht in logischem Zusammenhang mit der übrigen Struktur der Theorie.

Wohlbekannt sind die großen Massendefekte ($\Delta\mu/\mu \lesssim 1\%$), die bei Atomkernen auftreten. Sie erlauben es, die Beziehung zwischen Energie und Massendefekt mit einer Genauigkeit von 10^{-3} zu überprüfen (siehe z.B.Kaczer (1970)).

Die *größten* Bindungsenergien und damit die wesentlichsten Massendefekte treten in der Astrophysik auf. Die gravitative Bindungsenergie einer homogenen Kugel mit Masse M, Radius R ist bekanntlich (G ist die Gravitationskonstante)

$$E_B = \frac{3}{5}\frac{GM^2}{R}. \tag{4.4.6}$$

Wenn ein Stern aus einer Gaswolke entsteht, wird diese Energie abgestrahlt, so daß dem Stern nur die Masse $M_1 = M - E_B$ verbleibt. Der Newtonschen Gravitationstheorie gemäß könnte M_1 sogar negativ sein, wenn nur R klein genug gewählt wird. Die allgemeine Relativitätstheorie[1] zeigt, daß dies nicht möglich ist, da (4.4.6) nur für sehr kleine Werte von E_B/M gilt. Immerhin erreichen aber Bindungsenergien

[1]Siehe z.B. Sexl & Urbantke (1987).

auch gemäß der allgemeinen Relativitätstheorie bis zu 40% der Ruhmasse. Gravitative Phänomene erlauben somit die größten Umsetzungen von Masse in Energie, wenn man von Materie-Antimaterie-Annihilation absieht, bei der sogar 100% der Ruhmasse zerstrahlt werden kann.

Aufgaben

1. Welche Bedeutung hat die Invariante $s = (q_1 + q_2)^2$ bei dem Streuprozeß (wir schreiben Viererimpulse statt der Teilchen an) $q_1 + q_2 \to p_1 + p_2$? Man diskutiere s im Laborsystem ($q_2^i = (m, 0)$) und im Schwerpunktssystem ($\mathbf{q}_1 + \mathbf{q}_2 = 0$). Welche Bedeutung hat $t = (q_1 - p_1)^2$?

2. Welche Mindestenergie muß ein Proton im Laborsystem haben, um bei einer Wechselwirkung mit einem ruhenden Proton (z.B. in der Wasserstoff-Blasenkammer) ein Pion zu erzeugen?

4.5 Der relativistische Phasenraum

Die Berechnung von Übergangswahrscheinlichkeiten zwischen Quantenzuständen ermöglicht es, sowohl die Lebensdauer angeregter Zustände (z.B. von Atomen) als auch Streuquerschnitte zu berechnen. Die quantenmechanische Störungstheorie liefert als erste Näherung die Fermische *Goldene Regel,* nach der die Übergangswahrscheinlichkeit pro Zeiteinheit vom Zustand A in Zustand B durch

$$w_{BA} = \frac{2\pi}{\hbar} \rho(E) \, |H_{BA}|^2 \tag{4.5.1}$$

gegeben ist. Dabei ist $|H_{BA}|^2$ das Matrixelement des Wechselwirkungsterms im Hamiltonoperator und $\rho(E)$ die Dichte der Energieeigenwerte der Endzustände (siehe z.B. Schiff (1968), p. 199 oder Flügge (1964)).

Die in (4.5.1) vorgenommene Aufspaltung der Übergangswahrscheinlichkeit in die Faktoren ρ und $|H|^2$ ist auch in der relativistischen Quantenmechanik bzw. Quantenfeldtheorie von Bedeutung.

So wird z.B. sowohl der Zerfall des Neutrons, $n \to p + e + \bar{\nu}_e$, als auch der Müon-Zerfall $\mu \to e + \bar{\nu}_e + \nu_\mu$ durch schwache Wechselwirkungen verursacht. Die Lebensdauer τ der beiden Teilchen ($\tau_n \approx 1000$ sec, $\tau_\mu \approx 2.10^{-6}$ sec) unterscheidet sich aber um 9 Größenordnungen, da beim μ-Zerfall mehr Ruhmasse in Energie umgewandelt wird und den auslaufenden Teilchen e, $\bar{\nu}_e$, ν_μ eine größere Anzahl möglicher Zustände zur Verfügung steht als beim Neutronenzerfall. Diese Tatsache wird durch den *Phasenraumfaktor* beschrieben, der die relativistische Verallgemeinerung von $\rho(E)$ ist.

Um den Phasenraumfaktor (der besser Impulsraumfaktor heißen sollte) einzuführen, betrachten wir als Beispiel einen Erzeugungsprozeß

$$q_1 + q_2 \to p_1 + p_2 + p_3, \tag{4.5.2}$$

wobei wir statt der Teilchen deren Viererimpulse angeschrieben haben. Die Übergangswahrscheinlichkeit für (4.5.2) muß aus nachstehenden allgemeinen Überlegungen von der zu (4.5.1) analogen Form

$$w \propto \int d^4p_1\, d^4p_2\, d^4p_3\, \delta^4(p_1+p_2+p_3-q_1-q_2)\, \delta(p_1^2-m_1^2)\, \delta(p_2^2-m_2^2)\cdot \\ \cdot\delta(p_3^2-m_3^2)\, h^2(p_1,p_2,p_3,q_1,q_2) \tag{4.5.3}$$

sein: Die erste δ-Funktion sichert die Energie-Impuls-Erhaltung bei (4.5.2), die weiteren δ-Funktionen sorgen dafür, daß alle Viererimpulse auf ihren Massenschalen liegen (es ist nur über zukunftsgerichtete Vektoren zu integrieren). Der Faktor h^2 schließlich entspricht $|H_{AB}|^2$ in (4.5.1) und ist eine invariante Funktion der Viererimpulse der beteiligten Teilchen, die aus der speziellen Form der Wechselwirkung nach den Regeln der Quantenfeldtheorie zu entnehmen ist. (Die fehlenden Details, um (4.5.3) als lorentzinvariant zu erweisen, finden sich im Anhang zu diesem Abschnitt.)

Manchmal ist über h^2 wenig bekannt, wie z.B. bei den starken Wechselwirkungen. Dann kann man als ersten Ansatz $h^2 = const.$ *versuchen.* Die Verteilung der Teilchen im Endzustand ist in dieser Näherung durch den *Phasenraumfaktor* ($q := q_1 + q_2$)

$$R_3(q) := \int d^4p_1\, d^4p_2\, d^4p_3\, \delta^4(p_1+p_2+p_3-q)\, \delta(p_1^2-m_1^2)\, \delta(p_2^2-m_2^2)\, \delta(p_3^2-m_3^2) \tag{4.5.4}$$

bestimmt, eine *invariante Funktion* des Gesamt-Viererimpulses q. Dieser Ansatz ist analog zu den Grundannahmen der statistischen Mechanik, und die darauf aufgebaute Theorie wird auch *statistische Theorie* genannt. Sie wurde 1950 von Fermi zur Erklärung von Beobachtungen bei hohen Energien (kosmische Strahlung) aufgestellt, da die großen Teilchenzahlen, die dabei auftreten, statistische Überlegungen gerechtfertigt erscheinen lassen. Aber auch bei wenigen Teilchen im Endzustand sind Phasenraumüberlegungen ein wichtiges Hilfsmittel, da man aus Abweichungen (bzw. Zutreffen) vom statistischen Verhalten oft wichtige Schlüsse ziehen kann, wie hier an einem Beispiel gezeigt werden soll.

Die *relativistische Invarianz* von $R_3(q)$ – und analoger $R_n(q)$ für n Teilchen im Endzustand – folgt aus der Invarianz von d^4q und $\delta^4(q)$ bei Lorentztransformationen, wobei q ein beliebiger Vierervektor ist (siehe Anhang).

Als ersten Schritt zur Berechnung von $R_3(q)$ werten wir die δ-Funktionen $\delta(p^2-m^2)$ durch Integration über p^0 aus. Es ist

$$\delta(p^2-m^2) = \delta(p_0^2 - E^2(\mathbf{p})) = \frac{1}{2E(\mathbf{p})}\left[\delta(p_0 - E(\mathbf{p})) + \delta(p_0 + E(\mathbf{p}))\right] \\ E(\mathbf{p}) := \sqrt{\mathbf{p}^2 + m^2}. \tag{4.5.5}$$

Wegen $p^0 > 0$ ist das Argument der zweiten δ-Funktion in (4.5.5) stets positiv, so daß diese nichts zum Integral beiträgt. Damit wird

$$\int d^4p\, \delta(p^2-m^2)\, f(p_0,\mathbf{p}) = \int \frac{d^3p}{2E(\mathbf{p})}\, f(E(\mathbf{p}),\mathbf{p}) \tag{4.5.6}$$

für beliebige Funktionen f. Diese Relation gibt den Übergang vom manifest kovarianten vierdimensionalen Impulsraum zum dreidimensionalen Integral über die Impulse an, wie es aus der nichtrelativistischen Theorie bekannt ist. Der Faktor $1/2E(\mathbf{p})$ unterscheidet das „kovariante“ vom „nichtkovarianten“ Impulsraumelement $\int d^3p$ (siehe dazu auch den Anhang zu diesem Kapitel).

Werten wir die Integration über die Null-Komponenten der Impulse in (4.5.4) mit (4.5.6) aus so folgt

$$R_3(q) = \int \frac{d^3p_1}{2E_1} \int \frac{d^3p_2}{2E_2} \int \frac{d^3p_3}{2E_3} \, \delta^4(p_1 + p_2 + p_3 - q) \tag{4.5.7}$$

(dabei stehen die p_i^0 für die entsprechenden E_i).

An dieser Stelle können wir die Annahme der statistischen Theorie weiter präzisieren: Es soll nicht nur die gesamte Übergangswahrscheinlichkeit proportional zu $R_3(q)$ sein, sondern auch die Verteilung der Teilchen durch den Integranden von (4.5.7) angegeben werde. So ist z.B. die Wahrscheinlichkeit, das Teilchen 1 in d^3p_1 zu finden, proportional zu

$$w(p_1)\, d^3p_1 \propto \frac{d^3p_1}{2E_1} \int \frac{d^3p_2}{2E_2} \int \frac{d^3p_3}{2E_3} \, \delta^4(p_1 + p_2 + p_3 - q). \tag{4.5.8}$$

Analog berechnet man auch andere Wahrscheinlichkeiten.

Aus den zahlreichen Anwendungen, die die statistische Theorie vor allem im Bereich der starken Wechselwirkungen gefunden hat (siehe Hagedorn (1963)), sei hier die Entdeckung des ρ^0-Mesons durch Erwin, March, Walker und West im Jahre 1961 hervorgehoben[1].

Bei der Streuung negativer π-Mesonen an Protonen beobachtet man (unter anderem) die Reaktion

$$\pi^- + p \rightarrow \pi^+ + \pi^- + n. \tag{4.5.9}$$

Aus Gründen, die wir hier nicht erläutern können, war die Vermutung ausgesprochen worden, daß dieser Streuprozeß zumindest teilweise wie in Abb. 4.8 gezeigt vor sich geht:

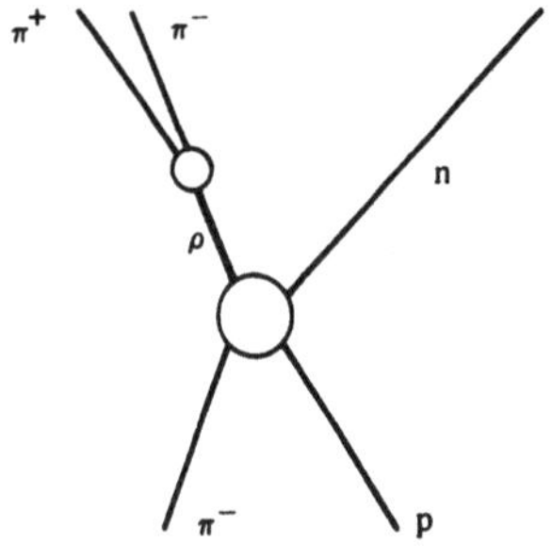

Abb. 4.8. Zur Entdeckung des ρ-Mesons

[1] A.R. Erwin, R. March, W.D. Walker, E. West, Phys. Rev. Lett. *6*, 628 (1961).

Es entsteht bei der Streuung zunächst ein ρ-Meson, das anschließend in π^+ und π^- zerfällt und zu kurzlebig ist – seine Lebensdauer wird auf rund 10^{-23} sec geschätzt –, um direkt – etwa durch eine Spur in einer Blasenkammer – beobachtet zu werden.

Wenn die Hypothese der Existenz des ρ-Mesons zutrifft, so müssen die Viererimpulse p_1 und p_2 der Pionen, die aus dem Zerfall stammen, die Relation

$$(p_1 + p_2)^2 = M^2 \tag{4.5.10}$$

erfüllen, wobei M die Masse des ρ-Mesons bedeutet. Diese Masse wird allerdings nur mit einer Unschärfe ΔM definiert sein, die nach der Unschärferelation $\Delta M = \Delta E \approx \approx \hbar/\Delta t$ mit der Lebensdauer $\tau = \Delta t$ des ρ-Mesons zusammenhängt.

Um die Hypothese der Existenz des ρ-Mesons zu testen, müssen wir feststellen, ob mehr Pionpaare die Bedingung (4.5.10) (innerhalb der Massenunschärfe ΔM) erfüllen, als dies statistisch zu erwarten wäre. Dazu benützen wir zunächst die Relation

$$\int dM^2\, \delta\big((p_1 + p_2)^2 - M^2\big) = 1 \tag{4.5.11}$$

(M^2 ist hier Integrationsvariable), um (4.5.7) umzuschreiben:

$$R_3(q) = \int dM^2 \int \frac{d^3p_1}{2E_1} \int \frac{d^3p_2}{2E_2} \int \frac{d^3p_3}{2E_3}\, \delta\big((p_1 + p_2)^2 - M^2\big)\, \delta^4(p_1 + p_2 + p_3 - q) =$$

$$=: \int dM^2\, w(M^2, q), \tag{4.5.12}$$

wo $w(M^2, q)dM^2$ die statistische Wahrscheinlichkeit dafür angibt, daß das durch (4.5.10) definierte Massenquadrat des π^+-, π^--Paares im Bereich dM^2 um M^2 liegt.

Die Berechnung von $w(M^2, q)$ gibt nun Gelegenheit, einige Standardmethoden bei der Auswertung von Impulsraumintegralen kennenzulernen. Zunächst benützen wir

$$\int d^4k\, \delta^4(p_1 + p_2 - k) = 1, \tag{4.5.13}$$

um $w(M^2, q)$ umzuformen:

$$w(M^2, q) = \int \frac{d^3p_1}{2E_1} \int \frac{d^3p_2}{2E_2} \int \frac{d^3p_3}{2E_3} \int d^4k\, \delta^4(p_1 + p_2 - k)\, \delta(k^2 - M^2)\, \delta(k + p_3 - q) \tag{4.5.14}$$

(wegen des Faktors $\delta^4(p_1 + p_2 - k)$ konnten wir $\delta(k^2 - M^2)$ schreiben). Vertauschung der Integrationsreihenfolge ergibt

$$w(M^2, q) = \int \frac{d^3p_3}{2E_3} \int d^4k\, \delta(k^2 - M^2)\, \delta^4(k + p_3 - q)\, R_2(k), \tag{4.5.15}$$

wobei

$$R_2(k) = \int \frac{d^3p_1}{2E_1} \int \frac{d^3p_2}{2E_2}\, \delta^4(p_1 + p_2 - k) \tag{4.5.16}$$

gerade der invariante Phasenraumfaktor für 2 Teilchen (π^+, π^-) ist. Da wir das Resultat sofort brauchen werden, werten wir (4.5.16) für 2 Teilchen verschiedener Masse m_1, m_2 aus. $R_2(k)$ ist ein nur von k abhängiger Skalar, also eine Funktion von k^2. Ferner verschwindet $R_2(k)$, wenn k nicht ebenso wie p_1, p_2 im vorderen Lichtkegel liegt, und kann daher einfach durch Übergang ins Ruhsystem von k berechnet werden, wo $k^i = (\sqrt{k^2}, \mathbf{0})$ ist:

$$R_2(k) = \int \frac{d^3p_1}{2E_1} \int \frac{d^3p_2}{2E_2} \, \delta\left(E_1 + E_2 - \sqrt{k^2}\right) \delta^3(\mathbf{p}_1 + \mathbf{p}_2) =$$

$$= \frac{1}{4} \int \frac{d^3p}{\sqrt{\mathbf{p}^2 + m_1^2}\,\sqrt{\mathbf{p}^2 + m_2^2}} \, \delta\left(\sqrt{\mathbf{p}^2 + m_1^2} + \sqrt{\mathbf{p}^2 + m_2^2} - \sqrt{k^2}\right) = \frac{\pi \mathrm{p}}{\sqrt{k^2}},$$

wo p als Lösung von

$$\sqrt{\mathrm{p}^2 + m_1^2} + \sqrt{\mathrm{p}^2 + m_2^2} = \sqrt{k^2} \tag{4.5.17}$$

definiert ist. Die linke Seite von (4.5.17) ist $\geq m_1 + m_2$, das Integral verschwindet also unterhalb des Schwellenwertes $k^2 = (m_1 + m_2)^2$:

$$R_2(k) = \begin{matrix} \dfrac{\pi \mathrm{p}}{\sqrt{k^2}} & & k^2 > (m_1 + m_2)^2 \\ & \text{für} & \\ 0 & & k^2 < (m_1 + m_2)^2. \end{matrix} \tag{4.5.18}$$

Dieses Ergebnis ist nun mit $m_1 = m_2 = m$ (Pionmasse) in (4.5.15) einzusetzen:

$$\begin{aligned} w(M^2, q) &= \frac{\pi}{2} \int \frac{d^3p_3}{2E_3} \int d^4k \, \delta(k^2 - M^2)\, \delta^4(k + p_3 - q) \sqrt{1 - 4m^2/k^2} = \\ &= \frac{\pi}{2} \sqrt{1 - 4m^2/M^2} \int \frac{d^3p_3}{2E_3} \int \frac{d^3k}{2E(\mathbf{k})} \, \delta^4(k + p_3 - q). \end{aligned} \tag{4.5.19}$$

Das verbleibende Integral ist wieder von der Form (4.5.16), und wir erhalten mit (4.5.18) und $m_3 = \mu$ (Masse des Neutrons)

$$w(M^2, q) = \begin{matrix} \dfrac{\pi^2}{2} \sqrt{1 - 4m^2/M^2} \, \dfrac{\mathrm{k}}{\sqrt{q^2}} & \text{für} \quad 2m < M < \sqrt{q^2} - \mu \\ 0 \quad \text{sonst,} & \end{matrix} \tag{4.5.20}$$

wobei k aus der Bestimmungsgleichung

$$\sqrt{\mathrm{k}^2 + \mu^2} + \sqrt{\mathrm{k}^2 + M^2} = \sqrt{q^2} \tag{4.5.21}$$

zu entnehmen ist. Dabei ist $q = q_1 + q_2$ die Summe der Viererimpulse q_1 des Protons und des daran gestreuten Pions. Im Laborsystem ruht das Proton, so daß (bei Vernachlässigung des Proton-Neutron-Massenunterschiedes) $q_1^i = (\mu, \mathbf{0})$ ist. Für q^2 folgt

$$q^2 = q_1^2 + 2q_1q_2 + q_2^2 = \mu^2 + 2\mu E + m^2 \approx \mu(\mu + 2E), \tag{4.5.22}$$

wobei E die Energie des einfallenden Pions bedeutet. Damit sind alle Größen in (4.5.20) bekannt und $w(M^2, q)$ kann berechnet werden.

In Abb. 4.9 wird $W(M)$ (durch $W(M)\,dM = w(M^2, q)\,dM^2$ mit unserem Resultat verknüpft) mit dem Ergebnis des Experimentes von Erwin et al. verglichen. Es zeigt sich deutlich, daß die Verteilung der Impulse der π-Mesonen nicht statistisch ist, sondern der Existenz eines ρ-Mesons mit einer Masse von 765 MeV entspricht. Aus der Abbildung kann man auch ΔM ablesen und daraus die Lebensdauer des ρ-Mesons berechnen (Aufgabe!).

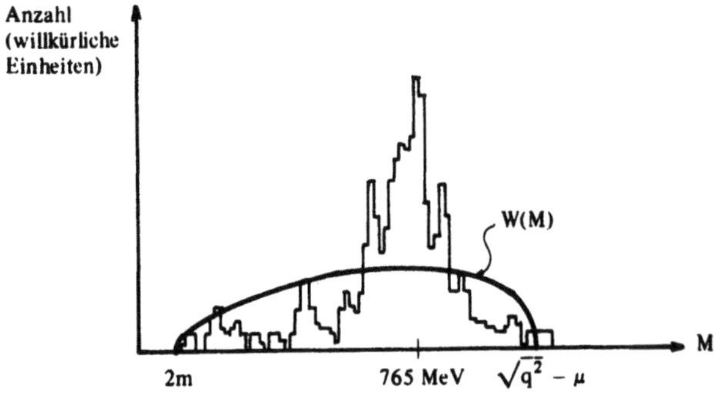

Abb. 4.9. $W(M)$ – Vergleich von statistischer Theorie und Experiment

Mit diesem Anwendungsbeispiel müssen wir die Diskussion des relativistischen Phasenraumes beenden. Zahlreiche andere Anwendungen – besonders elegant ist der *Dalitz-Plot* – findet man bei Hagedorn (1963), Byckling & Kajantie (1973), Pietschmann (1974) und in allen neueren Lehrbüchern der Elementarteilchenphysik (Nachtmann (1986)).

Anhang: Invarianz von $R_n(q)$

Verwenden wir im Impulsraum Koordinaten p^i und $p^{\bar i}$, die durch Lorentztransformation

$$p^{\bar i} = L^i{}_k\, p^k \tag{4.5.23}$$

zusammenhängen, so kann man jedenfalls in den beiden Koordinatenräumen die Volumselemente $dp^0 dp^1 dp^2 dp^3$, $dp^{\bar 0} dp^{\bar 1} dp^{\bar 2} dp^{\bar 3}$ bilden. Ihr Verhältnis ist bekanntlich durch die Funktionaldeterminante der Transformation (4.5.23) gegeben, für die aus (3.1.8) durch Determinantenbildung $\det L = \pm 1$, und bei Beschränkung auf Transformationen ohne Spiegelungen $\det L = 1$ folgt (Näheres s. Kap. 6). Daher definiert

$$d^4p := dp^0 dp^1 dp^2 dp^3 = dp^{\bar 0} \ldots dp^{\bar 3} \tag{4.5.24}$$

ein Volumselement im Impulsraum selbst.

Die vierdimensionale Deltafunktion $\delta^4(p)$ ist durch

$$\int d^4p\, \delta^4(p)\, f(p) = f(0) \tag{4.5.25}$$

definiert, also unabhängig vom Bezugssystem. Wegen (4.5.24) kann sie durch Koordinaten in der Form

$$\delta^4(p) = \delta(p^0)\,\delta(p^1)\ldots = \delta(p^{\bar{0}})\,\delta(p^{\bar{1}})\ldots \tag{4.5.26}$$

ausgedrückt werden.

Größen d^3x, d^3p sind wegen der Lorentzkontraktion nicht invariant. Da $d^4x = d^3x\,dx^0$ gilt, ist d^3x vielmehr als Nullkomponente eines kovarianten Vektors, $d^3x = d\sigma_0$, aufzufassen (siehe auch Abschnitt 5.6).

Aufgaben

1. Man berechne die Winkelverteilung der γ-Quanten für den Prozeß $e^+ + e^- \to 2\gamma$ nach der statistischen Theorie und vergleiche sie mit dem Resultat der Aufgabe 1 von Abschnitt 4.3.

2. Man bestimme die Lebensdauer des ρ-Mesons.

5 Relativistische Elektrodynamik

Der Ursprung der Relativitätstheorie ist eng mit der Elektrodynamik verknüpft, und auch die Fülle der Anwendungen macht die relativistische Elektrodynamik zu einem der wichtigsten Teilgebiete der Einsteinschen Theorie. Die Quantenelektrodynamik, in der Relativitätstheorie, Elektrodynamik und Quantenphysik vereint sind, ist vielleicht die präziseste physikalische Theorie überhaupt und dominierte durch ihre Erfolge in der Zeit von 1945 - 1960 das Denken über Elementarteilchen. Die auf acht Dezimalstellen genauen Vorhersagen der magnetischen Momente von Elektron und Müon und die ebenso exakten Berechnungen der Spektrallinien des Wasserstoffatoms sind zugleich die besten Bestätigungen von Relativitätstheorie und Elektrodynamik. Sie zeigen auch, daß das relativistische Raum-Zeit-Konzept bis zu Distanzen von etwa 10^{-15} cm herab gültig ist.

Wir werden hier nur einige der wichtigsten Aspekte der relativistischen Elektrodynamik streifen können, wobei die zahlreichen Anwendungen der Theorie, die z.B. bei Jackson (1983) oder Landau-Lifschitz (1971) diskutiert sind, unerwähnt bleiben müssen.

Der formale Ausbau der Relativitätstheorie soll in diesem Kapitel durch die Einführung des Tensorbegriffes ergänzt werden.

5.1 Dynamik

Im vorigen Kapitel haben wir die Gleichung $K = mb$ zur Grundlage der relativistischen Dynamik gemacht. Um dieser Gleichung physikalischen Inhalt zu geben, ist es notwendig, die darin auftretende Kraft K zu spezialisieren. Was kann für den Vierervektor der Kraft eingesetzt werden?

Auf dem phänomenologischen Niveau der *Makrophysik* kann K beispielsweise eine Druck- oder Reibungskraft bedeuten, wie in der relativistischen Hydrodynamik (die wir in Kap. 10 kurz betrachten wollen; zur relativistischen Kontinuumsmechanik siehe z.B. Schwartz (1968)). Die Anwendungsmöglichkeiten einer derartigen Theorie sind jedoch gering (außer in der Astrophysik bzw. Kosmologie, wo jedoch allgemein-relativistische Theorien benötigt werden), da Flüssigkeitsströmungen und andere makroskopische Vorgänge kaum relativistische Geschwindigkeiten erreichen.

Wenn wir uns der *Mikrophysik* zuwenden, so finden wir dort 4 Wechselwirkungen vor:

Elektrodynamik	Starke Wechselwirkungen
Gravitation	Schwache Wechselwirkungen.

Die beiden links stehenden Wechselwirkungen zeichnen sich durch *makroskopische Reichweite* aus und können durch Kraftfelder beschrieben werden. Die rechts stehenden Kräfte sind dagegen nur wirksam, wenn zwei Teilchen näher als 10^{-13} cm kommen. Bei derart kleinen Distanzen wird aber der klassische Bahnbegriff sinnlos, so daß auch die Beschleunigung b des Teilchens nicht definierbar ist.

Bei den in Abb. 4.6 illustrierten Prozessen ist es folglich nicht möglich, mit klassischen Begriffen wie Kraft und Beschleunigung zu operieren, man kann nur Wirkungsquerschnitte, also Wahrscheinlichkeiten für Streuungen und Teilchenumwandlungen messen und berechnen.

Von den beiden klassisch beschreibbaren Kräften muß aber auch die Gravitation gesondert behandelt werden, da Gravitationsfelder die Raum-Zeit-Struktur beeinflussen, was Gegenstand der allgemeinen Relativitätstheorie ist[1]. Somit bleiben die elektromagnetischen Kräfte die einzigen, die sinnvoll in $K = mb$ eingesetzt werden können.

Bei der obigen Aufzählung der möglichen Ansätze für K haben wir eine scheinbar offensichtliche Möglichkeit ausgelassen: Relativistische Fernwirkungstheorien, bei denen die Kraft zwischen zwei Teilchen beispielsweise proportional zu $1/r^2$ ist, wobei allerdings für r ein retardierter Abstand zu rechnen ist, um die endliche Ausbreitungsgeschwindigkeit der Wechselwirkung zu berücksichtigen. Man erwartet ein Bild, wie etwa das in Abb. 5.1 skizzierte, in dem die strichlierten Linien die Kraftübertragung zwischen den Teilchen A und B andeuten (wegen mehr Details siehe z.B. Anderson (1967)).

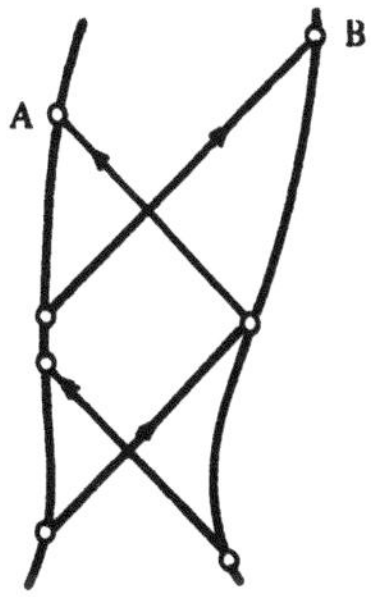

Abb. 5.1. Relativistische Fernwirkungstheorien

Derartigen Fernwirkungstheorien stehen sogenannte „No-interaction"-Theoreme entgegen, wie z.B. das von Leutwyler (Nuovo Cim. *37*, 556 (1965)) bewiesene: „Eine (nichtentartete) Hamiltonsche Theorie für eine endliche Anzahl klassischer Teilchen kann keine Wechselwirkung beschreiben (d.h., alle Teilchen bewegen sich kräftefrei), falls die Theorie relativistisch invariant ist und die Teilchenkoordinaten korrekt unter der Poincarégruppe transformieren". Die Diskussion der Konsequenzen dieses Theorems und der Möglichkeiten, die dabei zugrundegelegten Voraussetzungen zu lockern, ist nicht abgeschlossen. Siehe dazu z.B. H.P. Künzle, Journ. Math. Phys. *15*, 1033 (1974) und den von E. Kerner (1972) herausgegebenen Sonderdruckband zu diesem Thema; ferner A. Kracklauer, J. Math. Phys. *17*, 693 (1976).

5.2 Die kovariante Formulierung der Maxwell-Gleichungen

Die komplizierte Struktur der Maxwell-Gleichungen läßt nicht unmittelbar erkennen, ob dieses Gleichungssystem lorentzkovariant ist, wie es durch das Relativitätsprinzip gefordert wird. Wir haben hier zu untersuchen, ob die Maxwellschen Gleichungen

[1]Siehe z.B. Sexl & Urbantke (1987).

wirklich in jedem System die gleiche Form annehmen, da sie nur dann die korrekten Grundgleichungen des Elektromagnetismus sein können. Dabei werden wir uns auf Ladungen und Felder im Vakuum beschränken, da ein Dielektrikum ($\varepsilon, \mu \neq 0$) ein Ruhsystem auszeichnet und damit die Gleichberechtigung der Inertialsysteme aufhebt (siehe dazu z.B. Schwartz (1968)).

Die zu untersuchenden Gleichungen lauten[1]

$$\operatorname{div} \mathbf{B} = 0, \qquad \operatorname{rot} \mathbf{E} = -\frac{\partial \mathbf{B}}{\partial t}, \tag{5.2.1a, b}$$

$$\operatorname{div} \mathbf{E} = 4\pi\rho, \qquad \operatorname{rot} \mathbf{B} = \frac{\partial \mathbf{E}}{\partial t} + 4\pi \mathbf{j}. \tag{5.2.2a, b}$$

Die zur Konsistenz (Integrabilität) der Maxwell-Gleichungen notwendige *Stromerhaltung*

$$\operatorname{div} \mathbf{j} + \frac{\partial \rho}{\partial t} = 0 \tag{5.2.3}$$

folgt aus (5.2.2) mittels $\operatorname{div} \operatorname{rot} \mathbf{B} \equiv 0$.

Das Gleichungssystem (5.2.1 – 3) enthält im Prinzip die gesamte Elektrodynamik – bis auf die noch zu besprechende Lorentzkraft – und bildet den Ausgangspunkt unserer Überlegungen.

Jede mögliche Ladungs-, Strom- und Feldstärkenverteilung, beschrieben in I durch $\rho(\mathbf{x}, t)$, $\mathbf{j}(\mathbf{x}, t)$, $\mathbf{E}(\mathbf{x}, t)$, $\mathbf{B}(\mathbf{x}, t)$, muß diesen Gleichungen genügen; ebenso muß jede Verteilung von Quellen und Feldern, von $\bar{\text{I}}$ aus durch $\bar{\rho}(\bar{\mathbf{x}}, \bar{t})$, $\bar{\mathbf{j}}(\bar{\mathbf{x}}, \bar{t})$, $\bar{\mathbf{E}}(\bar{\mathbf{x}}, \bar{t})$, $\bar{\mathbf{B}}(\bar{\mathbf{x}}, \bar{t})$ beschrieben, dem analogen Gleichungssystem mit $\bar{\mathbf{x}}, \bar{t}$ statt $\mathbf{x}, t$ genügen. Insbesondere muß eine in I durch $\rho(\mathbf{x}, t), \ldots$ beschriebene Konfiguration auch in $\bar{\text{I}}$ eine Beschreibung $\bar{\rho}(\bar{\mathbf{x}}, \bar{t}), \ldots$ besitzen, die sich aus $\rho(\mathbf{x}, t), \ldots$ und $\bar{x} = Lx$ berechnen läßt, so daß aus (5.2.1,2,3) die analoge Version in $\bar{\mathbf{x}}, \bar{t}$ folgt.

Die Herstellung des Zusammenhangs zwischen $\bar{\rho}, \ldots$ und $\rho, \ldots$ wird erleichtert, wenn man in bekannter Weise die homogenen Gleichungen (5.2.1) durch den Ansatz

$$\mathbf{E} = -\operatorname{grad} V - \frac{\partial \mathbf{A}}{\partial t}, \qquad \mathbf{B} = \operatorname{rot} \mathbf{A} \tag{5.2.4a, b}$$

identisch erfüllt. Dabei sind die *Potentiale* V, $\mathbf{A}$ durch (5.2.4) nur bis auf *Eichtransformationen*

$$V \rightarrow V - \frac{\partial \Lambda}{\partial t}, \qquad \mathbf{A} \rightarrow \mathbf{A} + \operatorname{grad} \Lambda \tag{5.2.5}$$

bestimmt, und Λ kann z.B. so gewählt werden, daß die *Lorenzbedingung*[2] (*-eichung*)

$$\operatorname{div} \mathbf{A} + \frac{\partial V}{\partial t} = 0, \tag{5.2.6}$$

---

[1] Wir verwenden die Einheiten des Gaußschen Systems mit $c = 1$.

[2] Nicht Lorentz!

erfüllt ist. (Selbst dann ist Λ nur bis auf Addition von Lösungen der Gleichung $\frac{\partial^2}{\partial t^2}\Lambda - \Delta\Lambda = 0$ bestimmt.) Nehmen wir (5.2.6) an, ergibt Einsetzen von (5.2.4) in (5.2.2) die einfache Gestalt der inhomogenen Gleichungen

$$\Box V = 4\pi\rho, \qquad \Box \mathbf{A} = 4\pi \mathbf{j}, \tag{5.2.7a, b}$$

wobei der *d'Alembert-Operator* $\Box$ definiert ist durch

$$\Box := \frac{\partial^2}{\partial t^2} - \Delta \equiv \eta^{ik}\partial_i\,\partial_k\,. \tag{5.2.8}$$

Hier haben wir bereits angedeutet, daß $\Box$ als Viererquadrat des Vierergradientenoperators ein invarianter Operator ist, d.h., in jedem Inertialsystem die gleiche Form hat.

Wenn wir ein *Viererpotential* A durch

$$A^i = (V, A^1, A^2, A^3) \tag{5.2.9}$$

definieren, wird die Lorenzbedingung (5.2.6)

$$\partial_0 V + \partial_1 A^1 + \partial_2 A^2 + \partial_3 A^3 = \partial_i A^i = 0 \tag{5.2.10}$$

eine kovariante Gleichung, falls die $A^i(x)$ wie die Komponenten eines Vierervektorfeldes mit den analogen Größen in $\bar{\mathrm{I}}$ zusammenhängen. Ebenso fassen wir Ladungsdichte und Strom zum *Viererstrom* j mit den Komponenten

$$j^i = (\rho, j^1, j^2, j^3) \tag{5.2.11}$$

zusammen; der Erhaltungssatz (5.2.3) geht über in

$$\partial_i\, j^i = 0\,. \tag{5.2.12}$$

(5.2.7) wird dann zu

$$\Box A^i = 4\pi j^i. \tag{5.2.13}$$

Wegen der Invarianz von $\Box$ folgt aus (5.2.13), daß die A^i tatsächlich Vierervektorkomponenten sind, falls j^i Vierervektorkomponenten sind, was wir am Modell einer Punktladung e mit Weltlinie $\mathbf{z}(t)$ bzw. $z^i(s)$ zeigen wollen, für das

$$\rho(\mathbf{x}, t) = e\,\delta^3(\mathbf{x} - \mathbf{z}(t)), \qquad \mathbf{j}(\mathbf{x}, t) = e\,\frac{d\mathbf{z}}{dt}\,\delta^3(\mathbf{x} - \mathbf{z}(t)) \tag{5.2.14}$$

gilt. Um (5.2.14) in eine offensichtlich kovariante Form zu bringen, parametrisieren wir die Weltlinie der Ladung durch die Eigenzeit s und fügen eine δ-Funktion $\delta(x^0 - z^0(s))$ ein, die wir sofort wieder wegintegrieren:

$$\rho(x) = e\int dz^0\,\delta(x^0 - z^0)\,\delta^3(\mathbf{x} - \mathbf{z}) = e\int ds\frac{dz^0}{ds}\,\delta^4(x - z(s))$$

$$\mathbf{j}(x) = e\int dz^0\frac{d\mathbf{z}}{dz^0}\,\delta(x^0 - z^0)\,\delta^3(\mathbf{x} - \mathbf{z}) = e\int ds\frac{d\mathbf{z}}{ds}\,\delta^4(x - z(s)).$$

Da $(dz^0/ds, d\mathbf{z}/ds) = u^i(s)$ die Komponenten der Vierergeschwindigkeit sind, sind

$$j^i(x) = e\int ds\, u^i(s)\,\delta^4\big(x - z(s)\big) \tag{5.2.15}$$

tatsächlich Vierervektorkomponenten (ds und $\delta^4(x-z)$ sind Invariante). Beliebige Ladungsverteilungen können wir uns aus Punktladungen zusammengesetzt denken, womit der Beweis für die Kovarianz von (5.2.10,13) erbracht ist.

Der Vektorcharakter von j kann auch aus anderen Annahmen hergeleitet werden: Sind in jedem System I 4 Funktionen $j^i(x)$ gegeben, so kann man zeigen, daß es sich um die Komponenten eines Vierervektorfeldes $j(x)$ handelt, falls aus $j^i = 0$, $\partial_i j^i = 0$ in einem System I die entsprechenden Gleichungen auch in jedem anderen System folgen und das Relativitätsprinzip gilt. Dabei bedeutet die erste Annahme, daß das Materie-Vakuum lorentzinvariant ist, die zweite fordert die Gültigkeit der Stromerhaltung in allen Systemen. Siehe z.B. Robertson-Noonan (1968), p. 84.

Die Eichtransformationen (5.2.5) erscheinen ebenfalls in kovarianter Form, wenn wir von A^i zu den kovarianten Komponenten übergehen: $A_i = (A_0, A_1, A_2, A_3) = (A^0, -A^1, -A^2, -A^3)$;

$$A_i \to A_i - \partial_i \Lambda\,. \tag{5.2.16}$$

Mit ihnen schreibt sich der Zusammenhang (5.2.4) zwischen den Potentialen und den Feldstärken in der transparenten Form

$$\begin{aligned} E_1 &= -\partial_1 A_0 + \partial_0 A_1 & \qquad B_1 &= -\partial_2 A_3 + \partial_3 A_2\\ E_2 &= -\partial_2 A_0 + \partial_0 A_2 & B_2 &= -\partial_3 A_1 + \partial_1 A_3\\ E_3 &= -\partial_3 A_0 + \partial_0 A_3 & B_3 &= -\partial_1 A_2 + \partial_2 A_1, \end{aligned}$$

die es nahelegt, einen *Feldstärkentensor*[1] F mit den Komponenten

$$F_{ik} := \partial_i A_k - \partial_k A_i = -F_{ki} \tag{5.2.17}$$

zu definieren, die wir auch in der Matrix

$$(F_{ik}) = \begin{pmatrix} 0 & E_1 & E_2 & E_3\\ -E_1 & 0 & -B_3 & B_2\\ -E_2 & B_3 & 0 & -B_1\\ -E_3 & -B_2 & B_1 & 0 \end{pmatrix} \tag{5.2.18}$$

anordnen (z.B. $F_{01} = E_1$, $F_{12} = -B_3$ etc.)

Die Struktur der Maxwell-Gleichungen fordert also, daß $\mathbf{E}$ und $\mathbf{B}$ zu einer Matrix zusammenzufassen sind und nicht etwa durch Hinzufügung je einer Nullkomponente zu Vierervektoren zu ergänzen sind. Die daraus resultierenden Konsequenzen in den Transformationseigenschaften werden in Abschnitt 5.8 untersucht.

Die kontravarianten Komponenten des Feldstärkentensors

$$F^{ik} := \partial^i A^k - \partial^k A^i = \eta^{il}\eta^{km} F_{lm} \tag{5.2.19}$$

[1] Der Begriff „Tensor“ wird in Abschnitt 5.4 erläutert.

folgen aus (5.2.18) zu

$$(F^{ik}) = \begin{pmatrix} 0 & -E_1 & -E_2 & -E_3 \\ E_1 & 0 & -B_3 & B_2 \\ E_2 & B_3 & 0 & -B_1 \\ E_3 & -B_2 & B_1 & 0 \end{pmatrix}. \tag{5.2.20}$$

Bildet man die Divergenz von (5.2.19) und verwendet (5.2.10):

$$\partial_k F^{ik} = \partial_k \partial^i A^k - \partial_k \partial^k A^i = -\Box A^i, \tag{5.2.21}$$

so erhält man die kovariante Form der inhomogenen Maxwell-Gleichungen (5.2.2)

$$\partial_k F^{ik} = -4\pi j^i. \tag{5.2.22}$$

Weitere Divergenzbildung ergibt

$$\partial_i \partial_k F^{ik} = -4\pi \partial_i j^i = 0,$$

so daß sich die Stromerhaltung als Integrabilitätsbedingung für (5.2.22) erweist.

Die homogenen Gleichungen (5.2.1) lassen sich ebenfalls durch den Feldtensor F ausdrücken, und zwar in der Form

$$F_{ik,j} + F_{ji,k} + F_{kj,i} = 0, \tag{5.2.23}$$

wie als Übungsbeispiel verifiziert werden möge. Eine elegante Form werden wir in Abschnitt 5.7 kennenlernen.

Aufgaben

1. Die kovariante Form (5.2.22,23) der Maxwell-Gleichungen verdeckt die Tatsache, daß die Gleichungen $\operatorname{div}\mathbf{E} = 4\pi\rho$, $\operatorname{div}\mathbf{B} = 0$ keine Zeitableitungen enthalten und daher Bedingungen für die Anfangswerte der Felder sind. Man zeige, daß sie durch die restlichen beiden „Zeitentwicklungsgleichungen" propagiert werden, d.h., immer gelten, wenn sie zu einer Zeit gelten.

2. Man verifiziere (5.2.23).

5.3 Die Lorentzkraft

Es verbleibt noch, die relativistische Verallgemeinerung der *Lorentzkraft* auf eine im elektromagnetischen Feld bewegte Ladung,

$$\mathbf{K} = e(\mathbf{E} + \mathbf{v} \times \mathbf{B}), \tag{5.3.1}$$

zu finden. Da die rechte Seite von (5.3.1) linear in den Feldstärken ist und – zumindest der zweite Term – auch die Geschwindigkeit linear enthält, liegt der Ansatz

$$K^i = e\, F^{ik} u_k \tag{5.3.2}$$

nahe. Mit (5.2.20) und $u_k = \gamma\,(1, -\mathbf{v})$ erhalten wir tatsächlich

$$K^i = \gamma\, e\,(\mathbf{E}\,\mathbf{v}, \mathbf{E} + \mathbf{v} \times \mathbf{B}). \tag{5.3.3}$$

In nichtrelativistischer Näherung ($\gamma \approx 1$) stimmt der Raumteil von (5.3.3) mit (5.3.1) überein. Wegen der Antisymmetrie von F^{ik} ist auch die Bedingung $K^i u_i = 0$ erfüllt, und schließlich ersieht man aus der Darstellung

$$K^i/e = (\partial^i A^k - \partial^k A^i)\, u_k, \tag{5.3.4}$$

daß K^i die Komponenten eines Vierervektors K sind, da $A^k u_k$, $u_k \partial^k$ Viererskalarprodukte, A^i und ∂^i Vierervektorkomponenten sind.

Die Bewegungsgleichung $K = mb = dp/ds = \gamma\, dp/dt$ ergibt mit (5.3.3)

$$\frac{dp^0}{dt} = e\,\mathbf{E}\,\mathbf{v}, \qquad \frac{d\mathbf{p}}{dt} = e\,(\mathbf{E} + \mathbf{v} \times \mathbf{B}). \tag{5.3.5}$$

Die pro Zeiteinheit (nicht pro Eigenzeiteinheit!) am Teilchen geleistete Arbeit ist $e\,\mathbf{E}\,\mathbf{v}$, die Impulsänderung ist genau durch die Lorentzkraft (5.3.1) gegeben.

(5.3.2) gibt die Kraft auf ein Punktteilchen an. Im Falle einer *kontinuierlichen Stromverteilung $j(x)$* ist $e\,u_k$ durch die Viererstromdichte $j_k(x)$ zu ersetzen, und wir erhalten die Kraftdichte (Kraft pro Volumseinheit)

$$k^i(x) = F^{ik}(x)\, j_k(x). \tag{5.3.6}$$

Der Übergang zwischen kontinuierlicher Verteilung und Punktteilchen erfordert einige Sorgfalt. Integriert man (5.3.6) nämlich über ein Volumen, das eine Punktladung enthält, so erhält man *nicht* (5.3.3), sondern

$$\widetilde{K}^0 = \int d^3x\, \mathbf{E}\,\mathbf{j} = e\,\mathbf{E}\,\mathbf{v} = K^0/\gamma \tag{5.3.7a}$$

$$\widetilde{\mathbf{K}} = \int d^3x\, (\rho\mathbf{E} + \mathbf{j} \times \mathbf{B}) = e\,(\mathbf{E} + \mathbf{v} \times \mathbf{B}) = \mathbf{K}/\gamma. \tag{5.3.7b}$$

Dies unterscheidet sich um den Faktor γ von (5.3.3). Tatsächlich bildet $\widetilde{K}^i = (\widetilde{K}^0, \widetilde{\mathbf{K}})$ *keinen* Vierervektor, da das Volumen d^3x (wegen der Lorentzkontraktion) keine Invariante ist.

$\widetilde{K}^i$ hat aber doch physikalische Bedeutung, da diese Größen die Änderung der Energie bzw. des Impulses der in einem Volumen enthaltenen Stromverteilung pro Zeiteinheit angeben (dabei bezieht sich die Zeiteinheit auf das bei der Integration (5.3.7) zugrundegelegte Inertialsystem). Für mehrere Punktteilchen ist

$$\widetilde{K}^i = \sum_A K^i_A/\gamma = \sum_A dp^i_A/dt, \tag{5.3.8}$$

wobei die Summe über die im Volumen enthaltenen Teilchen zu erstrecken ist.

5.4 Tensoralgebra

Bei der Formulierung der Maxwell-Gleichungen ist der Feldstärkentensor als erstes Beispiel einer Größenart aufgetreten, die zusätzlich zu Vierervektoren zur Formulierung lorentzkovarianter Gesetze herangezogen werden kann. Wir werden hier zunächst das Transformationsverhalten von F_{ik} untersuchen, um diejenigen Eigenschaften daraus zu abstrahieren, die zur allgemeinen Einführung des Tensorbegriffes notwendig sind.

Aus (5.2.19) folgt mit Hilfe von (3.3.9) und (3.4.5) für die Komponenten $F_{\bar{i}\bar{k}}$ in einem Inertialsystem $\bar{\mathrm{I}}$

$$F_{\bar{i}\bar{k}} = \partial_{\bar{i}} A_{\bar{k}} - \partial_{\bar{k}} A_{\bar{i}} = L_i{}^m L_k{}^n (\partial_m A_n - \partial_n A_m) = L_i{}^m L_k{}^n F_{mn}. \tag{5.4.1}$$

Die F_{ik} transformieren wie die Produkte $b_i c_k$ der kovarianten Komponenten zweier beliebiger Vierervektoren b, c:

$$b_{\bar{i}} = L_i{}^m b_m \qquad c_{\bar{k}} = L_k{}^n c_n \qquad b_{\bar{i}} c_{\bar{k}} = L_i{}^m L_k{}^n b_m c_n. \tag{5.4.2}$$

Ein Objekt F, dessen Komponenten F_{ik} sich wie die Produkte der kovarianten Komponenten zweier Vektoren verhalten, heißt Tensor[1] zweiter Stufe, F_{ik} seine kovarianten Komponenten.

Aus (5.4.1) und (5.2.19) folgt das Transformationsverhalten der Komponenten F^{ik}:

$$F^{\bar{i}\bar{k}} = L^i{}_m L^k{}_n F^{mn}. \tag{5.4.3}$$

F^{ik} heißen die kontravarianten Komponenten des Tensors F, sie verhalten sich wie Produkte kontravarianter Vektorkomponenten.

Der Feldtensor ist nur ein Spezialfall des allgemeinen Tensorbegriffes, den wir im folgenden formulieren wollen. Wir führen Tensoren hier nicht abstrakt algebraisch ein, sondern[2] als Objekte, die in jedem Bezugssystem durch eine Anzahl von Komponenten festgelegt werden, wobei zwischen den Komponenten bezüglich zweier Systeme I und $\bar{\mathrm{I}}$, die durch

$$\begin{aligned} x^{\bar{i}} &= L^i{}_k x^k & \qquad L^i{}_k L_i{}^j &= \delta_k^j \\ x^k &= L_i{}^k x^{\bar{i}} & \qquad L_i{}^k L^j{}_k &= \delta_{\bar{i}}^{\bar{j}} \end{aligned} \tag{5.4.4}$$

verknüpft sind, ganz bestimmte Relationen bestehen sollen. Von den Matrizen $(L^i{}_k)$ und $(L_i{}^k)$ setzen wir *zunächst* nur voraus, daß sie zueinander kontragredient sind (d.h., eine ist die Transponierte der Inversen der anderen, (5.4.4)) – es braucht sich also nur um nichtsinguläre lineare Transformationen handeln, *nicht* um Lorentztransformationen; auch die Dimensionszahl muß nicht 4 sein. Später kehren wir zu unserem Spezialfall zurück. In (5.4.4) verstehen wir daher vorläufig x^i als Komponenten eines Vektors x aus einem n-dimensionalen Vektorraum $\mathbf{V}^n$ in bezug auf eine Basis („System I"), $x^{\bar{i}}$ als Komponenten von x bezüglich einer anderen Basis („System $\bar{\mathrm{I}}$").

[1] Die Bezeichnung stammt aus der Elastizitätstheorie (Spannungstensor; „tensio" = Spannung).
[2] Siehe Anhang B wegen der abstrakten Einführung von Tensoren.

Ein Objekt T, das in jedem System I durch ein System von Komponenten

$$T^{i_1 \dots i_a}{}_{k_1 \dots k_b}$$

festgelegt wird, wobei zwischen den Komponenten in I und $\bar{\mathrm{I}}$ die Relation

$$T^{\bar{i}_1 \dots \bar{i}_a}{}_{\bar{k}_1 \dots \bar{k}_b} = L^{i_1}{}_{m_1} \dots L^{i_a}{}_{m_a} L_{k_1}{}^{n_1} \dots L_{k_b}{}^{n_b} T^{m_1 \dots m_a}{}_{n_1 \dots n_b} \tag{5.4.5}$$

besteht, heißt ein *Tensor* vom Typ (a, b); Tensoren vom Typ $(a, 0)$ heißen *kontravariante,* vom Typ $(0, b)$ *kovariante,* die anderen *gemischte* Tensoren. Skalare seien als Tensoren vom Typ (0,0) bezeichnet. Da (5.4.5) linear-homogen ist, folgt aus dem Verschwinden der Komponenten in einem System das Verschwinden in allen Systemen – man sagt, der Tensor T verschwindet in diesem Fall.

Wir kommen nun zu den algebraischen Manipulationen mit Tensoren. Bilden wir zu zwei Tensoren A, B gleichen Typs in jedem System I mit beliebigen (reellen oder komplexen) Zahlen α, β die Größen

$$C^{i \dots}{}_{kj \dots} := \alpha\, A^{i \dots}{}_{kj \dots} + \beta\, B^{i \dots}{}_{kj \dots} \,, \tag{5.4.6}$$

so definieren die $C^{i \dots}{}_{kj \dots}$ wegen der Linearität von (5.4.5) wieder einen Tensor C des gleichen Typs, $C = \alpha A + \beta B$. *Tensoren eines festen Typs bilden also einen Vektorraum.* Symmetrie bzw. Antisymmetrie

$$A^{i \dots}{}_{k \dots j \dots} = A^{i \dots}{}_{j \dots k \dots} \quad \text{bzw.} \quad B^{i \dots}{}_{k \dots j \dots} = -B^{i \dots}{}_{j \dots k \dots} \tag{5.4.7}$$

in irgendeinem Paar gleichartiger Indizes ist – wie mittels (5.4.5) leicht zu bestätigen – eine Tensoreigenschaft (d.h., nicht nur eine Eigenschft der Komponenten in einem speziellen System). Die in einem festen Indexpaar symmetrischen bzw. antisymmetrischen Tensoren bilden Teilräume des obigen Vektorraumes[1].

Neben der Addition von Tensoren gleichen Typs läßt sich eine *Multiplikation* beliebiger Tensoren A, B vom Typ (a, a') bzw. (b, b') definieren: wir bilden

$$D^{imn \dots}{}_{kjl \dots} := A^{i \dots}{}_{kj \dots}\, B^{mn \dots}{}_{l \dots} \tag{5.4.8}$$

und erhalten dadurch die Komponenten eines Tensors $C = A \otimes B$ vom Typ $(a + b, a' + b')$, das *Tensorprodukt* von A und B.

Von einem einzigen Tensor T des Typs (a, b) ausgehend erhalten wir durch die Operation der *Verjüngung* oder *Kontraktion* einen Tensor D

$$D^{k \dots}{}_{jm \dots} := T^{ik \dots}{}_{jim \dots} \tag{5.4.9}$$

vom Typ $(a-1, b-1)$, wie mittels der Relationen in (5.4.4) leicht zu sehen ist. Wichtig ist dabei, daß stets ein oberer und ein unterer Index gleichgesetzt werden, wonach Summation erfolgt. Ein Spezialfall ist die Spur $T^i{}_i$ eines Tensors $T^i{}_k$ vom Typ (1,1), eine skalare Größe.

[1] Eine systematische Betrachtung komplizierter Symmetrietypen erfordert kombinatorische Hilfsmittel. Wegen des Zusammenhanges mit der Darstellungstheorie der linearen Gruppen siehe z.B. Boerner (1955).

Die Kombination von Produktbildung und Kontraktion zwischen Indizes, die zu verschiedenen Faktoren gehören, heißt *Überschiebung.* Ein spezielles Beispiel davon ist das Skalarprodukt eines ko- und eines kontravarianten Vektors, d.i. eines Tensors vom Typ (0,1) und vom Typ (1,0):

$$c := a_i b^i \tag{5.4.10}$$

ist ein Tensor vom Typ (0,0), d.h. ein Skalar.

Die direkte Summe der Vektorräume, die von den Tensoren aller Typen gebildet werden, ausgestattet mit der Tensorproduktbildung als Multiplikation, bildet die *Tensoralgebra* über $\mathbf{V}^n$. In ihr gilt das für viele Überlegungen grundlegende *Quotiententheorem:* Ist D ein Objekt, das in jedem System I durch Komponenten $D^{\cdots}{}_{\cdots}$ festgelegt ist, und erweisen sich die in jedem System I mittels eines beliebigen Tensors A vom Typ (a, a') gebildeten Größen

$$B^{ik\ldots}{}_{jm\ldots} := D^{ik\ldots rs}{}_{jm\ldots n\ldots}\, A^{n\ldots}{}_{rs\ldots} \tag{5.4.11}$$

als Komponenten eines Tensors B vom Typ (b, b'), so ist das Objekt D ein Tensor vom Typ $(b + a', b' + a)$. (Der Beweis sei als Übungsaufgabe gestellt.)

Das Quotiententheorem wird häufig herangezogen, um die Tensornatur eines Objektes zu beweisen. Es gestattet auch, Tensoren als lineare Abbildungen zwischen Tensorräumen zu interpretieren (D bildet die Tensoren vom Typ (a, a') auf Tensoren vom Typ (b, b') ab) und umgekehrt. (5.4.10) kann z.B. so gelesen werden, daß der kovariante Vektor a den Raum der kontravarianten Vektoren in den Raum der Skalare linear abbildet. (In dieser Weise wird übrigens in der abstrakten linearen Algebra der *Dualraum*[1] $\tilde{\mathbf{V}}^n$ (Raum der kovarianten Vektoren oder Kovektoren) zu einem gegebenen Vektorraum $\mathbf{V}^n$ (Raum der kontravarianten Vektoren) eingeführt.) Ein anderes Beispiel findet sich in der Elastizitätstheorie, wo der Spannungstensor $P^{\mu\nu}$ dem Oberflächenelement dO die auf es wirkende Kraft $\mathbf{K}$ gemäß $K^\mu = P^{\mu\nu}\, dO^\nu$ zuordnet (daher der Name Tensor!).

Aufgaben

1. Welche Dimension hat der Raum der Tensoren vom Typ (a, b)?

2. Man beweise das Quotiententheorem, ausgehend von den einfachsten Fällen.

5.5 Invariante Tensoren, metrischer Tensor

Die identische Abbildung $x \to x$ des Vektorraumes $\mathbf{V}^n$ auf sich läßt sich in Komponenten als

$$x^i \to x'^i = x^i \equiv \delta^i_k\, x^k \tag{5.5.1}$$

[1] Die Bezeichnung stammt aus der projektiven Geometrie, wo kontravariante x^i als homogene Punkt-, kovariante a_i als homogene (Hyper-) Ebenenkoordinaten auftreten und das „Dualitätsprinzip" dieser Geometrie sich als Vertauschung von $\mathbf{V}$ und $\tilde{\mathbf{V}}$ spiegelt.

schreiben. Die $\delta^i{}_k$ bilden daher die Komponenten eines Tensors vom Typ (1,1), des *Einheitstensors;* seine Komponenten haben in allen Bezugssystemen die gleichen, durch das Kroneckersymbol gegebenen Werte. Er ist ein Beispiel für numerisch *invariante Tensoren,* deren Komponenten sich wie Skalare verhalten. Es erhebt sich die Frage, ob es weitere derartige Tensoren gibt.

Trivialerweise liefern die Linearkombinationen von Produkten

$$a\,\delta_i{}^k\,\delta_j{}^m\ldots + b\,\delta_i{}^m\,\delta_j{}^k\ldots + \ldots \tag{5.5.2}$$

weitere numerisch invariante Tensoren aller Typen (p,p). Man kann zeigen, daß damit die invarianten Tensoren erschöpft sind, wenn – wie bisher stets angenommen – die Transformationen (5.4.4) völlig allgemeine, umkehrbare lineare Transformationen sind. Wenn wir die linearen Transformationen (5.4.4) und die entsprechenden Transformationsgesetze (5.4.5) wie in Abschnitt 3.3 aktiv auffassen, bedeutet die numerische Invarianz eines Tensors, daß die durch ihn vermittelte lineare Abbildung mit den durch (5.4.4,5) vermittelten Abbildungen vertauschbar ist.

Unter den Tensoren (5.5.2) sind jene besonders wichtig, welche eine Projektion des Raumes der $(0,p)$- oder $(p,0)$-Tensoren auf Teilräume eines bestimmten Symmetrietyps vermitteln. Wir betrachten hier speziell den Teilraum der *total* (d.h. in jedem Indexpaar) *antisymmetrischen* Tensoren. Die Projektion auf ihn ist durch

$$T_{ijk\ldots} \to T_{[ijk\ldots]} := \frac{1}{p!}\,\delta^{lmn\ldots}_{ijk\ldots}\,T_{lmn\ldots} \tag{5.5.3}$$

gegeben, wo

$$\delta^{lmn\ldots}_{ijk\ldots} := \begin{vmatrix} \delta^l_i & \delta^l_j & \delta^l_k & \ldots \\ \delta^m_i & \delta^m_j & \delta^m_k & \ldots \\ \delta^n_i & \delta^n_j & \delta^n_k & \ldots \\ \ldots & \ldots & \ldots & \ldots \end{vmatrix} = \delta^l_i\,\delta^m_j\,\delta^n_k\ldots - \delta^m_i\,\delta^l_j\,\delta^n_k\ldots + \ldots \tag{5.5.4}$$

das *verallgemeinerte Kroneckersymbol* ist. Der Faktor $1/p!$ in (5.5.3) wurde angebracht, um zu erreichen, daß die Zuordnung wirklich eine Projektion ist, d.h., im Unterraum der bereits total antisymmetrischen Tensoren wie die Identität wirkt.

Analog zu (5.5.3) kann die *totale Symmetrisierung*

$$T_{ijk\ldots} \to T_{(ijk\ldots)} \tag{5.5.5}$$

definiert werden, wobei statt $\delta^{\cdots}_{\cdots}$ ein Tensor einzusetzen ist, der aus der in (5.5.4) rechts stehenden Entwicklung der Determinante entsteht, indem man alle Minuszeichen durch Pluszeichen ersetzt. (Die hier für $(0,p)$-Tensoren angestellten Betrachtungen sind analog für $(p,0)$-Tensoren durchzuführen.)

Weitere invariante Tensoren ergeben sich, wenn wir die Gruppe der Transformationen L in (5.4.4) einschränken – wir wollen ja schließlich wieder zur Lorentzgruppe zurückkehren. Der einfacheren Schreibweise wegen sei die Dimension $n = 4$ gewählt – die meisten Verallgemeinerungen auf beliebige Dimension sind unmittelbar evident. Der Raum der total antisymmetrischen Tensoren vom Typ (4,0) bzw. (0,4) ist eindimensional, solche Tensoren haben ja in einer gegebenen Basis nur eine wesentliche

Komponente, da die Komponenten ein numerisches Vielfaches des Permutationssymbols

$$\epsilon(ijkm) := \begin{array}{ll} 0, & \text{wenn 2 Indizes gleich sind} \\ +1, & \text{wenn } ijkm = \text{gerade Permutation} \\ -1, & \text{wenn } ijkm = \text{ungerade Permutation} \end{array} \text{ von } 0123 \tag{5.5.6}$$

sind. Dieser numerische Koeffizient ändert sich aufgrund der Definition der Determinanten der Matrizen $L^i{}_k$, $L_k{}^i$

$$\begin{aligned} \epsilon(abcd)\, L^i{}_a\, L^j{}_b\, L^k{}_c\, L^m{}_d &= \epsilon(ijkm)\det(L) \\ \epsilon(abcd)\, L_i{}^a\, L_j{}^b\, L_k{}^c\, L_m{}^d &= \epsilon(ijkm)\det(L^{-1}) \end{aligned} \tag{5.5.7}$$

bei Übergang zu einer anderen Basis gemäß (5.4.5) also nur um den Faktor $\det L$ bzw. $(\det L)^{-1}$. Das zeigt, daß solche Tensoren unter der Gruppe der *unimodularen Transformationen* L (d.h. $\det L = 1$) numerisch invariant sind. Sind sie $\neq 0$, heißen sie auch *Determinantentensoren.* Zeichnen wir einen von ihnen, $\epsilon_{abcd} \neq 0$, aus, so können wir eine Klasse von bezüglich ϵ *unimodularen* Basen (untereinander durch unimodulare Transformationen verbunden) wählen, in der $\epsilon_{abcd} = \epsilon(abcd)$ gilt; wir wählen nun auch einen (4,0)-Determinantentensor ϵ^{abcd} dadurch, daß

$$\epsilon^{abcd} = -\epsilon_{abcd} = -\epsilon(abcd) \quad \text{in unimodularen Basen.} \tag{5.5.8}$$

(Das Minuszeichen ist vorläufig nur eine Konvention.)

Kontraktion von 4 kontravarianten Vektoren mit $\epsilon_{\dots}$ gibt das *orientierte* Volumen des von ihnen aufgespannten Parallelepipeds relativ zu einem Einheitsparallelepiped (definiert durch eine der unimodularen Basen). $\epsilon_{\dots}$ und die Klasse unimodularer Basen bedingen einander gegenseitig gemäß (5.5.8); auf die für die Physik relevante Wahl kommen wie weiter unten zurück.

Das Tensorprodukt $\epsilon_{abcd}\epsilon^{ijkm}$ und seine Kontraktionen sind wegen $\det L \cdot \det L^{-1} = 1$ sogar invariante Tensoren der vollen linearen Gruppe, die daher aus den Produkten $\delta_a{}^i\,\delta_b{}^k \dots$ zusammensetzbar sein müssen. Nützlich sind die folgenden expliziten Formeln, die durch die Antisymmetrie der $\epsilon \dots$ verständlich sind:

$$\epsilon_{ikjm}\epsilon^{ikjm} = -4! \tag{5.5.9a}$$

$$\epsilon_{ikjm}\epsilon^{ikjn} = -3!\,\delta^n_m \tag{5.5.9b}$$

$$\epsilon_{ikjm}\epsilon^{ikrn} = -2!\,\delta^{rn}_{jm} \tag{5.5.9c}$$

$$\epsilon_{ikjm}\epsilon^{irsn} = -1!\,\delta^{rsn}_{kjm} \tag{5.5.9d}$$

$$\epsilon_{ikjm}\epsilon^{abcd} = -0!\,\delta^{abcd}_{ikjm}. \tag{5.5.9e}$$

Mit Hilfe der ϵ-Tensoren kann man zu gegebenen total antisymmetrischen Tensoren vom Typ $(p, 0)$ die sogenannten *dualen Tensoren*[1] vom Typ $(0, n-p)$ konstruieren.

[1] Die Bezeichnung stammt wieder aus der projektiven Geometrie; insbesondere sind dort $x^{[i}y^{k]}$ bzw. $a_{[i}b_{k]}$ die Plücker-Grassmannschen Linienkoordinaten für Gerade, die als Verbindung zweier Punkte x, y bzw. Schnitt zweier Ebenen a, b gegeben sind, und $_*$, * führen die eine Darstellung einer Geraden in die andere über.

Seien T^{ikjm}, T^{ikj}, T^{ik} total antisymmetrische Tensoren, T^i ein Vektor, T ein Skalar; dann bilden wir ($_*$-*Operation*)

$$ {}_*T = \frac{1}{4!}\,\epsilon_{ikjm}\,T^{ikjm} \tag{5.5.10a}$$

$$ {}_*T_m = \frac{1}{3!}\,\epsilon_{ikjm}\,T^{ikj} \tag{5.5.10b}$$

$$ {}_*T_{jm} = \frac{1}{2!}\,\epsilon_{ikjm}\,T^{ik} \tag{5.5.10c}$$

$$ {}_*T_{kjm} = \frac{1}{1!}\,\epsilon_{ikjm}\,T^{i} \tag{5.5.10d}$$

$$ {}_*T_{ikjm} = \frac{1}{0!}\,\epsilon_{ikjm}\,T. \tag{5.5.10e}$$

Analog wird mit ϵ^{abcd} eine *-*Operation* definiert, die $(0,p)$-Tensoren in $(n-p,0)$-Tensoren linear abbildet. Aus (5.5.9) geht hervor, daß die beiden Operationen im wesentlichen zueinander invers sind, etwa gilt

$$ {}^*{}_*T^{ab} = \frac{1}{2!}\epsilon^{jmab}\,{}_*T_{jm} = -T^{ab}. \tag{5.5.11}$$

Es sei darauf hingewiesen, daß in den Definitionen (5.5.8) und (5.5.10) *Konventionen* enthalten sind, die von Autor zu Autor variieren. Ebenso tückisch ist der Umstand, daß bei Verwendung von x^4 statt x^0 die natürliche Indexanordnung, für die das Permutationssymbol den Wert +1 hat, 1234 ist, so daß $\epsilon(4123) = -1$, während hier $\epsilon(0123) = +1$ gewählt wurde.

Wir gehen jetzt von der Gruppe der unimodularen Transformationen zur *Lorentzgruppe* zurück. In diesem Fall sind die Matrizen $(L^i{}_k)$ und $(L_i{}^k)$ nicht nur kontragredient zueinander, sondern es gilt (3.1.8). Durch Multiplikation von (3.1.8) mit $L_a{}^i\,L_b{}^k$ entsteht

$$\eta_{ab} = L_a{}^i\,L_b{}^k\,\eta_{ik}. \tag{5.5.12}$$

Das bedeutet, daß bei Einschränkung auf Lorentztransformationen die η_{ik} Komponenten eines numerisch invarianten Tensors vom Typ (0,2) bilden – des *metrischen Tensors*. Genauer: wird *eine* Basis für orthonormal erklärt und ein metrischer Tensor η vom Typ (0,2) durch Komponenten $\eta_{ik} = \mathrm{diag}\,(1,-1,-1,-1)$ bezüglich dieser Basis definiert, so hat η in allen lorentztransformierten Basen dieselben Komponenten (Klasse der *Orthonormalbasen;* vgl. Anhang B.14). Wenn er als Abbildung interpretiert wird, bildet er den Raum der kontravarianten auf den Raum der kovarianten Vektoren gemäß $x^i \to a_i = \eta_{ik}\,x^k$ ab, und zwar umkehrbar eindeutig, da $\det\eta_{ik} = -1 \neq 0$. Die in 3.4 eingeführte inverse Matrix η^{ik} liefert die Umkehrabbildung und bildet nach dem Quotiententheorem die Komponenten eines numerisch invarianten (2,0)-Tensors.

Da nach der Relativitätstheorie der metrische Tensor η und damit die durch ihn vermittelte Abbildung eine fundamentale Rolle spielen, identifiziert man die auf diese Weise einander zugeordneten ko- und kontravarianten Vektoren, spricht von Vierervektoren schlechthin und unterscheidet nur zwischen ihren ko- und kontravarianten Komponenten, die nach (3.4.1,5) ineinander umgewandelt werden. Diese Abbildung und Identifizierung bzw. der sich ergebende Indextransport werden auch auf Tensoren ausgedehnt. So sind etwa

$$F^{ik} = \eta^{im}\,\eta^{kn}\,F_{mn}, \qquad F^i{}_j = \eta^{im}\,F_{mj}, \qquad F_{ik} = \eta_{im}\,\eta_{kn}\,F^{mn}$$

kontravariante, gemischte und kovariante Komponenten desselben Vierertensors F, bei dem es dann nicht mehr auf seinen Typ (a, b), sondern nur mehr auf seine *Stufe* $p = a + b$ (hier 2) ankommt.

Die Schreibweise η^{ik}, η_{ik} deutet an, daß es sich im eben beschriebenen Sinn um kontra- und kovariante Komponenten desselben Tensors η handelt, wie explizit nachgeprüft werden kann (Aufgabe).

Es wurde bereits darauf hingewiesen, daß aus (3.1.8,8′) durch Determinantenbildung folgt

$$\det (L^i{}_k) = \pm 1. \tag{5.5.13}$$

Die Lorentztransformationen L mit $\det L = +1$ bilden eine Untergruppe der Lorentzgruppe, man nennt sie *eigentliche* Lorentztransformationen (vgl. Kap. 6). Für sie stehen außer η noch die ϵ-Tensoren (5.5.8) als invariante Tensoren zur Verfügung, wobei die dort gewählte Konvention und Schreibweise bereits andeuten, daß die beiden durch η identifiziert werden sollen.

Dazu erklären wir „per Dekret" eine Orthonormalbasis mit zukunftsgerichtetem e^0, bei der $\{e^1, e^2, e^3\}$ ein Rechtssystem bilden, für unimodular, so daß tatsächlich nach der Regel des Indextransports

$$\epsilon^{ijkm} = \eta^{ia}\,\eta^{jb}\,\eta^{kc}\,\eta^{md}\,\epsilon_{abcd} = \epsilon(ijkm)\det(\eta^{pq}) = -\epsilon(ijkm),$$

was mit (5.5.8) übereinstimmt. Da wir nun nicht mehr zwischen $\epsilon^{\cdots\cdot}$ und $\epsilon_{\cdots\cdot}$ sowie ko- und kontravariant unterscheiden, sprechen wir statt von *, $_*$ nur mehr von der durch ϵ vermittelten (*Hodge*-) $*$-Operation: sie bildet die total antisymmetrischen Tensoren p-ter Stufe umkehrbar eindeutig auf jene $(4-p)$-ter Stufe ab (die Dimension beider Räume ist $\binom{4}{p} = \binom{4}{4-p}$), wobei zweimalige Anwendung

$$**T = (-1)^{p-1}\,T \tag{5.5.14}$$

gibt, wie mittels (5.5.9) gezeigt werden kann. Besonders wichtig ist der Fall $p = 2$ wegen der Anwendung auf das elektromagnetische Feld.

Bei den „uneigentlichen" Lorentztransformationen ($\det L = -1$) wechseln die Komponenten von ϵ nur das Vorzeichen, man nennt sie deshalb bezüglich der vollen Lorentzgruppe *Pseudoskalare*. Analog kann man *Pseudotensoren* definieren, für die im Transformationsgesetz (5.4.5) rechts noch ein zusätzlicher Faktor $\operatorname{sign}\det L$ auftritt (siehe Abschnitt 8.5). Es sei erwähnt, daß es – vor allem in der älteren physikalischen Literatur – vielfach üblich ist, $\epsilon_{\cdots\cdot}$ als Pseudotensor zu definieren, der damit auch unter uneigentlichen Lorentztransformationen *invariant* ist; wir wollen dies dann in der Notation durch Verwendung des Symbols $\varepsilon_{\cdots\cdot}$ ausdrücken. Die damit gebildeten Dualen $\star T$ von Tensoren T sind dann Pseudotensoren; sie können in Fällen, wo der Unterschied relevant ist, nicht zu echten Tensoren addiert werden! Es bleibe dahingestellt, ob dieser Nachteil durch die Spiegelungsinvarianz von $\varepsilon_{\cdots\cdot}$ aufgewogen wird. In der mathematischen Literatur und modernen Physikbüchern wird ϵ bevorzugt, da $*$ nicht aus dem Bereich der echten Tensoren herausführt und insbesondere das äußerst wichtige Konzept der Selbstdualität (vgl. Abschnitt 6.6) *ermöglicht,* wenn es auch nicht spiegelungsinvariant ist. Die Verwendung von $\varepsilon_{\dots}$, $\star$ ist wohl traditionell bedingt, im wesentlichen deshalb, weil die analogen dreidimensionalen Objekte mit der Gepflogenheit zusammenhängen, auch bei Spiegelungen die *rechte-Hand-Regel* beizubehalten.

Wir haben in diesem und dem vorangehenden Abschnitt die algebraischen Manipulationen, die mit Vierertensoren möglich sind (Addition, Multiplikation mit Zahlen, Tensorproduktbildung, Kontraktion, Multiplikation mit invarianten Tensoren), schrittweise entwickelt. Aus einem gegebenen System von Tensoren (A_i, B_{jk}, ...) können damit unendlich viele weitere Tensoren verschiedenster Stufe gebildet werden, wie

$$A_i A^i, \quad B^k{}_k, \quad B_{jk} B^{jk}, \quad A_i A_k B^{jk}, \quad A_i B^i{}_k, \quad \alpha A_i A_k + \beta B_{ik},$$
$$\delta_i{}^j A_k B_{jl} \epsilon^{kjlm}, \dots ,$$

sogenannte *Konkomitanten* des gegebenen Tensorsystems. Besonders wichtig darunter sind die skalaren Konkomitanten (Invarianten). Auch von ihnen gibt es unendlich viele, aber nur endlich viele sind unabhängig, man kann stets ein „fundamentales System von Invarianten" auswählen und jede weitere Invariante durch sie ausdrücken. Abgesehen von den einfachsten Fällen ist dies jedoch ein schwieriges Problem.

Die durch obige Manipulationen entstehenden Konkomitanten sind *Polynome* in den Tensorkomponenten, also ganz-rationale Konkomitanten. Für die ganz-rationalen Invarianten gilt ein berühmter Satz von Hilbert (vgl. Weitzenböck (1923), Weyl (1946)), demzufolge immer ein endliches fundamentales Invariantensystem gefunden werden kann, so daß alle weiteren Invarianten als *Polynome* der fundamentalen Invarianten darstellbar sind. Die Invarianten eines solchen fundamentalen Systems sind im allgemeinen funktional abhängig voneinander, jedoch ist es i.a. nicht möglich, alle polynomialen Invarianten als Polynome von funktional unabhängigen Invarianten auszudrücken. Algebraische Relationen zwischen polynomialen Invarianten heißen *Syzygien*.

Besteht beispielsweise das gegebene Tensorsystem nur aus einem antisymmetrischen Tensor F_{ik}, so kann

$$I_1 := \frac{1}{4} F_{ij} F^{ij}, \qquad I_2 := \frac{1}{4} {*F_{ij}} F^{ij} \tag{5.5.15}$$

als System fundamentaler Invarianten genommen werden, alle weiteren Invarianten, wie z.B.

$$F_i{}^k F_k{}^j F_j{}^i \ (\equiv 0), \qquad F_i{}^k F_k{}^j F_j{}^m F_m{}^i, \ \dots , \tag{5.5.16}$$

lassen sich durch I_1, I_2 ausdrücken (vgl. Aufgabe 7). Die Bedeutung dieser Invarianten werden wir später illustrieren.

In der Physik wäre die Beschränkung auf ganz-rationale Invarianten, wie sie in der klassischen „Invariantentheorie" betrachtet wurden, zu eng. So sind z.B. die Phasenraumfaktoren $R(q)$ in 4.5 skalare Konkomitanten von q, aber nicht ganz-rational in den q^i und daher zwar durch die fundamentale Invariante q^2 ausdrückbar, aber nicht als Polynome, wie (4.5.17) zeigt.

Analoge Feststellungen gelten auch für tensorielle Konkomitanten einer gegebenen Stufe. Die prinzipielle Möglichkeit, jede Konkomitante durch eine endliche Anzahl fundamentaler Konkomitanten auszudrücken, wird in der Physik häufig zu phänomenologischen Ansätzen benützt. Als typisches Beispiel sei die Einführung der Formfaktoren bei der Berechnung von Strommatrixelementen in der Teilchenphysik erwähnt, vgl. Källén (1965), p. 333.

Aufgaben

1. Man zeige, daß (5.5.3) tatsächlich eine Projektion ist, d.h., daß

$$\frac{1}{p!}\,\delta^{abc\ldots}_{ijk\ldots}\,\frac{1}{p!}\,\delta^{lmn\ldots}_{abc\ldots} = \frac{1}{p!}\,\delta^{lmn\ldots}_{ijk\ldots}\,. \tag{5.5.17}$$

2. Man beweise (5.5.9), (5.5.11) und finde die restlichen Umkehrformeln zu (5.5.10). Wie sieht das bei beliebiger Dimension n aus?

3. Man zeige die Verträglichkeit der Schreibweise η^{ik}, η_{ik} mit den Indextransportregeln.

4. Sei F_{ik} ein antisymmetrischer Tensor. Man zeige die Gleichwertigkeit der Gleichungen

$$v_{[j}\,F_{ik]} = 0, \qquad v_j\,F_{ik} + v_i\,F_{kj} + v_k\,F_{ji} = 0, \qquad v_k\,{*F}^{ik} = 0. \tag{5.5.18}$$

5. F_{ik}, G_{ik} seien antisymmetrische Tensoren. Man beweise die Relation

$$G_{ij}\,F^{jk} - {*F}_{ij}\,{*G}^{jk} = \frac{1}{2}\,\delta_i^{\,k}\,G_{mj}\,F^{jm}. \tag{5.5.19}$$

6. F_{ik} sei ein antisymmetrischer Tensor. Die Matrizen $(F^i{}_k)$, $({*F}^i{}_k)$ seien mit F, $*F$ bezeichnet.

   (a) Man zeige mittels (5.5.14,19) die Relationen

$$\begin{aligned} &F^2 - (*F)^2 = 2I_1\,E, \qquad F\,{*F} = I_2\,E,\\ &F^4 - 2I_1\,F^2 - I_2^2\,E = 0, \end{aligned} \tag{5.5.20}$$

   in denen E die Einheitsmatrix bedeutet und I_1, I_2 wie in (5.5.15) definiert sind. Wie können nun die Invarianten (5.5.16) durch I_1, I_2 ausgedrückt werden?

   (b) Man zeige die Gleichwertigkeit der Bedingungen

$$\det F = 0, \qquad I_2 = 0, \qquad \det {*F} = 0.$$

   (c) Man zeige, daß für $I_2 = 0$, $F \not\equiv 0$ der Rang der Matrix 2 ist und es in diesem Fall zwei linear unabhängige Vierervektoren p, q gibt, so daß $F_{ik} = p_i\,q_k - q_i\,p_k$. In diesem Fall ist I_1 proportional zur *Gramschen Determinante* $(pq)^2 - p^2\,q^2$ von p, q, ihr Vorzeichen gibt daher an, wieviele lichtartige Richtungen $k = \lambda p + \mu q$ $(k^2 = 0)$ in der von p, q aufgespannten zweidimensionalen Ebene liegen.

7. $A_j\,(x) = \mathrm{Re}\{a_j \exp(-ik_l x^l)\}$ sei das Viererpotential einer ebenen elektromagnetischen Welle im Vakuum mit der komplexen Amplitude a und dem Wellenzahlvektor k.

(a) Welche Bedingungen ergeben sich für a, k aus Feldgleichungen und Lorenzbedingung?

(b) Der Felstärkentensor hat die Form $F_{mn} = \mathrm{Re}\{f_{mn}\exp(-ikx)\}$. Man berechne die komplexe Amplitude f_{mn} und zeige

$$\begin{aligned} f^{mn}k_n &= 0 = {*f^{mn}}k_n, \qquad & f^{mn}f_{nm} &= 0 = f^{mn}\,{*f_{nm}}, \\ F^{mn}k_n &= 0 = {*F^{mn}}k_n, \qquad & F^{mn}F_{nm} &= 0 = F^{mn}\,{*F_{nm}}. \end{aligned} \tag{5.5.21}$$

(* bedeutet Dualbildung, nicht etwa komplexe Konjugation!). Man deute diese Gleichungen durch Aufspaltung in $(k^0, \mathbf{k})$ bzw. **E**, **B**. Was folgt daraus, daß es sich um das Verschwinden von Vierervektoren bzw. Invarianten handelt?

(c) Man zeige, daß die Welle genau dann zirkular polarisiert ist, wenn

$${*f_{mn}} = \pm i f_{mn}. \tag{5.5.22}$$

Welches Vorzeichen entspricht bei unseren Konventionen Rechts- bzw. Linkspolarisation? Was folgt daraus, daß es sich hier um eine (Pseudo-) Tensorrelation handelt?

5.6 Tensorfelder und Tensoranalysis

Das Vektorpotential und die Feldstärken sind Beispiele von Vektor- bzw. *Tensorfeldern.* Ein Tensorfeld liegt vor, wenn jedem Punkt des Minkowskiraumes ein Tensor $T(x)$ zugeordnet ist. Das Transformationsverhalten der Komponentenfunktionen bei Poincarétransformationen

$$x^{\bar{i}} = L^{i}{}_{k}\, x^k + a^i \tag{5.6.1}$$

ist völlig analog zu (3.4.10):

$$T^{\bar{i}\ldots}{}_{\bar{k}\ldots}(x^{\bar{l}}) = L^{i}{}_{m}\ldots L_{k}{}^{n}\ldots T^{m\ldots}{}_{n\ldots}(x^l). \tag{5.6.2}$$

Es ist zu betonen, daß die links stehenden Komponentenfunktionen ein anderes Argument haben als die rechts stehenden. Am Beispiel des Feldstärkentensors werden wir die Konsequenzen von (5.6.1,2) ausführlicher diskutieren.

Die *Differentiation* von Tensorfeldern ist einfach: da sich nach 3.4 die Differentialoperatoren $\partial_i = \partial/\partial x^i$ wie Komponenten eines Vierervektors verhalten, führt ihre Anwendung auf Komponenten eines Tensorfeldes T wieder zu Komponenten eines (um eine Stufe erhöhten) Tensorfeldes D:

$$\partial_j T^{i\ldots}{}_{k\ldots}(x) = D^{i\ldots}{}_{k\ldots j}(x). \tag{5.6.3}$$

Durch mehrfache Anwendung und die früher besprochenen Tensoroperationen erhält man so Ausdrücke, deren Nullsetzung Poincaré-kovariante Feldgleichungen liefert, also Feldgleichungen, die in jedem Inertialsystem die gleiche Form annehmen. Wenn Naturgesetze in dieser Gestalt formuliert sind (wie etwa (5.2.12,13,22,23)), so erfüllen sie automatisch das Relativitätsprinzip.

Damit ist zur Differentiation von Tensoren das Wesentlichste gesagt. Zu bemerken ist nur noch, daß bei willkürlich aufgestellten Feldgleichungen auf ihre Konsistenz zu achten ist. Tensorielle Feldgleichungen sind Systeme partieller Differentialgleichungen, zwischen denen im allgemeinen Integrabilitätsbedingungen bestehen. Man erhält sie durch Anwenden von ∂_i unter Berücksichtigung der Vertauschbarkeit $\partial_i \partial_j = \partial_j \partial_i$. Als einfachstes Beispiel dafür mag die Herleitung der Stromerhaltung aus (5.2.22) dienen.

Wir kommen nun zur *Integration* von Tensorfeldern über Gebiete des Minkowskiraumes oder Teilmannigfaltigkeiten (z.B. Hyperebenen wie $t = const.$, Lichtkegel $(x - x_0)^2 = 0, \ \dots$). Dazu brauchen wir zunächst die geeigneten Volumselemente. Ausgangspunkt zu ihrer Herleitung ist die Formel für das Volumen eines Parallelepipeds, das von 4 Vierervektoren A, B, C, D gebildet wird,

$$\mathcal{V}(A, B, C, D) = \epsilon_{ijkm}\, A^i B^j C^k D^m. \tag{5.6.4}$$

Dieser (Pseudo)skalar hat alle Eigenschaften, die man von einem Volumen im Sinn der Minkowski-Geometrie erwartet: ersetzt man eine Kante, etwa A, durch λA, so geht $\mathcal{V}$ in $\lambda \mathcal{V}$ über; $\mathcal{V}$ verschwindet, wenn zwei der Vektoren A, B, C, D parallel sind; $\mathcal{V}$ ändert sich nicht, wenn A, B, C, D einer aktiven (eigentlichen) Lorentztransformation unterworfen werden; und schließlich ist für jede orthonormale Basis $\mathcal{V}(e_0, e_1, e_2, e_3) = \pm 1$. (Gilt hier das Pluszeichen, heißt die Basis positiv orientiert.)

Für das von den infinitesimalen Vektoren $e_0 dx^0$, $e_1 dx^1$, $e_2 dx^2$, $e_3 dx^3$ aufgespannte Volumselement ist daher

$$d\mathcal{V} = dx^0\, dx^1\, dx^2\, dx^3 = d^4x. \tag{5.6.5}$$

Damit können wir beliebige Tensorfelder $T(x)$ über vierdimensionale Gebiete Γ des Minkowskiraumes integrieren, wobei das Ergebnis ein Tensor t ist, der durch

$$t^{i\dots}{}_{k\dots} = \int_G d^4x\, T^{i\dots}{}_{k\dots}(x^l), \qquad t^{\bar{i}\dots}{}_{\bar{k}\dots} = \int_{\bar{G}} d^4x\, T^{\bar{i}\dots}{}_{\bar{k}\dots}(x^{\bar{l}}) \tag{5.6.6}$$

gegeben ist (G, $\bar{G}$ sind die zu Γ gehörenden Koordinatenbereiche). Wir müssen aber betonen, daß t von Γ abhängt; würde man im zweiten Integral in (5.6.6) über einen Bereich integrieren, der numerisch in gleicher Weise durch die $x^{\bar{i}}$ beschrieben wird wie G durch die x^i, so erhielte man die Komponenten eines *anderen* Tensors. Dieser entspricht dem Integral von $T(x)$ über ein Gebiet, das aus Γ durch aktive Poincarétransformation hervorgeht. Eine Ausnahme stellt der Fall dar, wo Γ mit dem ganzen Minkowskiraum $\mathbf{X}^4$ übereinstimmt und sich bei aktiver Transformation nicht ändert.

An Integralen über dreidimensionale Teilmannigfaltigkeiten brauchen wir vor allem die Verallgemeinerung der aus dem $\mathbf{R}^3$ bekannten Flußintegrale $\int \mathbf{v}\, d\mathbf{O}$. Die Bereiche, über die integriert wird, sind Hyperflächen σ mit einer Parameterdarstellung $x = x(u, v, w)$. Das Analogon zur Durchflußmenge $\mathbf{v}\, d\mathbf{O}$ ist für ein Vektorfeld $A(x)$ das Volumen des von A und den Tangentialvektoren $B = (\partial x/\partial u)du$, $C = (\partial x/\partial v)dv$, $D = (\partial x/\partial w)dw$ aufgespannten Parallelepipeds

$$\epsilon_{ijkm}\, A^i \frac{\partial x^j}{\partial u} \frac{\partial x^k}{\partial v} \frac{\partial x^m}{\partial w}\, du\, dv\, dw = A^i\, d\sigma_i, \tag{5.6.7}$$

wobei wir das *vektorielle Hyperflächenelement*

$$d\sigma_i := \epsilon_{ijkm} \frac{\partial x^j}{\partial u} \frac{\partial x^k}{\partial v} \frac{\partial x^m}{\partial w} du\, dv\, dw = \epsilon_{ijkm}\, dx^j\, dx^k\, dx^m \tag{5.6.8}$$

eingeführt haben (die zweite Schreibweise deutet die Unabhängigkeit von der speziellen Parameterdarstellung an). $d\sigma_i$ ist orthogonal zur Hyperfläche, denn für die Tangentialvektoren B, C, D ist

$$d\sigma_i\, B^i = d\sigma_i\, C^i = d\sigma_i\, D^i = 0.$$

Damit können wir nun Integrale der Form

$$t^{k\ldots} = \int_\sigma d\sigma_i\, T^{ik\ldots}(x) \tag{5.6.9}$$

bilden, wodurch wir aus Tensorfeldern wieder Tensoren erhalten, die jedoch im allgemeinen von σ abhängen. Wird σ in I durch $x^i = \varphi^i(u,v,w)$ parametrisiert, so hat die Parameterdarstellung von σ in $\bar{\text{I}}$ andere Funktionen von u, v, w, während $x^{\bar{i}} = \varphi^i(u,v,w)$ eine aktiv Poincaré-transformierte Hyperfläche beschreibt. Auf einen Ausnahmefall kommen wir unten zurück.

Man nennt Hyperflächen raumartig, zeitartig oder lichtartig, wenn ihre Normalen und damit $d\sigma_i$ zeitartig, raumartig oder lichtartig sind:

$$\begin{aligned} d\sigma_i\, d\sigma^i &> 0 \qquad \sigma \text{ raumartig} \\ d\sigma_i\, d\sigma^i &< 0 \qquad \sigma \text{ zeitartig} \\ d\sigma_i\, d\sigma^i &= 0 \qquad \sigma \text{ lichtartig.} \end{aligned} \tag{5.6.10}$$

Von großer Bedeutung ist der *Gaußsche Integralsatz,* der es gestattet, Integrale über geschlossene Hyperflächen in Integrale über das von der Hyperfläche begrenzte vierdimensionale Gebiet umzuwandeln. Er lautet

$$\int_{\partial\Gamma} d\sigma_i\, T^{ik\ldots} = \int_\Gamma d^4x\, \partial_i T^{ik\ldots}, \tag{5.6.11}$$

wo Γ das berandete Gebiet und $\partial\Gamma$ der Rand ist.

Wir besprechen nun einen Fall, in dem Hyperflächenintegrale eines Tensorfeldes für verschiedene Hyperflächen den gleichen Wert haben. Wenn in einem vierdimensionalen Gebiet Γ die vierdimensionale Divergenz eines Tensorfeldes verschwindet,

$$\partial_i T^{ik\ldots} = 0, \tag{5.6.12}$$

so ist

$$\int_\sigma d\sigma_i\, T^{ik\ldots} = \int_{\sigma'} d\sigma'_i\, T^{ik\ldots} \tag{5.6.13}$$

für je zwei Hyperflächen σ, σ', die außerhalb von Γ zusammenfallen (Abb. 5.2), oder:

σ kann innerhalb von Γ beliebig deformiert werden, ohne daß der Integralwert sich ändert.

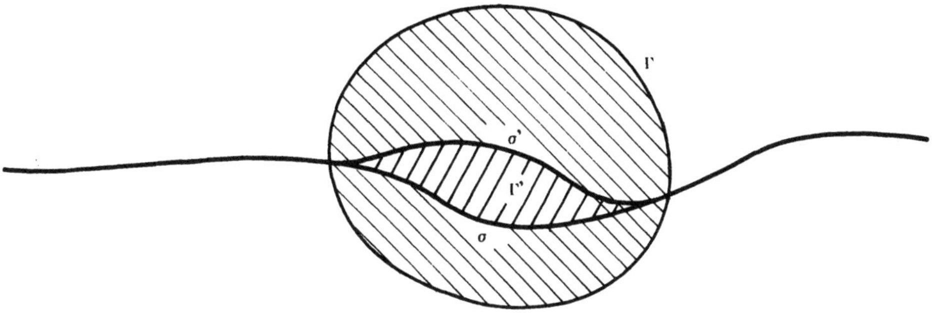

Abb. 5.2. Deformation einer Hyperfläche

Ändert man nämlich die Orientierung von σ, so ergeben $\Gamma \cap \sigma$ und $\Gamma \cap \sigma'$ zusammen eine geschlossene, einheitlich orientierte Hyperfläche, die ein Gebiet $\Gamma' \subset \Gamma$ berandet. Das über sie erstreckte Integral

$$\left(\int_{\sigma'} - \int_{\sigma}\right) d\sigma_i \, T^{ik\ldots} = \int_{\Gamma'} d^4x \, \partial_i T^{ik\ldots} = 0$$

läßt sich wegen (5.6.11) in ein Integral über Γ' umwandeln und verschwindet wegen (5.6.12).

Wegen exakterer und ausführlicherer Darstellung der Integration in mehreren Dimensionen und der Integralsätze sei etwa auf Spivak (1965) und andere moderne Lehrbücher der Differential- und Integralrechnung verwiesen.

Aufgaben

1. Aus dem vektoriellen Volumselement $d\sigma_i$ kann durch $d\sigma := |d\sigma_i \, d\sigma^i|^{1/2}$ ein skalares Volumselement für Hyperflächen gebildet werden. Mittels (5.6.8), (5.5.9) zeige man, daß $d\sigma = \sqrt{|-\Delta|}\, du\, dv\, dw$, wo Δ die Gramsche Determinante

$$\Delta := \begin{vmatrix} x_u^2 & x_u\, x_v & x_u\, x_w \\ x_u\, x_v & x_v^2 & x_v\, x_w \\ x_u\, x_w & x_v\, x_w & x_w^2 \end{vmatrix} \tag{5.6.14}$$

von $x_u := \partial x/\partial u$, x_v, x_w ist. Man berechne $d\sigma$ für die Massenschalen $p^2 = m^2$ im Impulsraum ($x \to p$, $u = p^1$, $v = p^2$, $w = p^3$) und vergleiche mit (4.5.6). Was ergibt sich für $m = 0$?

2. Ist eine Hyperfläche im Minkowskiraum durch eine Gleichung $F(x^i) = 0$ gegeben, so ist ihre Normalenrichtung die Richtung des Vierergradienten $\partial_i F$. Man entscheide Raum-, Zeit- oder Lichtartigkeit für folgende Flächen:
   (a) Flächen $x^0 = const.$
   (b) $x^1 = const.$

(c) Lichtkegel $(x - x_0)^2 = 0$

(d) Einheits-Hyperboloide $(x - x_0)^2 = \pm 1$

(e) Flächen konstanter Phase einer ebenen elektromagnetischen Welle $A = \mathrm{Re}\{a \exp(ikx)\}$ im Vakuum (vgl. Aufgabe 8a von Abschnitt 5.5).

5.7 Das vollständige System der Maxwell-Gleichungen. Ladungserhaltung

In Abschnitt 5.2 haben wir die Maxwell-Gleichungen mittels des Feldstärkentensors F in der kovarianten Form (5.2.22,23) ausgedrückt. Die homogenen Gleichungen (5.2.23) können wir durch Einführung des zu F dualen Feldstärkentensors $*F$ mit den Komponenten

$$*F^{ik} = \frac{1}{2!}\,\epsilon^{ikmn}\,F_{mn}, \qquad (*F^{ik}) = \begin{pmatrix} 0 & B_1 & B_2 & B_3 \\ -B_1 & 0 & -E_3 & E_2 \\ -B_2 & E_3 & 0 & -E_1 \\ -B_3 & -E_2 & E_1 & 0 \end{pmatrix} \tag{5.7.1}$$

noch etwas anders schreiben. $(*F^{ik})$ geht aus (F_{ik}) durch Vertauschung von $\mathbf{E}$ und $\mathbf{B}$ hervor, aus (F^{ik}) durch $\mathbf{E} \to -\mathbf{B}$, $\mathbf{B} \to \mathbf{E}$. Daher können die homogenen Gleichungen analog zu (5.2.22) als

$$\partial_i\, *F^{ik} = 0 \tag{5.7.2}$$

geschrieben werden (vgl. Aufgabe 5 von 5.5).

Der duale Feldstärkentensor ist demnach quellfrei, wobei im Prinzip als Quelle ein magnetischer Stromvektor infrage käme, der die völlige Symmetrie zwischen Elektrizität und Magnetismus herstellen würde. Experimentelle Evidenz für magnetische Ladungen (Monopole) fehlt derzeit völlig, Experimente zu ihrer Auffindung werden aber immer wieder unternommen. Der Hauptgrund dafür dürfte wohl der Hinweis Diracs (Proc. Roy. Soc. *A133*, 60 (1931)) sein, daß ihre Existenz im Rahmen der Quantentheorie automatisch zur Ladungsquantisierung führt. Siehe auch J. Schwinger, Science *165*, 757 (1969); P. Price et. al., Phys. Rev. Lett. *35*, 487 (1975).

Damit können wir die Grundgleichungen des Elektromagnetismus in der folgenden kovarianten Form zusammenfassen:

$$\begin{aligned} \partial_k F^{ik} &= -4\pi\, j^i \qquad & \partial_k\, *F^{ik} &= 0 \\ k^i &= F^{ik} j_k \qquad & \partial_i\, j^i &= 0. \end{aligned} \tag{5.7.3}$$

Diese elegante Formulierung wurde erstmals 1908 von H. Minkowski angegeben. Wir zeigen noch, daß der Potentialansatz

$$F_{ik} = \partial_i A_k - \partial_k A_i \tag{5.7.4}$$

die Gleichungen (5.7.2) identisch erfüllt:

$$*F^{\,ik} = \frac{1}{2}\,\epsilon^{mnik}\,(\partial_m A_n - \partial_n A_m) = \epsilon^{mnik}\,\partial_m A_n$$

$$\partial_k\, *F^{\,ik} = \epsilon^{mnik}\,\partial_k \partial_m A_n \equiv 0$$

wegen der Vertauschbarkeit der Ableitungen $\partial_k \partial_m = \partial_m \partial_k$ und der Antisymmetrie von $\epsilon^{\cdots\cdot}$. (5.7.2) ist eine Integrabilitätsbedingung von (5.7.4).

Die Stromerhaltung $\partial_i j^i = 0$, die im ganzen Raum gilt, führt zur Poincaré-Invarianz der *Gesamtladung*

$$Q_\sigma = \int_\sigma d\sigma_i \, j^i(x) \tag{5.7.5}$$

einer endlichen oder ins räumliche Unendliche genügend schnell abfallenden Ladungsverteilung. Um einzusehen, daß Q_σ tatsächlich die von Beobachtern in einem Inertialsystem I ermittelte Gesamtladung ist, wählen wir als Hyperfläche σ die raumartige Hyperebene $x^0 = t = const.$, auf der wir gleich x^1, x^2, x^3 als Parameter verwenden. (5.6.8) ergibt dann sofort

$$d\sigma_i = \epsilon_{ijkm} \, \delta_1^j \, \delta_2^k \, \delta_3^m \, dx^1 \, dx^2 \, dx^3 = \epsilon_{i123} \, d^3x = (d^3x, \mathbf{0}) \tag{5.7.6}$$

(vgl. die Bemerkung über d^3x im Anhang von 4.5!) und daher tatsächlich

$$Q_\sigma = \int_\sigma d^3x \, j^0(\mathbf{x}, x^0) = \int d^3x \, \rho(\mathbf{x}, t). \tag{5.7.7}$$

Die von diesen Beobachtern zu einer anderen Zeit t' ermittelte oder von relativ zu ihnen bewegten Beobachtern eines Systems $\bar{\mathrm{I}}$ bestimmte Gesamtladung ist

$$\int_{\sigma'} d^3x \, \rho(\mathbf{x}, t') = \int_{\sigma'} d\sigma_i \, j^i(x), \qquad \int d^3\bar{x} \, \bar{\rho}(\bar{\mathbf{x}}, \bar{t}) = \int_{\bar{\sigma}} d\sigma_{\bar{i}} \, j^{\bar{i}} = \int_{\bar{\sigma}} d\sigma_i \, j^i,$$

also gleich $Q_{\sigma'}$ bzw. $Q_{\bar{\sigma}}$. Außerhalb der Weltröhre der Ladungsverteilung kann σ', $\bar{\sigma}$ beliebig deformiert werden, ohne den Wert des Integrals zu ändern (Abb. 5.3). Auf diese Weise werden σ', $\bar{\sigma}$ effektiv zu Deformationen von σ, und es folgt $Q_\sigma = Q_{\sigma'} = Q_{\bar{\sigma}}$, da $\partial_i j^i = 0$ im ganzen Raum.

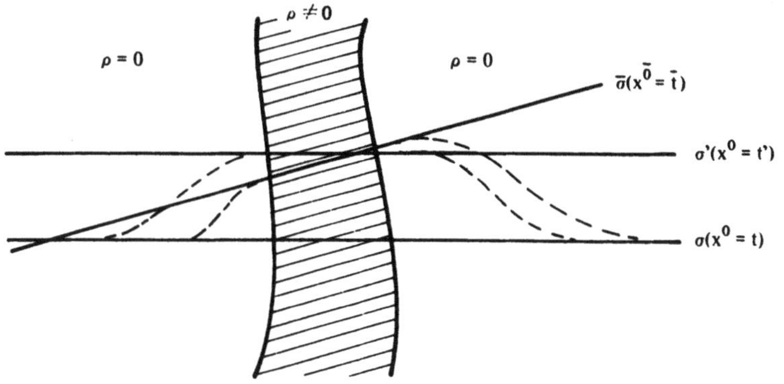

Abb. 5.3. Zur Invarianz der Gesamtladung

Damit ist die Invarianz der Gesamtladung unter aktiven Poincaré-Transformationen von σ, also ihre zeitliche Konstanz (Ladungserhaltung) und Beobachterunabhängigkeit bewiesen.

Dies gilt allerdings nur für die Gesamtladung, die in Teilbereichen der Ladungsverteilung enthaltene Ladung wird weder zeitlich konstant noch beobachterunabhängig sein. Die übliche lokale Form der Ladungserhaltung in Form einer Bilanzgleichung, die sich aus der Kontinuitätsgleichung $\partial_i j^i = 0$ durch Integration über ein räumliches Volumen unter Verwendung des Gaußschen Satzes ergibt,

$$\frac{d}{dt}\int d^3x\,\rho = -\oint \mathbf{j}\,d\mathbf{O}, \tag{5.7.8}$$

besitzt ebenfalls eine vierdimensionale Verallgemeinerung. Hierbei wird das Hyperflächen*stück* σ, über das (5.7.5) gebildet wird, längs der Feldlinien eines *Deformationsvektorfeldes* $\delta^i(x)$ infinitesimal verschoben, die Punkte von σ' sind durch $x^i + \delta^i(x)$ gegeben, wo x über σ variiert. Aus dem vierdimensionalen Gaußschen Satz (5.6.11) und $j^i{}_{,i} = 0$ folgt dann

$$\delta\int_\sigma d\sigma_i\,j^i = \left(\int_{\sigma'} - \int_\sigma\right) d\sigma_i\,j^i = \int_{\text{Mantel}} d\sigma_i\,j^i,$$

wo die Mantelfläche aus den Feldlinienstücken von δ^i gebildet wird, die vom Rand von σ ausgehen. Es ist dort ((5.6.8) mit $dx^m \to \delta^m$)

$$d\sigma_i = \epsilon_{ijkm}\,dx^j\,dx^k\,\delta^m = \delta^m\,d\sigma_{im}$$

mit dem *tensoriellen Flächenelement* der Randfläche $\partial\sigma$

$$d\sigma_{il} := \epsilon_{iljk}\,dx^j\,dx^k. \tag{5.7.9}$$

Die gewünschte Verallgemeinerung von (5.7.8) ist also

$$\delta\int_\sigma d\sigma_i\,j^i = \oint_{\partial\sigma} d\sigma_{il}\,j^i\,\delta^l. \tag{5.7.10}$$

Sie geht mit $\sigma : t = const.$, $\delta^\ell = (\delta t, \mathbf{0})$ in (5.7.8) über.

5.8 Diskussion der Transformationseigenschaften

Die Vereinigung von **E** und **B** zum Feldstärkentensor F ist ein zunächst unerwartetes Resultat der bisherigen Überlegungen. Die Konsequenzen der durch die Struktur der Maxwell-Gleichungen erzwungenen engen Verbindungen von **E** und **B** in bezug auf das Transformationsverhalten der Feldstärken soll Gegenstand dieses Abschnittes sein.

Bei Vierervektoren erlaubt es die Existenz des invarianten Quadrates, einige wichtige Aussagen über das Transformationsverhalten zu machen, ohne die explizite Form der Matrix der Lorentztransformation (die im allgemeinen Fall kompliziert ist) zu verwenden.

Analoge Invarianten gibt es auch für den antisymmetrischen Tensor F, und zwar (vgl. (5.5.15))

$$I_1 = \frac{1}{4}F_{ik}\,F^{ki} = \frac{1}{2}\left(\mathbf{E}^2 - \mathbf{B}^2\right) \tag{5.8.1a}$$

$$I_2 = \frac{1}{4}\,{}^*F_{ik}\,F^{ki} = -\mathbf{E}\,\mathbf{B}. \tag{5.8.1b}$$

Es folgt z.B. daraus, daß die Charakterisierung ebener elektromagnetischer Wellen durch $|\mathbf{E}| = |\mathbf{B}|$, $\mathbf{E}\,\mathbf{B} = 0$ lorentzinvariant ist, da sie in der Form $I_1 = 0$, $I_2 = 0$ geschrieben werden kann (vgl. Aufgabe 8 in 5.5). Auch die Bedingungen $\mathbf{E}^2 \gtrless \mathbf{B}^2$ $(I_1 \gtrless 0)$, $\cos(\mathbf{E}, \mathbf{B}) \gtrless 0$ $(I_2 \gtrless 0)$ sind lorentzinvariant, und ein rein elektrisches Feld kann in einem anderen Inertialsystem nie zu einem rein magnetischen werden, ein spitzer Winkel zwischen $\mathbf{E}$, $\mathbf{B}$ nie zu einem stumpfen.

Soweit die allgemeinen Aussagen, die für beliebige Lorentztransformationen gelten. Um das Verhalten der einzelnen Komponenten von F_{ik} bei Lorentztransformationen zu studieren, betrachten wir das Transformationsverhalten des Feldstärken-Tensorfeldes

$$F^{\bar{i}\bar{k}}(\bar{x}) = L^i{}_m\, L^k{}_n\, F^{mn}(x) \tag{5.8.2}$$

und spezialisieren auf eine Geschwindigkeitstransformation in 1-Richtung (bei rein räumlichen Drehungen würden wir nur den 3-Vektorcharakter von $\mathbf{E}$, $\mathbf{B}$ zurückerhalten, der bereits aus der dreidimensionalen Form der Maxwell-Gleichungen folgt). Für solche Transformationen hat die Matrix $L^i{}_m$ (vgl. (2.1.1)) die Form

$$L = (L^i{}_m) = \begin{pmatrix} \gamma & -\gamma v & 0 & 0 \\ -\gamma v & \gamma & 0 & 0 \\ 0 & 0 & 1 & 0 \\ 0 & 0 & 0 & 1 \end{pmatrix}. \tag{5.8.3}$$

Die Auswertung von (5.8.2) geschieht in übersichtlicher Weise durch Matrixmultiplikation: mit $F = (F^{mn})$, $\bar{F} = (F^{\bar{i}\bar{k}})$ schreibt sich (5.8.2) $\bar{F} = L\,F\,L^T$, und die Ausnutzung der Möglichkeit, Matrizen in Blöcken zu multiplizieren, sowie die zu erwartende Antisymmetrie des Resultats liefert rasch

$$\begin{aligned} \bar{E}_1 &= E_1 & \bar{B}_1 &= B_1 \\ \bar{E}_2 &= \gamma\,(E_2 - v\,B_3) & \bar{B}_2 &= \gamma\,(B_2 + v\,E_3) \\ \bar{E}_3 &= \gamma\,(E_3 + v\,B_2) & \bar{B}_3 &= \gamma\,(B_3 - v\,E_2), \end{aligned} \tag{5.8.4}$$

bzw. in vektorieller Form

$$\overline{\mathbf{E}} = \gamma\,\mathbf{E} - \frac{\gamma - 1}{v^2}\,(\mathbf{E}\,\mathbf{v})\,\mathbf{v} + \gamma\,\mathbf{v} \times \mathbf{B} \tag{5.8.5a}$$

$$\overline{\mathbf{B}} = \gamma\,\mathbf{B} - \frac{\gamma - 1}{v^2}\,(\mathbf{B}\,\mathbf{v})\,\mathbf{v} - \gamma\,\mathbf{v} \times \mathbf{E}. \tag{5.8.5b}$$

Hier sind noch die Argumente hinzuzufügen, d.h., $E_1(x)$, $\bar{E}_2(\bar{x})$ etc. und $\bar{x} = Lx$ zu berücksichtigen.

Um diese formalen Überlegungen an einem konkreten Beispiel zu illustrieren, betrachten wir ein in einem Inertialsystem I ruhendes, geladenes Teilchen. Mißt ein Beobachter in I das elektromagnetische Feld des Teilchens, so findet er das übliche Coulombfeld

$$\mathbf{B} = 0, \qquad \mathbf{E} = \frac{e\,\mathbf{x}}{r^3}, \tag{5.8.6}$$

wenn wir annehmen, daß das Teilchen kein magnetisches Moment hat. Im System $\bar{I}$ ist die Situation anders. Eine Messung des Feldes *desselben* Teilchens in diesem System ergibt nicht nur ein elektrisches, sondern auch ein Magnetfeld. Die klassische Erklärung dafür ist, daß das nun bewegt erscheinende Teilchen einen Strom darstellt, der ein Magnetfeld erzeugt. Hier haben wir diese Tatsache allein aus dem Transformationsverhalten des Feldstärkentensors hergeleitet.

Auch das elektrische Feld bleibt von der Transformation nicht unbeeinflußt. Untersuchen wir zunächst die elektrische Feldkomponente in Bewegungsrichtung, so ist

$$\bar{E}_1(\bar{x}) = E_1(x) = \frac{e\,x}{r^3}. \tag{5.8.7}$$

Setzen wir $b^2 = y^2 + z^2 = \bar{y}^2 + \bar{z}^2$, wobei b der Abstand des Aufpunktes von der x-Achse ist, so wird

$$\bar{E}_1 = \frac{e\,x}{r^3} = \frac{e\,\gamma\,(\bar{x} + v\,\bar{t})}{[\gamma^2(\bar{x} + v\,\bar{t})^2 + b^2]^{3/2}} \tag{5.8.8}$$

und aus (5.8.4) weiter

$$\bar{E}_2 = \gamma\frac{e\,y}{r^3} = \frac{e\,\gamma\,\bar{y}}{[\gamma^2(\bar{x} + v\,\bar{t})^2 + b^2]^{3/2}}. \tag{5.8.9}$$

Bemerkenswert ist, daß sowohl in (5.8.8) als auch in (5.8.9) ein Faktor γ im Zähler auftritt, was nach (5.8.4) zunächst nicht zu vermuten gewesen wäre. Dies zeigt, daß man bei Vektor- bzw. Tensor*feldern* keine vorschnellen Schlüsse aus Formeln wie (5.8.4) ziehen darf, da die x-Abhängigkeit dieser Größen für das Transformationsverhalten wesentlich ist. Um eine anschauliche Vorstellung von der Feldstärkenverteilung (5.8.8,9) zu gewinnen, betrachten wir die momentane Verteilung der Feldlinien zur Zeit $\bar{t} = 0$:

$$\bar{\mathbf{E}}(\bar{x}) = \frac{e\,(1 - v^2)\,\bar{\mathbf{x}}}{[\bar{r}^2 - v^2 b^2]^{3/2}}, \tag{5.8.10}$$

wobei $\bar{r}^2 = \bar{\mathbf{x}}^2$. Die Feldlinien sind Gerade, wie bei einer ruhenden Ladung. Der Betrag von $\bar{\mathbf{E}}$

$$|\bar{\mathbf{E}}| = \frac{e\,(1 - v^2)}{\bar{r}^2(1 - v^2\sin^2\bar{\Theta})^{3/2}} \tag{5.8.11}$$

($\sin\bar{\Theta} = b/\bar{r}$) ist bei festgehaltenem $\bar{r}$ in der Ebene senkrecht zur Bewegungsrichtung des Elektrons am größten,

$$|\bar{\mathbf{E}}| = \frac{e}{\bar{r}^2\sqrt{1 - v^2}} \quad \text{für } \sin\bar{\Theta} = 1, \tag{5.8.12}$$

und in der Bahn des Teilchens (x-Achse, $\sin\bar{\Theta} = 0$) am kleinsten,

$$|\bar{\mathbf{E}}| = \frac{e\,(1 - v^2)}{\bar{r}^2} \quad \text{für } \sin\bar{\Theta} = 0. \tag{5.8.13}$$

Das Coulombfeld ist senkrecht zur Bewegungsrichtung dilatiert, in Bahnrichtung kontrahiert, wie Abb. 5.4 zeigt.

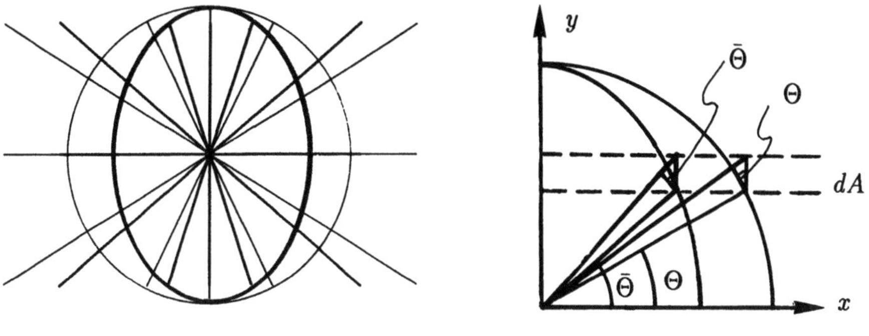

a) Feldlinienbild (dünn: ruhende Ladung) b) Berechnung der Kontraktion

Abb. 5.4. Coulombfeld einer bewegten Ladung

Das *Feldlinienbild* (die Zahl der Feldlinien pro Flächeneinheit gibt wie üblich den Betrag $|\bar{\mathbf{E}}|$ an) können wir aus dem Feldlinienbild der ruhenden Ladung dadurch gewinnen, daß wir dieses Bild um den Faktor $\sqrt{1-v^2}$ in der x-Richtung affin stauchen (Abb. 5.4b; wir folgen hier der Darstellung von Rindler (1969)). Um dies zu beweisen, betrachten wir eine Kugel und das daraus durch Stauchung in der x-Richtung mit dem Faktor $\sqrt{1-v^2}$ hervorgehende Ellipsoid. Eine Fläche dA *senkrecht* zur x-Achse erscheint vom Ursprung des Koordinatensystems betrachtet unter dem Raumwinkel $d\Omega = dA\cos\Theta/r^2$. Alle durch diesen Raumwinkel hindurchtretenden Feldlinien (für die ruhende Ladung) gehen bei Stauchung in den Raumwinkel $d\bar{\Omega} = dA\cos\bar{\Theta}/\bar{r}^2$, da dA unverändert bleibt. Es ist folglich

$$\frac{d\bar{\Omega}}{d\Omega} = \frac{\cos\bar{\Theta}\, r^2}{\cos\Theta\, \bar{r}^2} = \frac{\bar{x}}{\bar{r}^3}\frac{r^3}{x} = \frac{1}{\gamma}\frac{r^3}{\bar{r}^3}. \tag{5.8.14}$$

Da die Zahl der Feldlinien, die die Flächen $r^2 d\Omega$ und $\bar{r}^2 d\bar{\Omega}$ durchsetzen, gleich ist, ergibt sich für die Feldstärken $|\bar{\mathbf{E}}|\,\bar{r}^2\, d\bar{\Omega} = |\mathbf{E}|\, r^2\, d\Omega$ oder

$$|\bar{\mathbf{E}}| = \frac{e}{\bar{r}^2}\frac{d\Omega}{d\bar{\Omega}} = \frac{e\,(1-v^2)}{\bar{r}^2(1-v^2\sin^2\bar{\Theta})^{3/2}}, \tag{5.8.15}$$

was genau mit (5.8.11) übereinstimmt.

Diese einfache geometrische Konstruktion des Feldlinienbildes einer bewegten Ladung war bereits Heaviside 1889 bekannt. Die Existenz einer derartigen Konstruktion kann zum Teil aus der Invarianz der elektrischen Ladung erschlossen werden, da von der bewegten Ladung die gleiche Zahl von Feldlinien ausgehen muß wie von der ruhenden und daher die Feldlinienbilder durch eine bloße Umverteilung auseinander hervorgehen müssen.

Die in Abb. 5.4 dargestellte Konstruktion des Verhaltens des Coulombfeldes eines Teilchens wurde von Lorentz als Bestätigung und Begründung der von Fitzgerald und ihm postulierten Kontraktion eines durch den Äther bewegten Körpers angesehen. So schreibt Lorentz (1909): „Kehren wir nun zu der Hypothese [der Lorentzkontraktion] zurück, mit deren Hilfe wir versucht haben, den negativen Ausgang des Michelson-Experimentes zu erklären. Wir können die Möglichkeit der angenommenen Längenunterschiede verstehen, wenn wir berücksichtigen, daß die Form eines starren

Körpers von den Kräften zwischen seinen Molekülen abhängt und daß diese Kräfte wahrscheinlich im dazwischen befindlichen Äther in einer Art übertragen werden, die mehr oder weniger der Art gleicht, in der elektromagnetische Wirkungen übertragen werden. Von diesem Gesichtspunkt ist es natürlich anzunehmen, daß molekulare Anziehung und Abstoßung wie elektromagnetische Kräfte durch die Translation des Körpers modifiziert werden, und dies kann sehr wohl zu einer Änderung der Dimension des Körpers führen.

Es ist sehr bemerkenswert, daß die früher postulierte Längenänderung [Lorentzkontraktion] resultiert, wenn wir die Ergebnisse, die wir für das elektromagnetische Feld gewonnen haben, auf molekulare Wechselwirkungen übertragen".

Die aus dem Transformationsverhalten des Feldstärkentensors gewonnene *Dilatation des Coulombfeldes* ist auch experimentell beobachtbar: Fliegt ein geladenes Teilchen durch eine Blasenkammer hindurch, so hinterläßt es dort eine Ionisationsspur. Wie Abb. 5.5 zeigt, nimmt deren Dicke, d.h., die Zahl der ionisierten Teilchen pro cm der Spur, zunächst mit zunehmender Fluggeschwindigkeit ab. Dieser Effekt kommt grob gesprochen daher, daß das Teilchen immer weniger Zeit hat, beim Durchfliegen der Kammer Atome zu ionisieren. Steigert man aber die Geschwindigkeit in die Nähe der Lichtgeschwindigkeit, so nimmt die Ionisation – nach Durchlaufen eines Minimums – wieder zu. Das ist zum Teil auf den oben diskutierten relativistischen Effekt zurückzuführen. Das Coulombfeld des Teilchens wird auseinandergequetscht und kann mehr Atome pro cm Bahn ionisieren.

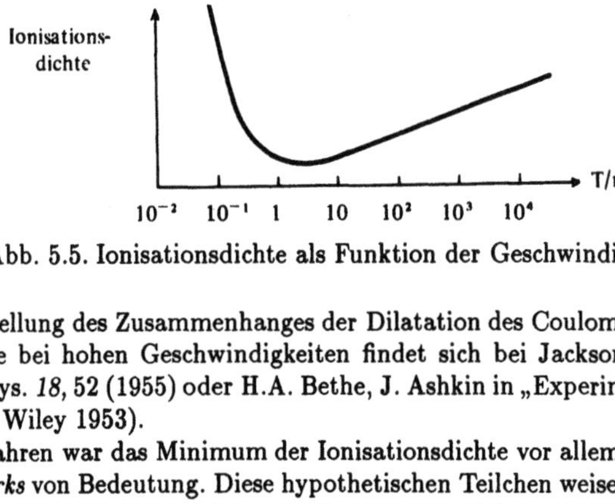

Abb. 5.5. Ionisationsdichte als Funktion der Geschwindigkeit

Eine klare Darstellung des Zusammenhanges der Dilatation des Coulombfeldes mit dem Anstieg der Ionisationsdichte bei hohen Geschwindigkeiten findet sich bei Jackson (1983). Siehe auch B. Price, Rep. Prog. Phys. *18*, 52 (1955) oder H.A. Bethe, J. Ashkin in „Experimental Nuclear Physics", Vol. I (E. Segre ed., Wiley 1953).

In den letzten Jahren war das Minimum der Ionisationsdichte vor allem im Zusammenhang mit der Suche nach *Quarks* von Bedeutung. Diese hypothetischen Teilchen weisen nur eine Ladung $1/3\ e$ bzw. $2/3\ e$ auf und sollten folglich in einem geeigneten Energiebereich Spuren hinterlassen, deren Ionisationsdichte unter derjenigen von Teilchen liegt, die die volle Elementarladung e besitzen.

Die Dilatation des Coulombfeldes ist auch im Zusammenhang mit der Weizsäcker-Williams-Methode (1934) zur Berechnung von *Bremsstrahlung* von Bedeutung. Man benützt dabei die Tatsache, daß für $\gamma \gg 1$ das Feld eines geladenen Teilchens immer mehr einem ebenen elektromagnetischen Wellenpuls entspricht (siehe Jackson (1983)).

Bei der *Abbremsung eines rasch bewegten* (bzw. bei der Beschleunigung eines ruhenden) *Teilchens* muß die in Abb. 5.4a gezeigte gestauchte Form des Coulombfeldes in das übliche Feldlinienbild der ruhenden Ladung übergehen. Dieser Prozeß kann nur allmählich erfolgen, da sich die Information über die Bremsung des Teilchens mit Lichtgeschwindigkeit in seinem Feld ausbreitet. Abb. 5.6 zeigt ein auf diese Art entstehendes Feldlinienbild.

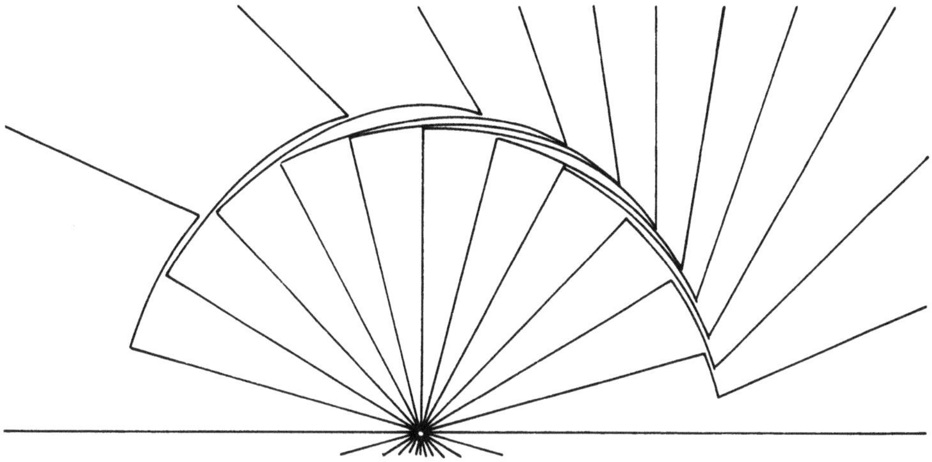

Abb. 5.6. Feldlinienbild einer abgebremsten Ladung

Die *Schockwelle,* die dabei durch das Coulombfeld hindurchgeht, entspricht genau dem *Strahlungsfeld* des Teilchens. Dies ist daraus zu ersehen, daß die elektrischen Feldlinien in der Schockwelle (annähernd, und im Unendlichen exakt) senkrecht auf dem Radiusvektor stehen und sich die Schockwelle mit Lichtgeschwindigkeit vom Teilchen her ausbreitet (Abstrahlung). Falls das Teilchen aus relativistischen Geschwindigkeiten $v \approx 1$ heraus gebremst wird, entsteht das typische Vorwärtsmaximum der *Bremsstrahlung* (Röntgenröhre!).

Für Geschwindigkeiten $v \ll 1$ erlaubt das anschauliche Bild eine einfache heuristische Berechnung der Strahlung einer beschleunigten Ladung (die als Vorbereitung auf die Überlegungen des Abschnittes 5.10 dienen soll).

Abb. 5.7 zeigt eine Linie des Feldes eines Teilchens, das im Zeitintervall von $t = 0$ bis $t = \tau$ abgebremst wurde.

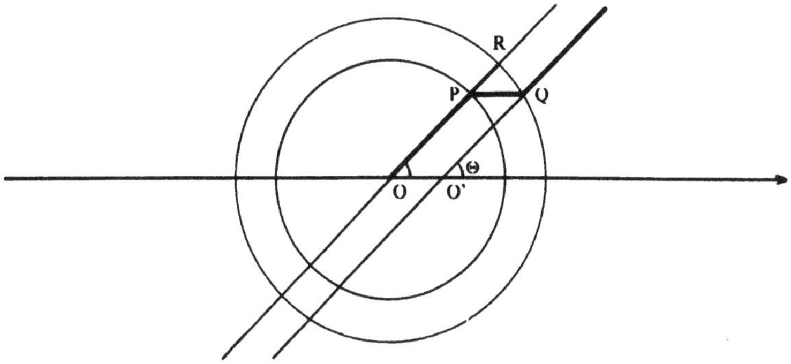

Abb. 5.7. Feldlinie eines aus $v \ll 1$ gebremsten Teilchens

Das Coulombfeld entspricht bis zum Radius $r = t$ (Feldlinie $\overline{OP}$) bereits dem ruhenden Teilchen, während von $r = t + \tau$ auswärts (ab Punkt Q) die Feldlinien noch der Verteilung entsprechen, die sich bei gleichförmiger Weiterbewegung des Teilchens ergeben hätte. Für die Feldstärke E_φ des annähernd tangentialen Teiles $\overline{PQ}$ der Feldlinie folgt aus der Abbildung

$$\frac{E_\varphi}{E_r} = \frac{\overline{RQ}}{\overline{PR}} = \frac{v\,t\sin\Theta}{\tau},$$

wobei $E_r = e/r^2$ die radiale Feldstärke ist und $vt = \overline{OO'}$ die Strecke, die sich das Teilchen weiterbewegt hätte. Daher wird

$$E_\varphi = \frac{vt\sin\Theta}{\tau}\frac{e}{r^2} = \frac{e\,v\sin\Theta}{\tau\,r} = e\,b\frac{\sin\Theta}{r}, \tag{5.8.16}$$

wobei $b = v/\tau$ die Beschleunigung des Teilchens ist. Das mit Lichtgeschwindigkeit nach außen propagierende Feld E_φ ist von einem darauf senkrecht stehenden Magnetfeld gleicher Stärke begleitet – wie aus der Theorie elektromagnetischer Wellen als bekannt angenommen werden darf – so daß der Poynting-Vektor

$$\mathbf{S} = \frac{e^2b^2}{4\pi}\frac{\sin^2\Theta}{r^2}\frac{\mathbf{r}}{r} \tag{5.8.17}$$

wird. Dies gibt die Winkelverteilung der Strahlung an, deren Gesamtintensität (abgestrahlte Energie pro Zeiteinheit)

$$\frac{dE}{dt} = \int \mathbf{S}\,d\mathbf{O} = \frac{2}{3}e^2b^2 \tag{5.8.18}$$

beträgt.

Die hier gegebene heuristische Berechnung der Strahlung eines beschleunigten Teilchens folgt der Darstellung von J.J. Thomson („Elektrizität und Materie“, Vieweg 1904). In neuen Lehrbüchern der Elektrodynamik findet sich (mit einer einzigen uns bekannten Ausnahme) nur die exakte, aber unübersichtlichere und schwerer durchschaubare analytische Rechnung mit Hilfe der retardierten Potentiale (siehe z.B. Jackson (1983)). Es existiert auch eine (sehr empfehlenswerte) Serie von 4 Filmen (beschrieben in J.C. Hamilton, J.L. Schwartz, Am. J. Phys. *39*, 1540 (1971)), die die Strahlung beschleunigter Ladungen auf die hier dargestellte anschauliche Weise illustriert.

Interessant ist, daß Thomson in dem erwähnten Buch die Rechnung unter dem Titel „Wirkungen der Beschleunigung der Faradayschen Röhren“ angibt, und unter anderem schreibt: „Wenn man annimmt, daß das Licht durch die zitternde Bewegung in den straff gespannten Faradayschen Röhren [die der wörtlichen Interpretation der Kraftlinien als gespannte Schläuche entsprechen] erzeugt wird, so ergibt sich eine Frage, die bis jetzt unbeachtet geblieben ist. Es kann nicht angenommen werden, daß die Faradayschen Röhren, die sich durch den Äther erstrecken, diesen vollständig füllen. Sie müssen vielmehr als diskrete Fäden betrachtet werden, die in einem kontinuierlichen Äther eingebettet sind und diesem eine fasrige Struktur erteilen. Wenn dies aber der Fall ist, so muß ... die Welle selbst Struktur besitzen. Die Wellenfront muß ... von einer Reihe von Flecken auf dunklem Grund gebildet sein, wobei die Flecken diejenigen Stellen bezeichnen, an denen die Faradayschen Röhren die Wellenfront schneiden“.

Diese Passage, in der Thomson bemerkenswert nahe an die Entdeckung der Lichtquanten herankommt, wird dadurch begründet, daß Röntgenstrahlen beim Durchgang durch Materie nur einen kleinen Bruchteil der Atome ionisieren, was mit der Vorstellung einer kontinuierlichen Wellenfront nicht verträglich ist.

Aufgabe

Man betrachte das elektromagnetische Feld $\mathbf{E}(x)$, $\mathbf{B}(x)$ in einem festen Raum-Zeit-Punkt. Man zeige:

(a) Ist $I_2 = 0$, $I_1 \neq 0$, so kann je nach Vorzeichen von I_1 erreicht werden, daß in einem geeigneten Bezugssystem entweder $\mathbf{E} = \mathbf{0}$ oder $\mathbf{B} = \mathbf{0}$ wird.

(b) Ist $I_2 \neq 0$, so kann in einem geeigneten Bezugssystem $\mathbf{E} \propto \mathbf{B}$ erreicht werden.

Die so entstehenden „Normalformen" für F_{ik} entsprechen den Normalformen (3.2.7), (3.2.8,9) für Vierervektoren. Sie sind oft nützlich, um Rechnungen zu vereinfachen.

5.9 Erhaltungssätze. Der Energie-Impuls-Tensor

Beim Aufbau der relativistischen Mechanik haben wir die Erhaltungssätze für Energie und Impuls an die Spitze unserer Überlegungen gestellt und daraus Folgerungen wie die relativistische Massenzunahme etc. gezogen. In der Elektrodynamik ist dagegen das System der Maxwellschen Gleichungen der Ausgangspunkt des Aufbaues der Theorie, da dieses System bereits die notwendige Kovarianz unter Lorentztransformationen aufweist. Die Formulierung der Erhaltungssätze bildet hier die Abrundung der formalen Struktur, wobei wir Gelegenheit haben werden, den *Energie-Impuls-Tensor* einzuführen, der sich in Kap. 10 als eines der fundamentalen Konzepte relativistischer Feldtheorien erweisen wird.

Wir beginnen mit einer kurzen Zusammenfassung der nichtkovarianten Formulierung der Erhaltungssätze der Elektrodynamik.

Zur Herleitung des *Energiesatzes* benützen wir die für zwei beliebige Vektorfelder gültige Identität

$$\operatorname{div}(\mathbf{E} \times \mathbf{B}) \equiv \mathbf{B} \operatorname{rot} \mathbf{E} - \mathbf{E} \operatorname{rot} \mathbf{B},$$

um unter Verwendung von (5.2.1,2) für die Größen

$$\mathcal{E} := \frac{1}{8\pi}(\mathbf{E}^2 + \mathbf{B}^2) \tag{5.9.1}$$

$$\mathbf{S} := \frac{1}{4\pi} \mathbf{E} \times \mathbf{B} \tag{5.9.2}$$

die Fast-Kontinuitätsgleichung

$$\frac{\partial \mathcal{E}}{\partial t} + \operatorname{div} \mathbf{S} = -\mathbf{j}\,\mathbf{E} \tag{5.9.3}$$

zu gewinnen. Integrieren wir sie über ein Raumgebiet und verwenden noch (5.3.7a,8) und den Gaußschen Integralsatz, entsteht daraus die Bilanzgleichung

$$\frac{d}{dt}\left(\sum_A p_A^0 + \int d^3x\, \mathcal{E}\right) = -\oint \mathbf{S}\, d\mathbf{O}. \tag{5.9.4}$$

Da der erste Term in der Klammer links die Summe der Energien der geladenen Teilchen angibt, die die Stromverteilung ausmachen, ist der zweite Term mit der Energie E_F des Feldes zu identifizieren, als dessen *Energiedichte* also $\mathcal{E}$ angesehen werden kann (sie ist somit *positiv-definit*). Der *Poynting*-Vektor $\mathbf{S}$ ist daher als *Energiestrom* des Feldes zu deuten.

Zur Herleitung des *Impulssatzes* benützen wir ein konstantes Hilfsvektorfeld $\mathbf{a}$ und die für beliebige Vektorfelder $\mathbf{v}$ gültigen Identitäten

$$\mathbf{v} \times \operatorname{rot} \mathbf{v} \equiv \operatorname{grad} \frac{\mathbf{v}^2}{2} - (\mathbf{v}\,\nabla)\,\mathbf{v}$$

$$\mathbf{a} \operatorname{grad} \frac{\mathbf{v}^2}{2} \equiv \operatorname{div}\left(\frac{\mathbf{v}^2}{2}\mathbf{a}\right), \qquad (\mathbf{v}\,\nabla)\,(\mathbf{a}\,\mathbf{v}) \equiv \operatorname{div}\big((\mathbf{a}\,\mathbf{v})\mathbf{v}\big) - (\mathbf{a}\,\mathbf{v}) \operatorname{div} \mathbf{v},$$

um unter Verwendung von (5.2.1,2) die Fast-Kontinuitätsgleichung

$$\frac{\partial}{\partial t}(\mathbf{a}\,\mathbf{S}) + \frac{1}{4\pi} \operatorname{div}\left[\frac{1}{2}(\mathbf{E}^2 + \mathbf{B}^2)\mathbf{a} - (\mathbf{a}\,\mathbf{E})\mathbf{E} - (\mathbf{a}\,\mathbf{B})\mathbf{B}\right] = -\mathbf{a}(\rho\mathbf{E} + \mathbf{j} \times \mathbf{B}) \qquad (5.9.5)$$

zu gewinnen. Integrieren wir sie über ein Raumgebiet und verwenden noch (5.3.7*b*,8) und den Gaußschen Integralsatz, entsteht

$$\mathbf{a}\frac{d}{dt}\left(\sum_A \mathbf{p}_A + \int d^3x\,\mathbf{S}\right) = -\frac{1}{4\pi}\oint \left[\frac{1}{2}(\mathbf{E}^2 + \mathbf{B}^2)\mathbf{a} - (\mathbf{a}\,\mathbf{E})\mathbf{E} - (\mathbf{a}\,\mathbf{B})\mathbf{B}\right] d\mathbf{O} =: \mathbf{a}\,\mathbf{G} \qquad (5.9.6)$$

oder, da der Hilfsvektor $\mathbf{a}$ beliebig war, die Bilanzgleichung

$$\frac{d}{dt}\left(\sum_A \mathbf{p}_A + \int d^3x\,\mathbf{S}\right) = \mathbf{G}. \qquad (5.9.7)$$

Der *Impuls* $\mathbf{p}_F$ des elektromagnetischen Feldes ist demnach durch

$$\mathbf{p}_F = \int d^3x\,\mathbf{S} \qquad (5.9.8)$$

gegeben. Das Oberflächenintegral $\mathbf{G}$ gibt den aus dem Volumen strömenden Impuls an, bzw. die auf das Volumen wirkende Kraft. Die Komponenten G_α von $\mathbf{G}$ sind nach (5.9.5,6) gegeben durch

$$\begin{aligned} 4\pi\,G_\alpha &= \int d^3x\,\partial_\beta\left[\mathbf{E}_\alpha\,\mathbf{E}_\beta + \mathbf{B}_\alpha\,\mathbf{B}_\beta - \frac{1}{2}\delta_{\alpha\beta}\,(\mathbf{E}^2 + \mathbf{B}^2)\right] = \\ &= -4\pi \int d^3x\,\partial_\beta\,T_{\alpha\beta} = -4\pi \int dO_\beta\,T_{\alpha\beta}, \end{aligned} \qquad (5.9.9)$$

wobei

$$-4\pi\,T_{\alpha\beta} := E_\alpha\,E_\beta + B_\alpha\,B_\beta - \frac{1}{2}\,\delta_{\alpha\beta}\,(\mathbf{E}^2 + \mathbf{B}^2) =: P_{\alpha\beta} \qquad (5.9.10)$$

die Komponenten des *Maxwellschen Spannungstensors* $P_{\alpha\beta}$ sind, dessen physikalische Deutung analog zu der des Spannungstensors der Elastizitätstheorie ist: $\mathbf{G}$ ist die auf das in (5.9.7) betrachtete Volumen wirkende Kraft, $dG_\alpha = dO_\beta\, T_{\alpha\beta}$ das auf ein Oberflächenelement des Volumens wirkende Kraftelement. (Bei dieser Interpretation ist Vorsicht geboten, da wir aus dem Integral auf den Integranden schließen, was im allgemeinen nicht zulässig ist. Dies gilt auch bei der Deutung von $\mathbf{S}$ als Impulsdichte bzw. Energiestromdichte im elektromagnetischen Feld, die z.B. in gekreuzten elektrostatischen und magnetostatischen Feldern scheinbar unrichtig ist. Die Diskussion von dG_α liefert jedoch - wie Maxwell 1873 gezeigt hat - ein anschauliches Bild, das es erlaubt, bei gegebenem Feldlinienverlauf ohne Rechnung die zwischen Ladungen, Dipolen etc. wirkenden Kräfte direkt abzulesen. Sofern man sich bei diesen Anwendungen wieder auf die Gesamtkraft $\mathbf{G}$ auf ein Volumen beschränkt, ist die Uneindeutigkeit der Interpretation von $dG_\alpha = -dO_\beta\, T_{\alpha\beta}$ unwesentlich. Siehe zu dieser Problematik auch die Diskussion am Ende von Abschnitt 10.2!) Betrachten wir ein Flächenelement der Größe dO senkrecht zur x-Achse, also $dO_\alpha = (1,0,0)\, dO$, so ist die darauf wirkende Kraft

$$\begin{aligned} dG_1 &= -T_{11}\, dO = \frac{1}{8\pi}\left(E_1^2 + B_1^2 - E_2^2 - E_3^2 - B_2^2 - B_3^2\right) dO \\ dG_2 &= -T_{12}\, dO = \frac{1}{8\pi}\left(E_1\, E_2 + B_1\, B_2\right) dO \\ dG_3 &= -T_{13}\, dO = \frac{1}{8\pi}\left(E_1\, E_3 + B_1\, B_3\right) dO. \end{aligned} \tag{5.9.11}$$

Diese Kraft ist in Abb. 5.8 interpretiert.

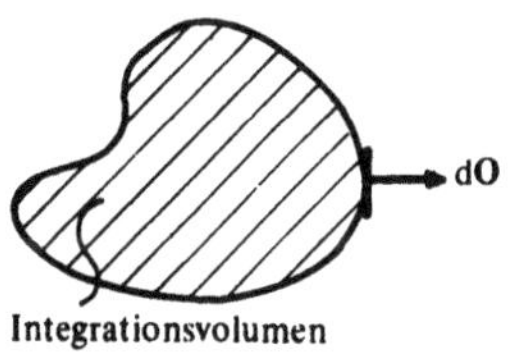

a) Das betrachtete Volums- bzw. Oberflächenelement

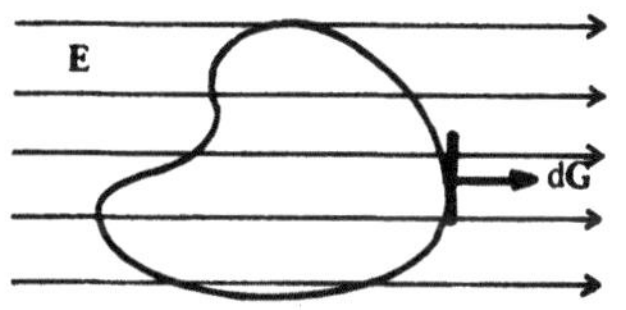

b) Zugspannung entlang der Feldlinien

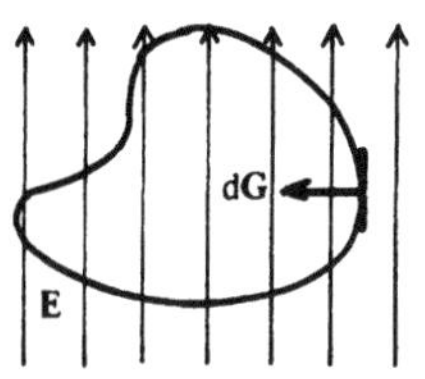

c) Druck quer zu den Feldlinien

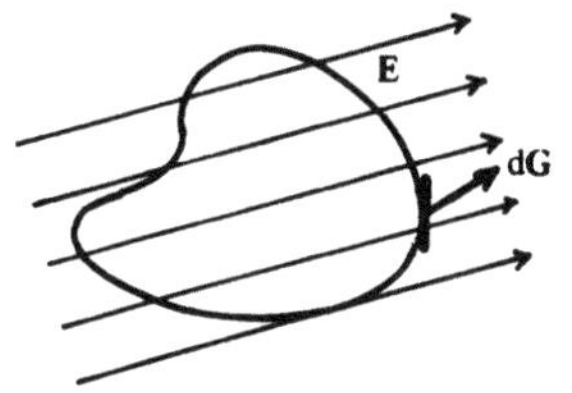

d) Scherungskräfte schräg zu den Feldlinien

Abb. 5.8. Zur Interpretation des Maxwellschen Spannungstensors

Dabei ist zu beachten, daß $T_{\alpha\beta}$ quadratisch in $\mathbf{E}$ bzw. $\mathbf{B}$ ist und eine Umkehr der Feldlinien $d\mathbf{G}$ nicht ändert. Die Zugspannungen (negativer Druck!), die entlang der Feldlinien, und die Drücke, die quer dazu wirken, erlauben es, aus Feldlinienbildern wie z.B. denen der Abb. 5.9, sehr einfach die Kräfte abzulesen. Die betrachteten

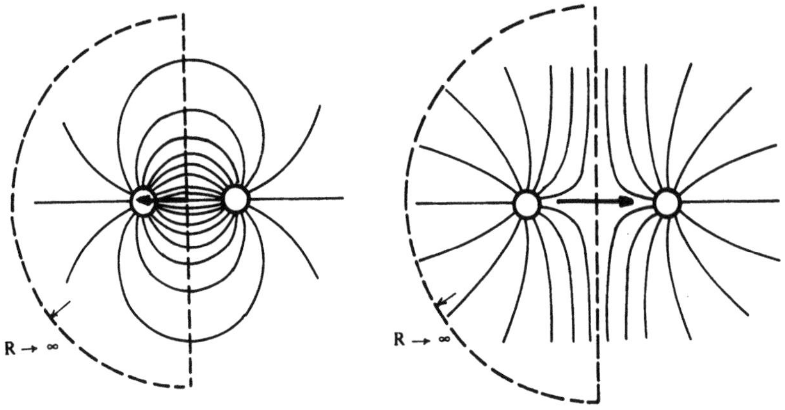

Abb. 5.9. Kraft zwischen gleichnamigen und ungleichnamigen Ladungen

Integrationsgebiete sind durch die strichlierten Linien der Abbildung angedeutet. Zur Berechnung von **G** ist nur das Integral über die Symmetrieebene heranzuziehen, da die Halbkugeln im Unendlichen wegen $T_{\alpha\beta} \propto 1/r^4$ nichts beitragen.

Die *Symmetrie* von $T_{\alpha\beta}$, $T_{\alpha\beta} = T_{\beta\alpha}$, die aus (5.9.10) hervorgeht, entspricht der Symmetrie des Spannungstensors $P_{\alpha\beta}$ der Elastizitätstheorie. Man zeigt dort, daß diese Symmetrie im statischen Fall das Verschwinden des Drehmomentes auf das betrachtete Volumen zur Folge hat.

Damit haben wir auch das im Impulssatz auftretende Oberflächenintegral **G** interpretiert und können nun zur *relativistischen Formulierung der Erhaltungssätze* übergehen. Diese gewinnt man überraschend einfach, indem man $T_{\alpha\beta}$ durch den Feldstärkentensor F ausdrückt und formal zum Tensor T_{ik} $(i, k = 0, 1, 2, 3)$ verallgemeinert. Da $T_{\alpha\beta}$ quadratisch in den F_{ik} und symmetrisch in α und β sein muß, stehen nur wenige Möglichkeiten zu seiner Konstruktion aus F zur Verfügung, und es zeigt sich, daß die korrekte Verallgemeinerung von (5.9.10) durch

$$4\pi\, T_{ij} := F_{ik}\, F^{k}{}_{j} - \frac{1}{4}\eta_{ij}\, F_{lk}\, F^{kl} \qquad (5.9.12)$$

gegeben ist. Wir müssen nun feststellen, welche physikalische Bedeutung die neu hinzukommenden Komponenten T_{00}, $T_{0\alpha}$ in (5.9.12) haben. Einsetzen in (5.2.18,20) führt nach kurzer Rechnung auf

$$T_{00} = \frac{1}{8\pi}(\mathbf{E}^2 + \mathbf{B}^2) = \mathcal{E}, \qquad (5.9.13)$$

$$T_{0\alpha} = -\frac{1}{8\pi}(\mathbf{E}\times\mathbf{B})_\alpha = -S_\alpha. \qquad (5.9.14)$$

Energiedichte $\mathcal{E}$, Energiestromvektor (Poynting-Vektor) **S** und Maxwellscher Spannungstensor erscheinen im *Energie-Impuls-Tensorfeld* $T(x)$ des elektromagnetischen

Feldes zusammengefaßt, dessen kovariante Komponenten die Matrix

$$T_F^{ik} = \left(\begin{array}{c|c} \mathcal{E} & S^\alpha \\ \hline S^\alpha & T^{\alpha\beta} \end{array} \right) \tag{5.9.15}$$

bilden, wobei der Index F andeuten soll, daß es sich um den Energie-Impuls-Tensor T_F des Feldes handelt.

Der Energie-Impuls-Tensor (5.9.12) wurde erstmals von Minkowski (1908) angegeben. Die Vereinigung von Energiedichte (Lord Kelvin, 1853), Poynting-Vektor (Poynting, Heaviside, 1884) und Spannungstensor (Maxwell, 1873) zum Energie-Impuls-Tensor wird von Whittaker (1960) als Minkowskis größte Entdeckung angesehen. Sie zeigt vielleicht am deutlichsten die innere Schönheit und Abgerundetheit des vierdimensionalen Formalismus, dessen Entdeckung Minkowski zu den berühmten Eröffnungsworten seines am 21. September 1908 auf der Versammlung Deutscher Naturforscher und Ärzte gehaltenen Vortrages veranlaßte: „Meine Herren! Die Anschauungen über Raum und Zeit, die ich Ihnen entwickeln möchte, sind auf experimentell physikalischem Boden erwachsen. Darin liegt ihre Stärke. Ihre Tendenz ist eine radikale. Von Stund an sollen Raum für sich und Zeit für sich völlig zu Schatten herabsinken und nur noch eine Art Union der beiden soll Selbständigkeit bewahren". (Siehe z.B. Lorentz, Einstein, Minkowski (1958)).

Es mag verwirren, daß die üblichen kartesischen Komponenten eines räumlichen Vektors manchmal mit, manchmal ohne Vorzeichenwechsel als Raumkomponenten von Vierervektoren auftreten; desgleichen für Tensoren (z.B.: $\Delta\mathbf{x} \to \Delta x^\alpha$, $\nabla \to \partial_\alpha = -\partial^\alpha$, $\mathbf{S} \to T^{0\alpha}$, $P_{\alpha\beta}$ (Maxwell-Spannungstensor) $\to -4\pi T_{\alpha\beta}, \ldots$). Dies zeigt den in Abschnitt 1.5 erwähnten Nachteil der gewählten Signatur (1.5.1). Für die Signatur $\eta_{ik} = \mathrm{diag}\,(-1,1,1,1)$ wäre hingegen bei vielen „physikalisch" positiven Größen wie p^0, ${T_0}^0$ zu entscheiden, für welche Indexposition die Positivität eintritt. Es ist zwar möglich, durch einen geeigneten Begriff einer „natürlichen Indexstellung" hier etwas Ordnung zu schaffen, doch scheint sich der Aufwand für uns nicht zu lohnen. (Vgl. dazu Post (1962).)

Mit Hilfe von (5.9.12) lassen sich die Erhaltungssätze von Energie und Impuls in (fast) kovarianter Form zusammenfassen:

$$\int d^3x\, ({T_F}^{i0}{}_{,0} + {T_F}^{i\alpha}{}_{,\alpha}) = \int d^3x\, {T_F}^{ik}{}_{,k} = -\sum_A \frac{dp^i_A}{dt}. \tag{5.9.16}$$

(5.9.16) stimmt für $i = 0$ mit (5.9.2), für $i = \beta$ mit dem Impulssatz (5.9.8) überein, wobei die Terme $T^{i\alpha}{}_{,\alpha}$ die jeweiligen Oberflächenintegrale ergeben. Für die rechtsstehende Summe können wir mittels (5.3.6,7,8) auch $-\int d^3x\, F^{ik} j_k$ schreiben und wegen der Beliebigkeit des Integrationsvolumens auf die Gleichheit der Integranden schließen:

$$ {T_F}^{ik}{}_{,k} = -F^{ik} j_k. \tag{5.9.17}$$

(Diese Gleichung folgt aus der Definition (5.9.12) unter Verwendung der Maxwellgleichungen (5.2.22,23) rein differentiell, wie als Aufgabe gezeigt werden möge.)

Die unterschiedliche Beschreibung von Feld (durch das Energie-Impuls-Tensorfeld) und Teilchen (durch den Viererimpuls) in (5.9.16) können wir durch die Definition des Energie-Impuls-Tensorfeldes der Teilchen

$${T_T}^{ik}(x) := \sum_A m_A \int ds_A\, \delta^4(x - z_A(s_A))\, u^i_A\, u^k_A \tag{5.9.18}$$

beseitigen. Dabei sind $z_A(s_A)$, $A = 1, 2, \ldots$ die Weltlinien der einzelnen Teilchen, parametrisiert durch die jeweilige Eigenzeit, und u_A ihre Vierergeschwindigkeiten. Die Komponenten (wir beschränken uns hier der Einfachheit halber auf ein Teilchen)

$$T_T{}^{0i}(x) = m \int ds\, \delta^4\big(x - z(s)\big)\, \frac{dz^0}{ds}\, u^i = m\, u^i\, \delta^3\big(\mathbf{x} - \mathbf{z}(s)\big) \tag{5.9.19}$$

geben – in Analogie zum elektromagnetischen Feld – die Energie-Impulsdichte der Teilchen an; ihre Integrale

$$\int T_T{}^{ik}\, d\sigma_k = \int T_T{}^{0i}\, d^3x = p^i \tag{5.9.20}$$

verknüpfen den Energie-Impuls-Tensor $T_T^{ik}(x)$ (der ein Tensor*feld* ist) mit dem Energie-Impuls-Vektor (*nicht:* Vektorfeld) p^i. Ferner gilt

$$\begin{aligned} T_T{}^{ik}{}_{,k} &= m \int ds\, \frac{\partial}{\partial x^k}\, \delta^4\big(x - z(s)\big)\, u^i\, u^k = -m \int ds\, u^i\, \frac{dz^k}{ds}\, \frac{\partial}{\partial x^k}\, \delta^4\big(x - z(s)\big) = \\ &= -m \int ds\, u^i\, \frac{d}{ds}\, \delta^4\big(x - z(s)\big) = m \int ds\, \frac{du^i}{ds}\, \delta^4\big(x - z(s)\big). \end{aligned} \tag{5.9.21}$$

Integration über ein Volumen, das das Teilchen enthält, liefert

$$\int d^3x\, T_T{}^{ik}{}_{,k} = \int ds\, \frac{dp^i}{ds}\, \delta\big(x^0 - z^0(s)\big) = \int dt\, \frac{dp^i}{dt}\, \delta\big(t - z^0(s)\big) = \frac{dp^i}{dt}$$

und für mehrere Teilchen

$$\int d^3x\, T_T{}^{ik}{}_{,k} = \sum_A \frac{dp_A^i}{dt}. \tag{5.9.22}$$

Damit wird (5.9.16)

$$\int d^3x\, \left(T_F{}^{ik} + T_T{}^{ik}\right)_{,k} = 0. \tag{5.9.23}$$

Da das Integrationsvolumen beliebig ist, ist der Schluß auf den Integranden in (5.9.22) zulässig, und es folgt für

$$T^{ik} := T_T{}^{ik} + T_F{}^{ik} = T^{ki} \tag{5.9.24}$$

die Gleichung

$$T^{ik}{}_{,k} = \big(T_T{}^{ik} + T_F{}^{ik}\big)_{,k} = 0. \tag{5.9.25}$$

(Auch diese Aussage kann rein differentiell gewonnen werden, indem im letzten Ausdruck von (5.9.21) für $m\frac{du^i}{ds}$ aus der Bewegungsgleichung (4.1.10), (5.3.2) eingesetzt und (5.2.15) verwendet wird, um

$$T_T{}^{ik}{}_{,k} = +F^{ik} j_k \tag{5.9.26}$$

zu erhalten.) Damit haben wir die differentiellen Erhaltungssätze in kovariante Form gebracht. T ist der gesamte Energie-Impuls-Tensor, der sich aus denjenigen für Teilchen und Feld zusammensetzt.

Der Zusammenhang zwischen differentieller und integraler Form der Erhaltungssätze ist analog wie bei der Ladungserhaltung, d.h. kann unter Benützung eines konstanten Hilfsvektors a^k (dessen Raumkomponenten schon in (5.9.5,6) benützt wurden) auf den dortigen Fall zurückgeführt werden, indem $j^i \to a^k T_k{}^i$ ersetzt wird. Dann haben wir statt Q_σ die Größe $a^k p_k$, wo $p^k = p_F^k + \sum_A p_A^k$ und

$$p_F^k = \int_\sigma T^{ki}\, d\sigma_i = (E_F, \mathbf{p}_F) \tag{5.9.27}$$

der *Viererimpuls* des Feldes ist.

Entscheidend für die Möglichkeit, $j^i \to a^k T_k^i$ zu substituieren, ist der differentielle Erhaltungssatz (5.9.25) zusammen mit $a^k = const.$ Ersetzt man dabei a^k durch irgendein nicht notwendigerweise konstantes Vektorfeld ξ^k und fordert $(\xi^k T_k^i)_{,k} = 0$, so verlangt dies wegen (5.9.25,24) allerdings nur

$$0 = \xi^k{}_{,i}\, T_k^i = \xi_{k,i}\, T^{ki} = \xi_{(k,i)}\, T^{ki}. \tag{5.9.28}$$

Für alle Feldkonfigurationen hinreichend ist es also, von ξ die *Killing-Gleichung*

$$\xi_{i,k} + \xi_{k,i} = 0 \tag{5.9.29}$$

zu verlangen, die von $\xi_i = a_i = const.$ offensichtlich erfüllt wird, aber noch die weiteren Lösungen $\xi_i(x) = \epsilon_{ik}\, x^k$ mit beliebigem $\epsilon_{ik} = -\epsilon_{ki}$ besitzt. Die zugehörigen Erhaltungsgrößen der Form $\frac{1}{2}\,\epsilon_{ab}\, J^{ab}$, die die Drehimpuls- und Schwerpunktssätze beinhalten, sind in Abschnitt 10.2 diskutiert.

Um zu zeigen, daß damit alle Lösungen der Killinggleichung erschöpft sind, differenziere man (5.9.29) nach x^j, permutiere die Indizes zyklisch, addiere zwei der entstehenden Gleichungen und subtrahiere die dritte: es resultiert $\xi_{i,kj} = 0$, also $\xi_{i,k} = \epsilon_{ik}$ wie oben. Bemerkenswerterweise stellt die allgemeine Lösung $\xi^i = \epsilon^i{}_k\, x^k + a^i$ mit infinitesimalen $\epsilon^i{}_k$, a^i das Verschiebungsfeld δx^i bei einer infinitesimalen Poincaré-Transformation $x^i \to x^i + \delta x^i = L^i{}_k\, x^k + a^i$ mit $L^i{}_k = \delta^i{}_k + \epsilon^i{}_k$ dar ($\epsilon_{ik} = -\epsilon_{ki}$ sorgt bei Vernachlässigung von $O(\epsilon^2)$ für die Erfüllung von (3.1.8)!). Dies ist die relativistische Version des Zusammenhangs von Symmetrien und Erhaltungssätzen, die in Kap. 10 ausführlicher dargestellt ist.

Wenn $T_T{}^{ik} = 0$, so ist für (5.9.28) wegen $T_F{}^i{}_i \equiv 0$ (s. Aufgabe) die schwächere Bedingung (*konforme Killing-Gleichung*)

$$\xi_{i,k} + \xi_{k,i} - \frac{1}{4}\xi^j{}_{,j}\, \eta_{ik} = 0 \tag{5.9.30}$$

hinreichend; die zugehörigen Erhaltungsgrößen sind aber von geringerer Bedeutung.

Aufgaben

1. Man zeige

$$T_F{}^i{}_i = 0, \tag{5.9.31}$$

$$4\pi T_F{}_i{}^j = \frac{1}{2}\left(F_{ik}F^{kj} + {*F_{ik}}\,{*F^{kj}}\right). \tag{5.9.32}$$

2. Man zeige (5.9.17) direkt.

3. a) Man zeige

$$\mathcal{E}^2 - \mathbf{S}^2 = \frac{1}{4\pi}\left[\frac{1}{2}(\mathbf{E}^2 - \mathbf{B}^2)^2 + (\mathbf{E}\,\mathbf{B})^2\right] \geq 0. \tag{5.9.33}$$

b) Was bedeutet das physikalisch?

c) Obwohl die Größen $\mathcal{E} = T^0{}_0$, $S^\alpha = T^\alpha{}_0$ zusammen offenbar keine Vierervektorkomponenten bilden, ist die rechte Seite von (5.9.33) eine Invariante. Wieso ist das möglich? (Vgl. Aufgabe 5 zu Abschnitt 8.4.)

4. Zeige, daß (5.9.29) aus (3.1.5) entsteht, wenn dort $f^m(x) = x^m + \xi^m(x)$ ersetzt wird und quadratische Terme in ξ vernachlässigt werden.

5.10 Geladene Teilchen

Die bei der Diskussion der Erhaltungssätze gewonnenen Erkenntnisse wenden wir nun auf eine (scheinbar) einfache Situation an, nämlich auf das Feld einer langsam bewegten ($v \ll 1$) Punktladung, das nach (5.8.4) durch

$$\mathbf{E} = \frac{e\,\mathbf{x}}{r^3} \qquad\qquad \mathbf{B} = \frac{e\,\mathbf{v}\times\mathbf{x}}{r^3} \tag{5.10.1}$$

gegeben ist. Zur Energie E_F des elektromagnetischen Feldes des Teilchens trägt wegen $\mathbf{B}^2 \propto \mathbf{v}^2 \approx 0$ nur das elektrische Feld bei,

$$E_F = \int \frac{d^3x}{8\pi}\,\mathbf{E}^2 = \frac{4\pi\,e^2}{8\pi}\int \frac{dr\,r^2}{r^4} = \frac{e^2}{2R}. \tag{5.10.2}$$

Dabei durften wir das Integral nur von R (und nicht von Null) bis ins Unendliche erstrecken, da sich sonst eine unendliche *Selbstenergie* E_F ergeben hätte.

Das Abschneiden des Integrals bei R entspricht der Annahme einer Ladungsverteilung, die auf einer Kugelschale von Radius R konzentriert ist. Das feldfreie Innere der Kugel trägt dann nicht zum Integral bei. (Andere Ladungsverteilungen führen nur zu etwas abgeänderten numerischen Faktoren in (5.10.2).)

Die Energie E_F trägt auch zur Masse des Teilchens bei. Wenn die Masse des Teilchens ohne elektromagnetisches Feld (d.h. die Masse des ungeladenen Teilchens) m_0 ist, so wird die gesamte Masse

$$P^0 = m = m_0 + E_F \tag{5.10.3}$$

betragen. Das elektromagnetische Feld bewirkt nicht einen Massendefekt, sondern eine Massenzunahme des Teilchens, verglichen mit einem ungeladenen.

Der Impuls des elektromagnetischen Feldes des Teilchens ist nach (5.9.8)

$$\mathbf{p}_F = \int \frac{d^3x}{4\pi}\,\mathbf{E}\times\mathbf{B} = e^2\int \frac{d^3x}{4\pi}\left(\frac{\mathbf{v}}{r^4} - \frac{(\mathbf{v}\,\mathbf{x})\,\mathbf{x}}{r^6}\right). \tag{5.10.4}$$

Die elementare Rechnung liefert

$$\mathbf{p}_F = \frac{2}{3}\frac{e^2}{R}\mathbf{v} = \left(\frac{4}{3}E_F\right)\mathbf{v}. \tag{5.10.5}$$

Der Gesamtimpuls der geladenen Teilchen beträgt folglich

$$\mathbf{P} = m_0\mathbf{v} + \mathbf{p}_F = \left(m_0 + \frac{4}{3}E_F\right)\mathbf{v} \neq m\,\mathbf{v}. \tag{5.10.6}$$

Die offensichtliche Diskrepanz zwischen (5.10.3) und (5.10.6) war jahrzehntelang Gegenstand zahlreicher Publikationen. Bevor wir auf die Geschichte dieser Problematik und ihrer Folgerungen eingehen, werden wir die Auflösung der Problematik angeben, wie sie aus der Berücksichtigung aller Konsequenzen der Erhaltungssätze folgt.

Der Energie-Impuls-Vektor P^i des Teilchens errechnet sich aus dem gesamten Energie-Impuls-Tensorfeld gemäß

$$P^i = \int d\sigma_k\, T^{ki}. \tag{5.10.7}$$

Demgemäß ist P^i per definitionem ein Vierervektor. Wenn wir $d\sigma_k = (d^3x, \mathbf{0})$ setzen, ist

$$P^i = \int d^3x\, T^{0i}. \tag{5.10.8}$$

Spezialisieren wir weiter auf das Ruhsystem des Teilchens, in dem $P^i = (m, \mathbf{0})$ sein muß, so folgt dort

$$m = \int d^3x\, T^{00} = m_0 + E_F \tag{5.10.9}$$

bzw.

$$\int d^3x\, T^{0\alpha} = 0, \qquad \alpha = 1,2,3. \tag{5.10.10}$$

Aus dem Transformationsverhalten (4.1.6) des Viererimpulses folgt, daß P in einem gegen I langsam bewegten System $\bar{\mathrm{I}}$ die Komponenten

$$P^{\bar{i}} = (m, m\mathbf{v}) \tag{5.10.11}$$

haben muß, was (5.10.6) widerspricht. Die durch (5.10.3) und (5.10.6) definierten Größen P^i bilden keinen Vierervektor, obwohl sie genau nach der Vorschrift (5.10.7,8) errechnet wurden. Damit haben wir auch formal einen Widerspruch zu den grundlegenden Transformationseigenschaften hergeleitet.

Mit der klaren Formulierung des Widerspruches haben wir zugleich auch die Grundlage seiner Auflösung geschaffen. Explizit ist

$$P^{\bar{i}} = \int_{\bar{t}=0} d^3\bar{x}\, T^{\bar{0}\bar{i}}(x^{\bar{m}}) = L^{i}{}_{k}\, L^{0}{}_{l} \int d^3\bar{x}\, T^{kl}(x^m), \tag{5.10.12}$$

wobei sich $T^{kl}(x^m)$ auf das Ruhsystem bezieht und die $L^i{}_k$ für eine Geschwindigkeitstransformation in der x^1-Richtung durch (2.1.1) gegeben sind. Die Koordinaten x^m im Ruhsystem hängen mit $x^{\bar{m}}$ gemäß $t = \gamma(\bar{t} + v\,\bar{x}) = \gamma\, v\, \bar{x}$, $x = \gamma(\bar{x} + v\,\bar{t}) = \gamma\,\bar{x}$, $y = \bar{y}$, $z = \bar{z}$ zusammen, da die Integration bei $\bar{t} = 0$ auszuführen ist. Wegen der Zeitunabhängigkeit des Energie-Impuls-Tensors im Ruhsystem des Teilchens ist ferner

$$T^{kl}(x^m) = T^{kl}(\mathbf{x}) = T^{kl}(\gamma\bar{x}, \bar{y}, \bar{z}) \tag{5.10.13}$$

und

$$\int d^3\bar{x}\, T^{kl}(\gamma\bar{x}, \bar{y}, \bar{z}) = \frac{1}{\gamma} \int d^3x\, T^{kl}(x, y, z), \tag{5.10.14}$$

was offenbar gerade die Lorentzkontraktion des Volumens berücksichtigt.

Setzen wir dies und (2.1.1) in (5.10.12) ein, so folgt unter Berücksichtigung von (5.10.10)

$$\begin{aligned} P^{\bar{0}} &= \frac{1}{\gamma}(L^0{}_0)^2 \int d^3x\, T^{00} + \frac{1}{\gamma}(L^0{}_1)^2 \int d^3x\, T^{11} = \\ &= \gamma\, m + \underline{\gamma\, v^2 \int d^3x\, T^{11}} \end{aligned} \tag{5.10.15}$$

und analog

$$\begin{aligned} P^{\bar{1}} &= \gamma\, v\, m + \underline{\gamma\, v \int d^3x\, T^{11}} \\ P^{\bar{2}} &= P^{\bar{3}} = 0. \end{aligned} \tag{5.10.16}$$

Bis auf die unterstrichenen Terme $\propto \int d^3x\, T^{11}$ hat sich das korrekte Transformationsverhalten $P = mu$ ergeben.

Um zu zeigen, daß diese Terme in einer konsistenten Theorie verschwinden müssen, bilden wir

$$(T^{ik}\, x^l)_{,k} = T^{ik}{}_{,k}\, x^l + T^{ik}\, \delta^l_k = T^{il} \tag{5.10.17}$$

und integrieren diese Gleichung für $l = i = \alpha$ über den ganzen Raum:

$$\int d^3x\, (T^{\alpha k}\, x^\alpha)_{,k} = \int d^3x\, T^{\alpha\alpha}, \qquad \alpha = 1, 2, 3 \tag{5.10.18}$$

(keine Summe über α!). Es folgt wegen der Zeitunabhängigkeit von T^{lk} im Ruhsystem

$$\int d^3x\, (T^{\alpha k}\, x^\alpha)_{,k} = \int d^3x\, (T^{\alpha\beta}\, x^\alpha)_{,\beta} = \int dO_\beta\, T^{\alpha\beta}\, x^\alpha, \qquad \alpha = 1, 2, 3. \tag{5.10.19}$$

Dieses Oberflächenintegral verschwindet für ein lokalisiertes Teilchen, wenn wir das Integrationsvolumen über den ganzen Raum erstrecken, so daß (5.10.18) in diesem Fall

$$\int d^3x\, T^{\alpha\alpha} = 0, \qquad \alpha = 1, 2, 3 \tag{5.10.20}$$

ergibt. Die in (5.10.15,16) unterstrichenen Terme müssen tatsächlich infolge der Erhaltungssätze verschwinden.

Für Punktteilchen ist im Ruhsystem $T_T{}^{\alpha\alpha}(x) = 0$, so daß (5.10.20) für ungeladene Teilchen erfüllt ist. Für das elektromagnetische Feld gilt aber nach (5.9.12)

$$0 \equiv T_F{}^i{}_i = T_F{}^{00} - \sum_\alpha T_F{}^{\alpha\alpha} = 0, \tag{5.10.21}$$

d.h., die Spur des Energie-Impuls-Tensorfeldes ist gleich Null. Für ein kugelförmiges Teilchen ist keine Richtung ausgezeichnet, so daß

$$T_F{}^{11} = T_F{}^{22} = T_F{}^{33} = \frac{1}{3}\sum_\alpha T_F{}^{\alpha\alpha} = \frac{1}{3}T_F{}^{00} \tag{5.10.22}$$

gilt und folglich

$$\int d^3x\, T_F{}^{11} = \frac{1}{3}E_F. \tag{5.10.23}$$

Vernachlässigen wir wie in (5.10.1–6) alle Terme $\propto v^2$, so ergeben (5.10.15,16)

$$P^{\bar{0}} = m = m_0 + E_F \tag{5.10.24}$$

$$P^{\bar{1}} = (m_0 + E_F)\, v + \underline{\frac{1}{3}v\, E_F}. \tag{5.10.25}$$

Der Faktor 4/3 folgt somit daraus, daß (5.10.23) nicht den aus den Erhaltungssätzen resultierenden Einschränkungen (5.10.20) genügt.

Der Grund dafür ist einfach einzusehen: Wir haben bei der Berechnung der Selbstenergie E_F das Integral (5.10.2) bei einem Radius $R \neq 0$ abschneiden müssen, um ein endliches E_F zu erzielen. Das entspricht, wie bereits festgestellt wurde, einer Ladungsverteilung, die auf einer Kugelschale konzentriert ist. Eine derartige Ladungsverteilung ist aber ohne die Wirkung von Kohäsionskräften instabil, da sich die auf der Kugelfläche verteilten Ladungen abstoßen, und die Kugel explodiert, wie wir auch formal aus (5.10.18) ablesen. Schreiben wir diese Formel nämlich als

$$\frac{d}{dt}\int d^3x\, \mathbf{S}\,\mathbf{x} = \sum_\alpha \int d^3x\, T^{\alpha\alpha} + (\text{verschwindendes Oberflächenintegral}), \tag{5.10.26}$$

so sieht man, daß für $\int d^3x\, T^{\alpha\alpha} > 0$ eine stabile Energieverteilung nicht möglich ist und stets ein radial nach außen gerichteter Energiefluß $\mathbf{S}$ vorhanden sein muß.

Nur wenn das Energie-Impuls-Tensorfeld der Materie (5.10.20) zu erfüllen gestattet, sind stabile Teilchen möglich. Diese Bedingung kann man auf zwei unterschiedliche Arten zu erreichen trachten:

Behält man das *Modell eines ausgedehnten Teilchens* bei, so muß das Energie-Impuls-Tensorfeld durch einen phänomenologischen Kohäsionstensor T_K ergänzt werden, der die Explosion der Ladungsverteilung verhindert. Damit erreicht man $\int d^3x\, T^{\alpha\alpha} = 0$, womit der Faktor 4/3 beseitigt ist und alle Probleme, soweit sie sich auf die *gleichförmige Translationsbewegung* des Teilchens beziehen, gelöst sind. Die Problematik der Beschleunigung des Teilchens wird sich dagegen als sehr schwerwiegend erweisen.

Wenn man zum Limes $R \to 0$ eines *Punktteilchens* übergeht, so wird $E_F = \infty$, d.h., die Selbstenergie des Teilchens divergiert. Die Gesamtmasse $m = m_0 + E_F$ wird nur dann nicht unendlich, wenn der Limes $m_0 \to -\infty$ zugleich mit $R \to 0$ angenommen wird. Da ein Punktteilchen keine Teile hat, die einander abstoßen können, wird damit das Problem der Instabilität der klassischen Ladungsverteilung auch ohne phänomenologische Kohäsionskräfte bewältigt. Andererseits ist die formale Handhabung der Ausdrücke für Energie und Impuls sehr heikel, da stets Terme wie $E_F + m_0 = \infty - \infty$ auftreten. Diese Terme werden durch die *Forderung* eindeutig gemacht, daß Energie und Impuls Komponenten eines Vierervektors P^i bilden. Damit wird das korrekte Transformationsverhalten, also die relativistische Invarianz der Theorie zu einem Grundprinzip gemacht, das es erlaubt, aus formal sinnlosen Ausdrücken wie $\infty - \infty$ ihre endlichen und physikalisch sinnvollen Anteile zu gewinnen. Diese Vorgangsweise wurde nach 1945 in den „Renormierungsverfahren" der Quantenfeldtheorie zu einem sehr erfolgreichen mathematisch-formalen Abschluß gebracht. (Vgl. Bemerkungen in Abschnitt 9.5.)

Bevor wir auf die Problematik der Dynamik geladener Teilchen eingehen, soll die historische Entwicklung der Ideen über geladene Teilchen und ihr Zusammenhang mit $E = mc^2$ kurz skizziert werden. Die erste Berechnung der Energie $E_F(v)$ des elektromagnetischen Feldes einer bewegten Hohlkugel erfolgte durch J.J. Thomson 1881 (Phil. Mag. *11*, 227 (1881)), wobei er (5.10.1) in (5.9.1) einsetzt und nach einfacher Rechnung

$$E_F(v) = \frac{e^2}{2R} + \left(\frac{4}{3}\frac{e^2}{2R}\right)\frac{v^2}{2} \tag{5.10.27}$$

erhält. Thomson interpretierte das Auftreten des zweiten Terms in (5.10.27) als Vergrößerung der Masse des Teilchens, also $m = m_0 + 4/3\,(e^2/2R)$. Zu bemerken ist, daß der Faktor 4/3 hier nicht bei der Berechnung des Impulses, sondern der Energie des Teilchens auftritt, im Gegensatz zu (5.10.3,5). Thomsons Rechnung ist nicht exakt (nicht nur wegen des Problems der fehlenden Kohäsion der Hohlkugel), da (5.10.1) nur in erster Ordnung in v korrekt ist, er jedoch in (5.10.27) zweite Ordnungen berechnet.

Die Rechnung wurde später in allen Ordnungen in v durch exakte Berechnung des elektromagnetischen Feldes einer bewegten Ladung mittels der Maxwell-Gleichungen verbessert. Es ergab sich

$$E_F(v) = E_F + m'(v)\,\frac{v^2}{2}, \tag{5.10.28}$$

wobei die *longitudinale Masse* $m'(v)$ durch

$$m'(v) = \frac{4}{3}\frac{e^2}{2R}\left[\frac{1}{v}\ln\frac{1+v}{1-v} - 1\right] = \frac{4}{3}\left(\frac{e^2}{2R}\right)\left(1 + \frac{6}{5}v^2 + \dots\right) \tag{5.10.29}$$

gegeben ist. $m'(v)$ ist für den Trägheitswiderstand des Körpers bei Beschleunigung in Bewegungsrichtung ausschlaggebend.

Der Impuls $\mathbf{p}_F$ des Feldes des Teilchens wurde von Abraham zu $\mathbf{p}_F = m''(v)\,\mathbf{v}$ berechnet, wobei die *transversale Masse*

$$m''(v) = \left(\frac{e^2}{2R}\right)\left[\frac{1+v^2}{v^3}\ln\frac{1+v}{1-v} - \frac{2}{v^2}\right] = \frac{4}{3}\left(\frac{e^2}{2R}\right)\left[1 + \frac{2}{5}v^2 + \dots\right] \tag{5.10.30}$$

für den Trägheitswiderstand bei Beschleunigung senkrecht zur Bewegungsrichtung charakteristisch ist. Für kleine Geschwindigkeiten stimmen (5.10.30) und (5.10.29) überein, der (inkorrekte) Faktor 4/3 tritt nun sowohl in der Energie als auch in der Masse auf.

Die ersten Messungen der Geschwindigkeitsabhängigkeit der Masse durch Kaufmann (Gött. Nachr. (1901), p. 143, (1902), p. 92; Ablenkung der Elektronen in elektrischen und magnetischen

Feldern) wurden angestellt, um herauszufinden, welchen Anteil an der Gesamtmasse m des Elektrons die „elektromagnetische Masse“ $m''(v)$ habe, d.h., aus $m = m_0 + m''(v)$ wurde versucht, m_0 und $m''(v)$ separat zu ermitteln. Die Messungen (bei denen Änderungen von m um einen Faktor 2 beobachtet wurden) schienen mit der Hypothese vereinbar, daß $m_0 = 0$ und das Elektron rein elektromagnetische Struktur besitzt.

Es ist von Interesse, diese Rechnungen (die das Problem der Kohäsion unberücksichtigt ließen) mit den analogen Ergebnissen (5.10.15,16) der Relativitätstheorie zu vergleichen. (5.10.15,16) liefert

$$P^{\bar{0}} = \gamma\left(m_0 + \frac{e^2}{2R} + v^2\,\frac{e^2}{6R}\right) \tag{5.10.31}$$

$$P^{\bar{1}} = \gamma\, v\left(m_0 + \frac{4}{3}\frac{e^2}{2R}\right) \approx v\,(m_0 + m''). \tag{5.10.32}$$

Entwickeln wir (5.10.31) für $v \ll 1$, so folgt

$$P^{\bar{0}} = m_0 + \frac{e^2}{2R} + \frac{v^2}{2}\left(m_0 + \frac{5}{3}\frac{e^2}{2R}\right). \tag{5.10.33}$$

In der Energie tritt im Term $\propto \frac{v^2}{2}$ eine Masse $m_0 + \frac{5}{3}\frac{e^2}{2R}$ auf, im Gegensatz zur Gleichung (5.10.28) (der konstante Term $m_0 + e^2/2R$ in (5.10.33) wurde in den vorrelativistischen Rechnungen als Verschiebung des Energienullpunktes betrachtet und unberücksichtigt gelassen). Der Grund für diese Diskrepanz ist, daß in den vorrelativistischen Rechnungen die bewegte Ladung („Elektron“) als starre Kugel aufgefaßt wurde (keine Lorentzkontraktion). Die Feldenergie wurde nur über den in Abb. 5.10a gezeigten Außenraum des Elektrons integriert.

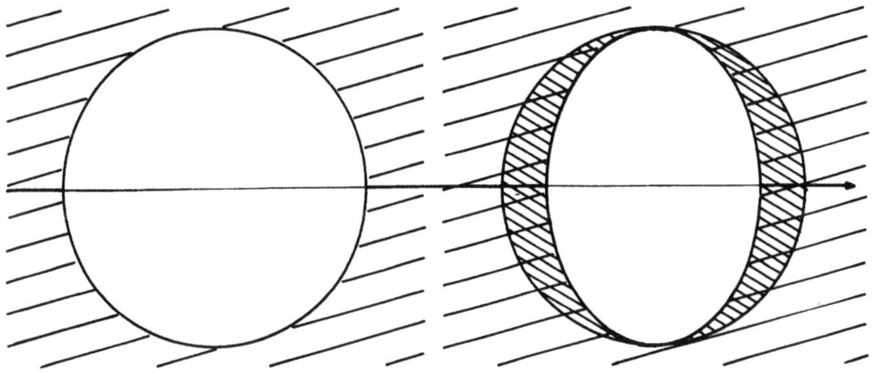

a) Integrationsbereich beim *starren* bewegten Elektron

b) Integrationsbereich beim deformierbaren Elektron

Abb. 5.10. Zur Berechnung der Energie des bewegten Elektrons

Lorentz wendete 1905 die Hypothese der Lorentzkontraktion auch auf das Elektron selbst an. Er integrierte über den in Abb. 5.10b gezeigten Außenraum des nun lorentzkontrahierten Elektrons, der um den kreuzschraffierten Teil über Abb. 5.10a hinausgeht. Diese zusätzliche Energie liefert gerade den Faktor 5/3 in (5.10.33) anstelle der 4/3, was Lorentz durch eine nicht weiter erwähnenswerte ad hoc-Hypothese zu erklären suchte. Wichtig war, daß Lorentz in (5.10.33) $m_0 = 0$ setzte und für den Impuls des Elektrons

$$P^{\bar{1}} = \gamma\, v\,\frac{4}{3}\frac{e^2}{2R} = m''_L(v)\, v \tag{5.10.34}$$

anschrieb. Die von Lorentz berechnete transversale Masse $m''_L(v)$ wies eine – aus heutiger Sicht betrachtet richtige – Geschwindigkeitsabhängigkeit auf, und der falsche Faktor 4/3 störte nicht, da der Elektronenradius ohnehin unmeßbar ist.

Kaufmann wiederholte 1906 (Ann. Phys. *19*, 487 (1906)) seine Versuche mit dem Ziel, zwischen Lorentz' Hypothese des deformierbaren Elektrons m''_L und Abrahams Theorie des starren Elektrons $m''(v)$ zu unterscheiden. Die Experimente (deren Genauigkeit er überschätzte) schienen Abraham zu bestätigen, und erst Bucherer (Phys. Zs. *9*, 755 (1908)) war mit präziseren Meßmethoden in der Lage, endgültig für die von Lorentz berechnete Massenformel zu entscheiden.

Damit waren aber die Schwierigkeiten, die auf den Faktor 4/3 (bzw. 5/3) zurückzuführen sind, noch nicht behoben. Auch Hasenöhrl, der 1904 die Trägheit der Hohlraumstrahlung berechnete, erhielt eine zusätzliche Masse $\Delta m = 4/3\, E_F$, die ein bewegter Hohlraum aufweist, der Strahlung mit Feldenergie E_F enthält. (Ohne Kohäsionskräfte würde der Hohlraum durch den Strahlungsdruck explodieren.) Erst 1922 brachten einige Arbeiten Fermis Klarheit über diese Problematik und die Ursache des Faktors 4/3. Die weitere Entwicklung ist mit derjenigen des Problems der Strahlung beschleunigter Ladungen und mit der quantenmechanischen Beschreibung des Elektrons eng verknüpft.

Nach der Betrachtung der Problematik der gleichförmigen Bewegung wenden wir uns den Phänomenen zu, die bei der Beschleunigung eines geladenen Teilchens auftreten. Die Strahlung (5.8.18), die dabei ausgesendet wird, führt zu einem Energieverlust, der sich durch eine *Strahlungsrückwirkung* auf das Teilchen bemerkbar macht, d.h. durch die Lorentzkraft $\mathbf{K}_S$, die vom Feld des Teilchens auf das Teilchen selbst ausgeübt wird und die die Bewegungsgleichung abändert. Für eine ausgedehnte Ladungsverteilung mit der Ladungsdichte $\rho(\mathbf{x}, t)$ ist in zunächst nichtrelativistischer Näherung nach (5.3.1,6)

$$\mathbf{K}_S = \int d^3x\, \rho\, (\mathbf{E} + \mathbf{v} \times \mathbf{B}). \tag{5.10.35}$$

Berechnet man $\mathbf{E}$ und $\mathbf{B}$ aus ρ mittels der Gleichungen (5.2.13,17), so folgt nach längerer Rechnung (die erstmals von Lorentz (1909) ausgeführt wurde; sie ist in Jackson (1983) zu finden)

$$\mathbf{K}_S = \frac{1}{3} E_F\, \mathbf{b} + \frac{2}{3} e^2 \dot{\mathbf{b}} - \frac{2}{3} \sum_{n=2}^{\infty} \frac{(-)^n}{n!} \frac{d^n \mathbf{b}}{dt^n} O(R^{n-1}), \tag{5.10.36}$$

wobei $\mathbf{b}$ die Beschleunigung des Teilchens und $\dot{\mathbf{b}}$ ihre Zeitableitung sind. Die Terme $O(R^{n-1})$ sind von der Größenordnung der entsprechenden Potenz des Teilchenradius R und verschwinden im Grenzfall eines Punktteilchens. Die Feldenergie E_F ist durch

$$E_F = \frac{1}{2} \int \frac{\rho(\mathbf{x})\, \rho(\mathbf{x}')}{|\mathbf{x} - \mathbf{x}'|} = \int \frac{d^3x}{8\pi} \mathbf{E}^2 \tag{5.10.37}$$

gegeben.

Die Bewegungsgleichung des Teilchens (m_0 ist wieder die „mechanische Masse", d.h. diejenige des ungeladenen Körpers) lautet

$$m_0 \mathbf{b} = \mathbf{K} + \mathbf{K}_S. \tag{5.10.38}$$

Dabei ist $\mathbf{K} = -\operatorname{grad} V(x)$ eine äußere Kraft, die die Beschleunigung $\mathbf{b}$ verursacht. Setzen wir (5.10.36) in (5.10.38) ein, so folgt

$$\left(m_0 + \frac{4}{3} E_F \right) \mathbf{b} = \frac{2}{3} e^2 \dot{\mathbf{b}} + \mathbf{K} - \frac{2}{3} \sum_{n=2}^{\infty} \frac{(-)^n}{n!} \frac{d^n \mathbf{b}}{dt^n} O(R^{n-1}). \tag{5.10.39}$$

Diese Bewegungsgleichung enthält neben der Beschleunigung **b** auch alle höheren Ableitungen von **b**, und die Bewegung kann aus der Kenntnis der Anfangsbedingungen $\mathbf{x}(0)$, $\mathbf{v}(0)$ nicht bestimmt werden.

Dies erscheint auf den ersten Blick sehr merkwürdig, da die zugrundegelegten Gleichungen der Theorie durchwegs von höchstens zweiter Differentialordnung in der Zeit waren. Nun haben wir eine Gleichung erhalten, die Differentialquotienten beliebig hoher Ordnung enthält. Wir müssen jedoch berücksichtigen, daß das System (Teilchen + Feld) unendlich viele Freiheitsgrade (die Eigenschwingungen des Feldes) enthält, von denen wir in (5.10.39) alle bis auf die des Teilchens eliminiert haben, um zu einer Bewegungsgleichung zu gelangen. Die eliminierten Freiheitsgrade scheinen dann in Form höherer Ableitungen wieder auf und machen (5.10.39) für alle praktischen Anwendungen völlig unbrauchbar, außer wenn die unendliche Summe nach wenigen Termen abgebrochen werden kann.

Es gibt ein einfaches mechanisches Analogon zu dieser Situation (Abb.4.11).

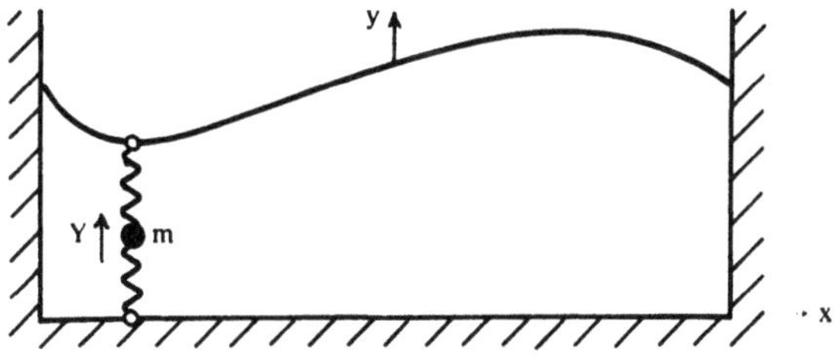

Abb. 5.11. Massenpunkt, an eine Saite gekoppelt

Koppelt man eine Masse m mittels einer Spiralfeder an eine elastische Saite (und mit einer anderen Feder an einen starren Körper), so läßt sich das Problem als Differentialgleichung zweiter Ordnung für die Auslenkung $y(x,t)$ der Saite und die Amplitude $Y(t)$ des Massenpunktes formulieren. Kennt man $y(x,0)$, $\dot{y}(x,0)$, $Y(0)$, $\dot{Y}(0)$, so ist die weitere Bewegung bestimmt. Man kann aber auch die Freiheitsgrade der Saite eliminieren und eine Bewegungsgleichung für $Y(t)$ *allein* aufstellen. Diese Gleichung enthält dann alle Ableitungen von Y nach der Zeit.

Setzen wir wieder

$$m = m_0 + \frac{4}{3}\,E_F = m_0 + \frac{4}{3}\left(\frac{e^2}{2R}\right) \tag{5.10.40}$$

(der Faktor 4/3 erklärt sich daraus, daß wir Kohäsionskräfte unberücksichtigt gelassen haben), so können wir den Limes $R \to 0$, $m_0 \to -\infty$ betrachten, da nur die beobachtbare Gesamtmasse m des Teilchens von Bedeutung ist. In diesem *Grenzfall eines Punktteilchens* ergibt sich eine relativ einfache Bewegungsgleichung

$$m\,\mathbf{b} = \frac{2}{3}\,e^2\,\dot{\mathbf{b}} + \mathbf{K}, \tag{5.10.41}$$

da die unendliche Summe in (5.10.39) nichts beiträgt.

Wieder war es erforderlich, zunächst ein ausgedehntes Teilchen zu betrachten und dann wieder seinen Radius gegen Null gehen zu lassen, um das Problem der unendlichen Selbstenergie $E_F = \text{Limes}\ e^2/2R \to \infty$ durch die „Massenrenormierung" (5.10.40) zu bewältigen.

Bemerkenswert an (5.10.41) ist zunächst, daß für $\dot{\mathbf{b}} = \mathbf{0}$, d.h. bei gleichförmiger Beschleunigung, *keine* Strahlungsrückwirkung auftritt, obgleich in diesem Fall die Strahlung (5.8.18) nicht verschwindet.

Um dies näher zu untersuchen, leiten wir zunächst den Energiesatz auf übliche Weise durch Multiplikation von (5.10.41) mit $\mathbf{v}$ her:

$$m\,\mathbf{b}\,\mathbf{v} = \frac{2}{3}e^2\,\dot{\mathbf{b}}\,\mathbf{v} + \mathbf{K}\,\mathbf{v} = \frac{2}{3}e^2\,\dot{\mathbf{b}}\,\mathbf{v} - \operatorname{grad} V \cdot \mathbf{v}$$

oder

$$\frac{d}{dt}\left(m\,\frac{\mathbf{v}^2}{2} + V(\mathbf{x})\right) = \frac{2}{3}e^2\,\dot{\mathbf{b}}\,\mathbf{v}. \tag{5.10.42}$$

Dies läßt nicht erkennen, daß die Energie des strahlenden Teilchens gemäß (5.8.18) abnimmt. Schreiben wir (5.10.42) aber als

$$\frac{d}{dt}\left(m\,\frac{\mathbf{v}^2}{2} + V(\mathbf{x}) - \frac{2}{3}e^2\,\mathbf{b}\,\mathbf{v}\right) = -\frac{2}{3}e^2\,\mathbf{b}^2 \le 0, \tag{5.10.43}$$

so entspricht die rechte Seite von (5.10.43) genau der abgestrahlten Energie (5.8.18). Wir haben daher die Energie des beschleunigten Teilchens mit

$$E = m\,\frac{\mathbf{v}^2}{2} + V(\mathbf{x}) - \frac{2}{3}e^2\,\mathbf{b}\,\mathbf{v} \tag{5.10.44}$$

zu identifizieren. Der *Schott-Term* $\propto \mathbf{b}\,\mathbf{v}$ tritt nur während der Beschleunigungsphasen des Teilchens auf, er kann als reversible Deformation des elektromagnetischen Feldes des Teilchens durch die Wirkung der Beschleunigung interpretiert werden (eine detaillierte anschauliche Deutung von (5.10.44) ist uns allerdings nicht bekannt). Während gleichförmiger Beschleunigungsphasen $\dot{\mathbf{b}} = \mathbf{0}$ kompensiert der Schott-Term genau den Strahlungsverlust, so daß keine Strahlungsrückwirkung auftritt[1]. Da die Energie E_F des Feldes für Punktteilchen unendlich ist, kann dem Nahzonenfeld des Teilchens während beliebig langer konstanter Beschleunigungsphasen Energie für das Strahlungsfeld entnommen werden (die am Ende der Beschleunigungsphase wieder zurückströmen muß).

Wir kommen nun zur *relativistischen Verallgemeinerung* der Strahlungsleistung (5.8.18) und der Bewegungsgleichung (5.10.41). Da die abgestrahlte Energie E die Nullkomponente eines Vierervektors p_S (Energie-Impuls der Strahlung) sein muß, kann die relativistische Formulierung von (5.8.18) nur

$$\frac{dp_S}{ds} = -\frac{2}{3}e^2\,b^2\,u \tag{5.10.45}$$

lauten, wie man sich leicht überzeugt. Dabei ist u die Vierergeschwindigkeit des strahlenden Teilchens und b der Beschleunigungs-Vierervektor, der im momentanen Ruhsystem $b^2 = -\mathbf{b}^2$ erfüllt. dp_S/ds ist der pro Eigenzeitelement abgestrahlte Viererimpuls. Versucht man nun, die Bewegungsgleichung des Teilchens in der plausiblen

[1]Detaillierte Argumente finden sich bei Rohrlich (1965).

Form

$$\frac{d(p+ps)}{ds} = m\,b - \frac{2}{3}e^2\,b^2\,u = K \tag{5.10.46}$$

anzusetzen, so stößt man alsbald auf einen Widerspruch, da die Strahlungsrückwirkungs-Kraft $2/3\,e^2\,b^2\,u$ nicht orthogonal auf u steht, d.h., wegen $K\,u = b\,u = 0$ folgt nach Multiplikation mit u aus (5.10.46) $2/3\,e^2\,b^2\,u^2 = 0$, oder $\mathbf{b}^2 = 0$.

Der Ansatz (5.10.46) ist daher zu modifizieren, wobei Abraham bereits 1905 gezeigt hat, daß die relativistische Verallgemeinerung (damals noch aus anderen Überlegungen hergeleitet) der Gleichung (5.10.41)

$$m\,b = \frac{2}{3}e^2\left(\frac{db}{ds} + b^2\,u\right) + K \tag{5.10.47}$$

lauten muß. Tatsächlich ergibt sich hier bei Multiplikation mit u kein Widerspruch, da aus $b\,u = 0$ durch Differentiation nach s $u db/ds + b^2 = 0$ folgt. Der Vierervektor der Strahlungsrückwirkung

$$K_S = \frac{2}{3}e^2\left(\frac{db}{ds} + b^2\,u\right) \tag{5.10.48}$$

wird oft auch als *Abraham-Vierervektor* bezeichnet.

Die Nullkomponente von (5.10.47) entspricht gerade der relativistischen Verallgemeinerung des Energiesatzes (5.10.43), da die Nullkomponente b^0 von b durch $b^0 = \gamma^4\,\mathbf{b}\,\mathbf{v}$ gegeben ist ($\mathbf{b} = d\mathbf{v}/dt$), wie man leicht nachrechnet. Der erste Term des Abraham-Vektors ist somit der verallgemeinerte Schott-Term.

Mit der Aufstellung der Bewegungsgleichung (5.10.47) sind aber nicht alle Schwierigkeiten im Zusammenhang mit geladenen Teilchen gelöst: Die Gleichung ist von höherer als zweiter Differentialordnung – was wählt man als Anfangsbedingungen? Ferner gibt es auch für kräftefreie Teilchen, $K = 0$, Lösungen von (5.10.47), die $b \neq 0$ aufweisen („runaway solutions"), wie z.B.

$$v^i(s) = \left(\cosh(A\,e^{S/\tau} + B), \sinh(A\,e^{S/\tau} + B), 0, 0\right), \tag{5.10.49}$$

wobei $\tau = e^2/m$ eine charakteristische Zeit ist (für Elektronen von der Größenordnung $\tau = 10^{-23}$ sec). Dabei entnimmt das Teilchen die zur Beschleunigung notwendige Energie offenbar dem unendlichen Energiereservoir der Feldenergie E_F. Die unphysikalischen Lösungen (5.10.49) sind der Preis, den wir für die Einführung von Größen wie $m = m_0 + E_F = -\infty + \infty$ bezahlen müssen.

Allerdings kann man die „runaway solutions" durch die Auferlegung der Randbedingung $b(s \to \infty) = 0$ zur Differentialgleichung (5.10,47) vermeiden[1], die sich unter dieser Nebenbedingung in die Integrodifferentialgleichung (siehe Rohrlich (1965))

$$m\,b(s) = \int_0^\infty d\alpha\,F(s + \alpha\,\tau)\,e^{-\alpha} \tag{5.10.50}$$

[1]Sie eliminiert allerdings manchmal – etwa beim Coulomb-Problem – zugleich auch physikalische Lösungen.

umwandeln läßt, wobei

$$F(s) = K - \frac{2}{3} e^2 b^2 u. \tag{5.10.51}$$

Durch Differenzieren von (5.10.50) nach s erhält man wieder (5.10.47).

Die Gleichung (5.10.50) läßt allerdings ein weiteres störendes Phänomen deutlich erkennen: Die Beschleunigung zur Eigenzeit $s = 0$ ist durch die Kräfte F zu späteren Zeiten bestimmt. Speziell ist $b(0) \neq 0$ auch dann, wenn die Kraft F erst später zu wirken beginnt, wobei ein Elektron wegen der Exponentialfunktion in (5.10.50) etwa 10^{-23} sec vor Einsetzen der Kraft zu beschleunigen beginnt, was natürlich nicht mit Mitteln der klassischen Physik nachgewiesen werden kann. Diese Effekte sind daher zwar von keinerlei praktischer Bedeutung, sie zeigen aber doch, wie schwierig die konsistente Formulierung der Bewegungsgleichung eines geladenen Teilchens ist.

Auch die Betrachtung *ausgedehnter Ladungsverteilungen* (Teilchen mit Struktur) vereinfacht die Situation nicht. Es treten im Gegenteil noch eine Reihe neuer Komplikationen auf, die in Abb. 5.12 skizziert sind.

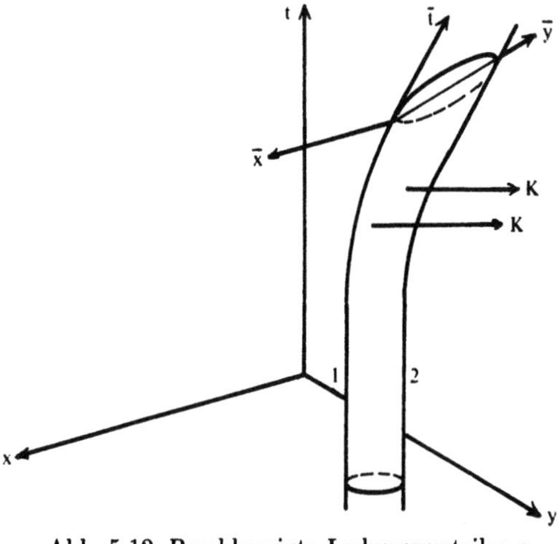

Abb. 5.12. Beschleunigte Ladungsverteilung

Da die Ladungsverteilung nicht als starr angenommen werden kann, dürfen wir sie nicht einfach durch eine vorgegebene Funktion $\rho(\mathbf{x})$ beschreiben. Es ist vielmehr eine dynamische Beschreibung (durch Bewegungsgleichungen für jedes Volumselement des Teilchens) erforderlich, wobei man mit rein elektromagnetischen Wechselwirkungen wegen des Problems der Kohäsion nicht das Auslangen findet. Dabei muß spezifiziert werden, an welchem Volumselement des Teilchens die Kraft angreift (was stets ad hoc-Annahmen erfordert), und die „Teilchen im Teilchen" werden im allgemeinen gegeneinander in Schwingungen geraten (wie in Abb. 5.12 angedeutet), was zusätzliche elektromagnetische Strahlung bewirkt. Auch haben die beiden mit 1 und 2 bezeichneten Weltlinien ungleiche Längen, so daß das Teilchen nach einer Beschleunigungsphase keine einheitliche Eigenzeit mehr aufweist. Diese Bemerkungen sollen nur einige der technischen Probleme illustrieren, die man bei der Erstellung einer Dynamik ausgedehnter Ladungsverteilungen zu überwinden hat[1].

Relativistische Geschwindigkeiten werden allerdings praktisch nur bei *Elementarteilchen* beobachtet, bei denen die Begriffe, mit denen wir bisher operiert haben, nicht sinnvoll angewendet werden können. Die *Quantenfeldtheorie* liefert z.B. für die Selbstenergie eines Teilchens eine von der klassischen grundlegend abweichende Vorhersage:

$$\begin{aligned} E_F &\approx \frac{e^2}{2R} && \text{(klassisch)} \\ E_F &\approx \frac{e^2}{\hbar}\, m \ln \frac{\hbar}{m R} && \text{(Quantenfeldtheorie, Störungstheorie).} \end{aligned} \tag{5.10.52}$$

Im Grenzfall $R \to 0$ ist das quantenfeldtheoretische Resultat wesentlich weniger divergent als das klassische, wie erstmals 1939 von Weißkopf gezeigt wurde. Ganz sind allerdings auch hier die Divergenzschwierigkeiten nicht beseitigt, und es besteht auch hier die Situation weiter, die stark an die Zenoschen Aporien erinnert: Das Teilchen darf weder ein Punkt sein, noch darf es keiner sein. Ein hochentwickeltes mathematisches „Renormierungsverfahren", das zu den größten Leistungen der Physik seit 1945 gehört, erlaubt es allerdings, über diese Schwierigkeiten geschickt hinwegzugehen, ohne daß die zugrundeliegenden Aporien des „unendlich Kleinen" wirklich gelöst wären.

Die in (5.10.35–41) und (5.10.45–47) angedeutete Herleitung und Interpretation der Bewegungsgleichung für beschleunigte Ladungen ist mehr phänomenologischer Natur. Ein fundamentaler, konsistent auf den Grundgleichungen der relativistischen Elektrodynamik aufbauender Zugang wurde – bemerkenswerterweise durch die Divergenzschwierigkeiten der in ihren Anfängen befindlichen Quantenelektrodynamik angeregt – erst 1938 von Dirac, Proc. Roy. Soc. *A 167*, 148 (1938), versucht. Seither ist die Diskussion über die „Exaktheit" der von Dirac hergeleiteten Gleichung (5.10.47) wie auch über ihre unphysikalischen Lösungen nicht abgerissen. So schließt z.B. die zur Herleitung der Integralgleichung (5.10.50) benötigte Randbedingung $b(s \to \infty) = 0$ neben den unphysikalischen auch einige physikalisch interessante Lösungen aus (siehe die Aufgabe zu diesem Abschnitt).

Für ein näheres Studium dieser und verwandter Probleme sei auf die ausführliche Arbeit von Erber, Fortschr. d. Phys. *9*, 343 (1961), und die dort angegebenen Zitate sowie auf die neueren Untersuchungen von Teitelboim, Phys. Rev. *D 1*, 1572 (1970); *D 3*, 297 (1971); *D 4*, 345 (1971), verwiesen.

Mit dieser Skizze der Problematik der Bewegung geladener Teilchen (eine ausgezeichnete ausführliche Darstellung findet sich bei Rohrlich (1965)) sind wir auch an den Grenzen der nicht-quantenmechanischen Anwendung der Relativitätstheorie angelangt.

Weitere Studien erfordern den Aufbau einer konsistenten *relativistischen Quantenfeldtheorie,* der zu den wichtigsten und schwierigsten Aufgaben der heutigen Physik gehört. Um die Möglichkeiten und Probleme der feldtheoretischen Beschreibung von Elementarteilchen darzulegen, müssen wir zunächst alle Arten von Feldern (skalare Felder, Vektorfelder, Spinorfelder, ...) systematisch ermitteln, die dieser Beschreibung zugrundegelegt werden können. Dies ist die Aufgabe der *Darstellungstheorie der*

---

[1]Siehe dazu z.B. H. Hönl, Ergeb. exakt. Naturwiss. *26*, 291 (1952); J.S. Nodvik, Ann. Phys. *29*, 225 (1964).

Poincarégruppe, die in Kap. 9 enthalten ist. In den folgenden Kapiteln 7–8 sollen die gruppentheoretischen Hilfsmittel, die dazu benötigt werden, anhand der einfacheren Theorien der Rotations- bzw. Lorentzgruppe entwickelt werden.

Aufgaben

1. In Analogie zu (5.10.17-19) zeige man, daß für die *Momente* des Energie-Impuls-Tensors

$$\begin{aligned} &\int d^3x\, T^{00}\, x^{\alpha_1} \ldots x^{\alpha_\ell} =: E^{\alpha_1 \ldots \alpha_\ell} \\ &\int d^3x\, T^{0\alpha}\, x^{\alpha_1} \ldots x^{\alpha_\ell} =: P^{\alpha\alpha_1 \ldots \alpha_\ell} \\ &\int d^3x\, T^{\beta\alpha}\, x^{\alpha_1} \ldots x^{\alpha_\ell} =: \Pi^{\beta\alpha\alpha_1 \ldots \alpha_\ell} \end{aligned} \tag{5.10.53}$$

   die *Laue-Identitäten*

$$\frac{d}{dt} M^{\alpha_1 \ldots \alpha_\ell} = \ell\, P^{(\alpha_1 \ldots \alpha_\ell)}, \qquad \frac{d}{dt} P^{\alpha\alpha_1 \ldots \alpha_\ell} = \ell\, \Pi^{\alpha(\alpha_1 \ldots \alpha_\ell)} \tag{5.10.54}$$

   bestehen. Welche (Kombinationen) davon sind Erhaltungssätze?

2. In welcher Zeit spiralt ein im Abstand des ersten Bohrschen Radius kreisendes Elektron infolge der Strahlungsrückwirkung in den Atomkern?

6 Die Lorentzgruppe und einige ihrer Darstellungen

Alle Naturgesetze, die in Vierertensorform geschrieben werden können, genügen dem Relativitätsprinzip. Dabei macht das linear-homogene Transformationsverhalten (5.4.5) der Tensorkomponenten bei Lorentztransformationen die Erfüllung des Relativitätsprinzips manifest, da es auf sehr einfache Weise einzusehen gestattet, daß Tensorgesetze tatsächlich in jedem Inertialsystem die gleiche Form annehmen. Vom systematischen Standpunkt ist die Frage zu stellen, ob Tensoren die *einzigen Größen* sind, die linear-homogenes Transformationsverhalten bei Wechsel des Inertialsystems aufweisen. Wir werden diese Frage erst in Kap. 8 konstruktiv beantworten und *Spinorgleichungen* als weitere Möglichkeiten manifest-kovarianter Naturgesetze kennenlernen. Dafür ist jedoch zuvor eine Präzisierung der Fragestellung nötig, die auf den Begriff der *Darstellung einer Gruppe* führt. Ferner ist es notwendig, die Lorentzgruppe selbst noch genauer zu untersuchen, da von der Struktur der Gruppe auch die Struktur des Systems von Größen mit linearem Transformationsverhalten abhängt.

Wir studieren daher in diesem Kapitel die Lorentzgruppe etwas ausführlicher und führen die wichtigsten Grundbegriffe der Darstellungstheorie ein.

6.1 Die Lorentzgruppe als Lie-Gruppe

Als Transformationen, die das vierdimensionale Linienelement ds^2 invariant lassen, haben wir in Kap. 3 neben den Translationen die homogenen linearen Koordinatentransformationen

$$\bar{x}^i = L^i{}_k\, x^k \qquad \text{oder} \qquad \bar{x} = L\, x \tag{6.1.1}$$

gefunden, die die (Pseudo-) Orthogonalitätsrelationen

$$L^i{}_m\, L^k{}_n\, \eta_{ik} = \eta_{mn} \qquad \text{oder} \qquad L^T\, \eta\, L = \eta \tag{6.1.2}$$

erfüllen. Wegen $\eta_{mn} = \eta_{nm}$ sind dies zunächst 10 Relationen für die 16 Elemente der Matrix L, und diese sind auch voneinander unabhängig, so daß nur 6 Matrixelemente unabhängig gewählt werden können. Dies folgt z.B. daraus, daß wir jedem (6.1.2) erfüllenden L in Abschnitt 1.5 die 6 Komponenten $\mathbf{v}$, $\boldsymbol{\alpha}$ zuordnen konnten, die L eindeutig bestimmen und unabhängig über den zulässigen Bereich $|\mathbf{v}| < 1$, $|\boldsymbol{\alpha}| \leq \pi$ variieren. Etwas direkter und für die im folgenden zu definierenden Lie-Gruppen typisch ist eine ‚infinitesimale' Argumentation. Ist L eine Lösung von (6.1.2), so folgt für jede infinitesimale Abänderung $L \rightarrow L + \delta L$ aus (6.1.2)

$$(\delta L)^T\, \eta\, L + L^T\, \eta\, \delta L = 0, \tag{6.1.3}$$

oder wegen $\eta^T = \eta$:

$$L^T \eta\, \delta L \equiv \eta\, L^{-1}\, \delta L \quad \text{ist eine antisymmetrische Matrix.}$$

Sie hat also 6 wesentliche Elemente; und umgekehrt liefert *jede* antisymmetrische infinitesimale Matrix δA gemäß

$$\delta L = \left(L^T \eta\right)^{-1} \delta A = L\, \eta^{-1}\, \delta A \tag{6.1.4}$$

Zuwächse zu L, die (6.1.3) erfüllen.

Die Elemente L der Lorentzgruppe hängen also von 6 kontinuierlich variierenden Parametern ab. Für spiegelungsfreie Transformationen, denen gemäß (1.5.13,10) ein Relativgeschwindigkeitsvektor $\mathbf{v}$ und ein Drehvektor $\boldsymbol{\alpha}$ zugeordnet wurden, schreiben wir $L(\mathbf{v}, \boldsymbol{\alpha})$. Setzt man zwei beliebige Transformationen $L(\mathbf{v}_1, \boldsymbol{\alpha}_1)$ und $L(\mathbf{v}_2, \boldsymbol{\alpha}_2)$ zusammen, erhält man wieder eine spiegelungsfreie Lorentztransformation, zu der Parameter $\mathbf{v}_3$, $\boldsymbol{\alpha}_3$ gehören, die wieder durch (1.5.13,10) bestimmt sind:

$$L(\mathbf{v}_1, \boldsymbol{\alpha}_1)\, L(\mathbf{v}_2, \boldsymbol{\alpha}_2) = L(\mathbf{v}_3, \boldsymbol{\alpha}_3). \tag{6.1.5}$$

Dies liefert die in Kap. 3 eingangs erwähnte kontinuierliche „Multiplikationstafel" für die spiegelungsfreie Lorentzgruppe, d.h. die *Kompositionsfunktionen*

$$\mathbf{v}_3 = \mathbf{v}_3(\mathbf{v}_1, \mathbf{v}_2; \boldsymbol{\alpha}_1, \boldsymbol{\alpha}_2), \qquad \boldsymbol{\alpha}_3 = \boldsymbol{\alpha}_3(\mathbf{v}_1, \mathbf{v}_2; \boldsymbol{\alpha}_1, \boldsymbol{\alpha}_2) \tag{6.1.6}$$

für die Parameter des Produktelements, und damit die *abstrakte Struktur* der Lorentzgruppe. Insbesondere erweisen sich die Formeln (2.9.2)=(2.10.4) und (2.10.6,7) als „Ausschnitte" dieser Multiplikationstafel mit $\boldsymbol{\alpha}_1 = \boldsymbol{\alpha}_2 = \mathbf{0}$. Tatsächlich ermöglichen diese Formeln zusammen mit $L_{\mathrm{R}\mathbf{v}}\, L_{\mathrm{R}} \equiv L_{\mathrm{R}}\, L_{\mathbf{v}}$ (vgl. die Aufgabe zu Abschnitt 1.5), die gesamte Multiplikationstafel etwas expliziter anzugeben (Aufgabe):

$$\mathbf{v}_3 = \left(\mathrm{R}^{-1}(\boldsymbol{\alpha}_2)\, \mathbf{v}_1\right) \circ \mathbf{v}_2, \qquad \mathrm{R}(\boldsymbol{\alpha}_3) = \mathrm{R}(\boldsymbol{\alpha}_1)\, \mathrm{R}(\boldsymbol{\alpha}_2)\, \mathrm{R}\left(\mathrm{R}^{-1}(\boldsymbol{\alpha}_2)\, \mathbf{v}_1, \mathbf{v}_2\right). \tag{6.1.6'}$$

Hier bedeuten also $\circ$ bzw. $\mathrm{R}(\,\cdot\,,\,\cdot\,)$ relativistische Geschwindigkeitsaddition bzw. Thomasdrehung. (Eine noch übersichtlichere Gestalt ergibt sich aus der Spinordarstellung; siehe Abschnitte 7.6 und 8.2.)

Für die Parameterwerte $\mathbf{v} = \mathbf{0}$, $\boldsymbol{\alpha} = \mathbf{0}$ erhalten wir die identische Transformation $L = E$, für $\mathbf{v} = \mathbf{0}$ eine reine Drehung $L(\mathbf{0}, \boldsymbol{\alpha})$ und für $\boldsymbol{\alpha} = \mathbf{0}$ eine reine Geschwindigkeitstransformation $L(\mathbf{v}, \mathbf{0})$. Die Zerlegung (1.5.13) schreibt sich damit

$$L(\mathbf{v}, \boldsymbol{\alpha}) = L(\mathbf{0}, \boldsymbol{\alpha})\, L(\mathbf{v}, \mathbf{0}) = L\left(\mathrm{R}(\boldsymbol{\alpha})\, \mathbf{v}, \mathbf{0}\right) L(\mathbf{0}, \boldsymbol{\alpha}). \tag{6.1.7}$$

Die Inversen zu $L(\mathbf{v}, \mathbf{0})$ bzw. $L(\mathbf{0}, \boldsymbol{\alpha})$ sind einfach $L(-\mathbf{v}, \mathbf{0})$ bzw. $L(\mathbf{0}, -\boldsymbol{\alpha})$; daher wird

$$L^{-1}(\mathbf{v}, \boldsymbol{\alpha}) = L\left(-\mathrm{R}(\boldsymbol{\alpha})\mathbf{v}, -\boldsymbol{\alpha}\right). \tag{6.1.8}$$

Wir können nun die Situation bei der abstrakten Lorentzgruppe allgemein folgendermaßen charakterisieren: Jedes Gruppenelement wird durch eine endliche Anzahl n von Parametern (hier $n = 6$) festgelegt, die als „Koordinaten" der Gruppenelemente fungieren und auf einem bestimmten Bereich des $\mathbf{R}^n$ variieren. (Hier auf dem Bereich $0 \leq |\boldsymbol{\alpha}| \leq \pi$, $0 \leq |\mathbf{v}| < 1$ des $\mathbf{R}^6$, wobei $(\mathbf{v}, \boldsymbol{\alpha})$ und $(\mathbf{v}, -\boldsymbol{\alpha})$ für $|\boldsymbol{\alpha}| = \pi$ demselben Gruppenelement entsprechen.) Die Gruppe läßt sich (hier z.T. durch die Fallunterscheidung $\text{sign}(L^0{}_0) = \pm 1$, $\det L = \pm 1$, vgl. Abschnitt 6.3) so in Teilmengen zerlegen, daß in ihnen eine umkehrbar eindeutige Zuordnung zwischen Gruppenelementen und Punkten in den zugehörigen Parameterbereichen besteht. Die Parametrisierung ist nicht eindeutig (man kann z.B. statt v^1, v^2, v^3, α^1, α^2, α^3 Polarkoordinaten wählen oder statt $\boldsymbol{\alpha}$ Euler-Winkel verwenden), aber stets so wählbar, daß die Kompositionsfunktionen (hier (6.1.6)) analytische (d.h. in konvergente Potenzreihen entwickelbare) Funktionen werden, ebenso die Parameter des inversen Elements als Funktionen des ursprünglichen.

Die abstrakte Gruppe bildet also eine n-dimensionale Mannigfaltigkeit, wobei die Gruppenmultiplikation Analytizitätseigenschaften aufweist. Eine solche Gruppe nennt man eine endliche (n-dimensionale, n-parametrige oder n-gliedrige) *Lie-Gruppe.*

Wir wollen hier nicht versuchen, diese mathematisch reichlich ungenauen Feststellungen zu einer Definition einer Lie-Gruppe zu präzisieren (siehe dazu Chevalley (1946) oder Pontrjagin (1957/58)) oder die schwächsten Bedingungen anzugeben, unter denen eine Gruppe eine Lie-Gruppe ist[1]. Wesentlich ist für uns, daß im Begriff und der mathematischen Theorie der Lie-Gruppen ein allgemeiner Rahmen gegeben ist, in dem sich in der Physik auftretende Gruppen wie die Poincaré-, Lorentz-, Drehgruppe einfügen und systematisch behandeln lassen.

Bezeichnen wir bei einer beliebigen Lie-Gruppe den Satz von Parametern (oben $\boldsymbol{\alpha}$, $\mathbf{v}$), durch den ein Gruppenelement festgelegt wird, mit β, die Parameter des Einheitselements mit 0, die des Inversen mit β^{-1} und denken uns die „Multiplikationstafel“, also die Parameter des Produkts zweier beliebiger Elemente als Funktionen $f(\beta_1; \beta_2)$ gegeben, so müssen die Kompositionsfunktionen f gewisse aus den Gruppenaxiomen folgende Funktionalgleichungen erfüllen:

$$\begin{aligned} &f\big(f(\beta_1;\beta_2);\beta_3\big) = f\big(\beta_1; f(\beta_2;\beta_3)\big) && \text{(Assoziativität)} \\ &f(\beta;0) = f(0;\beta) = \beta && \text{(Einheitselement)} \\ &f(\beta^{-1};\beta) = f(\beta,\beta^{-1}) = 0. && \text{(Inverses)} \end{aligned} \tag{6.1.9}$$

Die grundlegende Idee der Theorie der Lie-Gruppen ist nun, zunächst nur *infinitesimale Umgebungen des Einheitselementes* zu betrachten, d.h., f (und andere von den Gruppenparametern abhängige Funktionen) in der Nähe von $\beta = 0$ in eine Taylorreihe zu entwickeln. Es stellt sich heraus, daß die Relationen (6.1.9) so einschränkend sind, daß es genügt, die Entwicklung bis zu den quadratischen Termen zu kennen, um die f festzulegen. Diese Betrachtungsweise reicht für die meisten hier behandelten Probleme aus, insbesondere für die Klassifizierung aller Größen, die bei Lorentztransformationen ein lineares Transformationsverhalten aufweisen.

Dennoch ist es für manche Zwecke günstig, sich die Gruppe selbst als Mannigfaltigkeit „vorzustellen“. (Gruppenmannigfaltigkeiten finden z.B. in kosmologischen

---

[1]Einen Überblick über dieses „5. Hilbertsche Problem“ gibt der Artikel von Skljarenko in Alexandrov et al. (1971).

Modellen der allgemeinen Relativitätstheorie Anwendung). Bei der Lorentzgruppe kann man dazu die $L^i{}_k$ als kartesische Koordinaten in einem 16-dimensionalen euklidischen Raum ansehen und die 10 Orthogonalitätsrelationen (6.1.2) als Gleichungen von 10 algebraischen Hyperflächen 2. Ordnung darin. Das 6-dimensionale Schnittgebilde dieser Hyperflächen ist die Gruppenmannigfaltigkeit der Lorentzgruppe, eine algebraische Mannigfaltigkeit, von der $L^i{}_k = L^i{}_k(\mathbf{v}, \boldsymbol{\alpha})$ eine Parameterdarstellung ist („algebraische Gruppe"). Die durch (6.1.4) gegebenen Fortschreitungsrichtungen δL sind dann tangential an die Gruppenmannigfaltigkeit im Punkt L.

Mit dieser Vorstellung lassen sich zwei wichtige Begriffe anschaulich verknüpfen. Aus der Elementargeometrie ist bekannt, daß das Schnittgebilde von zwei Flächen aus mehreren getrennten Stücken bestehen kann (Abb. 6.1).

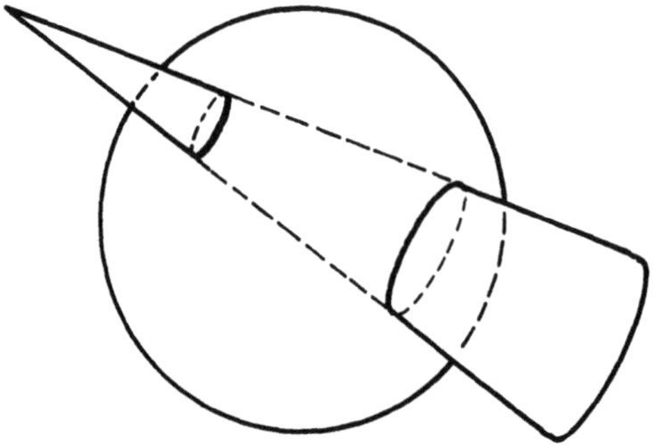

Abb. 6.1. Getrennte Stücke des Schnittgebildes einer Kugel und eines Kegels

In gleicher Weise besteht die Lorentzgruppe aus 4 *getrennten,* jeweils in sich zusammenhängenden *Stücken* (Zusammenhangskomponenten), die wir in Abschnitt 6.3 besprechen werden. Dies ist einer der Gründe, warum wir eine umkehrbar eindeutige Zuordnung zwischen Gruppenelementen und Punkten in Parameterbereichen nur jeweils für Teile der Gruppe verlangen können (die zusammen natürlich die Gruppe überdecken).

Der zweite Begriff ist der der *Kompaktheit* bzw. *Nichtkompaktheit* der Gruppenmannigfaltigkeit: das Schnittgebilde von Flächen kann geschlossen (kompakt) oder offen (nicht-kompakt) sein, wie Abb. 6.2 zeigt.

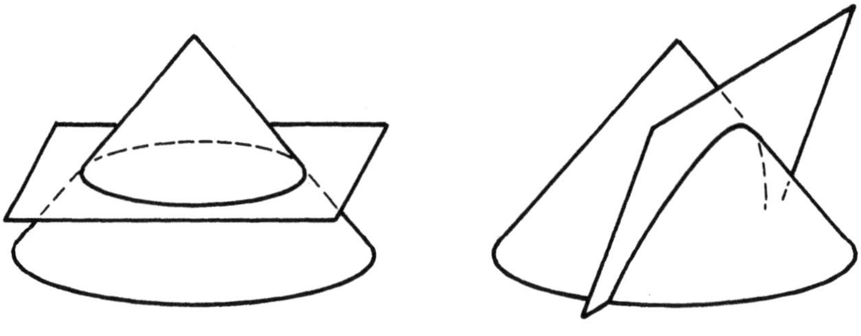

Abb. 6.2. Geschlossene und nicht geschlossene Schnittgebilde

Jedes der vier Stücke der Lorentzgruppe ist ***nicht-kompakt,*** weil der Parameterbereich für $\mathbf{v}$ offen ist: $0 \leq |\mathbf{v}| < 1$, d.h., weil Relativgeschwindigkeiten zwischen Inertialsystemen kleiner als die Lichtgeschwindigkeit bleiben müssen.

Diese Begriffe lassen sich einführen und präzisieren, ohne daß eine Einbettung der Gruppenmannigfaltigkeit in einen euklidischen Raum zu Hilfe genommen wird – diese steht ja im Fall allgemeinerer Gruppen nicht immer zur Verfügung. Es sei diesbezüglich auf die angegebenen Bücher verwiesen.

Aufgaben

1. Man leite (6.1.6′) her.

2. Die allgemeine, also nicht durch Spiegelungsfreiheit eingeschränkte Lorentztransformation kann nach Abschnitt 1.5 in der Gestalt
$L = P^{\epsilon_P}\, L(\mathbf{0}, \boldsymbol{\alpha})\, T^{\epsilon_T}\, L(\mathbf{v}, \mathbf{0}) = L(\mathbf{v}, \boldsymbol{\alpha}, \epsilon_P, \epsilon_T)$ mit $\epsilon_P = 0$ oder 1, $\epsilon_T = 0$ oder 1 geschrieben werden.
Man beweise, deute und benütze die Relationen

$$T^{-1}\, L(\mathbf{v}, \boldsymbol{\alpha})\, T = L(-\mathbf{v}, \boldsymbol{\alpha}) = P^{-1}\, L(\mathbf{v}, \boldsymbol{\alpha})\, P, \tag{6.1.10}$$

um für die $L(\mathbf{v}, \boldsymbol{\alpha}, \epsilon_P, \epsilon_T)$ eine Multiplikationstafel zu erhalten, die (6.1.6′) verallgemeinert.

3. Man beweise (6.1.8).

4. Als erstes Beispiel der Anwendung der „infinitesimalen Methode" bei Lie-Gruppen betrachten wir die Gruppe GL(n) der in 5.4 verwendeten allgemeinen linearen nichtsingulären Transformationen $\mathbf{V}^n \to \mathbf{V}^n$ bzw. der nichtsingulären $n \times n$-Matrizen L. Für Transformationen, die nur infinitesimal von der Identität $L = E$ abweichen („infinitesimale Transformation"), setzen wir

$$L^i{}_k = \delta^i{}_k + \epsilon\, \ell^i{}_k \qquad \text{oder} \qquad L = E + \epsilon\, \ell$$

mit $\epsilon^2 \approx 0$.

(a) Man zeige, daß bei Vernachlässigung von Termen $\propto \epsilon^2$ gilt

$$\det L \approx 1 + \epsilon\, \mathrm{Sp}\, \ell \tag{6.1.11a}$$

$$L_i{}^k = \delta^k{}_i - \epsilon\, \ell^k{}_i \qquad \text{oder} \qquad L^{-1} = E - \epsilon\, \ell. \tag{6.1.11b}$$

Wir suchen nun nach den invarianten Tensoren für GL(n), indem wir uns auf infinitesimale Transformationen beschränken. Der Vorteil liegt hier darin, daß wir dann für L^{-1} die einfache Gestalt (6.1.11) zur Verfügung haben.

(b) Man zeige: Es gibt unter GL(n) keine ko- oder kontravarianten Tensoren mit invarianten Komponenten.
Anleitung: Aus $T_{\bar{i}\bar{k}\ldots} = L_i{}^m\, L_k{}^n \ldots T_{mn\ldots} = T_{ik\ldots}$ folgt mit (6.1.11):

$$-\epsilon\,(T_{mk\ldots}\ell^m{}_i + T_{im\ldots}\ell^m{}_k + \ldots) = 0$$

$$(T_{mk\ldots}\delta^j{}_i + T_{im\ldots}\delta^j{}_k + \ldots)\,\ell^m{}_j = 0.$$

Da die $\ell^m{}_j$ beliebig sind, muß die Klammer verschwinden. Kontraktion über $m = j$ liefert dann $T_{ik\ldots} = 0$. – Analog für rein kontravariante Tensoren.

(c) Man zeige: Die unter GL(n) invarianten gemischten Tensoren müssen vom Typ (p,p) sein. In einfachen Fällen zeige man weiter, daß diese Tensoren Linearkombinationen p-facher Tensorprodukte $\delta^i{}_j\, \delta^k{}_m \ldots$ sind.

5. Für die unimodulare Gruppe ($\det L = 1$) und die Lorentzgruppe ($L^T\,\eta\, L = \eta$) könnte nicht so einfach wie in Aufgabe 4 geschlossen werden, da die $\ell^i{}_k$ nicht alle unabhängig sind. Welchen Einschränkungen unterliegen sie?

6.2 Die Lorentzgruppe als quasidirektes Produkt[1]

Die kinematischen Unterschiede zwischen Galilei- und Einstein-Relativität treten auch etwas abstrakter auf dem Niveau der Galilei- bzw. Poincarégruppe zutage, wobei vor allem der Unterschied zwischen homogener spiegelungsfreier Galilei- und Lorentzgruppe wesentlich ist.

Erstere wird erzeugt durch räumliche Drehungen $G_{\mathrm{R}} \equiv L_{\mathrm{R}}$ (1.5.8) und Geschwindigkeitstransformationen (1.3.12) in beliebiger Anzahl und Reihenfolge. Schreiben wir (1.3.12) in Matrixform $x' = G_{\mathbf{v}}\, x$ mit

$$G_{\mathbf{v}} := \begin{pmatrix} 1 & \mathbf{0}^T \\ -\mathbf{v} & \mathbf{1} \end{pmatrix}, \tag{6.2.1}$$

so haben wir die Relationen

$$G_{\mathrm{R}}\, G_{\mathbf{v}} = G_{\mathrm{R}\mathbf{v}}\, G_{\mathrm{R}}, \qquad G_{\mathrm{R}_1}\, G_{\mathrm{R}_2} = G_{\mathrm{R}_1\mathrm{R}_2}, \tag{6.2.2a}$$

$$G_{\mathbf{v}_1}\, G_{\mathbf{v}_2} = G_{\mathbf{v}_1+\mathbf{v}_2} = G_{\mathbf{v}_2}\, G_{\mathbf{v}_1} \tag{6.2.2.b}$$

mit $\mathbf{v}$, $\mathbf{v}_1$, $\mathbf{v}_2$ $\in$ $\mathbf{R}^3$ als Bereich. Aufgrund dieser Relationen kann jedes Gruppenelement eindeutig in der Form $G_{\mathrm{R}}\, G_{\mathbf{v}}$ geschrieben werden.

Für die Lorentzgruppe bleibt (6.2.2a) erhalten, während (6.2.2b) wesentlich abgeändert ist (vgl. Abschnitte 2.9, 2.10):

$$L_{\mathrm{R}}\, L_{\mathbf{v}} = L_{\mathrm{R}\mathbf{v}}\, L_{\mathrm{R}}, \qquad L_{\mathrm{R}_1}\, L_{\mathrm{R}_2} = L_{\mathrm{R}_1\mathrm{R}_2}, \tag{6.2.3a}$$

[1] Dieser für das Folgende weniger wichtige Abschnitt beruht auf Arbeiten von A.A. Ungar; s. z.B. Resultate d. Math. *17*, 149 (1990). Beim Vergleich sind aber Unterschiede in der Notation zu beachten, die seine Formeln etwas einfacher machen, aber nicht zu den Konventionen in diesem Buch passen. Zur gruppentheoretischen Terminologie vgl. Anhang A.

$$L_{\mathbf{v}_1} L_{\mathbf{v}_2} = L_{\mathrm{R}(\mathbf{v}_1,\mathbf{v}_2)} L_{\mathbf{v}_1 \circ \mathbf{v}_2} \tag{6.2.3b}$$

mit der Thomasdrehung $\mathrm{R}(\mathbf{v}_1, \mathbf{v}_2)$ und der Einsteinschen Geschwindigkeitsaddition $\circ$; der Bereich für $\mathbf{v}$, $\mathbf{v}_1$, $\mathbf{v}_2$ ist dabei durch $|\mathbf{v}| < 1$ ghegeben. Man beachte, daß in beiden Fällen die Operationen $\mathbf{v} \to \mathrm{R}\,\mathbf{v}$ und $\mathbf{v} \to \mathbf{v} + \mathbf{v}_1$ bzw. $\mathbf{v} \to \mathbf{v} \circ \mathbf{v}_1$ nicht aus den jeweiligen Bereichen herausführen, was wir ja schon physikalisch gedeutet haben.

Gemeinsam ist beiden Gruppen, daß sie die Untergruppe aller räumlichen Drehungen $G_\mathrm{R} \equiv L_\mathrm{R}$ enthalten und die Menge der Geschwindigkeitstransformationen $G_\mathbf{v}$ bzw. $L_\mathbf{v}$ unter der „Konjugation" mit $G_\mathrm{R} = L_\mathrm{R}$ invariant ist: $G_\mathrm{R}\, G_\mathbf{v}\, G_\mathrm{R}^{-1} = G_{\mathrm{R}\mathbf{v}}$ bzw. $L_\mathrm{R}\, L_\mathbf{v}\, L_\mathrm{R}^{-1} = L_{\mathrm{R}\mathbf{v}}$.

Bei der Galileigruppe ist aber diese Menge wegen (6.2.2*b*) selbst eine (abelsche) *Untergruppe* und daher ein Normalteiler; die Faktorgruppe der Gesamtgruppe nach ihm ist isomorph zur Untergruppe der räumlichen Drehungen. Als Multiplikationsregel ergibt sich aus (6.2.2)

$$\begin{gathered} \underbrace{G_{\mathrm{R}_1} G_{\mathbf{v}_1}}\, \underbrace{G_{\mathrm{R}_2} G_{\mathbf{v}_2}} = G_{\mathrm{R}_1 \mathrm{R}_2}\, G_{\mathrm{R}_2^{-1}\mathbf{v}_1 + \mathbf{v}_2} = G_{\mathrm{R}_3}\, G_{\mathbf{v}_3}, \\ \mathrm{R}_3 = \mathrm{R}_1 \mathrm{R}_2, \qquad \mathbf{v}_3 = \mathrm{R}_2^{-1}\mathbf{v}_1 + \mathbf{v}_2, \end{gathered} \tag{6.2.4}$$

was die (homogene spiegelungsfreie) Galileigruppe als *semidirektes Produkt* der Drehgruppe mit der abelschen Gruppe $\mathbf{R}^3$ aller $\mathbf{v}$ erweist.

Bei der Lorentzgruppe bildet die Menge der Geschwindigkeitstransformationen hingegen *keine* Untergruppe. Man kann zwar wegen der Eindeutigkeit der Zerlegung (6.2.3*b*) eine neue Verknüpfung $\circ$ in dieser Menge gemäß

$$L_{\mathbf{v}_1} \circ L_{\mathbf{v}_2} := L_{\mathbf{v}_1 \circ \mathbf{v}_2} \tag{6.2.5}$$

definieren, doch definiert dies *keine* Gruppenstruktur, man spricht in diesem Fall nur von einem *Gruppoid.* Ebenso wird in isomorpher Weise der Bereich $|\mathbf{v}| < 1$ durch die Verknüpfung $\mathbf{v}_1 \circ \mathbf{v}_2$ zu einem Gruppoid. Insbesondere ist dabei das Assoziativgesetz verletzt; es gilt jedoch eine „abgeschwächte" Version davon, in der die Thomasdrehung auftritt (Aufgabe 1):

$$(\mathbf{v}_1 \circ \mathbf{v}_2) \circ \mathbf{v}_3 = \big(\mathrm{R}^{-1}(\mathbf{v}_2, \mathbf{v}_3)\, \mathbf{v}_1\big) \circ (\mathbf{v}_2 \circ \mathbf{v}_3). \tag{6.2.6}$$

In (2.10.14) haben wir ferner auch ein abgeschwächtes Kommutativgesetz für $\circ$ vor uns. Als beidseitiges Einselement – in nichtassoziativen Gruppoiden ist ja zunächst zwischen Links- und Rechts-Einheitselementen zu unterscheiden – bezüglich $\circ$ fungiert $\mathbf{v} = \mathbf{0}$, als beidseitiges Inverses zu $\mathbf{v}$ fungiert $-\mathbf{v}$. Wegen der Nichtassoziativität ist es trotzdem nicht trivial, wenn auch richtig, daß die Gleichung

$$\mathbf{v}_1 \circ \mathbf{v}_2 = \mathbf{v}_3 \tag{6.2.7}$$

bei gegebenen $\mathbf{v}_1$, $\mathbf{v}_3$ eindeutig nach $\mathbf{v}_2$ und bei gegebenen $\mathbf{v}_2$, $\mathbf{v}_3$ eindeutig nach $\mathbf{v}_1$ gelöst werden kann. Ein Gruppoid, in dem (6.2.7) in der beschriebenen Weise lösbar ist, heißt *Quasigruppe,* eine Quasigruppe mit beidseitigem Einselement ein *Loop*[1]. Die

[1] Terminologische Ergänzung: Ein assoziatives Gruppoid heißt *Halbgruppe;* Halbgruppe mit zweiseitiger Einheit = *Monoid.*

behauptete Lösbarkeit von (6.2.7) nach $\mathbf{v}_2$ folgt hier (Aufgabe 2) aus einer weiteren Eigenschaft von $\circ$, die deshalb als *Loop-Eigenschaft* bezeichnet wird:

$$\mathrm{R}(\mathbf{v}_1, \mathbf{v}_2) = \mathrm{R}(\mathbf{v}_1, \mathbf{v}_1 \circ \mathbf{v}_2). \tag{6.2.8}$$

(So wie für (2.10.14) und (6.2.6) empfiehlt sich auch für (6.2.8) eine indirekte Herleitung (Aufgabe 3) oder die Verwendung symbolischer Computermanipulationen zur direkten Verifikation durch Einsetzen der Definitionen.)

Orthogonale S wirken als Automorphismen des durch $\circ$ definierten Gruppoids, d.h.

$$(\mathrm{S}\,\mathbf{v}_1) \circ (\mathrm{S}\,\mathbf{v}_2) = \mathrm{S}(\mathbf{v}_1 \circ \mathbf{v}_2),$$

vgl. (2.10.15). Im vorliegenden Gruppoid ist also durch die Thomasdrehung eine Abbildung $(\mathbf{v}_1, \mathbf{v}_2) \to \mathrm{R}(\mathbf{v}_1, \mathbf{v}_2)$ in die Automorphismengruppe gegeben, so daß

$$\mathrm{R}(\mathbf{0}, \mathbf{v}) = \mathrm{id} = \mathrm{R}(-\mathbf{v}, \mathbf{v}) \tag{6.2.9}$$

und (6.2.6) gilt. Ein Gruppoid mit Linkseinheit und Linksinversen von dieser Art heißt *schwach assoziativ;* gilt noch (2.10.14), heißt es *schwach assoziativ-kommutativ;* gilt weiter (6.2.8), heißt es *Karzel-Loop.*

Die gegenüber (6.2.4) abgeänderte Multiplikationsregel (6.1.6′) der Lorentzgruppe macht sie im Sinn dieser Definition zum *quasidirekten Produkt* der Drehgruppe (Untergruppe der Automorphismengruppe des Geschwindigkeitsgruppoids) mit dem schwach assoziativen Gruppoid der $\mathbf{v}$. (Sie ist übrigens in *keiner* Weise ein semidirektes Produkt, da sie *einfach* ist, d.h. keinen nichttrivialen Normalteiler besitzt.)

Wir schließen diesen eher formalen Abschnitt mit folgendem Kommentar. Führt man in der Galilei-Relativität Vierergeschwindigkeiten gemäß $u^0 = 1$, $u^\alpha = v^\alpha$ ein, so bilden diese einen affinen Punktraum; alle Punkte sind gleichberechtigt. Die Verbindungsvektoren zwischen diesen Punkten sind die Relativgeschwindigkeitsvektoren. Die Vektoraddition und die Vektorprodukte des üblichen Formalismus haben unmittelbare geometrische und kinematische Bedeutung. In der Einstein-Relativität ist der Geschwindigkeitsraum durch die Hyperboloidschale $u^2 = 1$, $u^0 > 0$ gegeben (vgl. Abschnitt 4.1) – kein affiner, sondern ein (konstant) gekrümmter Punktraum. Der 3-Vektorformalismus für Relativgeschwindigkeiten hat zum Teil nur formalen, nichtgeometrischen Charakter, da sich die Vektoren auf nicht-gleichzeitige 3-Räume beziehen. Verwendet man diese Vektoren dennoch, ergeben sich die im vorliegenden Abschnitt erwähnten Strukturen, die vielleicht für sich mathematisches Interesse beanspruchen und für die hier ein explizites Beispiel vorliegt. Der Formalismus ist, wie schon in Abschnitt 2.10 gezeigt, bei der Diskussion mancher Paradoxa und auch zum Vergleich mit Alternativtheorien nützlich.

Im Rahmen der Einsteinschen Relativität erscheint aber der Vierervektorformalismus zweckmäßiger, da viele allgemeine Überlegungen und die Formulierung der Grundgleichungen ohne Zugrundelegung eines Bezugssystems möglich sind, auf welches sich die Matrizen der Lorentztransformationen beziehen. (In diesem Zusammenhang sei auf die sogenannte intrinsische Zerlegung von Lorentztransformationen und ihre Eigenwertstruktur verwiesen, die in Abschnitt 8.4 behandelt wird.)

Aufgaben

1. Ausgehend von der Assoziativität der Matrixmultiplikation, $(L_{\mathbf{v}_1} L_{\mathbf{v}_2}) L_{\mathbf{v}_3} = L_{\mathbf{v}_1} (L_{\mathbf{v}_2} L_{\mathbf{v}_3})$, beweise man (6.2.6), indem man zunächst die geklammerten Produkte in Thomasdrehung und Geschwindigkeitstransformation zerlegt, dann die verbleibenden Produkte von Geschwindigkeitstransformationen ebenso behandelt, bis beide Seiten die Form $L_{\mathrm{R}} L_{\mathbf{v}}$ haben, und schließlich beide Seiten aufgrund der Eindeutigkeit der Zerlegung vergleicht. Es entsteht so auch noch die Identität

$$\mathrm{R}(\mathbf{v}_1, \mathbf{v}_2)\,\mathrm{R}(\mathbf{v}_1 \circ \mathbf{v}_2, \mathbf{v}_3) = \mathrm{R}(\mathbf{v}_2, \mathbf{v}_3)\,\mathrm{R}\big(\mathrm{R}^{-1}(\mathbf{v}_2, \mathbf{v}_3)\mathbf{v}_1, \mathbf{v}_2 \circ \mathbf{v}_3\big). \qquad (6.2.10)$$

2. Man zeige, daß (6.2.6), (6.2.8) trotz Nichtassoziativität gestatten, (6.2.7) nach $\mathbf{v}_1$ oder $\mathbf{v}_2$ eindeutig zu lösen.
Hinweis: Der Unterschied zwischen Existenz und Eindeutigkeit ist hier zu beachten! Für die Eindeutigkeit der Lösung nach $\mathbf{v}_2$ ist (6.2.8), für die Existenz noch die Spezialisierung $\mathbf{v}_2 = -\mathbf{v}_1$ von (6.2.10) nötig.

3. Man leite (6.2.8) aufgrund der eindeutigen Zerlegbarkeit aus der Tatsache ab, daß das Produkt $L_{\mathbf{v}_1} L_{\mathbf{v}_2} L_{\mathbf{v}_1}$ aufgrund des in Abschnitt 1.5 gefundenen Symmetriekriteriums eine reine Geschwindigkeitstransformation sein muß. (Eine möglicherweise enthaltene 180°-Drehung ist hier wegen der Stetigkeit in $\mathbf{v}_1$, $\mathbf{v}_2$ auszuschließen.)

6.3 Einige Untergruppen der Lorentzgruppe

Die nur durch (6.1.2) eingeschränkten Transformationen L bilden die volle Lorentzgruppe $\mathcal{L}$, in der die Raum- bzw. Zeitspiegelungsoperationen eine Sonderrolle hinsichtlich des Relativitätsprinzips spielen, wie wir bereits mehrfach angemerkt haben. Transformationen, die den Zeitsinn nicht verändern (für sie gilt $L^0{}_0 \geq 1$, da aus (6.1.2) $(L^0{}_0)^2 = 1 + L^\alpha{}_0 L^\alpha{}_0 \geq 1$ folgt), bilden, aktiv ausgeführt, den vorderen Lichtkegel in sich selbst ab. Da dies auch für ein Produkt zweier derartiger Transformationen gilt, bilden sie eine Untergruppe der Lorentzgruppe, die *orthochrone Lorentzgruppe* $\mathcal{L}^\uparrow$. Setzt man die orthochronen Lorentztransformationen mit der Zeitspiegelung T (1.5.7) zusammen, erhält man Transformationen mit Zeitumkehr ($L^0{}_0 \leq -1$), und umgekehrt. Für $\mathcal{L}$ gilt also die Zerlegung

$$\mathcal{L} = \mathcal{L}^\uparrow \cup T\mathcal{L}^\uparrow, \qquad \mathcal{L}^\uparrow \cap T\mathcal{L}^\uparrow = \emptyset \qquad (6.3.1)$$

($\emptyset$ = leere Menge). Dabei bildet $T\mathcal{L}^\uparrow$ keine Untergruppe von $\mathcal{L}$, sondern wird als *Nebenklasse* zu $\mathcal{L}^\uparrow$ bezeichnet.

Die Unterscheidung der Gruppenelemente nach dem Wert der Determinante, $\det L = \pm 1$ (siehe Abschnitt 5.5), erlaubt es, eine weitere Zerlegung von $\mathcal{L}$ in Untergruppe und zugehörige Nebenklasse vorzunehmen: In der *eigentlichen Lorentzgruppe* $\mathcal{L}_+$ sind die Transformationen mit $\det L = 1$ zusammengefaßt. Der Durchschnitt $\mathcal{L}_+^\uparrow = \mathcal{L}_+ \cap \mathcal{L}^\uparrow$, die *eigentliche orthochrone Lorentzgruppe*, enthält keine Raum- oder Zeitspiegelungen mehr.

Durch Zusammensetzen von $\mathcal{L}_+^\uparrow$ mit der Raumspiegelung P (1.5.9) erhalten wir die orthochrone Lorentzgruppe gemäß

$$\mathcal{L}^\uparrow = \mathcal{L}_+^\uparrow \cup P\mathcal{L}_+^\uparrow. \tag{6.3.2}$$

Daraus folgt die Zerlegung

$$\mathcal{L} = \mathcal{L}_+^\uparrow \cup P\mathcal{L}_+^\uparrow \cup T\mathcal{L}_+^\uparrow \cup PT\mathcal{L}_+^\uparrow \tag{6.3.3}$$

der vollen Lorentzgruppe in Nebenklassen nach der Untergruppe $\mathcal{L}_+^\uparrow$. Ferner gilt auch

$$\mathcal{L}_+ = \mathcal{L}_+^\uparrow \cup PT\mathcal{L}_+^\uparrow, \tag{6.3.4}$$

da die Raum-Zeitspiegelung

$$PT = \begin{pmatrix} -1 & \mathbf{0}^T \\ \mathbf{0} & -\mathbf{1} \end{pmatrix} = -E \tag{6.3.5}$$

positive Determinante hat. Die Vereinigung $\mathcal{L}_0 := \mathcal{L}_+^\uparrow \cup T\mathcal{L}_+^\uparrow$ bildet schließlich die *orthochore Lorentzgruppe.*

Die Untergruppe $\mathcal{L}_+^\uparrow$ ist zusammenhängend, jedes Element läßt sich in der Form $L(\mathbf{v}, \boldsymbol{\alpha})$ schreiben, wobei durch kontinuierliches Variieren der Parameter von $\mathbf{v} = \mathbf{0}$, $\boldsymbol{\alpha} = \mathbf{0}$ weg alle Elemente aus $\mathcal{L}_+^\uparrow$ erreicht werden. Im selben Sinn zusammenhängend sind die Nebenklassen $P\mathcal{L}_+^\uparrow$, $T\mathcal{L}_+^\uparrow$, $PT\mathcal{L}_+^\uparrow$. Man kann aber nicht durch kontinuierliches Variieren von einer dieser Mengen in die anderen gelangen.

(6.3.3) ist somit die Zerlegung der Gruppenmannigfaltigkeit in vier getrennte, jeweils in sich zusammenhängende Stücke (*Zusammenhangskomponenten*), wobei $\mathcal{L}_+^\uparrow$ die identische Transformation $L = E$ enthält ($\mathcal{L}_+^\uparrow$ heißt daher auch *Komponente der Einheit*).

Allgemein läßt sich jede Lie-Gruppe $\mathcal{G}$ in dieser Weise in Zusammenhangskomponenten zerlegen, wobei die Komponente der Einheit, $\mathcal{G}_e$, stets ein Normalteiler ist. Die Betrachtung von $\mathcal{G}_e$ allein hat den Vorteil, daß man hier von Elementen ausgehen kann, die nahe dem Einheitselement liegen, und durch oftmaliges Zusammensetzen solcher Elemente ganz $\mathcal{G}_e$ erreichen kann. Wie wir schon in Abschnitt 6.1 (vgl. (6.1.3) und Aufgabe 4) sahen, bringt die Verwendung solcher Gruppenelemente große Vereinfachungen mit sich, die wir im weiteren systematisch benützen werden.

Nicht nur $\mathcal{L}_+^\uparrow$, sondern auch $\mathcal{L}_+$, $\mathcal{L}^\uparrow$, $\mathcal{L}_0$ sind Normalteiler in $\mathcal{L}$, die Faktorgruppen sind isomorph zu den diskreten Untergruppen $\{E, P, T, PT\}$ bzw. $\{E, P\}$, $\{E, T\}$, $\{E, PT\}$[1]. Die diskreten Transformationen P, T, PT erlangen ihre volle Bedeutung erst in der Quantentheorie und Elementarteilchenphysik, weil sie dort zu wichtigen Erhaltungssätzen führen.

Zum Abschluß dieser Betrachtungen über die vier Stücke der Lorentzgruppe sei bemerkt, daß bei manchen Untersuchungen auch Lorentztransformationen mit komplexen Koeffizienten $L^i{}_k$ herangezogen werden. In diesem Fall ist die Unterscheidung

[1] Es handelt sich hier also um semidirekte Produkte, vgl. Abschnitt 8.5 und Anhang A.

${L^0}_0 > 0$, < 0 sinnlos, $\mathcal{L}^\uparrow$ und $T\mathcal{L}^\uparrow$ hängen im Komplexen zusammen. Die Unterscheidung nach $\det L = \pm 1$ bleibt aber aufrecht, die komplexe Lorentzgruppe besteht aus 2 Stücken.

Wir wenden uns nun einigen Untergruppen von $\mathcal{L}_+^\uparrow$ zu.

Die wichtigste Untergruppe ist die Gruppe rein räumlicher Drehungen, L_R, wo R eine eigentlich-orthogonale Matrix ist. Diese Gruppe wird mit SO(3,**R**) bezeichnet (O... orthogonal, S... speziell, d.h., Determinante = 1, 3 = Dimension des Raumes, **R** deutet den reellen Grundkörper an).

Die Drehgruppe SO(3,**R**) ist eine *dreiparametrige*, zusammenhängende, kompakte Gruppe ($0 \leq |\boldsymbol{\alpha}| \leq \pi$ liefert alle Drehungen und ist als Vollkugel ein kompakter Bereich; die Parameterzuordnung ist jedoch nicht umkehrbar eindeutig, weil für $|\boldsymbol{\alpha}| = \pi$ dieselbe Drehung durch $\boldsymbol{\alpha}$ und $-\boldsymbol{\alpha}$ beschrieben wird. Das Auftreten derartiger Phänomene ist der zweite Grund, warum bei Lie-Gruppen umkehrbar eindeutige Parametrisierbarkeit jeweils nur für Teile der Gruppenmannigfaltigkeit verlangt wird, die zusammen die Gruppe überdecken. Dies hat mit der im allgemeinen komplizierten Topologie der Gruppe zu tun, auf die wir hier nicht näher eingehen können.) Die reinen Geschwindigkeitstransformationen hingegen bilden, wie wir in 6.2 gesehen haben, keine Untergruppe, außer man beschränkt sich auf Relativgeschwindigkeiten mit fester Richtung. Zu jeder Raumrichtung gehört eine *einparametrige Gruppe* von Geschwindigkeitstransformationen, und ebenso eine einparametrige Gruppe von Drehungen um die Richtung als Achse. Beide Gruppen sind kommutativ und vertauschen auch untereinander, erzeugen somit eine zweiparametrige abelsche Untergruppe, die uns noch in den Abschnitten 8.2 und 8.4 beschäftigen wird.

Die hier gegebene Aufzählung von Untergruppen hat sich auf die der Anschauung zugänglichsten beschränkt und ist keineswegs vollständig – so gibt es etwa noch Drehungen in lichtartigen Ebenen, Gruppen, die raumartige Vektoren festlassen (SO(1,2)) etc. Wir verzichten auf eine systematische Behandlung und beschreiben diese Gruppen, wenn sie gebraucht werden. Vgl. J. Patera et al., J. Math. Phys. *16*, 1597 (1975).

Wir haben hier die volle Lorentzgruppe und ihre Untergruppen als Matrixgruppen beschrieben, was eher die passive Interpretation nahelegt. Insbesondere wurde von „der" Raum- und „der" Zeitspiegelung gesprochen. Definiert man $\mathcal{L}$ *aktiv* als Menge linearer Transformationen eines Vierervektorraumes $\mathbf{V}^4$, die die Metrik η invariant lassen, so ist $\mathcal{L}^\uparrow$ jene Untergruppe, die beide Zusammenhangskomponenten des Lichtkegels (ohne Nullpunkt) einzeln invariant läßt. Die Nebenklasse $\mathcal{L}^\downarrow$ (bisher $\mathrm{T}\mathcal{L}^\uparrow$) besteht aus den Transformationen, die diese Komponenten vertauschen. Ebenso ist $\mathcal{L}_+$ jene Untergruppe, die eine gewählte Orientierung in $\mathbf{V}^4$ invariant läßt; $\mathcal{L}_-$ (bisher $\mathrm{P}\mathcal{L}_+ = \mathrm{T}\mathcal{L}_+$) kehrt sie um; $\mathcal{L}_\pm^\uparrow = \mathcal{L}^\uparrow \cap \mathcal{L}_\pm$, $\mathcal{L}_\pm^\downarrow = \mathcal{L}^\downarrow \cap \mathcal{L}_\pm$ gibt dann die 4 Stücke von $\mathcal{L}$ wie vorher. Die neue Symbolik drückt die Beobachterunabhängigkeit dieser Mengen aus, während die aktiven Operationen P, T sich auf einen Beobachter beziehen müssen: ist u seine Vierergeschwindigkeit, so sind diese Operationen P_u bzw. $T_u = -P_u$ gegeben durch $v = v_\parallel + v_\perp \mapsto v_\parallel - v_\perp$ bzw. $\mapsto -v_\parallel + v_\perp$ (Spiegelung an der Geraden $\prec u \succ$ bzw. der Hyperebene $\prec u \succ^\perp$), wo $v_\parallel = (vu/u^2)u$ die Projektion von v auf u ist. Nur das Produkt $P_u T_u = -\mathrm{id}_{\mathbf{V}^4}$ ist von u unabhängig, ebenso die Gesamtmengen $P_u\mathcal{L}_+^\uparrow = \mathcal{L}_-^\uparrow$, $P_u\mathcal{L}_+ = \mathcal{L}_-, \ldots$

$L \in \mathcal{L}_+^\uparrow$ ist eine *reine Geschwindigkeitstransformation bezüglich u*, wenn L die von u und Lu aufgespannte (zeitartige) Ebene $\prec u, Lu \succ$ als ganzes sowie die (raumartige) Orthogonalebene $\prec u, Lu \succ^\perp$ vektorweise invariant läßt. L ist eine *rein räumliche Drehung bezüglich u*, wenn $Lu = u$; dann bleibt auch der euklidische Raum $\prec u \succ^\perp$ invariant, die dort induzierte eigentlich-orthogonale

Transformation läßt eine Achse vektorweise und die dazu orthogonale 2-Ebene als ganzes fest. Man spricht deshalb hier von *raumartigen*, im vorigen Fall von *zeitartigen Drehungen*. Die bezüglich u räumlichen Drehungen bilden eine zu SO(3,**R**) isomorphe Untergruppe (siehe Aufgabe 5).

Zu zwei Vierergeschwindigkeiten u, u' gibt es genau eine zeitartige Drehung $\Lambda_{u,u'}$, die u in u' überführt und $\prec u, u' \succ$ invariant läßt (in Aufgabe 4 soll sie als Produkt zweier Zeitspiegelungen konstruiert werden). Definiert man $K(L,u) := \Lambda_{u,Lu}^{-1} L$, so läßt $K(L,u)$ den Vektor u invariant und ist deshalb eine bezüglich u rein räumliche Drehung, und $L = \Lambda_{u,Lu} K(L,u)$ entspricht daher einer der in Abschnitt 1.5 angegebenen Zerlegungen von Lorentztransformationen. (In Abschnitt 9.4 wird eine Verallgemeinerung hiervon benötigt, bei der eine weitere Vierergeschwindigkeit $\bar{u}$ ausgezeichnet und $K(L,u;\bar{u}) := \Lambda_{Lu,\bar{u}} \, L \, \Lambda_{u,\bar{u}}^{-1}$ gesetzt wird – die zu L, u gehörige *Wigner-Rotation* bezüglich $\bar{u}$. Sie geht für $L = \Lambda_{u,Lu}$ in die Thomasdrehung über.)

Die in Aufgabe 4 angegebene Erzeugung von $\Lambda_{u,u'}$ durch Spiegelungen sowie die elementar bekannte Möglichkeit, räumliche Drehungen durch Spiegelungen zu erzeugen, zeigen nun, daß jedes $L \in \mathcal{L}$ Produkt von Hyperebenenspiegelungen ist. Man kann (Aufgabe 6) dabei durch geeignete Wahl die nötige Anzahl von Spiegelungen ≤ 4 machen, wobei sich die vier Stücke $\mathcal{L}_+^\uparrow$, $\mathcal{L}_+^\downarrow$, $\mathcal{L}_-^\uparrow$, $\mathcal{L}_-^\downarrow$ durch die Parität (gerade/ungerade) der Anzahl der benötigten raum- und zeitartigen Hyperebenen unterscheiden, an denen zu spiegeln ist. (Für allgemeine pseudoorthogonale Gruppen bei beliebiger Dimension und Signatur ist dies in Cartan (1966) ausgeführt.)

Zu unterscheiden von obigen „beobachterabhängigen" Zerlegungen ist die *intrinsische Klassifikation* und *Zerlegung* von Lorentztransformationen, die wir in Abschnitt 8.4 herleiten werden. Dabei wird $\mathcal{L}_+^\uparrow$ *ohne* Bezugnahme auf einen Vierervektor u o.ä. unterteilt in allgemeine Lorentztransformationen und Nulldrehungen (lichtartige Drehungen). Im allgemeinen Fall ist L eindeutig als Produkt einer zeitartigen und einer raumartigen Drehung schreibbar, wobei diese Drehungen kommutieren, da die Ebenen aufeinander orthogonal stehen. Spezialfälle hiervon sind rein zeitartige, rein raumartige Drehungen und die Identität. Nulldrehungen lassen eine lichtartige Ebene (aufgespannt von einem lichtartigen und einem darauf orthogonalen raumartigen Vektor (vgl. Aufgabe 5 zu Abschnitt 3.2!) und den in ihr befindlichen lichtartigen Vektor invariant und werden uns in Abschnitt 9.4 beschäftigen.

Aufgaben

1. Eine Teilmenge einer Mannigfaltigkeit kann man als zusammenhängend definieren, wenn sich je zwei Punkte darin stets durch eine stetige Kurve verbinden lassen. Als Komponente der Einheit $\mathcal{G}_e$ einer Lie-Gruppe $\mathcal{G}$ wird man dann die die größte die Gruppeneinheit enthaltende zusammenhängende Teilmenge von $\mathcal{G}$ ansehen. Man zeige, daß $\mathcal{G}_e$ ein Normalteiler ist.

2. Welche der diskreten Gruppen $\{E,P\}$, $\{E,T\}$, $\{E,PT\}$ sind Normalteiler in $\mathcal{L}$ bzw. in $\mathcal{L}_+$, $\mathcal{L}^\uparrow$, $\mathcal{L}_0$?

3. Läßt sich $\mathcal{L}$ als isomorph zu einem direkten Produkt (vgl. 3.1, Aufgabe 6) einer der Gruppen $\mathcal{L}_+$, $\mathcal{L}^\uparrow$, $\mathcal{L}_0$ mit einer der diskreten Gruppen auffassen? Gibt es eine derartige Produktzerlegung für $\mathcal{L}_+$, $\mathcal{L}^\uparrow$, $\mathcal{L}_0$ mit $\mathcal{L}_+^\uparrow$ als Faktor?

4. T_u bedeute die Spiegelung an der zum Vierervektor u (mit $u^2 \neq 0$) orthogonalen Hyperebene wie im Text angegeben. Man zeige, daß für Vierergeschwindigkeiten u, u'
$$\Lambda_{u,u'} := T_{u+u'} \, T_u \qquad (6.3.6)$$
a) eigentlich, b) orthochron ist, c) u in u' überführt, d) $\prec u, u' \succ^\perp$ elementweise und e) $\prec u, u' \succ$ als ganzes invariant läßt.

Man gebe in analoger Weise eine raumartige Drehung an, die zwei raumartige Vektoren m, n gleicher Länge ineinander überführt. Bezüglich welcher Beobachter u ist das eine rein räumliche Drehung?

5. Eine Untergruppe von $\mathcal{L}_+^\uparrow$, die einen zeitartigen Vektor fest läßt, ist – wie aus der Normalform (3.2.7) ersichtlich – eine Drehgruppe. Man zeige unter Benützung von $\Lambda_{u,u'}$, daß je zwei solche Drehgruppen zu u, u' in $\mathcal{L}_+^\uparrow$ konjugierte Untergruppen sind.

6. Man zeige für die Nebenklassen zu $\mathcal{L}_+^\uparrow$, daß die Zahl der benötigten Spiegelungen ≤ 4 gemacht werden kann.

6.4 Einige Darstellungen der Lorentzgruppe

Unser Ziel ist, Methoden zu entwickeln, mit deren Hilfe man systematisch alle Objekte finden kann, die sich bei Lorentztransformationen linear verhalten, wie etwa Tensoren. Dazu ist es nötig, die gewünschte Eigenschaft etwas zu präzisieren.

In Abschnitt 6.1 haben wir die abstrakte Lorentzgruppe als Lie-Gruppe beschrieben, d.h., als n-dimensionale Mannigfaltigkeit $\mathcal{G}$, deren Punkte $g_1, g_2, \ldots$ miteinander multipliziert werden können, wobei das Produkt wieder ein Punkt der Mannigfaltigkeit ist. Die Gruppenparameter fungieren als „Koordinaten" auf dieser Mannigfaltigkeit, die Multiplikation wird koordinatenmäßig durch Angabe der Parameter des Produktelements als Funktion der Parameter der Faktoren festgelegt. Die Gestalt dieser „kontinuierlichen Multiplikationstafel" hängt natürlich vom speziellen Parametersystem ab, das verwendet wird.

Ursprünglich haben wir die Lorentzgruppe aber als Gruppe von Transformationen kennengelernt. Zu jedem abstrakten Gruppenelement g gehört also eine Lorentztransformation $L(g)$, die bei passiver Interpretation das Komponentenquadrupel $u = (u^i) = (u^0, u^1, u^2, u^3)$ jedes Vierervektors u bezüglich eines Inertialsystems I in seine Komponenten $\bar{u} = (u^{\bar{i}}) = (u^{\bar{0}}, u^{\bar{1}}, u^{\bar{2}}, u^{\bar{3}})$ bezüglich $\bar{\mathrm{I}}$ überführt:

$$\bar{u} = L(g)\, u, \qquad u^{\bar{i}} = L^{\bar{i}}{}_k(g)\, u^k, \tag{6.4.1}$$

bei aktiver Interpretation den Raum $\mathbf{V}^4$ der Vierervektoren linear in sich abbildet, wobei Viererskalarprodukte invariant bleiben:

$$u \to L(g)\, u, \qquad v \to L(g)\, v, \qquad u\, v \to \big(L(g)\, u\big)\big(L(g)\, v\big). \tag{6.4.2}$$

Nach Definition des Produkts zweier Gruppenelemente g_1, g_2 handelt es sich hier um das abstrakte Element, das der Transformation $L(g_1)\, L(g_2)$ zugeordnet ist:

$$g_1 \leftrightarrow L(g_1), \qquad g_2 \leftrightarrow L(g_2), \qquad g_1 g_2 \leftrightarrow L(g_1)\, L(g_2). \tag{6.4.3}$$

Dabei gehört zum Einselement e der abstrakten Gruppe die identische Transformation $E = L(e)$, zum Inversen g^{-1} von g die Transformation $L(g^{-1}) = L^{-1}(g)$.

Fassen wir nun die abstrakte Gruppe als das Primäre auf, dann ist die Zuordnung $g \to L(g)$ eine *Realisierung* der abstrakten *Gruppe als Transformationsgruppe,* die auf einem Raum *wirkt.* Dabei ist die Zuordnung so, daß

$$g_1 \to L(g_1), \qquad g_2 \to L(g_2), \qquad g_1\, g_2 \to L(g_1)\, L(g_2), \qquad e \to \mathrm{id}, \tag{6.4.4}$$

wo id die identische Abbildung des Raumes in sich ist. Der Raum, um den es sich hier handelt, ist ein Vektorraum, und die Transformationen sind lineare Abbildungen des Raumes in sich. Man spricht dann von einer linearen Realisierung der abstrakten Gruppe oder von einer *Darstellung* der Gruppe, (6.4.4) heißt die *Darstellungseigenschaft* der Zuordnung, der Vektorraum der *Darstellungsraum.*

Im Fall der Realisierung als passive Transformationen ist der Vektorraum, um den es sich hier handelt, der Raum $\mathbf{R}^4$ der Koordinatenquadrupel $u = (u^i)$, d.h. der Spaltenvektoren, und die Transformationen sind unmittelbar durch die Matrizen $L(g)$ gegeben. Wie haben hier eine *Matrixdarstellung.*

Bei der Realisierung als aktive Transformation ist im obigen Fall der Vektorraum derjenige der Vierervektoren, $\mathbf{V}^4$, in dem den abstrakten Gruppenelementen g lineare Abbildungen $L(g)$ zugeordnet sind. Durch Einführung einer *festen* Basis $\{e_i\}$ erhalten wir auch hier eine Matrixdarstellung, vgl. (3.3.8,9):

$$g \to (L_i{}^k(g)), \qquad\qquad (L\,u)^k = L_i{}^k\, u^i. \tag{6.4.5}$$

Stimmt diese Basis $\{e_i\}$ mit jener überein, bezüglich der bei der obigen passiven Interpretation die Komponenten u^i gebildet wurden, so sind die beiden Matrizen $(L_i{}^k(g))$ und $(L^i{}_k(g))$ zueinander kontragredient (vgl. (3.3.7)):

$$(L^i{}_k(g)) = L(g) \Rightarrow (L_i{}^k(g)) = (L^{-1})^T(g) =: \widetilde{L}(g). \tag{6.4.6}$$

Man kann auch unmittelbar verifizieren: Ist die Zuordnung $g \to L(g)$ eine Matrixdarstellung, dann auch die Zuordnung $g \to \widetilde{L}(g)$ (kontragrediente Darstellung). Denn wenn $L(g_1)\, L(g_2) = L(g_1\, g_2)$ ist, so folgt daraus

$$L^{-1}(g_1\, g_2) = L^{-1}(g_2)\, L^{-1}(g_1), \qquad \widetilde{L}(g_1\, g_2) = \widetilde{L}(g_1)\, \widetilde{L}(g_2),$$

womit die Darstellungseigenschaft gezeigt ist.

Beziehen wir die aktive Transformation $u \to L\,u$ nicht auf die obige Basis $\{e_i\}$, sondern auf eine andere $\{\bar{e}_i = S_i{}^k e_k\}$, so wird dieselbe Transformation L statt durch die Matrix $(L_i{}^k)$ durch die Matrix $S_i{}^j\, L_j{}^m\, S^k{}_m$, d.h. durch

$$\widetilde{L} \to S\,\widetilde{L}\,S^{-1} \tag{6.4.7}$$

gegeben, wie man leicht nachrechnet ($S := (S_i{}^k)$). So erhalten wir zur Darstellung $g \to L(g)$ unendlich viele Matrixdarstellungen, je nach Wahl der neuen Basis bzw. der nichtsingulären Matrix S. Zwei Matrixdarstellungen

$$g \to L(g), \qquad g \to L'(g), \quad \text{mit} \quad L'(g) = S\,L(g)\,S^{-1} \tag{6.4.8}$$

heißen *äquivalent.* Die Darstellungseigenschaft ist auch direkt verifizierbar:

$$L'(g_1)\,L'(g_2) = S\,L(g_1)\,S^{-1}\,S\,L(g_2)\,S^{-1} = S\,L(g_1)\,L(g_2)\,S^{-1} = S\,L(g_1\,g_2)\,S^{-1} = \\ = L'(g_1\,g_2).$$

Bei den Lorentztransformationen sind die Matrixdarstellungen $g \to L(g)$ und $g \to \tilde{L}(g)$ äquivalent. Aus (6.1.2) folgt nämlich

$$\tilde{L} = \left(L^T\right)^{-1} = \left(L^{-1}\right)^T = \eta\,L\,\eta = \eta\,L\,\eta^{-1}. \tag{6.4.9}$$

Um zu sehen, daß der obige Standpunktwechsel, bei dem die abstrakte Gruppe das Primäre ist und die ursprüngliche Transformationsgruppe eine Darstellung von ihr, nicht trivial ist, betrachten wir das Transformationsgesetz von Tensorkomponenten unter der zum Element g_1 gehörenden Lorentztransformation:

$$T^{\bar{i}\ldots}{}_{\bar{j}\ldots} = L^i{}_m(g_1)\,L_j{}^n(g_1)\ldots T^{m\ldots}{}_{n\ldots}. \tag{6.4.10}$$

Für eine weitere Transformation, die zu g_2 gehört, ist

$$\begin{aligned} T^{\bar{\bar{a}}\ldots}{}_{\bar{\bar{b}}\ldots} &= L^a{}_i(g_2)\,L_b{}^j(g_2)\ldots T^{\bar{i}\ldots}{}_{\bar{j}\ldots} = \\ &= L^a{}_i(g_2)\,L^i{}_m(g_1)\,L_b{}^j(g_2)\,L_j{}^n(g_1)\ldots T^{m\ldots}{}_{n\ldots} = \\ &= L^a{}_m(g_2\,g_1)\ldots L_b{}^n(g_2\,g_1)\ldots T^{m\ldots}{}_{n\ldots}. \end{aligned} \tag{6.4.11}$$

Denken wir uns die Tensorkomponenten $T^{m\ldots}{}_{n\ldots}$ in einer bestimmten Reihenfolge als Spaltenvektor angeordnet und in der gleichen Weise die Komponenten $T^{\bar{i}\ldots}{}_{\bar{j}\ldots}$, so läßt sich die lineare Transformation (6.4.10) als große Matrix schreiben, die wir als das *Kroneckerprodukt der Matrizen* $L(g_1), \ldots, \tilde{L}(g_1), \ldots$ bezeichnen und als

$$L(g_1) \otimes \tilde{L}(g_1) \otimes \ldots \tag{6.4.12}$$

schreiben. (6.4.11) zeigt dann, daß das Produkt zweier solcher Matrizen

$$\Big(L(g_2) \otimes \tilde{L}(g_2) \otimes \ldots\Big)\Big(L(g_1) \otimes \tilde{L}(g_1) \otimes \ldots\Big) = L(g_2)\,L(g_1) \otimes \tilde{L}(g_2)\,\tilde{L}(g_1) \otimes \ldots \tag{6.4.13}$$

ist, und daß dies weiter gleich $L(g_2\,g_1) \otimes \tilde{L}(g_2\,g_1) \otimes \ldots$ ist. Die Zuordnung

$$g \to L(g) \otimes \tilde{L}(g) \otimes \ldots \tag{6.4.14}$$

ist daher eine Darstellung der abstrakten Gruppe, die von der ursprünglichen, „definierenden“ Darstellung $g \to L(g)$ verschieden ist. Man nennt sie das *Kroneckerprodukt*[1] der Darstellungen $g \to L(g)$, $g \to \tilde{L}(g)$ (wo $L(g)$, $\tilde{L}(g)$ so oft vorkommen, wie der Typ des Tensors angibt). Die explizite Gestalt dieser Matrizen hängt von der gewählten Anordnung der Tensorkomponenten zum Spaltenvektor ab; wegen der hohen Dimensionszahlen, die dabei auftreten, wäre es unhandlich, die Matrizen in

[1] Oft auch als *direktes Produkt* bezeichnet. Dieser Terminus wird jedoch auch in anderen Bedeutungen verwendet.

üblicher Form anzuschreiben und zu multiplizieren, als Ersatz dient die Multiplikationsregel (6.4.13). (Bei der Transformation von Vierertensoren p-ter Stufe würde es sich etwa um $4^p \times 4^p$-Matrizen handeln!)

Es ist für die „definierende" Darstellung $g \to L(g)$ trivial und gilt in $\mathcal{L}^\uparrow$, $\mathcal{L}_0$ für die obigen Kroneckerprodukte, daß die Zuordnung zwischen g und der darstellenden Matrix umkehrbar eindeutig ist, also ein Isomorphismus zwischen abstrakter Gruppe und zugeordneter Matrix- bzw. Transformationsgruppe besteht (*treue Darstellungen*). Der Darstellungsbegriff wird aber etwas weiter gefaßt in dem Sinn, daß eine Darstellung ein Homomorphismus der abstrakten Gruppe in die Gruppe der nichtsingulären Transformationen T eines linearen Raumes $\mathbf{V}$ ist:

$$g \to T_g \quad \text{mit} \quad \begin{aligned} g_1 g_2 &\to T_{g_1 g_2} = T_{g_1} T_{g_2} \\ e &\to \mathrm{id}_{\mathbf{V}} \,. \end{aligned} \tag{6.4.15}$$

Dabei kann also verschiedenen Gruppenelementen dieselbe Transformation zugeordnet sein. Die Dimension des Darstellungsraumes heißt auch die *Dimension der Darstellung.*

Als Beispiel betrachten wir eindimensionale Darstellungen von $\mathcal{L}$. Zuerst betrachten wir das Transformationsverhalten von Skalaren. Sie bilden einen eindimensionalen Raum und ändern sich bei Lorentztransformationen nicht, also ist jedem Gruppenelement g in diesem Fall die identische Abbildung zugeordnet bzw. die Zahl 1:

$$g \to 1, \qquad g_1 g_2 \to 1 = 1 \cdot 1. \tag{6.4.16}$$

Diese Darstellung heißt die *triviale Darstellung;* sie ist für jede Gruppe möglich. Auch die Vielfachen eines invarianten Tensors wie $\delta^i{}_k$ bilden einen eindimensionalen Raum, auf dem die Gruppe wie die Identität wirkt. Man sagt, ein invarianter Tensor transformiert nach der trivialen Darstellung.

Eine nichttriviale eindimensionale Darstellung von $\mathcal{L}$ erhält man im Raum der Pseudoskalare (Komponenten eines Determinantentensors): Die Transformationsgesetze

$$\begin{aligned} \epsilon_{\bar{i}\bar{j}\bar{m}\bar{n}} &= (\det L)^{-1}\, \epsilon_{ijmn} \\ \epsilon^{\bar{i}\bar{j}\bar{m}\bar{n}} &= \det L\, \epsilon^{ijmn} \end{aligned} \tag{6.4.17}$$

zeigen, daß die Zuordnung $g \to \det L(g)$ eine eindimensionale Darstellung ist, wie auch unmittelbar nachgerechnet werden kann. Bei Einschränkung auf die Untergruppe $\mathcal{L}_+$ wird sie trivial. (In gruppentheoretischer Sprechweise ist $\mathcal{L}_+$ der Kern des Homomorphismus $g \to \det L(g)$ und damit ein Normalteiler; die Faktorgruppe $\mathcal{L}/\mathcal{L}_+ \cong \{E, P\}$ oder $\{E, T\}$ wird treu dargestellt.)

Eine weitere eindimensionale Darstellung von $\mathcal{L}$ ist $g \to \operatorname{sign} L^0{}_0(g)$; sie wird trivial bei Einschränkung auf $\mathcal{L}^\uparrow$. Das Kroneckerprodukt der letzten beiden Darstellungen ist $g \to \operatorname{sign} L^0{}_0 \det L(g)$, eine eindimensionale Darstellung, die für $\mathcal{L}_0$ trivial ist.

Die angeführten Beispiele zeigen, daß der Begriff der Darstellung einer Gruppe die geeignete mathematische Formulierung für „Größen, die sich unter der Gruppe linearhomogen verhalten" ist: derartige Größen sind Vektoren aus Darstellungsräumen der

Gruppe. Vom systematischen Standpunkt aus wird man sich nun für *alle* Darstellungen einer Gruppe interessieren, wobei für die Fragestellungen der Quantenmechanik auch unendlichdimensionale, komplexe Vektorräume (Hilberträume) und zwei zusätzliche Verallgemeinerungen (siehe Abschnitt 9.2) zuzulassen sind.

Aufgabe

Gibt es eine eindimensionale Darstellung von $\mathcal{L}$, die für $\mathcal{L}_+^\uparrow$, aber nicht für $\mathcal{L}_+$, $\mathcal{L}^\uparrow$, $\mathcal{L}_0$ trivial ist?

6.5 Direkte Summen und irreduzible Darstellungen

Aus einer gegebenen Darstellung einer Gruppe kann man durch Bildung der kontragredienten Darstellung bzw. von Kroneckerprodukten und von äquivalenten Darstellungen neue Darstellungen der Gruppe gewinnen.

Ein weiteres Verfahren ist die Bildung *direkter Summen,* deren Grundidee wir an einem Beispiel erläutern: Bilden wir aus Paaren von Vierervektoren u, v bezüglich einer festen Basis achtkomponentige Spaltenvektoren $(u^i, v^i)^T$, so transformieren diese Objekte nach

$$\begin{pmatrix} u^{\bar{i}} \\ v^{\bar{i}} \end{pmatrix} = \begin{pmatrix} L^i{}_k & 0 \\ 0 & L^i{}_k \end{pmatrix} \begin{pmatrix} u^k \\ v^k \end{pmatrix}. \tag{6.5.1}$$

Die entstehende achtdimensionale Darstellung

$$g \to \begin{pmatrix} L(g) & 0 \\ 0 & L(g) \end{pmatrix} \tag{6.5.2}$$

wird als direkte Summe zweier Vierervektor-Darstellungen bezeichnet. Geht man im Raum dieser Spaltenvektoren zu einer anderen Basis über, so verliert die Darstellung bei der zugehörigen Äquivalenztransformation (vgl. (6.4.7)) im allgemeinen die Blockform (6.5.2). Man sieht es der Darstellung dann nicht sofort an, daß sie in die direkte Summe zweier anderer Darstellungen zerfällt. Wählt man z.B. im Raum der Spaltenvektoren eine neue Basis, in der (u^i, v^i) die neuen Komponenten $(u^0 + v^1, u^1, u^2, u^3, v^0, v^1, v^2, v^3)$ erhält, so sind die Darstellungsmatrizen bereits nicht mehr von der Blockform (6.5.2).

Sobald man eine Darstellung einer Gruppe kennt, kann man mit den oben angegebenen Verfahren unendlich viele weitere, aber keinesfalls alle Darstellungen gewinnen. Die eigentliche Aufgabe besteht darin, jene Darstellungen zu finden, aus denen man mit den angeführten Methoden wirklich alle Darstellungen bekommt.

Bevor wir die hierfür relevanten Begriffsbildungen angeben, definieren wir *Kroneckerprodukt und direkte Summe zweier beliebiger Darstellungen* $g \to T'_g$, $g \to T''_g$ in zwei Vektorräumen $\mathbf{V}'$, $\mathbf{V}''$. Für das Kroneckerprodukt gehen wir davon aus, daß Tensorkomponenten T^{ik} wie Produkte von Vektorkomponenten $u^i v^k$ transformieren – Tensorprodukte von Vektoren sind ja spezielle Tensoren. Man wählt daher in $\mathbf{V}'$ eine Basis $\{e'_i\}$, in $\mathbf{V}''$ eine Basis $\{e''_\alpha\}$, bildet für $v' \in \mathbf{V}'$ die Komponenten v'^i, für

$v'' \in \mathbf{V}''$ die Komponenten v''^{α}; voraussetzungsgemäß transformieren v'^{i}, v''^{α} nach

$$v'^{\bar{i}} = T'^{\,i}_{g\;k} v'^{k}, \qquad v''^{\bar{\alpha}} = T''^{\,\alpha}_{g\;\beta} v''^{\beta}, \tag{6.5.3}$$

ihr Produkt daher nach

$$v'^{\bar{i}} v''^{\bar{\alpha}} = T'^{\,i}_{g\;k} T''^{\,\alpha}_{g\;\beta} v'^{k} v''^{\beta} =: (T'_g \otimes T''_g)^{i\alpha}_{\;\;k\beta} v'^{k} v''^{\beta}. \tag{6.5.4}$$

(Die gewohnte Matrixform dieser linearen Transformation erhält man, indem man die Doppelindizes $i\alpha$, $k\beta$ durch einfache Indizes ersetzt, die $\dim(\mathbf{V}') \cdot \dim(\mathbf{V}'')$ Werte annehmen.) Man sieht sofort, daß die zu (6.4.13) analoge Multiplikationsregel

$$(T'_{g_1} \otimes T''_{g_1})\,(T'_{g_2} \otimes T''_{g_2}) = T'_{g_1} T'_{g_2} \otimes T''_{g_1} T''_{g_2} \tag{6.5.5}$$

gilt, die die Darstellungseigenschaft von $g \to T'_g \otimes T''_g$ auch formal zu verifizieren gestattet.

Zur Bildung der direkten Summe ordnet man die Komponenten v'^{i}, v''^{α} zu Spalten $(v'^{i}, v''^{\alpha})^T$ an, die nach

$$\begin{pmatrix} v'^{\bar{i}} \\ v''^{\bar{\alpha}} \end{pmatrix} = \begin{pmatrix} T'^{\,i}_{g\;k} & 0 \\ 0 & T''^{\,\alpha}_{g\;\beta} \end{pmatrix} \begin{pmatrix} v'^{k} \\ v''^{\beta} \end{pmatrix} \tag{6.5.6}$$

transformieren. Für die in (6.5.6) auftretenden Blockmatrizen, die man auch symbolisch $T'_g \oplus T''_g$ schreibt, gilt offensichtlich als Produktregel

$$(T'_{g_1} \oplus T''_{g_1})\,(T'_{g_2} \oplus T''_{g_2}) = T'_{g_1} T'_{g_2} \oplus T''_{g_1} T''_{g_2}, \tag{6.5.7}$$

woraus die Darstellungseigenschaft von $g \to T'_g \oplus T''_g$ unmittelbar folgt. Es ist auch leicht, das Distributivgesetz

$$T \otimes (T' \oplus T'') = (T \otimes T') \oplus (T \otimes T'') \tag{6.5.8}$$

zu verifizieren und beide Operationen, Produktbildung und Summenbildung, auf mehrere Darstellungen auszudehnen, wobei die üblichen Assoziativgesetze gelten.

Auf diese Weise entsteht der *Darstellungsring* (zunächst ein Halbring, weil zur direkten Addition kein Inverses existiert; er wird durch Hinzufügen „virtueller" Darstellungen zu einem Ring ergänzt, was uns aber nicht weiter beschäftigen wird).

Wir kommen nun zum entscheidenden Begriff der Darstellungstheorie, zum Begriff der *irreduziblen Darstellung.* Um zu entscheiden, ob sich eine gegebene Darstellung $g \to T_g$ im Vektorraum $\mathbf{V}$ als direkte Summe $T'_g \oplus T''_g$ auffassen läßt, bemerken wir, daß in (6.5.1) die Vektoren $(v'^{k}, 0)$ wieder in Vektoren derselben Form übergeführt werden. Diese Vektoren bilden einen linearen, unter (allen Transformationen) der Darstellung $T'_g \oplus T''_g$ *invarianten Teilraum.* Durch Äquivalenztransformationen geht die Blockform (6.5.2) zwar verloren, doch existiert auch weiterhin ein invarianter Teilraum, der aber nicht durch die Vektoren $(v'^{k}, 0)$ gegeben ist.

Notwendig für die Äquivalenz einer Darstellung zu einer direkten Summe anderer Darstellungen ist die Existenz eines unter der Darstellung invarianten Teilraumes.

Falls ein (nichttrivialer, d.h. vom ganzen Raum und dem Nullvektor verschiedener) derartiger Teilraum existiert, heißt die Darstellung *reduzibel,* im gegenteiligen Fall *irreduzibel.*

Eine der wichtigsten Aufgaben der Darstellungstheorie ist die Suche nach allen inäquivalenten irreduziblen Darstellungen.

In (6.5.1) bilden auch die Vektoren $(0, v''^{\beta})$ einen invarianten Teilraum, und jeder Vektor läßt sich eindeutig in eine Summe zweier Vektoren $(v'^k, 0)$ und $(0, v''^{\beta})$ aus den beiden invarianten Teilräumen zerlegen. Reduzible Darstellungen dieser Art heißen *zerfallend.* Nicht jede reduzible Darstellung zerfällt in andere Darstellungen, da hierfür mindestens zwei invariante Teilräume mit den angegebenen Eigenschaften existieren müssen.

Eine zweite wichtige Aufgabe der Darstellungstheorie ist die Entwicklung von Methoden, mit denen man die Reduzibilität einer vorgelegten Darstellung entscheiden und sie gegebenenfalls in zwei oder mehrere direkte Summanden zerlegen kann. *Vollreduzibel* nennt man Darstellungen, die bei einem solchem Prozeß des *Ausreduzierens* in eine direkte Summe irreduzibler Bestandteile zerfallen[1]: Nach einer geeigneten Äquivalenztransformation nehmen dann alle Matrizen T_g der Darstellung eine zu (6.5.6) analoge Blockform an:

$$T_g = \begin{pmatrix} T'_g & A_g \\ 0 & T''_g \end{pmatrix} \qquad\qquad T_g = \begin{pmatrix} T'_g & 0 \\ 0 & T''_g \end{pmatrix} = T'_g \oplus T''_g \tag{6.5.9}$$

Reduzibel	Vollreduzibel
Teilraum der Vektoren $(v', 0)$ invariant	Teilraum der Vektoren $(v', 0)$, Teilraum der Vektoren $(0, v'')$ beide invariant

(Ein Beispiel, bei dem Reduzibilität *nicht* Vollreduzibilität nach sich zieht, werden wir in Kap. 9 kennenlernen. Auf die funktionalanalytischen Verfeinerungen obiger Begriffe, die sich bei unendlichdimensionalen Darstellungen als nötig erweisen, können wir hier nicht eingehen, obwohl wir auch unendlichdimensionale Darstellungen betrachten werden; vgl. dazu Neumark (1959).) Eine häufig auftretende Aufgabe dieser Art ist die Ausreduktion des Kroneckerprodukts zweier irreduzibler Darstellungen. Die entsprechende Zerlegung nennt man *Clebsch-Gordan-Reihe.*

Als erstes Anwendungsbeispiel der allgemeinen Begriffe betrachten wir die aus dem Transformationsverhalten des elektromagnetischen Feldstärkentensors F folgende Darstellung der (eigentlichen orthochronen) Lorentzgruppe $\mathcal{L}_+^\uparrow$. Ordnen wir die Komponenten dieses antisymmetrischen Tensors als „Sechservektor" $(\mathbf{E},\mathbf{B})$ an, so können wir die Wirkung der Lorentztransformation leicht angeben (wobei wir die Ortsabhängigkeit der Felder unberücksichtigt lassen). Bei räumlichen Drehungen transformieren $\mathbf{E}$ und $\mathbf{B}$ separat in bekannter Weise, was zur direkten Summendarstellung $L_{\mathrm{R}} \to \mathrm{R} \oplus \mathrm{R}$ im Raum der Sechservektoren Anlaß gibt. Während Drehungen also die von den Vektoren der Form $(\mathbf{E}, \mathbf{0})$ und $(\mathbf{0}, \mathbf{B})$ gebildeten Teilräume invariant lassen, werden diese nach (5.8.5) durch Geschwindigkeitstransformationen vermischt.

[1]Gleichwertig: bei denen jeder invariante Teilraum ein invariantes Komplement besitzt – vgl. etwa Hein (1990), p. 143.

Interessanterweise ist aber diese Darstellung nur scheinbar irreduzibel, wenn man zu *komplexen* Basisvektoren und komplexen Vektorkomponenten übergeht! Setzen wir

$$\mathbf{F}_\pm = \mathbf{E} \pm i\mathbf{B}, \tag{6.5.10}$$

so kann (5.8.5) in der Gestalt

$$\bar{\mathbf{F}}_+ = \gamma \mathbf{F}_+ - \frac{\gamma - 1}{v^2}(\mathbf{F}_+\mathbf{v})\mathbf{v} - i\gamma \mathbf{v} \times \mathbf{F}_+ \tag{6.5.11a}$$

$$\bar{\mathbf{F}}_- = \gamma \mathbf{F}_- - \frac{\gamma - 1}{v^2}(\mathbf{F}_-\mathbf{v})\mathbf{v} + i\gamma \mathbf{v} \times \mathbf{F}_- \tag{6.5.11b}$$

geschrieben werden, bei der $\mathbf{F}_\pm$ völlig separat transformiert werden, wie dies natürlich auch für räumliche Drehungen der Fall ist. Wegen der Produktzerlegung $L = L_R L_\mathbf{v}$ nimmt dann auch die Darstellung aller allgemeinen Elemente $L \in \mathcal{L}_+^\uparrow$ *zugleich* Blockform an. Bei Zugrundelegung des komplexen Zahlenkörpers **C** (*Komplexifizierung* des zunächst reellen Darstellungsraums) zerfällt also die Sechservektordarstellung in zwei (zueinander *konjugiert-komplexe*) dreidimensionale Darstellungen. Sie sind – bereits für räumliche Drehungen – irreduzibel.

Bemerkenswert ist, daß die Transformationen (6.5.11) komplex-orthogonal sind – so geht etwa (6.5.11a) mit $\mathbf{v}/v = \mathbf{n}$ und $\gamma = \cos\alpha$, $i\gamma v = \sin\alpha$ (wo α imaginär) in (1.3.1) mit $\mathbf{F}_+$ statt $\mathbf{x}$ und $\mathbf{n}$ statt $\boldsymbol{\alpha}/\alpha$ über. Daher sind auch die beiden Darstellungen der allgemeinen Lorentztransformationen komplex-orthogonal, und der Ausdruck

$$\mathbf{F}_\pm^2 = (\mathbf{E} \pm i\mathbf{B})^2 = \mathbf{E}^2 - \mathbf{B}^2 \pm i \cdot 2\mathbf{E}\mathbf{B} \tag{6.5.12}$$

ist invariant: Real- und Imaginärteil sind gerade die früher diskutierten Invarianten (5.8.1) des Feldstärkentensors.

Die Matrizen der beiden gefundenen Teildarstellungen gehören jeweils zur komplex-orthogonalen Gruppe SO(3,C). Da in (6.5.11) die identische Transformation nur für $\mathbf{v} = \mathbf{0}$, d.h. für das Einheitselement in $\mathcal{L}_+^\uparrow$ entsteht und auch SO(3,C) sechsparametrig ist (3 komplexe = 6 reelle Parameter), erhalten wir hier einen Isomorphismus $\mathcal{L}_+^\uparrow \cong \mathrm{SO}(3, \mathrm{C})$.

Wie erwähnt sind (6.5.11a, b) zueinander komplex-konjugiert, man erhält (6.5.11b) aus (6.5.11a) durch komplexe Konjugation. Die beiden Darstellungen sind inäquivalent, wie sich noch herausstellen wird. Allgemein erhält man aus einer Darstellung $g \to T_g$ durch komplexe Matrizen mittels komplexen Konjugierens eine neue Darstellung $g \to T_g^*$, die zu T_g äquivalent oder inäquivalent sein kann.

Abstrakt gesprochen: zu einer Darstellung in einem komplexen Vektorraum **V** gehört die konjugiert-komplexe Darstellung im konjugiert-komplexen Vektorraum $\mathbf{V}^*$ (siehe Anhang B 3). Mathematisch hat man Gruppendarstellungen in Vektorräumen über verschiedenen Zahlenkörpern zu unterscheiden: Betrachtet man Darstellungen in Vektorräumen über dem Körper der reellen Zahlen, dann ist (6.5.10) irreduzibel; bei Zugrundelegung des Körpers der komplexen Zahlen dagegen reduzibel. In der Physik bezieht man üblicherweise den Reduzibilitätsbegriff auf den Körper **C** der komplexen Zahlen. Dies hat zwei anscheinend unabhängige Gründe.

Der erste ist mathematische Bequemlichkeit: die Darstellungstheorie über **C** ist – im wesentlichen wegen des Fundamentalsatzes der Algebra, d.h. wegen der algebraischen Abgeschlossenheit von **C**

– einfacher als über dem Körper **R** der reellen Zahlen, und die Darstellungstheorie über **R** wird am besten aus jener über **C** gewonnen.

Der zweite Grund aber ist die mathematische Struktur der *Quantenmechanik,* die bekanntlich mit *komplexen* Hilberträumen arbeitet. Natürlich kann man stets durch Übergang zu Real- und Imaginärteil zu einer bloß mit **R** arbeitenden Formulierung gelangen, die aber dann ebenso „nach komplexen Zahlen schreit", wie die Manipulation trigonometrischer Funktionen durch Verwendung der Exponentialfunktion mit komplexen Exponenten vereinfacht wird.

Historisch merkwürdig bleibt, daß die Quantenmechanik bereits in dieser komplexen Form entdeckt wurde – es hätte auch anders sein können, vgl. den pädagogischen Artikel von Jensen und Hepp, „Klassische Feldtheorie der polarisierten Kathodenstrahlung und ihre Quantelung" Sitz. B. Heidelb. Akad. Wiss., Math. Naturw. Kl. 1971/4, pp. 89-122, sowie R.G. Gehrenbeck, Physics Today, *31,* No.1, 34 (1978) zur Geschichte der Materiewelleninterferenzexperimente.

Um die Relevanz der betrachteten Kombination $\mathbf{F}_+ = \mathbf{E} + i\mathbf{B}$ zu beleuchten, weisen wir darauf hin, daß die Maxwellschen Gleichungen im Vakuum, (5.2.1,2) mit $\rho = 0$, $\mathbf{j} = \mathbf{0}$, sich komplex zusammenfassen lassen als

$$\operatorname{div}\mathbf{F}_+ = 0, \qquad i\frac{\partial}{\partial t}\mathbf{F}_+ = \operatorname{rot}\mathbf{F}_+ \tag{6.5.13a}$$

oder auch

$$\operatorname{div}\mathbf{F}_- = 0, \qquad -i\frac{\partial}{\partial t}\mathbf{F}_- = \operatorname{rot}\mathbf{F}_-, \tag{6.5.13b}$$

wie es der Lorentzinvarianz der Gleichungen und der oben gefundenen Reduzibilität entspricht. Dabei ist wesentlich, daß man mit $\mathbf{E} + i\mathbf{B} =: \mathbf{F}_+$ (*oder* $\mathbf{E} - i\mathbf{B} =: \mathbf{F}_-$) jeweils *allein* auskommt: stünde etwa im Induktionsgesetz das umgekehrte Vorzeichen (was physikalisch verheerende Folgen hätte), müßte man $\mathbf{E}+i\mathbf{B}$ und $\mathbf{E}-i\mathbf{B}$ gleichzeitig verwenden, wenn mit diesen Variablen gearbeitet werden soll, und es träte keine Vereinfachung ein, es läge keine „komplexe Struktur" (Anhang B.6) in den Gleichungen verborgen. Der direkten Entdeckung der Schrödingergleichung in komplexer Gestalt entspräche eine Entdeckung der Vakuum-Maxwellgleichungen in der Form $\operatorname{rot}\mathbf{F}_+ = i\frac{\partial \mathbf{F}_+}{\partial t}$, $\operatorname{div}\mathbf{F}_+ = 0$, von der man nachträglich mittels $\operatorname{Re}\mathbf{F}_+ = \mathbf{E}$, $\operatorname{Im}\mathbf{F}_+ = \mathbf{B}$ wieder zur reellen Gestalt zurückgelangt. Dementsprechend gilt für die Vakuumgleichungen wie in der Quantenmechanik ein *komplexes Superpositionsprinzip:* mit $\mathbf{F}_+$, $\mathbf{F}'_+$ ist auch $c\mathbf{F}_+ + c'\mathbf{F}'_+$ Lösung, wo $c, c' \in \mathbf{C}$. Das einzig Neue dabei sind die *Dualitätsrotationen* $\mathbf{F}_+ \to e^{i\alpha}\mathbf{F}_+$ (α reell). Die Natur der *Quellen* des Maxwellfeldes – genauer das experimentell konstatierte Fehlen von magnetischen Ladungen und Strömen – zerstört aber bei den inhomogenen Gleichungen die Invarianz unter Dualitätsrotationen.

Aufgaben

1. Das Eigenzeitdifferential ds ist lorentzinvariant, d.h., es transformiert unter $\mathcal{L}^\uparrow$ nach der trivialen Darstellung. Unter welcher Darstellung von $\mathcal{L}$ transformiert es? (Man berücksichtige, daß $ds = dt$ im Ruhsystem!)

2. Vierergeschwindigkeit u und Viererstrom eu transformieren unter $\mathcal{L}^\uparrow$ nach der Vierervektordarstellung (6.4.1). Bei $\mathcal{L}$ ist jedoch zu beachten, daß Zeitumkehr als Bewegungsumkehr zu deuten ist. Man zeige, daß daraus, oder auch aus dem Ergebnis von Aufgabe 1 folgt: Vierergeschwindigkeit und Viererstrom transformieren unter $\mathcal{L}$ nach dem Kroneckerprodukt der Vierervektordarstellung und der eindimensionalen Darstellung $g \to \operatorname{sign} L^0{}_0(g)$.

3. Das Transformationsgesetz des Viererpotentials A und des Feldstärkentensors F wurde bisher mit $A^i \to L^i{}_k A^k$, $F^{ik} \to L^i{}_m L^k{}_n F^{mn}$ angegeben. Dadurch ist automatisch ein Raum- und Zeitspiegelungsverhalten impliziert, wenn $g \to L^i{}_m(g)$

über ganz $\mathcal{L}$ variiert. Ist das Feld gemäß (5.2.13) an seine Quellen gekoppelt, so muß das Spiegelungsverhalten dem der Quellen (vgl. Aufgabe 2) angepaßt sein. Wie lautet das entsprechend korrigierte Transformationsverhalten unter ganz $\mathcal{L}$? Man diskutiere das Resultat anhand des Örsted-Experimentes durch Ausführung aktiver Raumspiegelungen bzw. Bewegungsumkehr. Nach welcher Darstellung transformiert der duale Feldstärkentensor?

4. Man zeige, daß die unter $\mathcal{L}_+^\uparrow$ invarianten Teilräume $\{\mathbf{E} \pm i\mathbf{B}\}$ auch unter $\mathcal{L}_+$ invariant sind, jedoch bei Raum- und Zeitspiegelungen ineinander transformieren.

5. Man zeige, daß die definierenden Darstellungen von SO(3,**R**) und $\mathcal{L}_+^\uparrow$ irreduzibel sind und auch nach Komplexifizierung irreduzibel bleiben. (Man schließe nichttriviale Teilräume der Dimensionen 1, 2, 3 aus.)

6. $g \to T_g$ sei eine irreduzible Darstellung der Gruppe $\mathcal{G}$ im Raum $\mathbf{V}$, $v \neq o$ ein beliebiger Vektor aus $\mathbf{V}$. Man zeige, daß die Menge der Vektoren $T_g v$, wo g über $\mathcal{G}$ variiert, ganz $\mathbf{V}$ aufspannt („zyklischer Vektor“). Ist umgekehrt jeder Vektor zyklisch, so ist $\mathbf{V}$ irreduzibel.

7. Man zeige: Ist $\mathbf{V}' \subset \mathbf{V}$ ein invarianter Teilraum, so kann auch im Quotientenraum $\mathbf{V}/\mathbf{V}'$ in natürlicher Weise eine Darstellung definiert werden. Wie hängen die Darstellungen in $\mathbf{V}'$, $\mathbf{V}/\mathbf{V}'$ mit den in (6.5.9) auftretenden Matrizen T_g', T_g'' zusammen?

8. $g \to T_g$ sei eine *reelle* Darstellung von $\mathcal{G}$, d.h. die T_g sind lineare Operatoren in einem reellen Vektorraum $\mathbf{V}$. Die Darstellung sei reell-irreduzibel und werde komplexifiziert, d.h. die T_g werden zu komplex-linearen Operatoren T_g^c auf dem komplexifizierten Vektorraum $\mathbf{V}^c$ ausgedehnt. Man zeige, daß die entstehende komplexe Darstellung entweder irreduzibel ist oder in zwei irreduzible, komplex-konjugierte Darstellungen zerfällt.
Anleitung: Ist $\mathbf{W} \subset \mathbf{V}^c$ unter den T_g^c invariant und bedeutet * die komplexe Konjugation *in* $\mathbf{V}^c$, so ist auch $\mathbf{W}^*$ und damit $\mathbf{W} \cap \mathbf{W}^*$ sowie die lineare Hülle $\prec \mathbf{W} \cup \mathbf{W}^* \succ$ invariant. Man folgere nun $\mathbf{W} \cap \mathbf{W}^* = \{o\}$, $\mathbf{W} \oplus \mathbf{W}^* = \mathbf{V}^c$!

6.6 Das Schursche Lemma

Die Indexschreibweise bzw. das explizite Ausschreiben von Darstellungsmatrizen sind für hochdimensionale oder die später zu betrachtenden unendlichdimensionalen Darstellungen wenig geeignet. Es ist deshalb günstig, sich der Formulierungen der *abstrakten Algebra*[1] zu bedienen (wobei die aktive Interpretation der Transformation zugrundezulegen ist).

Aus den im vorigen Abschnitt angeführten Gründen arbeiten wir mit Vektorräumen über dem Körper **C** der komplexen Zahlen.

[1]Siehe z.B. P. Halmos, (1974); Greub (1975), (1978); sowie Anhang B!

Sei $g \to T_g$ eine Darstellung der Gruppe $\mathcal{G} = \{g, \ldots\}$ im Vektorraum $\mathbf{V}$, d.h., die T_g seien lineare, nichtsinguläre Abbildungen von $\mathbf{V}$ in sich:

$$T_g(\alpha v + \beta w) = \alpha\, T_g v + \beta\, T_g w \qquad v, w \in \mathbf{V} \qquad \alpha, \beta \in \mathbf{C},$$

welche die Darstellungseigenschaft

$$T_{g_1} T_{g_2} = T_{g_1 g_2}, \qquad T_e = \mathrm{id}_{\mathbf{V}} \tag{6.6.1}$$

besitzen. ($\mathrm{id}_{\mathbf{V}}$ ist die identische Abbildung von $\mathbf{V}$ auf sich). Durch Wahl einer Basis $\{e_i\}$ in $\mathbf{V}$ kann man bei Bedarf von T_g zu den früher eingeführten Matrizen $T_g = \left({T_g}^i{}_k\right)$ zurückkehren (siehe dazu Abschnitt 3.3), wie dies bei konkreten Anwendungen meist notwendig ist.

Die Darstellung T_g heißt *reduzibel,* wenn ein nichttrivialer linearer Teilraum $\mathbf{V}_1 \subset \mathbf{V}$ existiert, so daß für alle T_g

$$T_g \mathbf{V} \subset \mathbf{V}_1 \tag{6.6.2}$$

(genauer: $T_g v \in \mathbf{V}_1$ für $v \in \mathbf{V}_1$) erfüllt ist. $\mathbf{V}_1$ heißt unter der Darstellung *invariant.* Bei irreduziblen Darstellungen sind nur $\mathbf{V}$ selbst und $\{o\}$ invariant.

Zwei Darstellungen $g \to T_g$, $g \to T'_g$ in den Räumen $\mathbf{V}$, $\mathbf{V}'$ heißen *äquivalent,* $T_g \cong T'_g$, wenn eine umkehrbar eindeutige lineare Abbildung S von $\mathbf{V}$ auf $\mathbf{V}'$ mit $T_g = S^{-1} T'_g S$ für alle $g \in \mathcal{G}$ existiert (siehe dazu (6.4.8)). Die Äquivalenz kann wegen $S\,T_g = T'_g S$ auch durch das in Abb. 6.3 gezeigte kommutative Diagramm illustriert werden.

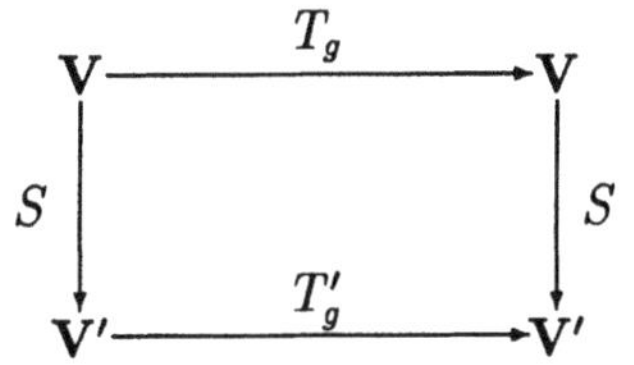

Die Wege $\xrightarrow{}\downarrow$ und $\downarrow\xrightarrow{}$ sind gleichwertig

Abb. 6.3. Kommutatives Diagramm

Falls S eine (nicht notwendig umkehrbar eindeutige) lineare Abbildung von $\mathbf{V}$ in $\mathbf{V}'$ mit $T'_g S = S\,T_g$ ist[2], wird das Bild $S\,\mathbf{V} = \mathbf{V}'_1 \subset \mathbf{V}'$ jedenfalls ein linearer Teilraum von $\mathbf{V}'$, der wegen $T'_g \mathbf{V}'_1 = T'_g S\,\mathbf{V} = S\,T_g \mathbf{V} = S\,\mathbf{V} = \mathbf{V}'_1$ unter T'_g invariant ist. Ebenso ist die Menge $\mathbf{V}_0 \subset \mathbf{V}$ aller Vektoren, die durch S in den Nullvektor von $\mathbf{V}'$ übergeführt werden, ein unter T_g invarianter Teilraum von $\mathbf{V}$, da aus $\{o'\} = = T'_g S\,\mathbf{V}_0 = S\,T_g \mathbf{V}_0$ folgt $T_g \mathbf{V}_0 \subset \mathbf{V}_0$.

Daraus können wir folgenden *Satz* entnehmen:

Sind $g \to T_g$, $g \to T'_g$ zwei irreduzible Darstellungen in den Räumen $\mathbf{V}$ und $\mathbf{V}'$, und ist S eine lineare Abbildung von $\mathbf{V}$ in $\mathbf{V}'$, für die $S\,T_g = T'_g S$ gilt, so verschwindet S entweder identisch, oder S ist eindeutig umkehrbar und die Darstellungen sind äquivalent.

[2]Engl. *'intertwiner'* genannt. Die Selbstintertwiner einer Darstellung bilden ihre *Kommutante.*

Wegen der Irreduzibilität von T_g und T'_g müssen nämlich $\mathbf{V}'_1$ bzw. $\mathbf{V}_0$ mit $\{o'\}$ oder $\mathbf{V}'$ bzw. $\{o\}$ oder $\mathbf{V}$ übereinstimmen. $\mathbf{V}_0 = \mathbf{V}$ oder $\mathbf{V}'_0 = \{o'\}$ bedeuten $S \equiv 0$, $\mathbf{V}_0 = \{o\}$ und $\mathbf{V}'_1 = \mathbf{V}'$ impliziert hingegen, daß S umkehrbar eindeutig ist und $\mathbf{V}$ auf $\mathbf{V}'$ abbildet.

Der oben angegebene Satz bildet den ersten Teil des *Schurschen Lemmas;* dessen noch wichtigere zweite Hälfte lautet:

Ist $g \to T_g$ eine Darstellung im Raum $\mathbf{V}$ und $S : \mathbf{V} \to \mathbf{V}$ eine lineare Abbildung, die mit allen T_g kommutiert, so muß entweder S ein Vielfaches der Identität $\mathrm{id}_{\mathbf{V}}$ *oder T_g reduzibel sein.*

Zum Beweis betrachten wir den linearen Teilraum $\mathbf{V}_S \subset \mathbf{V}$ der Eigenvektoren v von S zum Eigenwert s, also $Sv = sv$. Wegen $S\,T_g = T_g\,S$ gilt $S\,T_g\,v = T_g\,S\,v = s\,T_g\,v \in \mathbf{V}_S$, $\mathbf{V}_S$ ist invariant unter allen T_g. $\mathbf{V}_S$ ist ein invarianter Teilraum, der (falls T_g irreduzibel ist) mit $\mathbf{V}$ zusammenfallen muß (Eigenvektoren müssen stets vom Nullvektor verschieden sein); $Sv = sv$ für alle $v \in \mathbf{V}$ bedeutet aber gerade $S = \mathrm{id}_{\mathbf{V}}$.

Die Voraussetzung von Vektorräumen über dem Körper der komplexen Zahlen sichert die Existenz von Eigenvektoren und Eigenwerten, da dann die Lösungen der charakteristischen Gleichung $\det(S^i{}_k - s\,\delta^i{}_k) = 0$ (im endlichdimensionalen Fall) stets möglich ist. Ob im Fall $S \propto \mathrm{id}$ Reduzibilität oder weitergehend Zerlegbarkeit vorliegt, hängt von der Elementarteilerstruktur von S ab, insbesondere davon, ob die Eigenräume von S ganz $\mathbf{V}$ aufspannen. Das allgemeine Lemma garantiert bei nichttrivialer Kommutante nur Reduzibilität.

Zum unendlichdimensionalen Fall siehe Neumark (1959). Für den reellen Grundkörper siehe Kirillow (1976), p. 119.

Die *(äußere) direkte Summe* $\mathbf{V} = \mathbf{V}' \oplus \mathbf{V}''$ *zweier Vektorräume* ist die Menge aller Paare $(v', v'') =: v' \oplus v''$, versehen mit der Vektorraumstruktur

$$\alpha(v', v'') + \beta(w', w'') = (\alpha v' + \beta w', \alpha v'' + \beta w''). \tag{6.6.3}$$

Die Vektoren $v' \oplus o''$ und $o' \oplus v''$ bilden zwei Teilräume $\mathbf{V}_1$ und $\mathbf{V}_2$ von $\mathbf{V}$. Jeder Vektor aus $\mathbf{V}' \oplus \mathbf{V}''$ ist eindeutig als Summe eines Vektors v_1 aus $\mathbf{V}_1$ und eines Vektors v_2 aus $\mathbf{V}_2$ darstellbar:

$$v' \oplus v'' = v_1 + v_2 = (v' \oplus o'') + (o' \oplus v''). \tag{6.6.4}$$

Die *Projektionsoperatoren* $P_1 : \mathbf{V} \to \mathbf{V}_1$, $P_2 : \mathbf{V} \to \mathbf{V}_2$ sind durch

$$P_1 v = v_1 \in \mathbf{V}_1, \qquad P_2 v = v_2 \in \mathbf{V}_2 \tag{6.6.5}$$

definiert. Die linearen Abbildungen P_1 und P_2 erfüllen

$$\begin{aligned} &P_1^2 = P_1, && P_2^2 = P_2, \\ &P_1 P_2 = 0, && P_2 P_1 = 0, \\ &P_1 + P_2 = \mathrm{id}_{\mathbf{V}}. && \textit{(Komplementäre Projektionen)} \end{aligned} \tag{6.6.6}$$

Diese Relationen gelten für jeden Vektorraum $\mathbf{V}$, in dem zwei Teilräume $\mathbf{V}_1$ und $\mathbf{V}_2$ gegeben sind, so daß sich jeder Vektor $v \in \mathbf{V}$ *eindeutig* in der Form $v = v_1 + v_2$ schreiben läßt, wobei $v_1 \in \mathbf{V}_1$, $v_2 \in \mathbf{V}_2$. $\mathbf{V}$ ist dann zur direkten Summe $\mathbf{V}_1 \oplus \mathbf{V}_2$

isomorph und heißt deren *innere direkte Summe.* Entsprechendes gilt für mehrere Summanden.

Es ist zu betonen, daß die Einführung der Projektionsoperatoren P nur möglich ist, wenn die Zerlegung von $\mathbf{V}$ als direkte Summe vorliegt. Die Auszeichnung *eines* der beiden Teilräume allein reicht noch nicht aus, um eine Projektion auf ihn zu definieren. Dies ist nur möglich, wenn in $\mathbf{V}$ ein geeigneter Orthogonalitätsbegriff, d.h. ein Skalarprodukt eingeführt ist; vgl. Abschnitt 7.5.

Ist hingegen ein idempotenter linearer Operator $P_1 : \mathbf{V} \to \mathbf{V}$, $P_1^2 = P_1$, gegeben, so definiert $P_1\mathbf{V} = \mathbf{V}_1$ einen linearen Teilraum, ebenso $P_2 := \mathrm{id}_{\mathbf{V}} - P_1$ einen Teilraum $\mathbf{V}_2$; auch P_2 ist idempotent:

$$P_2^2 = (\mathrm{id}_{\mathbf{V}} - P_1)(\mathrm{id}_{\mathbf{V}} - P_1) = \mathrm{id}_{\mathbf{V}} - P_1 - P_1 + P_1^2 = P_2$$

und erfüllt

$$P_1P_2 = P_1 - P_1^2 = P_1 - P_1 = 0, \qquad \text{ebenso} \qquad P_2P_1 = 0,$$
$$P_1 + P_2 = \mathrm{id}_{\mathbf{V}}.$$

Es ist leicht zu sehen, daß $\mathbf{V} = \mathbf{V}_1 \oplus \mathbf{V}_2$ ist. Die Existenz eines (nichttrivialen, d.h. vom Null- und Einheitsoperator verschiedenen) idempotenten Operators definiert also eine Zerlegung des Raumes in eine direkte Summe.

Sind in zwei Vektorräumen $\mathbf{V}'$ und $\mathbf{V}''$ Darstellungen T_g' und T_g'' einer Gruppe $\mathcal{G}$ definiert, so wird die *direkte Summe* $T_g' \oplus T_g''$ *der Darstellungen* als Abbildung von $\mathbf{V}' \oplus \mathbf{V}''$ in sich erklärt, für die

$$\left(T_g' \oplus T_g''\right)(v' \oplus v'') := T_g' v' \oplus T_g'' v''. \tag{6.6.7}$$

$g \to T_g' \oplus T_g''$ ist wieder Darstellung, wie man leicht einsieht.

Gestattet umgekehrt eine Darstellung $g \to T_g$ im Raum $\mathbf{V}$ die invarianten Unterräume $\mathbf{V}'$ und $\mathbf{V}''$ mit $\mathbf{V} = \mathbf{V}' \oplus \mathbf{V}''$, so zerfällt T_g in die direkte Summe der in $\mathbf{V}'$, $\mathbf{V}''$ entstehenden *Teildarstellungen* T_g', T_g'': $T_g = T_g' \oplus T_g''$. (T_g' und T_g'' sind formal durch $T_g'v = T_gv$, $T_g''v = T_gv$ für $v \in \mathbf{V}'$ bzw. $\in \mathbf{V}''$ definiert; streng genommen wäre $T_g \cong T_g' \oplus T_g''$ zu schreiben, da $\mathbf{V}$ und $\mathbf{V}' \oplus \mathbf{V}''$ nur isomorph sind.) T_g kommutiert in diesem Fall mit den Projektionsoperatoren P', P'' auf $\mathbf{V}'$, $\mathbf{V}''$:

$$T_g P' = P' T_g, \qquad T_g P'' = P'' T_g. \tag{6.6.8}$$

Die Reduzibilität der Darstellung bei Vorhandensein des mit allen T_g kommutierenden Operators P' illustriert nochmals das Schursche Lemma. Bei Vorhandensein eines idempotenten Operators P, $P^2 = P$, der mit allen T_g kommutiert, zerfällt die Darstellung sogar, da mit P auch $\mathrm{id}_{\mathbf{V}} - P$ mit T_g vertauscht.

Die Umkehrung des Schurschen Lemmas gilt übrigens im allgemeinen nicht: wenn die Kommutante einer Darstellung trivial ist, d.h., nur die Vielfachen der Identität mit allen T_g kommutieren, folgt daraus nur, daß die Darstellung nicht zerfällt, jedoch nicht, daß sie irreduzibel ist. (Ein Gegenbeispiel ist in Aufgabe 10 angegeben; ein invarianter Teilraum allein definiert, wie oben erwähnt, noch keine Projektion.)

Als Beispiel zu diesen allgemeinen Überlegungen betrachten wir die einfachsten Tensordarstellungen der Lorentzgruppe.

Im Raum der Vierertensoren D zweiter Stufe bilden die symmetrischen und antisymmetrischen Tensoren lorentzinvariante Teilräume.

Die Tensordarstellung $g \to L(g) \otimes L(g)$ (siehe (6.4.12), aber hier aktiv zu interpretieren) ist folglich reduzibel. Die Projektion auf die beiden Teilräume ist durch die Zerlegung

$$D^{ik} = \frac{1}{2}\left(D^{ik} + D^{ki}\right) + \frac{1}{2}\left(D^{ik} - D^{ki}\right) =: T^{ik} + F^{ik} = \left(P_S{}^{ik}{}_{mn} + P_A{}^{ik}{}_{mn}\right) D^{mn} \quad (6.6.9)$$

gegeben, wobei die Projektionsoperatoren

$$P_S{}^{ik}{}_{mn} := \frac{1}{2}\left(\delta^i{}_m \delta^k{}_n + \delta^i{}_n \delta^k{}_m\right), \quad (6.6.10)$$

$$P_A{}^{ik}{}_{mn} := \frac{1}{2}\left(\delta^i{}_m \delta^k{}_n - \delta^i{}_n \delta^k{}_m\right) \quad (6.6.11)$$

invariante Tensoren sind, die (als Abbildungen) mit den Transformationen $L(g) \otimes L(g)$ kommutieren. In den Teilräumen wirken P_S und P_A als Identität, während P_S auf antisymmetrische, P_A auf symmetrische Tensoren angewendet Null ergibt. (6.6.9) bedeutet $P_S + P_A = \mathrm{id}$.

Bei Tensoren höherer Stufe sind die durch (5.5.3,5) definierten Operatoren der *totalen* Symmetrisierung bzw. Antisymmetrisierung wieder idempotent (vgl. Aufgabe 1 zu Abschnitt 5.5), ihre Summe ergibt jedoch nicht die Identität im betreffenden Tensorraum, da es neben totaler Symmetrie bzw. Antisymmetrie noch weitere Symmetrietypen gibt – vgl. Boerner (1955).

Im Teilraum der *symmetrischen Tensoren* T bilden die Vielfachen des invarianten Tensors η^{ik} einen eindimensionalen Teilraum, auf den der lorentzinvariante Operator P

$$P^{ik}{}_{mn} = \frac{1}{4}\eta^{ik}\eta_{mn}, \qquad P^2 = P, \quad (6.6.12)$$

projiziert, wobei

$$P^{ik}{}_{mn} T^{mn} = \frac{1}{4}\eta^{ik} T, \qquad T := \eta_{mn} T^{mn}. \quad (6.6.13)$$

Die komplementäre Projektion $\mathrm{id} - P$ projiziert T auf den spurfreien Anteil:

$$\begin{aligned} \left(\delta^i{}_m \delta^k{}_n - \frac{1}{4}\eta^{ik}\eta_{mn}\right) T^{mn} &= T^{ik} - \frac{1}{4}\eta^{ik} T; \\ \eta_{ik}\left(T^{ik} - \frac{1}{4}\eta^{ik} T\right) &= 0. \end{aligned} \quad (6.6.14)$$

In den Teilräumen – dem Raum der Vielfachen von η^{ik} bzw. dem Raum der spurfreien symmetrischen Tensoren – entstehen die triviale Darstellung bzw. eine neundimensionale Darstellung, deren Irreduzibilität wir noch zeigen werden.

Im Raum der antisymmetrischen Tensoren F ist eine weitere Zerlegung in unter der vollen Lorentzgruppe $\mathcal{L}$ invariante Teilräume nicht möglich (siehe Aufgabe 4 zu Abschnitt 6.5). Das Kroneckerprodukt $L(g) \otimes L(g)$ der Vektordarstellungen der *vollen Lorentzgruppe* $\mathcal{L}$ zerfällt daher in drei Anteile

$$[4] \otimes [4] = [1] \oplus [9] \oplus [6], \quad (6.6.15)$$

wobei die Tensordarstellungen durch die Angabe ihrer Dimensionszahlen in eckigen Klammern symbolisiert wurden. Schränken wir uns dagegen auf $\mathcal{L}_+$ ein, so kommutiert der Operator S, der durch die in 5.5 behandelte $*$-Operation gegeben ist,

$$S^{ik}{}_{mn}F^{mn} := *F^{ik} = \frac{1}{2}\epsilon^{ik}{}_{mn}F^{mn}, \tag{6.6.16}$$

mit allen Transformationen $L(g) \otimes L(g)$, $g \in \mathcal{L}_+$, da ϵ_{iklm} (unter $\mathcal{L}_+$) ein invarianter Tensor ist. Nach dem Schurschen Lemma ist die Darstellung von $\mathcal{L}_+$ im Raum der antisymmetrischen Tensoren F daher reduzibel. Aus der Herleitung des Lemmas geht hervor, daß wir zur Suche nach invarianten Teilräumen die Eigenvektoren von S (hier: „Eigentensoren" der $*$-Operation) zu ermitteln haben. Wegen (5.5.6) gilt $S^2 = -\mathrm{id}$, für die Eigenwerte folglich $s^2 = -1$, $s = \pm i$ und für die gesuchten Tensoren

$$*F = iF, \qquad \text{oder} \qquad *F = -iF. \tag{6.6.17}$$

Diese ***komplex-selbstdualen*** bzw. ***-antiselbstdualen*** Tensoren bilden zwei unter $\mathcal{L}_+$ invariante Teilräume (unter $\mathcal{L}_-$ werden die beiden Teilräume vertauscht, da ϵ_{iklm} das Vorzeichen wechselt), deren Deutung in Aufgabe 8 zu Abschnitt 5.5. angegeben wurde. Aus $S^2 = -\mathrm{id}$ folgt, daß die Operatoren $1/2(\mathrm{id} \mp iS)$ idempotent sind, also die Projektionen auf die beiden Teilräume liefern:

$$F = \underbrace{\frac{1}{2}(F - i\,{*F})}_{\text{selbstdual}} + \underbrace{\frac{1}{2}(F + i\,{*F})}_{\text{antiselbstdual}}. \tag{6.6.18}$$

Die beiden Anteile entsprechen gerade $-(\mathbf{E} + i\mathbf{B})/2$ bzw. $-(\mathbf{E} - i\mathbf{B})/2$. Die früher angegebenen Überlegungen zeigen, daß die sich ergebenden Teildarstellungen irreduzibel und inäquivalent sind.

Fassen wir die Ergebnisse über Tensoren zweiter Stufe zusammen: Das Kroneckerprodukt $L(g) \otimes L(g)$ zweier (irreduzibler) Vierervektordarstellungen $L(g)$ von $\mathcal{L}_+$ ist reduzibel, wobei die *Clebsch-Gordan-Zerlegung* in irreduzible Anteile durch

$$[4] \otimes [4] = [1] \oplus [9] \oplus [3] \oplus [3^*] \tag{6.6.19}$$

gegeben ist. ($[3^*]$ ist die zu $[3]$ komplex-konjugierte Darstellung.)

Mit diesem ausführlichen Anwendungsbeispiel beenden wir die einführenden Überlegungen zur Darstellungstheorie der Lorentzgruppe, die in Kapitel 8 durch die systematische Herleitung aller (endlichdimensionalen) irreduziblen Darstellungen ergänzt werden. Dazu benötigen wir die einfachere Darstellungstheorie der Drehgruppe, die wir in Kapitel 7 entwickeln werden.

Wir schließen hier noch eine Notation an. Die direkte Summe von Darstellungsräumen $\mathbf{V} \oplus \mathbf{W}$ und von Darstellungsoperatoren $T \oplus D$ haben wir abstrakt definiert. Das Tensorprodukt von Vektoren $v \in \mathbf{V}$ mit Vektoren $w \in \mathbf{W}$ wurde nur mittels seiner Komponenten $v^i w^\alpha$ beschrieben, und wir müssen hier auf die abstrakte Definition verzichten (siehe Anhang B.8). Wir führen jedoch die abstrakte Notation ein: $v \otimes w$ ist ein Vektor eines linearen Raumes $\mathbf{V} \otimes \mathbf{W}$ mit Komponenten $v^i w^\alpha$; $T \otimes D$ ist ein

Operator in $\mathbf{V} \otimes \mathbf{W}$ mit Matrix $T^i{}_k D^\alpha{}_\beta$. Die Rechengesetze für $\otimes$ können hieraus leicht abstrahiert werden.

Aufgaben[1]

1. Der Darstellungsraum $\mathbf{V}$ zerfalle in die direkte Summe von invarianten Teilräumen $\mathbf{V}_\mu$, $\mu = 1, 2, \ldots$. Sei $\mathbf{V}' \subset \mathbf{V}$ ein irreduzibler invarianter Teilraum. Dann ist entweder $\mathbf{V}' \subset \mathbf{V}_\mu$ für ein μ, oder einige $\mathbf{V}_\mu$ enthalten je einen zu $\mathbf{V}'$ äquivalenten (irreduziblen) Teilraum. Beweis?
   Anleitung: Die Parallelprojektionen $P_\mu : \mathbf{V} \to \mathbf{V}_\mu$ definieren lineare Abbildungen $S_\mu : \mathbf{V}' \to \mathbf{V}_\mu$, von denen wenigstens eine injektiv sein muß. Man unterscheide nun die Fälle, wo genau ein S_μ oder mehrere davon injektiv sind.

2. Eine vollreduzible Darstellung sei *multiplizitätsfrei,* d.h., bei einer Ausreduktion mögen sich lauter paarweise inäquivalente irreduzible Bestandteile ergeben. Man zeige: Jeder mögliche irreduzible Bestandteil stimmt mit einem von ihnen überein, und die Ausreduktion ist daher (bis auf die Reihenfolge) eindeutig bestimmt; jeder invariante Teilraum ist direkte Summe einiger dieser irreduziblen Bestandteile.
   Anleitung: Man benütze den Satz von Aufgabe 1.

   Während die Sätze von Aufgaben 1, 2 über beliebigen Grundkörpern gelten, da sie nur Schur I benützen, ist in den folgenden Aufgaben stets $\mathbf{C}$ als Grundkörper vorausgesetzt.

3. Man beweise den zweiten Teil des Schurschen Lemmas durch Zurückführung auf den ersten Teil: Aus $T_g S = S T_g$ folgt auch $T_g (S - s\,\mathrm{id}_\mathbf{V}) = (S - s\,\mathrm{id}_\mathbf{V}) T_g$ für alle $s \in \mathbf{C}$. Was folgt nun, wenn s so gewählt wird, daß $S - s\,\mathrm{id}_\mathbf{V}$ singulär wird?

4. Man zeige, daß für zwei gegebene äquivalente irreduzible Darstellungen die Äquivalenzabbildung bis auf einen Zahlfaktor $\neq 0$ eindeutig ist.
   Hinweis: S, S' seien zwei mögliche Äquivalenzabbildungen; man betrachte $S^{-1}S'$ und verwende das Schursche Lemma.

5. Eine irreduzible Darstellung T_g sei zur komplex-konjugierten T_g^* äquivalent. Man zeige, daß für die Äquivalenzabbildung S das Produkt SS^* ein *reelles* Vielfaches der Identität ist und durch Umnormieren von S zu $\pm\mathrm{id}$ gemacht werden kann.
   Anleitung: Man wende auf die komplex-konjugierte Äquivalenzbedingung den vorigen Satz an.
   Dieses Ergebnis liefert eine *Klassifikation* der komplexen irreduziblen Darstellungen: 1. S existiert nicht (*komplexer Typ*). 2. $SS^* = +\mathrm{id}$ erreichbar (*reeller Typ,* weil hier eine Basis $\{e_i\}$ mit $Se_i = e_i^*$ existiert, bezüglich der die T_g reelle

[1] Diese Aufgaben von etwas abstrakterer Natur sollen den Anwendungsbereich des Schurschen Lemmas verdeutlichen.

Matrizen haben). 3. $SS^* = -\mathrm{id}$ (*quaternionischer Typ,* weil hier die Darstellungsdimension durch Verwendung von Quaternionen halbiert werden kann, wie wir aber nicht näher ausführen wollen).

6. Eine vollreduzible Darstellung sei ein *Vielfaches einer irreduziblen* (auch *isotypische* oder *Faktordarstellung* genannt), d.h., bei einer Ausreduktion $\mathbf{V} = \mathbf{V}_1 \oplus \mathbf{V}_2 \oplus \ldots \oplus \mathbf{V}_h$ mögen sich alle $\mathbf{V}_\mu$ als äquivalent zu einem irreduziblen Darstellungsraum $\mathbf{V}_0$ erweisen; $A_\mu : \mathbf{V}_0 \to \mathbf{V}_\mu$ seien fest gewählte Äquivalenzabbildungen. Man zeige:
i) Zu jeder Wahl von Verhältnissen $a^1 : a^2 : \ldots \neq 0 : 0 : \ldots$ gehört ein invarianter, zu $\mathbf{V}_0$ äquivalenter irreduzibler Teilraum
$$\mathbf{V}' := A'\mathbf{V}_0 \subset \mathbf{V}, \qquad A'v_0 = a^\rho A_\rho v_0 \quad \text{für} \quad v_0 \in \mathbf{V}_0. \tag{6.6.20}$$
ii) Jeder irreduzible invariante Teilraum $\mathbf{V}' \subset \mathbf{V}$ läßt sich mit eindeutig bestimmten Verhältnissen $a^1 : a^2 : \ldots$ in der Form (6.6.20) schreiben, ist also zu $\mathbf{V}_0$ äquivalent.
iii) Jede Ausreduktion hat die Gestalt
$$\begin{aligned} &\mathbf{V} = \mathbf{V}_1' \oplus \mathbf{V}_2' \oplus \ldots \oplus \mathbf{V}_h' \\ &\mathbf{V}_\mu' := A_\mu' \mathbf{V}_0, \qquad A_\mu' v_0 = a^\rho{}_\mu A_\rho v_0 \quad \text{für} \quad v_0 \in \mathbf{V}_0, \end{aligned} \tag{6.6.21}$$
wo $a^\rho{}_\mu$ eine nichtsinguläre $h \times h$-Matrix ist; umgekehrt liefert jede solche Matrix gemäß (6.6.21) eine Ausreduktion.
Hinweise: ad i) A' besitzt eine Inverse, da $A'v_0 = o$ für $v_0 \neq o$ eine nichttriviale Zerlegung des Nullvektors bezüglich der $\mathbf{V}_\mu$ ergäbe. ad ii) Mit S_μ wie in der Anleitung zu Aufgabe 1 kann man auf die Abbildungen $A_1^{-1}S_1$, $A_2^{-1}S_2, \ldots$ den Satz von Aufgabe 4 anwenden. ad iii) Zu gegebener Ausreduktion $\mathbf{V}_1' \oplus \mathbf{V}_2' \oplus \ldots$ kann die Matrix a nach ii) gebildet werden; wäre sie singulär, ergäbe die lineare Abhängigkeit ihrer Spalten sofort eine nichttriviale Zerlegung des Nullvektors bezüglich der $\mathbf{V}_\mu'$. Für die Umkehrung beachte man $\mathbf{V}_\mu = \{v = (a^{-1})^\rho{}_\mu A_\rho' v_0 \mid v_0 \in \mathbf{V}_0\}$ und die Dimensionen.

7. Welche Gestalt haben Selbstintertwiner $A : \mathbf{V} \to \mathbf{V}$, wenn $\mathbf{V}$ vollreduzibel und a) multiplizitätsfrei, oder b) isotypisch ist?
Lösung: Da A irreduzible in äquivalente irreduzible Teilräume überführt oder annihiliert, ergibt sich mit den vorigen Bezeichnungen
$$\begin{aligned} &\text{a)} \quad A = \lambda_1 \,\mathrm{id}_{\mathbf{V}_1} \oplus \lambda_2 \,\mathrm{id}_{\mathbf{V}_2} \oplus \ldots = \lambda_1 P_1 + \lambda_2 P_2 + \ldots, \qquad \lambda_\mu \in \mathbf{C} \\ &\text{b)} \quad A = A_1' A_1^{-1} \oplus A_2' A_2^{-1} \oplus \ldots = A_1' A_1^{-1} P_1 + \ldots. \end{aligned} \tag{6.6.22}$$

8. Die Beschreibung der irreduziblen Teilräume und Selbstintertwiner $\mathbf{V} \to \mathbf{V}$ für isotypische Darstellungen, wie sie in der vorigen Aufgabe gegeben wurde, enthält willkürliche Elemente (die spezielle Wahl der $\mathbf{V}_\mu$, der A_μ). Eine andere Version, wo diese zum Teil eliminiert sind, lautet folgendermaßen:
i) $\mathbf{V}$ kann als Tensorprodukt $\mathbf{V}_h \otimes \mathbf{V}_0$ aufgefaßt werden, wo $\mathbf{V}_h$ irgendein h-dimensionaler Hilfs-Vektorraum ist; invariante Teilräume $\mathbf{V}'$ von $\mathbf{V}$ haben die

Gestalt $\mathbf{V}'_h \otimes \mathbf{V}_0$, $\mathbf{V}'_h \subset \mathbf{V}_h$ Teilraum, eindimensional für $\mathbf{V}'$ irreduzibel.
ii) Die Darstellungsoperatoren T_g haben die Form $\mathrm{id}_{\mathbf{V}_h} \otimes {}_0T_g$, wo ${}_0T_g$ die irreduzible Darstellung in $\mathbf{V}_0$ ist.
iii) Die Selbstintertwiner $A: \mathbf{V} \to \mathbf{V}$ haben die Form $A_h \otimes \mathrm{id}_{\mathbf{V}_0}$, wo A_h eine beliebige lineare Abbildung von $\mathbf{V}_h$ in sich ist.
Man mache sich diese Umformulierung durch die Wahl einer Basis in $\mathbf{V}_0$ klar.
Anleitung: $\{b_1, b_2, \ldots\}$ sei eine Basis in $\mathbf{V}_0$, dann ist $\{b_{\mu i}\} := \{A_\mu b_i\}$ Basis in $\mathbf{V}_\mu$ und $\{b_{11}, \ldots, \ldots, b_{h1}, \ldots\}$ Basis in $\mathbf{V}$, bezüglich welcher $v \in \mathbf{V}$ Komponenten $v^{\mu i}$ hat. Ist ${}_0T_g b_k = t^i{}_k(g)\, b_i$, so gilt auch $T_g b_{\mu k} = t^i{}_k(g)\, b_{\mu i}$, ferner $A\, b_{\mu k} = a^\nu{}_\mu\, b_{\nu k}$, also $(T_g v)^{\mu i} = t^i{}_k(g)\, v^{\mu k} = \delta^\mu{}_\nu\, t^i{}_k(g)\, v^{\nu k}$, $(Av)^{\mu i} = a^\mu{}_\nu\, v^{\nu i} = a^\mu{}_\nu\, \delta^i{}_k\, v^{\nu k}$.

9. Was ergibt sich aus Aufgaben 2, 6, 7 über invariante Teilräume, Eindeutigkeit der Ausreduktion und die Kommutante beliebiger vollreduzibler Darstellungsräume?

10. Die Matrizen der Form $\begin{pmatrix} a & b \\ 0 & 1 \end{pmatrix}$ mit $a \neq 0$ bilden eine Gruppe und zugleich eine reduzible Darstellung davon. Man zeige, daß nur die Vielfachen der Einheitsmatrix mit allen derartigen Matrizen kommutieren. Für die Untergruppe mit $a = 1$ ist die Kommutante nichttrivial, die Darstellung zerfällt aber nicht.

11. Man untersuche die Kommutante einer reellen irreduziblen Darstellung, indem man zuerst die Kommutante ihrer Komplexifizierung (vgl. Aufgabe 8 von Abschnitt 6.5) studiert.
Anleitung: Ist die Komplexifizierung irreduzibel, so ist die reelle Kommutante offenbar gleich $\mathbf{R}\,\mathrm{id}_{\mathbf{V}}$ (*reeller Typ*). Zerfällt sie hingegen in zwei konjugiert-komplexe Teildarstellungen in den Teilräumen $\mathbf{W}$, $\mathbf{W}^*$, auf die P, P^* projizieren mögen, sind zwei Fälle möglich. a) Die Teildarstellungen sind inäquivalent; dann ist die reelle Kommutante $\mathbf{R}\,\mathrm{id}_{\mathbf{V}} + \mathbf{R}I$, wo I durch seine Komplexifizierung $I^c := i(P - P^*)$ bestimmt ist und $I^2 \equiv -\mathrm{id}_{\mathbf{V}}$ erfüllt (*komplexer Typ*). b) Die Teildarstellungen sind äquivalent, es sei S eine Äquivalenzabbildung wie in Aufgabe 5; dann ist die reelle Kommutante $\mathbf{R}\,\mathrm{id}_{\mathbf{V}} + \mathbf{R}I + \mathbf{R}J + \mathbf{R}K$, wo I, J, K durch ihre Komplexifizierungen $I^c := i(P - P^*)$, $J^c := PS^*P^* + P^*SP$, $K^c := i(PS^*P^* - P^*SP)$ bestimmt sind und $I^2 \equiv -\mathrm{id}_{\mathbf{V}}$, $IJ + JI \equiv 0$, $IJ \equiv K$, $J^2 \equiv K^2 \equiv \pm\mathrm{id}_{\mathbf{V}}$ für $S^*S = \pm\mathrm{id}_{\mathbf{W}}$ erfüllen; das obere Vorzeichen scheidet aus, sonst hätten J, K reelle invariante Eigenräume (*quaternionischer Typ*).

7 Darstellungstheorie der Drehgruppe

Bevor wir die irreduziblen Darstellungen der Lorentzgruppe suchen, behandeln wir das gleiche Problem für die Drehgruppe SO(3,**R**). Vier Gründe sind dafür ausschlaggebend:

a) Die allgemeinen Methoden lassen sich anhand der Drehgruppe einfach erläutern.

b) Die in Abschnitt 6.5 erwähnte Isomorphie zwischen $\mathcal{L}_+^\uparrow$ und der komplexen Drehgruppe SO(3,**C**) läßt erwarten, daß analytische Fortsetzungen der Darstellungen von SO(3,**R**) zu solchen der Lorentzgruppe führen (wobei sich zwar nicht alle Darstellungen ergeben, die verbleibenden aber leicht ermittelt werden können).

c) Die unitären Darstellungen der Drehgruppe spielen in der Quantenmechanik des Drehimpulses eine wichtige Rolle, so daß sich leicht Querverbindungen zwischen den hier abstrakt behandelten Problemen zu physikalischen Anwendungen herstellen lassen.

d) Die Darstellungen von SO(3,**R**) werden in der Darstellungstheorie der Poincarégruppe in Kapitel 9 benötigt.

Die (endlichdimensionalen) Darstellungen der Drehgruppe SO(3,**R**) lassen sich bereits mit elementaren Mitteln klassifizieren und konstruieren. Man kann aber auch ohne Schwierigkeiten die *volle* Reduzibilität reduzibler Darstellungen beweisen und die Reduktion ausführen und schließlich die Resultate von der SO(3,**R**) auf die SO(3,**C**) und auf die (eigentliche orthochrone) Lorentzgruppe $\mathcal{L}_+^\uparrow$ ausdehnen. Dieser Weg, zu den (endlichdimensionalen) Darstellungen der Drehgruppe und der Lorentzgruppe zu gelangen, ist z.B. bei Cartan (1966) zu finden.

Die Verwirklichung des Relativitätsprinzips in der *Quantentheorie* verlangt es aber, Darstellungen der Poincarégruppe im Raum der Quantenzustände, also in einem Hilbertraum, zu betrachten und dort unitäre Darstellungen zu konstruieren (siehe Abschnitt 9.2). Hierfür sind jedoch tiefliegende funktionalanalytische Hilfsmittel und die Integrationstheorie auf Gruppen nötig. Es ist nicht möglich, hier die erforderlichen Begriffe dafür genau zu definieren, geschweige denn, die fundamentalen Sätze zu beweisen. Wir werden deshalb einige dieser Sätze zitieren und, was unendlichdimensionale Darstellungen anlangt, mit formalen Analogien zum endlichdimensionalen Fall operieren, denen ein wohldefinierter Sinn erst mit funktionalanalytischen Konstruktionen zugeschrieben werden kann (die formale Analogie sagt, was man gerne haben möchte, die Konstruktionen zeigen, was man haben kann).

Für die Drehgruppe (wie für jede kompakte topologische Gruppe) ergibt die allgemeine Theorie unter anderem, daß jede Darstellung äquivalent zu einer unitären Darstellung und damit vollreduzibel ist, wobei die irreduziblen Darstellungen endlichdimensional sind. Wir werden daher den Begriff der *unitären Darstellung* einführen und die irreduziblen unitären Darstellungen konstruieren. Methodisch neu ist dabei gegenüber den früheren Kapiteln der systematische Gebrauch von Gruppenelementen nahe dem Einheitselement, also sogenannter infinitesimaler Transformationen.

Diese Vorgangsweise ist nicht notwendig, man kann die irreduziblen Darstellungen auch global konstruieren, den Begriff eines vollständigen Systems solcher Darstellungen formulieren und die Vollständigkeit des gefundenen Systems beweisen, ohne vom Infinitesimalen Gebrauch zu machen. Jedoch ist der Gebrauch der infinitesimalen Transformationen in Physik und Geometrie nützlich und notwendig. Dabei ergeben sich als neue Objekte Spinoren, die zu den bisher betrachteten Tensoren hinzutreten und erst bei nachheriger globaler Betrachtung des Darstellungsproblems eliminiert werden. Sie erweisen sich jedoch auch für tensorielle Fragestellungen nützlich und müssen für die quantenmechanische Version des Darstellungsproblems mitbetrachtet werden.

7.1 Die Drehgruppe SO(3,R)

Unter der Drehgruppe verstehen wir die Gruppe der homogenen linearen Transformationen

$$\mathbf{x}' = \mathrm{R}\,\mathbf{x} \tag{7.1.1}$$

eines euklidischen dreidimensionalen Raumes in sich, welche Längen invariant lassen und Orientierungen nicht ändern.

Gleichung (7.1.1) kann auf dreierlei Art gelesen werden:

a) als abstrakte Transformation, die eine auf dem Raum definierte, positiv definite quadratische Form invariant läßt, $\mathbf{x}^2 = (\mathrm{R}\,\mathbf{x})^2$,

b) als Matrixgleichung für diese Transformation, wenn sie aktiv ausgeführt wird. $\mathbf{x}$ und $\mathbf{x}'$ symbolisieren dann die aus Komponenten in bezug auf eine feste, orthonormierte Basis des Vektors $\mathbf{x}$ bzw. des gedrehten Vektors $\mathbf{x}'$ gebildeten Spaltenvektoren und R die orthogonale Matrix mit $\det \mathrm{R} = +1$, die sie verbindet.

c) Als Matrixgleichung für die passiv ausgeführte Transformation, bei der nur die Basisvektoren verdreht, der Punkt aber festgehalten wird. Dann sind $\mathbf{x}$ und $\mathbf{x}'$ Spaltenvektoren, die vom Koordinatentripel desselben Vektors bezüglich ursprünglicher und gedrehter Basis gebildet werden und R die Matrix, die zwischen beiden vermittelt.

Die drei verschiedenen Lesarten von (7.1.1) werden üblicherweise nicht durch unterschiedliche Schreibung kenntlich gemacht, und wir wollen dies hier der Einfachheit halber auch unterlassen. Es ist aber zu beachten, daß die Matrizen R in den Versionen b) und c) zueinander *invers* sind, wenn *dieselbe* Drehung, die bei b) bei fester Basis auf alle Vektoren wirkt, bei c) auf diese Basis allein angewendet wird, um die ungeänderten Vektoren auf die neue Basis zu beziehen.

Die Verwendung der Indexschreibweise

$$x'^{\mu} = R^{\mu}{}_{\nu}\, x^{\nu} \qquad \text{(aktive Transformation)} \tag{7.1.2}$$

$$x^{\mu'} = R^{\mu}{}_{\nu}\, x^{\nu} \qquad \text{(passive Transformation)} \tag{7.1.3}$$

erlaubt es, zwischen den Lesarten b) und c) von (7.1.1) bei Bedarf zu unterscheiden. In diesem Kapitel werden wir ferner (da wir es stets nur mit dreidimensionalen Größen zu tun haben) alle Indizes μ, ν, $\ldots = 1, 2, 3$ mit $\delta_{\mu\nu}$ bzw. $\delta^{\mu\nu}$ hinauf- und hinunterziehen.

Eine aktive Drehung um die Achse $\boldsymbol{\alpha}$ mit Drehwinkel $\alpha = |\boldsymbol{\alpha}|$ und Drehsinn gemäß der Rechtsschraubenregel ist durch

$$\mathbf{x}' = \mathbf{x}\cos\alpha + \frac{\boldsymbol{\alpha}\,\mathbf{x}}{\alpha^2}\,\boldsymbol{\alpha}(1-\cos\alpha) + \frac{\boldsymbol{\alpha}\times\mathbf{x}}{\alpha}\,\sin\alpha, \tag{7.1.4}$$

$$x'^{\mu} = x^{\mu}\cos\alpha + \frac{\alpha_\nu x^\nu}{\alpha^2}\,\alpha^\mu(1-\cos\alpha) + \frac{\epsilon^{\mu\nu\lambda}\alpha^\lambda x^\nu}{\alpha}\,\sin\alpha, \tag{7.1.5}$$

gegeben. Der Vorzeichenunterschied zu (1.3.1,2) ist dadurch bedingt, daß hier die Drehungen aktiv aufgefaßt werden, während in Abschnitt 1.3 passive Transformationen betrachtet wurden.

Für die Matrix $R^{\mu}{}_{\nu}$ lesen wir ab

$$R^{\mu}{}_{\nu} = \delta^{\mu}{}_{\nu}\cos\alpha + \frac{\alpha^\mu\alpha_\nu}{\alpha^2}\,(1-\cos\alpha) + \frac{\epsilon^{\mu\nu\lambda}\alpha^\lambda}{\alpha}\,\sin\alpha. \tag{7.1.6}$$

Die Spur von R – die nicht von der Basis abhängt, auf die sich (7.1.6) bezieht – liefert den Drehwinkel gemäß

$$\mathrm{Sp}\,\mathrm{R} = 1 + 2\cos\alpha. \tag{7.1.7}$$

Da eine Drehung um den Winkel α um die Achse $\mathbf{n} = \boldsymbol{\alpha}/\alpha$ und eine Drehung um $2\pi - \alpha$ um die Achse $-\mathbf{n}$ zum gleichen Ergebnis führen, ist es notwendig, den Drehwinkel auf $0 \leq \alpha < \pi$ einzuschränken, um eine eindeutige Zuordnung zwischen Drehung und Drehvektor zu erreichen. Um alle Drehungen zu erhalten, muß allerdings $\alpha = \pi$ hinzugenommen werden, wobei in diesem Fall $\boldsymbol{\alpha}$ und $-\boldsymbol{\alpha}$ zur selben Drehung führen.

Jede eigentlich orthogonale Matrix R läßt sich in der Form (7.1.6) schreiben und liefert eine Drehung um eine geeignete Achse, da aus (7.1.7) und

$$\sin\alpha\,\frac{\alpha^\mu}{\alpha} = -\frac{1}{2}\,\epsilon^{\mu\nu\lambda}\,R^{\nu}{}_{\lambda} \tag{7.1.8}$$

der Drehwinkel α und die Richtungscosinus α^μ/α durch die Matrixelemente ausgedrückt werden können (und zwar bis auf den erwähnten Fall $\alpha = \pi$ eindeutig, wobei $\mathrm{R}^T\mathrm{R} = \mathbf{1}$ reelles α sichert). Ferner ist $\boldsymbol{\alpha}$ der einzige unabhängige Eigenvektor von $\mathrm{R} = \mathrm{R}(\boldsymbol{\alpha}) \neq \mathbf{1}$ zum Eigenwert 1. Dies führt zur Bestimmung von $\boldsymbol{\alpha}$ für $\alpha = \pi$, wo (7.1.8) versagt.

Die anderen beiden Eigenvektoren liegen in der Ebene senkrecht zu $\boldsymbol{\alpha}$, sind komplex konjugiert, haben euklidische Länge 0 („isotrope Vektoren" dieser Ebene; der Name kommt gerade daher, daß sie bei der durch R bewirkten Drehung der Ebene ihre Richtung nicht ändern) und gehören zu den Eigenwerten $\exp(\pm i\alpha)$. Ihre Betrachtung erscheint zunächst überflüssig, es zeigt sich aber später, daß es günstig ist, sie zusammen mit $\boldsymbol{\alpha}/\alpha$ als Basisvektoren zu verwenden. Gruppentheoretisch ist dies eine Illustration zum Schurschen Lemma: die Drehungen um die feste Achse $\boldsymbol{\alpha}$ bilden eine kommutative Gruppe, die Matrizen $\mathrm{R}(\boldsymbol{\alpha})$ bilden eine Darstellung hiervon, die nach Komplexifizierung des

Darstellungsraums wegen der Kommutativität reduzibel sein muß. Die invarianten Teilräume werden gerade je von $\boldsymbol{\alpha}$ und den beiden erwähnten isotropen Vektoren aufgespannt. (Für die Gültigkeit des Schurschen Lemmas ist die Verwendung des Körpers $\mathbf{C}$ der komplexen Zahlen nötig.) $\alpha = 0, \pi$ bilden offensichtlich Ausnahmen.

Somit besteht eine umkehrbar eindeutige Zuordnung zwischen Drehungen und den Punkten der Vollkugel $0 \leq |\boldsymbol{\alpha}| \leq \pi$, wobei die Antipodenpunkte an der Oberfläche miteinander zu identifizieren sind, wie Abb. 7.1 zeigt, um die Uneindeutigkeit im Falle $\alpha = \pi$ zu beseitigen.

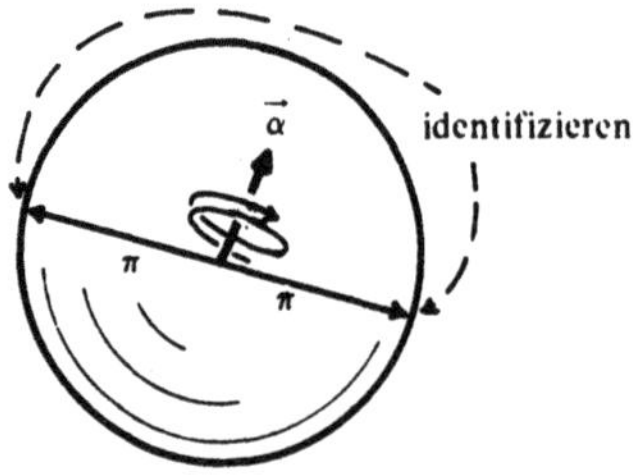

Abb. 7.1. Bild der Drehgruppe im Parameterraum $\{\boldsymbol{\alpha} \in \mathbf{R}^3 : |\boldsymbol{\alpha}| \leq \pi\}$.

Die abstrakte Gruppe SO(3,$\mathbf{R}$) ist daher eine dreidimensionale kompakte, zusammenhängende Lie-Gruppe.

Auf der Gruppenmannigfaltigkeit, für die wir hier ein Modell gewonnen haben, können statt $\boldsymbol{\alpha}$ auch andere Parameter („Koordinaten") eingeführt werden. Eine viel benützte Möglichkeit bilden die *Eulerschen Winkel.* Sie sind folgendermaßen definiert (siehe Abb. 7.2):

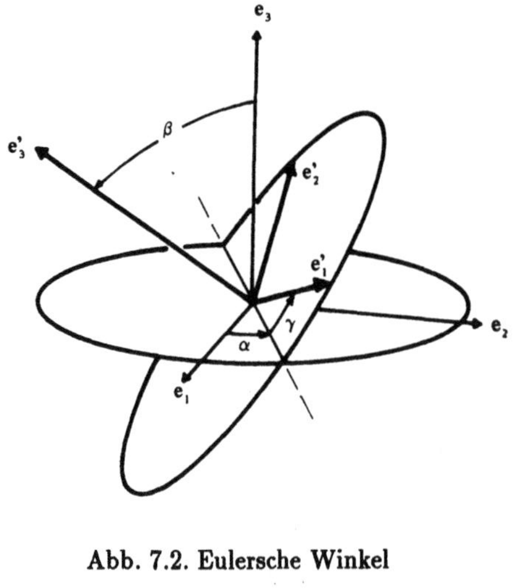

Abb. 7.2. Eulersche Winkel

$\{\mathbf{e}_\mu\}$ sei ein orthogonales Rechtssystem von Basisvektoren, $\{\mathbf{e}'_\mu\}$ ein dagegen verdrehtes. Die Schnittlinie der 1,2-Ebene mit der $1', 2'$-Ebene ist die Knotenlinie (deren

Orientierung durch $\mathbf{e}_3 \times \mathbf{e}'_3$ gegeben ist). Nun wird $\{\mathbf{e}_\mu\}$ in $\{\mathbf{e}'_\mu\}$ durch drei aufeinanderfolgende ***positive*** (also mit den orientierten Drehachsen Rechtsschraubungen bildende) Drehungen übergeführt: eine Drehung um $\mathbf{e}_3$ um den Winkel α $(0 \leq \alpha < 2\pi)$, die $\mathbf{e}_1$ in die positive Knotenlinie bringt, eine Drehung um die Knotenlinie um den Winkel β, und eine Drehung um $\mathbf{e}'_3$ um den Winkel γ $(0 \leq \gamma < 2\pi)$, die die Knotenlinie in $\mathbf{e}'_1$ überführt. Formal ist $(0 \leq \beta < 2\pi)$

$$\begin{pmatrix} \mathbf{e}'_1 \\ \mathbf{e}'_2 \\ \mathbf{e}'_3 \end{pmatrix} = \underbrace{\begin{pmatrix} \cos\gamma & \sin\gamma & 0 \\ -\sin\gamma & \cos\gamma & 0 \\ 0 & 0 & 1 \end{pmatrix} \begin{pmatrix} 1 & 0 & 0 \\ 0 & \cos\beta & \sin\beta \\ 0 & -\sin\beta & \cos\beta \end{pmatrix} \begin{pmatrix} \cos\alpha & \sin\alpha & 0 \\ -\sin\alpha & \cos\alpha & 0 \\ 0 & 0 & 1 \end{pmatrix}}_{=: \mathrm{R}(\alpha,\beta,\gamma)\,.} \begin{pmatrix} \mathbf{e}_1 \\ \mathbf{e}_2 \\ \mathbf{e}_3 \end{pmatrix} \tag{7.1.9}$$

Diese Parametrisierung der Drehgruppe ist umkehrbar eindeutig bis auf die Fälle, wo $\beta = 0$ oder π und daher die Knotenlinie unbestimmt ist.

Die inverse Matrix zu $\mathrm{R}(\alpha,\beta,\gamma)$ ist aus (7.1.9) leicht zu entnehmen, doch fallen die dabei auftretenden Winkel nicht in den oben angegebenen Definitionsbereich. Man kann aber verifizieren, daß

$$\mathrm{R}^{-1}(\alpha,\beta,\gamma) = \mathrm{R}(\pi - \gamma, \beta, \pi - \alpha) \tag{7.1.10}$$

allen Bedingungen genügt.

Eine weitere Parametrisierung der Gruppe, die auch ihre Multiplikationstafel sehr einfach liefert, werden wir bei der Spinordarstellung kennenlernen.

Aufgabe

Man gebe die Verknüpfung zwischen $\boldsymbol{\alpha}$ und den Eulerschen Winkeln an.

7.2 Infinitesimale Transformationen

Typisch für die Untersuchungen bei Lie-Gruppen ist die Verwendung infinitesimaler Transformationen. Man betrachtet dabei zunächst Gruppenelemente, die vom Einselement nur wenig entfernt sind (d.h., deren Parameter sich nur wenig von denen des Einheitselements unterscheiden). Zu anderen Elementen gelangt man durch Zusammensetzung solcher „kleiner" Operationen. Man verwendet also die Gruppeneigenschaft und die Möglichkeit, auf der Gruppe Infinitesimalrechnung zu betreiben[1].

Für eine kleine Drehung R schreiben wir

$$\mathrm{R} = \mathbf{1} + \Omega, \tag{7.2.1}$$

wobei die Elemente der Matrix Ω klein von erster Ordnung sein sollen, so daß ihre Quadrate vernachlässigbar sind. Die Orthogonalität

$$\mathrm{R}\,\mathrm{R}^T = \mathbf{1} \tag{7.2.2}$$

[1] Hier verwenden wir, soweit angängig, die „Physikerversion" davon, die unendlich kleine Größen anschreibt, statt Limiten zu betrachten.

verlangt dann

$$\Omega + \Omega^T = 0, \tag{7.2.3}$$

Ω ist eine infinitesimale antisymmetrische Matrix und kann in der Form

$$\Omega = \begin{pmatrix} 0 & -\alpha_3 & \alpha_2 \\ \alpha_3 & 0 & -\alpha_1 \\ -\alpha_2 & \alpha_1 & 0 \end{pmatrix} = \boldsymbol{\alpha}\,\boldsymbol{\Lambda} \tag{7.2.4}$$

geschrieben werden, wo $\boldsymbol{\alpha} = (\alpha_1, \alpha_2, \alpha_3)$ und $\boldsymbol{\Lambda}$ ein Tripel von Matrizen andeutet:

$$\Lambda_1 := \begin{pmatrix} 0 & 0 & 0 \\ 0 & 0 & -1 \\ 0 & 1 & 0 \end{pmatrix}, \quad \Lambda_2 := \begin{pmatrix} 0 & 0 & 1 \\ 0 & 0 & 0 \\ -1 & 0 & 0 \end{pmatrix}, \quad \Lambda_3 := \begin{pmatrix} 0 & -1 & 0 \\ 1 & 0 & 0 \\ 0 & 0 & 0 \end{pmatrix}. \tag{7.2.5}$$

Für das $\mu\nu$-Element der Matrix Λ_λ liest man ab

$$\Lambda_{\lambda\mu\nu} = -\epsilon_{\lambda\mu\nu}. \tag{7.2.6}$$

Die Transformationsgleichung $\mathbf{x}' = \mathrm{R}\,\mathbf{x}$ geht mit (7.2.1,4) über in $x'^\mu = x^\mu + \epsilon^{\mu\lambda\nu}\alpha^\lambda x^\nu$ oder $\mathbf{x}' = \mathbf{x} + \boldsymbol{\alpha} \times \mathbf{x}$, d.i. die Form, die (7.1.5) annimmt, wenn α klein ist. α sind die Komponenten des Drehvektors der durch $\mathbf{x}' = \mathrm{R}\,\mathbf{x}$ gegebenen infinitesimalen Transformation.

Den Zusammenhang zwischen infinitesimalen und endlichen Drehungen können wir (heuristisch) so herstellen: Die endliche Drehung $\mathrm{R}(\boldsymbol{\alpha})$ schreiben wir als

$$\mathrm{R}(\boldsymbol{\alpha}) = \mathrm{R}\left(\frac{\boldsymbol{\alpha}}{2}\right)\mathrm{R}\left(\frac{\boldsymbol{\alpha}}{2}\right) = \ldots = \left[\mathrm{R}\left(\frac{\boldsymbol{\alpha}}{N}\right)\right]^N; \tag{7.2.7}$$

bei genügend großem N wird $\boldsymbol{\alpha}/N$ hinreichend klein, wir können wie oben $\mathrm{R}\left(\frac{\boldsymbol{\alpha}}{N}\right) \approx$ $\approx \mathbf{1} + \boldsymbol{\alpha}\boldsymbol{\Lambda}/N$ setzen, und $N \to \infty$ ergibt

$$\mathrm{R}(\boldsymbol{\alpha}) = e^{\boldsymbol{\alpha}\boldsymbol{\Lambda}} = \left(e^{\boldsymbol{\alpha}\boldsymbol{\Lambda}/N}\right)^N. \tag{7.2.8}$$

So kann jede Drehung aus „infinitesimalen Drehungen" erzeugt werden. Man kann nachrechnen, daß die Aufsummierung der Potenzreihe für $\exp(\boldsymbol{\alpha}\boldsymbol{\Lambda})$ auf (7.1.5) zurückführt.

Die Drehungen $\mathrm{R}(\tau\boldsymbol{\alpha}_0) = \exp(\tau\boldsymbol{\alpha}_0\boldsymbol{\Lambda})$ bilden (bei variablem τ) eine einparametrige Untergruppe, wobei man für $\tau = 0$ die Einheit, für $\tau = 1$ die Drehmatrix $\mathrm{R}(\boldsymbol{\alpha}_0)$ erhält. Jede Matrix der Form $\boldsymbol{\alpha}_0\boldsymbol{\Lambda}$ ist die *Erzeugende* einer derartigen einparametrigen Untergruppe, wobei Summen und (reelle) Zahlenvielfache von Erzeugenden wieder Erzeugende sind. Die Erzeugenden bilden daher einen reellen dreidimensionalen Vektorraum, in dem z.B. die Erzeugenden für Drehungen um die 1-, 2-, 3-Achsen Λ_1, Λ_2, Λ_3 eine Basis bilden. Multiplikation von Matrizen der Form $\boldsymbol{\alpha}_0\boldsymbol{\Lambda}$ führt aus dem Vektorraum heraus, da das Produkt zweier antisymmetrischer Matrizen im allgemeinen nicht antisymmetrisch ist. Hingegen ist der *Kommutator*

$$[\mathrm{A}, \mathrm{B}] := \mathrm{AB} - \mathrm{BA} = -[\mathrm{B}, \mathrm{A}] \tag{7.2.9}$$

zweier antisymmetrischer Matrizen A, B wegen

$$[\mathrm{A},\mathrm{B}]^T = [\mathrm{B}^T,\mathrm{A}^T] = -[\mathrm{A}^T,\mathrm{B}^T] = -[\mathrm{A},\mathrm{B}] \tag{7.2.10}$$

wieder antisymmetrisch. Der Kommutator zweier Erzeugender gehört daher auch dem Vektorraum der Erzeugenden an und muß sich in der Form $\boldsymbol{\alpha\Lambda}$ schreiben lassen. Für $\mathrm{A} = \mathbf{m\Lambda}$, $\mathrm{B} = \mathbf{n\Lambda}$ muß $\boldsymbol{\alpha}$ (als bilineare Konkomitante von $\mathbf{m}$, $\mathbf{n}$ mit Axialvektorcharakter) die Form $const \cdot \mathbf{m} \times \mathbf{n}$ haben, und ein einfacher Koeffizientenvergleich zeigt $const = 1$:

$$[\mathbf{m\Lambda},\mathbf{n\Lambda}] = (\mathbf{m}\times\mathbf{n})\boldsymbol{\Lambda} \tag{7.2.11}$$

oder

$$[\Lambda_\mu,\Lambda_\nu] = \epsilon_{\mu\nu\lambda}\Lambda_\lambda. \tag{7.2.12}$$

Dies sind die fundamentalen *Vertauschungsrelationen für die Erzeugenden* der Drehgruppe, auf die sich die Herleitung aller Darstellungen stützen wird.

Im Vektorraum der Erzeugenden A, B, C, ... ist durch (7.2.9) eine Produktbildung $\mathrm{A}\circ\mathrm{B} := [\mathrm{A},\mathrm{B}]$ erklärt, die wieder zu Vektoren dieses Raums führt und für die wegen (7.2.9) und der für Kommutatoren geltenden *Jacobi-Identität*

$$[[\mathrm{A},\mathrm{B}],\mathrm{C}] + [[\mathrm{C},\mathrm{A}],\mathrm{B}] + [[\mathrm{B},\mathrm{C}],\mathrm{A}] \equiv 0 \tag{7.2.13}$$

neben den üblichen Distributivgesetzen die Regeln

$$\mathrm{A}\circ\mathrm{B} = -\mathrm{B}\circ\mathrm{A}, \qquad (\mathrm{A}\circ\mathrm{B})\circ\mathrm{C} + (\mathrm{C}\circ\mathrm{A})\circ\mathrm{B} + (\mathrm{B}\circ\mathrm{C})\circ\mathrm{A} = 0 \tag{7.2.14}$$

gelten. Man nennt einen abstrakten Vektorraum, in dem eine nicht aus ihm herausführende Multiplikation $\circ$ mit den formalen Eigenschaften (7.2.14) erklärt ist, eine *Lie-Algebra*. Die Regeln (7.2.14) ersetzen hier Kommutativ- und Assoziativgesetz.

Ist der zugrundeliegende Vektorraum wie hier endlichdimensional, so kann man eine Basis $\{X_A\}$ einführen. Wegen der Distributivität genügt es, nur die Produkte $X_A \circ X_B$ zu kennen, die man durch Angabe ihrer Komponenten bezüglich der Basis festlegen kann:

$$X_A \circ X_B = C^D{}_{AB}\, X_D. \tag{7.2.15}$$

Die *Strukturkonstanten* $C^D{}_{AB}$ (oder besser: der Strukturtensor, da die $C^D{}_{AB}$ von der Basis abhängen) bestimmen die Struktur der Algebra.

Sie können zur Definition einer n-dimensionalen Lie-Algebra nicht als völlig beliebige n^3 Zahlen vorgegeben werden, sondern müssen noch den aus (7.2.14) folgenden Relationen

$$C^D{}_{AB} = -C^D{}_{BA} \tag{7.2.16}$$

$$C^D{}_{AB}\, C^E{}_{CD} + C^D{}_{CA}\, C^E{}_{BD} + C^D{}_{BC}\, C^E{}_{AD} = 0 \tag{7.2.17}$$

genügen. Abstrakte Lie-Algebren über beliebigen Körpern sind ein eigenes Studienobjekt der Algebra geworden (siehe z.B. Jacobson (1962)).

Die Erzeugenden (der definierenden Darstellung) der Drehgruppe SO(3,**R**) bilden somit eine dreidimensionale Lie-Algebra über dem Körper **R** der *reellen* Zahlen (in $\boldsymbol{\alpha\Lambda}$ muß $\boldsymbol{\alpha}$ reell sein, da sonst $\exp(\boldsymbol{\alpha\Lambda})$ keine reelle Drehmatrix ist; dies ist zu betonen, da wir sonst meist in komplexen Darstellungsräumen arbeiten und auch die komplexe SO(3,C) wesentlich ist). Der Strukturtensor ist $\epsilon_{\mu\nu\lambda}$.

Im nächsten Abschnitt untersuchen wir die Konsequenzen, die sich aus der Lie-Algebra für die Suche nach Darstellungen ergeben.

Aufgaben

1. Man zeige für die Matrix $\mathbf{n\Lambda}$ die Relation $(\mathbf{n\Lambda})^2 = \mathbf{n}\,\mathbf{n}^T - \mathbf{1}$, $(\mathbf{n\Lambda})^3 = -\mathbf{n\Lambda}$ $(\mathbf{n} = \boldsymbol{\alpha}/\alpha)$ und summiere die Potenzreihe $\mathrm{R}(\boldsymbol{\alpha}) = \exp(\boldsymbol{\alpha\Lambda}) = \sum_{k=0}^{\infty} \frac{1}{k!}(\boldsymbol{\alpha\Lambda})^k$. Man vergleiche mit der geometrisch ermittelten Formel (7.1.4).

2. Man zeige (mit gleich geringem Aufwand an mathematischer Strenge wie in (7.2.8)): Ist $\exp(\Omega) = \mathrm{R}$, so ist $\det \mathrm{R} = \exp(\mathrm{Sp}\,\Omega)$; ist $\Omega = -\Omega^T$, so ist $\mathrm{R}^T\,\mathrm{R} = \mathbf{1}$, $\det \mathrm{R} = +1$.

3. Man verifiziere (7.2.12) direkt.

4. Man verifiziere (7.2.13).

5. Man zeige, daß der Vektorraum $\mathbf{R}^3$ mit dem Vektorprodukt $(\times)$ als multiplikative Verknüpfung eine Lie-Algebra ist.

6. Man konstruiere alle nichttrivialen zweidimensionalen Lie-Algebren (d.h., der Strukturtensor soll nicht verschwinden) und vereinfache die $C^{\cdot}{}_{\cdot\cdot}$ durch geeignete Basiswahl so weit wie möglich.

   Dieselbe Aufgabe ist bereits für 3 Dimensionen erheblich schwieriger (vgl. Landau-Lifschitz (1971), p. 426f.).

7.3 Lie-Algebra und Darstellungen der SO(3)

Wir betrachten nun die orthogonalen Transformationen des $\mathbf{R}^3$ als eine spezielle Darstellung $g \to R_g$ der Lie-Gruppe[1] SO(3). Sie ist irreduzibel – es gibt im Darstellungsraum $\mathbf{R}^3$ keine invarianten Unterräume, da keine Richtung und damit auch keine Ebene durch alle Drehungen in sich übergeführt wird. Unsere Aufgabe, *alle* irreduziblen Darstellungen von SO(3) zu finden, wird durch folgende Überlegungen sehr erleichtert:

Sei $g \in \mathrm{SO}(3)$, $g \to T_g$ eine Darstellung in einem Vektorraum $\mathbf{V}$. Einer einparametrigen Untergruppe $g(\tau)$ (wobei τ über ein vorgegebenes Intervall variiert und $g(0) = e$, das Einheitselement, sei) ist eine einparametrige Transformations- oder Matrixgruppe $T_{g(\tau)}$ in $\mathbf{V}$ zugeordnet. Für kleine τ gilt

$$T_{g(\tau)} \approx \mathrm{id}_{\mathbf{V}} + \tau t, \tag{7.3.1}$$

wobei

$$t := \frac{\partial}{\partial\tau} T_{g(\tau)}\Big|_{\tau=0} \tag{7.3.2}$$

die *Erzeugende* dieser Untergruppe in der betrachteten Darstellung heißt. Wir wollen zeigen: Die Erzeugenden aller eindimensionalen Untergruppen bilden einen Vektorraum. In diesem Vektorraum kann eine Basis aus drei Erzeugenden t_μ gebildet werden,

[1] Im folgenden schreiben wir kürzer SO(3) statt SO(3,$\mathbf{R}$).

die die Drehungen um die drei Achsen in der betreffenden Darstellung erzeugen und die den Vertauschungsrelationen

$$[t_\mu, t_\nu] = \epsilon_{\mu\nu\lambda} t_\lambda \tag{7.3.3}$$

genügen. Die Erzeugenden bilden also auch eine Lie-Algebra, deren Struktur (bis auf die triviale Darstellung, in der alle $t_\mu = 0$ sind) isomorph zur Lie-Algebra (7.2.11) ist.

Damit ist das Problem, alle Darstellungen (der unendlich vielen Elemente) der Lie-Gruppe SO(3) *zu finden, auf die Bestimmung der Darstellung der drei Erzeugenden der Lie-Algebra (7.3.3) zurückgeführt.* Dieses Problem wird in Abschnitt 7.5 gelöst.

Zum Beweis dieser grundlegenden Behauptungen betrachten wir zunächst eine aktive Drehung, die in bezug auf eine orthogonale Basis $\mathbf{e}_\mu$ durch die Matrix $\mathrm{R}(\boldsymbol{\alpha})$ (7.1.6) gegeben ist. In bezug auf eine Basis $\bar{\mathbf{e}}_\mu$, die aus $\mathbf{e}_\mu$ durch die Drehung $\bar{\mathbf{e}}_\mu = S_{\mu\nu}\mathbf{e}_\nu$ hervorgehe, ist die zuerst betrachtete Drehung durch die Matrix $\mathrm{S}\,\mathrm{R}(\boldsymbol{\alpha})\,\mathrm{S}^{-1}$ gegeben. Da $\boldsymbol{\alpha}$ in der neuen Basis $\bar{\boldsymbol{\alpha}} = \mathrm{S}\boldsymbol{\alpha}$ wird, muß – wie auch anhand von (7.1.4) verifizierbar –

$$\mathrm{S}\,\mathrm{R}(\boldsymbol{\alpha})\,\mathrm{S}^{-1} = \mathrm{R}(\mathrm{S}\boldsymbol{\alpha}) \tag{7.3.4}$$

gelten. Betrachten wir nun $\mathrm{R}(\boldsymbol{\alpha}) =: \mathrm{S}_{g(\boldsymbol{\alpha})}$ und $S =: S_h$ als Darstellungsmatrizen der abstrakten Gruppenelemente $g(\boldsymbol{\alpha})$ und h in der definierenden Darstellung $g \to S_g$, so folgt aus (7.3.4)

$$h\,g(\boldsymbol{\alpha})\,h^{-1} = g\,(S_h\boldsymbol{\alpha}). \tag{7.3.5}$$

Gehen wir jetzt von der abstrakten Gruppe zu einer beliebigen Darstellung $g \to T_g$ in einem Vektorraum $\mathbf{V}$ über, so muß nach (7.3.5)

$$T_h\,T_{g(\boldsymbol{\alpha})}\,T_{h^{-1}} = T_{g(S_h\boldsymbol{\alpha})} \tag{7.3.6}$$

sein. Ersetzen wir nun $\boldsymbol{\alpha}$ durch $\tau\boldsymbol{\alpha}$ und betrachten kleine τ, so gilt

$$T_{g(\tau\boldsymbol{\alpha})} \cong \mathrm{id}_{\mathbf{V}} + \tau t, \qquad t := \frac{\partial}{\partial\tau} T_{g(\tau\boldsymbol{\alpha})}\Big|_{\tau = 0}. \tag{7.3.7}$$

Nach der Kettenregel ist

$$t = \alpha_\mu t_\mu = \boldsymbol{\alpha}\,\mathbf{t}, \qquad \mathbf{t} := (t_1, t_2, t_3), \tag{7.3.8}$$

wobei

$$t_\mu := \frac{\partial}{\partial\alpha_\mu} T_{g(\boldsymbol{\alpha})}\Big|_{\boldsymbol{\alpha} = 0} \tag{7.3.9}$$

die Erzeugenden von Drehungen um die Koordinatenachsen (in der betreffenden Darstellung) sind. (7.3.7 - 9) zeigen, daß die Erzeugenden t wie behauptet einen Vektorraum bilden, der von t_1, t_2, t_3 aufgespannt wird. (In allen treuen Darstellungen ist dieser Vektorraum dreidimensional. Da die SO(3) *einfach* ist, d.h. keinen nichttrivialen Normalteiler hat, ist nur die triviale Darstellung nicht treu.)

Setzen wir (7.3.7 - 9) in (7.3.6) ein und ersetzen $\boldsymbol{\alpha} \to \tau\boldsymbol{\alpha}$, $\tau \ll 1$, so folgt

$$T_h\,\boldsymbol{\alpha}\,\mathbf{t}\,T_h^{-1} = (S_h\boldsymbol{\alpha})\,\mathbf{t}. \tag{7.3.10}$$

Wählen wir auch h nahe der Einheit, d.h. als $h(\tau\boldsymbol{\beta})$ mit $\tau \ll 1$, dann gilt

$$T_h \cong \mathrm{id}_{\mathbf{V}} + \tau\boldsymbol{\beta}\,\mathbf{t}, \qquad T_h^{-1} \cong \mathrm{id}_{\mathbf{V}} - \tau\boldsymbol{\beta}\,\mathbf{t} \tag{7.3.11}$$

und – gemäß dem Verhalten eines Vektors bei infinitesimalen Drehungen –

$$S_h\,\boldsymbol{\alpha} = \boldsymbol{\alpha} + \tau\boldsymbol{\beta} \times \boldsymbol{\alpha}. \tag{7.3.12}$$

Aus (7.3.10) erhalten wir

$$[\boldsymbol{\beta}\,\mathbf{t},\, \boldsymbol{\alpha}\,\mathbf{t}] = (\boldsymbol{\beta} \times \boldsymbol{\alpha})\,\mathbf{t} \tag{7.3.13}$$

oder

$$[t_\mu, t_\nu] = \epsilon_{\mu\nu\lambda} t_\lambda. \tag{7.3.14}$$

Die Vertauschungsrelationen (7.3.14) gelten *somit für beliebige Darstellungen,* womit die oben aufgestellten Behauptungen bewiesen sind.

Die entscheidende Relation (7.3.10) können wir noch etwas umformen. Da $\boldsymbol{\alpha}$ in (7.3.10) beliebig ist, gilt auch

$$T_h\, t_\mu\, T_h^{-1} = (S_h)_{\mu\nu}\; t_\nu, \tag{7.3.15}$$

oder, wenn wir $h \to h^{-1}$ ersetzen und $\left(S_h^{-1}\right)_{\nu\mu} = (S_h)_{\mu\nu}$ berücksichtigen,

$$T_h^{-1}\,\mathbf{t}\,T_h = S_h\,\mathbf{t}\,. \tag{7.3.16}$$

Allgemein heißt ein Tripel $\mathbf{v}$ von Operatoren auf $\mathbf{V}$, das der Relation

$$T_h^{-1}\,\mathbf{v}\,T_h = S_h\mathbf{v} \tag{7.3.17}$$

genügt, ein *Vektoroperator auf* $\mathbf{V}$. Setzen wir für T_h (7.3.11) ein, so folgt auch anstelle von (7.3.17)

$$[\mathbf{v}, \boldsymbol{\beta}\,\mathbf{t}] = \boldsymbol{\beta} \times \mathbf{v}. \tag{7.3.18}$$

Das *Quadrat* $\mathbf{v}^2 := v_\mu v_\mu$ *eines Vektoroperators* ist *unter der Darstellung invariant,* da aus (7.3.17)

$$\begin{aligned} \mathbf{v}^2 &= (S_h\mathbf{v})^2 = T_h^{-1}\,\mathbf{v}\,T_h\,T_h^{-1}\,\mathbf{v}\,T_h = T_h^{-1}\,\mathbf{v}^2\,T_h \\ T_h\,\mathbf{v}^2 &= \mathbf{v}^2\,T_h \end{aligned} \tag{7.3.19}$$

folgt, d.h., $\mathbf{v}^2$ vertauscht mit allen Operatoren T_h der Darstellung. Ist die betrachtete Darstellung im Raum $\mathbf{V}$ *irreduzibel,* so muß nach dem Schurschen Lemma $\mathbf{v}^2$ ein Vielfaches der Einheit $\mathrm{id}_{\mathbf{V}}$ sein.

Setzen wir speziell $\mathbf{v} = \mathbf{t}$, so erhalten wir den *Casimir-Operator*

$$\mathbf{C} := \mathbf{t}^2, \tag{7.3.20}$$

der mit allen Darstellungsoperatoren kommutiert.

Aufgaben

1. Die Relation (7.3.4) kann mittels $\mathrm{R}(\boldsymbol{\alpha}) = \exp(\boldsymbol{\alpha}\boldsymbol{\Lambda})$ auf $\mathrm{S}\,\Lambda_\mu\,\mathrm{S}^{-1} = S_{\mu\nu}\,\Lambda_\nu$ zurückgeführt werden. Man verifiziere die letzte Gleichung aufgrund der Definition von Λ_μ und der Eigenschaften $\mathrm{S}^T\,\mathrm{S} = \mathrm{S}\,\mathrm{S}^T = \mathbf{1}$, $\det \mathrm{S} = +1$ ohne Verwendung der anschaulichen Bedeutung von $\boldsymbol{\alpha}$.

2. Man verifiziere die Kommutatorrelation
$$[\mathrm{A}, \mathrm{BC}] = [\mathrm{A}, \mathrm{B}]\mathrm{C} + \mathrm{B}[\mathrm{A}, \mathrm{C}] \tag{7.3.21}$$
und zeige mit ihrer Hilfe, daß aus (7.3.18) $[\mathbf{v}^2, \boldsymbol{\beta}\,\mathbf{t}] = 0$ folgt. Die infinitesimale Charakterisierung (7.3.18) genügt – wie zu erwarten – bereits, um $\mathbf{v}^2$ als unter infinitesimalen Transformationen invariant zu erweisen.

7.4 Lie-Algebren von Lie-Gruppen

Die im vorigen Abschnitt für die Drehgruppe formulierten Überlegungen sollen nun auf beliebige Lie-Gruppen verallgemeinert werden. $\mathcal{G}$ sei eine Lie-Gruppe, für die eine treue Darstellung $g \to T_g$ im Raum $\mathbf{V}$ gegeben sei. (Dies ist bei physikalischen Anwendungen meist der Fall, da die Gruppe üblicherweise nicht abstrakt, sondern durch eine (treue) Darstellung definiert wird.)

Bei einer n-dimensionalen Lie-Gruppe sind die Gruppenelemente g durch n Parameter $\beta_1 \ldots \beta_n$ festgelegt, $g(\beta_1, \ldots, \beta_n) =: g(\beta_A)$, wobei stets $g(0) = e$ sei. Einer Kurve $\beta_A = \beta_A(\tau)$ im Parameterraum entspricht eine Kurve $g(\beta_A(\tau)) = g(\tau)$ in der Gruppenmannigfaltigkeit. Wenn wir Kurven durch das Einheitselement betrachten, so daß $g(\beta_A(0)) = e$ ist, wird in der Umgebung von e in der Darstellung $g \to T_g$
$$T_{g(\tau)} \approx \mathrm{id}_{\mathbf{V}} + \tau t \tag{7.4.1}$$
mit
$$t := \frac{\partial}{\partial \tau} T_{g(\tau)}\Big|_{\tau = 0} = \frac{\partial \beta_A}{\partial \tau}\Big|_{\tau = 0} \frac{\partial}{\partial \beta_A} T_{g(\beta)}\Big|_{\beta = 0} \tag{7.4.2}$$
t ist die *Erzeugende* einer einparametrigen Untergruppe in der Darstellung. Die endlichen Transformationen dieser Untergruppe sind durch $\exp(\tau t)$ gegeben, wobei die Multiplikation in der Untergruppe durch $\exp(\tau_1 t)\exp(\tau_2 t) = \exp((\tau_1 + \tau_2)t)$ erklärt ist.

Eine beliebige Kurve $g(\tau)$, $g(0) = e$, ist im allgemeinen keine einparametrige Untergruppe von $\mathcal{G}$, da die Untergruppe bereits durch die Erzeugende, also die Werte von $\partial\beta_A/\partial\tau$ bei $\tau = 0$ festgelegt ist. $\exp(\tau t)$ ist Darstellung jener einparametrigen Untergruppe, die die Kurve $g(\tau)$ in e berührt, wie Abb. 7.3 zeigt.

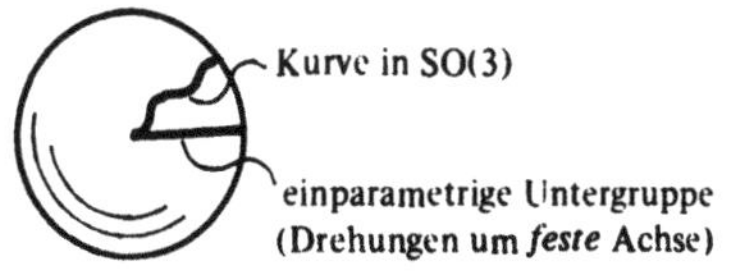

Abb. 7.3. Kurve und einparametrige Untergruppe in SO(3) im Modell von Abb. 7.1.

Sind $g(\tau)$, $g_1(\tau)$ zwei Kurven durch e, so bilden die Produkte $g(c\tau)\,g_1(\tau)$ ebenfalls eine Kurve durch e. In der Darstellung T_g ergibt sich für infinitesimales τ

$$g(c\tau)\,g_1(\tau) \to T_{g(c\tau)}\,T_{g_1(\tau)} \approx \mathrm{id}_{\mathbf{V}} + \tau(ct + t_1), \tag{7.4.3}$$

wobei t_1 analog zu (7.4.1) definiert ist. Die Erzeugenden bilden also einen Vektorraum $\mathbf{L}_{\mathbf{V}}$, der von

$$t_A := \frac{\partial}{\partial \beta_A} T_{g(\beta)}\Big|_{\beta = 0}, \qquad A = 1 \ldots n \tag{7.4.4}$$

aufgespannt wird und in einer treuen Darstellung n-dimensional ist. (Die Produkte $g(\tau)\,g_1(\tau)$, gebildet aus zwei einparametrigen Untergruppen von $\mathcal{G}$, bilden im allgemeinen *keine* Untergruppe, sondern nur eine Kurve durch e. Die Darstellungen $\exp(\tau t)$ und $\exp(\tau t_1)$ der beiden Untergruppen spiegeln dies wider: i.a. ist $\exp(\tau t)\exp(\tau t_1) \neq \exp(\tau t + \tau t_1)$.)

Um auch zu zeigen, daß die Erzeugenden bezüglich des Kommutators eine Lie-Algebra bilden, betrachten wir analog zu (7.3.5) neben einer Kurve $g(\tau)$ durch e die Elemente $h\,g(\tau)\,h^{-1}$ wo $h \in \mathcal{G}$ beliebig, die wieder eine Kurve durch e bilden. Für kleine τ ist mit (7.4.1)

$$T_h\,T_{g(\tau)}\,T_h^{-1} \approx \mathrm{id}_{\mathbf{V}} + \tau T_h\,t\,T_h^{-1}, \tag{7.4.5}$$

d.h., mit $t \in \mathbf{L}_{\mathbf{V}}$ ist auch $T_h\,t\,T_h^{-1} \in \mathbf{L}_{\mathbf{V}}$ eine Erzeugende. Setzen wir hier $h = g_1(\tau)$ und für kleine τ

$$T_{g_1(\tau)} \approx \mathrm{id}_{\mathbf{V}} + \tau t, \qquad T^{-1}_{g_1(\tau)} \approx \mathrm{id}_{\mathbf{V}} - \tau t_1, \tag{7.4.6}$$

so zeigt die daraus folgende Relation

$$\mathbf{L}_{\mathbf{V}} \ni \left(T_h\,t\,T_h^{-1} - t\right)/\tau \approx [t_1, t], \tag{7.4.7}$$

daß $\mathbf{L}_{\mathbf{V}}$ tatsächlich eine Lie-Algebra ist.

In den obigen Überlegungen geht die Treue der betrachteten Darstellung $g \to T_g$ in $\mathbf{V}$ nur in die Dimension von $\mathbf{L}_{\mathbf{V}}$ ein; das Resultat, daß $\mathbf{L}_{\mathbf{V}}$ eine Lie-Algebra ist, gilt allgemein. Die Zuordnung $t \to T_h\,t\,T_h^{-1}$ ist eine umkehrbar eindeutige lineare Abbildung von $\mathbf{L}_{\mathbf{V}}$ in sich, die *adjungierte Wirkung* von $h \in \mathcal{G}$ auf $\mathbf{L}_{\mathbf{V}}$. Ist die Darstellung treu, wird dieser Operator mit Ad_h bezeichnet; $h \to \mathrm{Ad}_h$ ist eine Darstellung von $\mathcal{G}$ im n-dimensionalen Raum $\mathbf{L}_{\mathbf{V}}$ (*adjungierte Darstellung;* im Fall der Drehgruppe stimmt sie mit der definierenden Darstellung (7.1.6) zufällig überein, wie man aus (7.3.16) ersieht).

Zu jedem $t \in \mathbf{L}_{\mathbf{V}}$ der treuen Darstellung T_g gehört umgekehrt eine einparametrige Untergruppe und damit in jeder anderen – nicht notwendigerweise treuen – Darstellung T'_g in $\mathbf{V}'$ eine Erzeugende $t'_t \in \mathbf{L}_{\mathbf{V}'}$. Aufgrund der Darstellungseigenschaft gilt

$$T'_h\,t'_t\,T_h'^{-1} = t'_{T_h\,t\,T_h^{-1}} = t'_{\mathrm{Ad}_h\,t}. \tag{7.4.8}$$

Setzen wir auch hier $h = g_1(\tau)$ und benützen gestrichene Analoga zu (7.4.6) mit $t'_1 = t'_{t_1}$ sowie (7.4.7), erhalten wir

$$[t'_{t_1}, t'_t] = t_{[t_1,t]}, \tag{7.4.9}$$

dh. $t \to t'_t$ ist ein Homomorphismus der Lie-Algebra $\mathbf{L}_{\mathbf{V}} \to \mathbf{L}_{\mathbf{V}'}$. Für die adjungierte Darstellung ist $\mathbf{V}' = \mathbf{L}_{\mathbf{V}}$, $T'_h = \mathrm{Ad}_h$, $t'_{t_1} =: \mathrm{ad}_{t_1}$ mit $\mathrm{ad}_{t_1} t = [t_1, t]$ (Aufgabe).

Resümé: Die zu treuen Darstellungen gehörenden Lie-Algebren $\mathbf{L_V}$ sind isomorph zueinander; die zugrundeliegende abstrakte n-dimensionale Lie-Algebra $\mathbf{L}(\mathcal{G})$ heißt die *Lie-Algebra der Gruppe*[1] $\mathcal{G}$; die Erzeugenden jeder Darstellung bilden eine dazu *homomorphe* Lie-Algebra linearer Operatoren (= Darstellung von $\mathbf{L}(\mathcal{G})$).

Die Theorie der Lie-Gruppen zeigt, daß die Komponente der Einheit $\mathcal{G}_e$ einer Lie-Gruppe $\mathcal{G}$ „im Kleinen" durch die Lie-Algebra – d.h. durch den Strukturtensor – bereits völlig bestimmt ist. (Die Einschränkung „im Kleinen" wollen wir hier nicht näher präzisieren, sondern sie später anhand des Beispiels der Drehgruppe illustrieren.) Weiter gilt, daß jede endlichdimensionale Lie-Algebra die Lie-Algebra einer Lie-Gruppe ist.

Der wichtigste Schritt bei der Suche nach Darstellungen einer zusammenhängenden Lie-Gruppe ist die Suche nach Darstellungen ihrer abstrakten Lie-Algebra, wobei das Produkt $\circ$ (vgl. (7.2.14,15)) der Kommutator der ihren Elementen zugeordneten Erzeugenden ist. Die Darstellung der endlichen Gruppenelemente findet man dann, indem man sie aus Elementen zusammensetzt, die bequem durch einparametrige Untergruppen mit dem Einheitselement verbunden werden können; diese werden dann durch $\exp(\tau t)$ dargestellt, wo t eine Erzeugende ist. Dies ist stets möglich; bei nichtkompakten Gruppen kann es aber eintreten, daß Elemente von $\mathcal{G}_e$ wohl durch eine Kurve, nicht jedoch durch eine einparametrige Untergruppe mit der Einheit verbunden werden können. (Siehe Abschnitt 8.2, Aufgabe 8.)

Die Klassifikation der Lie-Algebren erfolgt durch ein genaues Studium der durch sie gelieferten adjungierten Darstellung. Wir können hierauf nicht eingehen, verweisen aber darauf, daß diese Klassifikation sowohl für die „inneren Symmetrien" der Teilchenphysik (vgl. Urban (1964)) als auch beim Studium von Gravitationsfeldern bestimmter Symmetrie in der allgemeinen Relativitätstheorie eine Rolle spielt (vgl. Petrow (1964); für dreidimensionale Algebren vgl. auch Landau-Lifschitz (1971)).

Das allgemeine Klassifikationsproblem ist ungelöst: Während es möglich ist, in jeder Dimension über $\mathbf{R}$ und $\mathbf{C}$ die symmetrischen Tensoren S_{AB} (nach Rang und Signatur), die antisymmetrischen Tensoren F_{AB} (nach Rang), die gemischten Tensoren $T^A{}_B$ (nach Elementarteilern) zu klassifizieren und Normalformen anzugeben, ist dies bei Tensoren $C^D{}_{AB}$ mit (7.2.16,17) für $n \geq 5$ nicht gelungen. Nur für die sog. *halbeinfachen* Lie-Algebren existiert eine vollständige Klassifikation; sie gehören zu *halbeinfachen* Gruppen – das sind solche, bei denen jeder Abelsche Normalteiler diskret ist. Hier kann man leicht Analoga zum Casimir-Operator (7.3.20) bilden. Das „Rezept" hierfür ist folgendes: Man bildet aus dem Strukturtensor den *Killing-Cartan-Tensor*

$$g_{AB} := C^C{}_{DA}\, C^D{}_{CB} = g_{BA} = \mathrm{Sp}\,(\mathrm{ad}_{X_A}\, \mathrm{ad}_{X_B})\,; \qquad (7.4.10)$$

er ist unter den Transformationen der adjungierten Darstellung invariant, da bereits der Strukturtensor diese Eigenschaft hat (siehe Aufgabe). Halbeinfache Gruppen sind nun nach einem Satz von Cartan dadurch charakterisiert, daß $\det g_{AB} \neq 0$ und ein inverser Tensor g^{AB} existiert. In jeder Darstellung $X_A \to t_A$ ist dann der *Casimir-Operator*

$$C := g^{AB}\, t_A\, t_B \qquad (7.4.11)$$

invariant, d.h., $T_g^{-1}\, C\, T_g = C$. Definiert man weiter $X^A := g^{AB} X_B$ bzw.

$$t^A := g^{AB}\, t_B \quad (= \text{Vektoroperator unter der adjungierten Wirkung der Gruppe}), \qquad (7.4.12)$$

so ist $C = g_{AB}\, t^A\, t^B$, und es sind auch die Operatoren

$$\mathrm{Sp}\,(\mathrm{ad}_{X_A} \mathrm{ad}_{X_B} \ldots \mathrm{ad}_{X_C})\, t^A t^B \ldots t^C = C^E{}_{DA}\, C^F{}_{EB} \ldots C^D{}_{GC}\, t^A\, t^B \ldots t^C \qquad (7.4.13)$$

invariant, d.h., kommutieren mit den Darstellungsoperatoren T_g. In irreduziblen Darstellungen müssen sie alle Vielfache des Einheitsoperators sein; ihre Eigenwerte kann man zur Klassifikation dieser Darstellungen heranziehen.

[1] In Abschnitt 7.7 geben wir zu jeder Lie-Gruppe eine (unendlichdimensionale) treue Darstellung an.

Ein Schritt, der bei der Analyse der Struktur von Lie-Algebren vorgenommen wird, ist auch für die Darstellungstheorie von Bedeutung. Er besteht darin, die Basis in der Lie-Algebra so zu wählen, daß möglichst viele Operatoren der adjungierten Darstellung gleichzeitig diagonal werden, wozu man zuerst eine maximale Anzahl unabhängiger kommutierender Elemente sucht.

Bei der Drehgruppe ist die adjungierte Darstellung, wie oben bemerkt, isomorph zur definierenden. Die Erzeugenden Λ_μ erfüllen (7.2.12), woraus folgt, daß nur die Vielfachen einer Erzeugenden gleichzeitig diagonal werden können. Üblicherweise diagonalisiert man Λ_3. Aus (7.2.5) findet man als Eigenvektoren

$$\begin{pmatrix} 0 \\ 0 \\ 1 \end{pmatrix} = \mathbf{e}_3, \qquad \begin{pmatrix} 1 \\ \pm i \\ 0 \end{pmatrix} = \mathbf{e}_1 \pm i\mathbf{e}_2 \tag{7.4.14}$$

$$\Lambda_3 \mathbf{e}_3 = 0, \qquad \Lambda_3(\mathbf{e}_1 \pm i\mathbf{e}_2) = \mp i(\mathbf{e}_1 \pm i\mathbf{e}_2), \tag{7.4.15}$$

also den Vektor $\mathbf{e}_3$ der Drehachse und die beiden isotropen Vektoren $\mathbf{e}_1 \pm i\mathbf{e}_2$ ($(\mathbf{e}_1 \pm \pm i\mathbf{e}_2)^2 = 0$!) der Ebene orthogonal zu $\mathbf{e}_3$. Daher lautet die gesuchte *Cartan-Weyl-Basis* $\Lambda_1 \pm i\Lambda_2$, Λ_3 bzw. $t_1 \pm it_2$, t_3 in anderen Darstellungen. Mit ihr wollen wir im nächsten Abschnitt weiterarbeiten. Man sieht, daß hier die – in reellen Lie-Algebren zunächst nicht auftretenden – komplexen Zahlen ins Spiel kommen müssen, sonst wäre Λ_3 nicht diagonal zu machen.

Aufgaben

1. Man zeige: Die Erzeugende $[t, t_1]$ gehört zu den infinitesimalen Elementen der Kurve $g_1^{-1}(\sqrt{\tau})\, g(\sqrt{\tau})\, g_1(\sqrt{\tau})\, g^{-1}(\sqrt{\tau})$ durch e.

2. Zeige, daß $\mathrm{ad}_{t_1} t = [t_1, t]$ und (7.4.9) dabei in die Jacobi-Identität übergeht.

3. Wie sieht die adjungierte Darstellung einer kommutativen Gruppe aus? Zeige: Die adjungierte Darstellung der Lie-Algebra ist treu für halbeinfache, irreduzibel für einfache Lie-Gruppen.

4. X_A seien Basiselemente einer Lie-Algebra mit Strukturkonstanten $C^C{}_{AB}$. Man gebe die Matrizen für die Abbildungen ad_{X_A} in bezug auf diese Basis an und zeige die Gleichwertigkeit der beiden Versionen von g_{AB} in (7.4.10). Man zeige die Invarianz von $C^{\cdot}{}_{\cdot\cdot}$ unter ad.

7.5 Unitäre irreduzible Darstellungen von SO(3)

Für die quantentheoretische Formulierung physikalischer Gesetze ist die Theorie der Gruppendarstellungen in Hilberträumen notwendig, deren Grundlegung die Heranziehung tieferer mathematischer (funktionalanalytischer) Hilfsmittel erfordert. Zwei der wichtigsten diesbezüglichen Sätze, mit deren Hilfe das Darstellungsproblem der SO(3) sehr vereinfacht wird, wollen wir hier ohne Beweis an den Anfang stellen[1]:

[1]Siehe dazu z.B. Neumark (1959).

1) *Jede Darstellung einer kompakten Lie-Gruppe in einem Hilbertraum ist zu einer unitären Darstellung äquivalent.*

2) *Jede irreduzible Darstellung einer kompakten Lie-Gruppe in einem Hilbertraum ist endlichdimensional.*

Wir beginnen mit einigen Definitionen. Ein *Hilbertraum* **H** ist ein komplexer Vektorraum (von i.a. unendlicher Dimension), in dem ein *Skalarprodukt* definiert ist, das jedem Paar $x \in \mathbf{H}$, $y \in \mathbf{H}$ eine komplexe Zahl $\langle x \,|\, y \rangle \in \mathbf{C}$ zuordnet, wobei ($\alpha, \beta \in \mathbf{C}$, * bedeutet komplexe Konjugation)

$$\langle x, \alpha y_1 + \beta y_2 \rangle = \alpha \langle x, y_1 \rangle + \beta \langle x, y_2 \rangle \tag{7.5.1a}$$

$$\langle x, y \rangle = \langle y, x \rangle^* \tag{7.5.1b}$$

$$\| x \|^2 := \langle x, x \rangle > 0 \qquad \text{für} \qquad x \neq 0. \tag{7.5.1c}$$

Im unendlichdimensionalen Fall soll **H** ferner in der durch die Norm $\| x \|$ definierten metrischen Topologie ein vollständiger Raum sein, vgl. Neumark (1959), Riesz-Nagy (1956), bei denen auch alle anderen im unendlichdimensionalen Fall notwendigen funktionalanalytischen Begriffsverfeinerungen zu finden sind, wie Abgeschlossenheit von Teilräumen, Definitionsbereiche von Operatoren, hermitische und selbstadjungierte, isometrische und unitäre Operatoren usw. sowie die Spektraltheorie.

Falls $\langle x, y \rangle = 0$, heißen x und y orthogonal zueinander. Die zu einem gegebenen Vektor x orthogonalen Vektoren bilden den *Orthogonalraum* zu x, der ein linearer Teilraum von **H** ist.

Die zu allen Vektoren eines Teilraumes $\mathbf{H}_1 \subset \mathbf{H}$ orthogonalen Vektoren bilden das *orthogonale Komplement* $\mathbf{H}_2$ von $\mathbf{H}_1$. Es gilt $\mathbf{H}_1 \cap \mathbf{H}_2 = 0$, und jeder Vektor $x \in \mathbf{H}$ hat eine eindeutige Zerlegung $x = x_1 + x_2$, wo $x_1 \in \mathbf{H}_1$, $x_2 \in \mathbf{H}_2$ (x_1 ist der Vektor aus $\mathbf{H}_1$, für den $\| x - x_1 \|$ minimal wird). Da $\mathbf{H}_1$ und $\mathbf{H}_2$ orthogonal sind, gilt, wenn $y \in \mathbf{H}$ analog zerlegt wird:

$$\langle x, y \rangle = \langle x_1, y_1 \rangle + \langle x_2, y_2 \rangle. \tag{7.5.2}$$

Man bezeichnet $\mathbf{H} = \mathbf{H}_1 \oplus \mathbf{H}_2$ als *orthogonale direkte Summe* von $\mathbf{H}_1$ und $\mathbf{H}_2$ (bzw. als isomorph dazu, wobei direkte Summen allgemein wie in Abschnitt 6.5 und Skalarprodukte in direkten Summen wie in (7.5.2) definiert werden, was $\mathbf{H}_1 \oplus \mathbf{H}_2$ zu einem Hilbertraum macht).

Zu beachten ist, daß der hier zur Verfügung stehende Orthogonalitätsbegriff mit der Eigenschaft (7.5.1c) bewirkt, daß die *Orthogonal*projektionen $x_1 =: P_1 x$, $x_2 = P_2 x$ schon durch einen Teilraum $\mathbf{H}_1$ allein bestimmt sind, während die in (6.6) definierten *Parallel*projektionen zu ihrer Definition zwei Teilräume benötigen. Die durch einen idempotenten Operator P bewirkte direkte Summenzerlegung (vgl. Abschnitt 6.6) ist nur dann eine orthogonale direkte Summe, wenn P hermitisch ist (s. die Definition unten).

Eine Darstellung $g \to T_g$ einer Lie-Gruppe in einem Hilbertraum heißt *unitär,* wenn für alle $g \in \mathcal{G}$ und alle $x, y \in \mathbf{H}$

$$\langle T_g x, T_g y \rangle = \langle x, y \rangle \tag{7.5.3}$$

gilt, die Operatoren T_g also *Skalarprodukte invariant* lassen, d.h., *unitär* sind. Die unitären Operatoren T_g sind für infinitesimale Transformationen durch

$$T_{g(\tau)} \approx \mathrm{id}_{\mathbf{H}} + \tau t \tag{7.5.4}$$

gegeben, wobei für t aus (7.5.3) folgt

$$\langle tx, y \rangle + \langle x, ty \rangle = 0. \tag{7.5.5}$$

Die Erzeugenden t sind also *antihermitische* Operatoren, während $\pm it$ wegen (7.5.1a) hermitisch sind:

$$\langle \pm itx, y \rangle = \langle x, \pm itx \rangle \tag{7.5.6}$$

und die *hermitischen Erzeugenden* der zugehörigen einparametrigen unitären Untergruppe der Darstellung heißen.

Der Vollständigkeit halber sei noch erwähnt, daß der zu A adjungierte (hermitisch konjugierte) Operator $A^\dagger$ durch

$$\langle A^\dagger x, y \rangle = \langle x, Ay \rangle \tag{7.5.7}$$

definiert ist. Hermitische Operatoren A sind selbstadjungiert, $A^\dagger = A$, antihermitische erfüllen $A^\dagger = -A$, unitäre $A^\dagger = A^{-1}$. Hermitische Operatoren haben reelle, antihermitische imaginäre Eigenwerte, unitäre haben Eigenwerte vom Betrag 1. Alle diese Operatoren, allgemeiner alle mit $[A, A^\dagger] = 0$, besitzen ein vollständiges, d.h. ganz $\mathbf{H}$ aufspannendes Orthonormalsystem von Eigenvektoren.

Eine reduzible unitäre Darstellung zerfällt in die direkte orthogonale Summe zweier unitärer Teildarstellungen, da mit einem invarianten Unterraum $\mathbf{H}_1$ auch dessen orthogonales Komplement $\mathbf{H}_2$ invariant ist. *Unitäre (endlichdimensionale) Darstellungen sind somit vollreduzibel.*

Für *endliche* Gruppen kann die eingangs erwähnte Äquivalenz aller Darstellungen zu unitären Darstellungen einfach gezeigt werden: Ist $\langle\ ,\ \rangle_0$ irgendein Skalarprodukt im Darstellungsraum mit den Eigenschaften (7.5.1), so ist

$$\langle x, y \rangle := \sum_{g'} \langle T_{g'}x, T_{g'}y \rangle_0 \tag{7.5.8}$$

(die Summe ist über alle Gruppenelemente zu erstrecken) ein *invariantes* Skalarprodukt mit den Eigenschaften (7.5.1): Es ist

$$\langle T_g x, T_g y \rangle = \sum_{g'} \langle T_{g'}T_g x, T_{g'}T_g y \rangle_0 = \sum_{g'} \langle T_{g'g}x, T_{g'g}y \rangle_0 = \sum_{g''} \langle T_{g''}x, T_{g''}y \rangle_0 = \langle x, y \rangle, \tag{7.5.9}$$

da mit g' auch $g'' = g'g$ genau einmal über die Gruppe läuft. Bei Lie-Gruppen ist die Summe in (7.5.8) durch ein entsprechendes Integral über die Parameter zu ersetzen. Das Volumselement im Parameterraum ist dabei so zu wählen, daß das Integral gegen die (Rechts-) Verschiebung $g' \to g'g$ wie oben invariant wird. Derartige *rechtsinvariante Integrale* können stets angegeben werden, doch existiert das zu (7.5.8) analoge Integral über die ganze Gruppe i.a. nur für kompakte Gruppen. Für die Drehgruppe lautet das rechtsinvariante Integral bei Parametrisierung durch die Eulerschen Winkel (vgl. Abschnitt 7.6)

$$\int_0^{2\pi} d\alpha \int_0^{\pi} d\beta \int_0^{2\pi} d\gamma \sin\beta \ldots\,. \tag{7.5.10}$$

Invariante Integration ist ein wichtiges Hilfsmittel der Gruppen- und Darstellungstheorie (siehe z.B. Chevalley (1946) oder die anderen angegebenen Bücher).

Zur Systematik der bisher eingeführten ***Skalarprodukte*** ist folgendes zu bemerken. *Innere Produkte* $\langle\, ,\, \rangle$ in Vektorräumen **V** sind allgemein durch die Bedingungen definiert:

$$\langle x, \alpha y_1 + \beta y_2 \rangle = \alpha \langle x, y_1 \rangle + \beta \langle x, y_2 \rangle \tag{7.5.11}$$

$$\langle x, y \rangle = 0 \quad \text{für alle } x \text{ impliziert } y = 0 \qquad \text{Nichtentartung} \tag{7.5.12}$$

$$\langle \alpha x_1 + \beta x_2, y \rangle = \begin{cases} \alpha \langle x_1, y \rangle + \beta \langle x_2, y \rangle & \text{Bilinearität} \quad (7.5.13a) \\ \textit{oder} & \\ \alpha^* \langle x_1, y \rangle + \beta^* \langle x_2, y \rangle & \text{Sesquilinearität} \quad (7.5.13b) \end{cases}$$

Skalarprodukte sind innere Produkte, für die $\langle x, y \rangle = 0$ stets $\langle y, x \rangle = 0$ impliziert. Über **R** muß dazu $\langle x, y \rangle = c\langle y, x \rangle$ gelten, über **C** kommt noch $\langle x, y \rangle = c\langle y, x \rangle^*$ infrage, wo $c \in$ **R** bzw. **C**.

Ersteres bedingt (7.5.13*a*) und $c^2 = 1$, und es definieren die Forderungen

$$\langle x, y \rangle = \langle y, x \rangle \qquad \text{Symmetrie ... (pseudo-)euklidische Geometrie} \tag{7.5.14a}$$

$$\langle x, y \rangle = -\langle y, x \rangle \qquad \text{Antisymmetrie ... symplektische Geometrie} \tag{7.5.14b}$$

verschiedene „Geometrien“. Beispiele für Skalarprodukte in Vektorräumen über dem Körper **R**: In der in Kap. 3 diskutierten Minkowski-Geometrie gilt (7.5.14*a*) für das Viererskalarprodukt; (7.5.14*b*) liegt der Hamiltonschen Mechanik zugrunde. Beispiele für Skalarprodukte über dem Körper C: Die Invarianz eines Skalarproduktes der Eigenschaft (7.5.14*a*) definiert die Gruppe SO(3,C), vgl. Abschnitt 6.5; (7.5.14*b*) tritt in der Spinorgeometrie von Kap. 8 auf.

Zu bemerken ist insbesondere, daß $\langle x, x \rangle = 0$ keineswegs $x = 0$ impliziert; bei (7.5.14b) ist sogar $\langle x, x \rangle \equiv 0$! In *reellen* Vektorräumen wird (7.5.14a) weiter untergliedert nach der Signatur der zugehörigen quadratischen Form $\langle x, x \rangle$: ist sie *definit*, hat man die eigentliche euklidische Geometrie (z.B. **xy** in $\mathbf{R}^3$), ist sie indefinit, liegt eine pseudoeuklidische Geometrie vor, je nach der Signatur, d.h. der Differenz zwischen der Zahl der positiven und negativen Quadrate, die bei Diagonalisierung von $\langle x, x \rangle$ entstehen: $\langle x, x \rangle = \sum \pm x_i x_i$.

Im zweiten Fall ist $|c|^2 = 1$, $c = e^{i\gamma}$, $\gamma \in$ **R**. Absorbiert man $e^{-i\gamma/2}$ in $\langle\, ,\, \rangle$, spielt nur die Forderung

$$\langle x, y \rangle = \langle y, x \rangle^* \qquad \text{Hermitizität ... (pseudo-)unitäre Geometrie} \tag{7.5.15}$$

eine Rolle, die die Sesquilinearität (7.5.13b) bedingt. Die weitere Unterteilung erfolgt nach der Signatur der zugehörigen hermitischen Form $\langle x, x \rangle$, d.h. der Differenz zwischen der Anzahl von positiven und negativen Quadraten, die bei der Diagonalisierung entstehen: $\langle x, x \rangle = \sum \pm |x_i|^2$. Die unitäre Geometrie entspricht dem (positiv) definiten Fall, wo (7.5.1c) gilt; bei unendlicher Dimension spielt nur sie eine Rolle. Im indefiniten Fall hat man eine pseudounitäre Geometrie.

Diese Klassifikation der inneren Produkte mit einem *symmetrischen Orthogonalitätsbegriff* in einem $\mathbf{V}^n$ entspricht der Klassifikation der involutorischen Korrelationen und Antikorrelationen im zugehörigen $(n-1)$-dimensionalen projektiven Raum. Aus dieser Betrachtungsweise entspringt auch die Bezeichnung „symplektisch“, und die Bezeichnung „Geometrie“ ist im Sinne des „Erlanger Programms“ von F. Klein zu verstehen. Vgl. dazu G. Pickert (1961).

Es ist zu betonen, daß es sich bei der Definition von unitären Darstellungen $g \to T_g$ einer Gruppe stets um ein invariantes Skalarprodukt im Sinn der unitären Geometrie handelt, so daß (7.5.1c) gilt. Die Vierervektordarstellung der Lorentzgruppe ist trotz der Existenz des invarianten Viererskalarprodukts $x_i y^i$ *nicht* unitär, da dieses Skalarprodukt nicht definit ist (was z.B. zur Folge hat, daß der Orthogonalraum einer lichtartigen Richtung diese enthält und so keine *direkte* orthogonale Summenzerlegung entsteht); die Darstellung von $\mathcal{L}_+$ im Raum der selbstdualen antisymmetrischen Tensoren ist *nicht* unitär trotz des invarianten Skalarprodukts $(\mathbf{E} \pm i\mathbf{B})^2$, das vom Typ der komplexen euklidischen Geometrie ist.

Wir kommen nun zur Bestimmung der irreduziblen Darstellungen $g \to T_g$ der Drehgruppe. Nach den Sätzen 1) und 2), die wir am Anfang dieses Abschnittes zitiert haben, können wir uns bei der Suche nach irreduziblen Darstellungen auf endlichdimensionale, unitäre Darstellungen beschränken.

Die Erzeugenden t_μ, die (7.3.3) erfüllen, sind somit antihermitische Operatoren in einem endlichdimensionalen Hilbertraum $\mathbf{H}$. Die *hermitischen Erzeugenden* (deren Verbindung mit den Drehimpulsoperatoren der Quantenmechanik in Abschnitt 7.7 untersucht wird)

$$J_\mu := it_\mu = J_\mu^\dagger \tag{7.5.16}$$

erfüllen

$$[J_\mu, J_\nu] = i\,\epsilon_{\mu\nu\lambda}\,J_\lambda \tag{7.5.17}$$

und ferner für alle $x \in \mathbf{H}$, $\mu = 1, 2, 3$

$$\langle\, x, J_\mu^2\, x\,\rangle = \langle\, J_\mu x, J_\mu x\,\rangle \geq 0. \tag{7.5.18}$$

Nach (7.3.20) ist $\mathbf{J}^2$ in irreduziblen Darstellungen ein Vielfaches des Einheitsoperators

$$\mathbf{J}^2 = \lambda\, \mathrm{id}_{\mathbf{H}}\,, \tag{7.5.19}$$

wobei wegen (7.5.18) $\lambda \geq 0$ gilt.

Der Schlüssel zur Lösung des Darstellungsproblems liegt nun in der Bestimmung des (reellen) Eigenwertspektrums einer der hermitischen Erzeugenden, etwa J_3.

Es ist (entsprechend der Bemerkung am Ende von Abschnitt 7.4) günstig, zu den Kombinationen

$$J_\pm := J_1 \pm i\,J_2 = J_\mp^\dagger \quad \text{und} \quad J_3 \tag{7.5.20}$$

mit

$$[J_+, J_-] = 2J_3, \qquad [J_3, J_\pm] = \pm J_\pm, \tag{7.5.21}$$

$$\mathbf{J}^2 = J_\pm J_\mp \mp J_3 + J_3^2 \tag{7.5.22}$$

überzugehen. Wir betrachten nun die Eigenwerte und Eigenvektoren von J_3, die ein vollständiges orthonormales System in $\mathbf{H}$ bilden. Ist x_m ein normierter Eigenvektor zum Eigenwert m,

$$J_3\, x_m = m\, x_m, \qquad \|\, x_m \,\| = 1, \tag{7.5.23}$$

so ist nach (7.5.21,22)

$$J_3\, J_\pm\, x_m = (m \pm 1)\, J_\pm\, x_m \tag{7.5.24}$$

$$\langle\, J_\pm\, x_m, J_\pm\, x_m\,\rangle = \langle\, x_m, J_\mp\, J_\pm\, x_m\,\rangle = \lambda \mp m - m^2. \tag{7.5.25}$$

Aus (7.5.24) folgt: entweder ist $J_\pm\, x_m$ der Nullvektor, oder auch $m \pm 1$ muß Eigenwert von J_3 sein. Da die Darstellung endlichdimensional ist, gibt es nur endlich viele Eigenwerte, deren größter j sei. Für einen normierten Eigenvektor x_j zum maximalen Eigenwert j muß nach (7.5.24,25)

$$J_+\, x_j = 0, \qquad \lambda = j + j^2 \tag{7.5.26}$$

gelten. In der Folge der (nicht normierten) Eigenvektoren $J_-\, x_j$, $(J_-)^2\, x_j$, ... zu den Eigenwerten $j-1$, $j-2$, ... muß nach einer Anzahl N von Anwendungen von J_- ein kleinster Eigenwert j' erreicht sein, d.h.,

$$(J_-)^{N-1} x_j \neq 0, \qquad J_3 (J_-)^{N-1} x_j = j' (J_-)^{N-1} x_j, \tag{7.5.27}$$

aber

$$J_-(J_-)^{N-1}x_j = 0. \tag{7.5.28}$$

(7.5.25,27) ergeben dann

$$\lambda = j^2 + j = j'^2 - j', \qquad j - j' + 1 = N, \tag{7.5.29}$$

oder $(j+j')(j-j'+1) = 0$, also $j' = -j$ und daraus $2j+1 = N =$ natürliche Zahl. Für j und λ erhalten wir als mögliche Werte

$$j = 0,\ 1/2,\ 1,\ 3/2,\ 2,\ \ldots \tag{7.5.30}$$

$$\lambda = j(j+1) = 0,\ 3/4,\ 2,\ 15/4,\ 6,\ \ldots \tag{7.5.31}$$

Die Eigenwerte und dazugehörigen (nicht normierten) Eigenvektoren von J_3 sind

$$m = j,\ j-1,\ \ldots,\ -j+1,\ -j \tag{7.5.32}$$

$$x_j,\ J_-\,x_j,\ \ldots,\ (J_-)^{2j}x_j. \tag{7.5.33}$$

Diese Eigenvektoren sind zueinander orthogonal, also linear unabhängig, und spannen einen $(2j+1)$-dimensionalen Teilraum von $\mathbf{H}$ auf, aus dem die Anwendung von J_3 und J_- nicht hinausführt. Wegen (benütze (7.5.21)!)

$$J_+(J_-)^p = J_+\,J_-(J_-)^{p-1} = J_-\,J_+(J_-)^{p-1} + 2J_3(J_-)^{p-1}$$

ist auch

$$J_+\,J_-\,x_j = 2j\,x_j \propto x_j$$

und durch Induktion

$$J_+(J_-)^p\,x_j \propto (J_-)^{p-1}\,x_j, \tag{7.5.34}$$

so daß auch die Anwendung von J_+ auf Vektoren des $(2j+1)$-dimensionalen Raumes wieder Vektoren desselben Raumes ergibt, der also unter der Wirkung von $\mathbf{J}$ (und auch $\exp(i\boldsymbol{\alpha}\mathbf{J})$) invariant ist. Da wir an irreduziblen Darstellungen interessiert sind, muß dieser Teilraum mit $\mathbf{H}$ übereinstimmen.

Der Eigenwert $m = j$ – und mit ihm auch alle anderen – ist in einer irreduziblen Darstellung nicht entartet; denn gäbe es zu ihm noch weitere, zu x_j nicht proportionale Eigenvektoren, könnte man weitere „Leitern" von Eigenvektoren obiger Art und damit andere invariante Teilräume konstruieren, was der Irreduzibilität widerspricht.

Damit ist gezeigt: bis auf Äquivalenz ist eine irreduzible Darstellung der Drehgruppe eindeutig durch den maximalen Eigenwert j der Erzeugenden J_3 – das *„Gewicht"* der Darstellung –, oder durch ihre Dimension $2j+1$, oder den Eigenwert $j(j+1)$ des Casimir-Operators $\mathbf{J}^2$ gekennzeichnet; dabei kann j nur die Werte 0, 1/2, 1, 3/2, ... annehmen.

Die Eigenvektoren zu jedem Eigenwert m sind daher Vielfache eines einzigen, den wir mit x_m bezeichnen und der durch die Normierungsbedingung $\| x_m \| = 1$ bis auf einen *Phasenfaktor* eindeutig bestimmt ist. Aus (7.5.22) folgt dann

$$\begin{aligned} J_3\,x_m &= m\,x_m \\ J_\pm\,x_m &= \rho_\pm(m)\,x_{m\pm 1}, \end{aligned} \tag{7.5.35}$$

mit

$$|\rho_\pm(m)|^2 = j(j+1) \mp m - m^2. \tag{7.5.36}$$

Aus $J_\pm^\dagger = J_\mp$ und der Orthogonalität der x_m folgt

$$\rho_\pm(m) = \langle\, x_{m\pm1}, J_\pm\, x_m \,\rangle = \langle\, J_\mp\, x_{m\pm1}, x_m \,\rangle = \langle\, x_m, J_\mp\, x_{m\pm1} \,\rangle^* = \rho_\mp^*(m\pm1).$$

Da (7.5.36) damit verträglich ist, kann als konsistente Phasenwahl

$$\rho_\pm(m) := {}_+\sqrt{j(j+1) \mp m - m^2} \tag{7.5.37}$$

getroffen werden. $\{x_m\}$ nennen wir dann eine ***kanonische Basis.***

Damit ist es möglich, die Operatoren $J_\pm$, J_3 in bezug auf die orthonormierte Basis $\{x_m, m = j, j-1, \ldots, -j+1\}$ durch *Matrizen* darzustellen: $J_\mu\, x_m = (J_\mu)_{nm}\, x_n$ liefert bei skalarer Multiplikation mit x_n die Matrizen für J_3, $J_\pm$, $J_1 = 1/2(J_+ + J_-)$, $J_2 = 1/2i(J_+ - J_-)$, $\mathbf{J}^2$:

$$(J_{3\,nm}) = \begin{pmatrix} j & & & & \\ & j-1 & & 0 & \\ & & \ddots & & \\ & 0 & & -j+1 & \\ & & & & -j \end{pmatrix}, \quad (\mathbf{J}^2{}_{nm}) = \begin{pmatrix} 1 & & & & \\ & 1 & & 0 & \\ & & \ddots & & \\ & 0 & & 1 & \\ & & & & 1 \end{pmatrix} \cdot j(j+1),$$

$$(J_{+\,nm}) = \begin{pmatrix} 0 & \rho_+(j-1) & & & \\ & 0 & \rho_+(j-2) & & 0 \\ & & 0 & \ddots & \\ & 0 & & \ddots & \rho_+(-j) \\ & & & & 0 \end{pmatrix},$$

$$(J_{-\,nm}) = \begin{pmatrix} 0 & & & & \\ \rho_-(j) & 0 & & & 0 \\ & \rho_-(j-1) & 0 & & \\ & & \ddots & \ddots & \\ & 0 & & \rho_-(-j+1) & 0 \end{pmatrix}. \tag{7.5.38}$$

Diese Matrizendarstellung erfüllt die oben hergeleiteten *notwendigen* Bedingungen für irreduzible unitäre Darstellungen. Wäre sie reduzibel, so zerfiele sie in irreduzible Darstellungen, deren Gewichte wegen $\mathbf{J}^2 = j(j+1)$ alle gleich j und deren Dimensionen alle gleich $2j+1$ sein müßten. Da die Darstellung aber selbst diese Dimension aufweist, kann sie so nicht zerfallen und ist daher irreduzibel. Damit ist für jedes Gewicht j eine irreduzible Darstellung der Lie-Algebra gefunden.

Wir betrachten nun die einfachsten Fälle.

$j = 0$ ... eindimensionale Darstellung; $\mathbf{J} = 0$, d.h. triviale Darstellung.

$j = 1$ ... dreidimensionale Darstellung; es wird

$$J_3 = \begin{pmatrix} 1 & 0 & 0 \\ 0 & 0 & 0 \\ 0 & 0 & -1 \end{pmatrix} \qquad J_1 = \frac{1}{\sqrt{2}} \begin{pmatrix} 0 & 1 & 0 \\ 1 & 0 & 1 \\ 0 & 1 & 0 \end{pmatrix} \qquad J_2 = \frac{1}{\sqrt{2}} \begin{pmatrix} 0 & 1 & 0 \\ -1 & 0 & 1 \\ 0 & -1 & 0 \end{pmatrix}$$

$$\mathbf{J}^2 = \begin{pmatrix} 2 & 0 & 0 \\ 0 & 2 & 0 \\ 0 & 0 & 2 \end{pmatrix} \tag{7.5.39}$$

Die Darstellung stimmt bis auf eine Äquivalenztransformation mit der definierenden ($\equiv$ adjungierten) überein: J_3 ist die diagonalisierte Form von $i\Lambda_3$, (7.2.5). Dies folgt auch daraus, daß es, bis auf Äquivalenz, nur *eine* dreidimensionale irreduzible Darstellung der SO(3) gibt, wie wir oben gesehen haben.

$j = 2$ ... fünfdimensionale Darstellung, die sich als äquivalent mit der Darstellung im Raum der spurlosen, symmetrischen Tensoren $T^{\mu\nu}$ (nicht Tensorfelder!) erweist: Diese Tensoren bilden nämlich einen invarianten Teilraum unter der Produktdarstellung $g \to R_g \otimes R_g$. Die Erzeugenden $\mathbf{t}$ von $R_g \otimes R_g$ ergeben sich aus

$$(\mathbf{1} + \tau\boldsymbol{\alpha}\boldsymbol{\Lambda}) \otimes (\mathbf{1} + \tau\boldsymbol{\alpha}\boldsymbol{\Lambda}) \approx \mathbf{1} \otimes \mathbf{1} + \tau\boldsymbol{\alpha}\,(\mathbf{1} \otimes \boldsymbol{\Lambda} + \boldsymbol{\Lambda} \otimes \mathbf{1}) = \mathbf{1} \otimes \mathbf{1} + \tau\boldsymbol{\alpha}\,\mathbf{t}.$$

Daraus folgt

$$\mathbf{t}^2 = (\mathbf{1} \otimes \Lambda_\mu + \Lambda_\mu \otimes \mathbf{1})\,(\mathbf{1} \otimes \Lambda_\mu + \Lambda_\mu \otimes \mathbf{1}) = \boldsymbol{\Lambda}^2 \otimes \mathbf{1} + \mathbf{1} \otimes \boldsymbol{\Lambda}^2 + 2\Lambda_\mu \otimes \Lambda_\mu. \tag{7.5.40}$$

In der definierenden Darstellung $g \to R_g$ ist $j(j+1) = 2$, $\boldsymbol{\Lambda}^2 = -2 \cdot \mathbf{1}$, so daß nur $\Lambda_\mu \otimes \Lambda_\mu$ zu berechnen ist:

$$(\Lambda_\mu \otimes \Lambda_\mu)^{\alpha\beta}{}_{\rho\sigma} = \epsilon_{\mu\alpha\rho}\,\epsilon_{\mu\beta\sigma} = \delta_{\alpha\beta}\delta_{\rho\sigma} - \delta_{\alpha\sigma}\delta_{\beta\rho}. \tag{7.5.41}$$

Daher ist für einen symmetrischen, spurfreien Tensor $T^{\mu\nu}$

$$(\mathbf{t}^2)^{\alpha\beta}{}_{\mu\nu}\,T^{\mu\nu} = -4T^{\alpha\beta} + 2\delta^{\alpha\beta}\,T^{\mu}{}_{\mu} - 2T^{\beta\alpha} = -6T^{\alpha\beta}$$

oder symbolisch

$$\mathbf{t}^2 \cdot T = -2(2+1)T = -j(j+1)T.$$

Im fünfdimensionalen Raum der spurlosen, symmetrischen Tensoren ist $\mathbf{t}^2$ tatsächlich ein Vielfaches der Einheitsmatrix mit dem $j = 2$ entsprechenden Faktor; diese Darstellung muß daher eine irreduzible Darstellung mit Gewicht $j = 2$ sein.

Allgemein stellt sich heraus, daß die Darstellungen mit *ganzzahligem* Gewicht gerade jene sind, die man durch Ausreduktion der Tensordarstellungen erhält (dies wird sich später aus der Spinoralgebra ergeben).

$j = 1/2 \ldots$ zweidimensionale Darstellung; die Erzeugenden sind $\mathbf{J} = 1/2\,\boldsymbol{\sigma}$, wobei die Matrizen

$$\sigma_3 = \begin{pmatrix} 1 & 0 \\ 0 & -1 \end{pmatrix}, \qquad \sigma_1 = \begin{pmatrix} 0 & 1 \\ 1 & 0 \end{pmatrix}, \qquad \sigma_2 = \begin{pmatrix} 0 & -i \\ i & 0 \end{pmatrix} \tag{7.5.42}$$

die *Paulischen Spinmatrizen* sind.

Sie erfüllen außer den hier geforderten Vertauschungsrelationen

$$[\sigma_\mu, \sigma_\nu] = 2i\epsilon_{\mu\nu\lambda}\sigma_\lambda \tag{7.5.43}$$

noch die *„Clifford-Algebra"-Relationen zur Metrik* $\delta_{\mu\nu}$ (Antikommutator-Relationen; vgl. (9.1.17))

$$\{\sigma_\mu, \sigma_\nu\} := \sigma_\mu\sigma_\nu + \sigma_\nu\sigma_\mu = 2\delta_{\mu\nu}\,\mathrm{id}, \tag{7.5.44}$$

aus denen sich zusammen mit (7.5.43)

$$\sigma_\mu\sigma_\nu = \delta_{\mu\nu}\,\mathrm{id} + i\epsilon_{\mu\nu\lambda}\sigma_\lambda \tag{7.5.45}$$

ergibt. (7.5.45) faßt die formalen Rechenregeln der Hamiltonschen *Quaternioneneinheiten* zusammen, die sich von jenen der σ_μ nur um Faktoren i unterscheiden.

Diese Darstellung heißt *Spinordarstellung* von SO(3). Sie ist – ebenso wie alle anderen Darstellungen mit halbzahligem Gewicht – *nicht* aus Tensordarstellungen gewinnbar; mithin ein wesentlich neues Resultat der Darstellungstheorie, welches für beliebige Drehgruppen SO(n,C) erstmals von E. Cartan 1913 erhalten wurde. Später wurde sie unabhängig davon bei der Aufstellung der quantenmechanischen Theorie des spinnenden Elektrons (Pauli, Dirac) wiederentdeckt, wonach sie obigen Namen erhielt. Mit ihr werden wir uns im nächsten Abschnitt eingehend befassen. Vorausgeschickt sei die Erinnerung, daß bisher aus der angenommenen Existenz einer Darstellung nur notwendige Eigenschaften hergeleitet wurden und der Nachweis, daß die gefundene Matrixdarstellung der Lie-Algebra zu Darstellungen der ganzen Gruppe SO(3) – nicht nur der infinitesimalen Umgebung des Einselements – führt, noch fehlt; er kann für *ganzzahliges* j erbracht werden, für halbzahliges j jedoch nicht. Dennoch sind halbzahlige j, insbesondere $j = \frac{1}{2}$, von großer Bedeutung, wie sich zeigen wird.

Abschließend betrachten wir *reduzible Darstellungen* und ihre *Ausreduktion*. $\mathbf{H}$ sei also jetzt ein Hilbertraum, in dem SO(3,$\mathbf{R}$) über eine reduzible Darstellung $g \to T_g$ wirkt. Wie kann man systematisch invariante irreduzible Teilräume ermitteln und die Darstellung ausreduzieren? Gesucht ist also eine Zerlegung

$$\mathbf{H} = \sum_{j\alpha} \oplus \mathbf{H}_{j\alpha}$$

von $\mathbf{H}$ in eine (orthogonale) direkte Summe von irreduziblen invarianten Teilräumen $\mathbf{H}_{j\alpha}$, die wir durch das Gewicht j indiziert haben, das die irreduziblen Darstellungen bis auf Äquivalenz kennzeichnet; α ist ein weiterer Index, der nötig ist, falls dieselbe irreduzible Darstellung mehrmals vorkommt.

Die Lösung kann wieder durch Betrachtung des Eigenwertproblems für die Erzeugenden J_3 erzielt werden. Zunächst muß bei einer reduziblen Darstellung $\mathbf{J}^2$ nicht

Vielfaches von $\mathrm{id}_{\mathbf{H}}$ sein, man wird also die Eigenräume von $\mathbf{H}^2$ ermitteln, d.h. $\mathbf{J}^2$ diagonalisieren. Um eine Anhäufung von Indizes zu vermeiden und die Analogie zur Quantenmechanik zu unterstreichen, gehen wir zu der dort vielfach üblichen *Dirac-Schreibweise* über, bezeichnen also Vektoren aus $\mathbf{H}$ als $|\,j,m,\ \ldots\rangle$, wobei j, m, ... die zur Kennzeichnung der Vektoren benötigten Indizes sind. So sucht man zuerst Vektoren $|\,j,\ldots\rangle$ mit

$$\mathbf{J}^2|\,j,\ldots\rangle = j(j+1)|\,j,\ldots\rangle \tag{7.5.46}$$

(die *möglichen* Eigenwerte sind ja bekannt). In dem von ihnen gebildeten Eigenraum $\mathbf{H}_j$ sucht man nun die Eigenvektoren von J_3

$$J_3|\,j,m,\ldots\rangle = m\,|\,j,m,\ldots\rangle \tag{7.5.47}$$

(in einer reduziblen Darstellung können zu m mehrere unabhängige Eigenvektoren existieren, wie durch ... angedeutet wurde). Man wählt dazu einen Eigenvektor, etwa zum höchsten Eigenwert $m = j$:

$$J_3|\,j,j,1\rangle = j\,|\,j,j,1\rangle, \qquad J_+\,|\,j,j,1\rangle = 0 \tag{7.5.48}$$

und konstruiert wie früher mittels J_- und der angegebenen Phasenkonvention rekursiv die Vektoren

$$|\,j,m-1,1\rangle = \frac{J_-}{\rho_-(m)}\,|\,j,m,1\rangle, \qquad m = j,\,j-1,\,\ldots\,,-j, \tag{7.5.49}$$

welche als kanonische Basis einen invarianten irreduziblen Teilraum $\mathbf{H}_{j1}$ aufspannen. Existiert noch ein weiterer, unabhängiger Eigenvektor $|\,j,j,2\rangle$, konstruiert man analog die Vektoren $|\,j,m,2\rangle$, die $\mathbf{H}_{j2}$ aufspannen mögen, usw. (es ist natürlich möglich, mit einem anderen Eigenvektor $|\,j,m,2\rangle$ zu beginnen). Die Teilräume $\mathbf{H}_{j\alpha}$ sind nicht eindeutig bestimmt, sondern hängen von der Wahl der unabhängigen Vektoren $|\,j,j,1\rangle$, $|\,j,j,2\rangle$, ... ab; meist wählt man sie als orthogonal zueinander, womöglich als Eigenvektoren von eventuell vorhandenen, mit J_3 kommutierenden Operatoren. Gegebenenfalls kann man die Räume $\mathbf{H}_j$ statt mittels (7.5.46) auch mit Hilfe der gemeinsamen Lösungen von $J_+\,|\ldots\rangle = 0$, $J_3\,|\ldots\rangle = j\,|\ldots\rangle$ und (7.5.49) konstruieren.

Als Beispiel betrachten wir die Darstellung von SO(3,**R**) im Raum aller Tensoren $T^{\mu\nu}$. Analog zu den Betrachtungen bei der Lorentzgruppe können wir hier die invarianten Unterräume der antisymmetrischen und symmetrischen Tensoren mittels der Projektionen P_A, P_S

$$P_A{}^{\alpha\beta}{}_{\mu\nu} := \frac{1}{2}\left(\delta^\alpha{}_\mu\delta^\beta{}_\nu - \delta^\alpha{}_\nu\delta^\beta{}_\mu\right), \quad P_S{}^{\alpha\beta}{}_{\mu\nu} := \frac{1}{2}\left(\delta^\alpha{}_\mu\delta^\beta{}_\nu + \delta^\alpha{}_\nu\delta^\beta{}_\mu\right) \tag{7.5.50}$$

und die zum euklidischen metrischen Tensor $\delta^{\mu\nu}$ proportionalen Tensoren mittels P_δ,

$$P_\delta{}^{\alpha\beta}{}_{\mu\nu} := \frac{1}{3}\delta^{\alpha\beta}\delta_{\mu\nu}, \tag{7.5.51}$$

herausprojizieren. Auf die symmetrischen spurlosen Tensoren projiziert $P_{SS} := P_S - P_\delta$ (wegen $P_S P_\delta = P_\delta P_S = P_\delta$ ist $P_{SS}^2 = P_{SS}$). Nun gilt nach (7.5.40,41)

$$\begin{aligned}\mathbf{J}^2 = -\mathbf{t}^2 = 4\cdot\mathbf{1}\otimes\mathbf{1} - 2\Lambda_\mu\otimes\Lambda_\mu &= 4(P_S+P_A) - 2\big(3P_\delta - (P_S - P_A)\big) = \\ &= 6(P_S - P_\delta) + 2P_A = 2\cdot 3P_{SS} + 1\cdot 2P_A + 0\cdot 1P_\delta.\end{aligned} \tag{7.5.52}$$

Da $\mathbf{1} \otimes \mathbf{1} = P_{SS} + P_A + P_\delta$, ist damit eine vollständige Ausreduktion erzielt: P_{SS}, P_A, P_δ projizieren auf irreduzible Teilräume zu den Gewichten 2, 1, 0 (diese Darstellungen können nur einfach auftreten, wie der Dimensionsvergleich $9 = 5 + 3 + 1$ lehrt). Wir verzichten hier auf die Konstruktion einer kanonischen Basis in jedem $\mathbf{H}_j$.

Aufgaben

1. Man zeige, daß die durch einen linearen idempotenten Operator P ($P^2 = P$) bewirkte direkte Summenzerlegung $\mathbf{H} = P\mathbf{H} \oplus (\mathrm{id}_\mathbf{H} - P)\mathbf{H}$ genau dann orthogonal ist, wenn P hermitisch ist: $P^\dagger = P$.

2. Man konstruiere für die definierende Darstellung im $\mathbf{R}^3$ aus den Einheitsvektoren $\mathbf{e}_1$, $\mathbf{e}_2$, $\mathbf{e}_3$ eine kanonische Basis unter Beachtung aller gemachten Konventionen.

3. In $\mathbf{H}$ wirke eine reduzible Darstellung, in der die irreduzible Darstellung vom Gewicht j mehrmals vorkomme: $\mathbf{H} = \mathbf{H}_{j1} \oplus \mathbf{H}_{j2} \oplus \dots$ Die Skalarprodukte $\langle j\,m\,1 \,|\, j\,m\,2 \rangle$ verschwinden dann nicht notwendigerweise. Man zeige, daß sie von m unabhängig sind.

(Dieses Lemma wird beim Beweis des „Wigner-Eckart-Theorems“ über die Matrixelemente von Vektor- und Tensoroperatoren benützt; vgl. Edmonds (1964)).

7.6 SU(2), Spinoren und die Darstellung endlicher Drehungen

Nach der Konstruktion der Darstellungsräume und der kanonischen Basis für unitäre irreduzible Darstellungen haben wir noch die Darstellungsmatrizen für *endliche Drehungen* aus den Matrixdarstellungen der hermitischen Erzeugenden herzuleiten. Die Methode dazu kennen wir bereits: Um das Gruppenelement $g(\boldsymbol{\alpha})$ darzustellen, betrachten wir die einparametrige Untergruppe $g(\tau\boldsymbol{\alpha})$, in der es liegt. Ist $t = \boldsymbol{\alpha}\,\mathbf{t}$ die Erzeugende dieser Untergruppe, so ist die gesuchte Darstellung

$$g(\boldsymbol{\alpha}) \to T_{g(\boldsymbol{\alpha})} = \exp(\boldsymbol{\alpha}\,\mathbf{t}) = \exp(-i\boldsymbol{\alpha}\mathbf{J}). \qquad (7.6.1)$$

Die Exponentialfunktion ist für die in Abschnitt 7.5 gefundenen Matrizen $\mathbf{J}$ auszuwerten. Dies kann im Prinzip nach der Sylvesterschen Formel (Smirnow (1955)) für Funktionen einer Matrix geschehen, da die Eigenwerte von $-i\boldsymbol{\alpha}\,\mathbf{J}$ bekannt sind: sie unterscheiden sich aus Drehinvarianzgründen von jenen von J_3 nur um den Faktor $-i|\boldsymbol{\alpha}|$. Allerdings ist dieser Weg nur für die niedrigsten Gewichte $j = 0,\ 1/2,\ 1$ praktisch gangbar[1]. Der Fall $j = 0$ ist trivial, $j = 1$ wurde in Aufgabe 1 zu Abschnitt 7.2 behandelt und führt zur (definierenden) Darstellung R_g. Für $j = 1/2$ ist

$$\boldsymbol{\alpha}\,\mathbf{J} = \frac{1}{2}\boldsymbol{\alpha}\,\boldsymbol{\sigma} = \frac{1}{2}\alpha_\mu\sigma_\mu,$$

[1] Siehe aber A. Torruella, J. Math. Phys. *16*, 1637 (1975).

$$(\boldsymbol{\alpha\sigma})^2 = \alpha_\mu \alpha_\nu \sigma_\mu \sigma_\nu = \frac{1}{2}\alpha_\mu\alpha_\nu(\sigma_\mu\sigma_\nu + \sigma_\nu\sigma_\mu) = \boldsymbol{\alpha}^2 \cdot \mathbf{1}. \tag{7.6.2}$$

Setzen wir $\boldsymbol{\alpha} = \alpha\mathbf{n}$, $\mathbf{n}^2 = 1$, so erhalten wir

$$(-i\boldsymbol{\alpha}\,\mathbf{J})^2 = -\left(\frac{\alpha}{2}\right)^2 \cdot \mathbf{1}, \qquad (-i\boldsymbol{\alpha}\,\mathbf{J})^3 = +\left(\frac{\alpha}{2}\right)^3 \mathbf{n}\,\boldsymbol{\sigma}$$

usw. Daher ersieht man aus einer Reihenentwicklung

$$\exp(-i\boldsymbol{\alpha}\,\mathbf{J}) = \mathbf{1}\cdot\cos\frac{\alpha}{2} - i\,\mathbf{n}\,\boldsymbol{\sigma}\sin\frac{\alpha}{2} =: \mathrm{U}(\boldsymbol{\alpha}) \tag{7.6.3}$$

$$\mathrm{U}(\boldsymbol{\alpha}) = \begin{pmatrix} \cos\frac{\alpha}{2} - in_3\sin\frac{\alpha}{2} & -i(n_1 - in_2)\sin\frac{\alpha}{2} \\ -i(n_1 + in_2)\sin\frac{\alpha}{2} & \cos\frac{\alpha}{2} + in_3\sin\frac{\alpha}{2} \end{pmatrix}. \tag{7.6.4}$$

Damit sind die Darstellungsmatrizen endlicher Drehungen in der Spinordarstellung gefunden. Sie sind nach Konstruktion unitär, und ihre Determinante ist $\det \mathrm{U}(\boldsymbol{\alpha}) = \det\exp(-i\boldsymbol{\alpha\sigma}/2) = \exp(\mathrm{Sp}(-i\boldsymbol{\alpha\sigma}/2)) = 1$, da $\mathrm{Sp}\,\sigma_\mu = 0$. (Aus der Unitarität $\mathrm{U}^\dagger\mathrm{U} = \mathbf{1}$ folgt nur $|\det\mathrm{U}| = 1$).

An der „Darstellung“ $\mathrm{U}(\boldsymbol{\alpha})$ ist aber folgendes bemerkenswert: Setzt man zwei Drehungen um den Winkel π um eine Achse $\mathbf{n}$ zusammen, so ergibt sich eine Drehung um 2π, also das Einheitselement der Gruppe SO(3). Hingegen ist

$$\mathrm{U}(\pi\mathbf{n})\,\mathrm{U}(\pi\mathbf{n}) = \mathrm{U}(2\pi\mathbf{n}) = -\mathbf{1}. \tag{7.6.5}$$

Obwohl die $\mathrm{U}(\boldsymbol{\alpha})$ die Darstellungseigenschaften erfüllen, wenn man endliche, aber hinreichend kleine Drehungen zusammensetzt, ist dies nicht mehr der Fall, wenn zu große Drehungen betrachtet werden. Die Matrizen $\mathrm{U}(\boldsymbol{\alpha})$ bilden nur dann eine Gruppe, wenn man den zugrundeliegenden Bereich $0 \le |\boldsymbol{\alpha}| \le \pi$ auf $0 \le |\boldsymbol{\alpha}| \le 2\pi$ erweitert, wodurch die Menge der Drehungen, SO(3), *doppelt überdeckt* wird. (Die Situation ist ähnlich wie in der Funktionentheorie, wo die Funktion $w = z^{1/2}$ nur auf einer die komplexe Ebene doppelt überdeckenden Riemannschen Fläche eindeutig ist.) Jeder Drehung $g(\boldsymbol{\alpha})$ sind also zwei unitäre Matrizen $\mathrm{U}(\boldsymbol{\alpha})$ und $\mathrm{U}(-\boldsymbol{\alpha})$ $(= \mathrm{U}(\boldsymbol{\alpha} + 2\pi\boldsymbol{\alpha}/\alpha))$ zugeordnet, die Darstellung heißt daher *zweiwertig* oder *zweideutig*. Obwohl wir bei strikter Verfolgung unseres Programms, alle Darstellungen im engen Sinn zu finden, diese Situation ausschließen müßten, sind derartige „Darstellungen“ sowohl mathematisch wie physikalisch bedeutungsvoll. Ersteres werden wir gleich sehen, letzteres in Abschnitt 9.2 im Hinblick auf die Quantenmechanik begründen. Allgemeines über mehrwertige Darstellungen besprechen wir in Abschnitt 7.10.

In der modernen Mathematik sind übrigens die Ausdrücke „mehrdeutige Funktion“, „mehrdeutige Darstellung“ verpönt und durch „Funktion auf einem Überlagerungsraum“, „Darstellung einer Überlagerungsgruppe“ (oder einer anderen *zentralen Erweiterung* der Gruppe), „projektive Darstellung“, „Strahldarstellung“, zu ersetzen (vgl. Abschnitte 7.10 und 9.2).

Variiert $\boldsymbol{\alpha}$ über $0 \le |\boldsymbol{\alpha}| \le 2\pi$, so durchläuft $\mathrm{U}(\boldsymbol{\alpha})$ die *Gruppe* SU(2) *aller unitären unimodularen* (det = 1) *Matrizen.* Denn für jede komplexe 2×2-Matrix

$$\mathrm{U} = \begin{pmatrix} a & b \\ c & d \end{pmatrix}$$

verlangt die Unitarität $c = -\lambda b^*$, $d = \lambda a^*$, $|a|^2 + |b|^2 = 1$, $|\lambda| = 1$ und die Unimodularität $\lambda = 1$, d.h.

$$U = \begin{pmatrix} a & b \\ -b^* & a^* \end{pmatrix} \quad \text{mit} \quad |a|^2 + |b|^2 = 1. \tag{7.6.6}$$

Hieraus folgt $|\operatorname{Re} a| \leq 1$, so daß genau ein α, $0 \leq \alpha \leq 2\pi$, existiert, für welches $\operatorname{Re} a = \cos\alpha/2$ ist. Ein eindeutig bestimmtes $\mathbf{n}$ ergibt sich aus $\operatorname{Im} a = -n_3 \sin\alpha/2$, $\operatorname{Re} b = -n_2 \sin\alpha/2$, $\operatorname{Im} b = -n_1 \sin\alpha/2$.

Deutet man $\operatorname{Re} a$, $\operatorname{Im} a$, $\operatorname{Re} b$, $\operatorname{Im} b$ als kartesische Koordinaten im $\mathbf{R}^4$, so sieht man aus (7.6.6), daß die Gruppenmannigfaltigkeit der SU(2) die Einheitssphäre $\mathbf{S}^3$ des $\mathbf{R}^4$ ist. Da U$\in$ SU(2) und $-$U zur selben Drehung gehören, kann man die Mannigfaltigkeit SO(3) als $\mathbf{S}^3$ mit identifizierten Gegenpunkten ansehen. Durch die Einschränkung $0 \leq |\alpha| \leq \pi$ kann die Identifizierung wegfallen bis auf jene der Gegenpunkte der Randkugel $|\alpha| = \pi$ (Abb. 7.4). Stereographische Projektion der entstehenden Halb-$\mathbf{S}^3$ führt auf das frühere Modell, Abb. 7.1, zurück.

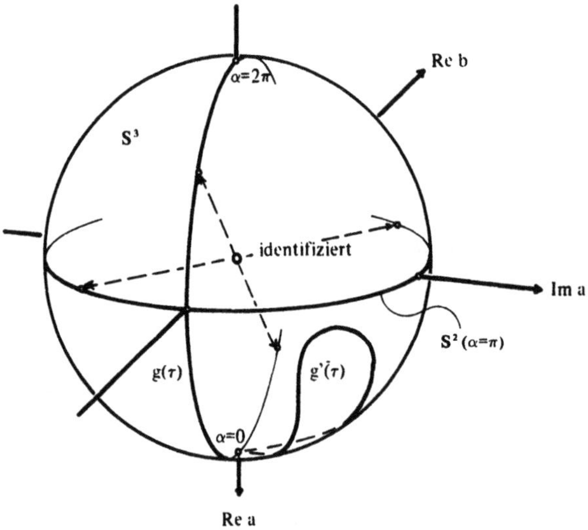

Abb. 7.4. SU(2)= $\mathbf{S}^3$ und SO(3). Die Koordinate $\operatorname{Im} b$ ist weggelassen

Die in Abb. 7.4 eingezeichnete Kurve $g(\tau)$, die auf $\mathbf{S}^3$ = SU(2) von $\alpha = 0$ nach $\alpha = 2\pi$ führt, wird bei der zu SO(3) führenden Identifikation von Gegenpunkten zu einer *geschlossenen* Kurve in SO(3), die sich in SO(3) *nicht* stetig auf e zusammenziehen läßt, im Gegensatz zur Kurve $g'(\tau)$. Wenn derartige Kurven existieren, heißt die Mannigfaltigkeit *mehrfach zusammenhängend*. Hier gibt es zwei Klassen von geschlossenen Linien, wobei die Linien einer Klasse jeweils innerhalb SO(3) stetig ineinander deformierbar sind: die vom Typ $g'(\tau)$, stetig auf e zusammenziehbar, und die vom Typ $g(\tau)$; SO(3) heißt deshalb zweifach zusammenhängend. (Siehe Boerner (1955) wegen der Details: die Weglassung einer Raumdimension ermöglicht zwar eine bildliche Darstellung, doch ändern sich gerade topologische Verhältnisse oft sehr, wenn die Dimensionen geändert werden.) Durch Übergang zur $\mathbf{S}^3$ = SU(2) (Aufhebung der Identifizierung) wird erreicht, daß jede geschlossene Kurve auf einen Punkt zusammenziehbar wird: $\mathbf{S}^3$ = SU(2) ist *einfach zusammenhängend* und heißt die *universelle Überlagerungsgruppe* für SO(3).

Allgemein versteht man unter einer Überlagerungsgruppe einer Lie-Gruppe $\mathcal{G}$ eine Gruppe $\mathcal{G}'$ zusammen mit einem stetigen (Überlagerungs-)homomorphismus $\mathcal{G}' \to \mathcal{G}$, bei dem jedes $g \in \mathcal{G}$

ein *diskretes* Urbild hat. Ist $\mathcal{G} = \mathcal{G}_e$ zusammenhängend, so existiert unter den *zusammenhängenden* Überlagerungsgruppen von $\mathcal{G}_e$ eine (bis auf Isomorphie eindeutig bestimmte) *einfach* zusammenhängende, die universelle Überlagerungsgruppe $\tilde{\mathcal{G}} = \tilde{\mathcal{G}}_e$ (s. Dieudonné (1976), Chevalley (1946)). Im Beispiel $\mathcal{G} = \mathrm{SO}(3)$ haben wir $\tilde{\mathcal{G}}$ konkret als die Matrixgruppe SU(2) angegeben. Es gibt aber Beispiele konkreter Matrixgruppen $\mathcal{G} = \mathcal{G}_e$, für die $\tilde{\mathcal{G}}$ keine endlichdimensionale treue Matrixdarstellung hat, so daß hier die abstrakte Definition einer Lie-Gruppe wesentlich ist. Für SO(3) ist die universelle Überlagerungsgruppe offenbar *kompakt;* allgemein muß es nicht der Fall sein, daß die universelle Überlagerungsgruppe einer kompakten Gruppe wieder kompakt ist; es trifft aber nach einem Satz von Weyl für alle halbeinfachen kompakten Gruppen zu (s. Helgason (1962)).

Eine Lie-Gruppe und ihre universelle Überlagerungsgruppe haben dieselbe Lie-Algebra und sind in einer genügend kleinen Umgebung des Einheitselementes isomorph („lokale Isomorphie"). Im großen hingegen liegt eine Homomorphie $\mathrm{SU}(2) \to \mathrm{SO}(3)$ vor, wobei der aus $\mathcal{Z}_2 := \{\mathbf{1}, -\mathbf{1}\}$ bestehende *diskrete* Normalteiler von SU(2) auf das Einheitselement von SO(3) abgebildet wird: $\mathrm{SO}(3) \cong \mathrm{SU}(2)/\mathcal{Z}_2$. Eine Lie-Algebra bestimmt die Komponente der Einheit $\mathcal{G}_e$ der zugehörigen Lie-Gruppen also nicht eindeutig, außer man verlangt, daß die Lie-Gruppe $\mathcal{G}_e$ einfach zusammenhängend ist. Die anderen Möglichkeiten ergeben sich dann wie hier durch Quotientenbildung nach eventuell vorhandenen diskreten Normalteilern, wodurch, topologisch gesehen, Identifizierungen entstehen, die mit der Gruppenstruktur verträglich sind.

Nach einem „Monodromieargument" hat eine zusammenhängende, einfach zusammenhängende Lie-Gruppe $\mathcal{G} = \mathcal{G}_e = \tilde{\mathcal{G}}$ keine (stetigen) *diskret-* mehrdeutigen Darstellungen. (Denn angenommen, einem Element $g \in \mathcal{G}_e$ entsprächen zwei Operatoren $T_g \neq T'_g$. $\mathcal{G}_e$ ist zusammenhängend, der Raum der Darstellungsoperatoren daher ebenfalls, d.h., es gibt eine Kurve in diesem Raum, die T_g mit T'_g verbindet und dazu eine *geschlossene* Kurve durch g in $\mathcal{G}_e$, die ihr entspricht. Letztere läßt sich aber bei einfach zusammenhängendem $\mathcal{G}_e$ stets auf g zusammenziehen, während ihr stetiges Bild stets von T_g nach $T'_g \neq T_g$ führen muß – ein Widerspruch.) Es gibt aber Beispiele mehrfach zusammenhängender Gruppen, von denen man zeigen kann, daß auch sie keine mehrwertigen *endlichdimensionalen* Darstellungen haben können (s. Cartan (1966); die dort gegebene Argumentation versagt tatsächlich für unendlichdimensionale Darstellungen!).

Die Spinordarstellung $g(\boldsymbol{\alpha}) \to (\pm)\mathrm{U}(\boldsymbol{\alpha})$ liefert die kompakteste Form der Multiplikationstafel für die Drehgruppe: Aus

$$\left(\cos\frac{\alpha_1}{2}\mathbf{1} - i\sin\frac{\alpha_1}{2}\mathbf{n}_1\boldsymbol{\sigma}\right)\left(\cos\frac{\alpha_2}{2}\mathbf{1} - i\sin\frac{\alpha_2}{2}\mathbf{n}_2\boldsymbol{\sigma}\right) = \cos\frac{\alpha_3}{2}\mathbf{1} - i\sin\frac{\alpha_3}{2}\mathbf{n}_3\boldsymbol{\sigma} \tag{7.6.7}$$

kann, nachdem die linke Seite ausmultipliziert und mittels (7.5.45) auf die Gestalt der rechten Seite gebracht wurde, $\boldsymbol{\alpha}_3 = \alpha_3\mathbf{n}_3$ abgelesen werden.

1843 entdeckte Hamilton (und vor ihm Gauß 1819) die Quaternionen $(-i\boldsymbol{\sigma})$, als er „Zahlen" suchte, deren Multiplikation räumlichen Drehungen ebenso entspricht wie ebenen Drehungen die Multiplikation komplexer Zahlen. Er ging also von einem Ansatz $a \cdot \mathbf{1} - i\,\mathbf{a}\boldsymbol{\sigma}$ für die „hyperkomplexe" Zahl, die einer Drehung entsprechen soll, aus und fand die Regeln (7.5.45) für $\boldsymbol{\sigma}$ – ohne allerdings eine Matrixdarstellung dafür zu verwenden. ($\cos\alpha/2$, $\sin\alpha/2\; n_\mu$ werden auch manchmal als Euler-Rodrigues-Parameter bezeichnet, a, b in (7.6.6) als Cayley-Klein-Parameter.) Das Auftreten halber Winkel läßt sich geometrisch gemäß Abb. 7.5a verstehen: Jede Drehung um einen Winkel α um die Achse $\mathbf{n}$ kann durch zwei Spiegelungen an zwei Ebenen ersetzt werden, die sich entlang der Achse schneiden und den Winkel $\alpha/2$ einschließen; eine von ihnen kann ansonsten beliebig gewählt werden. Um zwei Drehungen um die Achsen $\mathbf{n}_1$, $\mathbf{n}_2$ mit Drehwinkeln α_1, α_2 zusammenzusetzen, ersetzt man jede von ihnen durch zwei Spiegelungen, wobei jeweils eine der beteiligten Ebenen als die von $\mathbf{n}_1$, $\mathbf{n}_2$ aufgespannte Ebene gewählt wird – so daß sich bei Zusammensetzung die Spiegelungen an dieser Ebene aufheben und nur zwei Spiegelungen, also eine Drehung, resultieren. Die resultierende Drehachse ist die Schnittlinie der anderen beiden Ebenen. (Abb. 7.5b zeigt die Spuren dieser Ebenen auf der Einheitskugel. Die aus (7.6.7), (7.5.45) resultierenden Formeln für α_3, $\mathbf{n}_3$ spiegeln die sphärische Trigonometrie dieser Figur wider.)

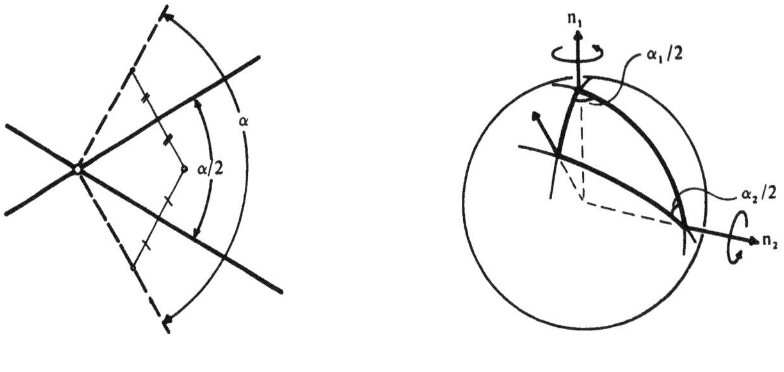

a) Ersetzung einer Drehung durch zwei Spiegelungen

b)Zusammensetzung zweier Drehungen

Abb. 7.5. Drehungen, aus Spiegelungen zusammengesetzt

Zum Abschluß dieser geometrischen Betrachtungen sei noch folgendes bemerkt. Die Gleichung $\mathrm{U}(\boldsymbol{\alpha}_1)\,\mathrm{U}(\boldsymbol{\alpha}_2) = \mathrm{U}(\boldsymbol{\alpha}_3)$ kann wegen SU(2)= $\mathbf{S}^3$ auch so gelesen werden: die Drehung $g(\boldsymbol{\alpha}_1)$ transformiert mittels $\mathrm{U}(\boldsymbol{\alpha}_1)$ den Punkt $\mathrm{U}(\boldsymbol{\alpha}_2) \in \mathbf{S}^3$. Da hierbei die kartesischen Koordinaten $\mathrm{Re}\, a_2$, $\mathrm{Im}\, a_2, \ldots$ *linear* in die kartesischen Koordinaten $\mathrm{Re}\, a_3$, $\mathrm{Im}\, a_3, \ldots$ transformiert werden, handelt es sich bei dieser Transformation von $\mathbf{S}^3$ in sich um eine (spezielle) *vierdimensionale Drehung.* Führt man nun im ganzen vierdimensionalen Raum durch

$$x_4 = r\,\mathrm{Re}\, a, \qquad x_3 = r\,\mathrm{Im}\, a, \qquad x_1 = r\,\mathrm{Re}\, b, \qquad x_2 = r\,\mathrm{Im}\, b \tag{7.6.8}$$

Koordinaten ein und setzt $dx_4\, dx_1\, dx_2\, dx_3 = r^3\, dr\, d\mathcal{V}$, so ist $d\mathcal{V}$ das gegen vierdimensionale Drehungen invariante Oberflächenelement von $\mathbf{S}^3$. $d\mathcal{V}$ ist daher auch das in Abschnitt 7.5 erwähnte invariante Volumselement der Gruppe SO(3). Drückt man a, b statt durch $\boldsymbol{\alpha}$ durch die Eulerschen Winkel α, β, γ aus, so erhält man nach einiger Rechnung (7.5.10). Die obige Argumentation zeigt (da $\mathrm{U}(\boldsymbol{\alpha}_1)$ links von $\mathrm{U}(\boldsymbol{\alpha}_2)$ steht) die Linksinvarianz von (7.5.10); man könnte aber ebenso durch Vertauschung von $\boldsymbol{\alpha}_1$, $\boldsymbol{\alpha}_2$ die Rechtsinvarianz beweisen. (Für kompakte Gruppen gilt allgemein, daß rechts- (links-) invariante Integrale auch links- (rechts-) invariant sind.)

Die eben betrachteten „Rechtstranslationen" $\mathrm{U} \to \mathrm{U}\,\mathrm{U}(\boldsymbol{\alpha})$ und „Linkstranslationen" $\mathrm{U} \to \mathrm{U}(\boldsymbol{\alpha})\,\mathrm{U}$ der $\mathbf{S}^3$ sind keineswegs die allgemeinsten vierdimensionalen Drehungen. Letztere bilden ja die sechsparametrige Lie-Gruppe SO(4), während die ersteren jeweils nur eine dreiparametrige Gruppe (SU(2)) bilden. Betrachtet man aber die Menge der Transformationen $\mathrm{U} \to \mathrm{U}(\boldsymbol{\alpha})\,\mathrm{U}\,\mathrm{U}^{-1}(\boldsymbol{\beta})$, wo $\boldsymbol{\alpha}$, $\boldsymbol{\beta}$ unabhängig voneinander über $0 \leq |\boldsymbol{\alpha}| \leq 2\pi$, $0 \leq |\boldsymbol{\beta}| \leq 2\pi$ variieren, so erhält man eine sechsparametrige Gruppe von Transformationen, deren Elemente den Paaren $(g(\boldsymbol{\alpha}), g(\boldsymbol{\beta}))$ des direkten Produkts $\mathrm{SU}(2) \times \mathrm{SU}(2)$ zugeordnet werden können, wobei die Darstellungseigenschaft gilt. Es handelt sich hier also um eine sechsparametrige Untergruppe von SO(4), wobei die identische Transformation $\mathrm{U} \to \mathrm{U}$ nur von den Paaren $(\mathbf{1}, \mathbf{1})$ und $(-\mathbf{1}, -\mathbf{1})$ geliefert wird (siehe Aufgaben). $\mathrm{SU}(2) \times \mathrm{SU}(2)$ und SO(4) haben daher dieselbe Lie-Algebra und sind so wie SU(2), SO(3) zueinander lokal isomorph. SO(4) ist zusammenhängend, aber wie SO(3) nicht einfach zusammenhängend, während dies für $\mathrm{SU}(2) \times \mathrm{SU}(2)$ zutrifft: $\mathrm{SU}(2) \times \mathrm{SU}(2)$ ist daher die universelle Überlagerungsgruppe von SO(4), und die Quotientenbildung nach dem eben gefundenen diskreten Normalteiler $\mathcal{Z}_2 = \{(\mathbf{1}, \mathbf{1}), (-\mathbf{1}, -\mathbf{1})\}$ liefert die Isomorphie $\mathrm{SO}(4) \cong \mathrm{SU}(2) \times \mathrm{SU}(2)/\mathcal{Z}_2$. $\mathrm{SU}(2) \times \mathrm{SU}(2)$ hat noch die weiteren diskreten Normalteiler $\mathcal{Z}_2' = \{(\mathbf{1}, \mathbf{1}), (-\mathbf{1}, \mathbf{1})\}$, $\mathcal{Z}_2'' = \{(\mathbf{1}, \mathbf{1}), (\mathbf{1}, -\mathbf{1})\}$, und $\mathcal{V}_4 = \{(\mathbf{1}, \mathbf{1}), (-\mathbf{1}, \mathbf{1}), (\mathbf{1}, -\mathbf{1}), (-\mathbf{1}, -\mathbf{1})\}$, mit denen man die Quotienten $\mathrm{SU}(2) \times \mathrm{SU}(2)/\mathcal{Z}_2' \cong \mathrm{SO}(3) \times \mathrm{SU}(2)$, $\mathrm{SU}(2) \times \mathrm{SU}(2)/\mathcal{Z}_2'' \cong \mathrm{SU}(2) \times \mathrm{SO}(3)$ und $\mathrm{SU}(2) \times \mathrm{SU}(2)/\mathcal{V}_4 \cong \mathrm{SO}(3) \times \mathrm{SO}(3) \cong SO(4)/\{E, -E\}$ bilden kann (E ist die 4×4-Einheitsmatrix.) Lokal sind alle diese Gruppen isomorph.

Bei den Anwendungen der Gruppentheorie in der Elementarteilchenphysik spielt meist nur die Lie-Algebra der vorkommenden Gruppen eine Rolle. Betrachtungen im großen sind nur nötig, wenn man die Gruppenmannigfaltgkeit selbst benützen will (dies geschieht, wie bereis erwähnt, bei gewissen kosmologischen Modellen – vgl. auch Ozsváth & Schücking, Ann. Phys. *55*, 166 (1969)).

Die Zuordnung $g(\boldsymbol{\alpha}) \to \mathrm{U}(\boldsymbol{\alpha})$ kann noch anders beschrieben werden; diese andere Beschreibung (von Hamilton in quaternionischer Form gefunden) wird sich bei der Entwicklung einer systematischen Spinoralgebra (Kap. 8) als nützlich erweisen. Man ordnet dabei jedem Vektor $\mathbf{x}$ die 2×2-Matrix

$$\mathrm{X} = \mathbf{x}\boldsymbol{\sigma} \tag{7.6.9}$$

zu. Da $\mathbf{x}$ reell und die σ_μ hermitisch und spurlos sind, gilt

$$\mathrm{X} = \mathrm{X}^\dagger, \qquad \mathrm{Sp}\,\mathrm{X} = 0. \tag{7.6.10}$$

Umgekehrt läßt sich jede spurlose hermitische Matrix X in der Form $\mathrm{X} = \mathbf{x}\boldsymbol{\sigma}$ mit reellem $\mathbf{x}$ schreiben: $\mathbf{x}$ kann aus X mittels

$$\mathbf{x} = \frac{1}{2}\,\mathrm{Sp}\,\mathrm{X}\boldsymbol{\sigma} \tag{7.6.11}$$

zurückgewonnen werden, da aus (7.5.45)

$$\mathrm{Sp}\,\sigma_\mu\,\sigma_\nu = 2\,\delta_{\mu\nu} \tag{7.6.12}$$

folgt. Für X gilt weiter (vgl. (7.6.2))

$$\mathrm{X}^2 = \mathbf{x}^2 \cdot \mathbf{1}, \qquad \det \mathrm{X} = -\mathbf{x}^2. \tag{7.6.13}$$

Nun bilden wir mit $\mathrm{U} \in \mathrm{SU}(2)$

$$\mathrm{X}' = \mathrm{U}\,\mathrm{X}\,\mathrm{U}^{-1} = \mathrm{U}\,\mathrm{X}\,\mathrm{U}^\dagger. \tag{7.6.14}$$

Die Matrix X′ ist wieder hermitisch und spurfrei:

$$\mathrm{X}'^\dagger = (\mathrm{U}\,\mathrm{X}\,\mathrm{U}^\dagger)^\dagger = \mathrm{U}\,\mathrm{X}^\dagger\,\mathrm{U}^\dagger = \mathrm{U}\,\mathrm{X}\,\mathrm{U}^\dagger$$

$$\mathrm{Sp}\,\mathrm{X}' = \mathrm{Sp}\,\mathrm{U}\,\mathrm{X}\,\mathrm{U}^{-1} = \mathrm{Sp}\,\mathrm{U}^{-1}\,\mathrm{U}\,\mathrm{X} = \mathrm{Sp}\,\mathrm{X} = 0$$

und definiert gemäß (7.6.9,11) eine lineare Transformation $\mathbf{x} \to x' = \mathrm{R}\mathbf{x}$, die wegen

$$\mathbf{x}'^2 \cdot \mathbf{1} = \mathrm{X}'^2 = \mathrm{U}\,\mathrm{X}\,\mathrm{U}^{-1}\,\mathrm{U}\,\mathrm{X}\,\mathrm{U}^{-1} = \mathrm{U}\,\mathrm{X}^2\,\mathrm{U}^{-1} = \mathbf{x}^2 \cdot \mathbf{1}$$

oder

$$-\mathbf{x}'^2 = \det \mathrm{X}' = \det \mathrm{U} \det \mathrm{X} \det \mathrm{U}^\dagger = \det \mathrm{X} = -\mathbf{x}^2$$

orthogonal sein muß. Die Homomorphieeigenschaft dieser Zuordnung ist leicht zu sehen. Da $\mathrm{U} = +\mathbf{1}$ die Identität $\mathbf{x}' = \mathbf{x}$ liefert und SU(2) zusammenhängend ist, können dabei nur eigentlich-orthogonale Transformationen

$$x'_\mu = R_{\mu\nu}\,x_\nu \tag{7.6.15}$$

zustandekommen. Vergleich von $X' = x'_\mu \sigma_\mu = R_{\mu\nu}\, x_\nu\, \sigma_\mu$ mit $U\, x_\nu\, \sigma_\nu\, U^\dagger$ ergibt

$$R_{\mu\nu}\, \sigma_\mu = U\, \sigma_\nu\, U^\dagger = U\, \sigma_\nu\, U^{-1}. \tag{7.6.16}$$

Hieraus erhalten wir $R_{\mu\nu}$ mit Hilfe von (7.6.12) explizit zu

$$R_{\mu\nu} = \frac{1}{2} \operatorname{Sp} \sigma_\mu\, U\, \sigma_\nu\, U^\dagger = \frac{1}{2} \operatorname{Sp} \sigma_\mu\, U\, \sigma_\nu\, U^{-1}. \tag{7.6.17}$$

Umgekehrt kann auch U durch R explizit ausgedrückt werden. Für jede 2×2-Matrix M gilt nämlich

$$\sigma_\nu\, M\, \sigma_\nu = 2 \operatorname{Sp} M \cdot \mathbf{1} - M, \tag{7.6.18}$$

(Aufgabe), so daß aus (7.6.16) durch Multiplikation mit σ_ν entsteht

$$R_{\mu\nu}\, \sigma_\mu\, \sigma_\nu = U\,(2 \operatorname{Sp} U^\dagger \cdot \mathbf{1} - U^\dagger) = (2 \operatorname{Sp} U)\, U - \mathbf{1}.$$

Spurbildung liefert

$$2(\operatorname{Sp} U)^2 = 2(1 + \operatorname{Sp} R),$$

also ist

$$U = \pm \frac{1 + R_{\mu\nu}\, \sigma_\mu\, \sigma_\nu}{2\sqrt{1 + \operatorname{Sp} R}}. \tag{7.6.19}$$

Die Übereinstimmung mit der vorher angegebenen Form der $U(\alpha)$ kann, insbesondere für infinitesimale Drehungen, leicht nachgewiesen werden. Zu beachten ist die (aus topologischen Gründen *notwendige*) Sonderstellung von 180°-Drehungen, wo (7.6.19) die Gestalt 0:0 annimmt und auf (7.6.3) zurückgegriffen werden muß, um eine Abbildung von SU(2) *auf* SO(3) zu erhalten. ((7.6.19) kann auch aus (7.6.3), (7.1.7), (7.1.8), (7.5.45) gewonnen werden.)

Die Vektoren des zweidimensionalen Darstellungsraumes, auf die die $U(\boldsymbol{\alpha})$ wirken, nannt man *Spinoren*. Definitionsgemäß transformiert ein Spinor u unter Drehungen $R(\boldsymbol{\alpha})$ nach

$$u \to u' = U(\boldsymbol{\alpha})\, u. \tag{7.6.20}$$

Das unter diesen Transformationen invariante Skalarprodukt im Sinn der unitären Geometrie ist

$$\langle u, v \rangle = u_1^* v_1 + u_2^* v_2, \tag{7.6.21}$$

wenn u durch die Komponenten $u_A = (u_1, u_2)$ bezüglich einer kanonischen Basis (7.5.48,49) gegeben ist. Da die $U(\boldsymbol{\alpha})$ unimodular sind ($\det U = 1$), gibt es analog zu dem in (5.5.6,7) eingeführten ϵ-Tensor einen ϵ-Spinor, der wegen der Zweidimensionalität des Spinorraumes nur von zweiter Stufe ist und für je zwei Spinoren u, v eine invariante *Bi*linearform (vgl. (7.5.14*b*))

$$\epsilon^{AB}\, u_A\, u_B = u_1\, v_2 - u_2\, v_1 \tag{7.6.22}$$

definiert. (Demgegenüber ist (7.6.21) *sesqui*linear!)

In den Abschnitten 5.4, 5.5 haben wir die Tensorrechnung über einem beliebigen Vektorraum entwickelt. Wir können hier analog Spinoren höherer Stufe und deren Transformationsverhalten untersuchen, d.h., Kroneckerprodukte $U(\boldsymbol{\alpha}) \otimes U(\boldsymbol{\alpha}) \otimes \ldots$ und deren Ausreduktion betrachten.

Wir illustrieren dies zuerst an einem einfachen Beispiel, der Ausreduktion der Darstellung $g(\alpha) \to \mathrm{U}(\alpha) \otimes \mathrm{U}(\alpha)$. Sind u, v durch Komponenten (u_1, u_2), (v_1, v_2) gegeben, so sind $(u_1v_1, u_1v_2, u_2v_1, u_2v_2)$ Komponenten von $u \otimes v$. Ist weiter $u' = \mathrm{U}\,u$, $v' = \mathrm{U}\,v$, so wird

$$\begin{pmatrix} u_1' v_1' \\ u_1' v_2' \\ u_2' v_1' \\ u_2' v_2' \end{pmatrix} = \begin{pmatrix} a^2 & ab & ab & b^2 \\ -ab^* & |a|^2 & -|b|^2 & a^*b \\ -ab^* & -|b|^2 & |a|^2 & a^*b \\ b^{*2} & -a^*b^* & -a^*b^* & a^{*2} \end{pmatrix} \begin{pmatrix} u_1 v_1 \\ u_1 v_2 \\ u_2 v_1 \\ u_2 v_2 \end{pmatrix}, \tag{7.6.23}$$

wenn U durch (7.6.6) gegeben ist. Wir lesen sofort ab, daß für den antisymmetrischen Anteil $u_{[A}\, v_{B]}$ (vgl. (5.5.3))

$$u_1' v_2' - u_2' v_1' = (|a|^2 + |b|^2)(u_1 v_2 - u_2 v_1) = u_1 v_2 - u_2 v_1 \tag{7.6.24}$$

gilt, wie in (7.6.22) behauptet. Die antisymmetrischen Spinoren zweiter Stufe transformieren also nach der trivialen Darstellung. Im Teilraum des symmetrischen Anteils $u_{(A}\, v_{B)}$ (siehe (5.5.5)) wählen wir die Basis so, daß seine Komponenten $(u_1 v_1,\ (u_1 v_2 + u_2 v_1)/\sqrt{2},\ u_2 v_2)$ lauten. Dann schreibt sich (7.6.23)

$$\begin{pmatrix} (u_1' v_2' - u_2' v_1')/\sqrt{2} \\ u_1' v_1' \\ (u_1' v_2' + u_2' v_1')/\sqrt{2} \\ u_2' v_2' \end{pmatrix} = \begin{pmatrix} 1 & 0 & 0 & 0 \\ 0 & a^2 & \sqrt{2}ab & b^2 \\ 0 & -\sqrt{2}ab^* & |a|^2 - |b|^2 & \sqrt{2}a^*b \\ 0 & b^{*2} & -\sqrt{2}a^*b^* & a^{*2} \end{pmatrix} \begin{pmatrix} (u_1 v_2 - u_2 v_1)/\sqrt{2} \\ u_1 v_1 \\ (u_1 v_2 + u_2 v_1)/\sqrt{2} \\ u_2 v_2 \end{pmatrix}. \tag{7.6.25}$$

Hiermit ist bereits die vollständige Ausreduktion erzielt, denn man sieht leicht, daß für infinitesimale Drehungen um die 3-Achse ($b \approx 0$, $a \approx 1 - i\alpha/2$) die Erzeugende J_3 der entstehenden dreidimensionalen Teildarstellung die Form diag $(1, 0, -1)$ annimmt, die irreduzible Darstellungen vom Gewicht $j = 1$ charakterisiert. Die Gestalt der Erzeugenden $J_\pm$ zeigt darüber hinaus, daß $(u_1 v_1,\ (u_1 v_2 + u_2 v_1)/\sqrt{2},\ u_2 v_2)$ auf eine kanonische Basis bezogen ist.

Ganz entsprechend kann man den total symmetrischen Anteil $u_{(A}\, v_B \ldots w_{C)}$ eines Spinors höherer Stufe bilden. Das weitere „Herausziehen der spurfreien Anteile", welches bei den Tensoren (unter Lorentztransformationen und Drehungen) noch möglich war, entfällt hier: es gibt keine invariante Spinormetrik, die dies für symmetrische Tensoren gestatten würde ((7.6.21) liefert keine lineare, sondern eine antilineare Operation, während (7.6.22) wegen seiner Antisymmetrie identisch 0 gäbe). Tatsächlich ist der Raum der total symmetrischen Spinoren einer gegebenen Stufe p *irreduzibel.*

Um dies einzusehen, ermitteln wir zunächst seine Dimension durch Abzählen der unabhängigen Komponenten eines total symmetrischen Spinors p-ter Stufe. Da es auf die Reihenfolge der Indizes nicht ankommt, kann man als unabhängige Komponenten jene wählen, deren erste p_1 Indizes gleich 1 sind – die restlichen $p_2 = p - p_1$ Indizes müssen dann gleich 2 sein. Da $p_1 = 0, 1, \ldots, p$ sein kann, gibt es $p + 1$ unabhängige

Komponenten, der Raum ist also $(p+1)$-dimensional. Nun untersuchen wir die Eigenwerte der Erzeugenden J_3 in diesem Raum. Im Raum aller Spinoren p-ter Stufe hat eine infinitesimale Drehung um die 3-Achse die Form

$$\begin{aligned} &\mathrm{U}(\tau \mathbf{e}_3) \otimes \ldots \otimes \mathrm{U}(\tau \mathbf{e}_3) \approx \\ &\approx \mathbf{1} \otimes \ldots \otimes \mathbf{1} - \frac{i\tau}{2}(\sigma_3 \otimes \mathbf{1} \otimes \ldots \otimes \mathbf{1} + \ldots + \mathbf{1} \otimes \ldots \otimes \mathbf{1} \otimes \sigma_3) \\ &J_3 = \frac{1}{2}(\sigma_3 \otimes \ldots \otimes \mathbf{1} + \ldots + \mathbf{1} \otimes \ldots \otimes \sigma_3). \end{aligned} \tag{7.6.26}$$

Ist $u^{\pm}$ ein Eigenspinor von J_3 (in der zweidimensionalen Spinordarstellung) zum Eigenwert $\pm 1/2$, so gehört $u^{\pm} \otimes u^{\pm} \otimes \ldots \otimes u^{\pm}$ zum Teilraum der total symmetrischen Spinoren p-ter Stufe und ist Eigenspinor von J_3 zum Eigenwert $\pm p/2$. Wegen der bekannten Gestalt des Eigenwertspektrums von J_3 folgt, daß auch die Eigenwerte $p/2-1, \ldots, -p/2+1$ und zugehörige Eigenspinoren vorkommen müssen (man überlegt sich übrigens leicht, daß $u^+_{(A} u^+_B \ldots u^-_{C)}$ mit p_1 Faktoren u^+, p_2 Faktoren u^- Eigenspinor zum Eigenwert $(p_1 - p_2)/2$ ist). Daraus folgt, daß die Dimension der Teildarstellung im Raum der total symmetrischen Spinoren mindestens gleich $2(p/2)+1 = p+1$ sein muß. Nach Obigem kann sie aber auch nicht größer sein; es handelt sich also tatsächlich um eine *irreduzible Darstellung zum Gewicht* $j = p/2$. Für geradzahliges p, also ganzzahliges j, ist diese Darstellung eindeutig, für halbzahliges j zweideutig.

Wir wollen abschließend diese Realisierung der irreduziblen Darstellung zum Gewicht j benützen, um eine explizite Form der Darstellungsmatrizen endlicher Drehungen für *jedes* j zu konstruieren (bisher wurden sie nur für $j = 0,\ 1/2,\ 1$ angegeben). Die symmetrischen Spinoren p-ter Stufe ($p = 2j$) transformieren wie $u_A u_B \ldots u_C$; die unabhängigen Komponenten hiervon sind die $p+1$ Monome

$$(u_1)^p,\ (u_1)^{p-1}u_2,\ \ldots,\ u_1(u_2)^{p-1},\ (u_2)^p. \tag{7.6.27}$$

Sie werden bei Drehung in die entsprechenden, aus den Komponenten von $u' = \mathrm{U}(\boldsymbol{\alpha})\,u$,

$$\begin{aligned} u'_1 &= a\,u_1 + b\,u_2 \\ u'_2 &= -b^*\,u_1 + a^*\,u_2, \end{aligned} \tag{7.6.28}$$

gebildeten Monome $(u'_1)^p, \ldots, (u'_2)^p$ transformiert, und ein einfaches Ausmultiplizieren liefert die Elemente der gesuchten Darstellungsmatrix. Um sie in unitärer Gestalt zu erhalten, müssen wir allerdings noch ein invariantes Skalarprodukt bzw. Normquadrat finden und obige Monome so umnormieren, daß das Normquadrat als Summe von Absolutquadraten der Monome erscheint. Da $\langle u, u \rangle = u^*_A\, u_A$ invariant ist, ist auch

$$\frac{1}{p!}\, u^*_A\, u^*_B \ldots u^*_C\, u_A\, u_B \ldots u_C = \frac{1}{p!}\,(u^*_A\, u_A)^p = \frac{1}{p!}\langle u, u \rangle^p \tag{7.6.29}$$

invariant und liefert ein geeigenetes Normquadrat im Raum der symmetrischen Spinoren. Um es durch obige Monome auszudrücken, verwenden wir den binomischen

Lehrsatz ($p_2 = p - p_1$)

$$\frac{1}{p!}(u_1^* u_1 + u_2^* u_2)^p = \frac{1}{p!}\sum_{p_1=0}^{p}\binom{p}{p_1}(u_1^* u_1)^{p_1}(u_2^* u_2)^{p_2} =$$
$$= \sum_{p_1} \frac{(u_1^*)^{p_1}(u_2^*)^{p_2}}{\sqrt{p_1!\,p_2!}} \frac{(u_1)^{p_1}(u_2)^{p_2}}{\sqrt{p_1!\,p_2!}}.$$

Hieraus ist die Normierung der Monome (bis auf Phasenfaktoren) direkt abzulesen. Die Elemente für die Darstellungsmatrizen von Drehungen erhält man, indem man

$$\frac{(u_1')^{p_1}\,(u_2')^{p_2}}{\sqrt{p_1!\,p_2!}} = \frac{(a\,u_1 + b\,u_2)^{p_1}(-b^*\,u_1 + a^*\,u_2)^{p_2}}{\sqrt{p_1!\,p_2!}}$$

entwickelt und die Koeffizienten von $(u_1)^{q_1}\,(u_2)^{q_2}/\sqrt{q_1!\,q_2!}$ abliest. Gehen wir zu der bei der Definition der kanonischen Basis eingeführten Numerierung über, indem wir $p_1 = j + m$, $p_2 = j - m$ setzen, so ergibt sich bei diesem Koeffizientenvergleich für die Matrixelemente ($m, n = -j, \ldots, +j$):

$$\mathrm{D}^{(j)}_{mn}(\boldsymbol{\alpha}) = \sum_{\ell}(-1)^{\ell}\frac{\sqrt{(j+m)!(j-m)!(j+n)!(j-n)!}}{(j-m-\ell)!(j+n-\ell)!(m-n+\ell)!\ell!}a^{j+n-\ell}a^{*j-m-\ell}b^{m-n+\ell}b^{*\ell} \tag{7.6.30}$$

(hier ist über ganzzahliges ℓ von 0 bis $j - m$ zu summieren, aber es sind alle ℓ-Werte, die zu Faktoriellen negativer Zahlen führen, wegzulassen). Der Index (j) an den Elementen $\mathrm{D}^{(j)}_{mn}(\boldsymbol{\alpha})$ soll andeuten, daß es sich um die Matrixelemente einer irreduziblen Darstellung zum Gewicht j handelt. $\mathrm{D}^{(j)}$ werden wir nicht nur als Bezeichnung für die Matrix mit den Elementen (7.6.30), sondern auch als Symbol für die (Äquivalenzklasse der) irreduziblen Darstellungen zum Gewicht j verwenden. Man überzeugt sich leicht, daß (7.6.30) für $j = 1/2$ und $j = 1$ die früheren Resultate reproduziert.

Die getroffene Phasenwahl bei der Normierung der Monome (7.6.27) liefert die Drehmatrizen $\mathrm{D}^{(j)}$ bezüglich einer kanonischen Basis, wie man zeigen kann. Wird eine gegebene Darstellung $g \to T_g$ im Raum $\mathbf{H}$ wie in Abschnitt 7.5 angegeben ausreduziert, $\mathbf{H} = \sum \oplus \mathbf{H}_{j\alpha}$, und in jedem Teilraum $\mathbf{H}_{j\alpha}$ die kanonische Basis $\{\,|\,j\,m\,\alpha\,\rangle\,\}$ konstruiert, so transformieren diese Vektoren nach

$$T_g\,|\,j\,m\,\alpha\,\rangle = \sum_{n}\mathrm{D}^{(j)}_{nm}(g)\,|\,j\,n\,\alpha\,\rangle. \tag{7.6.31}$$

Die zweidimensionale Spinordarstellung hat es erlaubt, durch Ausreduktion ihrer Kronecker„potenzen“ sämtliche irreduzible Darstellungen zu erhalten. Eine irreduzible Darstellung dieser Eigenschaft nennt man eine *Fundamentaldarstellung.*

Aufgaben

1. Man drücke die Spinordarstellung einer Drehung durch ihre Eulerschen Winkel aus, indem man die Drehung in drei Drehungen um die Achsen zerlegt, für jede der Drehungen die Spinordarstellung berechnet und das Produkt bildet. (Vergleich mit (7.6.4) muß mit der Lösung der Aufgabe zu Abschnitt 7.1 konsistent sein.)

2. Mit dem Resultat von Aufgabe 1 bilde man (7.6.8) und drücke $d\mathcal{V}$ durch die Eulerschen Winkel aus.
Anleitung: Für a, b ergibt sich als Lösung von Aufgabe 1
$a = \exp(-i(\alpha+\gamma)/2)\cos\beta/2$, $b = -i\exp(-i(\alpha-\gamma)/2)\sin\beta/2$; zur Vereinfachung der Rechnung verwendet man zweckmäßigerweise den Kalkül der äußeren Differentialformen und die Relation $|a|^2 + |b|^2 = 1$. Dann ergibt sich
$dx_4\, dx_1\, dx_2\, dx_3 = -1/4\, d(ra)\, d(ra^*)\, d(rb)\, d(rb^*) = r^3\, dr\, d\mathcal{V}$,
$d\mathcal{V} = -1/2(a\, da^*\, d(b\, db^*) + b\, db^*\, d(a\, da^*)) = \ldots = 1/8 \sin\beta\, d\alpha\, d\beta\, d\gamma$.

3. Man zeige, daß die Mengen der Transformationen $\mathrm{U} \to \mathrm{U}(\boldsymbol{\alpha})\,\mathrm{U}$ und $\mathrm{U}\,\mathrm{U}(\boldsymbol{\beta})$ nur die diskreten Transformationen $\mathrm{U} \to \pm\mathrm{U}$ gemeinsam haben.
Anleitung: Man setze zuerst $\mathrm{U} = \mathbf{1}$ und verwende dann das Schursche Lemma. Beide Mengen zusammen bilden daher tatsächlich eine Gruppe mit nicht weniger als sechs Parametern.

4. Man zeige, daß bei der Transformation $\mathrm{U} \to \mathrm{U}(\boldsymbol{\alpha})\,\mathrm{U}\,\mathrm{U}^{-1}(\boldsymbol{\beta})$ die Identität nur durch $\mathrm{U}(\boldsymbol{\alpha}) = \mathbf{1} = \mathrm{U}(\boldsymbol{\beta})$ und $\mathrm{U}(\boldsymbol{\alpha}) = -\mathbf{1} = \mathrm{U}(\boldsymbol{\beta})$ zustande kommt.
Anleitung: Man argumentiere ähnlich wie bei Aufgabe 3.

5. Welche der Transformationen $\mathrm{U} \to \mathrm{U}(\boldsymbol{\alpha})\,\mathrm{U}\,\mathrm{U}^{-1}(\boldsymbol{\beta})$ lassen einen gegebenen Punkt $\mathrm{U} \in \mathrm{SU}(2) = \mathbf{S}^3$ fest? Man zeige, daß diese Transformationen eine zu SO(3) isomorphe Gruppe bilden, wie auch anschaulich klar ist.

6. Man verifiziere $\sigma_\nu\,\mathrm{M}\,\sigma_\nu = 2\,\mathrm{Sp}\,\mathrm{M}\cdot\mathbf{1} - \mathrm{M}$ für jede 2×2-Matrix M.

7. Die Transformation $\mathrm{X} \to \mathrm{U}\,\mathrm{X}\,\mathrm{U}^{-1}$ ohne Einschränkung auf unitäres U führt spurlose X wieder in spurlose X über, wobei auch $\mathrm{X}^2 = \mathbf{x}^2\cdot\mathbf{1}$ invariant bleibt; nur die Hermitizität $\mathrm{X} = \mathrm{X}^\dagger$ bleibt nicht erhalten. Es entstehen somit *komplexe* Drehungen $\in \mathrm{SO}(3,\mathbf{C})$. Die Identität ergibt sich nur für $\mathrm{U} = \lambda\cdot\mathbf{1}$, und durch die Einschränkung auf $\det\mathrm{U} = 1$ wird dies auf $\lambda = \pm 1$ reduziert. Mit dieser Einschränkung von U auf die Gruppe SL(2,C) aller komplexen unimodularen Matrizen gilt auch $\mathrm{Sp}\,\mathrm{U}^{-1} = \mathrm{Sp}\,\mathrm{U}$ und daher die Umkehrformel (7.6.19), die zu jeder komplexen Drehung die zugehörige Matrix aus SL(2,C) zu berechnen erlaubt: $\mathrm{SL}(2,\mathbf{C})/\mathcal{Z}_2 \cong \mathrm{SO}(3,\mathbf{C})$. (Man studiere die Details dieser Überlegungen.)

8. Schränkt man im vorigen Beispiel U auf relle unimodulare Matrizen und $\mathbf{x}$ auf $\mathrm{x}_1 =$ reell, $\mathrm{x}_3 =$ reell, $\mathrm{x}_2 =$ rein imaginär ein, so wird X = reell, X′ = reell. Man zeige, daß so ein Isomorphismus $\mathrm{SL}(2,\mathbf{R})/\mathcal{Z}_2 \cong \mathrm{SO}_e(2,1)$ entsteht.

7.7 Darstellungen in Funktionenräumen

Die relativistische Elektrodynamik hat gezeigt, daß neben Tensoren auch *Tensorfelder* zum Aufbau kovarianter Naturgesetze herangezogen werden müssen. Wir werden in diesem Abschnitt die Beziehung von Feldern zur Darstellungstheorie der Drehgruppe analysieren. Dabei beschränken wir uns zunächst auf *skalare* Felder; Spinor-, Vektor- und Tensorfelder werden im nächsten Abschnitt behandelt.

Das Transformationsverhalten eines skalaren Feldes im Minkowski-Raum wurde bereits in Abschnitt 3.4 angegeben. Analog ist das Transformationsverhalten eines Skalarfeldes $\Phi(\mathbf{x})$ bei Drehungen

$$\Phi'(\mathbf{x}') = \Phi(\mathbf{x}) \qquad \text{oder} \qquad \Phi'(\mathbf{x}) = \Phi(\mathrm{R}^{-1}\mathbf{x}). \tag{7.7.1}$$

Dabei kann $\Phi'(\mathbf{x}')$ als dasselbe Feld wie $\Phi(\mathbf{x})$, jedoch bezogen auf neue Koordinaten $\mathbf{x}'$ aufgefaßt werden (passive Transformation), oder Φ' definiert ein neues Skalarfeld, das in $\mathbf{x}$ den Wert annimmt, den Φ im Punkt $\mathrm{R}^{-1}\mathbf{x}$ annimmt (aktive Transformation).

Die komplexwertigen skalaren Felder auf $\mathbf{R}^3$ bilden einen unendlichdimensionalen Vektorraum $\mathbf{H} = \mathbf{H}(\mathbf{R}^3)$, wenn man Addition und Zahlenmultiplikation punktweise definiert; d.h., das Feld $\alpha\Phi + \beta\Psi$ ist durch

$$(\alpha\,\Phi + \beta\,\Psi)(\mathbf{x}) = \alpha\,\Phi(\mathbf{x}) + \beta\,\Psi(\mathbf{x}) \qquad \alpha, \beta \in \mathbf{C} \tag{7.7.2}$$

definiert. Jede Drehung R ordnet dem Feld Φ das durch (7.7.1) gegebene Feld Φ' zu. Diese Zuordnung bewirkt eine lineare Transformation von $\mathbf{H}$ in sich:

$$\begin{aligned} \Phi' &= T_g\Phi, \qquad (T_g\Phi)(\mathbf{x}) = \Phi(\mathrm{R}_g^{-1}\mathbf{x}) \\ T_g(\alpha\,\Phi + \beta\,\Psi) &= \alpha\,T_g\,\Phi + \beta\,T_g\,\Psi. \end{aligned} \tag{7.7.3}$$

Dadurch ist jedem $g \in \mathrm{SO}(3)$ ein linearer Operator T_g zugeordnet. Es ist anschaulich klar, daß diese Zuordnung die Darstellungseigenschaft erfüllt. Explizit ist

$$(T_{gh}\Phi)(\mathbf{x}) = \Phi(\mathrm{R}_{gh}^{-1}\mathbf{x}) = \Phi(\mathrm{R}_h^{-1}\,\mathrm{R}_g^{-1}\,\mathbf{x}) = (T_h\Phi)(\mathrm{R}_g^{-1}\,\mathbf{x}) = \big(T_g(T_h\Phi)\big)(\mathbf{x}) \tag{7.7.4}$$

$$(T_e\,\Phi)(\mathbf{x}) = \Phi(\mathbf{x}), \tag{7.7.5}$$

also $T_g\,T_h = T_{gh}$, $T_e = \mathrm{id}_{\mathbf{H}}$.

Diese Darstellung T_g wird *unitär,* wenn $\mathbf{H}$ durch Einführung des Skalarprodukts

$$\langle\,\Phi, \Psi\,\rangle := \int d^3x\,\Phi^*(\mathbf{x})\,\Psi(\mathbf{x}) \tag{7.7.6}$$

zu einem Hilbertraum gemacht wird (um die Existenz dieser Integrale zu gewährleisten, sind nur Felder Φ mit $\int d^3x\,|\Phi^2| < \infty$ zuzulassen), denn es gilt

$$\langle\,T_g\Phi, T_g\Psi\,\rangle = \int d^3x\,\Phi^*(\mathrm{R}_g^{-1}\mathbf{x})\,\Psi(\mathrm{R}_g^{-1}\mathbf{x}) = \int d^3y\,\Phi^*(\mathbf{y})\,\Psi(\mathbf{y}) = \langle\,\Phi, \Psi\,\rangle. \tag{7.7.7}$$

Hier wurde $\mathrm{R}_g^{-1}\mathbf{x} = \mathbf{y}$ als neue Variable eingeführt und die *Drehinvarianz* $d^3x = d^3y$ *des euklidischen Volumselements* benützt.

Die irreduziblen Darstellungen der Drehgruppe sind – dem in Abschnitt 7.5 zitierten Theorem zufolge – endlichdimensional. T_g muß daher reduzibel sein. Das in Abschnitt 7.5 angegebene Verfahren zur Ausreduktion von Darstellungen der Drehgruppe erfordert die Kenntnis der Erzeugenden $\mathbf{J}$. Es ist

$$\begin{aligned} (T_{g(\tau\boldsymbol{\alpha})}\Phi)(\mathbf{x}) &= \Phi\big(\mathrm{R}^{-1}(\tau\boldsymbol{\alpha})\,\mathbf{x}\big) \approx \Phi(\mathbf{x} - \tau\boldsymbol{\alpha} \times \mathbf{x}) \approx \Phi(\mathbf{x}) - \tau(\boldsymbol{\alpha} \times \mathbf{x})\,\boldsymbol{\nabla}\Phi\big|_{\mathbf{x}} = \\ &= \Phi(\mathbf{x}) - \tau\boldsymbol{\alpha}(\mathbf{x} \times \boldsymbol{\nabla})\Phi\big|_{\mathbf{x}} = \big((\mathrm{id}_{\mathbf{H}} - i\tau\boldsymbol{\alpha}\,\mathbf{J})\Phi\big)(\mathbf{x}). \end{aligned}$$

Die Erzeugenden $\mathbf{J}$ sind daher durch *lineare Differentialoperatoren*

$$\mathbf{L} := \mathbf{x} \times \frac{1}{i} \boldsymbol{\nabla} \tag{7.7.8}$$

gegeben. Interpretieren wir die $\Phi(\mathbf{x})$ als Wellenfunktionen eines spinlosen Teilchens in der Quantenmechanik, so ist $\mathbf{L}$ bis auf einen Faktor $\hbar$ identisch mit dem *Bahndrehimpulsoperator.*

Die zur Bestimmung der invarianten irreduziblen Unterräume $\mathbf{H}_{j\alpha}$ dienenden Gleichungen (7.5.46–48) sind also bei Darstellungen in Funktionenräumen *lineare Differentialgleichungen.* Insbesondere ist die Gleichung $\mathbf{J}^2\Phi(\mathbf{x}) = j(j+1)\Phi(\mathbf{x})$ eine drehinvariante Differentialgleichung (allgemein definieren unter Transformationsgruppen invariante lineare Differentialgleichungen invariante Teilräume des Funktionenraums). Zur Lösung dieser Differentialgleichungen ist es günstig, auf Polarkoordinaten r, θ, φ überzugehen, da Drehungen den Wert von $r = |\mathbf{x}|$ nicht ändern und in $\mathbf{J}$ die Variable r deshalb nicht vorkommt.

Wir betrachten daher zuerst die Räume $\mathbf{H}_r$ der skalaren Felder, die auf Kugeln von festem Radius r definiert sind (sie sind alle isomorph zu $\mathbf{H}(\mathbf{S}^2)$, dem Raum der Funktionen $\Phi = \Phi(\theta, \varphi)$ auf der Einheitskugel). Ein drehinvariantes Skalarprodukt in $\mathbf{H}_r$ ergibt sich aus $d^3x = r^2\, dr \sin\theta\, d\theta\, d\varphi$ zu

$$\langle \Phi, \Psi \rangle_r = \int_{\theta=0}^{\pi} \int_{\varphi=0}^{2\pi} \sin\theta\, d\theta\, d\varphi\, \Phi^* \Psi =: \int d\Omega\, \Phi^* \Psi, \tag{7.7.9}$$

und eine einfache Umrechnung liefert

$$\begin{aligned} L_3 &= \frac{1}{i}\frac{\partial}{\partial\varphi}, \qquad L_\pm = e^{\pm i\varphi}\left(\pm\frac{\partial}{\partial\theta} + i \operatorname{ctg}\theta \frac{\partial}{\partial\varphi}\right), \\ \mathbf{L}^2 &= -\left(\frac{1}{\sin\theta}\frac{\partial}{\partial\theta}\sin\theta\frac{\partial}{\partial\theta} + \frac{1}{\sin^2\theta}\frac{\partial^2}{\partial\varphi^2}\right). \end{aligned} \tag{7.7.10}$$

$\mathbf{L}^2$ ist nichts anderes als $-r^2 \times$ (winkelabhängiger Teil des Laplace-Operators $\Delta :=$ $:= \partial_\mu \partial_\mu$). Die Lösungen von $L_3\Phi = m\Phi$ haben die Form $f(\theta)\exp(im\varphi)$, wo m ganzzahlig sein muß, damit eine eindeutige Funktion auf der Kugel resultiert. Die Lösungen von $L_+\Phi = 0$, $L_3\Phi = j\Phi$ sind $const \cdot (\sin\theta)^j \exp(ij\varphi)$, wobei also das Gewicht $j = \ell = 0, 1, 2, \ldots$ *ganzzahlig* sein muß. Die Konstante ergibt sich aus der Normierungsbedingung bezüglich des Skalarprodukts (7.7.9):

$$1 = |const.|^2\, 2\pi \int_0^\pi (\sin\theta)^{2\ell} \sin\theta\, d\theta = |const.|^2\, 4\pi\, \frac{2.4.6\ldots 2\ell}{1.3.5\ldots(2\ell+1)}.$$

Jedes ganzzahlige Gewicht ℓ kommt genau einmal vor, wobei die kanonische Basis im irreduziblen Teilraum $\mathbf{H}_{\ell r}$ durch die $2\ell+1$ Funktionen $\mathrm{Y}_{\ell m}(\theta, \varphi)$ ($(-1)^\ell \ldots$ konventionelle Phase)

$$\begin{aligned} \mathrm{Y}_{\ell\ell}(\theta,\varphi) &= \frac{(-1)^\ell}{\sqrt{4\pi}}\sqrt{\frac{1.3.5\ldots(2\ell+1)}{2.4.6\ldots 2\ell}}(\sin\theta)^\ell e^{i\ell\varphi} \\ \mathrm{Y}_{\ell,m-1} &= \frac{L_-}{\sqrt{\ell(\ell+1)+m-m^2}}\mathrm{Y}_{\ell m} \qquad (m = j, j-1, \ldots, -j+1) \end{aligned} \tag{7.7.11}$$

gegeben ist. Die Funktionen $\mathrm{Y}_{\ell m}(\theta,\varphi)$ sind die *Kugelflächenfunktionen,* die als Eigenfunktionen der hermitischen Operatoren L_3, $\mathbf{L}^2$ ein vollständiges Orthonormalsystem in $\mathbf{H}_r$ bilden:

$$\langle \mathrm{Y}_{\ell m}, \mathrm{Y}_{\ell' m'} \rangle = \int d\Omega\, \mathrm{Y}^*_{\ell m}\, \mathrm{Y}_{\ell' m'} = \delta_{\ell\ell'}\,\delta_{mm'}. \tag{7.7.12}$$

Der Zerlegung

$$\mathbf{H}_r = \sum_{\ell=0}^{\infty} \oplus \mathbf{H}_{\ell r} \tag{7.7.13}$$

des Hilbertraums $\mathbf{H}_r$ in die von den $\mathrm{Y}_{\ell m}$ mit jeweils festem ℓ aufgespannten Teilräume $\mathbf{H}_{\ell r}$ entspricht die eindeutige Zerlegbarkeit

$$\Phi(\theta,\varphi) = \sum_{\ell=0}^{\infty} \Phi_\ell(r,\theta,\varphi), \qquad \Phi_\ell(r,\theta,\varphi) := \sum_{m=-\ell}^{\ell} c_{\ell m} \mathrm{Y}_{\ell m}(\theta,\varphi) \in \mathbf{H}_{\ell r}, \tag{7.7.14}$$

d.i. die Entwicklung von Φ nach Kugelfunktionen. Die Komponenten $c_{\ell m}$ von Φ bezüglich der Basis $\{\mathrm{Y}_{\ell m}\}$ ergeben sich aus der Orthogonalitätsrelation (7.7.12) zu $c_{\ell m} = \langle \mathrm{Y}_{\ell m}, \Phi \rangle$; berücksichtigt man die r-Abhängigkeit von Φ, wird $c_{\ell m} = c_{\ell m}(r)$. Der Projektionsoperator P_ℓ auf den *endlichdimensionalen* Teilraum $\mathbf{H}_{\ell r}$, definiert durch $P_\ell \Phi = \Phi_\ell$, hat die explizite Gestalt

$$\begin{aligned} P_\ell \Phi &= \sum_{m=-\ell}^{\ell} \langle \mathrm{Y}_{\ell m}, \Phi \rangle \mathrm{Y}_{\ell m} \\ (P_\ell \Phi)(\theta,\varphi) &= \int d\Omega' \left[\sum_{m=-\ell}^{\ell} \mathrm{Y}^*_{\ell m}(\theta',\varphi')\, \mathrm{Y}_{\ell m}(\theta,\varphi) \right] \Phi(\theta',\varphi'), \end{aligned} \tag{7.7.15}$$

d.h. die eines linearen Integraloperators mit dem *entarteten* Kern [...], (vgl. Riesz-Nagy (1965)).

Der sich hier andeutende Zusammenhang zwischen Gruppentheorie und Theorie der „speziellen Funktionen der mathematischen Physik“ kann weit ausgebaut werden (siehe z.B. Talman & Wigner (1968)). Wir deuten hier noch eine vom gruppentheoretischen Standpunkt aus sehr natürliche Herleitung des *Additionstheorems für Kugelfunktionen* an. Schreiben wir $\mathbf{n} = (\sin\theta\cos\varphi, \sin\theta\sin\varphi, \cos\theta)$ anstatt (θ,φ) als Argument der $\mathrm{Y}_{\ell m}$, so ist nach (7.6.31)

$$\mathrm{Y}_{\ell m}(\mathrm{R}_g^{-1}\mathbf{n}) = (T_g \mathrm{Y}_{\ell m})(\mathbf{n}) = \mathrm{D}^{(\ell)}_{nm}(g) \mathrm{Y}_{\ell n}(\mathbf{n}). \tag{7.7.16}$$

Eine genauere Untersuchung der $\mathrm{D}^{(\ell)}_{nm}$ (siehe z.B. Edmonds (1964), der aber die passive Interpretation benützt) zeigt ihren Zusammenhang mit den sogenannten Jacobi-Polynomen, die sich für $m = 0$ auf Legendre-Polynome reduzieren, so daß sich $\mathrm{D}^{(\ell)}_{n0}$ durch Kugelfunktionen ausdrücken läßt, was zum Additionstheorem führt. Man kann auch mittels (7.7.16) und der Unitarität der $\mathrm{D}^{(\ell)}$ die Relation ($\mathbf{n}' = \mathrm{R}_g^{-1}\mathbf{n}$)

$$\sum_{m=-\ell}^{\ell} \mathrm{Y}^*_{\ell m}(\mathbf{n}'_1)\, \mathrm{Y}_{\ell m}(\mathbf{n}'_2) = \sum_{m=-\ell}^{\ell} \mathrm{Y}^*_{\ell m}(\mathbf{n}_1)\, \mathrm{Y}_{\ell m}(\mathbf{n}_2) \tag{7.7.17}$$

verifizieren, die geometrisch klar ist: der Integralkern des Projektionsoperators auf $\mathbf{H}_{\ell r}$ darf nicht davon abhängen, welches spezielle Orthogonalsystem in $\mathbf{H}_{\ell r}$ zu seiner Konstruktion benützt wird. Sind $\mathbf{n}_1, \mathbf{n}_2$ gegeben, wird g so gewählt, daß für $\mathbf{n}'_1$ der Winkel $\theta'_1 = 0$ wird: es ist nämlich $\mathrm{Y}_{\ell m}(0,\varphi) \propto \delta_{0m}$, wie man aus (7.7.11) entnehmen kann. Die Bestimmung des Proportionalitätsfaktors und die Bestimmung von $\mathbf{n}_2'$ seien als Aufgabe überlassen.

Wir wenden uns nun wieder dem ursprünglich betrachteten Raum $\mathbf{H} = \mathbf{H}(\mathbf{R}^3)$ der auf $\mathbf{R}^3$ definierten Felder zu. In $\mathbf{H}$ bilden z.B. die Funktionen, die außerhalb einer Kugel $r = r_1$ verschwinden, einen invarianten Teilraum $\mathbf{H}_1$, der unendlichdimensional ist. In $\mathbf{H}_1$ bilden die außerhalb $r = r_2 < r_1$ verschwindenden Funktionen wieder einen Teilraum $\mathbf{H}_2 \subset \mathbf{H}_1 \subset \mathbf{H}$ usw. Man erhält so eine unendliche Folge invarianter Teilräume, von denen keiner irreduzibel ist – ein Phänomen, das bei endlichdimensionalen Darstellungen nicht auftreten kann. Die unitären Darstellungen im Raum $\mathbf{H}$ sind somit im bisherigen Sinn nicht vollreduzibel[1]. Die Projektionsoperatoren P_ℓ erlauben es, $\mathbf{H}$ in $\mathbf{H} = \sum \oplus \mathbf{H}_\ell$, $\mathbf{H}_\ell = P_\ell \mathbf{H}$ zu zerlegen, wobei in jedem $\mathbf{H}_\ell$ wieder das gleiche Phänomen auftritt: die irreduzible Darstellung $\mathrm{D}^{(\ell)}$ kommt in $\mathbf{H}_\ell$ kontinuierlich-unendlich oft vor. Man sagt, daß $\mathbf{H}_\ell$ das *direkte Integral* der (zueinander isomorphen) irreduziblen Räume $\mathbf{H}_{\ell r}$ ist. Da das Skalarprodukt in $\mathbf{H}_\ell$ oder $\mathbf{H}$ durch (7.7.6) gegeben ist, gilt

$$\langle \Phi, \Psi \rangle = \int_0^\infty r^2 \, dr \, \langle \Phi, \Psi \rangle_r ; \tag{7.7.18}$$

$\mathbf{H}_\ell$ wird daher genauer als das direkte Integral „nach dem Maß $r^2\,dr$" bezeichnet. (Genaueres siehe z.B. Neumark (1959).)

Wir wollen die Situation, die in diesem Abschnitt behandelt wurde, noch einmal in etwas allgemeineren Worten beschreiben. Wir gingen aus von einer Mannigfaltigkeit $\mathbf{M}$, auf der eine gegebene Lie-Gruppe $\mathcal{G}$ als Transformationsgruppe realisiert ist (in unserem Beispiel war $\mathcal{G} = \mathrm{SO}(3)$, $\mathbf{M}$ der dreidimensionale euklidische Raum $\mathbf{R}^3$, oder auch eine der Kugeln $r = const.$, d.h. nicht notwendigerweise ein linearer Raum: es kann sich also durchaus um nichtlineare Realisierungen handeln!). Wir betrachten den Raum $\mathbf{H}(\mathbf{M})$ der auf $\mathbf{M}$ definierten Funktionen $\Phi(p)$, $p \in \mathbf{M}$. Ist $g \in \mathcal{G}$, so sei $g(p)$ der unter der Realisierung von $\mathcal{G}$ auf $\mathbf{M}$ transformierte Punkt, in den p übergeht ($e(p) = p$ für alle $p \in \mathbf{M}$). Die Zuordnung $\Phi \to T_g\Phi = \Phi'$, wo $\Phi'(p) = \Phi(g^{-1}(p))$, definiert eine Darstellung von $\mathcal{G}$ im Raum $\mathbf{H}(\mathbf{M})$. Diese Zuordnung ist unitär, wenn auf $\mathbf{M}$ ein unter den Transformationen $p \to g(p)$ *invariantes Integral* bzw. invariantes Maß $d\mu$ existiert (oben $\int d^3x \ldots$ bzw. $\int d\Omega \ldots$): $\langle \Phi, \Psi \rangle = \int d\mu \, \Phi^* \, \Psi$ ist dann ein invariantes *Skalarprodukt*. Die *Erzeugenden* der Darstellung sind lineare *Differentialoperatoren* auf $\mathbf{M}$.

Besonders wichtig ist der Fall, wo $\mathcal{G}$ auf $\mathbf{M}$ *transitiv* wirkt, d.h., daß mittels der Gruppe jeder Punkt von $\mathbf{M}$ in jeden übergeführt werden kann (dies war beim Beispiel der Kugeln der Fall, nicht jedoch beim Beispiel des ganzen euklidischen Raums, wo auch Komplikationen auftraten, was die Reduzibilitätsverhältnisse anlangt). Im Fall der Transitivität sind alle $p \in \mathbf{M}$ gleichberechtigt, was $\mathcal{G}$ anlangt. Wählt man einen beliebigen Punkt $p_0 \in \mathbf{M}$ (z.B. den Nordpol der Kugel), so bilden alle $g \in \mathcal{G}$, die p_0 festlassen, eine Untergruppe $\mathbf{H}_{p_0}$ (*Isotropiegruppe* von p_0 oder *stabile Untergruppe* zu p_0; Isotropiegruppen anderer Punkte sind zu $\mathcal{H}_{p_0}$ konjugiert; im Beispiel des Nordpols auf der Kugel ist $\mathcal{H}_{p_0}$ die ebene Drehgruppe SO(2) der Äquatorebene). Die Punkte $p \in \mathbf{M}$ können nun umkehrbar eindeutig den Nebenklassen $\mathcal{G}/\mathcal{H}_{p_0}$ zugeordnet werden: p gehört zu der Nebenklasse, in der jene $g \in \mathcal{G}$ liegen, die p_0 in p überführen – ein solches g existiert sicher, da Transitivität vorausgesetzt wurde. (In obigem Beispiel ergibt sich daher die Zuordnung $\mathbf{S}^2 \leftrightarrow \mathrm{SO}(3)/\mathrm{SO}(2)$; ebenso $\mathbf{S}^3 \leftrightarrow \mathrm{SO}(4)/\mathrm{SO}(3)$ usw.) Die möglichen Räume $\mathbf{M}$ können so durch die Untergruppen von $\mathcal{G}$ klassifiziert werden („homogene Räume" von $\mathcal{G}$).

[1]Dies liegt aber *hier* nur an unseren für den unendlichdimensionalen Fall reichlich unpräzisen Definitionen!

Offensichtlich gehört $\mathcal{G}$ selbst zu diesen homogenen Räumen: auf $\mathbf{M} = \mathcal{G}$ wirkt $\mathcal{G}$ als transitive Transformationsgruppe durch die Rechts- und Linksmultiplikation: Ist $p \in \mathcal{G} = \mathbf{M}$, so sei $g(p) = pg^{-1}$ oder gp. Die so erklärte Wirkung von $\mathcal{G}$ auf sich selbst ist ***einfach transitiv***, die Isotropiegruppe eines Punktes besteht nur aus e. Die nach obiger Vorschrift konstruierte Darstellung T_g im Raum $\mathbf{H}(\mathcal{G})$ heißt die ***reguläre*** (Rechts- oder Links-) ***Darstellung*** von $\mathcal{G}$. Sie ist treu und steht für jede abstrakt gegebene Lie-Gruppe zur Verfügung; somit kann die ***Lie-Algebra*** einer Lie-Gruppe stets als die Lie-Algebra der Erzeugenden der regulären Darstellung ermittelt werden, d.h. durch Berechnung der Kommutatoren von linearen Differentialoperatoren. Die reguläre Darstellung kann für kompakte $\mathcal{G}$ unitär gemacht werden, indem man das in 7.5 erwähnte (links- oder rechts-) invariante Integral auf $\mathcal{G}$ benützt.

Für die Gruppe $\mathcal{G} = \mathrm{SO}(3)$, oder besser für SU(2) lassen sich diese Verhältnisse wegen $\mathrm{SU}(2) \leftrightarrow \mathbf{S}^3$ gut veranschaulichen. $p \to gp$ bzw. pg^{-1} sind die in Abschnitt 7.6 betrachteten Links- bzw. Rechtstranslationen der Sphäre $\mathbf{S}^3$. Wird die Gruppe z.B. mittels Eulerscher Winkel parametrisiert, so ist das (hier beidseitig) invariante Maß durch (7.5.10) gegeben; vgl. auch Aufgabe 2 zu Abschnitt 7.6. Funktionen auf SU(2) sind dann Funktionen $f(\alpha, \beta, \gamma)$ (Funktionen auf SU(2) und auf SO(3) unterscheiden sich nur durch ihre Periodizitätseigenschaften in α, β, γ), und die Erzeugenden für Links- bzw. Rechtstranslationen können aus der „Multiplikationstafel" (7.6.7) leicht gewonnen werden. Dies ermöglicht, die reguläre Darstellung nach dem bekannten Verfahren auszureduzieren.

Wir betrachten nun die Matrixelemente $\mathrm{D}_{mn}(g)$ einer endlichdimensionalen ***irreduziblen*** Darstellung der Gruppe $\mathcal{G}$ als Funktionen auf $\mathcal{G}$; $g \to T_g$ sei etwa die reguläre Rechtsdarstellung. Dann ist

$$\begin{aligned} (T_{g_1} \mathrm{D}_{mn})(g) &= \mathrm{D}_{mn}(gg_1) = \mathrm{D}_{mk}(g)\, \mathrm{D}_{kn}(g_1) \\ T_{g_1} \mathrm{D}_{mn} &= \mathrm{D}_{kn}(g_1)\, \mathrm{D}_{mk}. \end{aligned} \tag{7.7.19}$$

Dies bedeutet, daß für jedes feste m die Funktionen $\mathrm{D}_{mn}(g)$ einen invarianten irreduziblen Teilraum von $\mathbf{H}(\mathcal{G})$ aufspannen, in dem T_g wie die irreduzible Darstellung D wirkt. Da m soviele Werte annehmen kann, wie die Dimension der Darstellung angibt, folgt: die irreduzible Darstellung D kommt in der regulären Darstellung so oft vor, wie ihre Dimension beträgt. (Man beachte die Doppelrolle der D_{mn} – sie treten sowohl als Darstellungsmatrizen als auch als Basisvektoren in irreduziblen invarianten Teilräumen der regulären Darstellung auf; diese Rolle spielen sie auch in der quantenmechanischen Beschreibung des symmetrischen Kreisels, dessen Konfigurationsraum ja durch die Euler-Winkel (α, β, γ) beschrieben wird und daher SO(3) ist.) Indem man die $\mathrm{D}^{(j)}_{mn}$ für die Drehgruppe analog zu den Kugelfunktionen $\mathrm{Y}_{\ell m}$ durch Lösen von Differentialgleichungen (hier in den Variablen α, β, γ) ermittelt, hat man dadurch ein neues, verallgemeinerungsfähiges Verfahren zu ihrer Bestimmung gefunden (s. Gelfand-Minlos-Shapiro (1963)).

Für ***kompakte*** Gruppen $\mathcal{G}$ wie SU(2) gilt folgendes: durchläuft D alle irreduziblen endlichdimensionalen Darstellungen, so bilden die $\mathrm{D}_{mn}(g)$ ein vollständiges System von Funktionen auf $\mathcal{G}$ (so wie die $\mathrm{Y}_{\ell m}$ ein vollständiges System in $\mathbf{H}(\mathbf{S}^2)$ bilden; d.h., jedes $f \in \mathbf{H}(\mathcal{G})$ kann nach ihnen entwickelt werden). Dies ist der berühmte Satz von Peter und Weyl (s. Neumark (1959)). Aus ihm folgt die volle Reduzibilität der regulären Darstellung kompakter Gruppen und die Endlichdimensionalität aller irreduziblen Darstellungen. Die Kompaktheit ist hierbei eine wesentliche Voraussetzung.

Aufgaben

1. Man führe die Details zum Additionstheorem der Kugelfunktionen aus.

2. Ist x_μ der *Orts*operator im dreidimensionalen Raum, so sind die Tensorkomponenten x_μ, $x_\mu x_\nu, \ldots$ gleichzeitig Funktionen, die bei Drehungen ineinander transformiert werden. Man gebe in den beiden angeführten Fällen den Zusammenhang mit den Kugelfunktionen an.

3. Man zeige: der „Ortsoperator" $\mathbf{X}$, definiert durch $(\mathbf{X}\,\Phi)(\mathbf{x}) = \mathbf{x}\,\Phi(\mathbf{x})$, und der „Impulsoperator" $\mathbf{P}$, definiert durch $(\mathbf{P}\,\Phi)(\mathbf{x}) = 1/i\,\nabla\Phi(\mathbf{x})$ oder $(\exp(-i\mathbf{a}\mathbf{P})\Phi)(\mathbf{x}) = \Phi(\mathbf{x} - \mathbf{a})$, sind Vektoroperatoren.

4. Man berechne die Erzeugenden der regulären Rechts- und Linksdarstellung der Drehgruppe in den Koordinaten (α, β, γ).

7.8 Beschreibung von Teilchen mit Spin

Neben skalaren Feldern sind in der Physik auch Vektor- und Tensorfelder von Bedeutung, wie wir z.B. in Kap. 5 gesehen haben; zusätzlich werden in der Quantentheorie zur Beschreibung von (Fermi-) Teilchen auch Spinorfelder benötigt. Tensor- und Spinorfelder sind durch mehrkomponentige Wellenfunktionen gegeben, deren Komponenten zur Beschreibung des inneren Drehimpulses (= Spin, Drehimpuls im Ruhsystem) oder von Polarisationsfreiheitsgraden dienen. In diesem Abschnitt untersuchen wir die gruppentheoretischen Aspekte des Transformationsverhaltens derartiger Felder bei räumlichen Drehungen.

Wir beginnen mit dem Beispiel eines *Vektorfeldes;* d.h., jedem Punkt $\mathbf{x}$ des dreidimensionalen euklidischen Raumes sei ein Vektor $\mathbf{v}(\mathbf{x})$ zugeordnet. $\mathbf{v}(\mathbf{x})$ kann – analog zu den bekannten Stromlinien- bzw. Kraftlinienbildern – durch *Feldlinien* veranschaulicht werden. Bei einer (aktiven) Drehung wird das Feldlinienbild starr verdreht, wie Abb. 7.6 zeigt (als wäre es auf ein über der Zeichenebene liegendes Pauspapier gezeichnet).

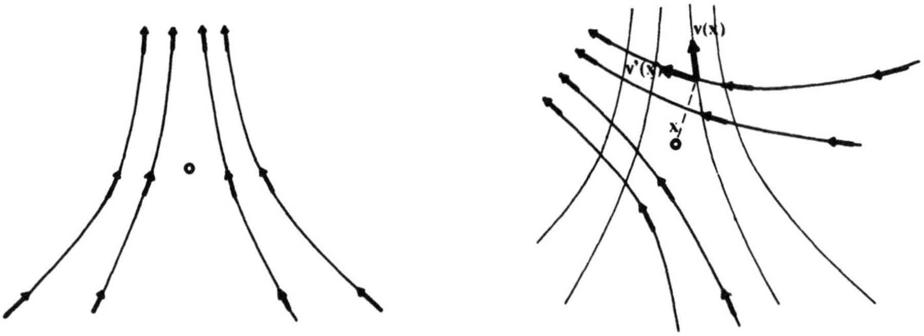

a) ursprüngliches Feld b) Feld und verdrehtes Feld

Abb. 7.6. Drehung eines Vektorfeldes

Dadurch entsteht ein neues Vektorfeld, das mit dem ursprünglichen verglichen werden kann. Wenn sich die beiden Bilder decken, so ist das Vektorfeld *drehinvariant.*

Formal wurde das Verhalten von Vektor- und Tensorfeldern bereits in (3.4.10) und (5.6.2) angegeben. Es ist

$$\bar{\mathbf{v}}(\mathbf{x}) = \mathrm{R}\,\mathbf{v}\,(\mathrm{R}^{-1}\mathbf{x}) \tag{7.8.1}$$

(wobei sowohl die früher verwendete passive, als auch die hier im weiteren zugrunde gelegte aktive Interpretation der Drehungen möglich ist).

Allgemein wollen wir „Felder v zur Darstellung D“ der Drehgruppe betrachten, wobei $g \to D_g$ eine endlichdimensionale Darstellung in einem Vektorraum $\mathbf{V}$ bedeutet. Jedem Punkt $\mathbf{x}$ des dreidimensionalen euklidischen Raumes $\mathbf{R}^3$ ist ein Element

$v(\mathbf{x}) \in \mathbf{V}$ zugeordnet ($\mathbf{V}$ kann der Raum der Spinoren, Vektoren, Tensoren... sein). Eine Drehung R führt v in v' über, wobei das Transformationsverhalten

$$v'(\mathbf{x}) = D_g\big(v\,(\mathrm{R}_g^{-1}\mathbf{x})\big) \tag{7.8.2}$$

auch in dem kommutativen Diagramm der Abb. 7.7 veranschaulicht werden kann.

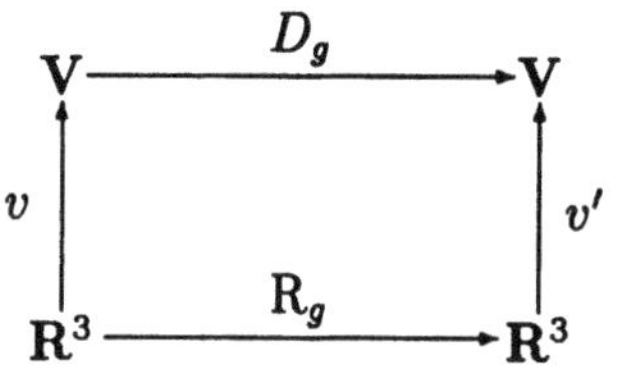

Abb. 7.7. Kommutatives Diagramm zum Transformationsverhalten von Feldern

Die Felder zur Darstellung D bilden einen (unendlich-dimensionalen) Vektorraum $\mathbf{H}(\mathbf{V}, \mathbf{R}^3)$, wenn man Addition und Zahlenmultiplikation wie bei Skalarfeldern punktweise definiert. Die Zuordnung $v \to v' =: {}_{\mathrm{D}}T_g v$ definiert in $\mathbf{H}$ einen linearen Operator ${}_{\mathrm{D}}T_g$, und $g \to {}_{\mathrm{D}}T_g$ ist eine Darstellung von SO(3) im Raum $\mathbf{H}$, die durch die Einführung des Skalarprodukts

$$\langle\, v, w\,\rangle := \int d^3x \langle\, v(\mathbf{x}), w(\mathbf{x})\,\rangle_{\mathbf{V}} \tag{7.8.3}$$

unitär gemacht werden kann ($\langle\;\rangle_{\mathbf{V}}$ bedeutet das invariante Skalarprodukt in $\mathbf{V}$). Ist D insbesondere eine irreduzible Darstellung $\mathrm{D}^{(s)}$ („Felder zum Spin s“) und werden v, w durch ihre Komponenten v_σ, w_σ bezüglich einer kanonischen Basis in $\mathbf{V}$ angegeben, so ist

$$\langle\, v, w\,\rangle = \int d^3x \sum_{\sigma=-s}^{s} v_\sigma^*(\mathbf{x})\, w_\sigma(\mathbf{x}). \tag{7.8.4}$$

Indem man $\mathbf{x}$ als „kontinuierlichen Index“ interpretiert, kann man sich plausibel machen, daß die Darstellung $g \to {}_{\mathrm{D}}T_g$ das Tensorprodukt der Darstellung D in $\mathbf{V}$ mit der im vorigen Abschnitt betrachteten Darstellung T_g im Raum $\mathbf{H}(\mathbf{R}^3)$ der skalaren Felder ist:

$${}_{\mathrm{D}}T_g = D_g \otimes T_g, \qquad \mathbf{H}(\mathbf{V}, \mathbf{R}^3) = \mathbf{V} \otimes \mathbf{H}(\mathbf{R}^3). \tag{7.8.5}$$

Um diese Darstellung auszureduzieren, bestimmen wir die Gestalt der Erzeugenden $\mathbf{J}$. Dazu bezeichnen wir die hermitischen Erzeugenden von D_g mit $\mathbf{S}$, die von T_g wie in (7.7.8) mit $\mathbf{L}$. Dann ist

$$\begin{aligned} {}_{\mathrm{D}}T_{g(\tau\boldsymbol{\alpha})} &\approx (\mathrm{id}_{\mathbf{V}} - i\tau\boldsymbol{\alpha}\mathbf{S}) \otimes (\mathrm{id}_{\mathbf{H}(\mathbf{R}^3)} - i\tau\boldsymbol{\alpha}\mathbf{L}) \approx (\mathrm{id}_{\mathbf{H}(\mathbf{V},\mathbf{R}^3)} - i\tau\boldsymbol{\alpha}\mathbf{J}), \\ \mathbf{J} &:= \mathrm{id}_{\mathbf{V}} \otimes \mathbf{L} + \mathbf{S} \otimes \mathrm{id}_{\mathbf{H}(\mathbf{R}^3)}, \end{aligned} \tag{7.8.6}$$

wofür man meist kurz $\mathbf{J} = \mathbf{L} + \mathbf{S}$ schreibt („$\mathbf{L}$ wirkt auf $\mathbf{x}$, $\mathbf{S}$ auf diskrete Indizes“). In der Quantenmechanik ist $\mathbf{J}$ der Operator des *Gesamtdrehimpulses,* der sich aus

Bahndrehimpuls **L** und *Spin* **S** zusammensetzt. Aus der genaueren Form $\mathrm{id}_V \otimes \mathbf{L} + \mathbf{S} \otimes \mathrm{id}_{\mathbf{H}(\mathbf{R}^3)}$ folgt sofort

$$\begin{aligned} &[\mathbf{L},\mathbf{S}] = 0 \\ &[L_\mu, L_\nu] = i\epsilon_{\mu\nu\lambda} L_\lambda, \qquad [S_\mu, S_\nu] = i\epsilon_{\mu\nu\lambda} S_\lambda. \end{aligned} \tag{7.8.7}$$

Die distributive Eigenschaft (6.5.8) des Tensorproduktes erlaubt es, zur *Ausreduktion* von ${}_{\mathrm{D}}T_g = D_g \otimes T_g$ zuerst D_g und T_g einzeln auszureduzieren. Dabei wollen wir uns bei T_g auf den Raum $\mathbf{H}(\mathbf{S}^2)$ der Funktionen auf der Einheitskugel beschränken. Dann ist $T_g = \sum \oplus D_g^{(\ell)}$, während wir aus D_g irgendeinen der darin vorkommenden irreduziblen Bestandteile $D_g^{(s)}$ herausgreifen. Somit bleibt das Tensorprodukt $\mathrm{D}^{(j)} \otimes \mathrm{D}^{(j')}$ zweier irreduzibler Darstellungen auszureduzieren (der Allgemeinheit halber betrachten wir anstelle des ganzzahligen ℓ die Gewichte $j' = 0, 1/2, 1 \ldots$ im zweiten Faktor). Die Lösung dieses Problems ist die *Clebsch-Gordan-Reihe*[1]

$$\mathrm{D}^{(j)} \otimes \mathrm{D}^{(j')} = \mathrm{D}^{(j+j')} \oplus \mathrm{D}^{(j+j'-1)} \oplus \ldots \oplus \mathrm{D}^{(|j-j'|+1)} \oplus \mathrm{D}^{(|j-j'|)}, \tag{7.8.8}$$

wie in Kap. 8 mit Hilfe der Spinoralgebra gezeigt wird. Es ist daher

$$\begin{aligned} \mathrm{D}^{(s)} \otimes \mathrm{T} &= \mathrm{D}^{(s)} \otimes \left(\mathrm{D}^{(0)} \oplus \mathrm{D}^{(1)} \oplus \mathrm{D}^{(2)} \oplus \ldots\right) = \\ &= \mathrm{D}^{(s)} \oplus \mathrm{D}^{(s-1)} \oplus \mathrm{D}^{(s)} \oplus \mathrm{D}^{(s+1)} \oplus \mathrm{D}^{(s-2)} \oplus \mathrm{D}^{(s-1)} \oplus \ldots \end{aligned} \tag{7.8.9}$$

Die einzelnen Gewichte treten hier mehrfach auf, und zwar jedes Gewicht $j \geq s+m$ $(2s+1)$-mal ($m \geq 0$ ganz); jedes Gewicht $j = s - m$ $(2j+1)$-mal ($0 < m \leq s$, ganz).

Zur *Konstruktion einer kanonischen Basis* in jedem der Teilräume sind die Gleichungen (7.5.48) mit $\mathbf{J} = \mathbf{L} + \mathbf{S}$ zu lösen (dieses Problem ist in der Quantenmechanik als *Drehimpulsaddition* bekannt). Da Gewichte mehrfach auftreten, bilden die Eigenvektoren $|\,j, j, \ldots\rangle$ jeweils einen eindimensionalen Raum, in welchem man eine Basis z.B. dadurch auszeichnet, daß man noch die mit **J** kommutierenden Operatoren $\mathbf{L}^2$ und $\mathbf{S}^2$ diagonalisiert. Durch die Wahl dieser Eigenvektoren $|\,j, j, \ell, s\,\rangle$ ist die Entartung aufgehoben, da damit angegeben wird, aus welchem der Produkte $\mathrm{D}^{(s)} \otimes \mathrm{D}^{(\ell)}$ die betreffende $\mathrm{D}^{(j)}$ stammt. Im vorigen Abschnitt haben wir gesehen, daß bei der Darstellung T die kanonische Basis $|\,\ell\, m\,\rangle$ für den irreduziblen Anteil $\mathrm{D}^{(\ell)}$ von den Kugelfunktionen $\{\mathrm{Y}_{\ell m}\}$ gebildet wird. Ist in $\mathrm{D}^{(s)}$ ebenfalls eine kanonische Basis $\{v_\sigma,\ \sigma = -s, \ldots, s\}$ gewählt, so wird der Darstellungsraum $\mathrm{D}^{(s)} \otimes \mathrm{D}^{(\ell)}$ von den Tensorprodukten $v_\sigma \otimes \mathrm{Y}_{\ell\lambda}$ aufgespannt. Diese sind Eigenvektoren von $\mathbf{L}^2$, L_3, $\mathbf{S}^2$, S_3, die man in Dirac-Schreibweise $|\,\ell\,\lambda\, s\,\sigma\,\rangle$ schreibt und die ein Orthonormalsystem bilden. Aus den $|\,\ell\,\lambda\, s\,\sigma\,\rangle$ sind nun für jedes gemäß (7.8.9) in $\mathrm{D}^{(s)} \otimes \mathrm{D}^{(\ell)}$ enthaltene $\mathrm{D}^{(j)}$ die kanonischen Basisvektoren $|\,j\, m\, \ell\, s\,\rangle$ zu konstruieren:

$$|\,j\,m\,\ell\,s\,\rangle = \sum_{\lambda\sigma} c_{\lambda\sigma}\,|\,\ell\,\lambda\,s\,\sigma\,\rangle \qquad (j = \ell+s,\ \ell+s-1, \ldots, |\ell-s|). \tag{7.8.10}$$

[1] Clebsch und Gordan waren wichtige Vertreter der „Invariantentheorie", vgl. Weitzenböck (1923). Die Clebsch-Gordan-Reihe bestimmt die Struktur des Darstellungsringes.

Wegen $J_3 = L_3 + S_3$ muß stets $m = \lambda + \sigma$ gelten. Die Koeffizienten $c_{\lambda\sigma}$ sind wegen der Orthogonalität der $|\,\ell\,\lambda\,s\,\sigma\,\rangle$ die Skalarprodukte

$$c_{\lambda\sigma} = \langle\,\ell\,\lambda\,s\,\sigma\,|\,j\,m\,\ell\,s\,\rangle, \tag{7.8.11}$$

die man auch als *Clebsch-Gordan-Koeffizienten* bezeichnet. Ihre Berechnung und Tabellierung findet man z.B. bei Edmonds (1964).

Die kanonischen Basisvektoren sind also für den Raum der Felder zur Darstellung $D^{(s)}$

$$|\,j\,m\,\ell\,s\,\rangle = \sum_{\lambda} \langle\,\ell,\lambda,s,m-\lambda\,|\,j\,m\,\ell\,s\,\rangle\, v_\sigma \otimes Y_{\ell\lambda}. \tag{7.8.12}$$

Als konkretes Beispiel betrachten wir den Raum der *Vektorfelder*, d.h., wir wählen als endlichdimensionale Darstellung D die irreduzible Darstellung $D^{(1)}$. Die Basisvektoren $|\,j\,m\,\ell\,1\,\rangle$ heißen auch *Vektorkugelfunktionen* $\mathbf{Y}_{j\ell m}(\theta,\varphi)$ ($j = \ell+1,\ \ell,\ \ell-1$); es gilt nach (7.8.12)

$$\mathbf{Y}_{j\ell m}(\theta,\varphi) = \sum_{\lambda} \langle\,\ell,\lambda,1,m-\lambda\,|\,j\,m\,\ell\,1\,\rangle\, \mathbf{e}_\sigma Y_{\ell\lambda}(\theta,\varphi), \tag{7.8.13}$$

wobei $\mathbf{e}_\sigma$ ($\sigma = -1,\ 0,\ 1$) die in Aufgabe 2 zu Abschnitt 7.5 berechneten kanonischen Basisvektoren

$$\mathbf{e}_{\pm 1} = -(\pm\mathbf{e}_x + i\mathbf{e}_y)/\sqrt{2}, \qquad \mathbf{e}_0 = \mathbf{e}_z \tag{7.8.14}$$

sind (ein gemeinsamer Phasenfaktor wurde willkürlich gewählt; die auf diese Basis bezogenen Vektor- und Tensorkomponenten heißen oft „sphärische Komponenten"; man beachte, daß $\mathbf{e}_{\pm 1}$ isotrop im Sinne der euklidischen Geometrie, aber Einheitsvektoren im Sinne der unitären Geometrie sind).

Die Vektorkugelfunktionen bilden ein vollständiges Orthonormalsystem für Vektorfelder $\mathbf{v}(\theta,\varphi)$, d.h., jedes $\mathbf{v}(\theta,\varphi)$ hat eine eindeutige Entwicklung

$$\begin{aligned}
\mathbf{v}(\theta,\varphi) &= \sum_{j=0}^{\infty} \mathbf{v}_j(\theta,\varphi) \\
\mathbf{v}_j(\theta,\varphi) &= \sum_{\ell=j-1}^{j+1} \mathbf{v}_{j\ell}(\theta,\varphi) \\
\mathbf{v}_{j\ell}(\theta,\varphi) &= \sum_{m=-j}^{j} c_{j\ell m} \mathbf{Y}_{j\ell m}(\theta,\varphi) \\
c_{j\ell m} &= \int d\Omega\, \mathbf{Y}^*_{j\ell m}(\theta,\varphi)\, \mathbf{v}(\theta,\varphi).
\end{aligned} \tag{7.8.15}$$

(Betrachtet man die r-Abhängigkeit von $\mathbf{v}$, so werden die $c_{j\ell m}$ Funktionen von r.) Zu $j = 0$ gibt es nur eine Vektorkugelfunktion $\mathbf{Y}_{010}$, die nach der trivialen Darstellung transformieren muß, d.h. ein invariantes Vektorfeld ist. Anschaulich ist klar (vgl. Abb. 7.8), daß ein derartiges Vektorfeld stets die Form $\mathbf{v}(\mathbf{x}) = f(r)\,\mathbf{x}/r$ haben muß, und dies ergibt sich auch aus (7.8.15). *Es ist also zu beachten, daß* $\mathbf{x}$ *als Vektor nach* $D^{(1)}$, *als Vektorfeld nach* $D^{(0)}$ *transformiert!*

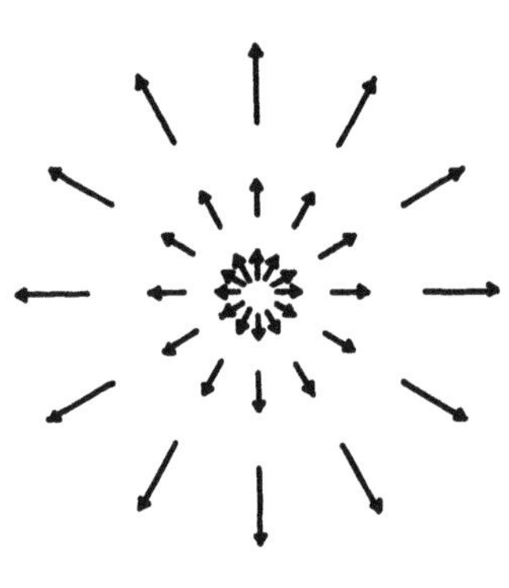

Abb. 7.8. Invariantes Vektorfeld

Die Vektorkugelfunktionen werden gelegentlich benützt, um vektorielle Feldgleichungen wie (5.2.1,2) in Kugelkoordinaten zu separieren, ähnlich wie man skalare Feldgleichungen wie $\Delta\Phi = 4\pi\rho$ mittels Entwicklung nach $\mathrm{Y}_{\ell m}$ separiert. Dazu ist es allerdings notwendig, Ausdrücke wie $r\nabla\,\mathbf{Y}_{j\ell m}$, $\mathbf{x}/r\,\mathbf{Y}_{j\ell m}$, $r\nabla\,\mathrm{Y}_{\ell m}$, $\mathbf{x}/r\,\mathrm{Y}_{\ell m}$, $r\nabla\times\mathbf{Y}_{j\ell m}$ usw. nach skalaren bzw. Vektorkugelfunktionen zu entwickeln, um hernach Koeffizienten vergleichen zu können. Mittels (7.8.13) sieht man, daß diese Aufgabe darauf zurückgeführt werden kann, die Skalarprodukte („Matrixelemente") $\langle\,\mathrm{Y}_{\ell' m'}, \mathbf{v}\,\mathrm{Y}_{\ell m}\,\rangle$ zu berechnen, wo $\mathbf{v} = v_\sigma\,\mathbf{e}_\sigma$ ein Vektoroperator wie $\mathbf{x}/r$, $r\nabla$ usw. ist. Eine Erleichterung bietet dabei das *Wigner-Eckart-Theorem*, nach welchem die gesamte Abhängigkeit dieser Matrixelemente von m, m', σ durch einen Clebsch-Gordan-Koeffizienten erfaßt werden kann, so daß die spezielle Natur des Vektoroperators nur bei der Berechnung mit einem einzigen Wertesatz für m, m', σ (meist ist $\sigma = 0$, $m = m' = 0$ oder $1/2$ günstig) eingeht. Man kann das Theorem einsehen, indem man (7.3.17) benützt, um zu sehen, daß $\mathbf{v}\,|\,\ell m\,\rangle$ nach $\mathrm{D}^{(1)}\otimes\mathrm{D}^{(\ell)}$ transformiert, daher mittels Clebsch-Gordan-Koeffizienten nach Vektoren $|\,\ell', m'', 1\,\rangle$ zerlegt werden kann ($\ell' = \ell+1, \ell, \ell-1$), und dann die Behauptung von Aufgabe 3 zu Abschnitt 7.5 anwendet (1 ist ein weiterer Index zur Charakterisierung der Vektoren, die noch von der speziellen Natur von $\mathbf{v}$ abhängen). Wegen der Details sei etwa auf Edmonds (1964) verwiesen, wegen der Anwendung auf die elektromagnetische Multipolstrahlung auf Jackson (1983) oder Blatt-Weißkopf (1952).

Ganz entsprechend kann man auch Spinorfelder und Tensorfelder analysieren und Spinor- bzw. Tensorkugelfunktionen definieren (letztere treten bei der Multipolanalyse von Gravitationswellen auf; der entsprechende Formalismus ist z.B. in F. Zerilli, J. Math. Phys. *11*, 2203 (1970) entwickelt).

Wir knüpfen hier noch die am Ende von Abschnitt 7.7 angedeuteten Verallgemeinerungen an. Dort betrachteten wir skalare Felder auf Mannigfaltigkeiten $\mathbf{M}$, auf denen eine Gruppe $\mathcal{G}$ als Transformationsgruppe wirkt. Ebenso kann man Felder auf $\mathbf{M}$ zur Darstellung D von $\mathcal{G}$ betrachten. Dazu denken wir uns über jedem Punkt $p \in \mathbf{M}$ eine Kopie $\mathbf{V}_p$ des Darstellungsraumes $\mathbf{V}$ von D angebracht. Ein derartiges Gebilde heißt[1] ein *Vektorbündel* über $\mathbf{M}$ mit *Standardfaser* $\mathbf{V}$, die $\mathbf{V}_p$ heißen seine *Fasern*. Ein Feld zur Darstellung D ordnet jedem $p \in \mathbf{M}$ einen Vektor $v_p \in \mathbf{V}_p$ zu, es ist ein *Querschnitt* des Bündels. Diese Querschnitte bilden einen unendlichdimensionalen linearen Raum, in welchem analog zu Obigem eine Darstellung von $\mathcal{G}$ entsteht, die man unitär machen kann, wenn D unitär ist und auf $\mathbf{M}$ ein unter den Transformationen von $\mathcal{G}$ invariantes Integral existiert. Allgemeiner erhält man schon dann eine Darstellung im Raum der Querschnitte eines Vektorbündels, wenn $\mathcal{G}$ auf dem Bündel so als Transformationsgruppe wirkt, daß die Faser über p linear auf die Faser über dem Bildpunkt abgebildet wird (d.h. an die Stelle des Darstellungsoperators D_g in (7.8.2) kann eine von g *und* $\mathbf{x}$ abhängige Transformation $D(g,\mathbf{x})$ treten).

Wenn $\mathcal{G}$ auf $\mathbf{M}$ transitiv wirkt, spricht man von einem *homogenen* Vektorbündel. Die Darstellungen in homogenen Vektorbündeln sind, wie man zeigen kann (vgl. Hermann (1966) – aber

[1] Englisch: vector bundle; im Deutschen häufig: Vektorraumbündel.

Achtung auf Druckfehler!), bereits durch die Darstellung D_0 bestimmt, die bei Einschränkung auf die Isotropiegruppe $\mathcal{H}_{p_0} \subset \mathcal{G}$ eines Punktes $p_0 \in \mathbf{M}$ in der Faser $\mathbf{V}_{p_0}$ entsteht. Man sagt, die Darstellung von $\mathcal{G}$ im Bündel wird durch die Darstellung D_0 der Untergruppe $\mathcal{H}_{p_0} \subset \mathcal{G}$ *induziert*. Diese induzierten Darstellungen sind, wie wir an obigen Beispielen gesehen haben, keineswegs irreduzibel. Am übersichtlichsten ist der Fall, wo D_0 eine irreduzible Darstellung von $\mathcal{H}_{p_0}$ ist (im Beispiel der Vektorfelder $\mathbf{v}(\theta, \varphi)$ etwa nicht der Fall!). Die Frage nach der Ausreduktion wird unter geeigneten Voraussetzungen - z.B. für kompakte Gruppen - duch das *Frobeniussche Reziprozitätstheorem* beantwortet. D_{irr} sei eine irreduzible Darstellung von $\mathcal{G}$, aus der bei Einschränkung auf $\mathcal{H}_{p_0}$ eine Darstellung von $\mathcal{H}_{p_0}$ entsteht (die durch D_{irr} *subduzierte* Darstellung). Dann kommt D_{irr} in der durch D_0 induzierten Darstellung ebenso oft vor, wie D_0 in der durch D_{irr} subduzierten Darstellung vorkommt. (Vgl. Hermann (1966), Mackey (1968), Loebl (1968).) Ist D_0 reduzibel, so ist es zuvor in irreduzible Bestandteile zu zerlegen.

In der Gruppentheorie macht man von der Möglichkeit, Darstellungen durch Darstellungen von Untergruppen induzieren zu können, vor allem bei nicht-kompakten Gruppen Gebrauch, wobei als Untergruppe oft eine maximale kompakte Untergruppe gewählt wird. Wir werden das Verfahren bei der Poincarégruppe kennenlernen (Kap. 9), wo die Darstellungen der Lorentztransformationen durch Darstellungen der sogenannten „kleinen Gruppen“ induziert werden. Nachtmann hat das Verfahren benützt, um eine Feldtheorie auf beliebigen Räumen $\mathbf{M} = \mathcal{G}/\mathcal{H}$ (*homogene Räume* der Gruppe $\mathcal{G}$) zu entwickeln (O. Nachtmann, Comm. Math. Phys. *6*, 1 (1967)), sobald die adjungierte Darstellung von $\mathcal{G}$ bei Einschränkung auf $\mathcal{H}$ zerfällt („reduktive Struktur“).

Es hat sich aber auch bei der Drehgruppe als nützlich erwiesen, die von *irreduziblen* Darstellungen einer Untergruppe induzierten Darstellungen zu betrachten. Als nichttriviale Untergruppe kommt hier nur die Gruppe SO(2) der ebenen Drehungen infrage, und es wird $\mathbf{M} = SO(3)/SO(2) = \mathbf{S}^2$ (vgl. den vorigen Abschnitt). Die irreduziblen Darstellungen der kommutativen Gruppe SO(2) sind nach dem Schurschen Lemma eindimensional, und, wie man leicht einsieht, von der Form $\alpha \rightarrow e^{is\alpha}$ ($s =$ ganz- oder halbzahlig für ein- oder zweideutige Darstellungen). Die Querschnitte der zugehörigen Vektorbündel sind daher komplexe Funktionen auf $\mathbf{S}^2$, die aber anders transformieren als die in Abschnitt 7.7 betrachteten skalaren Funktionen: Bei einer SO(2)-Drehung um die 3-Achse um den Winkel α nehmen sie zusätzlich zu (7.7.1) noch den Faktor $e^{is\alpha}$ auf.

Als besonders wirkungsvoll erweist sich hier ein Formalismus, der sich aus der allgemeinen Theorie (vgl. Hermann (1966)) ergibt, wobei den eben erwähnten Funktionen auf $\mathbf{S}^2$ Funktionen auf SO(3) zugeordnet werden, die Eigenfunktionen der durch die Untergruppe SO(2) bewirkten Rechtstranslationen (vgl. Abschnitt 7.6) sind. Der Eigenwert der Erzeugenden J_3 (rechts) ist dabei s; um halbzahlige s zu ermöglichen, ist SO(3) durch $SU(2) = \mathbf{S}^3$ zu ersetzen. Wählt man als Koordinaten auf SO(3) die Eulerwinkel, so sind die SO(2)-Rechtstranslationen durch $\gamma \rightarrow \gamma + \tau$ gegeben, die Eigenfunktionen haben also die Form $e^{i\gamma s} f(\alpha, \beta)$ und sind daher durch $f(\alpha, \beta)$ bereits gegeben. Da man α, β als Koordinaten φ, θ auf $\mathbf{S}^2$ auffassen kann, sind auch die f Funktionen auf $\mathbf{S}^2$. Die Funktionen $e^{i\gamma s} f(\alpha, \beta)$ werden gelegentlich (vgl. Goldberg et al., J. Math. Phys. *8*, 2155 (1967), Penrose-Rindler (1984)) als Funktionen auf $\mathbf{S}^2$ mit *Spingewicht s* bezeichnet; wegen einer geometrischen Veranschaulichung siehe auch Gelfand-Minlos-Shapiro (1963), p.101. Diejenigen Funktionen $f(\theta, \varphi)$ auf $\mathbf{S}^2$, die zu einer kanonischen Basis für die irreduzible Darstellung $D^{(j)}$ im Raum der Funktionen mit Spingewicht s führen, heißen *spingewichtige Kugelfunktionen* ${}_sY_{jm}(\theta, \varphi)$ (jedes $j = |s|, |s|+1, |s|+2, \ldots$ kommt nach dem zitierten Reziprozitätsatz einmal vor; diese Funktionen sind von den vorher erwähnten Spinor-Kugelfunktionen zu unterscheiden!). Man erhält sie durch Diagonalisieren der Erzeugenden $\mathbf{J}^2$ (links), J_3 (links) von Linkstranslationen, die ja mit den Rechtstranslationen - insbesondere also mit J_3 (rechts) - kommutieren; oder auch durch ihre Verwandtschaft mit den $D^{(j)}_{mn}$ (7.6.30), die sich aus einer zu (7.7.19) analogen Betrachtung für Linkstranslationen ergibt. Das Bemerkenswerte an dieser Konstruktion wird durch die Tatsache geliefert, daß die (mit $\mathbf{J}$ (links) kommutierenden) Operatoren $J_\pm$ (rechts) den Eigenwert s von J_3 (rechts) heben und senken. Durch Übergang zu $\mathbf{S}^2$ erhält man so zwei Operatoren (in Goldberg et al., l.c., mit $\eth$, $\bar{\eth}$ bezeichnet), die das Spingewicht s heben und senken. Durch fortgesetztes Anwenden dieser Operatoren kann man daher aus skalaren Feldern solche mit ganzzahligem Spingewicht erhalten und umgekehrt zu jeder Funktion ganzzahligen Spingewichts ein skalares „Potential“ konstruieren. Der resultierende Formalismus zur Separation von vektoriellen und tensoriellen Feldgleichungen in Kugelkoordinaten unter Heranziehung von Radial- und Tangentialkomponenten statt der x, y, z-Komponenten ist einfacher als der Formalismus der vektoriellen und tensoriellen Kugelfunktionen (bereits die Formeln, mit denen man die $\mathbf{Y}_{j\ell m}(\theta,\varphi)$ durch Anwendung von $\mathbf{L}$, $\mathbf{x}/r$, $r\nabla$ aus den $Y_{\ell m}$ gewinnt – vgl. Edmonds (1964) – und auch ihre Beziehung zu den Debye-Potentialen für Vektorfelder (s. Born & Wolf (1970)) sind komplizierter; bei Tensorkugelfunktionen ist die Situation noch weit verwickelter, d.h., eine noch häufigere Anwendung der Clebsch-Gordan-Zerlegung wird nötig). Vgl. dazu auch M. Carmeli, J. Math. Phys. *10*, 1699 (1969). Die Vereinfachungen entsprechen etwa denen, die sich in der Analyse der Streumatrix bei Verwendung der „Helizitätsbasis" ergeben (Jacob & Wick, Ann. Phys. (N.Y.) *7*, 404 (1959); vgl. auch Halpern (1968), Appendix 2 wegen des Zusammenhanges mit induzierten Darstellungen von SO(3)).

Wir müssen uns hier mit diesen Andeutungen begnügen und wegen der detaillierten Ausführung auf die zitierte Literatur verweisen.

7.9 Die volle orthogonale Gruppe O(3)

In diesem Abschnitt betrachten wir Darstellungen der vollen orthogonalen Gruppe O(3), die aus den reinen Drehungen und den Drehspiegelungen besteht. Jede Drehspiegelung wird durch eine orthogonale Matrix mit negativer Determinante beschrieben und läßt sich aus einer reinen Drehung $R \in SO(3)$ und der *Raumspiegelungs- oder Paritätsoperation* P,

$$P\mathbf{x} = -\mathbf{x}, \qquad P^2 = 1 \tag{7.9.1}$$

zusammensetzen[1], wobei $PR = RP$ gilt. O(3) besteht daher aus zwei Zusammenhangskomponenten, SO(3) und P·SO(3); insbesondere ist O(3) daher kompakt.

$\mathbf{1}$ und P bilden die zyklische Untergruppe $\mathcal{Z}_2 = \{\mathbf{1}, \mathrm{P}\}$, die ebenso wie SO(3) einen Normalteiler von O(3) bildet. Die Zuordnung $(R, \mathbf{1}) \leftrightarrow R$, $(R, P) \leftrightarrow RP$ ist ein Isomorphismus zwischen O(3) und dem direkten Produkt (siehe Aufgabe 6 zu Abschnitt 3.1) $\mathrm{SO}(3) \times \mathcal{Z}_2$, wie man sich leicht überzeugt. Wir sagen kurz, O(3) ist das direkte Produkt von SO(3) und $\mathcal{Z}_2$.

Der Nutzen einer derartigen Produktzerlegung liegt in dem Satz: *Man erhält alle (eindeutigen) irreduziblen Darstellungen des direkten Produktes $\mathcal{G}$ zweier Gruppen $\mathcal{G}_1$ und $\mathcal{G}_2$, indem man alle Tensorprodukte von irreduziblen Darstellungen des Faktors $\mathcal{G}_1$ mit jenen des Faktors $\mathcal{G}_2$ bildet. Die (endlichdimensionalen) Darstellungen von $\mathcal{G}$ sind vollreduzibel, sofern alle Darstellungen von $\mathcal{G}_1$ und $\mathcal{G}_2$ vollreduzibel sind.* Hier werden wir uns nur von der Darstellungseigenschaft überzeugen[2]: Sind (g_1, g_2) und (h_1, h_2) Elemente aus $\mathcal{G} = \mathcal{G}_1 \times \mathcal{G}_2$, so ist ihr Produkt (g_1h_1, g_2h_2); ist $g_1 \to T_{g_1}$, bzw. $g_2 \to T_{g_2}$ eine Darstellung von $\mathcal{G}_1$ bzw. $\mathcal{G}_2$, so gilt

$$(g_1, g_2) \to {}_1T_{g_1} \otimes {}_2T_{g_2} \qquad (h_1, h_2) \to {}_1T_{h_1} \otimes {}_2T_{h_2}$$

und nach der Multiplikationsregel für Tensorprodukte

$$({}_1T_{g_1} \otimes {}_2T_{g_2})({}_1T_{h_1} \otimes {}_2T_{h_2}) = {}_1T_{g_1}\,{}_1T_{h_1} \otimes {}_2T_{g_2}\,{}_2T_{h_2} = {}_1T_{g_1h_1} \otimes {}_2T_{g_2h_2},$$

was die Darstellungseigenschaft beweist.

[1] Man beachte, daß diese Operation nur bei ungerader Raumdimension uneigentlich ist!

[2] Für eine Anleitung zum Beweis siehe Aufgabe 5 oder Cartan (1966), Shaw (1983).

Für das hier gestellte Problem fehlen also nur noch die irreduziblen Darstellungen von $\mathcal{Z}_2$. Sie sind *ein*dimensional, da $\mathcal{Z}_2$ abelsch ist. Wegen $P^2 = \mathbf{1}$ ist P eine Zahl mit Quadrat 1 zuzuordnen, man erhält also zwei Möglichkeiten $\mathbf{1} \to 1$, $P \to 1$ und $\mathbf{1} \to 1$, $P \to -1$. Dies führt zu den irreduziblen Darstellungen

$$R \to \mathrm{D}^{(\ell)}(R), \qquad RP \to \mathrm{D}^{(\ell)}(R) \tag{7.9.2a}$$

$$R \to \mathrm{D}^{(\ell)}(R), \qquad RP \to -\mathrm{D}^{(\ell)}(R). \tag{7.9.2b}$$

(Wir betrachten hier nur ganzzahlige Gewichte ℓ, da bei den zweideutigen Darstellungen die Situation komplizierter ist; siehe unten.) Die durch (7.9.2*a*) definierte Darstellung von O(3) soll mit $\mathrm{D}^{(\ell,+)}$, (7.9.2*b*) mit $\mathrm{D}^{(\ell,-)}$ bezeichnet werden (*positive* und *negative Parität*).

Reduzible Darstellungen von O(3) werden nach dem gleichen Verfahren wie bei SO(3) ausreduziert, nur muß hier auch der P zugeordnete Darstellungsoperator diagonalisiert werden, wobei sich wegen $P^2 = \mathbf{1}$ stets die Eigenwerte ± 1 ergeben. Kommen bei der Ausreduktion beide Paritäten vor, so enthält der Darstellungsraum auch Vektoren *nicht definierter Parität.*

Wir betrachten nun insbesondere Tensordarstellungen. Da Tensoren Darstellungsräume auch für die volle lineare Gruppe bilden (vgl. Abschnitt 5.4, wobei auf die Dimension $n = 3$ zu spezialisieren ist), ist ein Drehspiegelungsverhalten automatisch erklärt. Ist $M^\mu{}_\nu$ eine orthogonale Matrix (Drehung *oder* Drehspiegelung), so transformieren *eigentliche Tensoren* nach

$$T'^{\mu\nu\ldots} = M^\mu{}_\alpha M^\nu{}_\beta \ldots T^{\alpha\beta\ldots}. \tag{7.9.3a}$$

Insbesondere transformiert ein eigentlicher Tensor p-ter Stufe unter der Raumspiegelung nach $T' = (-1)^p T$, eine solche Darstellung zerfällt also für gerades bzw. ungerades p in irreduzible Bestandteile $\mathrm{D}^{(\ell,+)}$ bzw. $\mathrm{D}^{(\ell,-)}$. *Pseudotensoren* transformieren definitionsgemäß nach

$$T'^{\mu\nu\ldots} = \det \mathrm{M} \cdot M^\mu{}_\alpha M^\nu{}_\beta \ldots T^{\alpha\beta\ldots}, \tag{7.9.3b}$$

ein Pseudotensor p-ter Stufe unter Raumspiegelung also nach $T' = (-1)^{p+1}T$; solche Tensordarstellungen zerfallen für gerades bzw. ungerades p in irreduzible Bestandteile $\mathrm{D}^{(\ell,-)}$ bzw. $\mathrm{D}^{(\ell,+)}$.

Die eigentlichen Tensoren 1. Stufe von O(3) nennt man *polare Vektoren* (Darstellung $\mathrm{D}^{(1,-)}$), die Pseudotensoren 1. Stufe *axiale Vektoren* (Darstellung $\mathrm{D}^{(1,+)}$). Von diesem Transformationsverhalten haben wir bereits in Kap. 1 Gebrauch gemacht. Der ε-Tensor[1] $\varepsilon_{\mu\nu\lambda}$ ist ein invarianter Pseudotensor 3. Stufe und transformiert daher nach $\mathrm{D}^{(0,+)}$. Überschiebungen und Kontraktionen mit $\varepsilon_{\ldots}$ ändern nichts am Paritätsverhalten. Bilden wir z.B. das Tensorprodukt zweier polarer Vektoren $\mathbf{x}$, $\mathbf{y}$, so erhalten wir einen eigentlichen Tensor 2. Stufe $x^\mu y^\nu$. Überschiebung mit $\varepsilon_{\mu\nu\lambda}$ liefert den Pseudovektor (axialen Vektor) $\mathbf{z}$:

$$z_\lambda = \varepsilon_{\mu\nu\lambda}\, x^\mu\, y^\nu,$$

[1] Vgl. die Bemerkung dazu im Anschluß an (5.5.14)!

also das Vektorprodukt $\mathbf{z} = \mathbf{x} \times \mathbf{y}$, das nach $D^{(1,+)}$ transformiert. Allgemein ist das Paritätsverhalten von Produktdarstellungen offensichtlich.

Wir betrachten nun Darstellungen im Raum der (eigentlichen) skalaren Felder über $\mathbf{R}^3$ bzw. $\mathbf{S}^2$. Der Raumspiegelung entspricht die unitäre Transformation $\Phi \to \Phi'$, wo $\Phi'(\mathrm{x}) = \Phi(-\mathrm{x})$, deren Eigenfunktionen die geraden bzw. ungeraden Funktionen sind:

$$\Phi(-\mathrm{x}) = \Phi(\mathrm{x}) \qquad \text{bzw.} \qquad \Phi(-\mathrm{x}) = -\Phi(\mathrm{x}).$$

Es haben also nur gerade oder ungerade Funktionen definierte Parität. Der Raum der Felder zerfällt gemäß der Zerlegung

$$\Phi(\mathrm{x}) = \frac{1}{2}\left[\Phi(\mathrm{x}) + \Phi(-\mathrm{x})\right] + \frac{1}{2}\left[\Phi(\mathrm{x}) - \Phi(-\mathrm{x})\right] \tag{7.9.4}$$

direkt in zwei Eigenräume von P.

Auf der Einheitskugel $\mathbf{S}^2$ bedeutet die Spiegelung $\mathbf{x} \to -\mathbf{x}$ die Transformation

$$\theta \to \pi - \theta, \qquad \varphi \to \varphi + \pi \tag{7.9.5}$$

der Polarkoordinaten. Die Ausreduktion der betrachteten Darstellung ergibt sich daher aus dem Verhalten der Kugelfunktionen unter dieser Transformation. Da P mit allen Erzeugenden, also auch mit den Leiteroperatoren $L_\pm$ kommutiert, genügt es nach (7.7.11), das Verhalten von $\mathrm{Y}_{\ell\ell}$ zu betrachten. Daraus ergibt sich sofort

$$\mathrm{Y}_{\ell m}(\pi - \theta, \varphi + \pi) = (-1)^\ell\, \mathrm{Y}_{\ell m}(\theta, \varphi), \tag{7.9.6}$$

die $\mathrm{Y}_{\ell m}$ transformieren also für gerades bzw. ungerades ℓ nach $D^{(\ell,+)}$ bzw. $D^{(\ell,-)}$. In der Entwicklung einer geraden bzw. ungeraden Funktion nach Kugelfunktionen fehlen daher die Terme mit ungeradem bzw. geradem ℓ.

Ganz analog können Darstellungen im Raum von Feldern anderen Transformationscharakters bezüglich ihres Paritätsverhaltens analysiert werden. Wegen einer Anwendung auf elektromagnetische Multipolstrahlung sei auf Blatt-Weißkopf (1952) oder Jackson (1983) verwiesen.

Wir kommen nun noch auf die Besonderheit bei den zweiwertigen Darstellungen zurück. Hier ist ja einer Drehung R bereits $\pm D^{(j)}(R)$ zugeordnet, und diese Darstellungen sind eindeutige Darstellungen der Überlagerungsgruppe SU(2) von $\mathrm{SO}(3) \cong \mathrm{SU}(2)/\mathcal{Z}_2$. Wir benötigen offenbar eine entsprechende Überlagerungsgruppe von O(3), die wie O(3) aus zwei getrennten Stücken besteht, von denen eines SU(2) ist. Da $P^2 = \mathbf{1}$ gilt und der identischen Drehung in SU(2) die Matrizen $\pm\mathbf{1}$ zugeordnet sind, ist eine Möglichkeit $P \to \pm i \cdot \mathbf{1}$. Die 2×2-Matrix $i \cdot \mathbf{1}$ ist unitär mit Determinante -1, und jede unitäre 2×2-Matrix mit Determinante -1 läßt sich als Produkt iU schreiben, wo $\mathrm{U} \in \mathrm{SU}(2)$. Eine geeignete Überlagerungsgruppe von O(3) ist daher die Gruppe $\mathrm{S_\pm U}(2)$ der unitären 2×2-Matrizen mit Determinante ± 1: $\mathrm{O}(3) = \mathrm{S_\pm U}(2)/\mathcal{Z}_2$; $\mathrm{S_\pm U}(2)$ ist kompakt und besteht aus den zwei Stücken SU(2) und iSU(2).

Wir geben nun einige Darstellungen der Gruppe $\mathrm{S_\pm U}(2)$ an. Neben der definierenden Darstellung $\mathrm{A} \to \mathrm{A}$ für $\mathrm{A} \in \mathrm{S_\pm U}(2)$ ist $\mathrm{A} \to \det \mathrm{A} \cdot \mathrm{A}$ eine dazu inäquivalente

Darstellung (s. Aufgabe), das Produkt der definierenden mit der nichttrivialen eindimensionalen Darstellung $\mathrm{A} \to \det \mathrm{A}$, nach der Pseudoskalare transformieren. Man hat daher auch *zwei Arten von Spinoren.* Weitere Darstellungen ergeben sich durch Bildung von Tensorprodukten, und wie schon bei SU(2) liefert vollständige Symmetrisierung der zugehörigen Spinoren höherer Stufe irreduzible Darstellungen. Zu jeder der Darstellungen $\mathrm{D}^{(j)}$ von SU(2) erhält man so zwei inäquivalente Darstellungen für $\mathrm{S_\pm U(2)}$:

$$\mathrm{U} \to \mathrm{D}^{(j)}(\mathrm{U}), \qquad i\mathrm{U} \to i^{2j}\,\mathrm{D}^{(j)}(\mathrm{U}) \tag{7.9.7a}$$

und

$$\mathrm{U} \to \mathrm{D}^{(j)}(\mathrm{U}), \qquad i\mathrm{U} \to -i^{2j}\,\mathrm{D}^{(j)}(\mathrm{U}). \tag{7.9.7b}$$

Für ganzzahliges gerades bzw. ungerades j ist (7.9.7a) offenbar die vorher mit $\mathrm{D}^{(j,+)}$ bzw. $\mathrm{D}^{(j,-)}$ bezeichnete Darstellung, (7.9.7b) gibt das Umgekehrte. Die in den früheren Abschnitten eingeführten invarianten unitären Skalarprodukte bleiben auch unter den auf O(3) erweiterten Darstellungen invariant. Die erhaltenen Darstellungen sind somit unitär. Im nächsten Abschnitt untersuchen wir, ob noch weitere mehrwertige Darstellungen von SO(3) und O(3) existieren.

Die in (7.9.7a, b) angegebenen Darstellungen sind (bis auf Äquivalenz) alle irreduziblen Darstellungen der Überlagerungsgruppe $\mathrm{S_\pm U(2)}$. Da $\mathrm{S_\pm U(2)}$ nicht wie O(3) die Struktur eines direkten Produktes hat, können wir uns dabei nicht auf den eingangs zitierten Satz berufen. Wir zitieren daher noch zwei Sätze, die auf die vorliegende Situation anwendbar sind und auch bei der Auffindung der Darstellungen der vollständigen Lorentzgruppe von Nutzen sein werden. Sie beziehen sich auf die Situation, daß eine Gruppe $\mathcal{G}$ eine Untergruppe $\mathcal{G}_1$ mit einer einzigen Nebenklasse $\mathcal{G}_2$ besitzt: $\mathcal{G} = \mathcal{G}_1 \cup \mathcal{G}_2$. ($\mathcal{G}_1$ ist also eine Untergruppe von Index 2 und daher Normalteiler.) Die Sätze lauten nun:

1. *Wenn eine irreduzible Darstellung von $\mathcal{G}$ eine irreduzible Darstellung von $\mathcal{G}_1$ subduziert, dann existiert noch genau eine weitere, inäquivalente irreduzible Darstellung von $\mathcal{G}$, die dieselbe Darstellung von $\mathcal{G}_1$ subduziert* (wenn bei der ersten $g \to T_g$ für $g \in \mathcal{G}_2$, so ist bei der zweiten $g \to -T_g$).

Aus diesem Satz folgt, daß (7.9.7a, b) die einzigen Erweiterungen von $\mathrm{D}^{(j)}$ auf $\mathrm{S_\pm U(2)}$ sind.

2. *Wenn eine irreduzible Darstellung von $\mathcal{G}$ eine reduzible Darstellung von $\mathcal{G}_1$ subduziert, dann zerfällt letztere in zwei irreduzible, inäquivalente Darstellungen gleicher Dimension, die die irreduzible Darstellung von $\mathcal{G}$ bis auf Äquivalenz eindeutig bestimmen.*

Da für $\mathcal{G}_1 = \mathrm{SU(2)}$ die irreduziblen Darstellungen durch ihre Dimension bis auf Äquivalenz eindeutig gekennzeichnet sind, kann dieser Fall für $\mathrm{S_\pm U(2)}$ nicht eintreten. Die oben angegebenen Darstellungen sind daher tatsächlich bis auf Äquivalenz alle irreduziblen. Wegen der Beweise zu obigen Sätzen siehe Aufgabe 6 und Abschnitt 8.5 (Achtung: in den meisten älteren Büchern wie Cartan (1966), Boerner (1955) steht noch „induziert" statt „subduziert"; vgl. die entsprechende Änderung in der englischen Neuauflage Boerner (1970)).

Aufgaben

1. Man bestimme das Spiegelungsverhalten der Vektorkugelfunktionen $\mathbf{Y}_{j\ell m}(\theta, \varphi)$!

2. Für $S_{\pm}U(2)$ zeige man die Inäquivalenz der definierenden Darstellung und der Darstellung $A \to \det A \cdot A$ ($A \in S_{\pm}U(2)$). (*Hinweis:* Man benütze das Schursche Lemma.)

3. Man untersuche das Spiegelungsverhalten der Bilinearform (7.6.22).

4. Eine Gruppe $\mathcal{G}$ enthalte zwei Untergruppen $\mathcal{G}_1$, $\mathcal{G}_2$ mit folgenden Eigenschaften:
   1) $\mathcal{G}_1 \cup \mathcal{G}_2 =$ Einheitselement
   2) $g_1 g_2 = g_2 g_1$ für $g_i \in \mathcal{G}_i$
   3) Jedes $g \in \mathcal{G}$ läßt sich als $g = g_1 g_2$ mit $g_i \in \mathcal{G}_i$ schreiben.
   Man zeige: $\mathcal{G}_1$, $\mathcal{G}_2$ sind Normalteiler; in $g = g_1 g_2$ sind die g_i eindeutig bestimmt; $\mathcal{G}$ ist isomorph zu $\mathcal{G}_1 \times \mathcal{G}_2$.

5. $\mathcal{G}$ sei isomorph zum direkten Produkt der Untergruppen $\mathcal{G}_1$, $\mathcal{G}_2$. Man zeige:
   1) Jede irreduzible Darstellung von $\mathcal{G}$ ist (äquivalent zum) Tensorprodukt einer irreduziblen Darstellung von $\mathcal{G}_1$ mit einer ebensolchen von $\mathcal{G}_2$, und jedes solche Tensorprodukt ist irreduzibel.
   2) Sind sämtliche Darstellungen von $\mathcal{G}_1$, $\mathcal{G}_2$ vollreduzibel, so sind alle Darstellungen von $\mathcal{G}$ vollreduzibel.
   Anleitung: (Vgl. dazu Aufgaben 6, 7, 8 von Abschnitt 6.6):
   ad 1) $T_g : \mathbf{V} \to \mathbf{V}$ sei irreduzible Darstellung von $\mathcal{G}$, die aber unter $\mathcal{G}_2$ allein reduzibel sein wird; $\mathbf{V}_2$ sei ein $\mathcal{G}_2$-irreduzibler Teilraum. Bildet man Teilräume $T_g \mathbf{V}_2$ mit $g \in \mathcal{G}_1$, so sieht man, daß sie alle zu $\mathbf{V}_2$ äquivalente Darstellungen von $\mathcal{G}_2$ tragen und $\mathbf{V}$ isotypische direkte Summe von einigen von ihnen sein muß. In diesem Fall hat $\mathbf{V}$ die Struktur $\mathbf{V}_1 \otimes \mathbf{V}_2$, wo T_{g_2} durch $\mathrm{id}_{\mathbf{V}_1} \otimes {}_2T_{g_2}$ gegeben ist (${}_2T_{g_2}$ ist die irreduzible Darstellung von $\mathcal{G}_2$ in $\mathbf{V}_2$). Die T_{g_1} wirken darin wie ${}_1T_{g_1} \otimes \mathrm{id}_{\mathbf{V}_2}$, da sie mit den T_{g_2} kommutieren; ${}_1T_{g_1}$ sind lineare nichtsinguläre Abbildungen $\mathbf{V}_1 \to \mathbf{V}_1$, die offensichtlich eine Darstellung von $\mathcal{G}_1$ bilden. Die Irreduzibilität von ${}_1T_{g_1}$ ist notwendig und auch hinreichend für die Irreduzibilität von $\mathbf{V}_1 \otimes \mathbf{V}_2$ unter $\mathcal{G}$; mit $g = g_1 g_2$ wird $T_g = T_{g_1} T_{g_2}$, und dies wirkt in $\mathbf{V}_1 \otimes \mathbf{V}_2$ wie $({}_1T_{g_1} \otimes \mathrm{id}_{\mathbf{V}_2})(\mathrm{id}_{\mathbf{V}_1} \otimes {}_2T_{g_2}) = {}_1T_{g_1} \otimes {}_2T_{g_2}$.
   ad 2) Ist $\mathbf{V}$ reduzibel, so reduziere man innerhalb jeder isotypischen Komponente $\mathbf{V}_1 \otimes \mathbf{V}_2$ zu $\mathcal{G}_2$ den Raum $\mathbf{V}_1$ bezüglich $\mathcal{G}_1$ aus.

6. Man beweise Satz 1.
   Anleitung: $g \to T_g$ sei eine irreduzible Darstellung von $\mathcal{G}$ im Raum $\mathbf{V}$, die eine irreduzible Darstellung von $\mathcal{G}_1$ subduziert; $g \to D_g$ sei eine weitere irreduzible Darstellung von $\mathcal{G}$ in $\mathbf{V}$ mit $D_{g_1} = T_{g_2}$ für $g_1 \in \mathcal{G}_1$. Sei $g_2 \in \mathcal{G}_2$, dann ist $\bar{g}_1 := g_2^{-1} g_1 g_2 \in \mathcal{G}_1$ und deshalb $D_{\bar{g}_1} = T_{\bar{g}_1}$. Hieraus folgt, daß $D_{g_2} T_{g_2}^{-1}$ mit allen T_{g_1} kommutiert, also nach Schur $D_{g_2} = \lambda T_{g_2}$. Durch Übergang $g_2 \to h_2 = h_1 g_2$

mit $h_1 \in \mathcal{G}_1$ sieht man, daß λ vom speziellen $g_2 \in \mathcal{G}_2$ nicht abhängt. Da auch $g_2^{-1} \in \mathcal{G}_2$ ist, folgt $\lambda = 1/\lambda$ oder $\lambda = \pm 1$. Beide Möglichkeiten führen zu Darstellungen von $\mathcal{G}$; sie sind inäquivalent, weil aus $D_g A = A T_g$ für $g \in \mathcal{G}_1$ bereits $A \propto \mathrm{id}_{\mathbf{V}}$ folgt und dies für $g \in \mathcal{G}_2$ zu einem Widerspruch führt.

7. $g_1 \to T_{g_1}$ sei eine irreduzible Darstellung von $\mathcal{G}_1 \subset \mathcal{G}$ wie bei Satz 1,2. Die Zuordnung $g_1 \to T'_{g_1} := T_{g_2^{-1} g_1 g_2}$ ($g_2 \in \mathcal{G}_2$ fix) ist eine Darstellung von $\mathcal{G}_1$ (eine bezüglich $\mathcal{G}$ „konjugierte" Darstellung). Wenn $g_1 \to T_{g_1}$ durch eine Darstellung von $\mathcal{G}$ subduziert werden kann, sind die Darstellungen T_{g_1} und T'_{g_1} äquivalent. Sind umgekehrt T_{g_1} und T'_{g_1} äquivalent, $T'_{g_1} = S^{-1} T_{g_1} S$, so folgt, da $g_2^2 =: g_0 \in \mathcal{G}_1$, daß $(S^2)^{-1} T_{g_1} S^2 = T_{g_0^{-1} g_1 g_0} = T_{g_0}^{-1} T_{g_1} T_{g_0}$; nach Schur sind also S^2 und T_{g_0} proportional, wobei der noch freie Faktor in S bis aufs Vorzeichen durch $S^2 = T_{g_0}$ bestimmt sei. Man zeige nun folgende *Zusätze* zu Satz 1 und Satz 2.

   a) Sind T_{g_1} und $T'_{g_1} = S^{-1} T_{g_1} S$ äquivalent und $S^2 = T_{g_0}$ gewählt, so kann die Zuordnung $g_1 \to T_{g_1}$, $g_2 \to \pm S$ zu je einer Darstellung von $\mathcal{G}$ ausgebaut werden.

   b) Sind T'_{g_1} und T_{g_1} inäquivalent, so kann die Zuordnung

$$g_1 \to T_{g_2} \oplus T'_{g_1}, \qquad g_2 \to \begin{pmatrix} 0 & T_{g_0} \\ 1 & 0 \end{pmatrix}$$

   zu einer irreduziblen Darstellung von $\mathcal{G}$ ausgebaut werden.

Hinweis zu b): Was läßt sich über bezüglich $\mathcal{G}$ invariante Teilräume sagen, wenn bezüglich $\mathcal{G}_1$ das Ergebnis von Aufgabe 2, Abschnitt 6.6 benützt wird?

7.10 Mehrwertige Darstellungen

Die oben angegebene Überlagerungsgruppe führt zu mehrwertigen Darstellungen von O(3); es ist aber nicht klar, ob dies im wesentlichen alle sind. Zur Diskussion dieser Frage ist es nötig, das Konzept mehrwertiger (= *Multiplikator-*) Darstellungen etwas zu präzisieren, wobei zu seiner physikalischen Motivierung auf Abschnitt 9.2 verwiesen sei.

Wir wollen allgemein darunter die Situation verstehen, daß jedem $g \in \mathcal{G}$ nicht nur ein Operator T_g auf dem Darstellungsraum $\mathbf{V}$, sondern eine Menge von Vielfachen αT_g zugeordnet ist, wo α die komplexen Zahlen $\neq 0$ oder eine multiplikative Untergruppe $\mathcal{A}$ davon (wie bisher $\{1, -1\}$) durchläuft und die Darstellungseigenschaft nur verlangt, daß

$$T_g T_h = \omega(g,h) T_{gh} \tag{7.10.1}$$

mit geignetem $\omega(g,h) \in \mathcal{A}$. Man nennt – vor allem wenn $\mathcal{A}$ nicht diskret ist – die Menge $\{\alpha T_g\}$ einen Operatorstrahl und die mehrwertige Darstellung eine *Strahldarstellung,* für $\mathcal{A} = \mathbf{C}^\times$ (komplexe Zahlen $\neq 0$) auch *projektive Darstellung.*

Aus der Assoziativität des Operatorprodukts sowie der normierenden Wahl $T_e = \mathrm{id}_{\mathbf{V}}$ ergibt sich als Einschränkung an $\omega(.\,,.)$

$$\omega(g,h)\,\omega(gh,k) = \omega(g,hk)\,\omega(h,k) \qquad (\textit{Kozykelbedingung}), \tag{7.10.2a}$$

$$\omega(e,g)=\omega(g,e)=1, \tag{7.10.2b}$$

wie als Aufgabe verifiziert werden möge. Damit läßt sich weiter verifizieren (Aufgabe), daß das kartesische Produkt $\mathcal{G}\times\mathcal{A}$ durch die Multiplikationsregel

$$(g,\alpha)\circledcirc(h,\beta):=\big(gh,\omega(g,h)\,\alpha\beta\big) \tag{7.10.3}$$

zu einer Gruppe wird, wobei die Elemente (e,α) einen zu $\mathcal{A}$ isomorphen *zentralen*[1] Normalteiler bilden, dessen Faktorgruppe zu $\mathcal{G}$ isomorph ist, ohne daß allerdings $\mathcal{G}\times\mathcal{A}$ notwendigerweise eine zu $\mathcal{G}$ isomorphe Untergruppe enthielte wie bei einem semidirekten Produkt. Man schreibt diese Gruppe $\mathcal{G}\times_\omega\mathcal{A}$ und nennt sie *zentrale Erweiterung* von $\mathcal{G}$ durch $\mathcal{A}$ mit *Erweiterungskozykel* ω.

Der Sinn dieser umständlich aussehenden Begriffsbildung – die für beliebige abelsche Gruppen $\mathcal{A}$ funktioniert, in der ω (7.10.2*a*) erfüllende Werte annimmt – ist, daß die Zuordnung $(g,\alpha)\mapsto\alpha T_g$ nunmehr eine *gewöhnliche Darstellung* dieser Gruppe ist (Aufgabe) und umgekehrt jede gewöhnliche Darstellung von ihr eine mehrwertige Darstellung von $\mathcal{G}$ liefert. (Man sagt, die mehrwertige Darstellung von $\mathcal{G}$ wurde zu einer Darstellung von $\mathcal{G}\times_\omega\mathcal{A}$ *geliftet.*)

Im Fall, wo $\mathcal{A}$ allgemein, also nicht in $\mathbf{C}$ enthalten ist, muß hier rechts $d(\alpha)\,T_g$ und in (7.10.1) $d(\omega(g,h))$ stehen, wo d eine eindimensionale Darstellung von $\mathcal{A}$ ist – dies träfe etwa nach Schur II bei irreduziblen Darstellungen von $\mathcal{G}\times_\omega\mathcal{A}$ zu; $d(\omega)$ erfüllt wie ω selbst die Kozykelrelation.

Äquivalenz solcher Darstellungen muß nun zu

$$T'_g=\lambda_g\,S\,T_g\,S^{-1} \tag{7.10.4}$$

mit $\lambda_g\in\mathcal{A}$ verallgemeinert werden; die zugehörigen äquivalenten (= *kohomologen*) Erweiterungskozykel ω, ω' sind dabei durch

$$\omega'(g,h)=\lambda_g\,\lambda_h\,\lambda_{gh}^{-1}\,\omega(g,h) \tag{7.10.5}$$

verbunden (Aufgabe), und die Gruppen $\mathcal{G}\times_\omega\mathcal{A}$, $\mathcal{G}\times_{\omega'}\mathcal{A}$ sind als Erweiterungen durch $\mathcal{A}$ isomorph genau dann, wenn (7.10.5) gilt (Aufgabe).

Manchmal kann durch Äquivalenz erreicht werden, daß ω' Werte nur mehr in einer echten Untergruppe $\mathcal{A}'\subset\mathcal{A}$ annimmt; man ist natürlich bestrebt, $\mathcal{A}'$ möglichst klein zu machen. (Erweiterungen, die zu $\omega'\equiv 1$ (direktes Produkt) äquivalent sind, heißen trivial; kann $\omega'(\,.\,,\,.\,)\in\mathcal{A}'\subset\mathcal{A}$ erreicht werden, ist $\mathcal{G}\times_\omega\mathcal{A}$ isomorph zur trivialen Erweiterung von $\mathcal{G}\times_{\omega'}\mathcal{A}'$ durch $\mathcal{A}$.) Zur Auffindung aller mehrwertigen Darstellungen sind also zunächst alle im Sinn von (7.10.5) inäquivalenten Lösungen von (7.10.2) zu bestimmen, wobei der vorgegebene Wertebereich $\mathcal{A}$ für λ_g jeweils zu beachten ist.

Als Beispiel betrachten wir die Vierergruppe $\mathcal{V}_4\cong\{E,P,T,PT\}\subset\mathcal{L}$. Für sie ist die Zuordnung $E\to\mathbf{1}$, $P\to\sigma_1$, $T\to\sigma_2$, $PT\to\sigma_3$ wegen (7.5.45) eine zweidimensionale Strahldarstellung mit Kozykelwerten in $\{1,i,-1,-i\}\cong\mathcal{Z}_4$. Wie wir wissen, wirken die $\boldsymbol{\sigma}$ auf $\mathbf{C}^2$ irreduzibel, es ist also nicht möglich, durch Äquivalenz zum Kozykel $\omega'\equiv 1$ zu gelangen, denn eine gewöhnliche Darstellung der Abelschen Gruppe $\mathcal{V}_4$ auf $\mathbf{C}^2$ ist nach Schur II stets reduzibel – eine unter Äquivalenz invariante Eigenschaft.

[1] D.h., diese Elemente kommutieren mit allen Gruppenelementen, sie liegen im *Zentrum* der Gruppe.

Ist $\mathcal{G}$ eine Lie-Gruppe, kommen noch ***Stetigkeits***forderungen hinzu, die bei gewöhnlichen Darstellungen einfach verlangen, daß T_g von g stetig abhängt. Bei mehrwertigen Darstellungen wäre es zu einengend, wenn auch naheliegend, zu verlangen, daß die T_g und die $\omega(g,h)$ stetig auf ganz $\mathcal{G}$ sind, da man ja von stetigen zu unstetigen T_g, $\omega(g,h)$ durch unstetige Äquivalenzen (7.10.4,5), d.h. unstetige Wahl von λ_g gelangen kann. Es stellt sich heraus, daß es sachgemäß ist, die Stetigkeit von T_g, $\omega(g,h)$ nur in Umgebungen auf $\mathcal{G}$ zu verlangen, die zusammen ganz $\mathcal{G}$ überdecken und für die in den Durchschnitten stetige Umrechnungen (7.10.4,5) existieren.

Man kann die dahinterstehende Erweiterungsgruppe auch ohne ein derartiges Stückelungsverfahren konstruieren; vgl. Simms (1968). Als Beispiel diene SO(3), $\mathcal{A} = \mathcal{Z}_2 = \{1,-1\}$: würde man $\omega(1,1) = 1$ und Stetigkeit auf ganz SO(3) verlangen, wäre ja $\omega \equiv 1$ und die zentrale Erweiterung SU(2) ausgeschlossen.

Man untersucht nun zuerst die Situation für die Komponente der Einheit $\mathcal{G}_e$. Zu ihr existiert stets eine eindeutig bestimmte zusammenhängende und einfach zusammenhängende Lie-Gruppe $\widetilde{\mathcal{G}}_e$, aus der alle zusammenhängenen *Überlagerungsgruppen* (= Erweiterungen von $\mathcal{G}_e$ mit diskreten $\mathcal{A}$) durch Quotientenbildung nach zentralen Normalteilern gewonnen werden können – die universelle Überlagerungsgruppe (vgl. Chevalley (1946), Dieudonné (1976)). Nun gilt, daß jede (stetige) komplexe oder unitäre Strahldarstellung ($\mathcal{A} = \mathbf{C}^\times$ oder U(1)) einer zusammenhängenden, einfach zusammenhängenden Lie-Gruppe in einem *endlichdimensionalen* komplexen Vektorraum $\mathbf{V}$ äquivalent zu einer gewöhnlichen ist, weil etwa

$$\lambda_g := (\det T_g)^{-1/\dim \mathbf{V}} \tag{7.10.6}$$

alles leistet – ein Monodromieargument wie in Abschnitt 7.6 (das uns dort gezeigt hat, daß für $\mathcal{A}$ = diskret eine gewöhnliche Darstellung vorliegt) ergibt, daß man mit den verschiedenen Zweigen der Wurzel nicht durcheinandergeraten kann. Dies zeigt den Sinn, neben Darstellungen von $\mathcal{G} = \mathcal{G}_e$ auch solche von $\widetilde{\mathcal{G}}_e$ zu betrachten. Für $\mathcal{G} =$ $= \mathcal{G}_e = \mathrm{SO}(3)$ ist $\widetilde{\mathcal{G}}_e \cong \mathrm{SU}(2)$ zweiblättrige Überlagerung, und die endlichdimensionalen komplexen oder unitären Strahldarstellungen von SO(3) sind damit erledigt.

Bei unendlichdimensionalen unitären mehrwertigen Darstellungen, bei denen gemäß (7.10.1) $\mathcal{A}$ aus Phasenfaktoren besteht ($\mathcal{A} \cong \mathrm{U}(1)$), kann für *kompaktes* $\mathcal{G} = \mathcal{G}_e$ stets zu einer Darstellung einer kompakten zusammenhängenden Überlagerungsgruppe geliftet werden (V. Bargmann, Ann. Math. *59*, 1 (1954)). Dies erledigt auch den unendlichdimensionalen unitären Fall für SO(3) und zeigt, daß für SO(3) in beiden Fällen von $\mathcal{A} = \mathbf{C}^\times$ oder $\mathcal{A} = \mathrm{U}(1)$ auf $\mathcal{A}' \cong \mathcal{Z}_2$, d.h. von komplexen oder unitären Strahldarstellungen auf zweiwertige, eingeschränkt werden kann. (Ein anderes Argument dazu wird in Abschnitt 9.2 angegeben werden.)

Betrachten wir nun O(3): Seien $R, S \in SO(3)$, P die Raumspiegelung, und eine mehrwertige Darstellung mit $\mathcal{A} = \mathbf{C}^\times$ oder $\mathcal{A} = \mathrm{U}(1) \subset \mathbf{C}^\times$ liege vor. Wir zeigen zunächst, daß die Werte $\omega(R,S)$, $\omega(P,R)$, $\omega(P,P)$ bereits den ganzen Kozykel $\omega(\,.\,,\,.\,)$ auf O(3) bestimmen, d.h. auch die Werte $\omega(R,P)$, $\omega(PR,S)$, $\omega(S,PR)$ und $\omega(PR,PS)$ festlegen. Zur übersichtlicheren Manipulation der Kozykelbedingung arbeiten wir lieber mit den Darstellungsoperatoren und deren Assoziativität. Da

$PRP^{-1} = R$, folgt mit geeignetem $\gamma(R) \in \mathcal{A}$:

$$T_P T_R T_P^{-1} = \gamma(R) T_R. \tag{7.10.7}$$

Werten wir nun das Produkt

$$(T_P T_R T_P^{-1})(T_P T_S T_P^{-1}) = T_P\big(T_R(T_P^{-1}T_P)T_S\big)T_P^{-1}$$

auf zwei Arten im Sinn der angedeuteten Klammerungen aus, erhalten wir nach Wegkürzen von $\omega(R,S)T_{RS}$

$$\gamma(R)\,\gamma(S) = \gamma(RS).$$

Die Zuordnung $R \to \gamma(R)$ ist also eine eindimensionale Darstellung von SO(3) – und die einzige solche ist $\gamma(R) = 1$. (7.10.7) geht damit über in

$$\omega(P,R)T_{PR} = T_P T_R = T_R T_P = \omega(R,P)T_{PR}$$

$$\omega(P,R) = \omega(R,P).$$

Multiplikation mit $T_P T_S$ liefert wegen $P^2 = \mathbf{1}$, also

$$T_P^2 = \omega(P,P)\mathrm{id}_{\mathbf{V}} :$$

$$\omega(PR,PS) = \frac{\omega(P,P)\,\omega(R,S)}{\omega(P,R)\,\omega(P,S)}.$$

Schließlich erlauben die Kozykelrelationen zu $T_P T_R T_S$ und $T_R T_S T_P$ auch die Berechnung von

$$\omega(PR,S) = \frac{\omega(R,S)\,\omega(P,RS)}{\omega(P,R)}$$

$$\omega(R,PS) = \frac{\omega(R,S)\,\omega(P,RS)}{\omega(P,S)}.$$

Was kann noch durch die Umnormierung (7.10.5) erreicht werden? Für $\omega(R,S)$ kann der Wertebereich $\{1,-1\}$ erreicht werden, wie wir schon wissen, und die verbleibende Freiheit der λ_R liegt wieder im Bereich $\{1,-1\}$. Wählen wir ferner als λ_P einen Wert von $(\omega(P,P))^{-1/2}$, ist $\omega'(P,P) = 1$ erreicht und mit $\lambda_{PR} = \lambda_P\,\omega(P,R)$ auch $\omega'(P,R) = 1$. (Bei diesem Schritt war wichtig, daß in $\mathcal{A} = \mathbf{C}^\times$ oder $\mathcal{A} = \mathrm{U}(1)$ Quadratwurzeln gezogen werden können!) Je nachdem, ob $\omega(R,S)$ noch auf den Wert 1 eingeschränkt werden kann oder nicht, erhalten wir somit entweder die Gruppe $\mathrm{SO}(3) \times \{\mathbf{1},\mathrm{P}\} \cong \mathrm{O}(3)$ selbst oder $\mathrm{SU}(2) \times \{\mathbf{1},\mathrm{P}\}$ als relevante zentrale Erweiterung. Von beiden sind die Darstellungen nach dem Satz am Beginn von Abschnitt 7.9 bekannt, und damit auch die komplexen und unitären Strahldarstellungen von O(3).

Begrifflich von diesen zu unterscheiden sind *a priori zweideutige* Darstellungen, wo also von vornherein $\mathcal{A} \cong \mathcal{Z}_2 = \{1,-1\}$ und damit *auch* $\lambda_P \in \{1,-1\}$ verlangt wird. Hier ist $\omega(P,P) = +1$ oder -1, kann aber im letzteren Fall *nicht* auf $\omega'(P,P) = +1$ gebracht werden, da $\sqrt{-1} \notin \{1,-1\}$! $\omega'(P,R) = 1$ ist hingegen erreichbar, und man verifiziert, daß im Fall, wo $\omega(R,S) = 1$ nicht erreichbar ist, die gesuchte Erweiterungsgruppe zur im vorigen Abschnitt betrachteten Gruppe $S_\pm U(2)$ isomorph ist.

Sie ist für einen geometrischen Aufbau der Spinortheorie relevant (Cartan (1966)), liefert (vgl. Abschnitt 7.9) die Fundamentaldarstellungen für O(3) und ist *nicht isomorph* zur vorher gefundenen Gruppe SU(2) $\times$ $\mathcal{Z}_2$. Die beiden sind die einzigen Überlagerungsgruppen von O(3), welche die Komponente der Einheit SO(3) durch eine *zusammenhängende* Untergruppe ($\cong$ SU(2)) überlagern. Obwohl nicht isomorph, sind sie jedoch für die Zwecke der *Quantenmechanik gleichwertig,* weil ihre trivialen Erweiterungen mit U(1) oder $\mathbf{C}^\times$ isomorph sind. Man darf aber nicht Spinoren mit unterschiedlichen Phasenkonventionen bezüglich ihres Spiegelungsverhaltens mischen (superponieren)!

Aufgaben

1. Man deduziere aus (7.10.1) die Kozykelbedingung (7.10.2).

2. Man verifiziere die Gruppenaxiome für die Multiplikation (7.10.3).

3. Man zeige, daß $(g, \alpha) \to \alpha T_g$ Darstellung der (7.10.3) definierten Gruppe ist.

4. Man deduziere (7.10.5) aus $T'_g T'_h = \omega'(g,h) T'_{gh}$ und (7.10.4).

5. Man zeige, daß $(g, \alpha) \to (g, \lambda_g^{-1} \alpha)$ ein Isomorphismus zwischen den durch ω, ω' definierten Erweiterungsgruppen ist, falls (7.10.5) gilt.

6. Man verifiziere im Detail, daß die beiden erhaltenen Überlagerungsgruppen von O(3) zu SU(2) $\times$ $\mathcal{Z}_2$ bzw. $S_\pm U(2)$ isomorph sind und die verbleibende nichttriviale Erweiterung von O(3) durch $\mathcal{Z}_2$ zu SO(3)$\times \mathcal{Z}_4$ isomorph ist ($\mathcal{Z}_4$ = zyklische Gruppe mit 4 Elementen).

7. Wie verhalten sich mehrwertige Darstellungen und ihre Kozykel ω

   a) bei Übergang zur kontragredienten Darstellung
   b) bei Übergang zur komplex-konjugierten Darstellung
   c) bei Bildung von direkten Summen
   d) bei Bildung von Tensorprodukten
   e) bei Übergang zu homomorphen Gruppen?

8 Darstellungstheorie der Lorentzgruppe

Wir kommen nun zur Durchführung des in Kapitel 6 aufgestellten Programms, alle Größen zu finden und zu klassifizieren, die sich bei Lorentztransformationen linear wie Tensoren verhalten, oder anders ausgedrückt: wir konstruieren alle endlichdimensionalen Darstellungen der Lorentzgruppe. Die sich aus den Vertauschungsrelationen ergebende adjungierte Darstellung ist die in Abschnitt 6.5 bereits betrachtete Darstellung im Raum der antisymmetrischen Tensoren; aus ihr entnimmt man die Halbeinfachheit der Lorentzgruppe (vgl. Abschnitt 7.4). Die endlichdimensionalen Darstellungen halbeinfacher Gruppen sind stets vollreduzibel[1]. Zu ihrer Klassifizierung genügt es also, die irreduziblen Darstellungen aufzusuchen. Als Fundamentaldarstellungen, aus deren Produkten man alle weiteren irreduziblen Darstellungen gewinnen kann, ergeben sich zwei zweidimensionale *Spinordarstellungen*. Wir entwickeln daher eine Spinoralgebra und geben den Zusammenhang mit Tensoren an. Schließlich betrachten wir Darstellungen der vollständigen Lorentzgruppe.

Es ergibt sich bei der Analyse, daß außer den (direkten) Vielfachen der trivialen Darstellung keine endlichdimensionalen unitären Darstellungen von $\mathcal{L}_+^\uparrow$ existieren. Die unendlichdimensionalen irreduziblen unitären Darstellungen finden sich z.B. bei Neumark (1963). Wir werden in diesem Kapitel keine unitären Darstellungen betrachten, da in der relativistischen Quantentheorie in erster Linie die unitären Darstellungen der *Poincarégruppe* benötigt werden, wie wir in Kapitel 9 auseinandersetzen. Unitäre Darstellungen der Lorentzgruppe werden dabei subduziert, doch ihre irreduziblen Bestandteile haben bisher wenig Anwendung gefunden[2]. Dies steht im Gegensatz zur nichtrelativistischen Quantenmechanik: Probleme mit rotationssymmetrischen äußeren Feldern (die die volle Galilei- und Translationsinvarianz brechen, nicht aber die Drehinvarianz) sind hier sehr häufig, weshalb irreduzible unitäre Darstellungen der Drehgruppe schon aus diesem physikalischen Grund Anwendung finden. Äußere Felder, die Symmetrie unter Lorentztransformationen aufweisen, treten hingegen kaum auf.

8.1 Lie-Algebra und Darstellungen von $\mathcal{L}_+^\uparrow$

Zur Bestimmung der Darstellung von $\mathcal{L}_+^\uparrow$ betrachten wir – gemäß der allgemeinen Theorie in Abschnitt 7.4 – zunächst die zugehörige Lie-Algebra. Die Vertauschungsrelationen der Erzeugenden können wir aus der definierenden Darstellung leicht bestimmen. Infinitesimale Lorentztransformationen $L(\mathbf{v}, \boldsymbol{\alpha})$ können nach Abschnitt 1.5

---

[1] Beweise findet man in Hein (1990), Samelson (1990), Tits (1983). Die *reelle* Lorentzgruppe $\mathcal{L}_+^\uparrow$ ist sogar *einfach*, d.h. ohne nichttrivialen Normalteiler. Dies trifft aber nicht für die im folgenden verwendete Komplexifizierung SO(4,**C**) und die kompakte reelle Form SO(4,**R**) zu. Die höheren komplexen Drehgruppen sind einfach.

[2] Vgl. aber die Bemerkungen in H. Joos, Fortschr. d. Physik *10*, 65 (1962).

aus infinitesimalen Drehungen und Geschwindigkeitstransformationen zusammengesetzt werden. Aus (1.5.13) folgt für infinitesimales $\mathbf{v}$, $\boldsymbol{\alpha}$

$$L(\mathbf{v},\boldsymbol{\alpha}) \approx L(\mathbf{v},\mathbf{0})\, L(\mathbf{0},\boldsymbol{\alpha}) \approx E + \boldsymbol{\alpha}\,\mathbf{M} + \mathbf{v}\,\mathbf{N}. \tag{8.1.1}$$

Dabei ist E die 4×4-Einheitsmatrix und

$$M_\mu = \begin{pmatrix} 0 & \mathbf{0}^T \\ \mathbf{0} & \Lambda_\mu \end{pmatrix}, \qquad N_\mu = \begin{pmatrix} 0 & -\mathbf{e}_\mu^T \\ -\mathbf{e}_\mu & 0 \end{pmatrix}, \tag{8.1.2}$$

wobei Λ_μ durch (7.2.5) definiert und $\mathbf{e}_\mu$ Einheitsvektoren in den drei Koordinatenrichtungen bedeuten.

Aus (8.1.2) folgen die Vertauschungsrelationen

$$[M_\mu, M_\nu] = \epsilon_{\mu\nu\lambda}\, M_\lambda \tag{8.1.3a}$$

$$[N_\mu, N_\nu] = -\epsilon_{\mu\nu\lambda}\, M_\lambda \tag{8.1.3b}$$

$$[N_\mu, M_\nu] = \epsilon_{\mu\nu\lambda}\, N_\lambda, \tag{8.1.3c}$$

die die Lie-Algebra $\mathbf{L}$ der orthogonalen Lorentzgruppe definieren. Vergleich von (8.1.3*c*) mit (7.3.18) zeigt, daß $\mathbf{N}$ ein Vektoroperator unter Drehungen ist, eine Konsequenz dessen, daß $\mathbf{v}$ ein Vektor ist. (8.1.3*b*) ist die der Thomaspräzession zugrundeliegende algebraische Relation.

Eine (im Sinne der Schlußbemerkungen zu Abschnitt 7.4) zweckmäßigere Basis in $\mathbf{L}$ ist durch die Linearkombinationen

$$\mathbf{M}^\pm = \frac{1}{2}(\mathbf{M} \pm i\mathbf{N}) \tag{8.1.4}$$

gegeben, die den Vertauschungsrelationen

$$[M_\mu^\pm, M_\nu^\pm] = \epsilon_{\mu\nu\lambda}\, M_\lambda^\pm, \qquad [M_\mu^+, M_\nu^-] = 0 \tag{8.1.5}$$

genügen. Die Lie-Algebra $\mathbf{L}$ zerfällt daher in die direkte Summe zweier dreidimensionaler Lie-Algebren $\mathbf{L}^+$, $\mathbf{L}^-$, die von $\mathbf{M}^+$ und $\mathbf{M}^-$ aufgespannt werden ($\mathbf{L} = \mathbf{L}^+ \oplus \mathbf{L}^-$ als Vektorraum; die Elemente von $\mathbf{L}^+$ kommutieren mit jenen von $\mathbf{L}^-$). Sowohl $\mathbf{L}^+$ als auch $\mathbf{L}^-$ hat die Struktur der Lie-Algebra der Drehgruppe. Mit Hilfe der in Abschnitt 7.7 besprochenen regulären Darstellung sieht man leicht allgemein ein, daß die *Lie-Algebra* $\mathbf{L}$ *des direkten Produkts* $\mathcal{G} = \mathcal{G}_1 \times \mathcal{G}_2$ *zweier Lie-Gruppen* $\mathcal{G}_1$, $\mathcal{G}_2$ *die direkte Summe* $\mathbf{L}_1 \oplus \mathbf{L}_2$ *der Lie-Algebren dieser Gruppen ist.*

Bevor wir jedoch Schlüsse über die lokale Struktur von $\mathcal{L}_+^\uparrow$ ziehen, müssen wir noch die Realitätsverhältnisse studieren. Die Lie-Algebra der reellen Lorentzgruppe besteht aus den *reellen* Linearkombinationen der $\mathbf{M}$, $\mathbf{N}$; die Aufspaltung (8.1.5) gelingt jedoch nur unter Verwendung von i in (8.1.4), also nur bei Verwendung von Koeffizienten, wie sie in der Lie-Algebra der komplexen Lorentzgruppe auftreten würden. (8.1.5) zeigt also nur, daß die komplexe Lorentzgruppe (die mit der komplexen Drehgruppe SO(4,**C**) in vier Dimensionen übereinstimmt, da im Komplexen die Signatur bedeutungslos ist) lokal isomorph zum Produkt zweier komplexer Drehgruppen SO(3,**C**) ist.

Die reellen Linearkombinationen von $\mathbf{M}^{\pm}$ bilden die Lie-Algebra von SO(4,**R**), deren lokale Isomorphie zu $SO(3,\mathbf{R}) \times SO(3,\mathbf{R})$ wir bereits in Abschnitt 7 gesehen haben. (Dementsprechend ist SO(4,**R**) sowie SO(4,**C**) nicht einfach (= frei von nichttrivialen Normalteilern), während $\mathcal{L}_+^\uparrow$ sogar einfach ist.)

Obwohl die Produktzerlegung der Lorentzgruppe also nur im Komplexen gilt, ist sie doch für unser Problem von Nutzen, da jede Darstellung der reellen Gruppe durch analytische Fortsetzung in den Parametern eine (analytische) Darstellung der komplexen Gruppe SO(4,**C**) liefert, wobei sich die Reduzibilitätsverhältnisse nicht ändern. Durch Einschränkung von SO(4,**C**) auf SO(4,**R**) entsteht so zu jeder irreduziblen Darstellung von $\mathcal{L}_+^\uparrow$ eine irreduzible Darstellung von SO(4,**R**) (lokal ≅ ≅ $SO(3,\mathbf{R}) \times SO(3,\mathbf{R})$). Nach dem in Abschnitt 7.9 zitierten Satz über die irreduziblen Darstellungen eines direkten Produktes (bzw. dem entsprechenden Satz über Darstellungen der direkten Summe zweier Lie-Algebren) finden wir damit die gesuchten Darstellungen aus den Kroneckerprodukten der irreduziblen Darstellungen der beiden Faktoren SO(3,**R**) auf dem Umweg über das Komplexe.

Damit ist das Problem, die irreduziblen (endlichdimensionalen) Darstellungen von $\mathcal{L}_+^\uparrow$ zu klassifizieren, gelöst: Sie sind durch zwei ganzzahlige oder halbzahlige Indizes j, j' zu kennzeichnen, also durch die Gewichte der irreduziblen Darstellungen der beiden Drehgruppen. Wir bezeichnen diese Darstellungen von $\mathcal{L}_+^\uparrow$ mit $D^{(j,j')}$; sie sind $(2j+1)(2j'+1)$-dimensional. Aus den Casimiroperatoren $(\mathbf{M}^{\pm})^2 = (\mathbf{M}^2 - \mathbf{N}^2 \pm 2i\mathbf{M}\mathbf{N})/4$ der beiden Drehgruppen mit den Werten $-j(j+1)$, $-j'(j'+1)$ für $D^{(j,j')}$ ergeben sich die entsprechenden Werte der Casimiroperatoren

$$\frac{1}{2}(\mathbf{M}^2 - \mathbf{N}^2), \qquad \mathbf{M}\mathbf{N} \tag{8.1.6}$$

für die Lorentzgruppe in den Darstellungen $D^{(j,j')}$.

Um schließlich die Darstellungen explizit zu finden, muß noch die Parameterzuordnung festgestellt werden. Aus (8.1.1) und (8.1.4) folgt

$$L(\mathbf{v},\boldsymbol{\alpha}) \approx E + \boldsymbol{\alpha}(\mathbf{M}^+ + \mathbf{M}^-) - i\mathbf{v}(\mathbf{M}^+ - \mathbf{M}^-) = E + (\boldsymbol{\alpha} - i\mathbf{v})\mathbf{M}^+ + (\boldsymbol{\alpha} + i\mathbf{v})\mathbf{M}^-. \tag{8.1.7}$$

Man geht daher folgendermaßen vor: sind $D^{(j)}(\boldsymbol{\alpha})$, $D^{(j')}(\boldsymbol{\alpha})$ Darstellungsmatrizen von infinitesimalen Drehungen, so ersetze man $\boldsymbol{\alpha}$ durch den komplexen Parameter $\boldsymbol{\alpha} - i\mathbf{v}$, $\boldsymbol{\alpha}'$ durch den dazu konjugiert komplexen Parameter $\boldsymbol{\alpha} + i\mathbf{v}$. Alle irreduziblen Darstellungen infinitesimaler Lorentztransformationen sind dann (bis auf Äquivalenz) von der Form

$$L(\mathbf{v},\boldsymbol{\alpha}) \to D^{(j,j')}(\mathbf{v},\boldsymbol{\alpha}) = D^{(j)}(\boldsymbol{\alpha} - i\mathbf{v}) \otimes D^{(j')}(\boldsymbol{\alpha} + i\mathbf{v}). \tag{8.1.8}$$

Beim Übergang zu *endlichen* Lorentztransformationen ist zu beachten, daß für endliches $\boldsymbol{\alpha}$, $\mathbf{v}$ $L(\mathbf{v},\boldsymbol{\alpha}) \neq \exp\{E + (\boldsymbol{\alpha} - i\mathbf{v})\mathbf{M}^+ + (\boldsymbol{\alpha} + i\mathbf{v})\mathbf{M}^-\}$ gilt, weil die einparametrige Untergruppe, die $L(\mathbf{v},\boldsymbol{\alpha})$ mit der Einheit verbindet, im Parameterraum nicht durch die Kurve $(\mathbf{v}(\tau),\boldsymbol{\alpha}(\tau)) = (\tau\mathbf{v},\tau\boldsymbol{\alpha})$ gegeben ist. Dies liegt einerseits am Nichtkommutieren von Drehungen und Geschwindigkeitstransformationen (außer für $\boldsymbol{\alpha} \propto \mathbf{v}$) und andererseits daran, daß bei fester Richtung von $\mathbf{v}$ der Betrag $|\mathbf{v}| = v$ im

Gegensatz zum Drehwinkel kein additiver Parameter ist. Letzteres folgt aus dem relativistischen Geschwindigkeitsadditionstheorem, und die Überlegungen in Abschnitt 2.1 zeigen, daß stattdessen die Größe ar tgh v additiv ist (Formel (2.1.8); in der Theorie der Lie-Gruppen nennt man dies auch einen ***kanonischen Parameter*** für eine einparametrige Untergruppe). Deshalb ist für endliches $(\mathbf{v}, \boldsymbol{\alpha})$ die Matrix $\mathrm{D}^{(j)}(\boldsymbol{\alpha} \pm i\mathbf{v})$ wohl Darstellungsmatrix einer Lorentztransformation, aber nicht die, die zu $L(\mathbf{v}, \boldsymbol{\alpha})$ gehört. Um letztere zu finden, benützen wir die Zerlegung (1.5.13) sowie den additiven Parameter ar tgh v und finden

$$\begin{aligned} \mathrm{D}^{(j,j')}(\mathbf{v}, \boldsymbol{\alpha}) &= \mathrm{D}^{(j)}(\boldsymbol{\alpha})\, \mathrm{D}^{(j)}(-i\mathbf{u}) \otimes \mathrm{D}^{(j')}(\boldsymbol{\alpha})\, \mathrm{D}^{(j')}(i\mathbf{u}) \\ \mathbf{u} &:= \operatorname{ar\,tgh} v \cdot \frac{\mathbf{v}}{v} \end{aligned} \tag{8.1.9}$$

$(-i|\mathbf{u}|$ ist gerade der in (2.1.6) auftretende imaginäre Winkel $\varphi)$.

Die so erhaltenen Darstellungen subduzieren Darstellungen jeder Untergruppe von $\mathcal{L}_+^\uparrow$, doch ändern sich dabei die Reduzibilitätsverhältnisse. Wenn wir uns speziell für Darstellungen der Drehgruppe interessieren, also eine Einschränkung von $\mathcal{L}_+^\uparrow$ auf SO(3) vornehmen, so erhält man

$$\mathrm{D}^{(j,j')}(\mathbf{0}, \boldsymbol{\alpha}) = \mathrm{D}^{(j)}(\boldsymbol{\alpha}) \otimes \mathrm{D}^{(j')}(\boldsymbol{\alpha}) = \mathrm{D}^{(j+j')}(\boldsymbol{\alpha}) \oplus \ldots \oplus \mathrm{D}^{(|j-j'|)}(\boldsymbol{\alpha}) \tag{8.1.10}$$

entsprechend (7.8.8). Die irreduziblen Darstellungen der Lorentzgruppe zerfallen daher bei Einschränkung auf die Drehgruppe im allgemeinen in eine Summe irreduzibler Darstellungen der Drehgruppe; nur bei $j' = 0$ oder $j = 0$ bleiben sie irreduzibel.

Die einfachsten nichttrivialen Darstellungen sind jene mit $j = 1/2$, $j' = 0$ und $j = 0$, $j' = 1/2$. Es sind dies zwei inäquivalente, zweideutige Darstellungen, die wir im nächsten Abschnitt behandeln werden. Wie sich zeigen wird, bilden diese *Spinordarstellungen* von $\mathcal{L}_+^\uparrow$ ein System von *Fundamentaldarstellungen:* Jede irreduzible Darstellung kann bei der Ausreduktion von geeigneten Tensorprodukten der Fundamentaldarstellungen als irreduzibler Bestandteil gewonnen werden. Diesem wichtigen mathematischen Aspekt von Spinoren steht physikalisch der quantenmechanische zur Seite.

Betrachten wir noch die Darstellungen $j = 1$, $j' = 0$ und $j = 0$, $j' = 1$. Sie gehen beide für $\mathbf{v} = \mathbf{0}$ in die definierende Darstellung der Drehgruppe über und bleiben daher bei Übergang zu $\mathbf{v} \neq \mathbf{0}$ komplex-orthogonal (aber nicht unitär; siehe dazu die Diskussion am Ende von Abschnitt 6.5 sowie (7.5.14a,15)), eindeutig und treu, entsprechend der in Abschnitt 6.5 erwähnten Isomorphie $\mathcal{L}_+^\uparrow \cong$ $\cong \mathrm{SO}(3, \mathbf{C})$. Die Darstellungen der reellen Lorentzgruppe $\mathcal{L}_+^\uparrow$ können also auch als Darstellungen der komplexen Drehgruppe SO(3,C) angesehen werden. Wird SO(3,C) durch komplexe Drehvektoren $\boldsymbol{\alpha} + i\mathbf{v}$ parametrisiert, so bleibt hierbei die Form (8.1.8) der Darstellungen auch für endliche Werte von $\boldsymbol{\alpha}$, $\mathbf{v}$ gültig.

Wir weisen noch auf eine Besonderheit bei komplexen Lie-Gruppen hin. Die (stetigen, endlichdimensionalen) Darstellungen einer reellen Lie-Gruppe sind ***analytisch*** in den reellen Parametern der Gruppe und ergeben daher bei Fortsetzung der Parameter ins Komplexe analytische Darstellungen der entstehenden komplexen Lie-Gruppe. Dies folgt daraus, daß die Darstellungsmatrizen einparametriger Untergruppen mit Hilfe der Erzeugenden t in der Form $\exp(\tau t)$ angebbar sind (vgl. Abschnitt 7.4). So ist z.B. $\boldsymbol{\alpha}+i\mathbf{v} \to \mathrm{D}^{(j)}(\boldsymbol{\alpha}+i\mathbf{v})$ analytisch in den reellen Parametern $\boldsymbol{\alpha}$, $\mathbf{v}$, aber auch in den komplexen Parametern $\boldsymbol{\alpha}+i\mathbf{v}$. Es ist aber klar, daß die Darstellung $\boldsymbol{\alpha}+i\mathbf{v} \to \mathrm{D}^{(j)}(\boldsymbol{\alpha}-i\mathbf{v})$ von SO(3,C) in den komplexen Parametern $\boldsymbol{\alpha} + i\mathbf{v}$ wohl stetig, aber nicht analytisch ist, da $\boldsymbol{\alpha} - i\mathbf{v}$ keine analytische Funktion von $\alpha + i\mathbf{v}$ ist. Man kann leicht einsehen (vgl. Cartan (1966)), daß alle stetigen Darstellungen einer komplexen Lie-Gruppe $\mathcal{G}$ zu analytischen Darstellungen von $\mathcal{G} \times \mathcal{G}$ fortgesetzt werden können und so mit Hilfe des zitierten Satzes über direkte Produkte aus den analytischen Darstellungen herleitbar sind. Wesentlich neu ist also nur das Auftreten der komplex-konjugierten Darstellungen.

Das oben benützte Verfahren, zu einer komplexen Lie-Algebra und hierauf zu einer anderen reellen Form der Algebra überzugehen, die zu einer kompakten Gruppe gehört, läßt sich auf jede halbeinfache Lie-Gruppe anwenden. Aus der Unitäräquivalenz der Darstellungen der kompakten Gruppe schließt man so auf die volle Reduzibilität der endlichdimensionalen Darstellungen halbeinfacher Gruppen („unitärer Trick" von H. Weyl; vgl. Hein (1990)). Die allgemein für $j+j'$ = halbzahlig entstehenden zweiwertigen Darstellungen von $\mathcal{L}_+^\uparrow$ sind bereits alle endlichdimensionalen mehrwertigen Darstellungen (siehe den entsprechenden allgemeinen Satz in Abschnitt 7.10).

Aufgaben

1. Man zeige, daß die adjungierte Darstellung von $\mathcal{L}_+^\uparrow$ mit jener im Raum der antisymmetrischen Tensoren $F_{ik} = (\mathbf{E}, \mathbf{B})$ übereinstimmt, die in Abschnitt 6.5 betrachtet wurde, und daß die Zerlegung (8.1.4,5) der dort ausgeführten Ausreduktion dieser Darstellung entspricht. (Wegen der Verwendung komplexer Zahlen siehe die Bemerkungen zum Schurschen Lemma in Abschnitt 6.6.) Man zeige die Halbeinfachheit der Algebra (vgl. Abschnitt 7.4).

2. Die Bewegungsgleichung (4.1.10), (5.3.2) eines geladenen Teilchens in einem *konstanten* elektromagnetischen Feld $(F^i{}_k) = F$ hat als erstes Integral

$$u(s) = \exp\left(\frac{e}{m} F\, s\right) u(0).$$

Man zeige, daß $\exp(\frac{e}{m} F\, s)$ die Matrix einer Lorentztransformation ist. (Für die weitere Integration unter Benützung gruppentheoretischer Mittel der folgenden Abschnitte siehe H.V.R. Pietschmann, Sitz. Ber. Österr. Ak. Wiss. Abt. II *171*, 189 (1962).)

8.2 Die Spinordarstellung

Wir untersuchen nun den Fall $j = 1/2$, $j' = 0$ genauer. Die Erzeugenden sind spurfreie 2×2-Matrizen $-i(\boldsymbol{\alpha} - i\mathbf{v})\,\boldsymbol{\sigma}/2$, die für $\mathbf{v} = \mathbf{0}$, also für reine Drehungen, antihermitisch, für Geschwindigkeitstransformationen ($\boldsymbol{\alpha} = \mathbf{0}$) hermitisch sind. Daher sind die Matrizen $\exp[-i(\boldsymbol{\alpha} - i\mathbf{v})\,\boldsymbol{\sigma}/2]$ zwar alle *unimodular* (Determinante = 1), aber nur für $\mathbf{v} = \mathbf{0}$ unitär; hingegen sind sie für $\boldsymbol{\alpha} = \mathbf{0}$ *hermitisch und positiv definit.* Es sei nochmals betont, daß $\exp[-i(\boldsymbol{\alpha} - i\mathbf{v})\,\boldsymbol{\sigma}/2]$ wohl Darstellungsmatrix einer Lorentztransformation ist, wobei aber die Vektoren $\mathbf{v}$, $\boldsymbol{\alpha}$ nicht die gewohnte Deutung haben. Nach (8.1.9) gilt ($\mathbf{u} := (\operatorname{ar\,tgh} v)\,\mathbf{v}/v$)

$$\mathrm{D}^{(\frac{1}{2},0)}(\mathbf{v}, \boldsymbol{\alpha}) = e^{-\frac{i}{2}\boldsymbol{\alpha}\boldsymbol{\sigma}}\, e^{-\frac{1}{2}\mathbf{u}\boldsymbol{\sigma}} \qquad \left(\neq e^{-\frac{i}{2}(\boldsymbol{\alpha} - i\mathbf{v})\boldsymbol{\sigma}}\right); \tag{8.2.1}$$

die Exponentialfunktionen sind dabei wie in (7.6.1 - 3) auszuwerten.

Wie bei der Drehgruppe läßt sich die Spinordarstellung auch noch anders beschreiben. Die aus einem Vierervektor x^i gebildete 2×2-Matrix

$$\mathrm{X} := x^0 \cdot \mathbf{1} + \mathbf{x}\boldsymbol{\sigma} = x^i \sigma_i = \begin{pmatrix} x^0 + x^3 & x^1 - ix^2 \\ x^1 + ix^2 & x^0 - x^3 \end{pmatrix} \tag{8.2.2}$$

(wobei $\{\sigma_i\} = \{\mathbf{1}, \sigma_1, \sigma_2, \sigma_3\}$) ist für reelles x^i hermitisch. X ist aber nicht spurfrei, vielmehr gilt $\operatorname{Sp} \mathrm{X} = 2\, x^0$. Führen wir neben σ_i noch die Matrizen $\tilde{\sigma}^i$ durch

$$\tilde{\sigma}^i := \sigma_i \tag{8.2.3}$$

formal ein ($\tilde{\sigma}^i$ ist von $\sigma^i := \eta^{ik}\sigma_k$ zu unterscheiden!), so gilt

$$\mathrm{X} = x^i \sigma_i \leftrightarrow x^i = \frac{1}{2} \operatorname{Sp} \mathrm{X}\, \tilde{\sigma}^i. \tag{8.2.4}$$

Dabei liefern genau die hermitischen 2×2-Matrizen X reelle x^i. Von den Relationen (7.6.13) hat nur die zweite eine für hier wesentliche Verallgemeinerung:

$$\det \mathrm{X} = (x^0)^2 - \mathbf{x}^2 = x^i x_i. \tag{8.2.5}$$

Bilden wir nun mit einer *beliebigen komplexen unimodularen* 2×2-Matrix A die Matrix

$$\mathrm{X}' = \mathrm{A}\,\mathrm{X}\,\mathrm{A}^\dagger, \tag{8.2.6}$$

so ist X′ wieder hermitisch. Der daraus gewonnene Vierervektor $x'^i = \frac{1}{2} \operatorname{Sp} \mathrm{X}'\, \tilde{\sigma}^i$ hängt von x^i linear ab, und sein Viererquadrat erfüllt wegen $\det \mathrm{A} = 1$

$$x'^i x'_i = \det \mathrm{X}' = \det \mathrm{X} = x^i x_i. \tag{8.2.7}$$

Durch (8.2.6) ist somit eine Lorentztransformation definiert, für deren Koeffizienten $L^i{}_k$ wir mittels (8.2.4) sofort

$$L^i{}_k = \frac{1}{2} \operatorname{Sp} \mathrm{A}\, \sigma_k\, \mathrm{A}^\dagger\, \tilde{\sigma}^i \tag{8.2.8}$$

finden. Aus $L^0{}_0 = \frac{1}{2} \operatorname{Sp} \mathrm{A}\,\mathrm{A}^\dagger > 0$ folgt, daß auf diese Weise nur orthochrone Lorentztransformationen zustande kommen. Auch sieht man unschwer, daß durch (8.2.6) keine Raumspiegelungen beschrieben werden können (Aufgabe).

Wir haben somit gesehen, daß jeder Matrix A aus SL(2,C) (der Gruppe der komplexen, unimodularen 2×2-Matrizen) eine Lorentztransformation aus $\mathcal{L}_+^\uparrow$ zugeordnet werden kann. (8.2.1) zeigt auch das Umgekehrte, wobei allerdings aus dem Faktor $\exp(-i\boldsymbol{\alpha}\boldsymbol{\sigma}/2)$ wie bei der Drehgruppe eine Zweideutigkeit resultiert, die auch direkt aus (8.2.6) abzulesen ist: A und −A führen zur selben Transformation $\mathrm{X} \to \mathrm{X}'$ (mittels des Schurschen Lemmas kann man leicht sehen, daß nur A und −A zu dieser Transformation führen; Aufgabe). Man kann auch analog zu (7.6.19) eine explizite Formel angeben, die ±A durch die zugehörigen $L^i{}_k$ ausdrückt (Aufgaben).

Die Faktorzerlegung (8.2.1) entspricht dem bekannten Matrix-Analogon zur Polarzerlegung $z = |z| \exp(i \arg z)$ einer komplexen Zahl, nämlich der Möglichkeit, eine beliebige nichtsinguläre Matrix A gemäß

$$\mathrm{A} = \mathrm{U\,H} \tag{8.2.9}$$

eindeutig als Produkt einer hermitischen, positiv-definiten Matrix H und einer unitären Matrix U zu schreiben (H ergibt sich durch Diagonalisieren von $\mathrm{A}^\dagger \mathrm{A}$); bei aktiver Interpretation ist diese Charakterisierung wieder der Einschränkung unterworfen, daß ein Bezugssystem $\{e_i\}$ mit $e_0 = (1, \mathbf{0})$ verwendet wird. Für $\mathrm{A} \in \mathrm{SL}(2, \mathbf{C})$ ist $\mathrm{U} \in \mathrm{SU}(2)$ und $\det \mathrm{H} = 1$. Ordnet man H den reellen Vierervektor $h^i = \frac{1}{2} \mathrm{Sp}\, \tilde{\sigma}^i\, \mathrm{H}$ zu, folgt $h^i h_i = 1$ aus $\det \mathrm{H} = 1$ und $h^0 > 1$ aus der positiven Definitheit. h^i liegt also auf der Hyperboloidschale $h^0 = {}_+\sqrt{1 + \mathbf{h}^2}$ des Minkowskiraums, die die Topologie des $\mathbf{R}^3$ hat. Das ergibt für SL(2,C) die Topologie $\mathbf{R}^3 \times \mathrm{SU}(2) = \mathbf{R}^3 \times \mathbf{S}^3$; insbesondere ist SL(2,C) als Produkt zweier einfach zusammenhängender Räume wieder einfach zusammenhängend. SL(2,C) ist daher die *universelle Überlagerungsgruppe* von $\mathcal{L}_+^\uparrow$, welche zweifach zusammenhängend ist (wobei alle Komplikationen von der Drehgruppe stammen). Alle mehr- (= zwei-)deutigen (endlichdimensionalen) Darstellungen von $\mathcal{L}_+^\uparrow$ sind eindeutige Darstellungen der Überlagerungsgruppe SL(2,C), die ja schon aus topologischen Gründen keine stetigen diskret-mehrdeutigen Darstellungen haben kann (siehe das Monodromieargument in Abschnitt 7.6; man kann aber nicht umgekehrt schließen, daß eine mehrfach zusammenhängende Gruppe stets mehrdeutige Darstellungen besitzt – vgl. Aufgabe). Auch aus der Tatsache, daß $L^i{}_k$ in (8.2.8) eine stetige Funktion von A ist und SL(2,C) zusammenhängend ist, folgt nochmals, daß (8.2.6) nur $\mathcal{L}_+^\uparrow \cong \mathrm{SL}(2, \mathbf{C})/\mathcal{Z}_2$, $\mathcal{Z}_2 := \{\mathbf{1}, -\mathbf{1}\}$ liefern kann.

Wenn wir uns der in Abschnitt 7.6 erhaltenen Gruppenisomorphien erinnern und beachten, daß für x^0, x^1, x^3 = reell, x^2 = imaginär die Matrix X reell wird, wobei die Signatur von (8.2.5) in $(+ - + -)$ übergeht, können wir an dieser Stelle folgende Übersicht geben. $\mathrm{X}' = \mathrm{A\,X\,B}^\dagger$ definiert eine lineare Transformation $x^i \to x'^i$, und zwar eine

komplexe Lorentztransformation	für	$(\mathrm{A}, \mathrm{B}) \in \mathrm{SL}(2, \mathbf{C}) \times \mathrm{SL}(2, \mathbf{C})$	
reelle Lorentztransformation	für	$\mathrm{B} = \mathrm{A} \in \mathrm{SL}(2, \mathbf{C})$	
komplexe 3-dimensionale Drehung	für	$\mathrm{B}^\dagger = \mathrm{A}^{-1} \in \mathrm{SL}(2, \mathbf{C})$	
reelle 4-dimensionale Drehung	für	$(\mathrm{A}, \mathrm{B}) \in \mathrm{SU}(2) \times \mathrm{SU}(2)$	(8.2.10)
Transformation $\in \mathrm{SO}(2,2)$	für	$(\mathrm{A}, \mathrm{B}) \in \mathrm{SL}(2, \mathbf{R}) \times \mathrm{SL}(2, \mathbf{R})$	
reelle 3-dimensionale Drehung	für	$\mathrm{B} = \mathrm{A} \in \mathrm{SU}(2)$	
Transformation $\in \mathrm{SO}(1,2)$	für	$\mathrm{B}^\dagger = \mathrm{A}^{-1} \in \mathrm{SL}(2, \mathbf{R})$.	

Dabei gelten die Isomorphien

$$\begin{gathered}\mathrm{SO}(3) \cong \mathrm{SU}(2)/\mathcal{Z}_2, \qquad \mathrm{SO}_e(1,2) \cong \mathrm{SL}(2,\mathbf{R})/\mathcal{Z}_2, \qquad \mathrm{SO}(3,\mathbf{C}) \cong \mathcal{L}_+^\uparrow \cong \mathrm{SL}(2,\mathbf{C})/\mathcal{Z}_2, \\ \mathrm{SO}(4,\mathbf{C}) \cong (\mathrm{SL}(2,\mathbf{C}) \times \mathrm{SL}(2,\mathbf{C}))/\{(\mathbf{1},\mathbf{1}),(-\mathbf{1},-\mathbf{1})\}, \qquad \mathrm{SO}_e(2,2) \cong \text{idem mit } \mathbf{C} \to \mathbf{R}, \\ (\mathrm{SL}(2,\mathbf{C}) \times \mathrm{SL}(2,\mathbf{C}))/\mathcal{V}_4 \cong \mathrm{SO}(3,\mathbf{C}) \times \mathrm{SO}(3,\mathbf{C}) \cong \mathrm{SO}(4,\mathbf{C})/\{\mathrm{E},-\mathrm{E}\},\end{gathered} \tag{8.2.11}$$

wo $\mathcal{V}_4 = \{(\mathbf{1},\mathbf{1}),(-\mathbf{1},\mathbf{1}),(\mathbf{1},-\mathbf{1}),(-\mathbf{1},-\mathbf{1})\}$ die Kleinsche Vierergruppe ist und eine analoge Relation mit $\mathbf{C} \to \mathbf{R}$ für $\mathrm{SO}_e(1,2)$ und $\mathrm{SO}_e(2,2)$ gilt ($_e$ deutet die Komponente der Einheit an). Hinzu kommen noch die in Abschnitt 7.6 angegebenen Isomorphismen.

Wir benützen nun die Beziehung von $\mathcal{L}_+^\uparrow$ zu SL(2,C), um zu zeigen, daß jede unitäre endlichdimensionale Darstellung von $\mathcal{L}_+^\uparrow$ direkt in eine Summe von trivialen Darstellungen zerfällt[1]. Dazu fassen wir die Darstellung als Darstellung von SL(2,C)

[1]Allgemein haben zusammenhängende, halbeinfache, nicht kompakte Lie-Gruppen keine treuen endlichdimensionalen unitären Darstellungen.

auf und verwenden komplexe Parameter $\mathbf{w} = \mathrm{w}\mathbf{n}$ (w komplex, $\mathbf{n}$ komplex, $\mathbf{n}^2 = 1$) so daß

$$\mathrm{A} = \exp\left(-\frac{i}{2}\mathbf{w}\boldsymbol{\sigma}\right) = \cos\frac{\mathrm{w}}{2} - i\sin\frac{\mathrm{w}}{2}\,\mathbf{n}\boldsymbol{\sigma} =: \mathrm{A}(\mathrm{w},\mathbf{n}), \tag{8.2.12}$$

(der Ausnahmefall der isotropen Drehungen, $\mathbf{w}^2 = 0$, kann durch eine Stetigkeitsbetrachtung berücksichtigt werden). Dann gilt

$$\mathrm{A}(\mathrm{w}_1,\mathbf{n})\,\mathrm{A}(\mathrm{w}_2,\mathbf{n}) = \mathrm{A}(\mathrm{w}_1+\mathrm{w}_2,\mathbf{n}) \tag{8.2.13}$$

für beliebige ***komplexe*** w_1, w_2 bei festgehaltenem $\mathbf{n}$. (Für reelles $\mathbf{n}$ besteht diese Untergruppe mit einem komplexen, also zwei reellen Parametern gerade aus Geschwindigkeitstransformationen in der Richtung $\mathbf{n}$ und Drehungen um die Richtung $\mathbf{n}$.) In einer unitären Darstellung $\mathrm{A}(\mathrm{w},\mathbf{n}) \to U(\mathrm{w},\mathbf{n})$ müssen die $U(\mathrm{w},\mathbf{n})$ zu festem $\mathbf{n}$ die (8.2.13) entsprechende Relation erfüllen; insbesondere kommutieren sie und besitzen daher ein gemeinsames vollständiges System von Eigenvektoren (hier geht die Endlichdimensionalität der Darstellung ein!). Ist v ein solcher, so ist $U(\mathrm{w},\mathbf{n})v = \mathrm{u}(\mathrm{w},\mathbf{n})v$, und die Eigenwerte u müssen ebenfalls $\mathrm{u}(\mathrm{w}_1)\,\mathrm{u}(\mathrm{w}_2) = \mathrm{u}(\mathrm{w}_1+\mathrm{w}_2)$ erfüllen. Die Lösungen dieser Funktionalgleichung haben die Form $\mathrm{u}(\mathrm{w}) = \exp(\mathrm{aw})$, $\mathrm{a} \in \mathbf{C}$. Sollen die $U(\mathrm{w})$ unitär sein, muß $|\mathrm{u}(\mathrm{w})| = 1$ für alle ***komplexen*** w gelten; daraus folgt aber $\mathrm{a} = 0$, $\mathrm{u}(\mathrm{w}) = 1$. Die $U(\mathrm{w},\mathbf{n})$ sind somit Einheitsoperatoren, und die Überlegung kann für jedes weitere, feste $\mathbf{n}$ wiederholt werden; somit sind alle Darstellungsoperatoren $U(\mathrm{w},\mathbf{n})$ Einheitsoperatoren.

Völlig analog ist die Darstellung mit $j = 0$, $j' = 1/2$, deren Matrizen von der Form $\exp[-i(\boldsymbol{\alpha} + i\mathbf{v})\,\boldsymbol{\sigma}/2]$ sind. Wegen

$$\sigma_2\,\boldsymbol{\sigma}\,\sigma_2^{-1} = -\boldsymbol{\sigma}^* = -\boldsymbol{\sigma}^T \tag{8.2.14}$$

ist

$$\sigma_2 \exp\left[-\frac{i}{2}(\boldsymbol{\alpha}+i\mathbf{v})\,\boldsymbol{\sigma}\right]\sigma_2^{-1} = \exp\left[\frac{i}{2}(\boldsymbol{\alpha}+i\mathbf{v})\,\boldsymbol{\sigma}^*\right] = \left(\exp\left[-\frac{i}{2}(\boldsymbol{\alpha}-i\mathbf{v})\,\boldsymbol{\sigma}\right]\right)^*, \tag{8.2.15}$$

d.h., diese Darstellung ist äquivalent zur konjugiert-komplexen Darstellung $\mathrm{A} \to \mathrm{A}^*$ von SL(2,C). Die kontragrediente Darstellung $\mathrm{A} \to \widetilde{\mathrm{A}} = \mathrm{A}^{-1T}$ ist hingegen äquivalent zur definierenden, $\mathrm{A} \to \mathrm{A}$:

$$\sigma_2 \exp\left[\frac{i}{2}(\boldsymbol{\alpha}-i\mathbf{v})\,\boldsymbol{\sigma}^T\right]\sigma_2^{-1} = \exp\left[-\frac{i}{2}(\boldsymbol{\alpha}-i\mathbf{v})\,\boldsymbol{\sigma}\right], \tag{8.2.16}$$

d.h.

$$\sigma_2\,\mathrm{A}^{-1T}\,\sigma_2^{-1} = \mathrm{A} \qquad \text{für} \qquad \mathrm{A} \in \mathrm{SL}(2,\mathrm{C}),$$

während $\mathrm{A} \to \mathrm{A}^*$ dazu inäquivalent ist und nur bei Einschränkung auf SU(2) wieder zur definierenden äquivalent wird, da nur dann $\mathrm{A}^* = (\mathrm{A}^\dagger)^T = \mathrm{A}^{-1T}$ aufgrund der Unitarität.

Die Relation (8.2.14) kann auch in der Form

$$\sigma_2\,\tilde{\sigma}_i\,\sigma_2^{-1} = \sigma_i^* = \sigma_i^T \tag{8.2.17}$$

geschrieben werden. Dies zeigt, daß man auf die konjugiert-komplexe Darstellung stößt, wenn man statt mit den 2×2-Matrizen $\mathrm{X} = x^i \sigma_i$ mit

$$\widetilde{\mathrm{X}} = x^i \tilde{\sigma}_i \tag{8.2.18}$$

arbeitet.

Die zuletzt erwähnten Tatsachen werden wir in den nächsten Abschnitten zu einer systematischen Spinoralgebra ausbauen.

Aufgaben

1. Man zeige, daß (8.2.6) keine Raumspiegelungen beschreiben kann.
   Hinweis: Die Determinante von $L^i{}_k$ ist, da basisunabhängig, auch die Determinante der Transformation (8.2.6), also gleich der Determinante des Kroneckerprodukts $\mathrm{A} \otimes \mathrm{A}^*$, und es ist $\det(\mathrm{A} \otimes \mathrm{A}^*) = \det\big((\mathrm{A} \otimes \mathbf{1})(\mathbf{1} \otimes \mathrm{A})\big) =$ $= (\det \mathrm{A})^2 (\det \mathrm{A}^*)^2 = |\det \mathrm{A}|^4 = +1$.

2. Man zeige, daß nur $-\mathrm{A} \in \mathrm{SL}(2, \mathbf{C})$ dieselbe Transformation $\mathrm{X} \rightarrow \mathrm{X}'$ (8.2.6) bewirkt wie $\mathrm{A} \in \mathrm{SL}(2, \mathbf{C})$.

3. Man verifiziere die Relationen

$$\sigma_{(i}\tilde{\sigma}_{k)} = \tilde{\sigma}_{(i}\sigma_{k)} = \eta_{ik} \cdot \mathbf{1} \tag{8.2.19}$$

$$\frac{1}{2} \operatorname{Sp} \sigma_i \tilde{\sigma}_k = \eta_{ik} \tag{8.2.20}$$

   und folgere daraus $\mathrm{X}\widetilde{\mathrm{X}} = \widetilde{\mathrm{X}}\mathrm{X} = x^i x_i \cdot \mathbf{1}$.

4. Man suche explizit die Formel für $\pm\mathrm{A}$ zu gegebener Lorentztransformation nach dem Muster von (7.6.19).
   Anleitung: Mit $x'^i = L^i{}_k x^k$ folgt aus (8.2.6) $L^i{}_k \sigma_i = \mathrm{A} \sigma_k \mathrm{A}^\dagger$. (7.6.18) schreibt sich nun auch

$$\sigma_i \mathrm{M} \tilde{\sigma}^i = 2 \operatorname{Sp} \mathrm{M} \cdot \mathbf{1}, \tag{8.2.21}$$

   so daß

$$\mathrm{A} = \frac{1}{N} \mathrm{L}^i{}_k \sigma_i \tilde{\sigma}^k, \tag{8.2.22}$$

   wobei sich der Nenner $N = 2 \operatorname{Sp} \mathrm{A}^\dagger$ aus (8.2.22) und der Bedingung $\det \mathrm{A} = 1$ zu

$$N = \pm\sqrt{\det L^i{}_k \sigma_i \tilde{\sigma}^k} \tag{8.2.23}$$

   ergibt. Die Formel (8.2.22) muß wieder aus topologischen Gründen für gewisse L versagen – für welche?

5. Jede 2×2-Matrix M kann in der Form $\mathrm{M} = \mathrm{m}^\ell \sigma_\ell$ mit $\mathrm{m}^\ell = \frac{1}{2} \operatorname{Sp} \mathrm{M} \tilde{\sigma}^\ell$ dargestellt werden. Wir werden später derartige Zerlegungen für die Fälle $\mathrm{M} = \sigma_i \tilde{\sigma}_j \sigma_k$,

$\sigma_i\,\tilde\sigma_j\,\sigma_k\,\tilde\sigma_m\,\sigma_n, \ldots$ benötigen, bzw. die Werte der Spuren $\frac{1}{2}\,\mathrm{Sp}\,\sigma_i\,\tilde\sigma_j\,\sigma_k\,\tilde\sigma_\ell, \ldots$ Sie können alle rekursiv mittels

$$\sigma_i\,\tilde\sigma_j\,\sigma_k = \eta_{ij}\,\sigma_k + \eta_{jk}\,\sigma_i + \eta_{ik}\,\sigma_j + i\epsilon_{ijk\ell}\,\sigma^\ell \tag{8.2.24}$$

auf einfachere Produkte reduziert werden. (8.2.24) folgt aus

$$\frac{1}{2}\,\mathrm{Sp}\,\sigma_i\,\tilde\sigma_j\,\sigma_k\,\tilde\sigma_\ell = \eta_{ij}\,\eta_{k\ell} + \eta_{jk}\,\eta_{i\ell} - \eta_{ik}\,\eta_{j\ell} + i\epsilon_{ijk\ell}. \tag{8.2.25}$$

Man beweise diese Formel in zwei Schritten:

a) Für den in i, k symmetrischen Teil gilt

$$\frac{1}{2}(\sigma_i\,\tilde\sigma_j\,\sigma_k\,\tilde\sigma_\ell + \sigma_k\,\tilde\sigma_j\,\sigma_i\,\tilde\sigma_\ell) = \eta_{ij}\,\sigma_k\,\tilde\sigma_\ell + \eta_{jk}\,\sigma_i\,\tilde\sigma_\ell - \eta_{ik}\,\sigma_j\,\tilde\sigma_\ell,$$

wie man einsieht, wenn man den ersten Term mittels dreimaliger Anwendung von (8.2.19) auf die Gestalt des zweiten bringt. Die Spur ergibt sich dann mittels (8.2.20).

b) Für den in i, k antisymmetrischen Teil $\frac{1}{2}\,\mathrm{Sp}(\sigma_i\,\tilde\sigma_j\,\sigma_k\,\tilde\sigma_\ell - \sigma_k\,\tilde\sigma_j\,\sigma_i\,\tilde\sigma_\ell)$ zeige man mittels der zyklischen Vertauschbarkeit unter der Spur und der Relationen (8.2.19,20) die totale Antisymmetrie und somit Proportionalität zu $\epsilon_{ijk\ell}$. Hierauf bestimme man den Proportionalitätsfaktor.

6. Der Nenner $N = \mathrm{Sp}\,\mathrm{A}^\dagger$ ergibt sich aus (8.2.22) wegen $\mathrm{Sp}\,\mathrm{A}^\dagger = \mathrm{Sp}\,\mathrm{A}^{-1\,\dagger}$ für unimodulare 2×2-Matrizen auch dadurch, daß die analoge Gleichung für $\mathrm{A}^{-1} \to$ $\to (L^{-1})^i{}_k = L_i{}^k$ angeschrieben und mit (8.2.22) multipliziert wird:

$$N^2 \cdot \mathbf{1} = L^i{}_k\,L_m{}^n\,\sigma_i\,\tilde\sigma^k\,\sigma_n\,\tilde\sigma^m = L^i{}_k\,L^m{}_n\,\sigma_i\,\tilde\sigma^k\,\sigma^n\,\tilde\sigma_m$$

$$N^2 = L^i{}_k\,L^m{}_n \cdot \frac{1}{2}\,\mathrm{Sp}\,\sigma_i\,\tilde\sigma^k\,\sigma^n\,\tilde\sigma_m.$$

Zur weiteren Auswertung verwende man das Ergebnis von Aufgabe 5.

7. Man berechne die zu einer reinen Geschwindigkeitstransformation gehörende unimodulare Matrix H explizit und zeige $\mathrm{H}^2 = u^i\,\tilde\sigma_i$, wo u^i die zur Relativgeschwindigkeit **v** gehörende Vierergeschwindigkeit ist.

8. a) Man gebe die Theorie der endlichdimensionalen Darstellungen für die Komponente der Einheit der pseudo-orthogonalen Gruppe SO(2,1) (Drehungen im Sinn der Metrik $(dx_1)^2 - (dx_2)^2 - (dx_3)^2$). (Komplexifizierung!)

b) Aus der Spinordarstellung dieser Gruppe leite man die Isomorphie zu $\mathrm{SL}(2,\mathbf{R})/\mathcal{Z}_2$ ab und untersuche die Topologie der Gruppe $\mathrm{SL}(2,\mathbf{R})$ der *reellen* unimodularen 2×2-Matrizen.

c) Man zeige, daß $\mathrm{A} \in \mathrm{SL}(2,\mathbf{R})$ für $\mathrm{Sp}\,\mathrm{A} < -2$ in keiner, $-\mathbf{1} \in \mathrm{SL}(2,\mathbf{R})$ hingegen in vielen einparametrigen Untergruppen liegt.

Anleitung zu b): Ist $\mathrm{A} = \begin{pmatrix} a & b \\ c & d \end{pmatrix} = a_1 \sigma_1 + a_2 i\sigma_2 + a_3 \sigma_3 + a_4 \cdot \mathbf{1}$ eine reelle unimodulare Matrix, so betrachte man die (reellen) a_i als Koordinaten im euklidischen $\mathbf{R}^4$. $\det \mathrm{A} = 1$ ist die Gleichung eines Hyperboloids, $(a_2)^2 + (a_4)^2 = 1 + (a_1)^2 + (a_3)^2$. Zu *jedem* Paar $(a_1, a_3) \in \mathbf{R}^2$ gehört ein Kreis $\mathbf{S}^1$. Das Hyperboloid hat also die Topologie $\mathbf{R}^2 \times \mathbf{S}^1$. (Bei der Sphäre $\mathbf{S}^3$: $(a_1)^2 + (a_2)^2 + (a_3)^2 + (a_4)^2 = 1$ oder $(a_2)^2 + (a_4)^2 = 1 - (a_1)^2 - (a_3)^2$ könnte man nicht so schließen, da zu den Paaren $(a_1, a_3) \in \mathbf{R}^2$ mit $(a_1)^2 + (a_3)^2 = 1$ kein Kreis, sondern nur ein Punkt gehört!) Insbesondere ist SL(2,**R**) unendlichfach zusammenhängend. Da SL(2,**R**) die Komponente der Einheit von SO(2,1) doppelt überdeckt und sich unter a) höchstens zweideutige Darstellungen ergeben, hat SL(2,**R**) trotz unendlichfachen Zusammenhangs nur eindeutige Darstellungen. (Das bei a) zu verwendende Komplexifizierungsargument sowie diese Aussage selbst werden bei unendlichdimensionalen Darstellungen *falsch,* wie von Y. Ne'eman betont wurde.)

9. Man zeige $\mathrm{SL}(2, \mathbf{R}) \cong \mathrm{SU}(1, 1)$.

10. Man zeige folgende Beziehung zwischen dem Vierervektor x^i und der zugeordneten Matrix X:

zeitartig-zukunftsgerichtet	$\Leftrightarrow$	positiv-definit
zeitartig-vergangenheitsgerichtet	$\Leftrightarrow$	negativ-definit
lichtartig-zukunftsgerichtet	$\Leftrightarrow$	positiv-semidefinit
lichtartig-vergangenheitsgerichtet	$\Leftrightarrow$	negativ-semidefinit
raumartig	$\Leftrightarrow$	indefinit

8.3 Spinoralgebra[1]

Wie bei der Drehgruppe nennen wir die Vektoren eines Darstellungsraums, auf dem $\mathcal{L}_+^\uparrow$ wie $\mathrm{D}^{(1/2,0)}$ wirkt, Spinoren (erster Stufe). Der Spinorraum ist komplex und zweidimensional. Ist A die einer Lorentztransformation $L \in \mathcal{L}_+^\uparrow$ zugeordnete SL(2,C)-Matrix, so transformiert ein Spinor Ψ unter L definitionsgemäß nach

$$\Psi \to \Psi' = \mathrm{A}\Psi \qquad \text{oder} \qquad \Psi'^J = A^J{}_K \Psi^K \qquad (J, K = 1, 2). \tag{8.3.1}$$

Die durch Tensorproduktbildung zu erhaltenden Spinoren höherer Stufe transformieren dementsprechend nach

$$\Psi'^{JK\dots} = A^J{}_M A^K{}_N \dots \Psi^{MN\dots}. \tag{8.3.2}$$

Die so eingeführten Spinoren könnte man als kontravariante bezeichnen und daneben kovariante Spinoren Φ betrachten, die bei L mit $\widetilde{\mathrm{A}}$ transformiert werden:

$$\Phi \to \Phi' = \widetilde{\mathrm{A}}\, \Phi \quad \text{oder} \quad \Phi'_J = A_J{}^K \Phi_K, \quad A_J{}^K A^J{}_L = \delta^K_L.$$

[1]Zu diesem und dem folgenden Abschnitt sei das Werk Penrose-Rindler (1984) wärmstens empfohlen!

Wegen (8.2.16) vermittelt jedoch σ_2 eine Abbildung zwischen ko- und kontravarianten Spinoren, die unter den Transformationen A, $\widetilde{\mathrm{A}}$ erhalten bleibt: Ist $\Psi' = \mathrm{A}\Psi$, so gilt für $\Phi = \sigma_2\Psi$, $\Phi' = \sigma_2\Psi'$ die Relation $\Phi' = \widetilde{\mathrm{A}}\,\Phi$, wie sofort aus (8.2.16) folgt. Man wird dazu geführt, wie bei Vierervektoren nur von ko- und kontravarianten Komponenten desselben Spinors zu reden und schreibt

$$\Phi^A := \epsilon^{AB}\,\Phi_B \quad \text{mit} \quad \epsilon = (\epsilon^{AB}) := i\sigma_2 = -\epsilon^T = -\epsilon^{-1} = \begin{pmatrix} 0 & 1 \\ -1 & 0 \end{pmatrix} \tag{8.3.3}$$

(der Faktor i bewirkt, daß die Umrechnungsmatrix ϵ reell wird). Die ϵ^{AB} sind Komponenten eines invarianten antisymmetrischen Spinors 2. Stufe: ein derartiger Spinor muß wegen $\det \mathrm{A} = 1$ in völliger Analogie zum ϵ-Tensor von Abschnitt 5.5 existieren. Da er aber von 2. Stufe ist, definiert er eine invariante Bilinearform

$$\Phi_A\,\Psi^A = \epsilon^{AB}\,\Phi_A\,\Psi_B = -\epsilon^{BA}\,\Psi_B\,\Phi_A = -\Psi_B\,\Phi^B, \tag{8.3.4}$$

die man als invariantes Skalarprodukt im Sinn der symplektischen Geometrie für den Spinorraum auffassen kann. Dies bedeutet, daß die bereits in (7.6.22) eingeführte drehinvariante Bilinearform auch lorentzinvariant ist (die Sesquilinearform (7.6.21) hingegen nicht – $\mathcal{L}_+^\uparrow$ hat ja keine irreduziblen unitären zweidimensionalen Darstellungen). Im Sinn dieser symplektischen Geometrie ist jeder Spinor auf sich selbst orthogonal, je zwei orthogonale Spinoren sind proportional und umgekehrt.

Die Antisymmetrie der *Spinormetrik* ϵ^{AB} ist beim Indextransport zu beachten, d.h., es kommt auf die Indexreihenfolge an. Die kovarianten Komponenten ϵ_{AB} der Spinormetrik sind nach der Definition (8.3.3) so zu wählen, daß sie mit $\epsilon^{AB} = \epsilon^{AC}\,\epsilon^{BD}\,\epsilon_{CD}$ verträglich sind. Daraus folgt

$$\epsilon^{BD}\,\epsilon_{CD} = \delta^B_C, \qquad (\epsilon_{CD}) = \left(\epsilon^T\right)^{-1} = \epsilon, \tag{8.3.5}$$

und die Umkehrung von (8.3.3) ist

$$\Phi_B = \Phi^A\,\epsilon_{AB}. \tag{8.3.6}$$

Wie in der Tensoralgebra sind Symmetrisieren und Antisymmetrisieren invariante Prozesse. Die Zweidimensionalität des Spinorraumes bewirkt jedoch, daß hier besonders einfache Verhältnisse herrschen; total antisymmetrische Spinoren von höherer als zweiter Stufe verschwinden identisch, solche von zweiter Stufe müssen Vielfache von ϵ_{AB} sein, da sie nur eine unabhängige Komponente haben:

$$\Phi_{AB} = -\Phi_{BA} \;\text{ impliziert }\; \Phi_{AB} = \frac{1}{2}\,\Phi_C{}^C\,\epsilon_{AB} \tag{8.3.7}$$

(der Proportionalitätsfaktor folgt durch Überschieben mit ϵ^{AB}). Für beliebige Φ_{AB} gilt daher

$$\Phi_{AB} - \Phi_{BA} = \Phi_C{}^C\,\epsilon_{AB} = \epsilon_{AB}\,\epsilon^{CD}\,\Phi_{CD}. \tag{8.3.8}$$

Daraus folgt die zu (5.5.9*e*) analoge Relation

$$\epsilon_{AB}\,\epsilon^{CD} = \delta_A{}^C\,\delta_B{}^D - \delta_A{}^D\,\delta_B{}^C. \tag{8.3.9}$$

Eine weitere Vereinfachung besteht darin, daß alle Kontraktionen an total symmetrischen Spinoren verschwinden. Tatsächlich haben wir schon bei der Drehgruppe gesehen, daß *totale Symmetrie Irreduzibilität* bedeutet, derartige Spinoren p-ter Stufe transformieren also nach $D^{(p/2,0)}$.

Nicht total symmetrische Spinoren höherer Stufe können mittels (8.3.9) durch systematisches Symmetrisieren und Antisymmetrisieren ausreduziert werden. So ist z.B.

$$\Phi_{AB} = \Phi_{(AB)} + \Phi_{[AB]} = \Phi_{(AB)} + \frac{1}{2}\Phi_E{}^E \epsilon_{AB} \tag{8.3.10}$$

die Ausreduktion von $D^{(1/2)} \otimes D^{(1/2)} = D^{(1)} \oplus D^{(0)}$ für die Drehgruppe und entsprechend von $D^{(1/2,0)} \otimes D^{(1/2,0)}$ für die Lorentzgruppe (ϵ_{AB} transformiert als invarianter Spinor nach der trivialen Darstellung). Analog haben wir im allgemeinen Fall

$$\Phi_{A_1 \dots A_p} = \Phi_{(A_1 \dots A_p)} + \text{Rest}, \tag{8.3.11}$$

wobei der total symmetrische Anteil nach $D^{(p/2,0)}$ transformiert und ausführlich geschrieben

$$\Phi_{(A_1 \dots A_p)} = \frac{1}{p!}\sum_{\pi} \Phi_{A_{\pi(1)} \dots A_{\pi(p)}} \tag{8.3.12}$$

lautet ($\pi(1) \dots \pi(p)$ deutet eine Permutation der Subindizes $1 \dots p$ an, und es ist über alle $p!$ derartigen Permutationen π zu summieren). Der Rest kann als Summe von $p! - 1$ Termen der Form

$$\frac{1}{p!}\left\{\Phi_{A_1 \dots A_p} - \Phi_{A_{\pi(1)} \dots A_{\pi(p)}}\right\} \tag{8.3.13}$$

geschrieben werden. Da jede Permutation π durch Hintereinanderausführung einfacher Vertauschungen von jeweils nur zwei Elementen entsteht, z.B.

$$\Phi_{ABIJ} - \Phi_{IJAB} = \Phi_{ABIJ} - \Phi_{IBAJ} + \Phi_{IBAJ} - \Phi_{IJAB}, \tag{8.3.14}$$

ist jede der Differenzen $\{\dots\}$ in (8.3.13) eine Summe von Ausdrücken $\Phi_{\dots B \dots J \dots} - \Phi_{\dots J \dots B \dots} = \epsilon_{BJ}\Phi_{\dots E \dots}{}^{E}{}_{\dots}$ (nach (8.3.9)). Wegen der Invarianz von $\epsilon_{..}$ ist damit effektiv die Stufe des Restes um 2 erniedrigt. Es ist übrigens zu beachten, daß – selbst ohne Symmetrien in $\Phi_{A_1 \dots A_p}$ – Relationen zwischen den Spinoren $\Phi_{\dots E \dots}{}^{E}{}_{\dots}$ bestehen, die aus (8.3.9) folgen, wie z.B.

$$\Phi_A{}^E{}_E + \Phi^E{}_{EA} + \Phi_{EA}{}^E = 0, \dots \tag{8.3.15}$$

Diese Tatsache und die etwaigen Symmetrien von $\Phi_{A_1 \dots A_p}$ sind bei der Diskussion der Vielfachheit der irreduziblen Bestandteile zu berücksichtigen.

Als Beispiel betrachten wir einen nach $D^{(j_1)} \otimes D^{(j_2)}$ transformierenden Spinor, der also $2j_1 + 2j_2$ Indizes hat:

$$\Phi_{\underbrace{A \dots B}_{2j_1}\underbrace{I \dots J}_{2j_2}}, \tag{8.3.16}$$

wobei in den beiden angedeuteten Indexmengen jeweils totale Symmetrie herrscht. Anwendung des obigen Verfahrens ergibt den nach $\mathrm{D}^{(j_1+j_2)}$ transformierenden Anteil $\Phi_{(A\ldots J)}$ und Terme der Form

$$\epsilon_{AI}\,\Phi_{E\ldots B}{}^{E}{}_{\ldots J}\,, \tag{8.3.17}$$

die wegen der verbleibenden Symmetrie nach $\mathrm{D}^{(j_1-1/2)}\otimes\mathrm{D}^{(j_2-1/2)}$ transformieren. Diese Terme sind nun keineswegs unabhängig voneinander, aus den angeführten Gründen, und auch, weil ihre Summe die Symmetrie des ursprünglichen Spinors haben muß (Teilraum!). Das ergibt eine starke Einschränkung für die Vielfachheit, mit der $\mathrm{D}^{(j_1-1/2)}\otimes\mathrm{D}^{(j_2-1/2)}$ vorkommen kann. Tatsächlich ist diese Darstellung höchstens einmal enthalten, wie ein einfacher Dimensionsvergleich zeigt:

$$(2j_1+1)(2j_2+1) = 2(j_1+j_2)+1+[2(j_1-1/2)+1]\,[2(j_2-1/2)+1]. \tag{8.3.18}$$

Folglich gilt

$$\begin{aligned} \mathrm{D}^{(j_1)}\otimes\mathrm{D}^{(j_2)} &= \mathrm{D}^{(j_1+j_2)}\oplus\left(\mathrm{D}^{(j_1-1/2)}\otimes\mathrm{D}^{(j_2-1/2)}\right) = \\ &= \mathrm{D}^{(j_1+j_2)}\oplus\mathrm{D}^{(j_1+j_2-1)}\oplus\left(\mathrm{D}^{(j_1-1)}\otimes\mathrm{D}^{(j_2-1)}\right) = \ldots \\ &= \mathrm{D}^{(j_1+j_2)}\oplus\mathrm{D}^{(j_1+j_2-1)}\oplus\ldots\oplus\mathrm{D}^{(|j_1-j_2|)}, \end{aligned} \tag{8.3.19}$$

womit die *Clebsch-Gordan-Zerlegung* (7.8.8) hergeleitet ist. Die explizite Berechnung der einzelnen irreduziblen Bestandteile samt ihrer Normierung, die für kanonische Basen unitärer Darstellungen der Drehgruppe noch nötig wäre, ist offensichtlich ein komplizierteres kombinatorisches[1] Problem, das wir für den allgemeinen Fall nicht ausführen (Unitarität für die Lorentzgruppe ist ja prinzipiell nicht erreichbar).

Für die total symmetrischen Spinoren p-ter Stufe $\Phi_{A\ldots K}$ existiert eine ***kanonische Zerlegung nach Hauptspinoren*** (1. Stufe), die eine weitere algebraische Klassifikation zuläßt. Der mit einem beliebigen Spinor ξ^A gebildete Skalar $\Phi_{A\ldots K}\,\xi^A\ldots\xi^K$ ist ein homogenes Polynom p-ten Grades in ξ^1, ξ^2, d.h. gleich $(\xi^2)^p$ mal einem Polynom p-ten Grades in $\xi := \xi^1/\xi^2$. Letzteres kann nach dem Fundamentalsatz der Algebra über dem Körper $\mathbf{C}$ der komplexen Zahlen in p Linearfaktoren $\xi-\alpha$, $\xi-\beta$, ... zerlegt werden. Das liefert auch für $\Phi_{A\ldots K}\,\xi^A\ldots\xi^K$ eine Zerlegung

$$\Phi_{A\ldots K}\,\xi^A\ldots\xi^K = (\alpha_A\xi^A)\,(\beta_B\xi^B)\,\ldots\,(\kappa_K\xi^K) = \alpha_{(A}\beta_B\,\ldots\,\kappa_{K)}\,\xi^A\xi^B\ldots\xi^K,$$

und da ξ^A beliebig ist:

$$\Phi_{AB\ldots K} = \alpha_{(A}\beta_B\,\ldots\,\kappa_{K)}. \tag{8.3.20}$$

Jeder total symmetrische Spinor p-ter Stufe läßt sich also als vollständig symmetrisiertes Produkt von p ***„Hauptspinoren"*** 1. Stufe darstellen, deren jeder bis auf einen komplexen Faktor eindeutig ist. Die Klassifizierungsmöglichkeit besteht nun (u.a.) in der Angabe, ob und wieviele dieser Hauptspinoren zueinander proportional sind (d.h. wieviele Wurzeln des oben erwähnten Polynoms zusammenfallen). Die Invariantentheorie binärer Formen lehrt, wie dies mit dem Verschwinden gewisser Konkomitanten von $\Phi_{A\ldots K}$ zusammenhängt, doch gehen wir darauf nicht weiter ein (vgl. R. Penrose, Ann. Phys. (N.Y.) *10*, 171 (1960)). Eine Anwendung dieser Klassifizierungsmöglichkeit wird sich im nächsten Abschnitt ergeben.

Einen völlig analogen Formalismus können wir für die nach der konjugiert-komplexen Darstellung $\mathrm{D}^{(0,1/2)}$ transformierenden *konjugierten Spinoren* entwickeln.

[1] R. Penrose hat versucht, aus der Tatsache, daß es sich um ein kombinatorisches Problem handelt, weitreichende Konsequenzen zu ziehen – siehe seinen Artikel in Klauder (1972).

Es ist üblich, diese Spinoren mit *gepunkteten* (oder auch gestrichenen) Indizes zu schreiben. Ein derartiger Spinor (1. Stufe) transformiert also definitionsgemäß unter $\mathcal{L}_+^\uparrow$ nach

$$\Psi'^{\dot{J}} = A^{\dot{J}}{}_{\dot{K}}\, \Psi^{\dot{K}}, \qquad A^{\dot{J}}{}_{\dot{K}} := \left(A^J{}_K\right)^*. \tag{8.3.21}$$

Wir bemerken, daß für einen nach $D^{(1/2,0)}$ transformierenden Spinor Φ_A die komplex-konjugierte Größe Φ_A^* nach $D^{(0,1/2)}$ transformiert und daher deutlicher $\Phi^*_{\dot{A}}$ zu schreiben ist. Für die *komplexifizierte* Lorentzgruppe SO(4,C) sind aber die Darstellungsräume von $D^{(1/2,0)}$ und $D^{(0,1/2)}$ als unabhängig zu betrachten (komplexe Konjugation und komplexe Lorentztransformation kommutieren nicht).

Die invariante symplektische Metrik $\epsilon_{\dot{A}\dot{B}}$ wählen wir, indem wir die numerische Gleichheit $\epsilon_{\dot{A}\dot{B}} = \epsilon_{AB}$ fordern. Mit ihrer Hilfe können wir die oben angestellten Überlegungen wörtlich für gepunktete Spinoren wiederholen, insbesondere transformieren total symmetrische gepunktete Spinoren p-ter Stufe nach $D^{(0,p/2)}$.

Als Objekte, die nach der irreduziblen Darstellung $D^{(j,j')}$ transformieren, können wir somit Kroneckerprodukte von Spinoren mit $2j$ ungepunkteten und $2j'$ gepunkteten Indizes nehmen, d.h. Spinoren der Form

$$\Phi_{AB\ldots I\dot{X}\dot{Y}\ldots\dot{Z}} \tag{8.3.22}$$

betrachten, die in $A, B, \ldots, I$ einerseits und $\dot{X}, \dot{Y}, \ldots, \dot{Z}$ andererseits jeweils total symmetrisch sind (die gegenseitige Stellung der gepunkteten und ungepunkteten Indizes ist gleichgültig, da sie nichts miteinander zu tun haben; die Operationen der Spinoralgebra – Symmetrisierung und Kontraktion mit $\epsilon_{..}$ – dürfen nur an gleichartigen Indizes ausgeführt werden). Diese Überlegungen zeigen, daß die beiden Spinordarstellungen $D^{(1/2,0)}$ und $D^{(0,1/2)}$ Fundamentaldarstellungen von $\mathcal{L}_+^\uparrow$ sind.

Die Komponenten des irreduziblen Spinors (8.3.22) werden häufig auch in der Form $\Phi_{\alpha\dot{\beta}}$ angegeben, wo α (bzw. β) die Anzahl der ungepunkteten (bzw. gepunkteten) Indizes ist, die gleich 1 (oder auch gleich 2) sind – ein symmetrischer Spinor ist ja dadurch bereits festgelegt, α (bzw. β) läuft von 0 bis $2j$ (bzw. $2j'$). (Eine andere gebräuchliche Numerierung ist es, α von $-j$ bis j (bzw. von $-j'$ bis j') laufen zu lassen; dabei kann die für die unitären Darstellungen der Drehgruppe relevante Normierung – vgl. (7.6.29 - 30) – hinzugefügt werden.)

Aufgabe

Man gebe die (8.3.10) entsprechende Zerlegung für einen Spinor 3. Stufe Φ_{ABC} an, der in A, B symmetrisch ist.

8.4 Der Zusammenhang von Spinoren und Tensoren

Die Darstellungen $D^{(j,j')}$ sind für *ganzzahliges* $j + j'$ *eindeutige* Darstellungen – in den Transformationsformeln der zugehörigen Spinoren treten ja dann eine gerade Anzahl von Faktoren $A^{\cdot}{}_{\cdot}$ auf. Es ist zu vermuten, daß diese Darstellungen zu irreduziblen Tensordarstellungen äquivalent sind. Wir wollen hier einen Formalismus zur

Handhabung der Äquivalenz zwischen Tensoren und nach eindeutigen Darstellungen transformierenden Spinoren entwickeln.

Der einfachste Fall ist $D^{(1/2,1/2)}$, also jene Darstellung, nach der Spinoren $X^{A\dot{Y}}$ mit einem gepunkteten und einem ungepunkteten Index transformieren:

$$X'^{A\dot{Y}} = A^A{}_B\, A^{\dot{Y}}{}_{\dot{Z}}\, X^{B\dot{Z}} . \tag{8.4.1}$$

In Matrixschreibweise lautet diese Gleichung $X' = A\,X\,A^\dagger$ und ist daher mit (8.2.6) identisch. Dies zeigt, daß die Spinorkomponenten $X^{A\dot{B}}$ lineare Kombinationen von Komponenten x^i eines Vierervektors sind, deren genaue Form durch (8.2.2) gegeben ist. Reellen Vierervektoren entsprechen dabei hermitische Spinoren.

Zur Entwicklung eines systematischen Kalküls ist es angenehm, (8.2.4) noch etwas symmetrischer – ohne Faktor 1/2 – zu schreiben. Dazu definieren wir „Verbindungsgrößen“

$$\sigma_i{}^{A\dot{B}} := \frac{1}{\sqrt{2}}\,(\sigma_i)^{AB}, \qquad \sigma^i{}_{A\dot{B}} = \frac{1}{\sqrt{2}}(\tilde{\sigma}^{iT})_{AB} \tag{8.4.2}$$

und haben dann statt (8.2.4) das Gleichungspaar

$$X^{A\dot{Y}} = x^i\,\sigma_i{}^{A\dot{Y}} \leftrightarrow x^i = X^{A\dot{Y}}\,\sigma^i{}_{A\dot{Y}} . \tag{8.4.3}$$

Wegen (8.2.17) ist dabei die Schreibweise $\sigma_i{}^{A\dot{X}}$, $\sigma^i{}_{A\dot{X}}$ mit den Indextransportregeln verträglich. Da x^i beliebig ist, folgt aus (8.4.3)

$$\sigma^i{}_{A\dot{X}}\,\sigma_k{}^{A\dot{X}} = \delta^i_k \tag{8.4.4a}$$

$$\sigma^i{}_{A\dot{X}}\,\sigma_i{}^{B\dot{Y}} = \delta^B_A\,\delta^{\dot{Y}}_{\dot{X}} . \tag{8.4.4b}$$

Etwas allgemeiner als (8.4.4*a*) ist die Formel

$$\sigma^i{}_{A\dot{X}}\,\sigma^k{}_B{}^{\dot{X}} + \sigma^k{}_{A\dot{X}}\,\sigma^i{}_B{}^{\dot{X}} = \epsilon_{AB}\,\eta^{ik} \tag{8.4.5}$$

(und die dazu konjugiert-komplexe), die sich aus der Bemerkung ergibt, daß die linke Seite wegen (8.3.4) in A, B antisymmetrisch und daher zu ϵ_{AB} proportional ist. (8.4.5) sind übrigens genau die Relationen (8.2.19) in der jetzigen Schreibweise. Weiter benötigen wir später noch die Umschreibung von (8.2.24,25):

$$\sigma_i{}^{A\dot{X}}\,\sigma^k{}_{B\dot{X}}\,\sigma_m{}^{B\dot{Y}} = \frac{1}{2}\left(\delta^k_i\,\sigma_m{}^{A\dot{Y}} + \delta^k_m\,\sigma_i{}^{A\dot{Y}} - \eta_{im}\,\sigma^{kA\dot{Y}} + i\,\epsilon_i{}^k{}_m{}^n\,\sigma_n{}^{A\dot{Y}}\right) \tag{8.4.6}$$

$$\sigma_i{}^{A\dot{X}}\,\sigma^k{}_{B\dot{X}}\,\sigma_m{}^{B\dot{Y}}\,\sigma^n{}_{A\dot{Y}} = \frac{1}{2}\left(\delta^k_i\,\delta^n_m + \delta^k_m\,\delta^n_i - \eta_{im}\,\eta^{kn} + i\,\epsilon_i{}^k{}_m{}^n\right). \tag{8.4.7}$$

Aus (8.4.6) ergibt sich durch Multiplikation mit $\sigma^m{}_{C\dot{Y}}$ unter Verwendung von (8.4.4*b*)

$$\sigma_i{}^{A\dot{X}}\,\sigma_{kC\dot{X}} = \frac{1}{2}\,\eta_{ik}\,\delta^A_C - \frac{i}{2}\,\epsilon_{ik}{}^{mn}\,\sigma_m{}^{A\dot{X}}\,\sigma_{nC\dot{X}} . \tag{8.4.8}$$

Es ist möglich (vgl. Schmutzer (1968)), aus dieser Gleichung (und ihrer komplex-konjugierten) allein alle obenstehenden herzuleiten, ohne von einer speziellen Realisierung der $\sigma_i{}^{A\dot{X}}$ Gebrauch zu machen. Es kommt also in diesem Formalismus nur darauf an, daß die $\sigma_i{}^{A\dot{X}}$ hermitische Lösungen der Gleichung (8.4.8) sind, wobei die Indextransportregeln für Vektor- und Spinorindizes gelten. Der symmetrische Teil von (8.4.8) folgt, wie oben gezeigt, aus der Äquivalenz der Darstellung $D^{(1/2,1/2)}$ mit der Vierervektordarstellung; der antisymmetrische Teil ist, wie sich noch herausstellen wird, der Ausdruck dafür, daß die Darstellung $D^{(1,0)}$ zur Darstellung im Raum der selbstdualen antisymmetrischen Tensoren 2. Stufe äquivalent ist. Nach $D^{(1,0)}$ transformieren symmetrische Spinoren $\Phi_{AB} = \Phi_{BA}$, das Transformationsgesetz ist bei Verwendung gemischter Komponenten $\Phi^I{}_J$ ($\Phi^J{}_J = 0$):

$$\Phi'^I{}_J = A^I{}_K \, A_J{}^L \, \Phi^K{}_L \tag{8.4.9}$$

oder in Matrixschreibweise $\Phi' = \mathrm{A}\,\Phi\,\mathrm{A}^{-1}$ ($\mathrm{Sp}\,\Phi = 0 \rightarrow \mathrm{Sp}\,\Phi' = 0$). Wir haben bereits gesehen, daß dies komplexe Drehungen des komplexen Vektors $\mathbf{F} = \frac{1}{2}\,\mathrm{Sp}\,\Phi\,\boldsymbol{\sigma}$ beschreibt (vgl. (8.2.10) und Aufgabe 7 von Abschnitt 7.6), wobei $\mathbf{E} = \mathrm{Re}\,\mathbf{F}$, $\mathbf{B} = \mathrm{Im}\,\mathbf{F}$ als Komponenten eines (reellen) antisymmetrischen Tensors aufgefaßt werden können (vgl. (6.6.18)). Mittels (5.2.20), (5.7.1) sieht man leicht, daß dies in vierdimensionaler Schreibweise als

$$f_{ik} := F_{ik} - i\,{*F_{ik}} = -\frac{1}{2}\,\mathrm{Sp}\,\Phi\,\sigma_i\,\tilde{\sigma}_k \tag{8.4.10}$$

geschrieben werden kann, d.h., Φ bestimmt einen selbstdualen antisymmetrischen Tensor f_{ik}. Umgekehrt findet man leicht

$$\Phi = (E_\lambda + i\,B_\lambda)\sigma_\lambda = \frac{1}{2}\,F^{ik}\,\sigma_i\,\tilde{\sigma}_k = \frac{-i}{2}\,{*F^{ik}}\,\sigma_i\,\tilde{\sigma}_k = \frac{1}{4}\,f^{ik}\,\sigma_i\,\tilde{\sigma}_k\,. \tag{8.4.11}$$

(8.4.10,11) sind das (8.2.4) entsprechende Formelpaar für $D^{(1,0)}$, das sich mit (8.4.2) auch schreibt

$$\Phi^A{}_B = \frac{1}{2}\,f^{ik}\,\sigma_i{}^{A\dot{X}}\,\sigma_{kB\dot{X}}, \qquad f_{ik} = \Phi^A{}_B\,\sigma_{iA\dot{X}}\,\sigma_k{}^{B\dot{X}}. \tag{8.4.12}$$

Daraus ist zu sehen, daß der antisymmetrische Teil von (8.4.8) gerade die Selbstdualität von f_{ik} zum Ausdruck bringt.

Völlig analog zu (8.4.3) kann nun jedem Tensor ein äquivalenter Spinor zugeordnet werden:

$$T^{ik\ldots} \rightarrow T^{A\dot{X}B\dot{Y}\ldots} = T^{ik\ldots}\sigma_i{}^{A\dot{X}}\,\sigma_k{}^{B\dot{Y}}\ldots\,, \tag{8.4.13}$$

und umgekehrt jedem Spinor mit gleich vielen gepunkteten und ungepunkteten Indizes ein äquivalenter Tensor

$$T^{A\dot{X}B\dot{Y}\ldots} \rightarrow T^{ik\ldots} = T^{A\dot{X}B\dot{Y}\ldots}\sigma^i{}_{A\dot{X}}\,\sigma^k{}_{B\dot{Y}}\cdots \tag{8.4.14}$$

Damit können insbesondere irreduzible, nach $D^{(j,j)}$ transformierende Tensoren aus symmetrischen Spinoren $\Phi_{A\ldots B\dot{X}\ldots\dot{Y}}$ konstruiert werden. Für $j' \neq j$, $j + j' =$ gerade ist noch eine Überlegung nötig, die sich aus (8.4.12) oder

$$f^{ik} = \Phi^{AB}\,\epsilon^{\dot{X}\dot{Y}}\,\sigma^i{}_{A\dot{X}}\,\sigma^k{}_{B\dot{Y}}$$

ergibt: hat $\Phi_{A\ldots B\dot{X}\ldots\dot{Y}}$ einen Überschuß an Indizes einer Art, so gleiche man ihn erst durch Hinzufügen von Faktoren $\epsilon_{CD\ldots}$ bzw. $\epsilon_{\dot{Z}\dot{U}\ldots}$ aus und verwende danach (8.4.14). Da $\epsilon_{..}$ invariant ist, ändert sich dadurch nichts an der Darstellung.

Für die Ausreduktion von Tensordarstellungen ergibt sich nun folgendes Verfahren: Man bildet gemäß (8.4.13) einen äquivalenten Spinor, den man wie in Abschnitt 3 ausreduziert; dann übersetzt man die irreduziblen Bestandteile einzeln mittels (8.4.14) wieder in den Tensorformalismus zurück.

Als Beispiel betrachten wir einen Tensor 2. Stufe D^{ik}; der äquivalente Spinor wird durch Symmetrisieren ausreduziert:

$$D^{AB\dot{X}\dot{Y}} = D^{(AB)\dot{X}\dot{Y}} + D^{[AB]\dot{X}\dot{Y}} = D^{(AB)(\dot{X}\dot{Y})} + D^{(AB)[\dot{X}\dot{Y}]} + D^{[AB](\dot{X}\dot{Y})} + D^{[AB][\dot{X}\dot{Y}]} =$$

$$= D^{(AB)(\dot{X}\dot{Y})} + \frac{1}{2} D^{(AB)}{}_{\dot{Z}}{}^{\dot{Z}} \epsilon^{\dot{X}\dot{Y}} + \frac{1}{2} D_C{}^{C(\dot{X}\dot{Y})} \epsilon^{AB} + \frac{1}{4} D_C{}^C{}_{\dot{Z}}{}^{\dot{Z}} \epsilon^{AB} \epsilon^{\dot{X}\dot{Y}}. \tag{8.4.15}$$

Die Terme der letzten Zeile transformieren nach $\mathrm{D}^{(1,1)}$, $\mathrm{D}^{(1,0)}$, $\mathrm{D}^{(0,1)}$, $\mathrm{D}^{(0,0)}$, also ist (vgl. (6.6.19))

$$\mathrm{D}^{(1/2,1/2)} \otimes \mathrm{D}^{(1/2,1/2)} = \mathrm{D}^{(1,1)} \oplus \mathrm{D}^{(1,0)} \oplus \mathrm{D}^{(0,1)} \oplus \mathrm{D}^{(0,0)}. \tag{8.4.16}$$

Zur Rückübersetzung sind sie mit $\sigma^i{}_{A\dot{X}}\, \sigma^k{}_{B\dot{Y}}$ zu überschieben. Für den letzten Term ist (vgl. (8.4.4*a*))

$$\epsilon^{AB} \epsilon^{\dot{X}\dot{Y}} \sigma^i{}_{A\dot{X}}\, \sigma^k{}_{B\dot{Y}} = \sigma^i{}_{A\dot{X}}\, \sigma^{kA\dot{X}} = \eta^{ik} \tag{8.4.17}$$

$$D_C{}^C{}_{\dot{Z}}{}^{\dot{Z}} = D^{ik} \sigma_{iC}{}^{\dot{Z}}\, \sigma_k{}^C{}_{\dot{Z}} = D^{ik} \eta_{ik}. \tag{8.4.18}$$

Der erste Term liefert bei Rückübersetzung einen symmetrischen spurfreien Tensor, auf den der Projektionsoperator

$$\sigma_m{}^{(A}{}_{(\dot{X}}\, \sigma_n{}^{B)}{}_{\dot{Y})}\, \sigma^i{}_A{}^{\dot{X}}\, \sigma^k{}_B{}^{\dot{Y}} = \frac{1}{2}\left(\delta^i_m \delta^k_n + \delta^i_n \delta^k_m\right) - \frac{1}{4}\eta^{ik}\eta_{mn} \tag{8.4.19}$$

projiziert (diese Formel folgt aus (8.4.7)). Entsprechend ist für den Projektionsoperator auf $\mathrm{D}^{(1,0)}$

$$\frac{1}{2}\sigma_m{}^{(A}{}_{\dot{Z}}\, \sigma_n{}^{B)\dot{Z}}\, \epsilon^{\dot{X}\dot{Y}}\, \sigma^i{}_{A\dot{X}}\, \sigma^k{}_{B\dot{Y}} = \frac{1}{4}\left(\delta^i_m \delta^k_n - \delta^i_n \delta^k_m - i\, \epsilon^{ij}{}_{mn}\right) \tag{8.4.20}$$

nach (8.4.7), dies liefert den selbstdualen antisymmetrischen Anteil von D^{ik}. Analog ist der $\mathrm{D}^{(0,1)}$-Anteil in den Tensorformalismus zu übersetzen.

(8.4.17) zeigt gleichzeitig, daß $\epsilon^{AB} \epsilon^{\dot{X}\dot{Y}}$ das Spinoräquivalent des metrischen Tensors ist. Aus (8.4.7) kann auch das Spinoräquivalent des ϵ-Tensors berechnet werden, es ergibt sich

$$\epsilon_{A\dot{X}B\dot{Y}C\dot{Z}D\dot{U}} = i\left(\epsilon_{AD}\, \epsilon_{BC}\, \epsilon_{\dot{X}\dot{Z}}\, \epsilon_{\dot{Y}\dot{U}} - \epsilon_{AC}\, \epsilon_{BD}\, \epsilon_{\dot{X}\dot{U}}\, \epsilon_{\dot{Y}\dot{Z}}\right). \tag{8.4.21}$$

Wie zu erwarten war, lassen sich sowohl $\eta_{..}$ als auch $\epsilon_{....}$ durch den ϵ-Spinor ausdrücken; es ist aber zu beachten, daß sich $\epsilon_{..}$ nicht etwa durch $\eta_{..}$ ausdrücken läßt.

Wird ein Spinor mittels (8.4.14) in einen äquivalenten Tensor übersetzt, so ist letzterer im allgemeinen nicht reell. So wie zu *reellen* Vierervektoren x^i hermitische Matrizen $\mathrm{X} = x^i \sigma_i$ gehören, gehören zu reellen Tensoren $T^{ik\cdots}$ hermitische Spinoren $T^{AB\ldots\dot{X}\dot{Y}\ldots}$, d.h.,

$$T^{AB\ldots\dot{X}\dot{Y}\ldots} = \left(T^{XY\ldots\dot{A}\dot{B}\ldots}\right)^*. \tag{8.4.22}$$

Die nach $\mathrm{D}^{(j,j')}$ mit geradem $j + j'$ transformierenden Spinoren können nur für $j = j'$ hermitisch sein. Für $j \neq j'$ können nur nach der *reduziblen* Darstellung $\mathrm{D}^{(j,j')} \oplus$

$\oplus D^{(j',j)}$ transformierende Objekte äquivalente reelle Tensoren haben. Umgekehrt treten bei der Ausreduktion reeller Tensoren die Darstellungen $D^{(j,j')}$ und $D^{(j',j)}$ mit $j \neq j'$ stets paarweise auf, wie z.B. in (8.4.16) ersichtlich ist.

Spinoren und lichtartige Vektoren. Bildet man aus einem ungepunkteten Spinor κ^A und einem gepunkteten Spinor $\tilde{\kappa}^{\dot{X}}$ den Produktspinor $K^{A\dot{X}} = \kappa^A \tilde{\kappa}^{\dot{X}}$, so ist der entsprechende Vierervektor $k^i = K^{A\dot{X}} \sigma^i{}_{A\dot{X}}$ lichtartig, $k^i k_i = \kappa^A \kappa_A \tilde{\kappa}^{\dot{X}} \tilde{\kappa}_{\dot{X}} \equiv 0$, aber i.a. nicht reell. Variiert man $\tilde{\kappa}^{\dot{X}}$, so durchläuft k einen 2-dimensionalen Raum von lauter paarweise orthogonalen lichtartigen Vektoren (*totalisotroper* 2-Raum); variiert man κ^A, erhält man einen anderen Raum dieser Eigenschaft, der mit dem ersten nur die Richtung k gemeinsam hat. Für $\tilde{\kappa}^{\dot{X}} = \gamma \kappa^{*\dot{X}}$ mit reellem γ ist $K^{A\dot{X}}$ hermitisch, k^i reell und $k^0 = \gamma(|\kappa^1|^2 + |\kappa^2|^2)/\sqrt{2}$: je nach Vorzeichen von γ liegt k auf dem Vorwärts- ($\gamma > 0$) oder Rückwärtslichtkegel ($\gamma < 0$). Die erwähnten 2-dimensionalen Räume sind in diesem Fall konjugiert-komplex. Umgekehrt kann man zu ***jedem reellen lichtartigen Vierervektor*** k einen bis auf einen Phasenfaktor eindeutigen Spinor κ^A finden, so daß

$$k^i \sigma_i{}^{A\dot{X}} = K^{A\dot{X}} = (\operatorname{sign} k^0)\, \kappa^A \kappa^{*\dot{X}}. \tag{8.4.23}$$

Aus $k^i k_i = 0$ folgt nämlich $\det K^{A\dot{X}} = 0$ und damit für $K^{A\dot{X}}$ die Gestalt $\kappa^A \tilde{\kappa}^{\dot{X}}$, wobei ein komplexer Faktor in κ^A unbestimmt bleibt – die oben erwähnten totalisotropen Räume durch k sind so bereits festgelegt. Ist k reell, folgt aus der Hermitizität von $K^{A\dot{X}}$ dann weiter durch Umnormieren von κ^A die Gestalt (8.4.23),wobei eine Phase offenbleibt.

Die reellen, zukunftsgerichteten lichtartigen Vektoren liefern daher eine Veranschaulichung der Spinoren bis auf eine Phase. Die in ihr enthaltene Information kann bis auf ein Vorzeichen ebenfalls veranschaulicht werden, wenn man zusätzlich den Spinor $\Phi^{AB} = \kappa^A \kappa^B$ bzw. den ihm gemäß (8.4.12) entsprechenden reellen Tensor $\operatorname{Re} f_{ij} = F_{ij}$ bildet, der

$$F_{ij} F^{ij} = 0, \qquad F_{ij} *F^{ij} = 0, \qquad F_{ij} k^j = 0, \qquad *F_{ij} k^j = 0, \tag{8.4.24}$$

erfüllt, da $\Phi_{AB} \Phi^{AB} = \kappa_A \kappa^A \kappa_B \kappa^B \equiv 0$, $K^{A\dot{X}} \Phi_{AB} = 0$, $K^{A\dot{X}} \Phi^*_{\dot{X}\dot{Y}} \equiv 0$. Nach Aufgabe 7c) von Abschnitt 5.5 bestimmt F_{ik} einen (reellen) 2-dimensionalen Raum, der genau die eine lichtartige Richtung k enthält: $F_{ik} = k_{[i} Q_{k]}$. Man nennt F_{ik} in diesem Fall *lichtartig* und den durch k begrenzten Halbraum, in den der zu k orthogonale, nur bis auf Vielfache von k bestimmte Vektor Q weist, eine *Nullflagge.* Unter Phasenänderung von κ^A erfährt F_{ik} eine in (9.4.31) gedeutete *Dualitätsrotation,* wobei sich die Nullflagge um den doppelten Phasenwinkel um $\mathbf{k}$ dreht. (Auch der komplexe selbstduale Tensor f_{ik} ist von der Form $k_{[i} q_{k]}$, wo nunmehr q komplex ($Q = \operatorname{Re} q$) und $q^2 = qk = 0$: der von k, q aufgespannte 2-Raum ist der „selbstduale" der beiden oben erwähnten totalisotropen 2-Räume durch k.)

Ausgehend von einer *normierten Spinorbasis,* d.h. zwei Spinoren κ^A, λ^A mit $\kappa_A \lambda^A = 1$ ($\Leftrightarrow 2\kappa_{[A} \lambda_{B]} = \epsilon_{AB}$) kann man so in eindeutiger Weise eine reelle, orthonormale, zeit- und raumorientierte Vierervektorbasis konstruieren. Man bildet dazu die reellen Vektoren $k^i := \sigma^i{}_{A\dot{X}} \kappa^A \kappa^{*\dot{X}}$, $\ell^i := \sigma^i{}_{A\dot{X}} \lambda^A \lambda^{*\dot{X}}$ und den komplexen Vektor $m^i := \sigma^i{}_{A\dot{X}} \kappa^A \lambda^{*\dot{X}}$, die $k^2 = \ell^2 = m^2 = k\,m = \ell m = 0$, $k\,\ell = -m\,m^* = 1$ erfüllen. Dann ist $e_0 := (k + \ell)/\sqrt{2}$ zukunftsgerichtet und bildet zusammen mit $e_3 := (k - \ell)/\sqrt{2}$, $e_1 := (m + m^*)/\sqrt{2}$, $e_2 := (m - m^*)/i\sqrt{2}$ eine Vektorbasis mit den Skalarprodukten $e_a\, e_b = \eta_{ab}$ und dem „Spatprodukt" $\epsilon_{ijk\ell}\, e^i_0\, e^j_1\, e^k_2\, e^\ell_3 = +1$. Dieselbe Vektorbasis entsteht auch, wenn man von $(-\kappa^A, -\lambda^A)$ ausgeht. Umgekehrt legt eine raum- und zeitorientierte orthonormale Vektorbasis eine Spinorbasis bis aufs Vorzeichen fest, was die Zweiwertigkeit der Spinordarstellung ausdrückt und nur durch zu Abb. 7.4 analoge Homotopiebetrachtungen in der Menge der Vektorbasen ($\cong \mathcal{L}^\uparrow_+$) oder auch der Nullflaggen ($\cong \mathrm{SO}(3)$) zu beheben ist.

Rechentechnisch erweist sich die Verwendung von Spinoren statt Tensoren stets dann günstig, wenn es sich um Situationen handelt, wo lichtartige Vektoren eine große Rolle spielen. Sie sind ja nach (8.4.23) gewissermaßen die *Quadratwurzel* aus lichtartigen Vektoren. Die im letzten Abschnitt gegebene Klassifikation von symmetrischen Spinoren einer Indexart überträgt sich auf die zugehörigen Tensoren, wobei den Hauptspinoren nun *lichtartige Hauptrichtungen* entsprechen. So ergibt sich etwa, daß zum Feldtensor F^{ik}, dem ja ein symmetrischer Spinor Φ_{AB} entspricht, im allgemeinen zwei Hauptrichtungen gehören, die aber in besonderen Fällen (nämlich, wenn (8.4.24) gilt, also Φ_{AB} die Produktform $\kappa_A \kappa_B$ hat) zusammenfallen können. Dies ist etwa beim Feld einer ebenen elektromagnetischen Welle der Fall (vgl. (5.5.21)) oder beim zu $1/r$ proportionalen Feldanteil in der Fernzone eines strahlenden Systems, nicht jedoch beim Coulombfeld.

Für begriffliche Zwecke ist es günstig, den Inhalt dieses und der zwei vorhergehenden Abschnitte auch abstrakt, also nicht nur in Matrixform (vgl. Abschnitt 8.2) zu fassen. Dazu werden zwei komplex-zweidimensionale ***Spinorräume*** $\mathbf{S}$ bzw. $\dot{\mathbf{S}}$ mit antisymmetrischen (0,2) - Spinoren ϵ bzw. $\dot{\epsilon}$ betrachtet, auf denen Transformationen $\mathbf{A}$ bzw. $\dot{\mathbf{A}}$ wirken, welche ϵ bzw. $\dot{\epsilon}$ invariant lassen. $\mathbf{S} \otimes \dot{\mathbf{S}}$ ist dann komplex-vierdimensional mit $\epsilon \otimes \dot{\epsilon}$ als symmetrischer Bilinearform, die unter Transformationen $\mathbf{A} \otimes \dot{\mathbf{A}}$ invariant bleibt. Nimmt man $\dot{\mathbf{S}} = \mathbf{S}^*$ als den zu $\mathbf{S}$ komplex-konjugierten Raum (vgl. Anhang B) und $\dot{\epsilon} = \epsilon^*$ sowie $\dot{\mathbf{A}} = \mathbf{A}^*$, so hat $\mathbf{S} \otimes \dot{\mathbf{S}} = \mathbf{S} \otimes \mathbf{S}^*$ eine Realitätsstruktur – die hermitischen Spinoren. Für sie ist auch $\epsilon \otimes \epsilon^*$ reellwertig und die zugehörige quadratische Form hat diagonalisiert die Gestalt $\mathrm{diag}(1,-1,-1,-1)$. Man kann daher eine invertierbare lineare Abbildung $\widetilde{\sigma}$ auf den Minkowskivektorraum $\mathbf{V}^4$ wählen. Sei $\{e_i\}$ eine orthonormale Basis in $\mathbf{V}^4$ und $\{\beta_A\}$ eine normierte Basis in $\mathbf{S}$, $\{\beta^*_{\dot{X}}\}$ die konjugierte in $\mathbf{S}^*$, so kann man das Bild von $\beta_A \otimes \beta^*_{\dot{X}}$ unter $\widetilde{\sigma}$ nach e_i entwickeln: $\widetilde{\sigma}(\beta_A \otimes \beta^*_{\dot{X}}) = \sigma^i{}_{A\dot{X}}\, e_i$. Man gelangt so wieder zur obigen Komponentenversion und sieht aber, daß die $\sigma^i{}_{A\dot{X}}, \ldots$ Komponenten eines Vektorspinors $\widetilde{\sigma} \in \mathbf{V}^4 \otimes \widetilde{\mathbf{S}} \otimes \widetilde{\mathbf{S}^*}$ sind, der unter Lorentztransformationen numerisch invariant ist. Der Leser mag übungshalber selbst einige der obigen Formeln unter diesem Gesichtspunkt interpretieren.

Zuletzt führen wir als weiteres Anwendungsbeispiel eine gruppentheoretische Analyse der quadratischen Konkomitanten des elektromagnetischen Feldtensors F_{ik} durch, d.h. eine Analyse des Tensors $A^{ikmn} = F^{ik} F^{mn}$, der nach $[\mathrm{D}^{(1,0)} \oplus \mathrm{D}^{(0,1)}] \otimes$ $\otimes [\mathrm{D}^{(1,0)} \oplus \mathrm{D}^{(0,1)}]$ transformiert. Die Anwendung des Clebsch-Gordan-Theorems ergibt die Zerlegung

$$\mathrm{D}^{(2,0)} \oplus \mathrm{D}^{(0,2)} \oplus \mathrm{D}^{(1,0)} \oplus \mathrm{D}^{(0,1)} \oplus \mathrm{D}^{(1,1)} \oplus \mathrm{D}^{(1,1)} \oplus \mathrm{D}^{(0,0)} \oplus \mathrm{D}^{(0,0)}. \tag{8.4.25}$$

Die beiden $\mathrm{D}^{(0,0)}$-Bestandteile entsprechen den beiden Invarianten des Feldtensors. Die $\mathrm{D}^{(1,1)}$-Anteile entsprechen symmetrischen spurfreien Tensoren 2. Stufe, die sich hier als identisch erweisen (dies wäre nicht der Fall, würde man $F^{ik} G^{mn}$ betrachten, wofür ebenfalls (8.4.25) gilt). Dieser Anteil muß die Form

$$F^{ij} F_j^{\ k} - \frac{1}{4} \eta^{ik} F^{hj} F_{jh} = 4\pi T^{ik} \tag{8.4.26}$$

haben und stimmt also mit dem Energie-Impulstensor (5.9.12) überein. Die restlichen Anteile sind physikalisch nicht bedeutend, wir diskutieren sie daher nicht weiter, sondern betrachten lieber die Ausreduktion von T^{ik} bei Einschränkung auf die Drehgruppe: $\mathrm{D}^{(1,1)} = \mathrm{D}^{(2)} \oplus \mathrm{D}^{(1)} \oplus \mathrm{D}^{(0)}$. Nach $\mathrm{D}^{(0)}$ transformiert T^{00}, die Energiedichte, nach $\mathrm{D}^{(1)}$ der Poynting-Vektor $T^{0\alpha}$, nach $\mathrm{D}^{(2)}$ der Scherungsteil des Maxwellschen Spannungstensors.

Im Hinblick auf Abschnitt 7.8 müssen wir darauf hinweisen, daß wir in obigem Beispiel die x-Abhängigkeit des Feldtensors nicht berücksichtigt haben. Wenn dies – wie in (5.6.2) – geschieht, erhalten wir eine (unendlichdimensionale) Darstellung im Raum von Tensorfeldern. Es stellt sich heraus, daß es sinnvoller ist, diese Darstellung vom Standpunkt der Poincarégruppe aus zu analysieren und nicht von dem der homogenen Lorentzgruppe. Dies wird in Kap. 9 geschehen.

Anhang: Intrinsische Klassifikation von Lorentztransformationen

Als Anwendung der geometrischen Beziehungen von Spinoren zum Vierervektorraum behandeln wir die schon früher erwähnte *intrinsische Klassifizierung* und *Zerlegung* von Lorentztransformationen. $A \neq \pm \mathrm{id_S}$ sei eine der zu $L(\neq \mathrm{id}) \in \mathcal{L}_+^\uparrow$ gehörenden unimodularen Spinortransformationen.

a) Sind die beiden wegen $\det \mathrm{A} = 1$ zueinander reziproken Eigenwerte verschieden, kann eine Spinorbasis $\{\kappa_\lambda\}$ gewählt werden, in der $\mathrm{A} = \mathrm{diag}(\alpha, \alpha^{-1})$, also $\mathrm{A}\kappa = \alpha\kappa$, $\mathrm{A}\lambda = \alpha^{-1}\lambda$. Bildet man $k = \widetilde{\sigma}(\kappa \otimes \kappa^*)$, $\ell = \widetilde{\sigma}(\lambda \otimes \lambda^*)$, $m = \widetilde{\sigma}(\kappa \otimes \lambda^*)$, $m^* = \widetilde{\sigma}(\lambda \otimes \kappa^*)$ wie oben, sieht man, daß $Lk = |\alpha|^2 k$, $L\ell = |\alpha|^{-2}\ell$, $Lm = (\alpha/\alpha^*)m$: k, ℓ sind reelle lichtartige Eigenvektoren zu positiven, reziproken Eigenwerten, die eine invariante zeitartige 2-Ebene aufspannen; m, m^* sind konjugiert-komplexe Eigenvektoren zu reziproken Phasenfaktoren als Eigenwerten, die eine invariante reelle raumartige 2-Ebene aufspannen; die Zerlegung $\mathrm{diag}(\alpha, \alpha^{-1}) \equiv \mathrm{diag}(|\alpha|, |\alpha|^{-1})\,\mathrm{diag}(\exp(i \arg \alpha), \exp(-i \arg \alpha))$ entspricht einer Zerlegung in eine *zeitartige* und eine *raumartige Drehung*, die in orthogonalen Ebenen stattfinden und kommutieren.

b) Sind die Eigenwerte gleich, also beide $= 1$ (oder -1, in welchem Fall wir zu $-\mathrm{A}$ übergehen), so kann eine Spinorbasis gewählt werden, in der A Jordansche Normalform hat: $\mathrm{A}\kappa = \kappa$, $\mathrm{A}\lambda = \lambda + \kappa$. Daraus folgt für k, ℓ, m, m^*: $Lk = k$, $Lm = m + k$, $Lm^* = m^* + k$, $L\ell = \ell + m + m^* + k$, also: k ist reeller lichtartiger Eigenvektor zum Eigenwert 1; k und $m + m^*$ spannen eine reelle, lichtartige invariante 2-Ebene auf, $i(m - m^*)$ ist ein weiterer, dazu orthogonaler raumartiger Eigenvektor zum Eigenwert 1. Man nennt L eine *lichtartige Drehung*.

Aufgaben

1. Man beweise (8.4.21)!

2. Man bestimme die Hauptrichtungen des Coulomb-Feldes. (Das Ergebnis folgt bereits aus der Kugelsymmetrie!)

3. Wie ändert sich der zu einem Spinor κ^A gehörende lichtartige antisymmetrische Tensor F_{ik}, wenn κ^A mit einem Phasenfaktor multipliziert wird? (*Dualitätsrotation*).

4. Man zeige, daß ein nach $\mathrm{D}^{(2,0)} \oplus \mathrm{D}^{(0,2)}$ transformierender reeller Tensor C_{ikmn} durch folgende Symmetrieeigenschaften charakterisiert ist:

$$C_{ik(mn)} = C_{(ik)mn} = C_{i[kmn]} = C^i{}_{kin} = 0. \tag{8.4.27}$$

5. Man drücke das Spinor-Äquivalent des elektromagnetischen Energie-Impulstensors durch den zum Feldstärkentensor F^{ik} gehörenden irreduziblen Spinor Φ^{AB} aus:

$$T^{ik} \leftrightarrow T^{AB\dot{X}\dot{Y}} = \frac{1}{2}\,\Phi^{AB}\,\Phi^{*\,\dot{X}\dot{Y}} \tag{8.4.28}$$

und beweise damit die *Rainich-Identität*

$$T^{ij}\,T_{jk} = \frac{1}{4}\,\delta^i_k\,T^{\ell j}\,T_{j\ell}. \tag{8.4.29}$$

8.5 Endlichdimensionale Darstellungen der vollen Lorentzgruppe

In diesem Abschnitt besprechen wir die endlichdimensionalen Darstellungen[1] der vollständigen Lorentzgruppe $\mathcal{L}$, von der wir in Abschnitt 6.3 zeigten, daß sie aus vier

[1] Diese Darstellungen sind alle vollreduzibel, wie aus Aufgabe 3 dieses Abschnitts hervorgeht.

Stücken besteht (Formel (6.3.3)). Wir befinden uns daher gegenüber Abschnitt 7.9 in einer neuen Situation und versuchen, in zwei Schritten vorzugehen. Ein Schritt, der Übergang von $\mathcal{L}_+^\uparrow$ zu $\mathcal{L}_+$ oder auch der von $\mathcal{L}^\uparrow$ zu $\mathcal{L}$, kann dabei wie bei der Drehgruppe vollzogen werden, da $\mathcal{L}_+$ bzw. $\mathcal{L}$ die Struktur eines direkten Produktes haben:

$$\mathcal{L}_+ \cong \mathcal{L}_+^\uparrow \times \{E, PT\}, \qquad \mathcal{L} \cong \mathcal{L}^\uparrow \times \{E, PT\}. \tag{8.5.1}$$

(Hiervon haben wir uns in Aufgabe 3 zu Abschnitt 6.3 überzeugt.) Es ist also in den Überlegungen von Abschnitt 7.9 nur die Raumspiegelung durch die Raum-Zeitspiegelung zu ersetzen (und von SU(2) zu SL(2,C) überzugehen).

Es kommt also im folgenden nur mehr darauf an, etwa den Schritt von $\mathcal{L}_+^\uparrow$ zu $\mathcal{L}^\uparrow$, der orthochronen Lorentzgruppe, zu vollziehen. $\mathcal{L}^\uparrow = \mathcal{L}_+^\uparrow \cup \mathrm{P}\,\mathcal{L}_+^\uparrow$ ist nun nicht isomorph zum direkten Produkt von $\mathcal{L}_+^\uparrow$ mit der zyklischen Gruppe $\{E, P\}$, da Geschwindigkeitstransformationen und Raumspiegelungen nicht kommutieren:

$$P\,L(\mathbf{v}, \mathbf{0}) = L(-\mathbf{v}, \mathbf{0})\,P, \tag{8.5.2}$$

$\mathbf{v}$ ist ja polarer Vektor. Hingegen vertauscht P mit reinen Drehungen:

$$P\,L(\mathbf{0}, \boldsymbol{\alpha}) = L(\mathbf{0}, \boldsymbol{\alpha})\,P, \tag{8.5.3}$$

$\boldsymbol{\alpha}$ ist axialer Vektor.

Da $\mathcal{L}^\uparrow$ aber mit $\{E, P\}$ eine zur Faktorgruppe nach dem Normalteiler $\mathcal{L}_+^\uparrow$ isomorphe Untergruppe (*kein* Normalteiler) enthält, ist $\mathcal{L}^\uparrow$ *semidirektes* Produkt der beiden; ähnliches gilt für $\mathcal{L}_0$ und $\mathcal{L}$.

Aus diesen Betrachtungen folgt, daß sich eine nichttriviale irreduzible Darstellung von $\mathcal{L}_+^\uparrow$, die auch bei Einschränkung auf die Drehgruppe irreduzibel bleibt, nicht durch Hinzunahme eines Darstellungsoperators für P zu einer Darstellung von $\mathcal{L}^\uparrow$ erweitern läßt. Denn dieser Operator müßte wegen (8.5.3) mit den Darstellungsoperatoren der Drehungen kommutieren und nach dem Schurschen Lemma ein Vielfaches des Einheitsoperators sein; damit kann man aber die Relation (8.5.2) nicht darstellen.

Wir können weiter sehen, daß sich überhaupt alle Darstellungen $\mathrm{D}^{(j,j')}$ mit $j \neq j'$ nicht auf $\mathcal{L}^\uparrow$ erweitern lassen. (8.5.2,3) lauten nämlich infinitesimal

$$\begin{aligned} P\,\mathbf{N}\,P^{-1} &= -\mathbf{N} \\ P\,\mathbf{M}\,P^{-1} &= \mathbf{M} \end{aligned} \tag{8.5.4}$$

(d.h., $\mathbf{M}$ bzw. $\mathbf{N}$ ist axialer bzw. polarer Vektoroperator), woraus für die in (8.1.4) eingeführten Größen $\mathbf{M}^{\pm}$ folgt

$$P\,\mathbf{M}^{\pm}\,P^{-1} = \mathbf{M}^{\mp}. \tag{8.5.5}$$

In den Darstellungen $\mathrm{D}^{(j,j')}$ ist nun $\mathbf{M}^+$ durch $\mathrm{D}^{(j)} \otimes \mathrm{id}_{j'}$, $\mathbf{M}^-$ durch $\mathrm{id}_j \otimes \mathrm{D}^{(j')}$ dargestellt. Gäbe es in diesem Darstellungsraum auch einen P darstellenden Operator, so würde aus (8.5.5) die Äquivalenz der Darstellungen $\mathrm{D}^{(j)}$ und $\mathrm{D}^{(j')}$ folgen, was nur für $j = j'$ möglich ist.

Der offenbar einfachere Fall $j = j'$ entspricht, wie wir bereits gesehen haben, gewissen reellen, auch unter $\mathcal{L}_+^\uparrow$ irreduziblen Tensordarstellungen. Wir betrachten daher zuerst allgemein Tensordarstellungen von $\mathcal{L}$. Tensoren transformieren unter $\mathcal{L}$ nach

$$T^{\overline{ik}\dots} = d(L) \cdot L^i{}_m \, L^k{}_n \dots T^{mn\dots}, \tag{8.5.6}$$

wobei $L \to d(L)$ eine der vier einzigen eindimensionalen Darstellungen von $\mathcal{L}$ sein kann:

$$\begin{aligned} d(L) &= 1 && \dots \text{ eigentliche Tensoren} \\ d(L) &= \operatorname{sign} \det L && \dots \text{ Pseudotensoren} \\ d(L) &= \operatorname{sign} L^0{}_0 && \dots \text{ Zeit-Pseudotensoren} \\ d(L) &= \operatorname{sign} L^0{}_0 \operatorname{sign} \det L && \dots \text{ Raum-Pseudotensoren.} \end{aligned} \tag{8.5.7}$$

Wird nur $\mathcal{L}^\uparrow$ betrachtet, treten nur die ersten beiden Tensorklassen auf. Die Ausreduktion erfolgt durch Symmetrisieren, Antisymmetrisieren und Kontrahieren mit η_{ik}, während die *-Operation dazu nicht mehr herangezogen werden darf, da sie nur unter $\mathcal{L}_+$ invariant ist.

Wir führen hier einige Beispiele zu diesen Tensorklassen an, deren physikalische Diskussion bereits in den Aufgaben zu Abschnitt 6.5 durchzuführen war:

x^i, ∂_i	... eigentliche Vierervektoren
ds (Eigenzeit)	... Zeit-Pseudoskalar
$u^i = dx^i/ds$ (Vierergeschwindigkeit)	... Zeit-Pseudovektor
$b^i = du^i/ds$ (Viererbeschleunigung)	... eigentlicher Vektor
j^i (Viererstrom)	... Zeit-Pseudovektor
A^i (Viererpotential bei Lorenz-Eichung)	... Zeit-Pseudovektor
ε_{ikmn}	... Pseudotensor
F^{ik} (elektromagnetischer Feldtensor)	... Zeit-Pseudotensor
$\star F^{ik}$	... Raum-Pseudotensor.

Wir weisen darauf hin, daß sich das Transformationsverhalten der Feldstärken nur aus der Art der Kopplung an ihre Quellen ergibt; ferner sei an die Bemerkung nach (5.5.14) erinnert.

Für Tensoren, die unter $\mathcal{L}_+^\uparrow$ nach $\mathrm{D}^{(j,j')}$ transformieren, sind die durch (8.5.6,7) gegebenen vier Darstellungen äquivalent und die einzigen, zu denen sich $\mathrm{D}^{(j,j')}$ als Darstellung von $\mathcal{L}$ ausdehnen läßt. Dies folgt durch zweimalige Anwendung von Satz 1 am Ende von Abschnitt 7.9.

Bei $\mathcal{L}^\uparrow$-irreduziblen Tensoren, die unter $\mathcal{L}_+^\uparrow$ reduzibel sind, ist die Darstellung mit jener der entsprechenden Pseudotensoren äquivalent. Das muß nach Satz 2 von Abschnitt 7.9 so sein, wobei die Darstellung in zwei inäquivalente irreduzible Darstellungen gleicher Dimension von $\mathcal{L}_+^\uparrow$ zerfällt. Als Beispiel mag der Feldtensor F_{ik} dienen, der nach $\mathrm{D}^{(1,0)} \oplus \mathrm{D}^{(0,1)}$ transformiert. Der Pseudotensor $\star F_{ik}$ ist hiezu äquivalent, die $\star$-Operation vermittelt die Abbildung. Die $\mathcal{L}_+^\uparrow$-irreduziblen Anteile sind $F_{ik} \pm i \star F_{ik}$; unter Raumspiegelungen gehen sie ineinander über.

Allgemein sind die $\mathcal{L}^\uparrow$-irreduziblen, aber $\mathcal{L}_+^\uparrow$-reduziblen Darstellungen von der Struktur

$$L \xrightarrow[\text{wenn } L \in \mathcal{L}_+^\uparrow]{} \begin{pmatrix} D^{(j,j')}(L) & 0 \\ 0 & D^{(j',j)}(L) \end{pmatrix}, \qquad P \to \begin{pmatrix} 0 & 1 \\ 1 & 0 \end{pmatrix}, \tag{8.5.8}$$

d.h. äquivalent zu dieser Darstellung. Mit dieser Behauptung ergibt sich ein vollständiger Überblick über die irreduziblen (endlichdimensionalen) Darstellungen von $\mathcal{L}^\uparrow$ und auch von $\mathcal{L}$. Nur bei den zweideutigen Darstellungen ist noch eine gesonderte Betrachtung nötig (s.u.).

Zum Beweis ist zunächst die Darstellungseigenschaft von (8.5.8) zu verifizieren, wobei es insbesondere auf die Relation (8.5.2) ankommt; der Übergang $\mathbf{v} \to -\mathbf{v}$ bedeutet aber für den komplexen Parameter $\boldsymbol{\alpha} - i\mathbf{v}$ den Übergang zum Komplex-Konjugierten, daher den Übergang $D^{(j,j')} \to D^{(j',j)}$. Um zu zeigen, daß in der zur Rede stehenden Situation tatsächlich (8.5.8) bis auf Äquivalenz die einzige Möglichkeit ist, kann man sich auf Satz 2 von Abschnitt 7.9 stützen. Die dort erwähnten irreduziblen Darstellungen von $\mathcal{G}_1$ müssen hier $D^{(j,j')}$ und $D^{(\ell,\ell')}$ sein, wobei nur mehr $\ell' = j$, $\ell = j'$ als einzige Möglichkeit zu erweisen ist.

Hierfür müssen wir effektiv einen Teil des Beweises für diesen Satz ausführen. Sei also $\mathcal{G} = \mathcal{G}_1 \cup \mathcal{G}_2$, wo $\mathcal{G}_1$ Untergruppe von $\mathcal{G}$ mit nur einer Nebenklasse, also Normalteiler ist. $g \to T_g$ sei eine irreduzible Darstellung von $\mathcal{G}$ im Raum $\mathbf{V}$, die eine reduzible Darstellung von $\mathcal{G}_1$ in $\mathbf{V}$ subduziert. Ist $\mathbf{V}' \subset \mathbf{V}$ ein unter $\mathcal{G}_1$ invarianter irreduzibler Teilraum: $T_{g_1}\mathbf{V}' = \mathbf{V}'$ für $g_1 \in \mathcal{G}_1$, so bilden wir $\mathbf{V}'' = T_{g_2}\mathbf{V}' \subset \mathbf{V}$ mit $g_2 \in \mathcal{G}_2$. Dieser Teilraum $\mathbf{V}''$ ist ebenfalls unter $\mathcal{G}_1$ invariant und irreduzibel: $T_{g_1}\mathbf{V}'' = T_{g_2}T_{g_2^{-1}g_1g_2}\mathbf{V}' = \mathbf{V}''$, da $g_2^{-1}g_1g_2 \in \mathcal{G}_1$ wegen der Normalteilereigenschaft. $\mathbf{V}''$ hängt auch nicht von der speziellen Wahl von $g_2 \in \mathcal{G}_2$ ab, denn für $h_2 \in \mathcal{G}_2$ gilt $h_2 = g_2 h_1$ mit geeignetem $h_1 \in \mathcal{G}_1$, also $T_{h_2}\mathbf{V}' = T_{g_2}T_{h_1}\mathbf{V}' = \mathbf{V}''$. Deshalb führen die T_g für alle $g \in \mathcal{G}$ nicht aus der linearen Hülle $\prec \mathbf{V}', \mathbf{V}'' \succ$ heraus, letztere muß also mit $\mathbf{V}$ übereinstimmen, da T_g irreduzibel für $g \in \mathcal{G}$, aber reduzibel für $g \in \mathcal{G}_1$ sein sollte. Der Durchschnitt $\mathbf{V}' \cap \mathbf{V}''$ ist unter $\mathcal{G}_1$ invariant und besteht, da $\mathbf{V}'$ unter $\mathcal{G}_1$ irreduzibel, nur aus dem Nullvektor (der Fall $\mathbf{V}' \cap \mathbf{V}'' = \mathbf{V}'$ würde $\mathbf{V}' = \mathbf{V}''$, $T_g\mathbf{V}' = \mathbf{V}'$ für alle $g \in \mathcal{G}$ bedeuten, entgegen den Voraussetzungen). Zusammen ergibt dies $\mathbf{V} = \mathbf{V}' \oplus \mathbf{V}''$, wobei also T_g für $g \in \mathcal{G}_1$ in die direkte Summe $T'_g \oplus T''_g$ von zwei Darstellungen in $\mathbf{V}'$ und $\mathbf{V}''$ zerfällt, während die T_g für $g \in \mathcal{G}_2$ diese beiden Räume vertauschen. Die Darstellung T'' von $\mathcal{G}_1$ in $\mathbf{V}''$ ist dabei äquivalent zu der in $\mathbf{V}'$ durch $g_1 \to T'_{g_2^{-1}g_1g_2}$ definierten, zu $g_1 \to T'_{g_1}$ „konjugierten" Darstellung (deren Äquivalenzklasse wieder nicht vom speziellen $g_2 \in \mathcal{G}_2$ abhängt). – Angewendet auf unseren Fall bedeutet dies, daß der zweite Bestandteil $D^{(\ell,\ell')}(L)$ äquivalent zu $D^{(j,j')}(P^{-1}LP)$, d.h. zu $D^{(j',j)}(L)$ sein muß. Damit ist alles gezeigt.

Bei mehrwertigen Darstellungen von $\mathcal{L}^\uparrow$ zeigt eine zu den Rechnungen im Anschluß an (7.10.7) analoge[1] Betrachtung, daß für $L \in \mathcal{L}_+^\uparrow$

$$T_P T_L T_P^{-1} = T_{PLP} \tag{8.5.9}$$

gelten muß und unter Benützung dieser Relation alle Werte $\omega(\,.\,,\,.\,)$ durch $\omega(L,L')$, $\omega(L,P)$, $\omega(P,P)$ ausdrückbar sind ($L' \in \mathcal{L}_+^\uparrow$). Ebenso ist durch Umnormieren gemäß (7.10.5) erreichbar, daß $\omega(L,L') = \pm 1$, $\omega(L,P) = 1$.

Für $\mathcal{A} = \mathbf{C}^\times$ (projektive Darstellungen) kann auch $\omega(P,P) = 1$ erreicht werden. Die zugehörige (zweiblättrige) Überlagerungsgruppe kann man treu darstellen, indem man von der Spinordarstellung $D^{(1/2,0)}$ von $\mathcal{L}_+^\uparrow$ zu $D^{(1/2,0)} \oplus D^{(0,1/2)}$ übergeht und der Raumspiegelung $\pm$(8.5.8) zuordnet. Die Elemente dieses Darstellungsraumes heißen

[1] Ausführlicher für ganz $\mathcal{P}$ in Abschnitt 9.6 beschrieben!

Bispinoren, sie werden uns in Abschnitt 9.1 wieder begegnen. Die höheren irreduziblen Darstellungen sind wie in (8.5.8) zu bilden.

Für *a priori zweiwertige* Darstellungen, wo von vornherein $\mathcal{A} = \{1, -1\}$ festgelegt ist, ist entweder $\omega(P, P) = +1$ oder -1. Wir erhalten daher zu $\mathcal{L}_+^\uparrow$ genau zwei nicht isomorphe Überlagerungsgruppen, welche $\mathcal{L}_+^\uparrow$ durch eine zusammenhängende Untergruppe ($\cong$ SL(2, **C**)) überlagern. Die $\omega(P, P) = -1$ entsprechende Möglichkeit kann im Bispinorraum treu dargestellt werden, indem man $L \in \mathcal{L}_+^\uparrow$ wie vorher und P als

$$P \to i \begin{pmatrix} 0 & 1 \\ 1 & 0 \end{pmatrix} \tag{8.5.10}$$

darstellt (analog für höheres halbzahliges j). Dementsprechend gibt es also für $\mathcal{L}^\uparrow$ zwei Arten von Bispinoren bezüglich ihres Spiegelungsverhaltens. Wieder ist zu betonen, daß diese für $\mathcal{A} = \{1, -1\}$ vorhandene Unterscheidung für $\mathcal{A} = \mathbf{C}^\times$ und damit für die Beschreibung quantenmechanischer Zustände irrelevant ist; man darf nur bei Superpositionen die zu $\omega(P, P) = +1$ bzw. -1 führenden Phasenkonventionen nicht mischen. Ihre Bedeutung liegt in der geometrischen Spinortheorie.

Wir verzichten hier darauf, diese Analyse auch für ganz $\mathcal{L}$ durchzuführen, zumal die Darstellung der Zeitumkehroperation in der Quantenmechanik eine weitere Komplikation mit sich bringt (siehe Abschnitt 9.2). Was a priori zweiwertige Darstellungen anlangt, treten dabei sogar acht nichtisomorphe zweiblättrige Überlagerungsgruppen von $\mathcal{L}$ auf, wobei vier davon im Bispinorraum treu darstellbar sind – vgl. (9.1.27). Wieder kann für die Zwecke der Quantenmechanik eine von ihnen als Phasenkonvention gewählt werden. (Siehe z.B. Cornwell (1985).)

Zum Schluß dieses Abschnittes muß noch betont werden, daß es eine experimentelle Frage ist, ob die Raum- und/oder Zeitspiegelung eine Symmetrie der Naturgesetze ist; aus der Invarianz unter $\mathcal{L}_+^\uparrow$ allein folgt dies nicht, sondern ist eigens zu überprüfen. Obwohl dies im Prinzip klar war, waren sich die Physiker – wohl unter dem Eindruck der Spiegelungsinvarianz der Elektrodynamik – nicht stets dessen bewußt. Es war das Verdienst von Yang und Lee, zur Auflösung einer gewissen Paradoxie im Bereich der Elementarteilchenphysik (das sogenannte „$\tau - \theta$-puzzle") eine mögliche P-Verletzung ins Auge zu fassen und Experimente vorzuschlagen, die 1957 die P-Verletzung im Bereich der schwachen Wechselwirkungen erwiesen[1]. Dabei blieb allerdings noch die Kombination von P-Operation und Ladungskonjugation eine Invarianzoperation (d.h. es war weiterhin unmöglich, dem „Mann hinterm Mond" ein *lokales* Experiment anzugeben, um ihm zu sagen, was rechts und links ist, ohne daß er dazu wissen müßte, welche Teilchen wir z.B. Elektronen, welche Positronen nennen anstatt umgekehrt). 1964 „fiel" auch diese Symmetrie (vgl. Kabir (1968)).

Welchen Sinn hat es nun, die Darstellung der vollen Gruppe mit Spiegelungen zu suchen, wenn die Naturgesetze nicht spiegelungsinvariant sind? Die Antwort darauf ist, daß es erstens wesentliche Teilbereiche der Physik gibt, wo die Spiegelungsinvarianz erfüllt ist, und daß es zweitens gerade in einem spiegelungsinvarinten Formalismus möglich ist, die Brechung dieser Invarianz besonders augenfällig zu beschreiben.

---

[1]Siehe z.B. Källén (1965), Nachtmann (1986).

Aufgaben

1. Man beende den Beweis von Satz 2, Abschnitt 7.9, nach den im vorliegenden Abschnitt gemachten Schritten, indem noch gezeigt wird:
   1) Die Darstellungen von $\mathcal{G}_1$ in $\mathbf{V}'$, $\mathbf{V}''$ sind inäquivalent.
   2) Jede andere Darstellung von $\mathcal{G}$ in $\mathbf{V}$, die zu denselben Darstellungen von $\mathcal{G}_1$ in $\mathbf{V}'$, $\mathbf{V}''$ führt, ist zur ursprünglichen äquivalent.
   Anleitung: ad 1) Gäbe es eine Äquivalenzabbildung $A\colon \mathbf{V}' \to \mathbf{V}''$, d.h. $A\,T'_{g_1} = T''_{g_1}A$ für $g_1 \in \mathcal{G}_1$, so wären auch die Teilräume $\mathbf{V}(a) := \{v = v' + a\,A\,v' \mid v' \in \mathbf{V}'\} \subset \mathbf{V}$ für jedes $a \in \mathbf{C}$ unter $\mathcal{G}_1$ invariant. Man kann dann zwei Werte für a angeben, für die $\mathbf{V}(a)$ auch unter $\mathcal{G}$ invariant ist im Widerspruch zu den Voraussetzungen. Dazu ist die Wirkung von T_g auf $\mathbf{V}(a)$ zu untersuchen. Da $\mathbf{V}''$ nicht vom speziellen $g_2 \in \mathcal{G}_2$ abhängt und auch $g_2^{-1} \in \mathcal{G}_2$ ist, gilt $T_{g_2}\mathbf{V}'' = \mathbf{V}'$, T_{g_2} definiert also 2 Abbildungen $U\colon \mathbf{V}' \to \mathbf{V}''$, $W\colon \mathbf{V}'' \to \mathbf{V}'$, $T_{g_2}^{-1}$ die Abbildungen $W^{-1}\colon \mathbf{V}' \to \mathbf{V}''$, $U^{-1}\colon \mathbf{V}'' \to \mathbf{V}'$, und es ist $T_{g_2}(v' + a\,A\,v') = Uv' + a\,W A\,v'$ für $v' \in \mathbf{V}'$. Ersetzt man in $A\,T'_{g_1} = T''_{g_1}A$ das Element $g_1 \in \mathcal{G}_1$ durch $g_2^{-1}\,g_1\,g_2 \in \mathcal{G}_1$, so erhält man unter Berücksichtigung der Definition von T', T'', daß $WAU^{-1}A$ mit den T'_{g_1} kommutiert. Das Schursche Lemma ergibt dann $U = \lambda AWA$, und für $a = \pm\sqrt{\lambda}$ wird tatsächlich $T_{g_2}\mathbf{V}(a) = \mathbf{V}(a)$.
   ad 2) Sei $g \to D_g$ eine weitere Darstellung von $\mathcal{G}$ in $\mathbf{V}$, wobei D_{g_1} in $\mathbf{V}'$ bzw. $\mathbf{V}''$ mit T'_{g_1} bzw. T''_{g_1} übereinstimme, wenn $g_1 \in \mathcal{G}_1$. Für $g_2 \in \mathcal{G}_2$ definiert D_{g_2} Abbildungen $R\colon \mathbf{V}' \to \mathbf{V}''$, $S\colon \mathbf{V}'' \to \mathbf{V}'$ (wie vorher T_{g_2}). Mit $g_1 \to g_2^{-1}\,g_1\,g_2 \in \mathcal{G}_1$ ergibt sich $R^{-1}\,T''_{g_1}\,R = U^{-1}\,T''_{g_1}\,U$, also $R = rU$ nach Schur, ebenso $S = sW$. Die Zahlen r, s hängen nur von D, nicht vom speziellen $g_2 \in \mathcal{G}_2$ ab, wie man durch die Ersetzung $g_2 \to h_2 = h_1\,g_2$ mit $h_1 \in \mathcal{G}_1$ sieht. Mit $g_2 \to g_2^{-1} \in \mathcal{G}_2$ folgt dann aber $s = 1/r$, und deshalb ist $A\colon r\,\mathrm{id}_{\mathbf{V}'} \oplus \mathrm{id}_{\mathbf{V}''}$ eine Äquivalenztransformation: $T_g\,A = A\,D_g$ für alle $g \in \mathcal{G}_1$ und $g \in \mathcal{G}_2$.

2. $\mathcal{G}$ sei Gruppe mit Untergruppe $\mathcal{G}_1$ vom Index 2, und alle Darstellungen von $\mathcal{G}_1$ seien vollreduzibel. Man zeige die Vollreduzibilität der Darstellungen von $\mathcal{G}$. – *Folgerung:* Die Darstellungen von $\mathcal{L}$ sind vollreduzibel.
   Anleitung: $g \to D(g) = \begin{pmatrix} D_1(g) & K(g) \\ 0 & D_2(g) \end{pmatrix}$ sei die betrachtete reduzible Darstellung von $\mathcal{G}$, und es sei bereits $K(g) = 0$ für $g \in \mathcal{G}_1$ erreicht. Sei $g_2 \in \mathcal{G}_2$ fix, $g_1 \in \mathcal{G}_1$, dann ist $g_2^{-1}\,g_1\,g_2 \in \mathcal{G}_1$, $g_2^2 \in \mathcal{G}_1$, und aus der Darstellungseigenschaft von $D(g)$ folgen die Relationen $D_1(g_1)\,K(g_2) = K(g_2)\,D_2^{-1}(g_2)\,D_2(g_1)\,D_2(g_2)$ und $D_1(g_2)\,K(g_2) + K(g_2)\,D_2(g_2) = 0$. Das genügt, um zu verifizieren, daß $S\,D(g)\,S^{-1} = D_1(g) \oplus D_2(g)$ mittels $S = \begin{pmatrix} \mathrm{E} & \mathrm{X} \\ 0 & \mathrm{E} \end{pmatrix}$ erreicht werden kann, wo $\mathrm{X} := -\frac{1}{2}\,K(g_2)\,D_2^{-1}(g_2)$.
   Bemerkung: Sätze 1, 2 von Abschnitt 7.9 und die Ergebnisse von Aufgabe 7 jenes sowie Aufgabe 2 dieses Abschnittes geben einen vollständigen Überblick über die Darstellungen von $\mathcal{G} = \mathcal{G}_1 \cup \mathcal{G}_2$, wenn die Darstellungen von $\mathcal{G}_1$ bekannt und vollreduzibel sind.

9 Darstellungstheorie der Poincarégruppe

In diesem Kapitel wird der Zusammenhang zwischen den relativistischen Gleichungen für freie Felder und der Darstellungstheorie der Poincarégruppe $\mathcal{P}$ hergeleitet. Nach einer kurzen Diskussion der Beschreibung von Invarianzeigenschaften im *quantentheoretischen* Formalismus werden wir uns der systematischen Theorie der unitären irreduziblen Darstellungen von $\mathcal{P}$ zuwenden.

$\mathcal{P}$ ist die größte Invarianzgruppe des Linienelementes $ds^2 = \eta_{ik}\, dx^i\, dx^k$ und besteht aus der Lorentzgruppe $\mathcal{L}$ und den Raum-Zeittranslationen. Wie $\mathcal{L}$ ist $\mathcal{P}$ aus vier Stücken $\mathcal{P}_+^\uparrow, \ldots$ zusammengesetzt, wobei wir uns der Einfachheit halber meist auf die (zweifach zusammenhängende) Komponente der Einheit $\mathcal{P}_+^\uparrow$ beschränken wollen. Die Betrachtung der (nicht in $\mathcal{P}_+^\uparrow$ enthaltenen) Spiegelungen ist insbesondere in der Quantenmechanik wesentlich, erlangt aber ihre volle Tragweite erst unter Hinzunahme einer weiteren diskreten Operation (Ladungsaustausch), auf die wir hier nicht eingehen können[1].

Um die Darstellungen von $\mathcal{P}_+^\uparrow$ zu überblicken, sind neue Techniken erforderlich. $\mathcal{P}_+^\uparrow$ ist weder kompakt noch halbeinfach, so daß die bisher benutzten Theoreme zur Auffindung der Darstellungen nicht ausreichen.

9.1 Felder. Dirac-Gleichung

Bisher sind die raum-zeitlichen Translationen $x \to x + a$ fast völlig außer Betracht geblieben. Die Translationen gehören zwar ebenfalls zu den Invarianzoperationen des Minkowskischen Linienelementes, gehen aber in das Transformationsverhalten (3.2.2) der Koordinatendifferentiale nicht ein. Der Formalismus der Vierervektoren, -tensoren und Spinoren wurde aber gerade auf (3.2.2) aufgebaut. Alle bisher betrachteten Darstellungen von $\mathcal{L}$ können daher auch als Darstellungen von $\mathcal{P}$ aufgefaßt werden, wobei die Translationen trivial, d.h. durch den Einsoperator des Darstellungsraumes, dargestellt sind.

Gruppentheoretisch gesehen ist dies deshalb möglich, weil die Translationsgruppe $\mathcal{T} \subset \mathcal{P}$ einen Normalteiler in $\mathcal{P}$ bildet, der bei diesen Darstellungen auf das Einselement der zugeordneten Operatorgruppe abgebildet wird. $\mathcal{T}$ ist ein kontinuierlicher abelscher Normalteiler, $\mathcal{P}$ ist daher nicht halbeinfach (vgl. Abschnitt 7.4).

Unsere Analyse der Darstellungen von $\mathcal{L}$ ist aber deshalb für $\mathcal{P}$ nicht bedeutungslos. Wir haben in den Vektor- und Tensor*feldern* Objekte kennengelernt, die ein nichttriviales Transformationsverhalten aufweisen (vgl. (3.4.10), (5.6.1,2)). Analog sind Spinorfelder zu definieren. Im Raum der Felder eines bestimmten Typs ergibt sich dann wie bei der Drehgruppe eine unendlichdimensionale Darstellung von $\mathcal{L}$ (bzw.

[1]Siehe Lehrbücher der Elementarteilchenphysik, wie Källén (1965), Bjørken-Drell (1966, 1967), Gasiorowicz (1966), Rollnik (1971), Nachtmann (1986), aber auch insbesondere Streater-Wightman (1969).

$\mathcal{L}_+^\uparrow$), die sich leicht zu einer Darstellung von $\mathcal{P}$ (bzw. $\mathcal{P}_+^\uparrow$) erweitern läßt: Schreiben wir die Elemente von $\mathcal{P}$ wie in Abschnitt 3.1 als Paare (a, L), so wird jedem (a, L) derjenige lineare Operator $T_{(a,L)}$ zugeordnet, der das Feld Φ in das Feld $\Phi' = T_{(a,L)}\Phi$ überführt, wobei

$$\Phi'(x) = \mathrm{D}(L)\,\Phi\big(L^{-1}(x - a)\big) \tag{9.1.1}$$

(D ist eine beliebige endlichdimensionale Darstellung von $\mathcal{L}$ oder $\mathcal{L}_+^\uparrow$).

Derartige Darstellungen sind reduzibel. Dies kann allerdings nicht aus einem allgemeinen Theorem gefolgert werden wie bei kompakten Gruppen, bei denen alle irreduziblen Darstellungen endlichdimensional sind. Die Reduzibilität folgt hier daraus, daß die Lösungen von Systemen $\mathcal{P}$-kovarianter, linear-homogener Differentialgleichungen jeweils invariante Teilräume bilden. So bilden z.B. die Lösungen der freien Wellengleichung

$$\Box\Phi = 0 \tag{9.1.2}$$

oder der freien *Klein-Gordon-Gleichung*[1]

$$\left(\Box + \kappa^2\right)\Phi = 0 \tag{9.1.3}$$

invariante Teilräume im Raum der Felder eines bestimmten Typs. Ebenso wird durch die freien Maxwell-Gleichungen

$$F^{ik}{}_{,k} = 0 = {*F^{ik}}_{,k} \tag{9.1.4}$$

bzw. durch die Gleichungen für das Viererpotential

$$\Box A^i = 0, \qquad\qquad \partial_i A^i = 0 \tag{9.1.5}$$

im Raum der antisymmetrischen Tensorfelder bzw. Vektorfelder jeweils ein invarianter Teilraum ausgesondert[2].

Vom systematischen Standpunkt ergeben sich daraus folgende Fragen: Wie sehen alle $\mathcal{P}$- (oder $\mathcal{P}_+^\uparrow$-) kovarianten Feldgleichungen aus? Welche Rolle spielen sie gruppentheoretisch? Wie erhält man irreduzible Teilräume? Wir werden diese Fragen nicht vollständig beantworten, sondern uns mit den wichtigsten Spezialfällen begnügen. Man darf auch den darstellungstheoretischen Aspekt in der Feldtheorie nicht überbewerten: in Wirklichkeit stehen Felder miteinander in Wechselwirkung und sind im allgemeinen durch nichtlineare Terme gekoppelt. Die freien Felder dienen vor allem zur Beschreibung ein- und auslaufender Wellen vor und nach Streuprozessen.

Um auch für Spinorfelder kovariante Feldgleichungen anschreiben zu können, bilden wir aus dem Gradientenoperator ∂_i den Operator

$$\partial_{A\dot{X}} := \sigma^i{}_{A\dot{X}}\,\partial_i, \tag{9.1.6}$$

[1] Wegen ihrer Bedeutung für die Teilchenphysik siehe z.B. Bjørken-Drell (1966) oder Källén (1965). $\kappa = mc/h$ ist die reziproke Comptonwellenlänge des durch (9.1.3) beschriebenen Teilchens, vgl. Abschnitt 4.3.

[2] Im letzteren Fall tragen A_i und das durch *Umeichung* $A_i \to A_i + \partial_i\Lambda$ mit $\Box\Lambda = 0$ (vgl. Abschnitt 5.2) daraus hervorgehende Feld dieselbe physikalische Information, ohne daß es möglich ist, durch eine kovariante Bedingung die Eichung eindeutig festzulegen. Sinnvollerweise ist daher hier als Darstellungsraum der Raum der Eich-Äquivalenzklassen anzusehen. Siehe Abschnitt 9.5.

für den wegen (8.4.5) gilt

$$\partial_{A\dot{X}}\,\partial^{A\dot{Y}} = \frac{1}{2}\,\delta_{\dot{X}}{}^{\dot{Y}}\,\Box \qquad\qquad \partial_{A\dot{X}}\,\partial^{B\dot{X}} = \frac{1}{2}\,\delta_{A}{}^{B}\,\Box. \tag{9.1.7}$$

Der einfachste Fall einer spinoriellen Feldgleichung ist die *Weyl-Gleichung*

$$\partial_{A\dot{X}}\,\Phi^{A} = 0 \qquad \text{bzw.} \qquad \partial_{A\dot{X}}\,\Psi^{\dot{X}} = 0 \tag{9.1.8a, b}$$

für ein $\mathrm{D}^{(1/2,0)}$- bzw. $\mathrm{D}^{(0,1/2)}$-Spinorfeld. Sie ist offensichtlich $\mathcal{P}_+^\uparrow$-kovariant, aber nicht $\mathcal{P}^\uparrow$-kovariant, weshalb sie ursprünglich verworfen und später – nach der Entdeckung der Paritätsverletzung bei den „schwachen Wechselwirkungen" – zur Beschreibung freier Neutrinos bzw. Antineutrinos verwendet wurde. Aus (9.1.7) folgt, daß jede Komponente des Weyl-Feldes der Wellengleichung (9.1.2) genügt.

Schreibt man die Weyl-Gleichung in der wegen (8.3.7) äquivalenten Form $\partial_{[A}{}^{\dot{X}}\,\Phi_{B]} = 0$, könnte man auf die Idee kommen, auch die Gleichung $\partial_{(A}{}^{\dot{X}}\,\Phi_{B)} = 0$ zu betrachten. Sie hat aber wie die Killinggleichung (5.9.29) ziemlich restriktive Integtrabilitätsbedingungen, die als Lösung nur $\Phi_B(x) = a_B + x^i \sigma_{iB\dot{X}} b^{\dot{X}}$ mit mit konstanten Spinoren a_B, $b^{\dot{X}}$ zulassen – und diese Lösungen genügen nicht den üblichen ($\mathcal{P}$-invarianten!) *Randbedingungen* physikalischer Felder im räumlich Unendlichen. Diese Gleichung („Twistorgleichung") und ihre Lösungen sind aber dennoch – ebenso wie die Killing-Gleichung – geometrisch bedeutungsvoll; vgl. Penrose-Rindler (1986). Trotzdem wird evident, daß Kovarianz allein kein Kriterium für sinnvolle Wellengleichungen ist, welche Ausbreitungsvorgänge beschreiben sollen, die im Einklang mit dem Relativitätsprinzip und der Forderung nach Signalgeschwindigkeiten $\leq c = 1$ stehen.

Wenn wir statt der Weyl-Gleichung (9.1.8a) eine Gleichung suchen, die wie (9.1.3) auch einen Term ohne 1. Ableitung enthält, so muß dieser Term ein gepunkteter Spinor sein. Als solcher kommt $\Phi^*_{\dot{X}}$ nicht infrage, da komplexe Konjugation keine lineare Operation ist. Das zwingt uns, einen unabhängigen zweiten Spinor $\Psi_{\dot{X}}$ einzuführen, für den aber dann ebenfalls eine Feldgleichung anzugeben ist. Das einfachste geschlossene System dieser Art ist

$$\begin{aligned} \partial_{A\dot{X}}\,\Phi^{A} &= \frac{\kappa}{i\sqrt{2}}\,\Psi_{\dot{X}} \\ \partial^{A\dot{X}}\,\Psi_{\dot{X}} &= \frac{\kappa}{i\sqrt{2}}\,\Phi^{A} \end{aligned} \tag{9.1.9}$$

(die Gleichheit der konstanten Faktoren rechts ist durch geeignete Normierung von Φ^A, $\Psi_{\dot{X}}$ erreichbar, ihre Bezeichnung späteren Zwecken angepaßt). Einsetzen der rechten Seite einer dieser Gleichungen in die linke der anderen gibt mit (9.1.7) die Verträglichkeitsbedingungen

$$\left(\Box + \kappa^2\right)\Phi^A = 0 = \left(\Box + \kappa^2\right)\Psi_{\dot{X}}\,. \tag{9.1.10}$$

Jede Komponente des *Bispinors (Dirac-Spinors)*

$$\psi = \begin{pmatrix} \Phi^A \\ \Psi_{\dot{X}} \end{pmatrix} \tag{9.1.11}$$

muß also der Klein-Gordon-Gleichung (9.1.3) genügen. (9.1.9) ist nichts anderes als die *Dirac-Gleichung,* die man meist direkt für die vierkomponentige Feldgröße $\psi(x)$ in der Form

$$\left(i\gamma^k\partial_k - \kappa\right)\psi = 0 \tag{9.1.12}$$

schreibt. Dabei sind die γ^k 4×4-Matrizen („Dirac-Matrizen"), die sich aus (9.1.9) und (8.4.2) zu

$$\gamma^k = \begin{pmatrix} 0 & \sigma^k \\ \tilde{\sigma}^k & 0 \end{pmatrix} \tag{9.1.13}$$

ergeben und den aus (8.2.19) folgenden *Antikommutationsregeln*[1]

$$\{\gamma^i, \gamma^k\} := \gamma^i\gamma^k + \gamma^k\gamma^i = 2\,\eta^{ik}\,E \tag{9.1.14}$$

genügen. Aus diesen Regeln folgt

$$(i\gamma^k\partial_k + \kappa)\,(-i\gamma^k\partial_k + \kappa) = \gamma^k\,\gamma^l\,\partial_k\,\partial_l + \kappa^2 = \frac{1}{2}\,(\gamma^k\,\gamma^l + \gamma^l\,\gamma^k)\,\partial_k\,\partial_l + \kappa^2 = \Box + \kappa^2, \tag{9.1.15}$$

was nochmals (9.1.10) in der neuen Schreibweise liefert.

Dirac ist bekanntlich (siehe die zitierten Lehrbücher der Teilchenphysik) von dem durch physikalische Gründe motivierten Versuch einer Zerlegung des Operators $\Box + \kappa^2$ in Linearfaktoren ausgegangen ((9.1.15) von rechts nach links gelesen), um zu einer relativistischen Wellengleichung für Elektronen zu gelangen, welche die richtige Feinstruktur für die Energieniveaus des Wasserstoffatoms liefert. Der entscheidende physikalische Grund, der uns zwingt, freie Elektronen durch (9.1.9,12) und nicht durch (9.1.3) zu beschreiben, stellte sich dabei erst heraus: es waren nicht die Gründe der Diracschen Argumentation, sondern die Tatsache, daß Elektronen den Spin $\hbar/2$ haben, was durch skalare Wellenfunktionen nicht beschrieben werden kann.

Die Dirac-Gleichung ist – im Gegensatz zur Weyl-Gleichung – auch unter Spiegelungen kovariant; denn der Bispinor ψ transformiert unter $\mathcal{L}_+^\uparrow$ nach $\mathrm{D}^{(1/2,0)} \oplus \mathrm{D}^{(0,1/2)}$, und diese reduzible Darstellung kann (vgl. (8.5.8,9)) zu einer irreduziblen Darstellung von $\mathcal{L}$ ausgedehnt werden, von der wir unten zeigen werden, daß (9.1.12) dabei forminvariant bleibt.

Ganz entsprechend können mittels der Operatoren $\partial_{A\dot{X}}$ und $\gamma^k\,\partial_k$ auch kovariante Feldgleichungen für Spinorfelder höherer Stufe aufgestellt werden. Wir wollen dies aber hier nicht systematisch weiterverfolgen, da die zugehörigen Felder der quantenmechanischen Beschreibung von Teilchen dienen und die quantenmechanische Wahrscheinlichkeitsinterpretation noch eine weitere Beschränkung auferlegt: die Unitarität der Darstellungen. Wir wollen dies im folgenden Abschnitt kurz erläutern und dann nach Studium der infinitesimalen Struktur der Poincarégruppe deren irreduzible unitäre Darstellungen aufstellen. Schließlich kehren wir zur feldtheoretischen Beschreibung von Teilchen zurück, wobei die Felder Differentialgleichungen im Konfigurationsraum erfüllen.

Anhang: Bispinoren

Üblicherweise wird die Bispinordarstellung von $\mathcal{L}$ ohne Verwendung der $\mathrm{D}^{(1/2,0)}$, $\mathrm{D}^{(0,1/2)}$ direkt mit Hilfe der Algebra der γ^k-Matrizen gewonnen (man sagt dann auch meist „Spinor" statt Bispinor und nennt die zweikomponentigen auch „Semispinoren"). Eine assoziative Algebra mit Einselement e, deren Elemente aus allen Linearkombinationen von Potenzprodukten

$$(\alpha_1)^{e_1}\,(\alpha_2)^{e_2}\ldots(\alpha_n)^{e_n} \tag{9.1.16}$$

---

[1] E ist die 4×4-Einheitsmatrix, deren Vielfache wie κE im folgenden meist einfach als κ geschrieben werden.

von n „erzeugenden" Elementen $\alpha_1, \ldots, \alpha_n$ bestehen, heißt eine *Clifford-Algebra*, wenn in ihr die Rechenregel

$$\alpha_i \alpha_k + \alpha_k \alpha_i = 2 Q_{ik} e \tag{9.1.17}$$

gilt, wobei Q_{ik} die (symmetrische) Matrix einer quadratischen Form ist, die die vorliegende Clifford-Algebra charakterisiert (vgl. van der Waerden (1967), Boerner (1955)). Die Dirac-Matrizen γ^k liefern eine vierdimensionale irreduzible Darstellung jener Clifford-Algebra, die durch die Minkowski-Metrik η_{ik} bestimmt ist.

Regel (9.1.17) erlaubt die Rückführung aller Elemente einer Clifford-Algebra auf Linearkombinationen von Produkten (9.1.16) mit $e_i = 0$ oder 1. Die Algebra hat somit 2^n (hier 16) linear unabhängige Elemente, von denen neben $e, \alpha_1, \ldots, \alpha_n$ das Element

$$\alpha := \alpha_1 \ldots \alpha_n = \frac{1}{n!} \epsilon(i_1 \ldots i_n) \alpha_{i_1} \ldots \alpha_{i_n} \tag{9.1.18}$$

besonders wichtig ist. Es erfüllt

$$\alpha \alpha_i = (-1)^{n-1} \alpha_i \alpha \tag{9.1.19}$$

und vertauscht daher für ungerades n mit allen Elementen der Algebra, während es für gerades n mit allen „ungeraden" Elementen ($\sum e_i$ ungerade) antikommutiert, mit „geraden" Elementen dagegen kommutiert.

Die Bedeutung der Clifford-Algebra für die Darstellungstheorie der pseudoorthogonalen Gruppen liegt in dem Satz (siehe Boerner (1955)), daß *für gerades n nur eine einzige Äquivalenzklasse irreduzibler Darstellungen existiert und ihre Dimension $2^{n/2}$ ist; durchläuft man dabei die Algebra, so durchlaufen die Darstellungsmatrizen die Menge aller $2^{n/2} \times 2^{n/2}$-Matrizen* (die Anzahl unabhängiger Elemente dieser Matrizen ist 2^n und entspricht somit der Anzahl linear unabhängiger Elemente der Algebra).

Wir illustrieren die Anwendung des Satzes nun für $n = 4$, $Q_{ik} = \eta_{ik}$. γ^i ($i = 0,1,2,3$) seien 4 beliebige 4×4-Matrizen, die (9.1.14) erfüllen. Für jedes andere Quadrupel γ'^i, das ebenfalls (9.1.14) erfüllt, muß eine Relation

$$\gamma'^i = S^{-1} \gamma^i S \tag{9.1.20}$$

gelten, wobei die nichtsinguläre Matrix S bis auf einen Zahlenfaktor eindeutig bestimmt ist (nach dem Schurschen Lemma). Ist $L^i{}_k$ eine Lorentztransformation aus $\mathcal{L}$, so erfüllen die Matrizen $\gamma'^i = L^i{}_m \gamma^m$ ebenfalls (9.1.14), wie man leicht einsieht. Es muß also ein $S(L)$ geben, so daß

$$L^i{}_m \gamma^m = S^{-1}(L) \gamma^i S(L). \tag{9.1.21}$$

Da die $S(L)$ nur bis auf einen Faktor festgelegt sind, ist die Zuordnung $L \to S(L)$ nur eine *mehrwertige Darstellung*: aus der letzten Gleichung folgt nur

$$S(L') S(L) = \omega(L', L) S(L' L), \quad 0 \neq \omega(L', L) \in \mathbf{C}. \tag{9.1.22}$$

Die freien Faktoren zu jedem L sind jedoch so wählbar, daß daraus eine zweideutige Darstellung entsteht. Die kontragrediente Zuordnung $L \to \tilde{S}(L)$ hat nämlich statt des Kozykels $\omega(L', L)$ den Kozykel $1/\omega(L', L)$; aus der im folgenden gezeigten Äquivalenz der beiden Darstellungen – bei geeigneter Wahl der Faktoren – ergibt sich $\omega = 1/\omega$, also $\omega = \pm 1$.

Um dies zu sehen, benützen wir den Automorphismus $\gamma^i \to -\gamma^{iT}$ der γ-Algebra: auch die $-\gamma^{iT}$ erfüllen $\{-\gamma^{iT}, -\gamma^{kT}\} = 2\eta^{ik} E$, es gibt daher eine Matrix C mit[1]

$$\gamma^{iT} = -C \gamma^i C^{-1}. \tag{9.1.23}$$

Transponiert man (9.1.21) und benützt (9.1.23), so folgt

$$L^i{}_m \gamma^m = C^{-1} S^T(L) C \gamma^i C^{-1} \tilde{S}(L) C. \tag{9.1.24}$$

[1] In der Teilchenphysik wird C als „Ladungskonjugationsmatrix" bezeichnet; eine völlig einheitliche Konvention existiert hier aber nicht, und die Ladungskonjugation selbst ist *antilinear;* vgl. Anhang C.2.

Die Matrix $C^{-1}\widetilde{S}(L)\,C$ leistet also das gleiche wie $S(L)$ und ist daher zu $S(L)$ proportional. Ändert man $S(L)$ um einen geeigneten Faktor, so kann dadurch tatsächlich die Äquivalenz

$$C^{-1}\widetilde{S}(L)\,C = S(L) \tag{9.1.25}$$

erreicht werden, wobei der Faktor bis auf ein Vorzeichen bestimmt wird.

Mittels (9.1.21) ist es leicht, die $\mathcal{L}$-Kovarianz der Dirac-Gleichung in diesem Formalismus zu zeigen: wenn ψ die Gleichung $i\gamma^k\partial_k\psi = \kappa\psi$ erfüllt, so genügt $\psi' = S(L)\,\psi$ der Gleichung

$$i\gamma^k\partial'_k\,\psi' = i\gamma^k L_k{}^j\partial_j\,S\,\psi = i\,(L^{-1})^j{}_k\,\gamma^k\partial_j\,S\,\psi = i\,S\,\gamma^j\,S^{-1}\,\partial_j\,S\,\psi = \kappa\,S\,\psi = \kappa\,\psi'. \tag{9.1.26}$$

Es sei jedoch betont, daß die Behandlung der Zeitumkehroperation im Rahmen der Quantentheorie noch eine wesentliche Modifikation erfordert (vgl. Abschnitt 9.6 und Anhang C.2).

Man kann statt (9.1.25) auch durch andere Faktorwahl erreichen, daß

$$C^{-1}\widetilde{S}(L)\,C = d(L)\,S(L), \tag{9.1.27}$$

wo $L \longrightarrow d(L)$ eine der drei nichttrivialen eindimensionalen Darstellungen (8.5.7) von $\mathcal{L}$ ist. Auch aus (9.1.27) und (9.1.21) ergeben sich zweiwertige Darstellungen, und es ist eine Frage der Konvention, welche man für das Transformationsgesetz von Spinoren unter $\mathcal{L}$ wählt. Die so definierten $S(L)$ bilden dann drei weitere nichtisomorphe Überlagerungsgruppen von $\mathcal{L}$. Eine häufig gewählte Konvention ist $d(L) = \operatorname{sign}\det L$, vgl. Bjørken-Drell (1966) oder Pietschmann (1974), während $d(L) = \operatorname{sign}\det L\,\operatorname{sign}L^0{}_0$ eine interessante Beschreibung der betreffenden Überlagerungsgruppe zuläßt: diese $S(L)$ sind alle *reellen* Linearkombinationen der den Elementen (9.1.16) entsprechenden Matrizen, die 1.) $\det S = 1$ erfüllen und für die 2.) $S^{-1}\,\gamma^i\,S$ eine *reelle* Linearkombination der γ^i ist. Man verifiziert leicht, daß für eine infinitesimale Lorentztransformation $L^i{}_k \approx \delta^i{}_k + \ell^i{}_k$ (9.1.21) von

$$S \approx E + \frac{1}{8}\ell_{ik}[\gamma^i,\gamma^k] \tag{9.1.28}$$

befriedigt wird, wobei auch (9.1.27) erfüllt ist. Die $S(L)$ für $L \in \mathcal{L}_+^\uparrow$ sind daher von der Form $\exp\left(\frac{1}{8}\ell_{ik}[\gamma^i,\gamma^k]\right)$, es treten also nur reelle Koeffizienten auf. Für Raumspiegelungen wird (9.1.21) durch Vielfache von γ^0 für S gelöst, wobei (9.1.27) mit $d(L) = \operatorname{sign}\det L\,\operatorname{sign}L^0{}_0$ auf $\pm\gamma^0$ eingeschränkt. Ebenso sieht man, daß die Raumzeitspiegelung durch die Matrix $\pm\gamma$,

$$\gamma := \gamma^0\gamma^1\gamma^2\gamma^3 = \frac{1}{4!}\,\epsilon_{ikmn}\,\gamma^i\gamma^k\gamma^m\gamma^n, \tag{9.1.29}$$

beschrieben wird (bei der Konvention $d(L) = \operatorname{sign}\det L$ ist stattdessen die Matrix

$$\gamma^5 := i\gamma \tag{9.1.30}$$

zu nehmen, während $\pm\gamma^0$ für die Raumspiegelung bleibt). Damit ist Eigenschaft 2) nachgewiesen. Eigenschaft 1) folgt (für alle Konventionen) einerseits aus $\det\exp\left(\frac{1}{8}\ell_{ik}[\gamma^i,\gamma^k]\right) = \exp\left(\frac{1}{8}\ell_{ik}\operatorname{Sp}[\gamma^i,\gamma^k]\right) = 1$ (die Spur jedes Kommutators verschwindet) und andererseits aus $\det\gamma^i = 1$ (aus (9.1.14) folgt $(\gamma^i)^2 = +E$ oder $-E$, die Eigenwerte sind also ±1 oder $\pm i$, wobei $+1$ bzw. $+i$ gleich oft wie -1 bzw. $-i$ vorkommen müssen, da unter Benützung der zyklischen Vertauschbarkeit unter der Spur und von (9.1.18)

$$\operatorname{Sp}\gamma^i = \operatorname{Sp}\gamma^i\gamma\gamma^{-1} = \operatorname{Sp}\gamma^{-1}\gamma^i\gamma = -\operatorname{Sp}\gamma^{-1}\gamma\gamma^i = -\operatorname{Sp}\gamma^i \Rightarrow \operatorname{Sp}\gamma^i = 0 \tag{9.1.31}$$

folgt: in beiden Fällen ist das Produkt der Eigenwerte gleich 1). Umgekehrt führt jedes S mit den Eigenschaften 1) und 2) zu einer Lorentztransformation, wenn (9.1.21) von rechts nach links gelesen wird – dies folgt durch Einsetzen in (9.1.14). Die so beschriebene Überlagerungsgruppe wird mit Pin(1,3) bezeichnet; $\mathcal{L}_+$ wird per Definition durch die Untergruppe Spin(1,3), $\mathcal{L}^\uparrow$ durch $\mathrm{Pin}^\uparrow(1,3)$ und $\mathcal{L}_+^\uparrow$ durch $\mathrm{Spin}^\uparrow(1,3) = \mathrm{Pin}_e(1,3)$ (Komponente der Einheit) $\subset$ Pin(1,3) überlagert.

Die obige Charakterisierung der Gruppe Pin(1,3) betont die Herkunft von der *reellen* Clifford-algebra, in der nur *reelle* Linearkombinationen der Potenzprodukte (9.1.16) auftreten, wobei die

Rolle der Signatur von Q_{ik} – hier η_{ik} – deutlich wird. Sie hat vor allem geometrische und topologische Anwendungen. Es ist bemerkenswert, daß die zur umgekehrten Signatur, d.h. zu $Q_{ik} = -\eta_{ik} = \text{diag}(-+++)$ gehörende Pin-Gruppe Pin(3,1) *nicht* isomorph zur oben konstruierten Pin(1,3) ist, sondern zu jener Gruppe für $\eta_{ik} = \text{diag}(+---)$, die in (9.1.27) $d(L) = \text{sign}\, L^0{}_0$ hat: dies, obwohl natürlich die zu $\pm\eta_{ik}$ gehörenden pseudoorthogonalen Gruppen und auch die Gruppen Spin(3,1), Spin(1,3) isomorph sind. Wie bereits in Abschnitt 1.5 angemerkt, gibt es Versuche, daraus physikalische Konsequenzen abzuleiten. (Warnung: manche Autoren schließen in die Definitionsgleichung (9.1.17) rechts ein Minuszeichen ein! Ferner ist es in der Mathematik oft üblich, in (9.1.21) einen zusätzlichen Vorzeichenfaktor einzuschließen, weil dann diese Zuordnung $S \to L$, die bereits mit der abstrakten reellen Cliffordalgebra funktioniert, auch für ungerade Dimension n eine Überlagerung der *ganzen* orthogonalen Gruppe ergibt; man gerät so aber leider in Konflikt mit der Kovarianz der Dirac-Gleichung.)

Die Rückkehr zum Zweikomponentenformalismus bei Einschränkung auf $\mathcal{L}_+$ erfolgt in diesem Rahmen mittels der Bemerkung, daß die zugehörigen S (nämlich $\exp\left(\frac{1}{8}\ell_{ik}[\gamma^i,\gamma^k]\right)$) mit der Matrix γ kommutieren; allgemein folgt aus (9.1.21,29)

$$S^{-1}\,\gamma\, S = \det L\,\gamma. \tag{9.1.32}$$

Wegen $(\gamma)^2 = -E$ hat γ nur die zwei Eigenwerte $\pm i$; die Projektionsoperatoren auf die beiden Eigenräume, die die Ausreduktion bewirken, sind gleich $(1 \pm i\gamma)/2$.

Invariante Bi- und Sesquilinearformen. Aus (9.1.27) folgt, daß die Bilinearform $\varphi^T\, C\,\psi$ unter $\psi \to S(L)\,\psi$, $\varphi \to S(L)\,\varphi$ das Verhalten

$$\varphi^T C\,\psi \xrightarrow{L} d(L)\,\varphi^T\, C\,\psi \tag{9.1.33}$$

hat; mittels (9.1.32) sieht man weiters

$$\varphi^T C\gamma\,\psi \xrightarrow{L} d(L)\det L\,\varphi^T C\gamma\,\psi. \tag{9.1.34}$$

Beide Bilinearformen sind antisymmetrisch (also vom Typ der symplektischen Geometrie; siehe Aufgabe); im Rahmen des Zweikomponentenformalismus entsprechen ihnen – wenn $\varphi^T = (\alpha^A, \beta_{\dot X})$, $\psi^T = (\kappa^A, \mu_{\dot X})$ wie in (9.1.11) – die Ausdrücke $\alpha^A\,\kappa_A \pm \beta_{\dot X}\,\mu^{\dot X}$, deren Antisymmetrie wegen (8.3.4) offensichtlich ist. Aus der Zweikomponentenform ergibt sich aber auch die Möglichkeit, zwei *hermitische* Sesquilinearformen $\alpha^{*\dot X}\mu_{\dot X} \pm \beta^*_A\,\kappa^A$ zu definieren. Im gegenwärtigen Rahmen, der auf die spezielle Realisierung (9.1.13) der γ^i verzichtet, wird dies so beschrieben: auch die Matrizen $\gamma^{i\dagger}$ erfüllen (9.1.14), es muß daher eine bis auf einen Faktor eindeutige Matrix β mit

$$\gamma^{i\,\dagger} = \beta\,\gamma^i\,\beta^{-1} \tag{9.1.35}$$

geben. Aus (9.1.35) folgt

$$\gamma^i = (\gamma^{i\,\dagger})^\dagger = \beta^{\dagger\,-1}\gamma^{i\,\dagger}\,\beta^\dagger = \beta^{\dagger\,-1}\,\beta\,\gamma^i\,\left(\beta^{\dagger\,-1}\,\beta\right)^{-1}$$

und nach dem Schurschen Lemma $\beta^\dagger = b\beta$, wobei b wegen $\beta = (\beta^\dagger)^\dagger = b^*\beta^\dagger = |b|^2\,\beta$ ein Phasenfaktor ist: $b = \exp(i \arg b)$. Die Substitution $\beta \to \exp(i/2 \arg b)\,\beta$ macht β *hermitisch* (wobei nur mehr ein reeller Faktor unbestimmt bleibt). Setzt man nun (9.1.35) in die hermitisch-konjugierte Gleichung (9.1.21) ein, so schließt man wie bei der Matrix C auf $\beta^{-1}\,S^{\dagger\,-1}\,\beta = fS$, wobei sich für den Proportionalitätsfaktor durch hermitische Konjugation $f = f^*$ und durch Determinantenbildung $f = \pm 1$ ergibt. Auf $\mathcal{L}_+^\uparrow$ ist $f = +1$ aus Stetigkeitsgründen, und aus den oben angegebenen Möglichkeiten für die Spiegelungen folgt

$$S^\dagger(L)\,\beta\, S(L) = \text{sign}\, L^0{}_0\,\beta. \tag{9.1.36}$$

Man definiert den *Dirac-adjungierten Spinor* $\bar\psi$ als

$$\bar\psi := \psi^\dagger\,\beta \tag{9.1.37}$$

und erhält aus (9.1.36,32) zwei Sesquilinearformen mit dem Transformationsverhalten

$$\bar{\varphi}\,\psi \xrightarrow{L} \operatorname{sign} L^0{}_0\, \bar{\varphi}\,\psi \qquad \text{(Zeit-Pseudoskalar)} \tag{9.1.38}$$

$$\bar{\varphi}\,\gamma\,\psi \xrightarrow{L} \operatorname{sign} L^0{}_0 \, \det L\, \bar{\varphi}\,\gamma\,\psi \qquad \text{(Raum-Pseudoskalar).} \tag{9.1.39}$$

(In der Teilchenphysik, wo die Zeitumkehr anders zu behandeln ist, nennt man $\bar{\varphi}\,\psi$ kurz Skalar, $\bar{\varphi}\,\gamma\,\psi$ kurz Pseudoskalar).

Mit diesen Bemerkungen beenden wir die Diskussion der formalen Eigenschaften der Bispinor-Darstellung. Wegen des Ausbaues der Rechentechnik sei auf Lehrbücher der Teilchenphysik verwiesen, wo auch die Dirac-Gleichung in ihren physikalischen Eigenschaften untersucht wird. Wegen der Form der Zeitumkehroperation, der neuerdings wieder aktuellen *Majoranaspinoren* und der Frage, welche Gruppen sich ergeben, wenn man nur die Invarianz je einer der Formen (9.1.33), (9.1.34), (9.1.38), (9.1.39) verlangt, siehe Anhang C.

Aufgaben

1. Man zeige wie in (9.1.31), daß $\operatorname{Sp}\gamma = 0$ und daß die Spur jedes „ungeraden" Elements der γ-Algebra verschwindet.

2. Man schreibe 16 Elemente der γ-Algebra in der Form

$$\{\Gamma^A\} = \left\{E, \gamma^i, \frac{1}{2}[\gamma^i, \gamma^k], \gamma^i\gamma, \gamma\right\}, \qquad (A = 1, \dots, 16), \tag{9.1.40a}$$

definiere

$$\{\Gamma_A\} = \left\{E, \gamma_i, -\frac{1}{2}[\gamma_i, \gamma_k], \gamma_i\gamma, -\gamma\right\} \tag{9.1.40b}$$

und zeige

$$\operatorname{Sp}\Gamma_A\,\Gamma^B = \delta_A{}^B\,\operatorname{Sp}E. \tag{9.1.41}$$

3. Mittels (9.1.41) zeige man, daß die Γ^A linear unabhängig sein müssen, und folgere daraus, daß die γ-Matrizen gerade die minimale Zeilenzahl haben, die zur Darstellung der Clifford-Algebra für $n = 4$ nötig ist.

4. Man folgere weiter, daß sich jede 4×4-Matrix M in der Form $M = M_A\,\Gamma^A$ zerlegen läßt, wobei die Zahlen M_A mittels (9.1.41) berechnet werden können. Aus der Willkürlichkeit von M folgere man die *Vollständigkeitsrelation*

$$\frac{1}{4}\,\Gamma^{A\alpha}{}_\beta\,\Gamma_A{}^\nu{}_\mu = \delta^\alpha{}_\mu\,\delta^\nu{}_\beta. \tag{9.1.42}$$

(α, β, … sind hier Bispinor-Indizes, wie sie bisher unterdrückt wurden).

5. Man zeige, daß die in (9.1.23) eingeführte Matrix C antisymmetrisch sein muß! *Anleitung:* Analog zur Schlußweise bei der Matrix β zeige man erst $C^T = \pm C$. Hieraus leite man $(C\gamma^i)^T = \mp C\gamma^i$, $(C[\gamma^i, \gamma^k])^T = \mp C[\gamma^i, \gamma^k]$ ab und entscheide das Vorzeichen aufgrund der Tatsache, daß es nur 6 linear unabhängige antisymmetrische 4×4-Matrizen gibt.
Man zeige auch die Antisymmetrie der Matrizen $C\gamma$, $C\gamma\gamma^i$!

6. Man berechne in der speziellen Darstellung (9.1.13) die Matrizen Γ^A, γ^5, $(1 \pm \gamma^5)/2$ und suche Matrizen für C, β!

7. Man zeige, daß der bei der Definition von C bzw. β noch frei bleibende komplexe bzw. reelle Faktor so wählbar ist, daß $\beta\, C^{-1}\, \beta^T = -C^\dagger$ gilt.
Anleitung: Man benütze $\gamma^{i*} = (\gamma^{i\,T})^\dagger = (\gamma^{i\,\dagger})^T$ und das Schursche Lemma. Wie verhält sich der dabei auftretende Zahlfaktor bei Übergang zu äquivalenten Darstellungen? Vgl. Anhang C.1.

8. Man reduziere das Kroneckerquadrat $[\mathrm{D}^{(1/2,0)} \oplus \mathrm{D}^{(0,1/2)}] \otimes [\mathrm{D}^{(1/2,0)} \oplus \mathrm{D}^{(0,1/2)}]$ der Bispinor-Darstellung bezüglich $\mathcal{L}$ aus und interpretiere danach das Transformationsverhalten der *bilinearen Kovarianten* $\varphi^T\, C\, \Gamma^A\, \psi$ zweier Bispinoren φ, ψ und auch das der *sesquilinearen Kovarianten* $\bar\varphi\, \Gamma^A\, \psi$. Warum betrachtet man nicht auch $\varphi^T\, C\, \gamma\, [\gamma^i, \gamma^k]\, \psi$, $\bar\varphi\, \gamma\, [\gamma^i, \gamma^k]\, \psi$? Man zeige dazu, daß

$$\gamma\, [\gamma^i, \gamma^k] = -\frac{1}{2}\, \epsilon^{ikmn} [\gamma_m, \gamma_n]. \tag{9.1.43}$$

((9.1.14) und diese Relation fassen (8.4.8) und deren gepunktete Version zusammen.) Unter Verwendung von (9.1.42) kann nun die vollständige Ausreduktion von $\psi \otimes \varphi$ und die Gestalt der Projektionsoperatoren auf die irreduziblen Anteile angegeben werden.

9. Zwischen den angegebenen Kovarianten bestehen algebraische Identitäten: Vektor und Axialvektor sind orthogonal mit gleichem Viererquadrat, etc. Man leite einige dieser Identitäten her und folgere, daß $\bar\psi\, \gamma^i\, \psi$ ein reller, nicht raumartiger, zukunftsgerichteter Vierervektor ist, der für $\gamma \psi = \pm i \psi$ lichtartig ist.
Anleitung: Um ohne spezielle Realisierung der γ^i auszukommen, benütze man die mittels (9.1.42) zu beweisende *Fierz-Transformation*

$$(\bar\varphi\, M\, \psi)\, (\bar\varphi'\, M'\, \psi') \equiv \frac{1}{4} (\bar\varphi\, \Gamma_A\, \psi')\, (\bar\varphi'\, M'\, \Gamma^A\, M\, \psi). \tag{9.1.44}$$

10. Man zeige, daß für ein freies Dirac-Feld ψ der Dirac-adjungierte Spinor (9.1.37) der Gleichung

$$i\, \partial_k\, \bar\psi\, \gamma^k + \kappa\, \bar\psi = 0 \tag{9.1.45}$$

genügt. Daraus leite man für zwei Lösungen φ, ψ der Dirac-Gleichung

$$\partial_k\, (\bar\varphi\, \gamma^k\, \psi) \equiv 0 \tag{9.1.46}$$

her. Ebenso zeige man für zwei (skalare) Lösungen Φ, Ψ der Klein-Gordon-Gleichung das Verschwinden der Viererdivergenz von

$$\Phi^*\, \overleftrightarrow{\partial_k}\, \Psi := \Phi^*\, \partial_k \Psi - (\partial_k \Phi^*)\, \Psi. \tag{9.1.47}$$

9.2 Relativistische Kovarianz in der Quantenmechanik

In der Quantenmechanik werden die (reinen) *Zustände* eines physikalischen Systems durch Wellenfunktionen beschrieben, oder – etwas allgemeiner, aber abstrakter – durch Vektoren eines komplexen Hilbertraums. Dabei beschreibt allerdings auch jedes komplexe Vielfache eines solchen Vektors *denselben* Zustand, so daß den reinen Zuständen eigentlich die *Strahlen* (= eindimensionale Teilräume = Punkte des zugehörigen *projektiven* Raums) des Hilbertraums entsprechen. *Observable* werden durch hermitische Operatoren O beschrieben; die möglichen Meßwerte für die Observablen sind die Eigenwerte o dieser Operatoren; $O\,|\,o\,\rangle = o\,|\,o\,\rangle$. Die Wahrscheinlichkeit, im Zustand $|\,\psi\,\rangle$ den Wert o der Observablen O zu messen, ist durch $w(o) = \langle\,\psi\,|\,o\,\rangle\langle\,o\,|\,\psi\,\rangle/\langle\,\psi\,|\,\psi\,\rangle\langle\,o\,|\,o\,\rangle$ gegeben. (Im Entartungsfall ist über die verschiedenen zu o gehörenden Eigenvektoren zu summieren; die Schwarzsche Ungleichung sichert $0 \leq w(o) \leq 1$.)

Die physikalische Gleichwertigkeit zweier Inertialsysteme I und I′ drückt sich hier folgendermaßen aus. Den Zuständen 1, 2, ... eines physikalischen Systems entsprechen bezüglich I Strahlen $\mathbf{C}\,|\,\psi_1\,\rangle$, $\mathbf{C}\,|\,\psi_2\,\rangle$, ... eines Hilbertraums $\mathbf{H}$, bezüglich I′ Strahlen $\mathbf{C}\,|\,\psi_1'\,\rangle$, $\mathbf{C}\,|\,\psi_2'\,\rangle$, ... eines Hilbertraums $\mathbf{H}'$. Wegen der Gleichwertigkeit besteht eine umkehrbar eindeutige Zuordnung zwischen den Strahlen von $\mathbf{H}$ und $\mathbf{H}'$, wobei stets $\langle\,\psi_1\,|\,\psi_2\,\rangle\langle\,\psi_2\,|\,\psi_1\,\rangle/\langle\,\psi_1\,|\,\psi_1\,\rangle\langle\,\psi_2\,|\,\psi_2\,\rangle$ invariant bleibt, da Aussagen über Wahrscheinlichkeiten nicht vom zugrundegelegten Inertialsystem abhängen dürfen. (Beachte, daß dieser Ausdruck nur von den beteiligten Strahlen abhängt!)

Selbstverständlich hängen z.B. Wirkungsquerschnitte – die ein Beispiel für Wahrscheinlichkeiten darstellen – davon ab, ob man etwa Labor- oder Schwerpunktssystem zugrundelegt. Gemeint ist hier, daß die Ergebnisse nicht davon abhängen dürfen, in welchem Inertialsystem die *gesamte* Apparatur aufgebaut ist, nicht nur Target und Zähler.

Ein fundamentales Theorem von Wigner besagt, daß jede derartige Strahlenzuordnung auf eine Zuordnung zwischen Vektoren ausgedehnt werden kann, $|\,\psi_1\,\rangle \rightarrow |\,\psi_1'\,\rangle = U\,|\,\psi_1\,\rangle$, die durch einen *unitären* oder *antiunitären* Operator $U : \mathbf{H} \leftrightarrow \mathbf{H}'$ vermittelt wird, wobei U *bis auf einen Phasenfaktor* eindeutig bestimmt ist. (Ein antiunitärer Operator U ist antilinear (Anhang B.1) und erfüllt $\langle Ux, Uy\rangle = \langle y, x\rangle$.)

Ein vervollständigter Beweis dieses Satzes wurde z.B. von V. Bargmann (J. Math. Phys. *5*, 862 (1964)) angegeben. Wir möchten auch auf die dort zitierte Arbeit von U. Uhlhorn (Arkiv f. Fysik *23*, 307 (1962)) hinweisen, wo der Satz mittels zweier Lemmata auf eine Version eines der Fundamentalsätze der projektiven Geometrie zurückgeführt wird. Die im allgemeinen unendliche Dimension von $\mathbf{H}$ spielt dabei insoferne eine eher angenehme Rolle, als dieser Satz erst ab $\dim\mathbf{H} \geq 3$ gilt.

Im Fall von Quantensystemen mit relativistischer Symmetrie ist hier noch hinzuzufügen, daß aufgrund von Überlegungen, die in Abschnitt 9.5 angedeutet sind, nur Systeme mit unendlich vielen Freiheitsgraden relevant sind. Für sie ist – zumindest bei allgemeinen Überlegungen, zu denen ja Symmetriebetrachtungen gehören – ein C^*-algebraischer Formalismus angebracht. Wir verweisen hierfür, und insbesondere wegen einer Formulierung und eines Beweises des Wigner-Theorems in diesem Rahmen z.B. auf Bogolubov et al. (1990).

Sind die verschiedenen Bezugssysteme durch eine Gruppe $\mathcal{G}$ von Transformationen verknüpft, und gehen wir zur aktiven Interpretation über, so entspricht jedem Gruppenelement $g \in \mathcal{G}$ aufgrund des Wignerschen Satzes ein bis auf einen

Phasenfaktor festgelegter unitärer (oder antiunitärer) Operator im Hilbertraum **H**: $g \to \exp(i\alpha)\, U(g)$, $\alpha \in \mathbf{R}$. Die Phasenfaktoren sind aber willkürlich, und man kann bei Zusammensetzung zweier Transformationen nur auf

$$U(g_1)\, U(g_2) = \omega(g_1, g_2)\, U(g_1\, g_2) \tag{9.2.1}$$

mit $|\omega(g_1, g_2)| = 1$ schließen. Man spricht hier von einer *(semi-) unitären Strahldarstellung*. Jedes physikalische System liefert so eine semiunitäre Strahldarstellung von $\mathcal{G}$, und man kann die Systeme klassifizieren, indem man die Strahldarstellungen von $\mathcal{G}$ klassifiziert.

Die in Abschnitt 7.10 gemachten Bemerkungen zu mehrwertigen Darstellungen (Strahldarstellungen) reichen für $\mathcal{P}$ in zweierlei Hinsicht nicht aus. Erstens wurden dort keine antilinearen, sondern nur lineare Operatoren betrachtet, und zweitens ist $\mathcal{P}$ nicht kompakt.

Für zusammenhängende Gruppen $\mathcal{G} = \mathcal{G}_e$ wie $\mathcal{P}_+^\uparrow$ fällt die erste Schwierigkeit weg: jedes Element ist – wie in Abschnitt 7.4 erwähnt – Produkt von endlich vielen Elementen g, die in einparametrigen Untergruppen $g(\tau)$ liegen. Mit $g(0) = e$, $g(1) = g$, $g(\tau + \tau') = g(\tau)\, g(\tau')$ ist $g = g(1/2)\, g(1/2)$; das Quadrat antiunitärer Operatoren ist aber unitär.

Bei $\mathcal{P}$ gilt dieses Argument nicht, für Spiegelungen stehen zunächst beide Möglichkeiten offen. Wie wir in Abschnitt 9.6 ausführen werden, sind in der Physik aufgrund der Forderung positiver Energie Raumspiegelungen unitär, Zeitspiegelungen antiunitär darzustellen (vgl. Wigner (1959) für den nichtrelativistischen Fall).

Beschränken wir uns auf $\mathcal{P}_+^\uparrow$, so hilft hier wie bei allen zusammenhängenden Lie-Gruppen weiter (vgl. V. Bargmann, Ann. Math. *59*, 1 (1954)), daß die Faktoren λ_g in (7.10.4), die jetzt wegen der Unitarität Phasenfaktoren sein müssen, nahe der Einheit so gewählt werden können, daß (antihermitische) Erzeugende wie in Abschnitt 7.4 definierbar sind und ein zur dortigen Schlußweise ähnliches Vorgehen für eine Erzeugendenbasis $\{t_A\}$ auf Vertauschungsrelationen der Form ($C_{AB}^D \ldots$ Strukturkonstanten der Gruppe)

$$[t_A, t_B] = C_{AB}^D\, t_D + i\, C_{AB}\, \mathrm{id}_{\mathbf{H}} \tag{9.2.2}$$

führt. Die zusätzlichen reellen Konstanten $C_{AB} = -C_{BA}$ stammen vom Zusatzfaktor ω in (9.2.1) und müssen wegen $[t_{[E}, [t_A, t_{B]}]] \equiv 0$ und (7.2.17) die sogenannte („infinitesimale") *2-Kozykelbedingung*

$$C_{[AB}^D\, C_{E]D} = 0 \tag{9.2.3}$$

erfüllen. Einer anderen Phasenwahl entspricht infinitesimal

$$t_A \to t'_A = t_A + i\, C_A\, \mathrm{id} \tag{9.2.4}$$

mit reellen Konstanten C_A, und für die t'_A gilt eine „gestrichene" Version von (9.2.2) mit

$$C'_{AB} = C_{AB} - C_{AB}^D\, C_D. \tag{9.2.5}$$

Die Lösbarkeit des linearen Gleichungssystems

$$C_{AB} = C_{AB}^D\, C_D \tag{9.2.6}$$

nach C_A ist für die Liftbarkeit zu einer (gewöhnlichen) Darstellung notwendig. Durch Exponenzieren folgt dann für zusammenhängendes $\mathcal{G}$, daß zu einer Darstellung der universellen Überlagerungsgruppe $\widetilde{\mathcal{G}}$ geliftet werden kann. Ist (9.2.6) für *alle* Kozykel C_{AB} lösbar, erhält man alle Strahldarstellungen von $\mathcal{G} = \widetilde{\mathcal{G}}/\mathcal{Z}$ ($\mathcal{Z}$ = diskrete zentrale Untergruppe) aus Darstellungen von $\widetilde{\mathcal{G}}$, in denen $\mathcal{Z}$ durch Vielfache von id dargestellt ist, was insbesondere bei Irreduzibilität zutrifft.

(9.2.6) ist mit (9.2.3) bei allen halbeinfachen Gruppen stets lösbar, aber auch bei $\mathcal{P}_+^\uparrow = \widetilde{\mathcal{P}}_+^\uparrow/\mathcal{Z}_2$, wie mittels der Strukturkonstanten des nächsten Abschnittes verifiziert werden wird. Die universelle Überlagerungsgruppe $\widetilde{\mathcal{P}}_+^\uparrow$ ist dabei das semidirekte Produkt (siehe Anhang A) von $\widetilde{\mathcal{L}}_+^\uparrow$ = SL(2,C) mit der Translationsgruppe $\mathcal{T}$, auf die sie über die Viererverktordarstellung (8.2.8) wirkt; der zweifache Zusammenhang von $\mathcal{P}_+^\uparrow$ stammt von der Drehgruppe.

Schreiben wir für die Poincarégruppe $g = (a, L)$ wie in (3.1.9), ergibt sich aus diesen Überlegungen[1], daß für $\mathcal{P}_+^\uparrow$ durch Phasenwahl in (9.2.1)

$$\omega\big((a_1, E), (a_2, E)\big) = 1 = \omega\big((0, L), (a, E)\big), \qquad \omega\big((0, L_1), (0, L_2)\big) = \pm 1 \qquad (9.2.7)$$

erreichbar ist; ferner müssen dabei alle $U(a, L)$ *unitär* sein. Die irreduziblen unitären Strahldarstellungen von $\mathcal{P}_+^\uparrow$ werden wir in Abschnitt 9.4 analysieren.

Bezüglich semilinearer Strahldarstellungen von nicht zusammenhängenden Gruppen $\mathcal{G}$ wie $\mathcal{P}^\uparrow$, $\mathcal{P}_+$, $\mathcal{P}_0$ und $\mathcal{P}$ fügen wir hier noch folgende allgemeine Bemerkungen hinzu. Die linear dargestellten Elemente von $\mathcal{G}$ bilden eine Untergruppe $\mathcal{G}_1$, die antilinear dargestellten ihre einzige Nebenklasse $\mathcal{G}_2$ (s. Aufgabe). Das Problem, die *irreduziblen* semilinearen Darstellungen von $\mathcal{G}$ bei gegebenem $\mathcal{G}_1$ zu finden, kann auf das Problem zurückgeführt werden, die linearen irreduziblen Darstellungen von $\mathcal{G}_1$ zu finden – $\mathcal{G}_1$ muß dazu nur irgendeine Untergruppe vom Index 2, d.h. mit nur einer Nebenklasse $\mathcal{G}_2$ in $\mathcal{G}$ sein. Dies geschieht mittels zweier Sätze und Zusätze, die (samt ihrem Beweis) zu den Sätzen 1, 2 und den Zusätzen in Aufgabe 7a, b von Abschnitt 7.9 ähnlich sind, wobei die Antilinearität aber doch charakteristische Unterschiede bewirkt. Sie lauten für $\omega \equiv 1$ (gewöhnliche semilineare Darstellungen):

1. *Wenn eine irreduzible semilineare Darstellung von $\mathcal{G}$ eine irreduzible (lineare) Darstellung von $\mathcal{G}_1$ subduziert, so ist sie durch diese bereits eindeutig bestimmt (Typ I).*

2. *Wenn eine irreduzible semilineare Darstellung von $\mathcal{G}$ eine reduzible (lineare) Darstellung von $\mathcal{G}_1$ subduziert, dann zerfällt letztere in zwei irreduzible Darstellungen gleicher Dimension, welche die irreduzible Darstellung von $\mathcal{G}$ bis auf Äquivalenz eindeutig bestimmen. Diese beiden Darstellungen von $\mathcal{G}_1$ können dabei äquivalent (Typ II) oder inäquivalent (Typ III) sein.*

[1] Wegen einer modernen mathematischen Darstellung sei auf Simms (1968) verwiesen; siehe auch J. Cariñena, M. Santander, J. Math. Phys. *16*, 1416 (1975). Es sei noch erwähnt, daß für die durch (1.3.12), (1.3.1) und Translationen erzeugte *Galileigruppe* (9.2.6) nicht stets lösbar ist, insbesondere nicht für die in der nichtrelativistischen Quantenmechanik vorliegende Strahldarstellung. (Siehe dazu J. Math. Phys. *22*, 1548 (1981) wegen neuerer Literatur.)

Zum Verständnis der Formulierung der Zusätze ist im Fall der Semilinearität eine Vorbetrachtung nötig. Sei $g_1 \to T_{g_1}$ eine irreduzible Darstellung von $\mathcal{G}_1$ im komplexen Vektorraum $\mathbf{V}$, ferner sei $g_2 \in \mathcal{G}_2$ fix gewählt und $g_0 := g_2^2 \in \mathcal{G}_1$. Es geht nun um die durch $g_1 \to T'_{g_1} := T_{g_2^{-1} g_1 g_2}$ gegebene *konjugierte Darstellung* von $\mathcal{G}_1$, wobei unterschiedliche Wahl von $g_2 \in \mathcal{G}_2$ die Äquivalenzklasse dieser Darstellung nicht ändert (nähme man $g'_2 \in \mathcal{G}_2$ statt g_2, wäre $g_2^{-1} g'_2 \in \mathcal{G}_1$ und $T_{g_2^{-1} g'_2}$ eine Äquivalenzabbildung). Ist nun wie im Typ I die Darstellung T_{g_1} von einer irreduziblen semilinearen Darstellung von $\mathcal{G}$ in $\mathbf{V}$ subduziert, so sind die Darstellungen T_{g_1} und $T'^*_{g_1}$ äquivalent, denn dann gehört ja zu g_2 ein (antilinearer) Operator T_{g_2} im selben Raum $\mathbf{V}$, so daß unter Verwendung der (antilinearen) komplexen Konjugation $\mathcal{K} : \mathbf{V} \to \mathbf{V}^*$ (s. Anhang B.3,4) gilt: $T'^*_{g_1} := \mathcal{K} T'_{g_1} \mathcal{K}^{-1} = \mathcal{K} T_{g_2}^{-1} T_{g_1} T_{g_2} \mathcal{K}^{-1}$; der (lineare) Operator $S := T_{g_2} \mathcal{K}^{-1}$ ist also eine Äquivalenzabbildung.

Es seien nun umgekehrt T_{g_1} und $T'^*_{g_1}$ äquivalent, $T'^*_{g_1} = S^{-1} T_{g_1} S$; dann ist aber hier gegenüber der Situation in Aufgabe 7a von Abschnitt 7.9 noch eine Unterscheidung zu treffen. Aus der angenommenen Äquivalenz folgt nämlich

$$(SS^*)^{-1} T_{g_1} SS^* = S^{*-1} T'^*_{g_1} S^* = \left(S^{-1} T_{g_2^{-1} g_1 g_2} S\right)^* = T'_{g_2^{-1} g_1 g_2} = T_{g_0^{-1} g_1 g_0} = T_{g_0}^{-1} T_{g_1} T_{g_0},$$

nach Schur also $SS^* = sT_{g_0}$, $0 \neq s \in \mathbf{C}$. Diese Relation kann man einerseits komplexkonjugieren: $S^*S = s^* T^*_{g_0}$; andererseits folgt aus ihr

$$S^*S = s\, S^{-1} T_{g_0} S = s\, T^*_{g_2^{-1} g_0 g_2} = s\, T^*_{g_0}$$

– also muß s *reell* sein. Komplexes Umnormieren von S ändert an s nur den Absolutbetrag, und wir nehmen im folgenden an, daß im Fall der Äquivalenz bereits $SS^* = +T_{g_0}$ oder $SS^* = -T_{g_0}$ erreicht sei. Dann lauten die Zusätze:

a) Sind T_{g_1} und $T'^*_{g_1} = S^{-1} T_{g_1} S$ äquivalent und ist

a$_\mathrm{I}$) $SS^* = +T_{g_0}$, so kann die Zuordnung $g_1 \to T_{g_1}$, $g_2 \to S\mathcal{K}$ zu einer semilinearen Darstellung von $\mathcal{G}$ auf $\mathbf{V}$ ausgebaut werden.

a$_\mathrm{II}$) $SS^* = -T_{g_0}$, so kann die Zuordnung

$$g_1 \to T_{g_1} \oplus T'_{g_1}, \qquad g_2 \to \begin{pmatrix} 0 & -S\mathcal{K} \\ S\mathcal{K} & 0 \end{pmatrix}$$

zu einer irreduziblen semilinearen Darstellung von $\mathcal{G}$ auf $\mathbf{V} \oplus \mathbf{V}$ ausgebaut werden.

b) Sind T_{g_1} und $T'^*_{g_1}$ inäquivalent, so kann die Zuordnung

$$g_1 \to T_{g_1} \oplus \mathcal{E} T'_{g_1} \mathcal{E}^{-1}, \qquad g_2 \to \begin{pmatrix} 0 & T_{g_0} \mathcal{E}^{-1} \\ \mathcal{E} & 0 \end{pmatrix}$$

für jede invertierbare antilineare Abbildung $\mathcal{E} : \mathbf{V} \to \mathbf{V}$ zu einer irreduziblen semilinearen Darstellung (Typ III) von $\mathcal{G}$ auf $\mathbf{V} \oplus \mathbf{V}$ ausgebaut werden. (Unterschiedliche Wahlen von $\mathcal{E}$ geben äquivalente Darstellungen.)

Wir haben diese Sätze und Zusätze hier nur für gewöhnliche semilineare Darstellungen formuliert, sie lassen sich aber ebenso wie die Sätze und Zusätze in Abschnitt 7.9 auch für Strahldarstellungen modifizieren – man braucht sie ja nur auf die entsprechenden Erweiterungsgruppen anzuwenden.

Dabei ist in der Definition von T'_{g_1} noch ein Faktor

$$\frac{\omega^*(g_1, g_2)}{\omega^*(g_2, g_2^{-1} g_1 g_2)},$$

und in der von S zu erfüllenden Relation vor T_{g_0} ein Faktor $\omega(g_2, g_2)$ einzufügen; desgleichen in der g_2 zuzuordnenden Matrix. Die Modifikation der analogen Zusätze in Abschnitt 7.9 ist bis auf das Entfallen obiger komplexer Konjugation dieselbe.

Wegen der Details und Beweise sei auf den besonders klaren Artikel von R. Shaw, J. Lever, Commun. math. Phys. *38*, 257 (1974) verwiesen. Hervorzuheben ist dabei, daß aufgrund der durch die Semilinearität modifizierten Kozykelrelation (siehe Aufgabe) für ein *involutorisches* Element $g_2 \in \mathcal{G}_2$, d.h. eines mit $g_2^2 = e$ (wie etwa T oder PT in $\mathcal{P}$) folgt, daß – man setze $g_1 = g_2 = g_3$ in dieser Relation –

$$\omega(g_2, g_2) = \left(\omega(g_2, g_2)\right)^* \qquad \text{für} \quad g_2^2 = e \tag{9.2.8}$$

reell ist und die Modifikation der Äquivalenz von Strahldarstellungen (siehe Aufgabe) bewirkt, daß bei Umnormierung $T_{g_2} \to \lambda_{g_2} T_{g_2}$ (9.2.8) nur um den *positiven* Faktor $|\lambda_{g_2}|^2$ geändert wird, so daß *nur* $\omega(g_2, g_2) = \pm 1$ *erreichbar* ist, wobei die Phase von λ_{g_2} unbestimmt bleibt. (Vgl. im Gegensatz dazu Abschnitt 7.10, wo $\omega(P, P) = 1$ erreicht wurde, wobei λ_P bis aufs Vorzeichen bestimmt war.)

Auch die Bestimmung der inäquivalenten Kozykel ω für $\mathcal{G} = \mathcal{G}_1 \cup \mathcal{G}_2$ kann in vielen Fällen auf jene von $\mathcal{G}_1$ zurückgeführt werden. Wegen einer Diskussion der allgemeinen zur Verfügung stehenden mathematischen Methoden sei insbesondere auf den Artikel von L. Michel in Gürzey (1964) verwiesen. Für $\mathcal{P}$ wollen wir dies in Abschnitt 9.6 durchführen.

Aufgaben

1. Zu einer semilinearen Strahldarstellung wie (9.2.1) gehört

   a) eine gegenüber (7.10.2) modifizierte Kozykelbedingung

   b) eine gegenüber (7.10.3) modifizierte Definition der Erweiterungsgruppe

   c) ein gegenüber (7.10.5) modifizierter Äquivalenzbegriff.

   Wie lauten diese?
   Hinweis: Um die Antwort kompakt formulieren zu können, sei σ_g die Identität oder die komplexe Konjugation auf **C**, je nachdem, ob U_g linear oder antilinear ist.

2. Man zeige, daß bei einer semilinearen Strahldarstellung einer Gruppe $\mathcal{G}$ die linear dargestellten Gruppenelemente eine Untergruppe $\mathcal{G}_1$ mit nur einer Nebenklasse $\mathcal{G}_2$ bilden.

3. Man zeige, daß für die Gruppe SO(3) die Bedingung (9.2.3) stets erfüllt und das System (9.2.6) stets lösbar ist.

4. Für die von den Spiegelungen P, T erzeugte Untergruppe $\mathcal{V}_4 = \{E, P, T, PT\}$ von $\mathcal{P}$ bestimme man bis auf Äquivalenz (siehe Aufgabe 1c!) alle Kozykel $\omega(\,.\,,\,.\,)$ mit Werten in U(1)= {Phasenfaktoren}, wenn $\{E, P\}$ linear, $\{T, PT\}$ antilinear dargestellt werden sollen.
Anleitung: $\omega(E, E) = \omega(E, P) = \omega(P, E) = \omega(P, P) = 1$ sei erreicht wie in Abschnitt 7.10; sei $\omega(T, T) = \alpha\ (= \pm 1)$, $\omega(PT, PT) = \beta\ (= \pm 1)$ gesetzt und $\omega(P, T) = 1$ durch Wahl von λ_{PT} erreicht, wobei der Phasenfaktor λ_T noch freibleibt. Man verifiziere nun, daß die verbleibenden Kozykelbedingungen $\omega(\,.\,,\,.\,)$ vollständig bestimmen: $\omega(P, T) = \omega(P, PT) = 1$, $\omega(PT, T) = \alpha$, $\omega(T, PT) = \beta$, $\omega(T, P) = \omega(PT, P) = \alpha\beta$. Hier können α, β unabhängig voneinander ihre erlaubten Werte ± 1 annehmen, so daß sich vier verschiedene Erweiterungsgruppen von $\mathcal{V}_4$ ergeben.

5. Man verifiziere die Zusätze zu Satz 1, 2.

6. Nach dem Muster der in den Abschnitten 7.9 und 8.5 gegebenen Anleitungen zum Beweis der dortigen Sätze 1 und 2, jedoch unter genauer Beobachtung der Antilinearität, führe man Beweise für die Sätze 1 und 2 dieses Abschnitts.

9.3 Lie-Algebra und Invarianten der Poincarégruppe

Die Lie-Algebra von $\mathcal{P}_+^\uparrow$ ist festgelegt durch die Vertauschungsrelationen (8.1.3) der homogenen Lorentzgruppe, die trivialen Vertauschungsrelationen der Translationsgruppe und die noch zu berechnenden Kommutatoren von Translationen und Lorentztransformationen. Wir erhalten sie durch Bestimmung der adjungierten Darstellung von $\mathcal{P}_+^\uparrow$. Sei $(a, L) \in \mathcal{P}_+^\uparrow$ eine infinitesimale Transformation, wobei wir als Parameter die a^i und die sechs unabhängigen Elemente der Matrix $\omega^i{}_k := L^i{}_k - \delta^i{}_k$ nehmen. Aus $L^T\,\eta\,L = \eta$ folgt $\omega^T\eta + \eta\,\omega = 0$ oder

$$\eta_{ij}\,\omega^j{}_k =: \omega_{ik} = -\omega_{ki}; \tag{9.3.1}$$

vgl. (6.1.3). Wird (a, L) aktiv aufgefaßt, sind a^k, ω_{ik} Komponenten eines infinitesimalen Vierervektors bzw. antisymmetrischen Tensors; letzterer verhält sich zu $\boldsymbol{\alpha}$, v in (6.1.5) wie der Feldtensor F_{ik} zu den Feldstärken **B**, **E** des elektromagnetischen Feldes. Ferner sei $(a, L) \to U(a, L)$ eine treue Darstellung im Raum **H**, wobei infinitesimal

$$U(a, L) \approx \mathrm{id}_{\mathbf{H}} - \frac{i}{2}\omega_{ab}\,M^{ab} + i a^c P_c. \tag{9.3.2}$$

Hier sind $M^{ab} = -M^{ba}$ und P_c die Erzeugenden von Lorentztransformationen und Translationen in der betreffenden Darstellung; ein Faktor i wurde herausgezogen, um im Fall unitärer Darstellungen gleich hermitische Erzeugende zu betrachten.

Die adjungierte Darstellung erhalten wir nach Abschnitt 7.4, wenn wir in den Relationen[1]

$$U^{-1}(L)\,U(a',L')\,U(L) = U(L^{-1}a',\,L^{-1}\,L'\,L), \tag{9.3.3a}$$

$$U^{-1}(a)\,U(a',L')\,U(a) = U(L'a+a'-a,\,L') \tag{9.3.3b}$$

die Transformation (a',L') infinitesimal machen und (9.3.2) verwenden (die adjungierte Darstellung des allgemeinen Elements $(a,L)=(a,E)\,(0,L)$ erhält man durch Zusammensetzung). Für die rechten Seiten von (9.3.3) lautet (9.3.2):

$$\begin{aligned} U(L^{-1}a',L^{-1}L'L) &\approx \mathrm{id}_{\mathbf{H}} - \frac{i}{2}(L^{-1}\omega' L)_{mn}\,M^{mn} + i(L^{-1}a')^d\,P_d = \\ &= \mathrm{id}_{\mathbf{H}} - \frac{i}{2}\omega'_{ab}\,L^a{}_m\,L^b{}_n\,M^{mn} + i\,a'^c\,L_c{}^d\,P_d, \\ U(L'a+a'-a,L') &\approx \mathrm{id}_{\mathbf{H}} - \frac{i}{2}\omega'_{ab}\,M^{ab} + i(\omega'^c{}_d\,a^d + a'^c)P_c, \end{aligned}$$

und wir lesen daher an den Koeffizienten ω'_{ik}, a'^c die adjungierte Darstellung ab

$$U^{-1}(L)\,M^{ik}\,U(L) = L^i{}_m\,L^k{}_n\,M^{mn} \tag{9.3.4a}$$

$$U^{-1}(L)\,P_c\,U(L) = L_c{}^d\,P_d \tag{9.3.4b}$$

$$U^{-1}(a)\,P_c\,U(a) = P_c \tag{9.3.4c}$$

$$U^{-1}(a)\,M^{ik}\,U(a) = M^{ik} + 2\,a^{[i}\,P^{k]} \tag{9.3.4d}$$

(man beachte die Antisymmetrie der ω'_{ik}, um zu (9.3.4d) zu gelangen!). Die ersten beiden Gleichungen besagen, daß M^{ik} ein antisymmetrischer Tensoroperator und P_c ein (Vierer-) Vektoroperator unter $\mathcal{L}_+^\uparrow$ ist; die dritte drückt die Kommutativität der Translationen aus; der letzten Gleichung werden wir in Kapitel 10 wieder begegnen: sie beschreibt u.a. die Abhängigkeit des Drehimpulses vom Bezugspunkt.

Die Vertauschungsrelationen der Erzeugenden erhalten wir, indem wir in (9.3.4) auch L, a infinitesimal machen: $L = E+\omega$, $U(L) = \mathrm{id}_{\mathbf{H}} - \frac{i}{2}\,\omega_{ab}\,M^{ab}$, $U(a) = \mathrm{id}_{\mathbf{H}} + i a^k P_k$. Vergleich der Faktoren von ω_{ab}, a^c rechts und links ergibt unter Beachtung der Antisymmetrie der ω_{ab}:

$$i\,[M^{ab},M^{ik}] = \eta^{ai}\,M^{bk} - \eta^{bi}\,M^{ak} + \eta^{ak}\,M^{ib} - \eta^{bk}\,M^{ia} \tag{9.3.5a}$$

$$i\,[M^{ab},P^c] = \eta^{ca}\,P^b - \eta^{cb}\,P^a \tag{9.3.5b}$$

$$i\,[P_a,P_b] = 0. \tag{9.3.5c}$$

(Gleichung (9.3.4d) führt ebenfalls auf (9.3.5b); die Relationen (9.3.5a) sind natürlich die Relationen (8.1.3) in vierdimensionaler Schreibweise).

[1]Hier und in Zukunft schreiben wir bei reinen Translationen $U(a,E) =: U(a)$, bei homogenen Transformationen $U(0,L) =: U(L)$; für infinitesimales (a',L') gilt auch in zweiwertigen Darstellungen rechts ein + -Zeichen.

Man kann die Vertauschungsrelationen (9.3.5) auch direkt an einer konkret gegebenen Darstellung verifizieren, etwa an der 5 × 5-Matrixdarstellung

$$(a, L) \to \begin{pmatrix} L & a^T \\ 0 & 1 \end{pmatrix}, \tag{9.3.6}$$

die übrigens wie (9.3.4) offensichtlich reduzibel, jedoch nicht vollreduzibel ist, wie dies bei *nicht halbeinfachen* Gruppen wie $\mathcal{P}_+^\uparrow$ vorkommen kann (die Translationen bilden einen kontinuierlichen abelschen Normalteiler).

Wir kommen nun zu den invarianten Casimir-Operatoren von $\mathcal{P}_+^\uparrow$. Da $\mathcal{P}_+^\uparrow$ nicht halbeinfach ist, können wir die in Abschnitt 7.4 angegebene Vorschrift zur Auffindung dieser Operatoren nicht anwenden. Jedoch sind, wie bereits festgestellt, M^{ik} und P^c Tensoroperatoren unter $\mathcal{L}_+^\uparrow$, so daß zumindest $\mathcal{L}_+^\uparrow$-invariante Operatoren leicht zu bilden sind. Es ist also nur noch für Translationsinvarianz zu sorgen.

Ein erster translationsinvarianter Tensoroperator ist P^c selbst, sein Viererquadrat daher ein mit allen $U(a, L)$ vertauschbarer Operator:

$$P_c P^c =: M^2, \qquad [M^2, U(a, L)] = 0. \tag{9.3.7}$$

In einer irreduziblen Darstellung muß M^2 ein Vielfaches des Einheitsoperators sein, $M^2 = m^2 \mathrm{id}_{\mathbf{H}}$.

Die $\mathcal{L}_+^\uparrow$-invarianten Operatoren $M_{ik} M^{ik}$, $*M_{ik} M^{ik}$, die sich als nächstes anbieten (und im wesentlichen mit (8.1.6) übereinstimmen), sind wegen (9.3.4*d*) *nicht* translationsinvariant. Hingegen kann aus M^{ik} durch Antisymmetrisieren mit P^j ein zweiter translationsinvarianter (Pseudo-) Vektoroperator gebildet werden, weil dadurch der störende Term in (9.3.4*d*) zum Verschwinden gebracht wird: wir definieren den *Pauli-Lubanski-Vektor*

$$\mathcal{W}_d := -\frac{1}{2} \epsilon_{abcd} M^{ab} P^c, \tag{9.3.8}$$

der auf P^d orthogonal steht:

$$\mathcal{W}_d P^d = 0, \qquad [P_c, \mathcal{W}_d] = 0. \tag{9.3.9}$$

Sein Viererquadrat

$$\mathcal{W}^2 := \mathcal{W}^d \mathcal{W}_d, \qquad [\mathcal{W}^2, U(a, L)] = 0 \tag{9.3.10}$$

ist somit ein weiterer $\mathcal{P}_+^\uparrow$-invarianter Operator, dessen Eigenwerte w^2 zur Klassifizierung der irreduziblen Darstellungen von $\mathcal{P}_+^\uparrow$ herangezogen werden können.

Obwohl sich nun aus den M^{ik}, P_c keine weiteren unabhängigen Invarianten mehr bilden lassen, reichen die Eigenwerte von M^2, $\mathcal{W}^2$ nicht völlig aus, um die irreduziblen Darstellungen von $\mathcal{P}_+^\uparrow$ zu klassifizieren – dies ist eine Besonderheit bei nicht halbeinfachen Gruppen. Während nämlich z.B. bei $\mathcal{L}_+^\uparrow$ die (möglichen) Eigenwerte 0, 0 der Invarianten $(\mathbf{M}^+)^2$, $(\mathbf{M}^-)^2$ die triviale Darstellung eindeutig charakterisieren, gehören zu den (möglichen) Eigenwerten 0, 0 von M^2, $\mathcal{W}^2$ eine ganze Serie nichttrivialer Darstellungen. Für diese sind P_c, $\mathcal{W}_c$ lichtartige, orthogonale Vektoroperatoren, die in unitären Darstellungen hermitisch sind und (vgl. Aufgabe 2 von Abschnitt 3.2) daher proportional sein müssen:

$$\mathcal{W}_c = \lambda\, P_c. \tag{9.3.11}$$

Der Proportionalitätsfaktor λ ist hier eine weitere (pseudoskalare) Invariante, die bemerkenswerterweise aus (9.3.11) nicht durch Bildung von Skalarprodukten der beiden Vektoroperatoren berechnet werden kann - eine „nichtmetrische" Größe. Der Grund für ihr Auftreten ist, daß man sich in diesem Ausnahmefall auf dem Lichtkegel bewegt, der eine größere Invarianzgruppe als $\mathcal{L}$ aufweist. λ kann zur weiteren Klassifikation der Darstellungen herangezogen werden.

Wir wollen nun alle diese Operatoren speziell im Raum der Tensor- und Spinorfelder über dem Minkowski-Raum betrachten. Eine infinitesimale Translation $x \longrightarrow x+a$ bewirkt $\Phi \longrightarrow \Phi'$, wo

$$\Phi'(x) = \Phi(x-a) \approx \Phi(x) - a^k\, \partial_k\, \Phi(x) = (\mathrm{id} - a^k\, \partial_k)\, \Phi,$$

daher

$$P_k = i\partial_k\,; \tag{9.3.12}$$

dabei kann Φ beliebige Spinorindizes tragen. Die Größen $\hbar P_k$ sind die vierdimensionalen Analoga zu den quantenmechanischen Impulsoperatoren, wenn $\Phi(x)$ als Wellenfunktion eines Teilchens aufgefaßt wird. Wir wollen im folgenden stets Einheiten mit $\hbar = 1 = c$ verwenden und haben dann in (9.3.12) den Operator des Viererimpulses vor uns. Dementsprechend ist (vgl. (4.1.7))

$$M^2 = P^k P_k = -\partial^k \partial_k = -\Box \tag{9.3.13}$$

der Operator des *Massenquadrates*. Für Felder, die zu einer *irreduziblen* Darstellung von $\mathcal{P}$ gehören, muß jedenfalls $M^2\Phi = m^2\Phi$ oder

$$(\Box + m^2)\Phi = 0 \tag{9.3.14}$$

gelten. Dies ist identisch mit der Klein-Gordon-Gleichung (9.1.3). Aus physikalischen Gründen beschränkt man sich dabei auf Eigenwerte $m^2 \geq 0$, obwohl mathematisch auch negative Werte möglich sind[1].

Eine infinitesimale Lorentztransformation $x \longrightarrow Lx$ bewirkt im Raum der *skalaren* Felder $\Phi \longrightarrow \Phi'$, wo

$$\Phi'(x) = \Phi(L^{-1}x) \approx \Phi(x) - \omega^i{}_k\, x^k\, \partial_i\, \Phi(x) = \mathrm{id} - \frac{1}{2}\,\omega_{ik}\,(x^k \partial^i - x^i \partial^k)\,\Phi,$$

so daß hier $M^{ik} = L^{ik}$ mit

$$L^{ik} := \frac{1}{i}\,(x^k \partial^i - x^i \partial^k) \tag{9.3.15}$$

wird. Die L^{ik} sind offensichtlich das relativistische Gegenstück zu den quantenmechanischen Drehimpulsoperatoren – genauer: zu den Bahndrehimpulsoperatoren. Hätten wir statt eines Skalarfeldes ein Tensor- oder Spinorfeld genommen, so wäre

$$M^{ik} = L^{ik} + S^{ik} \tag{9.3.16}$$

[1]Wegen Tachyonen, also Teilchen mit $m^2 < 0$, siehe G. Ecker, Ann. Phys. (N.Y.) *58*, 303 (1970) und die dort zitierte Literatur.

die Summe des Bahnanteils und des Spinanteils, also von L^{ik} und der Erzeugenden $S^{ik} = -S^{ki}$ in der betreffenden Tensor- oder Spinordarstellung. (Hier wurde bereits die im Anschluß an (7.8.6) erwähnte Kurznotation verwendet). Für 4-Vektorfelder etwa sind die S^{jk} 4×4-Matrizen mit

$$\left(S^{jk}\right)^m{}_n = i\left(\eta^{jm}\,\delta^k{}_n - \eta^{km}\,\delta^j{}_n\right), \tag{9.3.17}$$

da dann $-\frac{i}{2}\omega_{ik}(S^{ik})^m{}_n\,x^n = \omega^m{}_n\,x^n$ wird. Für Dirac-Spinoren ist nach (9.1.28)

$$S^{jk} = \frac{i}{2}\gamma^{[j}\gamma^{k]}, \tag{9.3.18}$$

für zweikomponentige Spinoren

$$S^{jk} = \frac{i}{2}\sigma^{[j}\,\tilde{\sigma}^{k]} \qquad \text{für} \quad D^{(1/2,0)} \tag{9.3.19a}$$

$$= \frac{i}{2}\tilde{\sigma}^{[j}\,\sigma^{k]} \qquad \text{für} \quad D^{(0,1/2)} \tag{9.3.19b}$$

(siehe Aufgabe).

Wenn wir nun die Operatoren $\mathcal{W}_d$ bilden, sehen wir, daß L^{ik} dazu nicht beiträgt. Im Raum der Skalarfelder ist $\mathcal{W}_d \equiv 0$, $\mathcal{W}^2 \equiv 0$. Die S^{jk}, die relativistische Verallgemeinerung der Spinmatrizen, bestimmen die Gestalt von $\mathcal{W}_d$ und $\mathcal{W}^2$. Die zweite Invariante hängt daher mit dem *Spin* von Teilchen zusammen, wie noch auszuführen sein wird.

Wie oben bemerkt, reichen die Eigenwerte von M^2, $\mathcal{W}^2$ nicht aus, um die irreduziblen Darstellungen zu klassifizieren. Wir illustrieren dies hier noch weiter durch Betrachtung des Raumes der Dirac-Spinorfelder $\psi(x)$. In ihm gilt identisch $\mathcal{W}^2 = -\frac{1}{2}\left(\frac{1}{2}+1\right)M^2$ (siehe Aufgabe), d.h., bei Zugrundelegung der Klein-Gordon-Gleichung (9.3.14) wird auch $\mathcal{W}^2$ automatisch Vielfaches des Einheitsoperators. Der Raum der Lösungen der Dirac-Gleichung (9.1.12) bildet davon einen *echten* invarianten Teilraum, da die Dirac-Gleichung *nicht* aus der Klein-Gordon-Gleichung folgt (sondern nur umgekehrt). In diesem Teilraum – der übrigens unter $\mathcal{P}$ bereits irreduzibel ist und unter $\mathcal{P}_+^\uparrow$ in zwei invariante Teilräume zerfällt, wie wir noch sehen werden – ist die Darstellung *unitär,* wie aus der quantenmechanischen Bedeutung der Dirac-Gleichung folgt. Das invariante Skalarprodukt ist durch das Integral

$$\int_\sigma d\sigma^k\,\bar{\varphi}\,\gamma_k\,\psi \tag{9.3.20}$$

gegeben, das wegen $\partial^k(\bar{\varphi}\,\gamma_k\,\psi) = 0$ für zwei Lösungen φ, ψ der Dirac-Gleichung (vgl. Aufgabe 10 von Abschnitt 9.1) gemäß (5.6.13) von der speziell gewählten raumartigen Hyperfläche σ nicht abhängt. Um die Definitheit einzusehen, wählt man $d\sigma^k = (d^3x, \mathbf{0})$ und für die γ_k die spezielle Realisierung (9.1.13), für die in $\bar{\psi} = \psi^\dagger\beta$ die Matrix β Vielfaches von γ_0 wird, wie die Lösung von Aufgabe 6, Abschnitt 9.1, ergibt (vgl. auch Anhang C.1).

Da wir gemäß Abschnitt 9.2 auch an unitären Strahldarstellungen interessiert sind, wollen wir hier kurz andeuten, wie die dort allgemein beschriebene Analyse im

Fall von $\mathcal{P}_+^\uparrow$ konkret aussieht. Die Modifikation (9.2.2) der Vertauschungsrelationen bedeutet hier Zulassen von additiven Termen

$$C^{ab,ik}\mathrm{id}_{\mathbf{H}}, \qquad C^{ab,c}\mathrm{id}_{\mathbf{H}}, \qquad C_{a,b}\mathrm{id}_{\mathbf{H}} \tag{9.3.21a,b,c}$$

auf den rechten Seiten von (9.3.5a,b,c), wobei

$$C^{ab,ik} = -C^{ba,ik} = -C^{ab,ki} = -C^{ik,ab} \tag{9.3.22a}$$

$$C^{ab,c} = -C^{ba,c} \qquad C_{a,b} = -C_{b,a}. \tag{9.3.22b,c}$$

Die Kozykelbedingung (9.2.3) für die zulässigen Terme besteht aus

$$\begin{aligned} &\eta^{ai}C^{rs,bk} - \eta^{bi}C^{rs,ak} + \eta^{ak}C^{rs,ib} - \eta^{bk}C^{rs,ia} + \\ &+\eta^{ra}C^{ik,sb} - \eta^{sa}C^{ik,rb} + \eta^{rb}C^{ik,as} - \eta^{sb}C^{ik,ar} + \\ &+\eta^{ir}C^{ab,ks} - \eta^{kr}C^{ab,is} + \eta^{is}C^{ab,rk} - \eta^{ks}C^{ab,ri} = 0 \end{aligned} \tag{9.3.23a}$$

$$\begin{aligned} &\eta^{ca}C^{rs,b} - \eta^{cb}C^{rs,a} - \eta^{cr}C^{ab,s} + \eta^{cs}C^{ab,r} - \\ &-\eta^{ra}C^{sb,c} + \eta^{sa}C^{rb,c} + \eta^{rb}C^{sa,c} - \eta^{sb}C^{ra,c} = 0 \end{aligned} \tag{9.3.23b}$$

$$\eta^{ca}C^{b,d} - \eta^{cb}C^{a,d} - \eta^{da}C^{b,c} + \eta^{db}C^{a,c} = 0. \tag{9.3.23c}$$

Die infinitesimale Phasenänderung (9.2.4) bedeutet hier

$$M^{ab} \to M^{ab} + C^{ab}\mathrm{id}_{\mathbf{H}}, \qquad P^a \to P^a + C^a\mathrm{id}_{\mathbf{H}}. \tag{9.3.24a,b}$$

Sie soll so erfolgen, daß (9.2.6) gilt, d.h.

$$C^{ab,ik} = \eta^{ai}C^{bk} - \eta^{bi}C^{ak} - \eta^{ak}C^{bi} + \eta^{bk}C^{ai} \tag{9.3.25a}$$

$$C^{ab,c} = \eta^{ca}C^b - \eta^{cb}C^a \tag{9.3.25b}$$

$$C_{a,b} = 0 \tag{9.3.25c}$$

für irgendein vorgegebenes, (9.3.23) erfüllendes Konstantensystem $C^{ab,ik}$, $C^{ab,c}$, $C^{a,b}$. Glücklicherweise erhält man aus (9.3.23c) durch Kontraktion mit η_{ca} wegen (9.3.22c)

$$(4-1-1)C^{b,d} = 0, \tag{9.3.26c}$$

so daß (9.3.25c) erfüllt ist. (Hier ist offenbar wesentlich, daß die Dimension der Raumzeit > 2 ist!) Kontrahiert man (9.3.23b) etwa mit η_{cs}, so entsteht wegen (9.3.22b)

$$(4-1)C^{ab,r} - \eta^{ra}C_s^{\ b,s} + \eta^{rb}C_s^{\ a,s} = 0, \tag{9.3.26b}$$

so daß (9.3.25b) mit der Wahl $C^b := \frac{1}{3}C_s^{\ b,s}$ erfüllbar ist. Kontrahiert man schließlich (9.3.23a) etwa mit η_{is}, so resultiert wegen (9.3.22a)

$$(4-1-1)C^{ab,rk} - \eta^{ar}C^{ks,}{}_s{}^b + \eta^{br}C^{ks,}{}_s{}^a + \eta^{ak}C^{rs,}{}_s{}^b - \eta^{bk}C^{rs,}{}_s{}^a = 0, \tag{9.3.26a}$$

so daß (9.3.25a) mit der Wahl $C^{ai} := \frac{1}{2}C^{is,}{}_s{}^a = -C^{ia}$ erfüllbar ist. (Hier war wieder die Raumzeitdimension > 2 wichtig!) Damit ist wie angekündigt gezeigt, daß nahe dem Einheitselement von $\mathcal{P}_+^\uparrow$ jede Strahldarstellung zu einer gewöhnlichen äquivalent ist und damit Strahldarstellungen von ganz $\mathcal{P}_+^\uparrow$ einfach gewöhnliche Darstellungen der universellen Überlagerungsgruppe $\widetilde{\mathcal{P}_+^\uparrow}$ sind.

Im nächsten Abschnitt wollen wir die unitären irreduziblen Darstellungen von $\widetilde{\mathcal{P}_+^\uparrow}$ systematisch klassifizieren.

Aufgaben

1. Man verifiziere (9.3.19) und zeige, daß (9.3.18) die direkte Summe der Formeln (9.3.19) ist. Man beachte in (9.3.19) ferner, daß $\omega_{ik} S^{ik}$ der $\mathrm{D}^{(1,0)}$- bzw. $\mathrm{D}^{(0,1)}$-Anteil des antisymmetrischen Tensors ω_{ik} ist – die einzige Möglichkeit, mit $\mathrm{D}^{(1/2,1/2)} = \mathrm{D}^{(1/2,0)} \otimes \mathrm{D}^{(0,1/2)}$ verträglich zu bleiben.

2. Man berechne den Operator $\mathcal{W}^2$ im Raum
   a) der zwei- und vierkomponentigen Spinorfelder:
$$\mathcal{W}^2 = \frac{3}{4}\,\Box = -\frac{1}{2}\left(\frac{1}{2}+1\right) M^2 \tag{9.3.27a}$$
   b) der antisymmetrischen Tensorfelder:
$$\mathcal{W}^2 = 2\,\Box = -1(1+1)M^2 \tag{9.3.27b}$$
   c) der Vektorfelder:
$$\left(\mathcal{W}^2\right)^i{}_k = 2\left(\delta^i{}_k\Box - \partial^i\,\partial_k\right). \tag{9.3.27c}$$
   Man beachte zu c), daß im Teilraum der divergenzfreien Vektorfelder ebenfalls (9.3.27*b*) gilt!

3. Man werte die im Fall $m^2 = w^2 = 0$ für Irreduzibilität notwendige Bedingung $\mathcal{W}_c = \lambda\, P_c$ im Raum der Lösungen der Dirac-Gleichung aus!
   Hinweis: Man benütze (9.1.43), um $\mathcal{W}_c = \lambda\, P_c$ in $\lambda\,\partial_c\,\psi = \frac{1}{2}\gamma^5\,\partial_c\,\psi$ überzuführen, d.h., $\partial_c\,\psi$ ist Eigenvektor von γ^5. Wegen $(\gamma^5)^2 = 1$ folgt $\lambda = \pm 1/2$, und die Matrizen $(1 \pm \gamma^5)/2$ projizieren auf die beiden Eigenräume, in denen die Weyl-Gleichungen gelten.

4. Man zeige, daß im Raum der Lösungen der Vakuum-Maxwellgleichungen $\partial_k\, F^{ik} = 0 = \partial_k\, {*F^{ik}}$ gilt: $M^2 = 0 = \mathcal{W}^2$. Auf welche Bedingungen führt $\mathcal{W}_c = \lambda\, P_c$ in diesem Raum, und welche Werte für λ sind bei nicht-konstantem F^{ik} möglich?
   Lösung: $\lambda = \pm 1$; die zugehörigen Feldtensoren sind selbstdual oder antiselbstdual.

5. Man untersuche die Bedingungen $M^2 = m^2\,\mathrm{id}$, $\mathcal{W}^2 = w^2\,\mathrm{id}$, $\mathcal{W}_c = \lambda\, P_c$ im Raum der Vektorfelder $A^i(x)$!
   Lösung: Für $w \neq 0$ folgt $\partial_i\, A^i = 0$ und für $A^i \neq 0$ weiter $w^2 = -1(1+1)m^2$. A^i genügt in diesem Fall dem System der *Proca-Gleichungen*
$$(\Box + m^2)A^i = 0, \qquad \partial_i\, A^i = 0. \tag{9.3.28}$$

Die durch diese Gleichungen definierte Darstellung läßt sich für $m^2 > 0$ unitär machen und zerfällt unter $\mathcal{P}_+^\uparrow$ in zwei irreduzible Teile, wie sich später zeigen wird.

Für $w^2 = 0$, $m^2 \neq 0$ folgt $\partial_j A_i = \partial_i A_j$, d.h., A_i ist reiner Vierergradient: $A_i = \partial_i \Lambda$, $\Lambda = const. + \Phi$, wo Φ der Klein-Gordon-Gleichung genügt.

Für $w^2 = 0$, $m^2 = 0$ hat jede Lösung die Form $A^i = \bar{A}^i + c\,x^i$, wobei $\Box \bar{A}^i = 0$, $\partial_i \bar{A}^i = 0$, d.h., $\bar{A}^i$ ist Viererpotential eines Vakuum-Maxwell-Feldes in Lorenzeichung. Die Felder $\bar{A}^i$ bilden einen invarianten Teilraum, hingegen ist der Raum der Felder $c\,x^i$ nicht translationsinvariant (Reduzibilität ohne Zerfallen!), entspricht aber nicht dem üblichen Verhalten im Unendlichen.

Im Raum der Lösungen von $\Box A^i = 0$, $\partial_i A^i = 0$ schließlich führt $\mathcal{W}_c = \lambda P_c$ auf $\epsilon_{abcd}\,\partial^c A^b = -i\,\lambda\,\partial_d A_a$. Für $\lambda \neq 0$ folgt $\partial_d A_a + \partial_a A_d = 0$, woraus – vgl. (5.9.29) – $A_d = a_d + a_{dc}\,x^c$ mit Konstanten a_d, $a_{dc} = -a_{cd}$ folgt. Rückeinsetzen ergibt Selbst- oder Antiselbstdualität von a_{cd} und $\lambda = \pm 2$, doch entspricht die Lösung nicht den Randbedingungen im Unendlichen (sie wäre Viererpotential für konstante elektromagnetische Felder). $\lambda = 0$ gibt $\partial^c A^b = \partial^b A^c$, d.h., $A^b = \partial^b \Lambda$ ist Vierergradient einer Lösung der skalaren Wellengleichung. Man beachte, daß die Teilräume $\lambda = \pm 2$ und $\lambda = 0$ die Lösungen $A_d = const.$ gemeinsam haben, also wieder kein Zerfallen in eine direkte Summe vorliegt.

Dieses Beispiel illustriert die Komplikationen, die bei nichtunitären Darstellungen auftreten können. Weiter sieht man, daß der für das elektromagnetische Strahlungsfeld zu erwartende Wert $\lambda = \pm 1$ auf diese Weise *nicht* resultiert. Geht man aber von $\mathcal{W}_c = \lambda P_c$ durch Auszeichnung eines Vierervektors n^c zur Gleichung $n^c\,\mathcal{W}_c = \lambda\,n^c\,P_c$ über, aus der λ ebenfalls berechnet werden kann, so erhält man für $\lambda \neq 0$ durch Überschieben $n^c\partial_c\,(n^a A_a) = 0$ und durch Iteration $(\lambda^2 - 1)\,(n^c\partial_c)^2 A_a = 0$, mithin auch die Eigenwerte $\lambda = \pm 1$. Die Eichtransformation $A_i \to \bar{A}_i + \partial_i\,\Lambda$, $\Lambda = -(m_a x^a)(n_b A^b)$ mit $M_a n^a = 1$ führt auf die „nichtkovariante" Eichung $n^a A_a = 0$ (n ist ja willkürlich ausgezeichnet worden! $n^2 > 0 \ldots$ „Strahlungseichung", $n^2 < 0 \ldots$ „axiale Eichung", $n^2 = 0 \ldots$ „lichtartige Eichung").

6. Man verifiziere (9.3.23,25,26) im Detail.

9.4 Irreduzible unitäre Darstellungen der Poincarégruppe $\mathcal{P}_+^\uparrow$

Um die irreduziblen unitären Darstellungen von $\widetilde{\mathcal{P}_+^\uparrow}$ zu klassifizieren, denken wir uns irgendeine davon gegeben, deren Vektoren wir in Dirac-Schreibweise mit $|\ldots\rangle$ bezeichnen. Da die zu reinen Translationen gehörenden unitären Operatoren $U(a)$ kommutieren, haben sie gemeinsame Eigenvektoren, die wir als Basis im Darstellungsraum benützen. Ist $|\,\rangle$ einer von ihnen, muß $U(a)\,|\,\rangle = u(a)\,|\,\rangle$ für alle Translationen gelten, wobei der Eigenwert $u(a)$ in Abhängigkeit von den Translationen a die Relation $u(a+a') = u(a)\,u(a')$ erfüllen muß. Die allgemeine Lösung dieser Funktionalgleichung ist bekanntlich von der Form

$$u(a^0, \ldots, a^3) = e^{w_0 a^0} \ldots e^{w_3 a^3};$$

dabei müssen wegen der Unitarität der Darstellung die w_k rein imaginär sein. Wir setzen $w_k = +ip_k$ und verwenden die reellen Konstanten p_k, um den betrachteten Eigenvektor zu indizieren[1]:

$$\begin{aligned} U(a)\,|\,p,\alpha\,\rangle &= e^{ip_k a^k}\,|\,p,\alpha\,\rangle \\ P_k\,|\,p,\alpha\,\rangle &= p_k\,|\,p,\alpha\,\rangle; \end{aligned} \tag{9.4.1}$$

hier ist die zweite Gleichung die „infinitesimale" Form der ersten.

Wir untersuchen nun die Wirkung von Operatoren $U(L)$ auf die Vektoren $|\,p,\alpha\,\rangle$ und beachten dazu, daß P_k Vektoroperator ist. Daraus folgt, daß für den Vektor $|\,\rangle = U(L)\,|\,p,\alpha\,\rangle$

$$\begin{aligned} P_k\,|\,\rangle = P_k\,U(L)\,|\,p,\alpha\,\rangle &= U(L)\,L_k{}^j\,P_j\,|\,p,\alpha\,\rangle = U(L)\,L_k{}^j\,p_j\,|\,p,\alpha\,\rangle = \\ &= L_k{}^j\,p_j\,U(L)\,|\,p,\alpha\,\rangle = L_k{}^j\,p_j\,|\,\rangle \end{aligned} \tag{9.4.2}$$

gilt, d.h., $|\,\rangle$ ist Eigenvektor von P_k zum Eigenwert $L_k{}^j\,p_j$ und daher eine Linearkombination aller Basisvektoren zu diesem Eigenwert von P_k:

$$U(L)\,|\,p,\alpha\,\rangle = \sum_\beta Q_{\beta\alpha}(L,p)\,|\,Lp,\beta\,\rangle. \tag{9.4.3}$$

Hier haben wir explizit angedeutet, daß die Matrix Q, die diese Linearkombination für jedes α herstellt, nicht nur von L, sondern im allgemeinen auch von p abhängt. Ferner muß Q unitär sein, wenn wir annehmen, daß die Indizes sich auf ein Orthonormalsystem beziehen.

Zur Illustration des Bisherigen diene die Darstellung im Raum der Felder Φ irgendeines bestimmten Typs (Spinorfelder, Tensorfelder,...). P_k hat hier die Form $+i\partial_k$, die zugehörigen Eigenfunktionen sind von der Form $\tilde{\Phi}\exp(-ip_k x^k)$, wo $\tilde{\Phi} = const.$ (Spinor, Tensor,...). Die Zerlegung eines beliebigen Feldes dieses Typs nach den Eigenfunktionen von P_k hat die Gestalt

$$\Phi(x) = \int \frac{d^4p}{(2\pi)^4}\, e^{-ipx}\,\tilde{\Phi}(p), \tag{9.4.4}$$

ist also eine Fourierzerlegung. Die in den $|\,p,\alpha\,\rangle$ zusätzlich auftretenden Indizes α können also hier als die Spinor-, Tensor-,... Indizes von $\tilde{\Phi}$ gewählt werden („Spinorbasis",...; dabei wird auf Orthonormalität im Sinn eines positiv-definiten Skalarprodukts verzichtet). Ist der Typ des Feldes durch die Darstellung $L \to \mathrm{D}(L)$ von $\mathcal{L}_+^\uparrow$ gegeben, so ist die Wirkung einer Lorentztransformation auf diese Basisfunktionen nach (9.1.1)

$$\tilde{\Phi}\,e^{-ipx} \to \mathrm{D}(L)\,\tilde{\Phi}\,e^{-ip(L^{-1}x)} = \mathrm{D}(L)\,\tilde{\Phi}\,e^{-i(Lp)x}, \tag{9.4.5}$$

d.h., die Matrix Q von (9.4.3) ist hier durch $\mathrm{D}(L)$ gegeben, von p unabhängig, aber außer im skalaren Fall nicht unitär. Wir werden bald sehen, daß sich für das Klassifizierungsproblem eine andere Basiswahl (α kein Spinor- oder Tensorindex) besser eignet, bei der Q von p abhängt, aber unitär ist. Die Transformation auf diese Basis geschieht dann mit p-abhängigen Koeffizienten.

[1] α symbolisiert weitere, zur eindeutigen Charakterisierung des Vektors noch nötige Indizes; dabei behandeln wir – wie in der physikalischen Literatur üblich – das kontinuierliche Spektrum in formaler Analogie zum diskreten (siehe Neumark (1959) oder Riesz-Nagy (1956) wegen exakter Formulierung).

Wir können nun bereits eine Teilklassifizierung der Darstellungen angeben. Aus (9.4.3) entnehmen wir nämlich, daß nur dann ein $U(L)$ existieren kann, das die zu den Eigenwerten p_k, p'_k gehörenden Eigenräume von P_k ineinander transformiert, wenn $p^2 = p'^2$ ist – denn dies ist ja eine Folge von $p' = Lp$. Daher ist der von den Vektoren $|\, p, \alpha\,\rangle$ mit festem Wert $p^2 = m^2$, aber sonst variablen p, α aufgespannte Teilraum invariant. Da die Darstellung irreduzibel sein sollte, muß dies bereits den ganzen Darstellungsraum liefern, und der Casimir-Operator $M^2 = P_k P^k$ wird $M^2 = m^2\,\mathrm{id}$. Allgemein zeigt diese Betrachtung, daß es für Irreduzibilität notwendig ist, die p in $|\, p, \alpha\,\rangle$ auf jene invariante Mannigfaltigkeiten des p-Raumes (Impulsraum bei quantenmechanischer Deutung) zu beschränken, auf denen $\mathcal{L}_+^\uparrow$ transitiv wirkt, d.h., jeden Punkt in jeden überführt. Dafür gibt es offenbar folgende Möglichkeiten (Abb. 9.1):

a$_+$) $p^2 = m^2 > 0$,	$\operatorname{sign} p_0 = +1$	(Massenschale)
a$_-$) $p^2 = m^2 > 0$,	$\operatorname{sign} p_0 = -1$	
b$_+$) $p^2 = 0$,	$\operatorname{sign} p_0 = +1$	(Vorwärtslichtkegel)
b$_-$) $p^2 = 0$,	$\operatorname{sign} p_0 = -1$	(Rückwärtslichtkegel)
c) $p = 0$		(Nullpunkt)
d) $p^2 < 0$		(zeitartiges Hyperboloid)

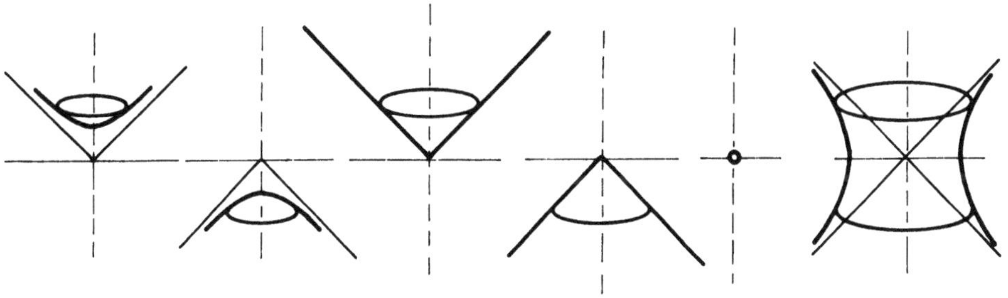

Abb. 9.1. Invariante Mannigfaltigkeiten des Impulsraumes, auf denen $\mathcal{L}_+^\uparrow$ transitiv wirkt

Eine unitäre irreduzible Darstellung von $\widetilde{\mathcal{P}_+^\uparrow}$ muß in eine dieser sechs Klassen fallen. Aus physikalischen Gründen behandeln wir im folgenden die Fälle c), d) nicht weiter: Teilchen mit $p = 0$ oder $p^2 < 0$ haben bisher in der Physik keine Rolle gespielt.

Wir illustrieren diese Teilklassifizierung am Beispiel der Felder Φ. Die Bedingung $p^2 = m^2$ verlangt, daß die Fourierkomponenten $\tilde{\Phi}(p)$ in (9.4.4) nur für $p^2 = m^2$ nicht verschwinden, was offensichtlich gleichbedeutend mit $(\Box + m^2)\,\Phi(x) = 0$ ist. Die für $p^2 \geq 0$, $p \neq 0$ zusätzlich auftretende Bedingung $\operatorname{sign} p_0 = +1$ oder $= -1$ verlangt, daß für Irreduzibilität die Fourierkomponenten nur für positive oder nur für negative Frequenzen (Energien) nicht verschwinden. Wir kommen im nächsten Abschnitt hierauf zurück.

Der nächste Schritt besteht in der Klassifizierung der möglichen Q in (9.4.3). Sie unterliegen der einschränkenden Bedingung

$$Q_{\gamma\alpha}(L'L,p) = \sum_{\beta} Q_{\gamma\beta}(L',Lp)\,Q_{\beta\alpha}(L,p), \tag{9.4.6}$$

die durch Anwenden einer weiteren Operation $U(L')$ unter Benützung der Darstellungseigenschaft folgt. (9.4.6) sieht selbst fast wie eine Darstellungseigenschaft aus – speziell folgt $Q(E,p) = \mathrm{id}$ – und geht auch in zwei Fällen in diese über. Der eine ist der zuvor bei den Feldern erwähnte, wo Q nicht von p abhängt; er ist für das Folgende weniger wichtig, da hierbei nicht offensichtlich ist, daß und wie die Darstellung unitär gemacht werden kann.

Der andere Fall, wo (9.4.6) zur Darstellungseigenschaft wird, entsteht durch Einschränkung auf Elemente $K \in \mathcal{L}_+^\uparrow$, die einen herausgegriffenen „Impulsvektor" $p = \bar{p}$ festlassen, und auf den von den Vektoren $|\bar{p},\alpha\rangle$ aufgespannten Teilraum. Die K mit $K\bar{p} = \bar{p}$ bilden eine Untergruppe $\mathcal{K}_{\bar{p}} \subset \mathcal{L}_+^\uparrow$, die zu dem *Standardvektor* $\bar{p}$ gehörende *kleine Gruppe* (in der mathematischen Literatur als Isotropiegruppe oder stabile Untergruppe zu $\bar{p}$ bezeichnet; vgl. auch den Schluß von Abschnitt 7.7). Wir erhalten so die Bedingung, daß die $Q(K,\bar{p})$ eine unitäre Darstellung von $\mathcal{K}_{\bar{p}}$ bilden müssen und wollen nun zeigen, daß mit der Bestimmung der $Q(K,\bar{p})$ auch die Bestimmung aller $Q(L,p)$ gelingt. Das Klassifikationsproblem wird damit auf jenes der unitären irreduziblen Darstellungen von $\mathcal{K}_{\bar{p}}$ zurückgeführt, wie Wigner zuerst erkannt hat.

Der Beweis beruht auf einer Zerlegung von L in Abhängigkeit davon, auf welches $|p,\alpha\rangle$ der Operator $U(L)$ angewendet werden soll. Dazu ordnen wir jedem p eine Transformation $\Lambda_p \in \mathcal{L}_+^\uparrow$ zu, die p in $\bar{p}$ überführt, stetig von p abhängt und $\Lambda_{\bar{p}} = E$ erfüllt:

$$\Lambda_p \in \mathcal{L}_+^\uparrow \;:\; \Lambda_p\, p = \bar{p}, \qquad \Lambda_{\bar{p}} = E. \tag{9.4.7}$$

Wegen der Voraussetzung $p^2 = m^2 = \bar{p}^2$ existiert Λ_p innerhalb jeder der Klassen a_+), … , d) stets.

Für $p^2 > 0$, $p^0 > 0$ leistet z.B. (6.3.6) das Gewünschte und ist durch die Bedingung, daß es sich um eine zeitartige Drehung handle, eindeutig festgelegt. Da wir eigentlich an $\widetilde{\mathcal{P}_+^\uparrow}$ und damit an dieser Stelle an $\widetilde{\mathcal{L}_+^\uparrow} \cong \mathrm{SL}(2,\mathbf{C})$ interessiert sind, ist hier ein $A_p \in \mathrm{SL}(2,\mathbf{C})$ gemeint, für das (8.2.8) Λ_p liefert; und die Eindeutigkeit kann durch die Bedingung erzielt werden, daß A_p bezüglich der hermitischen Form $\bar{p}_{A\dot{X}} = \bar{p}_i\sigma^i{}_{A\dot{X}}$ hermitisch-positiv definit sei.

Für $p^2 = 0$, $p^0 > 0$ versagt die Wahl von Λ_p bzw. A_p als reine Geschwindigkeitstransformation für den „Gegenpunkt" von $\bar{p}$ bezüglich irgendeines Beobachters, man muß dazu auch räumliche Drehungen zulassen. Tatsächlich ist es auch so nicht möglich, Λ_p in auf dem ganzen Vorwärtslichtkegel *stetiger* Weise zu wählen – sonst ergäbe sich ein Widerspruch zum „Igelsatz" der Topologie. (Die korrekte Analysis zeigt aber, daß sogar eine Menge von Unstetigkeitspunkten vom Maß null (bezüglich d^3p/p^0, s. später) zugelassen wäre.)

Die Zerlegung von L lautet nun

$$L = \Lambda_{Lp}^{-1}\, K(L,p)\, \Lambda_p, \tag{9.4.8}$$

wobei $K(L,p)$ durch diese Gleichung definiert wird, d.h.,

$$K(L,p) := \Lambda_{Lp}\, L\, \Lambda_p^{-1}. \tag{9.4.9}$$

Das Wesentlichste an der Zerlegung (9.4.8) ist, daß $K(L,p)$ zur kleinen Gruppe gehört, da nach Konstruktion der Λ_p

$$\Lambda_p^{-1}\,\bar{p} = p, \qquad \Lambda_{Lp}\,Lp = \bar{p} \Rightarrow K(L,p)\,\bar{p} = \bar{p}.$$

Es ist für das Folgende günstig, sich die Hilbertraum-Vektoren $|p\alpha\rangle$ als Vektorfelder $v_\alpha(p)$ über der jeweiligen invarianten Teilmannigfaltigkeit des Impulsraumes (Abb. 9.1) vorzustellen. Über jedem Punkt p ist also ein „kleiner Vektorraum" (die *Faser* über p) angebracht zu denken (*Vektorbündel*), auf den sich der Index α bezieht und aus dem die Zuordnungsvorschrift $p \to v_\alpha(p)$ einen Vektor auswählt (*Querschnitt* des Bündels; vgl. Abschnitt 7.8). Wesentlich ist nun, daß bisher über die Indizes α keine Aussagen gemacht wurden außer für $p = \bar{p}$. Dort bezogen sie sich auf die Basis einer Darstellung der kleinen Gruppe $\mathcal{K}_{\bar{p}}$. Im nächsten Schritt bedienen wir uns der Möglichkeit, die Basisvektoren in den „kleinen Vektorräumen" über den übrigen Punkten frei wählen zu können, was die Klassifizierung der Darstellung sicher nicht beeinflußt, aber erleichtert.

Die Vektoren $|\bar{p},\alpha\rangle$ bilden einen Darstellungsraum für $\mathcal{K}_{\bar{p}}$. Die Vektoren $|p,\alpha\rangle$ für $p \neq \bar{p}$ werden nun bezüglich α spezifiziert, indem wir setzen

$$|p,\alpha\rangle = U^{-1}(\Lambda_p)\,|\bar{p},\alpha\rangle \qquad \text{(Wigner-Basis).} \qquad (9.4.10)$$

Jede vorgelegte Darstellung definiert somit nach Wahl von $\bar{p}$ und der Λ_p eine spezielle Basis $|p,\alpha\rangle$ im Darstellungsraum, die sogenannte *Wigner-Basis.* Ihr Vorteil besteht darin, daß jetzt aus (9.4.3) mit (9.4.8,10) folgt

$$U\big(K(L,p)\big)\,|\bar{p},\alpha\rangle = \sum_\beta Q_{\beta\alpha}(L,p)\,|\bar{p},\beta\rangle,$$

oder, da andererseits $K(L,p)\bar{p} = \bar{p}$ und daher

$$U\big(K(L,p)\big)\,|\bar{p},\alpha\rangle = \sum_\beta Q_{\beta\alpha}\big(K(L,p),\bar{p}\big)\,|\bar{p},\beta\rangle,$$

schließlich

$$Q_{\beta\alpha}(L,p) = \sum_\beta Q_{\beta\alpha}\big(K(L,p),\bar{p}\big).$$

Damit ist tatsächlich die Klassifizierung aller $Q_{\beta\alpha}(L,p)$ (bis auf Äquivalenz) auf die Klassifizierung der unitären Darstellung $K \to Q(K)$ der kleinen Gruppe zurückgeführt, und es ist in der Wigner-Basis

$$U(L)\,|p,\alpha\rangle = \sum_\beta Q_{\beta\alpha}\big(K(L,p),\bar{p}\big)\,|Lp,\beta\rangle. \qquad (9.4.11)$$

Gleichzeitig sehen wir, daß irreduzible Darstellungen von $\widetilde{\mathcal{P}_+^\uparrow}$ zu irreduziblen Darstellungen von $\mathcal{K}_{\bar{p}}$ gehören und umgekehrt.

Man sagt, die Darstellung $L \to U(L)$ der Lorentzgruppe $\mathcal{L}_+^\uparrow$ wird durch die Darstellung $K \to Q(K)$ der kleinen Gruppe $\mathcal{K}_{\bar{p}} \subset \mathcal{L}_+^\uparrow$ *induziert.* Dadurch, daß die invariante Mannigfaltigkeit, über die p variiert, abstrakt als Menge der Nebenklassen, $\mathcal{L}_+^\uparrow/\mathcal{K}_{\bar{p}}$, gedeutet werden kann, gewinnt diese Induktionskonstruktion große Verallgemeinerungsmöglichkeit. (Vgl. Hermann (1966), Mackey

(1968)). Es ist aber zu beachten, daß die durch Induktion gewonnenen Darstellungen bezüglich $\mathcal{L}_+^\uparrow$ reduzibel sind (vgl. Abschnitt 7.8); nur bezüglich $\mathcal{P}_+^\uparrow$ herrscht Irreduzibilität. Ferner ist noch zu überlegen, daß die spezielle Wahl von $\bar{p}$ und der Λ_p (abstrakt: Repräsentation der Nebenklassen von $\mathcal{K}_{\bar{p}} \subset \mathcal{L}_+^\uparrow$) die Klassifikation nicht beeinflußt. Da dies in der in den zitierten Büchern gegebenen abstrakten Formulierung automatisch zum Ausdruck kommt, führen wir dies hier nicht aus.

Als nächstes sind nun in den physikalisch sinnvollen Fällen a), b) die kleinen Gruppen und ihre unitären irreduziblen Darstellungen zu bestimmen. Zuvor wollen wir die kleinen Gruppen zu einem Vierervektor $\bar{p}$ aber noch infinitesimal charakterisieren. Die infinitesimale Lorentztransformation $K^i{}_k = \delta^i{}_k + \omega^i{}_k$ gehört zu $\mathcal{K}_{\bar{p}}$, wenn $\omega^i{}_k\, \bar{p}^k = 0$, was durch $\omega_{ik} = \epsilon_{ikjm}\, k^j\, \bar{p}^m$ mit beliebigem infinitesimalen k^j gelöst wird. In der Darstellung $L \to U(L)$ wird

$$U(K) = \mathrm{id} - \frac{i}{2}\,\omega_{ab}\, M^{ab} = \mathrm{id} - \frac{i}{2}\,\epsilon_{abcd}\, k^c\, \bar{p}^d\, M^{ab}. \tag{9.4.12}$$

Wir sehen, daß $U(K)$ auf die Vektoren $|\,\bar{p}, \alpha\,\rangle$ dieselbe Wirkung hat wie der Operator

$$\mathrm{id} - ik^c\mathcal{W}_c, \tag{9.4.13}$$

wo $\mathcal{W}_c$ der in (9.3.8) definierte Operator ist. Damit ist eine Deutung der Operatoren $\mathcal{W}_c$ gefunden: sie erzeugen in dem von den $|\,\bar{p}, \alpha\,\rangle$ aufgespannten Teilraum die Darstellung der kleinen Gruppe. Die Anzahl der in (9.4.13) aufscheinenden Parameter ist übrigens nur scheinbar gleich 4; wegen $P^c\,\mathcal{W}_c = 0$ kann einer von ihnen stets eliminiert werden (sogenannter *unwesentlicher* Parameter), die kleinen Gruppen sind also dreiparametrig. Ihre Struktur ergibt sich aus den Vertauschungsrelationen (Verifikation: Aufgabe)

$$[\mathcal{W}_d, \mathcal{W}_e] = -\frac{1}{2}\epsilon_{abcd}\,[M^{ab}, \mathcal{W}_e]\, P^c = -i\,\epsilon_{debc}\,\mathcal{W}^b\, P^c, \tag{9.4.14}$$

indem man sie auf die $|\,\bar{p}, \alpha\,\rangle$ anwendet. Wir behandeln die Klassen a), b) nun einzeln und überlassen es als Aufgabe, die kleinen Gruppen für die übrigen Klassen c), d) zu bestimmen.

a) Der Fall $p^2 = m^2 > 0$.

Wir nehmen $\mathrm{sign}\, p_0 > 0$ an; die andere Möglichkeit ist völlig analog zu behandeln. Als Standardvektor $\bar{p}$ wählen wir die Normalform (3.2.7), d.h., $\bar{p}^i = (m, \mathbf{0})$. Die kleine Gruppe $\mathcal{K}_{\bar{p}}$ hat also offensichtlich die Struktur der Drehgruppe SO(3). Deuten wir die $|\,p, \alpha\,\rangle$ quantenmechanisch als Impulseigenzustände eines Teilchens der Masse m, so beschreibt $|\,\bar{p}, \alpha\,\rangle$ die möglichen Zustände des ruhenden Teilchens ($\mathbf{p} = \mathbf{0}$) und der Index α daher innere Freiheitsgrade (Spinausrichtung). Die irreduziblen unitären Darstellungen von SO(3) wurden in Kapitel 7 angegeben, sie sind durch ihr Gewicht bis auf Äquivalenz bestimmt, das wir hier mit s bezeichnen wollen: $s = 0,\ 1/2,\ 1,\ 3/2, \ldots$ (die halbzahligen Werte müssen hier zugelassen werden, da wir – gemäß Abschnitt 9.2,3 – auch an zweiwertigen Darstellungen von $\mathcal{P}_+^\uparrow$ interessiert sind). Zu jedem Wert $m^2 > 0$ und jedem dieser s-Werte gehören zwei Äquivalenzklassen unitärer irreduzibler Darstellungen von $\mathcal{P}_+^\uparrow$ (in einer ist $\mathrm{sign}\, p_0 = +1$, in der anderen -1). Wir wollen in diesen Darstellungen noch den Wert der Invarianten $\mathcal{W}^2$ bestimmen. Zunächst liefert die Relation $P^c\,\mathcal{W}_c = 0$ im Teilraum der $|\,\bar{p}, \alpha\,\rangle$ wegen $\bar{p} = (m, \mathbf{0})$:

$$\mathcal{W}_0 \,|\, \bar{p}, \alpha \,\rangle = 0,$$

während (9.4.14) dort

$$[\mathcal{W}_0, \mathcal{W}_\mu] \,|\, \bar{p}, \alpha \,\rangle = 0, \qquad [\mathcal{W}^\mu, \mathcal{W}^\nu] \,|\, \bar{p}, \alpha \,\rangle = i\, m\, \epsilon_{\mu\nu\lambda}\, \mathcal{W}^\lambda \,|\, \bar{p}, \alpha \,\rangle$$

ergibt. Die Operatoren

$$S^\mu := \mathcal{W}^\mu / m \tag{9.4.15}$$

erfüllen also dort Drehimpulsvertauschungsrelationen, $S^\mu S^\mu$ hat in einer Darstellung zum Gewicht s den Wert $s(s+1)$. Daher ist

$$\mathcal{W}^2 \,|\, \bar{p}, \alpha \,\rangle = -\mathcal{W}^\mu \mathcal{W}^\mu \,|\, \bar{p}, \alpha \,\rangle = -m^2\, s(s+1) \,|\, \bar{p}, \alpha \,\rangle,$$

und weil in irreduziblen Darstellungen $\mathcal{W}^2 = w^2\, \mathrm{id}$, folgt

$$\mathcal{W}^2 = -m^2\, s(s+1)\, \mathrm{id} \tag{9.4.16}$$

in den Darstellungen der Klasse (a).

Zusätzlich zu den Eigenwerten m^2 und w^2 war also in dieser Klasse noch $\operatorname{sign} p_0$ nötig, um die Äquivalenzklasse festzulegen. Letztere Größe entspricht keinem Eigenwert eines Casimir-Operators.

Aus den Ergebnissen über SO(3) folgt, daß die $|\, \bar{p}, \alpha \,\rangle$ einen $(2s+1)$-dimensionalen Vektorraum aufspannen, in welchem wir die kanonische Basis von Abschnitt 7.5 konstruieren: $|\, \bar{p}, \alpha \,\rangle = |\, \bar{p}, \sigma \,\rangle$, $\sigma = -s,\ -s+1,\ \ldots\ , s$, wobei

$$S^\mu S^\mu \,|\, \bar{p}, \sigma \,\rangle = s(s+1) \,|\, \bar{p}, \sigma \,\rangle, \tag{9.4.17}$$

$$S^3 \,|\, \bar{p}, \sigma \,\rangle = \sigma \,|\, \bar{p}, \sigma \,\rangle, \qquad (S^1 \pm i S^2) \,|\, \bar{p}, \sigma \,\rangle = \sqrt{s(s+1) \mp \sigma - \sigma^2} \,|\, \bar{p}, \sigma \pm 1 \,\rangle.$$

Aus der Deutung von $|\, \bar{p}, \sigma \,\rangle$ als Wellenfunktion eines ruhenden Teilchens folgt die Deutung von $\mathbf{S}$ als Spinoperator und von s als Spin des Teilchens.

Wenn wir die Basisvektoren eines Darstellungsraumes, wo $M^2 = m^2\, \mathrm{id}$, $\mathcal{W}^2 = -s(s+1)\, m^2\, \mathrm{id}$, etwas vollständiger mit $|\, m, s; p, \sigma \,\rangle$ bezeichnen, erhalten wir zusammenfassend im Fall $m^2 > 0$, $\operatorname{sign} p_0 > 0$ die Relationen

$$M^2 \,|\, m, s; p, \sigma \,\rangle = m^2 \,|\, m, s; p, \sigma \,\rangle \tag{9.4.18a}$$

$$\mathcal{W}^2 \,|\, m, s; p, \sigma \,\rangle = -s(s+1)\, m^2 \,|\, m, s; p, \sigma \,\rangle \tag{9.4.18b}$$

$$P_k \,|\, m, s; p, \sigma \,\rangle = p_k \,|\, m, s; p, \sigma \,\rangle, \qquad \text{wo} \quad p_k\, p^k = m^2, \qquad p_0 > 0 \tag{9.4.18c}$$

$$U(a) \,|\, m, s; p, \sigma \,\rangle = e^{ipa} \,|\, m, s; p, \sigma \,\rangle \tag{9.4.18d}$$

$$U(L) \,|\, m, s; p, \sigma \,\rangle = \sum_{\sigma'=-s}^{s} \mathrm{D}^{(s)}_{\sigma'\sigma}(K(L,p)) \,|\, m, s; Lp, \sigma' \,\rangle, \tag{9.4.18e}$$

wobei

$$K(L,p) = \Lambda_{Lp}\, L\, \Lambda_p^{-1} \tag{9.4.9}$$

die zu L, p gehörende *Wigner-Rotation* ist und Λ_p etwa als die p in $\bar{p} = (m, \mathbf{0})$ überführende Geschwindigkeitstransformation (6.3.6) gewählt werden kann. $\mathrm{D}^{(s)}(K)$ ist die zum Gewicht s gehörende irreduzible unitäre Darstellung der Wigner-Rotation.

Da wir nun die Basisvektoren spezifiziert haben, müssen wir uns noch überlegen, wie das invariante Skalarprodukt explizit aussieht, bezüglich dessen sie orthonormal und die Darstellungen unitär sind. Wegen $p^2 = m^2$ sind nur drei der „kontinuierlichen Indizes" p unabhängig, wir wählen etwa $\mathbf{p}$ hierfür und schreiben wie in (4.5.5)

$$|p^0| = \sqrt{m^2 + \mathbf{p}^2} =: E(\mathbf{p}). \tag{9.4.19}$$

Weiter schreiben wir $L\mathbf{p}$ für die räumlichen Komponenten des Vierervektors Lp, wo $p = (E(\mathbf{p}), \mathbf{p})$. Die Skalarprodukte der Basisvektoren setzen wir in der Form

$$\langle\, \mathbf{p}', \sigma' \,|\, \mathbf{p}, \sigma \,\rangle = A(\mathbf{p})\, \delta^3(\mathbf{p} - \mathbf{p}')\, \delta_{\sigma\sigma'}, \tag{9.4.20}$$

an, wobei wir aber den Normierungsfaktor $A(\mathbf{p})$ nicht $\equiv 1$ wählen dürfen. Vielmehr müssen wir die Unitaritätsbedingung

$$\langle\, \mathbf{p}', \sigma' \,|\, U^\dagger(L)\, U(L) \,|\, \mathbf{p}, \sigma \,\rangle = \langle\, \mathbf{p}', \sigma' \,|\, \mathbf{p}, \sigma \,\rangle \tag{9.4.21}$$

erfüllen; die Translationsinvarianz ist durch (9.4.20) bereits gesichert. Mittels (9.4.18) und der Unitarität der $\mathrm{D}^{(s)}_{\sigma\sigma'}$ erhalten wir daraus zunächst

$$\langle\, L\mathbf{p}', \sigma' \,|\, L\mathbf{p}, \sigma \,\rangle = \langle\, \mathbf{p}', \sigma' \,|\, \mathbf{p}, \sigma \,\rangle, \tag{9.4.22}$$

was mit (9.4.20) verträglich ist, wenn

$$A(L\mathbf{p})\, \delta^3(L\mathbf{p} - L\mathbf{p}') = A(\mathbf{p})\, \delta^3(\mathbf{p} - \mathbf{p}'). \tag{9.4.23}$$

Um diese Relation weiter auszuwerten, führen wir in der uns schon als invariant bekannten (vgl. (4.5.25)) vierdimensionalen δ-Funktion $\delta^4(p-p') = \delta(p^0 - p'^0)\, \delta^3(\mathbf{p} - \mathbf{p}')$ statt p^0, p'^0 die Invarianten $m^2 = (p^0)^2 - \mathbf{p}^2$, $m'^2 = (p'^0)^2 - \mathbf{p}'^2$ als neue Variable ein und erhalten nach bekannten Rechenregeln für die Deltafunktion

$$\delta^4(p - p') = \delta(m^2 - m'^2) \cdot 2\, E(\mathbf{p})\, \delta^3(\mathbf{p} - \mathbf{p}'), \tag{9.4.24}$$

was zeigt, daß der Ausdruck $2\, E(\mathbf{p})\, \delta^3(\mathbf{p} - \mathbf{p}')$ invariant ist. Eine mögliche Wahl der Normierung ist daher $A(\mathbf{p}) := 2\, E(\mathbf{p})$. Unter Verwendung dieser Konvention lautet die Orthonormierungsbedingung

$$\langle\, \mathbf{p}', \sigma' \,|\, \mathbf{p}, \sigma \,\rangle = 2\, E(\mathbf{p})\, \delta^3(\mathbf{p} - \mathbf{p}')\, \delta_{\sigma\sigma'}. \tag{9.4.25}$$

Die Vollständigkeitsrelation muß daher

$$\sum_{\sigma=-s}^{s} \int \frac{d^3p}{2E(\mathbf{p})}\, |\, \mathbf{p}, \sigma \,\rangle\, \langle\, \mathbf{p}, \sigma \,| = \mathrm{id} \tag{9.4.26}$$

lauten, wie sofort durch Anwendung auf einen Basisvektor $|\mathbf{p}',\sigma'\rangle$ klar wird (die Invariante $d^3p/E(\mathbf{p})$ ist uns bereits beim relativistischen Phasenraum begegnet; vgl. auch Aufgabe 1 von Abschnitt 5.6).

Den Ausdruck für das Skalarprodukt zweier beliebiger Vektoren $|\varphi\rangle$, $|\psi\rangle$ des Darstellungsraumes erhält man nun durch Entwickeln nach der Basis: mit den Wellenfunktionen

$$\langle \mathbf{p},\sigma\,|\,\varphi\rangle = \varphi_\sigma(\mathbf{p}) \qquad \text{usw.} \tag{9.4.27}$$

im Impulsraum wird

$$\langle\varphi\,|\,\psi\rangle = \sum_\sigma \int \frac{d^3p}{2E(\mathbf{p})}\,\varphi^*_\sigma(\mathbf{p})\,\psi_\sigma(\mathbf{p}). \tag{9.4.28}$$

b) Der Fall $p^2 = 0$, $p \neq 0$

Wieder nehmen wir $\operatorname{sign} p_0 > 0$ an und wählen als Standardvektor $\bar{p}^i = (1,0,0,1)$. In diesem Fall sind die räumlichen Drehungen um die 3-Achse offensichtlich eine Untergruppe der kleinen Gruppe $\mathcal{K}_{\bar{p}}$. Um alle Transformationen von $\mathcal{K}_{\bar{p}}$ zu bestimmen, verwendet man im Fall eines lichtartigen Vektors $\bar{p}$ am besten Spinormethoden; wir sind ja außerdem letztlich ohnehin an Darstellungen von SL(2,**C**) interessiert. Gemäß (8.4.23) entspricht dem lichtartigen Vektor $\bar{p}$ der bis auf einen Phasenfaktor bestimmte Spinor $\bar{\pi}^A = 2^{1/4}(1,0)$. Den Lorentztransformationen L mit $L\bar{p} = \bar{p}$ sind daher SL(2,C)-Matrizen A mit $\mathrm{A}\bar{\pi} = e^{i\alpha/2}\bar{\pi}$ zugeordnet, wobei die unbestimmte Phase $e^{i\alpha/2}$ genannt wurde. Alle A $\in$ SL(2,C), die $\bar{p}$ invariant lassen, können in der Form

$$\begin{pmatrix} e^{i\alpha/2} & b\,e^{-i\alpha/2} \\ 0 & e^{-i\alpha/2} \end{pmatrix} =: \mathrm{A}(b,\alpha) \tag{9.4.29}$$

geschrieben werden, wo $0 \leq \alpha < 4\pi$, $b \in \mathbf{C}$. Die Gruppe der Matrizen dieser Gestalt hat die Multiplikationsregel

$$\mathrm{A}(b',\alpha')\,\mathrm{A}(b,\alpha) = A(b' + e^{i\alpha'}b, \alpha' + \alpha). \tag{9.4.30}$$

Der gleichen Multiplikationsregel genügen die Bewegungen (Translationen und Rotationen) eines reellen zweidimensionalen euklidischen Raumes, wenn man unter α den Drehwinkel und $\operatorname{Re} b$, $\operatorname{Im} b$ die Komponenten des Verschiebungsvektors versteht, sie wird von $\mathcal{K}_{\bar{p}}$ zweifach überlagert. Dieser zweidimensionale Raum steht nur in sehr indirekter Beziehung zum Impulsraum. Er bildet die Gaußsche Zahlenebene für die Verhältnisse Ψ_1/Ψ_2 von Spinorkomponenten (vgl. etwa Blaschke (1929) wegen einer geometrischen Deutung). Physikalisch bedeutsamer ist folgende Betrachtung. Der Spinor $\bar{\pi}^A$ ändert sich unter den Transformationen $\mathrm{A}(b,\alpha)$ nur um den Phasenfaktor $e^{i\alpha/2}$, der sich bei $\bar{p}^i = \sigma^i{}_{A\dot{X}}\,\bar{\pi}^A\,\bar{\pi}^{*\dot{X}}$ nicht auswirkt. Dagegen multipliziert sich der selbstduale Tensor $\bar{f}^{ab}_+ := \sigma^a{}_{A\dot{X}}\,\sigma^b{}_{B\dot{Y}}\,\bar{\pi}^A\,\bar{\pi}^B\,\epsilon^{\dot{X}\dot{Y}}$ dabei mit dem Faktor $e^{i\alpha}$. Die rechtszirkular polarisierte ebene elektromagnetische Welle

$$F^{ab}(x) = \operatorname{Re}\,[\bar{f}^{ab}_+ e^{-i\bar{p}x}] \tag{9.4.31}$$

(vgl. Aufgabe 8 zu Abschnitt 5.5) ändert bei der A entsprechenden Lorentztransformation nur die Phase um α, da auch $\bar{p}x$ invariant bleibt. Analoges gilt für die aus dem antiselbstdualen Tensor $\bar{f}^{ab}_- := \sigma^a{}_{A\dot{X}}\,\sigma^b{}_{B\dot{Y}}\,\bar{\pi}^{*\dot{X}}\,\bar{\pi}^{*\dot{Y}}\,\epsilon^{AB}$ in gleicher Weise gebildete linkszirkulare Welle, deren Phase sich um $-\alpha$ ändert. Superponiert man beide zu einer linearpolarisierten Welle, so wird durch die Transformation die Polarisationsebene um den Winkel α verdreht.

Insbesondere wirken sich Transformationen $\mathrm{A}(b,0)$ auf (9.4.31) überhaupt nicht aus, gehören also neben den Translationen in 1-, 2- und der lichtartigen Richtung $\bar{p}$ zu den *Symmetrien der ebenen Welle.* Man bezeichnet diese Lorentztransformationen auch als *lichtartige Drehungen* oder *Nulldrehungen* (vgl. den Anhang zu Abschnitt 8.4). In der Isomorphie $\mathcal{L}_+^\uparrow \cong SO(3,\mathbf{C})$ entsprechen ihnen komplexe Rotationen um Achsen $\boldsymbol{\alpha}$ mit $\boldsymbol{\alpha}^2 = 0$ („isotrope Achsen"), die in der komplexen euklidischen Geometrie häufig eine Sonderrolle spielen (siehe Strubecker (1969)). Nulldrehungen finden in der Theorie der Gravitationsstrahlungsfelder Verwendung (vgl. z.B. P. Jordan, J. Ehlers, R. Sachs, Akad. Wiss. Mainz, math.-nat. Kl. 1961, Nr. 1).

Da es sich bei $\mathcal{K}_{\bar{p}}$ also um eine Gruppe von Translationen und Rotationen handelt, kann die Klassifizierung ihrer irreduziblen unitären Darstellungen wie bei der Poincaré-Gruppe auf die Bestimmung der irreduziblen unitären Darstellungen einer Untergruppe von $\mathcal{K}_{\bar{p}}$ zurückgeführt werden. Wir überlassen die detaillierte Ausführung dieses Programms einer Aufgabe und bemerken hier nur folgendes. Wegen der euklidischen Geometrie in dem dabei formal auftretenden zweidimensionalen „Impulsraum" sind nur zwei Fälle zu unterscheiden: der Standardvektor verschwindet, oder er verschwindet nicht. Für den letzteren Fall verweisen wir auf die Aufgabe; er hat aber bisher physikalisch keine Rolle gespielt.

Im ersteren Fall ist die „kleine Gruppe" von $\mathcal{K}_{\bar{p}}$ offensichtlich die volle zweidimensionale Drehgruppe SO(2), bzw. die zweiblättrige Überlagerung durch die $\mathrm{A}(0,\alpha)$ mit $0 \le \alpha < 4\pi$, und die „Translationen" (d.h. die Nulldrehungen $\mathrm{A}(b,0)$ von $\mathcal{K}_{\bar{p}}$) werden trivial dargestellt, wie im Beispiel (9.4.31) der zirkularpolarisierten ebenen Wellen. Es sind also noch die ein- und zweideutigen Darstellungen von SO(2) zu bestimmen. Diese Gruppe ist abelsch und als Mannigfaltigkeit der Einheitskreis (jedem Drehwinkel (mod 2π) entspricht ein Punkt des Einheitskreises). Letzterer ist unendlich zusammenhängend, man erhält Überlagerungsräume, indem man ihn aufschneidet, ein oder mehrere Exemplare davon anstückelt und erst dann wieder schließt.

Die so entstandenen Überlagerungsräume sind alle nicht einfach zusammenhängend. Um den universellen Überlagerungsraum zu konstruieren, sind unendlich viele Exemplare des Einheitskreises aneinanderzustückeln und ergeben somit $\mathbf{R}^1$. Diese „Konstruktion" tritt im täglichen Leben beim Passieren der internationalen Datumsgrenze auf der Erdkugel auf, deren Einführung dem Aufschneiden des Einheitskreises (Äquator oder Breitenkreis der Erde) entspricht.

Da SO(2) und alle Überlagerungsgruppen abelsch sind, sind die irreduziblen Darstellungen $\alpha \to U(\alpha)$ eindimensional. Die Unitarität bedingt, daß sie die Form von Phasenfaktoren $U(\alpha) = \exp[iF(\alpha)]$ haben. Für die reelle Funktion $F(\alpha)$ folgt aus $U(\alpha_1)\,U(\alpha_2) = U(\alpha_1+\alpha_2)$ die Form $F(\alpha) = \lambda\alpha$. Die Darstellungen $\alpha \to \exp(i\lambda\alpha)$ sind auf dem doppelt überlagerten Einheitskreis nur stetig (d.h. $\alpha = 0$ und $\alpha = 4\pi$ gibt denselben Operator), wenn λ ganz- oder halbzahlig ist. Die ein- und zweideutigen Darstellungen von SO(2), und damit auch die hier gesuchten Darstellungen von $\mathcal{K}_{\bar{p}}$ sind also eindimensional und durch

$$\begin{aligned} \alpha &\to e^{i\lambda\alpha} \\ \mathrm{A}(b,\alpha) &\to e^{i\lambda\alpha} \end{aligned} \qquad \lambda = 0, \pm 1/2, \pm 1, \ldots \tag{9.4.32}$$

gegeben; die Klassifikation erfolgt also durch den Wert von λ.

Wir bestimmen nun den Wert der Invarianten $\mathcal{W}^2$ in den Darstellungen von $\mathcal{P}_+^\uparrow$, die durch die Darstellungen (9.4.32) von $\mathcal{K}_{\bar{p}}$ induziert werden. Man kann leicht nachrechnen (Aufgabe), daß die Parameter b, α im infinitesimalen Fall mit den in (9.4.12) eingeführten Parametern k^c gemäß

$$a = k^3 - k^0, \qquad b = k^2 - i\,k^1 \tag{9.4.33}$$

zusammenhängen, so daß $\mathcal{W}_1$, $\mathcal{W}_2$ die Nulldrehungen, $\mathcal{W}_3$ die räumlichen Drehungen um die 3-Achse erzeugen. Da in den hier betrachteten Darstellungen neben

$$0 = \mathcal{W}_c P^c \,|\,\bar{p}\,\rangle = (\mathcal{W}_0 + \mathcal{W}_3)\,|\,\bar{p}\,\rangle \tag{9.4.34}$$

auch

$$\mathcal{W}_1\,|\,\bar{p}\,\rangle = \mathcal{W}_2\,|\,\bar{p}\,\rangle = 0 \tag{9.4.35}$$

gilt – die Nulldrehungen werden ja trivial dargestellt – folgt $\mathcal{W}^2\,|\,\bar{p}\,\rangle = (\mathcal{W}_0)^2\,|\,\bar{p}\,\rangle - (\mathcal{W}_3)^2\,|\,\bar{p}\,\rangle = 0$, also

$$\mathcal{W}^2 = 0. \tag{9.4.36}$$

Weiter sieht man durch Vergleich von (9.4.34,35) mit $P_c\,|\,\bar{p}\,\rangle = \bar{p}_c\,|\,\bar{p}\,\rangle$ sofort $\mathcal{W}_c\,|\,\bar{p}\,\rangle \propto P_c\,|\,\bar{p}\,\rangle$, wie es wegen der Orthogonalität der beiden lichtartigen hermitischen Vektoroperatoren sein muß. Der Proportionalitätsfaktor ergibt sich durch Berechnung des Eigenwertes von $\mathcal{W}_3$: Einerseits ist

$$U\big(K(b,a)\big)\,|\,\bar{p}\,\rangle \approx (1 - i\,k^c\,\mathcal{W}_c)\,|\,\bar{p}\,\rangle = (1 - i\,a\,\mathcal{W}_3)\,|\,\bar{p}\,\rangle,$$

andererseits nach (9.4.32)

$$U\big(K(b,a)\big)\,|\,\bar{p}\,\rangle = e^{i\lambda a}\,|\,\bar{p}\,\rangle \approx (1 + i\lambda a)\,|\,\bar{p}\,\rangle,$$

folglich $\mathcal{W}_3\,|\,\bar{p}\,\rangle = -\lambda\,|\,\bar{p}\,\rangle = \lambda P_3\,|\,\bar{p}\,\rangle$. Mithin ist

$$\mathcal{W}_c = \lambda P_c, \tag{9.4.37}$$

zunächst im Teilraum der Vielfachen von $|\,\bar{p}\,\rangle$, aber als Gleichung zwischen Vektoroperatoren allgemein im ganzen Darstellungsraum. Es gilt also (9.3.11), wobei λ dieselbe Bedeutung hat wie dort.

Die physikalische Bedeutung dieser Invarianten ergibt sich durch Übergang zu einem speziellen Inertialsystem. Betrachten wir in diesem die Nullkomponente von (9.4.37) und setzen die Definition (9.3.8) von $\mathcal{W}_c$ ein, so erhalten wir

$$\frac{1}{2}\,\epsilon_{0\mu\nu\rho}\,M^{\mu\nu}\,P^\rho = \lambda\,P_0$$

oder mit der Bezeichnung

$$M^\rho := \frac{1}{2}\,\epsilon_{\mu\nu\rho}\,M^{\mu\nu} \tag{9.4.38}$$

bei Anwendung auf $|\,\bar{p}\,\rangle$ (beachte $(p^0)^2 = \mathbf{p}^2$!)

$$\lambda = \frac{\mathbf{Mp}}{|\mathbf{p}|}. \tag{9.4.39}$$

Bei wellenmechanischer Deutung ist nach (9.3.12,15,16) **M** der Operator des Gesamtdrehimpulses, λ also die Projektion des Gesamtdrehimpulses auf die Bewegungsrichtung. Man nennt diese Größe die *Helizität.* Ihr (spiegelungsinvarianter) Absolutwert $|\lambda|$ dient beim masselosen Teilchen als Ersatz für den Spinbegriff, der in der Form „Drehimpuls im Ruhsystem" nur für massive Teilchen sinnvoll ist – masselose Teilchen haben kein Ruhsystem.

Wenn man die Helizität durch (9.4.39) definiert, hat sie auch in anderen Darstellungen – wo $\mathcal{W}^2 \neq 0$ – einen Sinn, ist aber keine Poincaré-invariante Größe. Es ist anschaulich klar, daß bei einem massiven Teilchen ein Zustand positiver Helizität durch eine Geschwindigkeitstransformation in einen Zustand negativer Helizität übergeführt werden kann. Man kann daher für $m \neq 0$ nur von der Helizität von ***Zuständen*** eines Teilchens, aber nicht von der Helizität des Teilchens schlechthin sprechen. Unter räumlichen Drehungen bleibt sie aber auch für $m \neq 0$ invariant und hat das Spektrum $\lambda = -s, \ldots, +s$. Es ist aus praktischen Gründen oft günstig, mit Helizitätseigenzuständen zu rechnen, vgl. Jacob & Wick, Ann. Phys. (N.Y.) 7, 404 (1959) oder Halpern (1968), Gasiorowicz (1975).

Für die Darstellungen mit $M^2 = 0 = \mathcal{W}^2$ aber ist, wie oben ausgeführt, die Helizität eine Poincaré-invariante Größe, durch deren Werte $\lambda = 0,\ \pm 1/2,\ \pm 1, \ldots$ diese Darstellungen klassifiziert werden.

Das Vorzeichen der Helizität bestimmt bei gegebenem „Spin" $|\lambda|$ den Polarisationszustand der Teilchen dieses Spins. Seine Invarianz unter Lorentztransformationen besagt anschaulich, daß z.B. eine rechtszirkular polarisierte Lichtwelle ($\lambda = 1$, vgl. (9.4.31)) auch in jedem anderen Inertialsystem rechtszirkular polarisiert erscheint, „linkshändige" Neutrinos ($\lambda = -1/2$) sind dies in jedem Inertialsystem.

Das invariante Skalarprodunkt für die Darstellungen mit $M^2 = 0 = \mathcal{W}^2$, $\mathcal{W}_c = \lambda P_c$ erhalten wir aus (9.4.38), indem wir $m = 0$ setzen. Die σ-Summe entfällt, da für jedes p der von den $|p\rangle$ aufgespannte Raum eindimensional ist. Wenn wir die Basisvektoren in dem zur Helizität λ und zu $\operatorname{sign} p_0 = 1$ gehörenden irreduziblen Darstellungsraum vollständiger als $|\lambda, p\rangle$ bezeichnen, haben wir zusammenfassend die folgenden Relationen:

$$M^2 |\lambda,p\rangle = 0 = \mathcal{W}^2 |\lambda,p\rangle \tag{9.4.40a}$$

$$\mathcal{W}_k |\lambda,p\rangle = \lambda P_k |\lambda,p\rangle = \lambda p_k |\lambda,p\rangle \qquad p^2 = 0, \quad p_0 > 0 \tag{9.4.40b}$$

$$U(a) |\lambda,p\rangle = e^{ipa} |\lambda,p\rangle \tag{9.4.40c}$$

$$U(L) |\lambda,p\rangle = e^{i\lambda\alpha(L,p)} |\lambda,p\rangle \tag{9.4.40d}$$

wobei $\alpha(L,p)$ der in $K(L,p)$ enthaltene Drehwinkel um die 3-Richtung ist.

Wir beschließen damit die abstrakte Darstellungstheorie der Poincaré-Gruppe $\mathcal{P}_+^\uparrow$ und bemerken nur, daß beim Übergang zu $\mathcal{P}^\uparrow$ die Raumspiegelung offenbar in den Darstellungen mit $M^2 \neq 0$ untergebracht werden kann, während für $M^2 = 0 = \mathcal{W}^2$ wegen der pseudoskalaren Natur von λ für $\lambda \neq 0$ in der direkten Summe von Darstellungen mit $+\lambda$ und $-\lambda$ gearbeitet werden muß. Um auf $\mathcal{P}$ überzugehen, müßten bei linearen Darstellungen der Zeitumkehr zusätzlich die Darstellungen mit $\operatorname{sign} p_0 = +1$ und $\operatorname{sign} p_0 = -1$ addiert werden; aus physikalischen Gründen ist aber, wie schon erwähnt, anders vorzugehen, wie wir in Abschnitt 9.6 skizzieren werden.

Aufgaben

1. Man untersuche die Möglichkeit, einen gegebenen lichtartigen zukunftsgerichteten Vektor durch reine Geschwindigkeitstransformation in $\bar{p}$ zu transformieren. *Bemerkung:* Von $p^i = (p^0 = |\mathbf{p}|, \mathbf{p})$ kann aber immer durch „Dopplereffekt" zu $(1, \mathbf{p}/|\mathbf{p}|) = (1, \mathbf{n})$ übergegeangen und dann nach $\bar{p}^i = (1, \mathbf{e}_3)$ gedreht werden. Umgekehrt definiert jede Wahl von Λ_p durch Vorausschalten des umgekehrten Dopplereffekts eine Drehung $R(\mathbf{n})$, die $\mathbf{n}$ in $\mathbf{e}_3$ überführt. Hinge dabei Λ_p für alle p von p stetig ab, würde $R(\mathbf{n})$ stetig von $\mathbf{n}$ abhängen. Ist $\mathbf{m}_0 \neq \mathbf{0}$ tangential zur Sphäre $\mathbf{S}^2\colon \mathbf{n}^2 = 1$ im Punkt $\mathbf{e}_3$, so ist $R^{-1}(\mathbf{n})\mathbf{m}_0 = \mathbf{m} \neq \mathbf{0}$ tangential zu $\mathbf{S}^2$ im Punkt $\mathbf{n}$ und hinge stetig von $\mathbf{n}$ ab, gäbe also ein stetiges, nirgends verschwindendes Tangentialvektorfeld der Sphäre $\mathbf{S}^2$. Das kann nach dem „Igelsatz" nicht existieren.

2. Man verifiziere (9.4.14).

3. Man bestimme die kleinen Gruppen in den Fällen c), d).

4. Man verifiziere die Darstellungseigenschaft von (9.4.11) direkt.

5. Man bestimme die irreduziblen unitären Darstellungen der Bewegungsgruppe (Translationen und Rotationen) eines zwei- und dreidimensionalen reellen euklidischen Raumes nach der Methode der induzierten Darstellungen.

6. Man verifiziere die Parameterzuordnung (9.4.33).

7. Man analysiere die Darstellung von $\mathcal{P}_+^\uparrow$, die im Raum der den Proca-Gleichungen (9.3.22) genügenden Vektorfelder $A^i(x)$ realisiert ist, nach unitären irreduziblen Bestandteilen.
Lösung: Für die Fourierkomponenten $\tilde{A}^i(p)$ gilt: $\tilde{A}^i(p) = 0$ für $p^2 \neq m^2$, $p_i\tilde{A}^i = 0$. Da $m^2 > 0$ vorausgesetzt ist, ist $\mathcal{K}_{\bar{p}}$ die Drehgruppe, für die $\tilde{A}^i(p)$ in die irreduziblen Teile $\tilde{A}^0(\bar{p})$, $\tilde{\mathbf{A}}(\bar{p})$ zerfällt, die nach $\mathrm{D}^{(0)}$ und $\mathrm{D}^{(1)}$ transformieren. Es ist aber $\bar{p}_i\tilde{A}^i(\bar{p}) = m\,\tilde{A}^0(\bar{p}) = 0$, so daß $\mathrm{D}^{(0)}$ nicht vorkommt. Daher sind von $\mathcal{P}_+^\uparrow$ die beiden irreduziblen unitären Darstellungen mit $M^2 = m^2\,\mathrm{id}$, $\mathcal{W}^2 = -M^2\cdot 1\cdot(1+1)$, $\operatorname{sign} p_0 = \pm 1$ enthalten. Die Lorenz-Bedingung $\partial_i A^i = 0$ hat den Spin-0-Anteil wegprojiziert.

8. Man betrachte den Raum der Lösungen der verallgemeinerten Weyl-Gleichung (vgl. (9.1.8))
$$\partial_{A\dot{X}}\,\Phi^{AB\ldots C} = 0, \qquad (9.4.41)$$
wo $\Phi^{AB\ldots C}$ ein totalsymmetrisches ungepunktetes Spinorfeld mit r Indizes sei.
a) Man zeige, daß (9.4.41) für $r = 2$ den Vakuum-Maxwellgleichungen für den Φ^{AB} entsprechenden reellen Tensor äquivalent ist.
b) Man analysiere die Darstellung von $\mathcal{P}_+^\uparrow$, die im Raum der Lösungen von (9.4.41) realisiert ist, nach unitären irreduziblen Bestandteilen.
Lösung zu b): Für die Fourierkomponenten $\tilde{\Phi}^{AB\ldots C}(p)$ gilt $p_{A\dot{X}}\,\tilde{\Phi}^{AB\ldots C} = 0$, wobei $p^2 = 0$. Nach (8.4.23) kann man zu p einen Spinor π mit $p_{A\dot{X}} = \pm\pi_A\,\pi^*{}_{\dot{X}}$

finden, und es folgt $\pi_A \tilde{\Phi}^{AB\ldots C} = 0$. Benützt man die Zerlegung (8.3.20), so impliziert diese Gleichung, daß alle Hauptspinoren von $\tilde{\Phi}$ zu π proportional sind: $\tilde{\Phi}^{AB\ldots C}(p) \propto \pi^A \pi^B \ldots \pi^C$. Wenn $p^i = \bar{p}^i = (1,0,0,1)$, $\bar{\pi}^A = 2^{1/4}(1,0)$, so sieht man, daß unter den Transformationen von $\mathcal{K}_{\bar{p}}$ die Fourierkomponente $\tilde{\Phi}(\bar{p})$ den Faktor $\exp(r\alpha/2)$ aufnimmt. Daher sind von $\mathcal{P}_+^\uparrow$ die beiden irreduziblen unitären Darstellungen mit $M^2 = 0 = \mathcal{W}^2$, $\lambda = r/2$, $\operatorname{sign} p_0 = \pm 1$ enthalten.
Analog liefern gepunktete Spinorfelder, die entsprechenden Weyl-Gleichungen genügen, Darstellungen mit Helizität $\lambda = -r/2$. Den dadurch beschriebenen Teilchen ordnet man – wie einer zirkular polarisierten Lichtwelle – eine „Rechts"- ($\lambda > 0$) bzw. „Linkshändigkeit" ($\lambda < 0$) zu.

9.5 Darstellungstheorie von $\mathcal{P}_+^\uparrow$ und lokale Feldtheorie

Nach unserer systematischen Analyse der irreduziblen unitären Darstellungen von $\mathcal{P}_+^\uparrow$ kehren wir nochmals zur Beziehung zwischen relativistischen Wellengleichungen und abstrakter Darstellungstheorie zurück. Wie wir in einfachen Fällen sahen, projizieren die Wellengleichungen aus dem Raum der Felder invariante, oft „nahezu" irreduzible Teilräume heraus[1]. Da nun alle relevanten irreduziblen unitären Darstellungen gefunden sind, könnte man versuchen, sie (mittels Umkehr der Fourier-Transformation, vgl. (9.4.4)) wieder im Raum der Felder über dem Minkowski-Raum zu realisieren, die geeigneten kovarianten Feldgleichungen genügen sollen.

Zunächst sei bemerkt, daß eine solche Realisierung keineswegs eindeutig bestimmt ist. Beispielsweise kann die Darstellung mit $m^2 > 0$, $s = 0$, $\operatorname{sign} p_0 = 1$ (zusammen mit der Darstellung, wo $\operatorname{sign} p_0 = -1$ ist) realisiert werden im Raum der skalaren Felder Φ, die $(\Box + m^2)\,\Phi = 0$ erfüllen, aber auch im Raum der Vektorfelder A_i, die neben $(\Box + m^2) A_i = 0$ noch die Nebenbedingung

$$\partial_i A_k - \partial_k A_i = 0 \tag{9.5.1}$$

erfüllen. Denn (9.5.1) bedeutet für die Fourierkomponenten $\tilde{A}_i(p)$, daß $p_i \tilde{A}_k = p_k \tilde{A}_i$ oder $\tilde{A}_i(p) \propto p_i$, so daß $\tilde{A}_i(\bar{p}) \propto \bar{p}_i$ nach der trivialen Darstellung der kleinen Gruppe transformiert und somit $s = 0$ ist. Die Nebenbedingung (9.5.1) hat den Anteil $s = 1$ wegprojiziert. (Die Lorenzbedingung $\partial_i A^i = 0$ würde hingegen $s = 0$ wegprojizieren, vgl. Aufgabe 7 des vorigen Abschnittes.)

Das Auftreten solcher Nebenbedingungen läßt sich im allgemeinen nicht vermeiden, wenn eine irreduzible Darstellung im Raum von Feldern mit dem Transformationscharakter (9.1.1) realisiert werden soll. Dies kommt folgendermaßen zustande: Die Basisfunktionen (9.4.5) transformieren mit p-*un*abhängigen Matrizen $\mathrm{D}(L)$, die Ausreduktion von $\mathrm{D}(L)$ nach der kleinen Gruppe besteht aber in einer Zerlegung $\mathrm{D}(L) = Q'(K) \oplus Q''(K) \oplus \ldots$, wo Q', Q'', ... irreduzible Darstellungen der kleinen Gruppe sind, und ergibt nach (9.4.11) eine p-*ab*hängige Zerlegung

[1] Irreduzible Bestandteile freier Felder propagieren unabhängig voneinander und können unabhängig gekoppelt werden. Es ist naheliegend, ihnen Teilchen zuzuordnen, die in irgendeinem Sinn „elementar" sind. Die Elementarteilchenphysik hat jedoch noch nicht völlig geklärt, welche Teilchen als elementar, welche als zusammengesetzt zu betrachten sind – es gibt sogar immer noch Versuche, jedes Teilchen aus allen anderen bestehend anzusehen.

$D(L) = Q'(K(L,p),\bar{p}) \oplus Q''(K(L,p),\bar{p}) \oplus \ldots$. Daher muß umgekehrt zur gewünschten Darstellung der kleinen Gruppe – etwa $Q'(k)$ – noch eine Reihe weiterer Darstellungen addiert werden, bis eine p-unabhängige Summe entstehen kann. Die überzähligen Darstellungen sind dann wegzuprojizieren, was eine Anzahl p-abhängiger Projektionsoperatoren liefert, deren Übersetzung in den Ortsraum mittels Fouriertransformation die Nebenbedingungen ergibt.

Bei gegebenem m, s geht man praktisch so vor, daß eine Darstellung $D(L)$ so gewählt wird, daß $D^{(s)}(K)$ sicher vorkommt. Je nach Wahl von $D(L)$ ergeben sich verschiedene Nebenbedingungen, die nötig sind, um die überfüssigen Darstellungen wegzuprojizieren, und damit verschiedene „Formalismen" (z.B. Pauli-Fierz, Rarita-Schwinger, Bargmann-Wigner), auf die wir aber hier nicht eingehen wollen (vgl. den Artikel von Niederer & O'Raifeartaigh in Barut (1973)).

Wie ist zwischen diesen Möglichkeiten zu entscheiden? Wesentlich ist hier die Bemerkung, daß in der Natur die verschiedenen Felder miteinander in Wechselwirkung stehen – völlig ungekoppelte Felder wären ja auch unbeobachtbar. Es zeigt sich nun, daß die oben angedeuteten verschiedenen Möglichkeiten, irreduzible Darstellungen von $\mathcal{P}_+^\uparrow$ durch freie Feldgleichungen zu realisieren, ganz verschieden gut geeignet sind, um Wechselwirkungsterme einzubauen[1]. Eine bequeme Art, Wechselwirkungen zu beschreiben, ist die, gekoppelte Feldgleichungen aus geeigneten Wirkungsprinzipien (siehe Kapitel 10) herzuleiten. Wirkungsprinzipien bzw. der dem Lagrangeformalismus verwandte Hamiltonformalismus sind weiters für den Übergang zur quantenmechanischen Behandlung von Feldern nötig (kanonische Quantisierung). Es kommt daher auch schon bei freien Feldern darauf an, Wirkungsprinzipien angeben zu können – und auch hierfür sind die erwähnten Möglichkeiten verschieden gut geeignet. Es kann sogar der Fall eintreten, daß Wirkungsprinzip und Kopplungen eine Form von $D(L)$ erfordern, für welche die Rückübersetzung des Wegprojizierens der überzähligen Darstellungen in den x-Raum auf Schwierigkeiten stößt.

Wir wollen diese Schwierigkeiten der Rückübersetzung an dem einfachsten, aber grundsätzlich wichtigsten Beispiel erläutern. Es geht dabei um die Frage, wie die Bedingungen $\operatorname{sign} p^0 = +1$ oder $= -1$ im Ortsraum aussehen. Die Umkehrung von (9.4.4) lautet

$$\tilde{\Phi}(p) = \int d^4x\, e^{ipx}\, \Phi(x), \tag{9.5.2}$$

so daß wegen $\partial_k \exp(ipx) = ip_k \exp(ipx)$ etc. durch partielle Integration leicht zu sehen ist, daß Irreduzibilitätsbedingungen wie $(p^2 - m^2)\,\tilde{\Phi}(p) = 0$, $p^k A_k = 0, \ldots$ im Ortsraum die Form von *Differential*gleichungen $(\Box + m^2)\,\Phi(x) = 0$, $\partial_k A^k = 0, \ldots$ annehmen. Es ist jedoch nicht möglich, die (wenn Φ keine raumartigen Impulse enthält, durchaus kovariante) Bedingung

$$\int d^4x\, e^{ipx}\, \Phi(x) = 0 \quad \text{für} \quad p^0 < 0 \tag{9.5.3}$$

[1]Wie Wechselwirkungen direkt im abstrakten Formalismus – ohne Realisierung durch Felder im x-Raum – formuliert werden können, diskutiert S. Weinberg, Phys. Rev. *133*, 1318 (1964); *134*, 882 (1964).

(oder auch für $p^0 > 0$) als Differentialgleichung für $\Phi(x)$ zu formulieren. Es ist nun eine grundsätzliche Frage, ob Feldgleichungen immer die Form von Differentialgleichungen haben müssen. Dies entspricht einer „Nahewirkungstheorie", die Vorgänge in einem Raum-Zeitpunkt sind von jenen in einer infinitesimalen Umgebung bestimmt. Eine Theorie, die dieser Forderung genügt, nennt man *lokal,* und es ist eigentlich eine experimentelle Frage, wieweit dies der Natur entspricht. Beispielsweise kann die Schallausbreitung in Gasen (im Ruhsystem des Gases!) ebenfalls durch die Wellengleichung $(\partial_t^2 - c^2_{\text{Schall}}\triangle)\Phi = 0$ beschrieben werden, aber diese Gleichung ist nicht mehr zuständig bei Problemen, wo die atomistische Struktur des Gases entscheidend ist. Da man gemäß der Relativitätstheorie elektromagnetische und andere mikroskopische Felder nicht als Anregungen eines materiellen Äthers ansieht, ist zunächst der Gültigkeitsbereich relativistischer lokaler Feldtheorien zu kleinen Längen hin nicht beschränkt und im Fall der Quantenelektrodynamik bis zu 10^{-14} cm mit dem Experiment im Einklang.

Wenn man die Forderung nach einer lokalen Feldtheorie stellt – sie hat sich in einem Fall bewährt, während alternative Theorien praktisch nicht existieren –, läßt sich das gemeinsame Auftreten von Darstellungen mit $\operatorname{sign} p^0 = +1$ und -1 nicht vermeiden. Dies bedeutet quantenphysikalisch zunächst das Auftreten von Zuständen *negativer Energie* $p^0 < 0$. Solange ein Feld, für welches derartige Zustände möglich sind, an nichts gekoppelt (und daher unbeobachtbar) ist, könnte man diese als in der Natur nicht realisiert ignorieren. Kopplungen können aber Übergänge zu diesen Zuständen bewirken, und man könnte so unendliche Energie gewinnen. Zur Vermeidung dieser Absurdität ist zusätzlich zur Lokalität das Postulat einer nach unten beschränkten Energie, also aus Lorentzinvarianzgründen das Postulat einer *nichtnegativen Energie* aufzustellen. Diese beiden Forderungen sind offensichtlich unverträglich und wurden von Dirac durch eine *Uminterpretation* der Zustände negativer Energie wieder in Einklang gebracht: sie stellen Zustände positiver Energie von sogenannten *Antiteilchen* dar, die damit automatisch in einer lokalen relativistischen Feldtheorie für Teilchen enthalten sind und von ihr „vorhergesagt" werden.

Damit wurde nicht nur eine Schwierigkeit behoben, sondern durch die experimentelle Auffindung von Antiteilchen zugleich eine Bestätigung für die Nützlichkeit einer lokalen Feldtheorie erbracht. Allerdings hatte man sich damit zugleich eine weitere mathematische Schwierigkeit eingehandelt. Ein Feld in der bisherigen Betrachtungsweise ist quantenmechanisch die Wellenfunktion *eines* Teilchens. Wenn jede lokale Feldtheorie mit Teilchen zugleich auch Antiteilchen beschreibt, reicht der bisherige Formalismus nicht mehr aus, da hier nur Einteilchen-Wellenfunktionen vorkamen. Man wird – insbesondere bei Vorhandensein von Wechselwirkungen – gezwungen, die quantenmechanische Beschreibung von Vielteilchensystemen heranzuziehen und so zu erweitern, daß die Teilchenzahl nicht konstant zu sein braucht: dies ist der *Formalismus der zweiten Quantisierung.* In ihm kann z.B. der Übergang zu Zuständen negativer Energie richtig beschrieben werden als Vernichtung eines Teilchen-Antiteilchen-Paares unter Emission von Strahlung oder anderer Teilchen (wobei die Ruhmasse nicht erhalten ist, aber – wie von der Relativitätstheorie gefordert und im relativistischen Formalismus automatisch realisiert – in die Energiebilanz eingeht).

Die Durchführung der zweiten Quantisierung führt auf eine Theorie, die so aussieht, als hätte man die ursprüngliche Wellenfunktion $\Phi(x)$ als kontinuierlich viele dynamische Variable Φ_x („Index" x) interpretiert und darauf den Formalismus der *kanonischen Quantisierung* angewendet, der vom klassischen Hamiltonformalismus zum quantenmechanischen Operatorformalismus führt (*„Quantenfeldtheorie"*). Genauer gesagt, man erhält eine spezielle Darstellung – die Fock-Darstellung

– der kanonischen Vertauschungsrelationen. (Der Ausdruck „zweite Quantisierung" beschreibt gerade dieses Resultat der Behandlung des Vielteilchensystems; dabei ist mit „erster Quantisierung" der Übergang vom klassischen (Ein-) Teilchenbild zum Wellenbild gemeint. Begrifflich ist die Quantisierung eines klassischen Feldes verschieden von der Behandlung eines quantenmechanischen Vielteilchensystems nach der Methode der zweiten Quantisierung; die formale Übereinstimmung stellt gerade die formale Überwindung des bekannten Teilchen-Welle-Dualismus dar.) Im Anhang D geben wir eine Skizze des einfachsten Falles (neutrale spinlose Teilchen) ohne Wechselwirkung und diskutieren die Poincaré-Kovarianz in diesem Formalismus.

Für ganzzahligen Spin ist dabei mit Kommutatoren, für halbzahligen Spin mit Antikommutatoren zu quantisieren, um die dem Pauli-Prinzip entsprechenden Symmetrieeigenschaften von Mehrteilchen-Wellenfunktionen zu berücksichtigen. Während aber in der nichtrelativistischen Quantenmechanik das Pauli-Prinzip als ein für das Mehrteilchenproblem charakteristisches ***Zusatzpostulat*** erscheint, kommt es in der relativistischen Quantenfeldtheorie „von selbst heraus": Versucht man nämlich, Felder mit ganzzahligem (halbzahligem) Spin mittels Antikommutatoren (Kommutatoren) kanonisch zu quantisieren, gerät man mit den bereits oben eingeführten Postulaten von Lokalität oder Positivität der Energie in Widerspruch (Spin-Statistik-Theorem). So gesehen hat die Relativitätstheorie auch Einfluß auf Bereiche, in denen man kinematisch keinen erwarten sollte: das Spektrum von Helium, die chemische Bindung und der Ferromagnetismus seien nur als die bekanntesten Effekte genannt, die durch auf dem Pauli-Prinzip beruhende „Austauscheffekte" zustandekommen; relativistische Korrekturen dazu sind klein.

In der Quantenfeldtheorie finden auch die Spiegelungsoperationen P, T ihre volle Anwendung und Tragweite, wobei noch eine weitere diskrete Operation hinzukommt, die erst mit der Einführung des Konzepts der Antiteilchen möglich wird: die ***Ladungskonjugation*** C (Ladungsaustauschoperation; gemeint sind hier alle ladungsartigen Quantenzahlen, nicht nur die elektrische Ladung). Während es Bereiche der Teilchenphysik gibt, in denen eine Invarianz unter P oder sogar CP nicht gilt, folgt in einer $\mathcal{P}_+^\uparrow$-kovarianten lokalen Quantenfeldtheorie stets die Invarianz unter der kombinierten CPT-Operation (CPT-Theorem). Wäre diese experimentell verletzt, müßte man vom Konzept der lokalen relativistischen Quantenfeldtheorie abgehen.

Nach diesem Exkurs über das Konzept und allgemeine Resultate der Quantenfeldtheorie, für die im übrigen auf die zuständige Literatur[1] verwiesen werden muß, kehren wir nochmals zur Rückübersetzung von Irreduzibilitätsbedingungen zurück. Zunächst eine vielfach gebräuchliche Terminologie: das Transformationsverhalten der Basisvektoren (9.4.5) nennt man *„manifest kovariant"*, weil die Lorentz-Kovarianz gemäß der Tensor- oder Spinoralgebra offensichtlich ist. Ein Transformationsverhalten, das hiervon abweicht, aber dennoch zu Darstellungen von $\mathcal{L}_+^\uparrow$ bzw. $\mathcal{P}_+^\uparrow$ führt, heißt „nicht manifest kovariant". Ein Beispiel hierfür ist das Transformationsverhalten der Wigner-Basis (9.4.10). Wir können damit sagen, daß zur Erreichung einer manifest-kovarianten Form von Darstellungen im allgemeinen überflüssige Komponenten hinzugefügt und durch Nebenbedingungen wieder wegprojiziert werden müssen. In manchen manifest kovarianten Darstellungen lassen sich die nötigen Nebenbedingungen nicht durch „lokale" Gleichungen (siehe oben) ausdrücken, in manchen wohl durch lokale, aber nicht kovariante Gleichungen, so daß noch zusätzliche „Eichtransformationen" hinzukommen müssen, um die Lorentzkovarianz zu sichern (in diesem Fall wird der Darstellungsraum eigentlich von Eich-Äquivalenzklassen gebildet; siehe später).

Letzteres Phänomen bildet den Grund für gewisse technische Komplikationen bei der Quantisierung z.B. des elektomagnetischen Feldes: entweder man verzichtet auf manifeste Kovarianz, oder

[1] Wentzel (1949); Bogoljubov-Shirkov (1959); Roman (1960, 1969); Jost (1965); Bjørken-Drell (1966, 1967); Streater-Wightman (1969); Gasiorowicz (1975); Henley-Thirring (1975); Kastler *(1961)*; Schweber *(1961)*.

man führt eigentlich unerwünschte Darstellungen (*„Geister“*) mit, die auch im Fall von Wechselwirkung an nichts gekoppelt werden, und muß darauf achten, daß diese in die gewünschten physikalischen Resultate nicht eingehen. Übrigens hat die Aufrechterhaltung von manifester Lorentz- und Eichkovarianz bei der „Regularisierung“ gewisser in der quantenfeldtheoretischen Störungstheorie auftretender divergenter Integrale als Leitprinzip gedient und so eine erfolgreiche Durchführung des sogenannten *Renormierungsprogramms* gestattet.

Wie man sieht, findet die Darstellungstheorie der Lorentz- und Poincaré-Gruppe hauptsächlich in der Teilchenphysik Anwendung. Man kann aber auch versuchen, auf diese Weise einen Rahmen für die relativistische Beschreibung des Gravitationsfeldes zu gewinnen, die prinzipiell erforderlich ist, da sich auch die *Gravitationswechselwirkung* nur mit Geschwindigkeiten $\leq c$ ausbreiten darf. Die Auswirkung der relativistischen Korrekturen zum Newtonschen Gravitationsgesetz finden sich aber – wegen der Schwäche dieser Wechselwirkung – nicht im Bereich der Mikrophysik, sondern der Astronomie und Astrophysik, wo kumulative Effekte wichtig werden. Wie man aufgrund der Erfahrungstatsachen über die Gravitation (Ablenkung von Licht, Attraktivität) dem Gravitationsfeld Teilchen mit Masse (= 0) und Spin (= 2) zuordnet und wie sich beim Versuch einer Poincaré-kovarianten Feldtheorie der Gravitation die allgemeine Relativitätstheorie mit ihrer „gekrümmten“ Raum-Zeitstruktur ergibt, wurde von W. Thirring[1] analysiert. (Die darstellungstheoretischen Aspekte davon sind in Nachtmann, Schmidle, Sexl, Acta Physica Austriaca *29*, 289, (1969) genauer ausgeführt; diese Arbeit gibt ein explizites Beispiel für die Technik, wie ein Feld nach seinen Spin-Anteilen zerlegt wird. Allgemeine Methoden dafür sind auch entwickelt worden von Pursey, Ann. Phys. (N.Y.) *32*, 157 (1965); Moses, J. Math. Phys. *8*, 1134 (1967); *9*, 16 (1968); Langbein, Comm. Math. Phys. *5*, 73 (1967); Fonda-Ghirardi, Fortschr. Physik *17*, 727 (1969)). Die Art der Kopplung und die Wirkungsformulierung erfordern dabei die Benützung eines symmetrischen Tensorfeldes ψ_{ik}, das neben dem Spin 2 noch weitere Spins 1, 0 enthält, die wegprojiziert werden müssen; dies führt zu Schwierigkeiten der Art, wie sie schon angedeutet wurden.

Reinen Spin 2 kann man mit einem Tensorfeld 4. Stufe C_{ikmn} (8.4.27) erzielen, das noch gewissen Differentialgleichungen genügt, analog wie Spin 1 mit dem elektromagnetischen Feldtensor; es entspricht der Wahl $r = 4$ in (9.4.41) bei Verwendung von Spinorschreibweise. Dieser Tensor beschreibt die Gezeitenkräfte des freien Gravitationsfeldes und entspricht dem „Krümmungstensor“ der allgemeinen Relativitätstheorie, man kann aber mit seiner Hilfe allein keine lokale Kopplung und keine lokale Wirkungsformulierung geben, in Analogie zur Situation beim Feldtensor F_{ik}. Vgl. R.H. Good Jr., Ann. Phys. (N.Y.) *62*, 590 (1971).

Wir wenden uns nun der Analyse spezieller Felder[2] zu und beginnen mit *skalaren*

[1]W. Thirring, Fortschr. Physik, *7*, 79 (1959); Ann. Phys. (N.Y.) *16*, 96 (1961). Siehe auch Sexl & Urbantke (1987), Kap. 10. Mit O. Klein kann man argumentieren, daß die noch ausständige korrekte Inkorporation dieser gekrümmten Raum-Zeit in die Quantenfeldtheorie deren Struktur ebenso mächtig beeinflussen könnte wie die Inkorporation der speziellen Relativitätstheorie. In diesem Sinn könnte die Gravitation auch in der Mikrophysik von Bedeutung sein, doch ist man derzeit weit davon entfernt, hier Aussagen machen zu können.

[2]Alle im folgenden betrachteten Felder sind komplexwertig. Realitätsbedingungen, wie sie zur Beschreibung neutraler Teilchen verwendet werden, werden wir – auch beim masselosen Vektorfeld – nicht auferlegen: auch wegen der C-Operation sei auf die angegebenen Bücher verwiesen. Realitätsbedingungen erscheinen erst in der zweiten Quantisierung (Anhang D).

Feldern $\Phi(x)$, die bezüglich des Skalarproduktes

$$\int d^4x\, \Phi^*(x)\, \Psi(x) = \int \frac{d^4p}{(2\pi)^4}\, \tilde{\Phi}^*(p)\, \tilde{\Psi}(p) \tag{9.5.4}$$

einen Darstellungsraum für eine unitäre Darstellung von $\mathcal{P}_+^\uparrow$ bilden. Zur Ausreduktion haben wir gleich die Fouriertransformation (9.4.4) gebildet und das Parseval-Theorem angewendet, um das Skalarprodukt durch die $\tilde{\Phi}(p)$ auszudrücken. Um die Ausreduktion bezüglich der Massen explizit zu machen, führen wir in (9.4.4), (9.5.4) statt p^0 die Größe (vgl. (9.4.24)!)

$$m^2 := (p^0)^2 - \mathbf{p}^2 \tag{9.5.5}$$

als neue Integrationsvariable neben $\mathbf{p}$ ein. Dazu berechnen wir die Funktionaldeterminante

$$\frac{\partial(p^0, \mathbf{p})}{\partial(m^2, \mathbf{p})} = \left(\frac{\partial(m^2, \mathbf{p})}{\partial(p^0, \mathbf{p})}\right)^{-1} = \frac{1}{2p^0} = \frac{1}{2E(\mathbf{p}, m^2)}. \tag{9.5.6}$$

Hier wurde die Schreibweise (9.4.19) verwendet, jedoch die Abhängigkeit vom nicht festgelegten Massenparameter m^2 explizit angedeutet. Zur Überdeckung des gesamten 4-Impulsraumes ist zu beachten, daß m^2 im Intervall $-\infty < m^2 < \infty$ variieren muß und noch zusätzlich für beide Vorzeichenmöglichkeiten $p^0 = \pm\sqrt{E(\mathbf{p}, m^2)}$ zu sorgen ist. Schreibt man

$$\int_{-\infty}^{\infty} dp^0 = \left(\int_0^{\infty} + \int_{-\infty}^{0}\right) dp^0$$

und führt im zweiten Integral $-p^0$ statt p^0 und auch $-\mathbf{p}$ statt $\mathbf{p}$ als Variable ein, so entsteht aus (9.4.4)

$$\Phi(x) = \int_{-\infty}^{\infty} dm^2 \int \frac{d^3p}{2E(\mathbf{p}, m^2)} \left\{A_+(\mathbf{p}, m^2) e^{i\mathbf{px} - iE(\mathbf{p},m^2)x^0} + A_-(\mathbf{p}, m^2) e^{-i\mathbf{px} + iE(\mathbf{p},m^2)x^0}\right\} \tag{9.5.7}$$

mit

$$A_\pm(\mathbf{p}, m^2) := (2\pi)^{-4}\, \tilde{\Phi}(\pm E(\mathbf{p}, m^2), \pm\mathbf{p}), \tag{9.5.8}$$

und aus (9.5.4)

$$\int d^4x\, \Phi^*(x)\, \Psi(x) = \tag{9.5.9}$$

$$= (2\pi)^4 \int dm^2 \int \frac{d^3p}{2E(\mathbf{p}, m^2)} \{A_+^*(\mathbf{p}, m^2)\, B_+(\mathbf{p}, m^2) + A_-^*(\mathbf{p}, m^2)\, B_-(\mathbf{p}, m^2)\},$$

wenn $\Psi(x)$ analog wie (9.5.7) mit Koeffizienten $B_\pm$ zerlegt wird. Damit ist die Ausreduktion bereits durchgeführt, die Darstellung in ein direktes Integral über Darstellungen mit Massenquadrat m^2 und Spin 0 zerlegt, wobei für jedes $m^2 > 0$ sowohl $\operatorname{sign} p^0 = +1$ wie $\operatorname{sign} p^0 = -1$ vorkommt. Für $m^2 < 0$ ist die Aufspaltung in positive und negative Frequenzen nicht lorentzinvariant und daher bedeutungslos; die p-Integration läuft nur über $\mathbf{p}^2 \geq -m^2$. Da beim skalaren Feld die kleine Gruppe trivial dargestellt wird, brauchten wir zur Ausreduktion die irreduziblen unitären

Darstellungen von $\mathcal{P}_+^\uparrow$ für $m^2 < 0$ und $m^2 = 0$, $\mathbf{p} = \mathbf{0}$ – die im vorigen Abschnitt nicht behandelt wurden – nicht zu kennen. Wir beschränken uns im folgenden auf nichtnegative Massenquadrate und nehmen auch für $m^2 = 0$ an, daß in $A_\pm(\mathbf{p}, m^2)$ kein $\delta^3(\mathbf{p})$-Term auftritt.

(9.5.9) zeigt, daß (9.4.28) bis auf einen Normierungsfaktor gerade das in den irreduziblen Teilräumen „induzierte" Skalarprodukt ist, wie es sein soll. Für Felder Φ, Ψ, die der Klein-Gordon-Gleichung mit Massen m', m'' genügen:

$$\begin{aligned} A_\pm(\mathbf{p}, m^2) &= \delta(m^2 - m'^2) A_\pm(\mathbf{p}) \\ B_\pm(\mathbf{p}, m^2) &= \delta(m^2 - m''^2) B_\pm(\mathbf{p}) \end{aligned} , \tag{9.5.10}$$

wird

$$\int d^4x\, \Phi^*\, \Psi = (2\pi)^4\, \delta(m'^2 - m''^2) \int \frac{d^3p}{2E(\mathbf{p})} \{A_+^*(\mathbf{p})\, B_+(\mathbf{p}) + A_-^*(\mathbf{p})\, B_-(\mathbf{p})\}. \tag{9.5.11}$$

Nach Abspalten des (bei kontinuierlichen Spektren stets auftretenden) singulären Anteils geht dies bei Vorhandensein von nur positiven oder nur negativen Frequenzen in (9.4.28) über.

Dem nichtsingulären Teil von (9.5.11) kann man für $\operatorname{sign} p^0 = +1$ oder -1 jeweils noch eine andere Form im x-Raum geben. Dazu betrachten wir die Identität

$$A \overset{\leftrightarrow}{\Box} B \equiv \partial_k (A \overset{\leftrightarrow}{\partial^k} B), \tag{9.5.12}$$

wo für jeden linearen Differentialoperator D die Abkürzung

$$A \overset{\leftrightarrow}{D} B := A\, DB - (DA)\, B \tag{9.5.13}$$

eingeführt wurde. Setzen wir $A = \Phi^*$, $B = \Psi$, so erhalten wir unter Benützung der Klein-Gordon-Gleichung durch Integration

$$(m'^2 - m''^2) \int_G d^4x\, \Phi^*\, \Psi = \int_G d^4x\, \partial_k (\Phi^* \overset{\leftrightarrow}{\partial^k} \Psi) = \int_{\partial G} d\sigma_k\, \Phi^* \overset{\leftrightarrow}{\partial^k} \Psi. \tag{9.5.14}$$

Wenn – wie bisher stillschweigend vorausgesetzt – die Felder im räumlich *und* zeitlich Unendlichen hinreichend schnell abfallen, verschwindet das Oberflächenintegral, wenn G als der ganze Minkowski-Raum gewählt wird, und wir erhalten nochmals, daß $\int d^4x\, \Phi^*\, \Psi$ zu $\delta(m'^2 - m''^2)$ proportional sein muß (Orthogonalität der Eigenfunktionen des bezüglich (9.5.4) hermitischen Operators $\Box$). Wir können aber (9.5.14) auch so ausnützen, daß wir $m' = m''$ annehmen und für G ein Gebiet zwischen zwei raumartigen Hyperflächen wählen. Bei geeignetem Abfallen im räumlich Unendlichen schließen wir dann wie in Abschnitt 5.7 bei der elektrischen Gesamtladung, daß das Integral

$$i \int_\sigma d\sigma_k\, \Phi^* \overset{\leftrightarrow}{\partial^k} \Psi \tag{9.5.15}$$

nicht von der speziell gewählten Hyperfläche σ abhängt, also insbesondere Poincaré-invariant ist. Es sollte daher mit dem Skalarprodukt in den Teilräumen $m = m' = m''$,

$\operatorname{sign} p^0 = \pm 1$ in Verbindung stehen. Tatsächlich ergibt die Einsetzung von (9.5.7) mit (9.5.10):

$$\frac{i}{(2\pi)^3} \int_\sigma d\sigma_k \, \Phi^* \overleftrightarrow{\partial}^k \Psi = \int \frac{d^3p}{2E(\mathbf{p})} \{A_+^* B_+ - A_-^* B_-\}, \tag{9.5.16}$$

wie man durch spezielle Wahl von $\sigma(t=0)$ leicht findet. Also ist

$$\pm i (2\pi)^{-3} \int d\sigma_k \, \Phi^* \overleftrightarrow{\partial}^k \Psi$$

für nur positive bzw. nur negative Frequenzen das gewünschte Skalarprodukt. Es sei nochmals betont, daß dabei Φ, Ψ die Klein-Gordon-Gleichung mit demselben Massenparameter erfüllen müssen, während für (9.5.4) dies nicht vorausgesetzt war.

Wegen der Verbindung von (9.5.16) mit der Gesamtladung eines geladenen skalaren Feldes verweisen wir auf die Lehrbücher der Teilchenphysik. Auf die Möglichkeit, positive und negative Frequenzanteile (besser: Teilchen- vs. Antiteilchenzustände) durch Vergleich von (9.5.3,16) zu definieren, ohne die Fouriertransformation zu benützen, hat O. Nachtmann (Sitz. Ber. Ak. Wiss. Wien, II, *176*, 363 (1968)) hingewiesen. Eine weitere Möglichkeit dazu besteht in der Bemerkung, daß das Verschwinden des positiven oder negativen Frequenzanteils aus gewissen Analytizitätseigenschaften im *komplexifizierten* Minkowski-Raum folgt, ebenso wie eine scharfe Signalform (2.3.7) in Analytizitätseigenschaften der Fouriertransformierten ausgedrückt werden konnte.

Bei *Vektorfeldern* $A_i(x)$ kommt zu obigen Betrachtungen noch die Analyse der Darstellungen der kleinen Gruppe hinzu. Für $m^2 < 0$ und $m^2 = 0$, $\mathbf{p} = \mathbf{0}$ ergibt Aufgabe 3 des vorigen Abschnitts als kleine Gruppen die Gruppen SO(2,1) und die Lorentzgruppe. Für diese nichtkompakten halbeinfachen Gruppen sind alle unitären irreduziblen Darstellungen trivial oder unendlich-dimensional (sie könnten nur mit *„unendlichkomponentigen Wellenfunktionen"* realisiert werden). Daraus folgt: hat $A_i(x)$ Fourierkomponenten $\tilde{A}_i(p)$ mit $p^2 < 0$ oder $\propto \delta^4(p)$, so kann die Darstellung nicht unitär gemacht werden, da sie zu einer nichttrivialen vierdimensionalen Darstellung der kleinen Gruppe führt. (Eine Ausnahme bilden nur die Felder mit $\partial_i A_k - \partial_k A_i = 0$, d.h. Gradienten skalarer Felder, wo $\tilde{A}_i(p) = \tilde{A}(p) p_i$ zur trivialen Darstellung der kleinen Gruppe führt.) Auch die Anteile mit $m^2 = 0$, $\mathbf{p} \neq \mathbf{0}$ bieten Besonderheiten, die wir getrennt diskutieren wollen.

Wir setzen daher vorerst $p^2 > 0$ voraus. Dann kann die Ausreduktion bezüglich m^2 und $\operatorname{sign} p^0$ durch eine zu (9.5.7) analoge Zerlegung vorgenommen werden, und die Ausreduktion bezüglich des Spins ist in der Lösung zu Aufgabe 7 des vorigen Abschnitts bzw. der Diskussion im Anschluß an (9.5.1) enthalten. Dabei wird $\tilde{A}^i(p)$ in Anteile orthogonal und tangential zur jeweiligen Massenschale zerlegt durch die komplementären Projektionsoperatoren

$$P_\perp{}^i{}_k = \frac{\bar{p}^i \bar{p}_k}{\bar{p}^2} \qquad \text{und} \qquad P_\parallel{}^i{}_k = \delta^i_k - P_\perp{}^i{}_k. \tag{9.5.17}$$

Der Orthogonalteil ist $\propto \bar{p}_i$ und transformiert nach der trivialen Darstellung $\mathrm{D}^{(0)}$ von $\mathcal{K}_{\bar{p}}$, der Tangentialteil transformiert nach $\mathrm{D}^{(1)}$. Die manifest kovariante Übertragung von (9.5.17) auf die übrigen Punkte der Massenschale ist offensichtlich:

	Impulsraum	Ortsraum	
$D^{(0)}$:	$\left(\delta^i{}_k - \frac{p^i p_k}{p^2}\right)\tilde{A}^k = 0$	$(\delta^i{}_k\Box - \partial^i\partial_k)\,A^k = 0$	
		(vgl. (9.3.27c)!)	(9.5.18)
	$\tilde{A}^i \propto p^i, \quad p^{[i}\tilde{A}^{k]} = 0$	$A^i = \partial^i\Lambda, \quad \partial_{[i}A_{k]} = 0$	
$D^{(1)}$:	$\frac{p^i p_k}{p^2}\tilde{A}^k(p) = 0$	$\partial_k A^k = 0.$	(9.5.19)

Die Ausreduktion bezüglich des Spins entspricht hier der bekannten Möglichkeit, ein Vektorfeld im $\mathbf{R}^3$ (unter geeigneten Randbedingungen) eindeutig in einen divergenzfreien Transversal- und einen rotationsfreien Longitudinalteil aufspalten zu können.

Wir kommen noch zur Gestalt des invarianten Skalarprodukts. Ein Ausdruck analog zu (9.5.4),

$$\int d^4x\, A_i^*(x)\, B^i(x) = \int \frac{d^4p}{(2\pi)^4}\, \tilde{A}_i^*(p)\, \tilde{B}^i(p) \qquad (9.5.20)$$

führt im allgemeinen nicht zum Ziel, da der Integrand für $B^i = A^i$ *indefinit* ist. Bei Beschränkung auf reine Spin-0-Felder jedoch wird (9.5.20) positiv-definit: mit $\tilde{A}^i(p) = \tilde{A}(p)\,p^i$ ist $\tilde{A}_i^*\tilde{A}^i = |\tilde{A}(p)|^2 p^2 \geq 0$ wegen der Voraussetzung $p^2 > 0$. Im Teilraum der reinen Spin-1-Felder folgt aus $p^i\tilde{A}_i = 0$, daß sowohl $\operatorname{Re}\tilde{A}_i$ wie $\operatorname{Im}\tilde{A}_i$ orthogonal zum zeitartigen Vektor p^i und damit raumartig sein müssen; daher ist $\tilde{A}_i^*\tilde{A}^i = \operatorname{Re}\tilde{A}_i \operatorname{Re}\tilde{A}^i + \operatorname{Im}\tilde{A}_i \operatorname{Im}\tilde{A}^i$ negativ definit und das Negative von (9.5.20) ein brauchbares invariantes Skalarprodukt. In beiden Fällen kann das Skalarprodukt analog zu (9.5.9) zerlegt und sein nichtsingulärer Teil in den Teilräumen mit fester Masse und $\operatorname{sign} p^0 = +1$ oder -1 auch in einer zu (9.5.15) analogen Form

$$\pm i \int_\sigma d\sigma_k\, A_i^* \overleftrightarrow{\partial^k} B^i \qquad (9.5.21)$$

geschrieben werden.

Um mit (9.4.28) vergleichen zu können, wo für $s = 1$ der Index σ nur *drei* Werte annimmt, müssen wir die übliche kartesische Basis $\{e_i\}$, auf die sich die Indizes an Vierervektoren beziehen (vgl. (3.3.1)), mit den Wigner-Basisvektoren für die „kleinen Vektorräume" über den Punkten der Massenschalen vergleichen, die im Fall eines Vektorfeldes bei Vernachlässigung von 2 Raumdimensionen einfach dem krummlinigen Koordinatensystem (Abb. 9.2) entsprechen, das durch die Einführung von m^2 statt p^0 als Variable gegeben ist (vgl. (9.5.5)). In den Punkten $\bar{p}^i = (m, \mathbf{0})$ stimmen die beiden überein bzw. unterscheiden sich nur dadurch, daß $\{e_1, e_2, e_3\}$ durch die für die Drehgruppe günstigere kanonische Basis $\{e_\sigma\} = \{e_{+1}, e_{-1}, e_0\}$, (7.8.14), ersetzt sind. In den übrigen Punkten p entsteht die Wigner-Basis durch „Mitschleppen" der Basis bei $\bar{p}$ mittels der Transformationen Λ_p^{-1}, (9.4.7), so daß der zeitartige Basisvektor $(= p/m)$ stets orthogonal, die übrigen drei stets tangential zur jeweiligen Massenschale bleiben (die Mehrdeutigkeit der Wahl der Λ_p kommt in Abb. 9.2 wegen der fehlenden zwei Raumdimensionen nicht zum Ausdruck). Da auch die mitgeschleppte Basis orthonormal (im Minkowski-Sinn) ist, gilt $\tilde{A}_i^* \tilde{A}^i = |p_i \tilde{A}^i|^2/m^2 - \tilde{A}_\sigma^* \tilde{A}_\sigma$, und die Übereinstimmung mit (9.4.28) ist nun für reinen Spin 0 oder 1 offensichtlich.

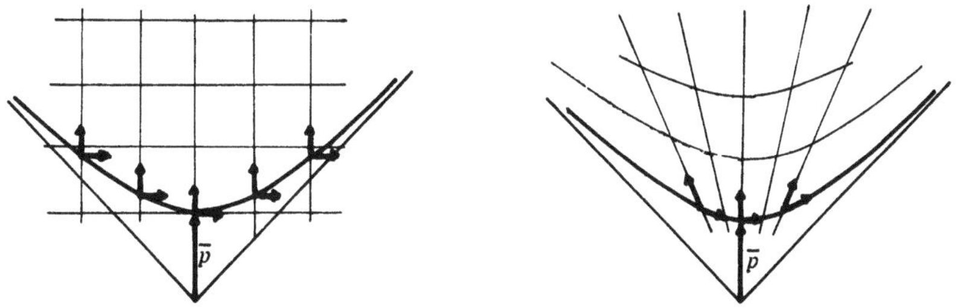

a) Kartesische Basis $\{e_i\}$ b) Wigner-Basis

Abb. 9.2. Basisvektoren im Impulsraum

Wie angekündigt, muß der Fall $m^2 = 0$, d.h., $\Box A^i = 0$, gesondert behandelt werden, wobei wir weiter annehmen müssen, daß $\tilde{A}^i(p)$ keinen Anteil $\propto \delta^4(p)$ enthält. Die relevante kleine Gruppe ist dann die euklidische Gruppe (9.4.30), von der wir nur Darstellungen betrachten, bei welchen die Nulldrehungen $A(b, 0)$ trivial dargestellt werden. Die Lösung von Aufgabe 5 des vorigen Abschnitts ergibt insbesondere, daß die irreduziblen unitären Darstellungen, bei denen die Nulldrehungen nichttrivial wirken, alle unendlichdimensional sind, wobei $\mathcal{W}^2$ kontinuierliche Werte annehmen kann (Darstellungen mit *„kontinuierlichem Spin“*). Wenn nun $A^i(x)$ neben $\Box A^i = 0$ keinen weiteren Einschränkungen unterliegt, werden die Nulldrehungen im „kleinen Vektorraum“ der $\tilde{A}^i(p)$ nichttrivial, aber endlichdimensional dargestellt, und die Darstellung kann nicht unitär gemacht werden.

Eine mögliche Einschränkung, die zur trivialen Darstellung der Nulldrehungen führt, ist die schon vorher diskutierte Bedingung

$$\partial_i A_k - \partial_k A_i = 0, \qquad A_i = \partial_i \Lambda \ \text{ mit } \ \Box\Lambda = 0. \tag{9.5.22}$$

Sie bewirkt, daß die gesamte kleine Gruppe $\mathcal{K}_{\bar{p}}$ trivial dargestellt wird, dieser Teilraum gehört zur Helizität $\lambda = 0$, er spaltet wie üblich in zwei irreduzible Teilräume ($\operatorname{sign} p^0 = \pm 1$) auf. Ein invariantes Skalarprodukt kann mittels des Skalarfeldes Λ definiert werden, während der Ausdruck (9.5.21) unter der Bedingung (9.5.22) identisch verschwindet (siehe Aufgabe).

Wir gehen nun zur Bedingung

$$\partial_i A^i = 0 \tag{9.5.23}$$

über, die für $m^2 > 0$ zu $\partial_i A_k - \partial_k A_i = 0$ komplementär war. Dies ist jetzt *nicht* der Fall, der durch (9.5.23) definierte Teilraum *enthält* vielmehr die Felder mit (9.5.22), wie man leicht sieht. Dies spiegelt wider, daß man für $p^2 = 0$ die beiden komplementären Projektionsoperatoren (9.5.17) nicht bilden kann, was geometrisch davon herrührt, daß $\bar{p}$ gleichzeitig orthogonal und tangential zum Lichtkegel $p^2 = 0$ ist, der hier die Massenschale vertritt. Die Darstellung im Raum (9.5.23) ist reduzibel, aber nicht vollreduzibel, wie dies bei nichtunitären Darstellungen vorkommen kann: die Auszeichnung eines invarianten Teilraumes allein gestattet dann im allgemeinen nicht, einen invarianten Komplementärraum zu definieren. Die invariante Sesquilinearform (9.5.21) ist in den Teilräumen positiver oder negativer Frequenz jeweils nur *semi*definit und daher entartet – sie verschwindet unter (9.5.22) – und es kann auch kein anderes invariantes definites Skalarprodukt geben, weil die Nulldrehungen auch unter der Bedingung (9.5.23) auf $\tilde{A}^i(\bar{p})$ nichttrivial wirken. Tatsächlich findet man wegen $\bar{p}_i\tilde{A}^i(\bar{p}) = 0$ leicht das Nulldrehungsverhalten

$$\tilde{A}^i(\bar{p}) \to \tilde{A}^i(\bar{p}) + (\mathrm{Re}\, b\, \tilde{A}^1 - \mathrm{Im}\, b\, \tilde{A}^2)\,\bar{p}^i \tag{9.5.24}$$

(Aufgabe), das nur für $\tilde{A}^i(\bar{p}) \propto \bar{p}^i$ trivial ist. Daher sind unitäre Darstellungen von $\mathcal{P}_+^\uparrow$ mit $M^2 = 0 = \mathcal{W}^2$, $\lambda \neq 0$ im Raum der Vektorfelder *nicht* realisierbar.

Hier hilft nun eine der Standardkonstruktionen der linearen Algebra und Analysis, die Bildung von *Quotientenräumen* (vgl. Abschnitt 6.5, Aufgabe 7 und Neumark (1959)). Wie nennen zwei Vektorfelder mit $\Box A^i = 0$, $\partial_i A^i = 0$ äquivalent, wenn sie sich um ein (9.5.22) genügendes Vektorfeld unterscheiden. Daß (9.5.22) Teilraum von (9.5.23) ist, drückt man gewöhnlich durch die Feststellung aus: die Gleichungen

$$\Box A^i = 0, \qquad \partial_i A^i = 0 \tag{9.5.25}$$

sind *invariant* unter den *Eichtransformationen*

$$A^i \to A^i + \partial^i \Lambda \quad \text{mit} \quad \Box\Lambda = 0, \tag{9.5.26}$$

und die eben definierten äquivalenten Vektorfelder gehen durch Eichtransformationen auseinander hervor. Auch die Entartung von (9.5.21) entspricht seiner Eichinvarianz. Den *Eichäquivalenzklassen* kann die Struktur eines Vektorraums gegeben werden, auf dem $\mathcal{P}_+^\uparrow$ linear operiert und für den (9.5.21) ein definites Skalarprodukt definiert. In diesem Quotientenraum sind also unitäre Darstellungen realisierbar.

Man sieht dies auch an (9.5.24): die Wirkung der Nulldrehung kann durch eine Eichtransformation kompensiert werden, die ja zu den Fourierkomponenten $\tilde{A}^i(\bar{p})$ ein Vielfaches von $\bar{p}^i$ hinzufügt, und auf Eichtransformationen kommt es nach der Quotientenbildung nicht mehr an. Geometrisch kann man die Situation folgendermaßen illustrieren: $\bar{p}_i\tilde{A}^i = 0$ ist im „kleinen Vektorraum" der Vierervektoren $A^i(\bar{p})$ eine lichtartige Hyperebene, also ein dreidimensionaler Teilraum; darin bilden die Vielfachen von $\bar{p}^i$ einen eindimensionalen Teilraum, und die Punkte $\tilde{A}^i + \bar{p}^i\tilde{\Lambda}$ bilden bei festem $\tilde{A}^i$, variablem Λ hierzu parallele lichtartige Gerade („Erzeugende", Abb. 9.3). Diese Geraden bilden die „Punkte" des *zwei*dimensionalen „kleinen" Quotientenraumes. Sie bleiben unter Nulldrehungen invariant, ihre Punkte werden aber permutiert, es gibt keine Möglichkeit, auf ihnen in invarianter Weise je einen Punkt auszuzeichnen, d.h. keine Möglichkeit, eine weitere kovariante Eichbedingung aufzuerlegen. Wenn man mit nicht-kovarianten Eichungen arbeitet, kann die Lorentzkovarianz nur in Verbindung mit geeigneten Eichtransformationen verifiziert werden.

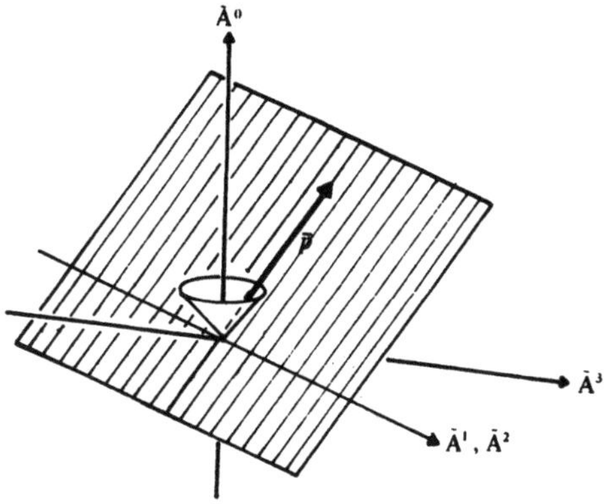

Abb. 9.3. Lichtartige Hyperebene mit lichtartigen Geraden

Zur Fertigstellung der Ausreduktion der Darstellung im Quotientenraum der Eichäquivalenzklassen bemerken wir, daß die restlichen Transformationen von $\mathcal{K}_{\bar{p}}$, also die Drehungen um die 3-Achse, auf $\tilde{A}^i(\bar{p})$ die Wirkung

$$\tilde{A}^0 \to \tilde{A}^0, \quad \tilde{A}^3 \to \tilde{A}^3, \quad \tilde{A}^1 \pm i\tilde{A}^2 \to e^{\pm i\alpha}(\tilde{A}^1 \pm i\tilde{A}^2) \tag{9.5.27}$$

haben. Da jede Äquivalenzklasse wegen $\bar{p}_i\tilde{A}^i = 0$, d.h., $\tilde{A}^0 = \tilde{A}^3$, durch ein $\tilde{A}^i(\bar{p}) = (0, \tilde{A}^1, \tilde{A}^2, 0)$ vertreten werden kann, folgt für die Helizität $\lambda = \pm 1$. Die Gleichung (9.3.11), $\mathcal{W}_k = \lambda\, P_k$, die im Raum der masse- und divergenzlosen Vektorfelder für $\lambda = \pm 1$ keine Lösung hat (vgl. Aufgabe 5 zu Abschnitt 9.3), kann im Quotientenraum gelöst werden, wie als Aufgabe gezeigt werden möge. Die Lösungen sind die Äquivalenzklassen, für die das Tensorfeld $F_{ik} := \partial_i A_k - \partial_k A_i$ selbstdual bzw. antiselbstdual ist, und jede Klasse läßt sich eindeutig in zwei derartige Teile zerlegen. Die physikalische Interpretation hiervon wurde bereits besprochen. Schließlich sei hervorgehoben, daß für skalare Felder der Grenzübergang $m^2 \to 0$ offensichtlich weniger problematisch ist als für Vektorfelder.

Alle hier für Vektorfelder geschilderten Besonderheiten finden sich bei der Quantisierung dieser Felder in anderer Verkleidung wieder. Die Frage, in welchem Sinn die Verwendung von Eichäquivalenzklassen und Potentialen eine lokale Feldtheorie ist, bedarf bei wechselwirkenden Feldern einer eingehenden Diskussion, die mit dem Bohm-Aharanov-Effekt zusammenhängt (siehe Feynman (1965)).

Wir betrachten abschließend noch *(Bi-) Spinorfelder* $\psi(x)$, wobei wir uns aus schon bekannten Gründen auf Felder mit $\tilde{\psi}(p) = 0$ für $p^2 < 0$ einschränken und den Fall $p^2 = 0$ gesondert behandeln. Nach Ausreduktion bezüglich Masse und Vorzeichen von p^0 erhalten wir im „kleinen Spinorraum" der $\tilde{\psi}(\bar{p})$ eine vierdimensionale Darstellung von $\mathcal{K}_{\bar{p}}$, deren Ausreduktion $\mathrm{D}^{(1/2,0)} \oplus \mathrm{D}^{(0,1/2)} = \mathrm{D}^{(1/2)} \oplus \mathrm{D}^{(1/2)}$ liefert. Für jedes $m^2 > 0$ und $\operatorname{sign} p^0 = +1$ (oder -1) kommt der Spin $s = 1/2$ zweimal vor (isotypische Darstellung, vgl. Aufgabe 6 zu Abschnitt 6.6).

In einem solchen Fall ist die Zerlegung in zwei irreduzible Anteile nur bis auf Äquivalenz eindeutig – im Gegensatz zu der Situation, wo die komplementären irreduziblen

Teile verschieden sind. Eine spezielle Art, einen $s = 1/2$-Anteil (für jedes $\operatorname{sign} p^0$) auszusondern, gibt die Dirac-Gleichung[1] $i\gamma^k \partial_k \psi = m\psi$ oder $p_k \gamma^k \tilde{\psi}(p) = m\tilde{\psi}(p)$: man verifiziert leicht, daß die Matrizen

$$\Lambda_\pm(p) := \frac{m \mp p_k \gamma^k}{2m} \tag{9.5.28}$$

zwei komplementäre Projektionsmatrizen sind (Aufgabe), von denen die eine auf die Lösungen der Dirac-Gleichung im Impulsraum projiziert[2]. Um explizit zu sehen, daß z.B. durch $\Lambda_+(p)$ ein Spin 1/2-Anteil herausprojiziert wird, gehen wir zu $p = \bar{p}$ über und erhalten für $\operatorname{sign} p^0 = \pm 1$ die Gleichung $\gamma^0 \tilde{\psi}(\bar{p}) = \pm\tilde{\psi}(\bar{p})$ bzw. im „kleinen Spinorraum" die Projektionsmatrizen $(1 \pm \gamma^0)/2$. Durch Äquivalenztransformation $\tilde{\psi} \to S\tilde{\psi}'$ mit

$$S := \exp\left(\frac{\pi}{4}\gamma^0\gamma^5\right) = (1 + \gamma^0\gamma^5)/\sqrt{2} \tag{9.5.29}$$

erhalten sie (Aufgabe) die Form

$$S^{-1}\,\frac{1 \pm \gamma^0}{2}\,S = \frac{1 \pm \gamma^5}{2}, \tag{9.5.30}$$

und wir haben bereits gesehen (vgl. (9.1.32)), daß diese die Aufspaltung des Bispinorraums in $D^{(1/2,0)}$, $D^{(0,1/2)}$ bewirken.

Um das bereits in (9.3.20) angegebene Skalarprodukt für Lösungen der Dirac-Gleichung mit (9.4.28) vergleichen zu können, sind darin nach Einführung einer zu (9.5.7,10) analogen Zerlegung eine Transformation der üblichen Bispinorbasis auf die Wigner-Basis mittels $S(\Lambda_p)$ wie beim Vektorfeld und eine Äquivalenztransformation obiger Art vorzunehmen. Wir überlassen die detaillierte Ausführung und auch die Diskussion der indefiniten Sesquilinearform

$$\int d^4x\, \bar{\psi}(x)\, \varphi(x) = \int \frac{d^4p}{(2\pi)^4}\, \bar{\tilde{\psi}}(p)\, \tilde{\varphi}(p) \tag{9.5.31}$$

in den irreduziblen Teilräumen als Aufgaben.

Was schließlich den Fall $m^2 = 0$ anlangt, kann man zuerst mit $(1 \pm \gamma^5)/2$ ausreduzieren und dann leicht sehen, daß die Nulldrehungen der kleinen Gruppe nur trivial dargestellt werden, wenn entsprechende Weyl-Gleichungen erfüllt sind – die Umkehrung hiervon wurde bereits in der Lösung von Aufgabe 8 des vorigen Abschnittes gezeigt. Ein geeignetes Skalarprodukt ist

$$\int_\sigma d\sigma^k\, \varphi^*_{\dot{X}}\, \sigma_k{}^{A\dot{X}}\, \psi_A. \tag{9.5.32}$$

Auch hier mögen die Details einer Aufgabe überlassen bleiben.

[1]nach Wahl einer speziellen Darstellung der γ^k, die ja auch nur bis auf Äquivalenz eindeutig sind!

[2]Diese Matrizen finden auch in der Elektron-Positron-Theorie Verwendung, allerdings in leicht geänderter Deutung. Siehe z.B. Bjørken-Drell (1966).

Aufgaben

1. Man verifiziere (9.5.16).

2. Man zeige, daß (9.5.21) unter der Bedingung (9.5.22) verschwindet.

3. Man verifiziere (9.5.24).

4. Man diskutiere das Zustandekommen der Lösbarkeit vom $\mathcal{W}_k = \pm\lambda\, P_k$ im Raum der Eichäquivalenzklassen von Vektorfeldern A^i mit (9.5.25).

5. Man verifiziere, daß $\Lambda_\pm(p)$, (9.5.28), komplementäre Projektionen sind, d.h.,

$$\Lambda_\pm^2 = \Lambda_\pm, \qquad \Lambda_\pm\Lambda_\mp = 0, \qquad \Lambda_+ + \Lambda_- = \mathrm{id}. \tag{9.5.33}$$

6. Man verifiziere (9.5.30).
   Bemerkung: S ist die Darstellung einer 90°-Drehung in der 0,5-Ebene eines fünfdimensionalen pseudoeuklidischen Raumes mit der Metrik $\mathrm{diag}\,(1,-1,-1,-1,-1)$. Die Clifford-Algebra (9.1.17) zu dieser Metrik erlaubt nämlich eine irreduzible Darstellung durch die Matrizen γ^k, γ^5, und die Erzeugenden der Drehungen können mit ihrer Hilfe genau wie in (9.1.28) gebildet werden.

7. Man führe den detaillierten Vergleich von (9.3.20) mit (9.4.28) für $s = 1/2$ aus (vgl. dazu Fonda-Ghirardi (1970) und l.c.)

8. Man diskutiere (9.5.31) in den irreduziblen Teilräumen des Raumes der Bispinorfelder.

9. Man zeige, daß im Raum der Bispinorfelder mit $m^2 = 0$ die Nulldrehungen der kleinen Gruppe genau dann trivial dargestellt werden, wenn die Zweikomponenten-Spinoranteile Weyl-Gleichungen genügen.

10. Man zeige die Hyperflächenunabhängigkeit und Definitheit von (9.5.32) und vergleiche mit der entsprechenden $m^2 = 0$ -Version von (9.4.28).

11. $A_{ij\ldots k}(x)$ seien totalsymmetrische Tensorfelder s-ter Stufe, die der Klein-Gordon-Gleichung mit Masse $m^2 > 0$ und den Nebenbedingungen

$$A^i{}_{i\ldots k} = 0, \qquad \partial^i A_{ij\ldots k} = 0 \tag{9.5.34}$$

   genügen. Welche irreduziblen Darstellungen von $\mathcal{P}_+^\uparrow$ erhält man im Raum dieser Felder?
   Hinweis: Wieviele unabhängige Komponenten hat $\tilde{A}_{ij\ldots k}(\bar{p})$? Man vergleiche weiters M. Fierz, Helv. Physica Acta XII, 3 (1939).

12. $m = 0$, $\lambda = 0$ kann auch im Raum symmetrischer Tensorfelder ψ_{ik} mit $\Box\psi_{ik} = 0$, $\psi_{i[k,l]} = 0$ dargestellt werden.

13. $m = 0$, $|\lambda| = 1$ kann statt im Quotienten $\{A_i :\ \Box A_i = 0,\ \partial^i A_i = 0\}/\{A_i :\ \partial^i A_i = 0,\ \partial_{[i}A_{k]} = 0\}$ auch im Quotienten $\{A_i :\ (A_{i,k} - A_{k,i})^{,k} = 0\}/\{A_i :\ \partial_{[i}A_{k]} = 0\}$ dargestellt werden.

14. $m = 0$, $|\lambda| = 1$ kann in $\mathbf{V}'/\mathbf{V}''$ dargestellt werden, wo
$\mathbf{V}' := \{\psi_{ik}\colon \psi_{[ik]} = 0, \psi_k{}^k = 0, \psi_{ik}{}^{,k} = 0, \partial_{[j}\psi_{i][k,l]} = 0\}$,
$\mathbf{V}'' := \{$ Teilraum wie in Aufgabe 12$\}$.
Hinweis: $\partial_{[j}\psi_{k][k,l]} = 0$ ist Integrabilitätsbedingung für die Existenz von A_{ik} mit $A_{ik,j} = \frac{1}{2}(\psi_{ik,j}+\psi_{ij,k}+\psi_{jk,i})$, und für ein solches A_{ik} gilt $(A_{ik}+A_{ki})_{,j} = \psi_{ik,j}$, also $\psi_{ik} = A_{ik}+A_{ki}$ ($+const. = 0$ wegen Randbedingung). Da weiter $A_{i[k,j]} \equiv 0$, existiert A_i mit $A_{ik} = A_{i,k}$, also $\psi_{ik} = A_{i,k} + A_{k,i}$. Die restlichen Bedingungen geben $\Box A_i = \partial^i A_i = 0$, man kommt auf (9.5.23) zurück.

15. $m = 0$, $|\lambda| = 2$ kann in $\mathbf{V}/\mathbf{V}'$ dargestellt werden, wo $\mathbf{V} := \{\psi_{ik}\colon \psi_{[ik]} = 0, \psi_k{}^k = 0, \psi_{ik}{}^{,k} = 0, \Box\psi_{ik} = 0\}$, $\mathbf{V}'$ wie in Aufgabe 14. Dabei ändern die durch die Elemente $\psi_{ik} = A_{i,k}+A_{k,i} \in \mathbf{V}'$ gegebenen Eichtransformationen den Tensor $r_{jikl} := \partial_{[j}\psi_{i][k,l]}$ nicht; er genügt den Bedingungen
1) $r_{(ji)kl} \equiv r_{ji(kl)} \equiv r_{j[ikl]} \equiv 0$, $r_{ji[kl,m]} \equiv 0$ aufgrund seiner Definition und
2) $r^k{}_{ikl} = 0$ aufgrund der Bedingungen in $\mathbf{V}$.

16. $m = 0$, $|\lambda| = 2$ ist im Raum der Tensoren r_{ijkl}, die den Bedingungen 1) und 2) der vorigen Aufgabe unterworfen sind, realisiert, wobei eine definitive Helizität durch Selbstdualität bzw. Antiselbstdualität – etwa im ersten, oder auch (Beweis!) im zweiten Indexpaar – erreicht wird. Vgl. (8.4.27) und (9.4.41).

17. Die Bedingungen 1) von Aufgabe 15 sind hinreichend dafür, daß ein Tensor r_{jikl} in der Gestalt $r_{jikl} = \partial_{[j}\psi_{i][k,l]}$ darstellbar ist („Tensorpotential"), wobei ψ_{ik} nur bis auf Eichtransformantionen $\psi_{ik} \to \psi_{ik} + A_{i,k} + A_{k,i}$ bestimmt ist. (Siehe F.A.E. Pirani, in Deser & Ford (1965)). Daher kann, in Analogie zu Aufgabe 14, der Fall $m = 0$, $|\lambda| = 2$ auch durch $\{\psi_{ik} : \psi_{[ik]} = 0, \eta^{ik}\partial_{[j}\psi_{i][k,l]} = 0\}/\{\psi_{ik} : \psi_{[ik]} = 0, \partial_{[j}\psi_{i][k,l]} = 0\}$ dargestellt werden.

18. $m = 0$, $|\lambda| = 3/2$ im *Rarita-Schwinger*-Formalismus: Darstellungsraum $\mathbf{V}/\mathbf{V}'$,
$\mathbf{V} := \{\psi_i =$ Vektor(bi)spinor, $\gamma^k\partial_k\psi_i = 0$, $\partial^i\psi_i = 0$, $\gamma^i\psi_i = 0\}$,
$\mathbf{V}' = \{\psi_i = \partial_i\psi$, $\psi =$ Bispinor ,$\gamma^k\partial_k\psi = 0\}$. Definitive Helizität entsteht, wenn $\gamma_5\psi_i = \pm\psi_i$ verlangt wird, d.h. effektiv vektorielle 2-Komponentenspinoren vorliegen.

19. $m = 0$, $|\lambda| = 3/2$ kann auch in $\{\psi_i : \gamma_{[i}\psi_{j,k]} = 0\}/\{\psi_i : \psi_{[i,j]} = 0\}$ realisiert werden. Wie entsteht definitive Helizität?

20. $m = 0$, $|\lambda| = 3/2$ kann auch in einem Raum von Tensorspinoren ψ_{ik} realisiert werden: $\mathbf{V} := \{\psi_{ik} : \gamma_{[i}\psi_{jk]} = 0, \psi_{[ij,k]} = 0\}$. Wie entsteht definitive Helizität?

9.6 Irreduzible semiunitäre Strahldarstellungen von $\mathcal{P}$

In diesem Abschnitt gehen wir kurz auf die irreduziblen semiunitären Strahldarstellungen von ganz $\mathcal{P}$ ein, die bei Einschränkung auf $\mathcal{P}_+^\uparrow$ nur die in Abschnitt 9.4 gefundenen Darstellungen als direkte Summanden enthalten. Dabei wollen wir ganz allgemein bleiben und uns auf die in den Abschnitten 7.9 und 9.2 formulierten Sätze berufen, die es erlauben, die gewünschten Darstellungen von $\mathcal{P}$ aus jenen von $\mathcal{P}_+^\uparrow$ zu konstruieren.

Zunächst ist für diese Darstellungen zu entscheiden, ob die Spiegelungen P, T, PT linear oder antilinear darzustellen sind. Rein mathematisch stehen beide Möglichkeiten offen, doch da die Wahl der Ausgangsdarstellungen bereits physikalisch motiviert ist, entscheidet auch hier letztlich ein physikalisches Argument.

Zunächst ist aber eine formale Vorbereitung nötig, die auch zeigen wird, daß die Werte des zu einer semiunitären Strahldarstellung von $\mathcal{P}$ gehörenden Kozykels $\omega(\,.\,,\,.\,)$ schon durch seine Werte auf $\mathcal{P}_+^\uparrow$ und auf der Vierergruppe $\mathcal{V}_4 = \{E, P, T, PT\}$ bestimmt sind. Sei I eine der genannten Spiegelungen und $g = (a, L) \in \mathcal{P}_+^\uparrow$ – falls nötig, ist der Deutlichkeit halber I durch $(0, I)$ zu ersetzen; ferner ist im weiteren stets $I^2 = E$ und $IgI \in \mathcal{P}_+^\uparrow$ zu beachten. In Analogie zu (7.10.7) haben wir dann

$$U_I\, U_g\, U_I^{-1} = \gamma(g)\, U_{IgI} \tag{9.6.1}$$

mit einem Phasenfaktor $\gamma(g)$. Wir bilden mit $h \in \mathcal{P}_+^\uparrow$

$$(U_I\, U_g\, U_I^{-1})(U_I\, U_h\, U_I^{-1}) \equiv U_I\big(U_g(U_I^{-1}\, U_I)U_h\big)U_I^{-1}$$

und werten im Sinn der beiden Klammerungen mittels (9.2.1) aus. Zur Berücksichtigung der möglichen Antiunitarität von I bedeute $\sigma_I(\ldots)$ die Identität oder die komplexe Konjugation, je nachdem, ob U_I linear oder antilinear ist. Dann folgt

$$\gamma(g)\gamma(h) = \frac{\sigma_I\big(\omega(g,h)\big)}{\omega(IgI, IhI)}\,\gamma(gh),$$

d.h. die Zuordnung $g \to \gamma(g)$ ist eine eindimensionale unitäre Strahldarstellung von $\mathcal{P}_+^\uparrow$ mit dem angeschriebenen Bruch als Kozykel. Gehört $\omega(g, h)$ zu einer eindeutigen Darstellung von $\mathcal{P}_+^\uparrow$, so auch der Bruch; gehört $\omega(g, h)$ zu einer zweideutigen Darstellung von $\mathcal{P}_+^\uparrow$, dann gehören sowohl Zähler wie Nenner – die je für sich die Kozykeleigenschaft haben – zu einer zweideutigen und der Bruch daher wieder zu einer eindeutigen Darstellung; d.h., der Bruch hat bei der Phasenwahl der U_g, die $g \to \pm U_g$ zu einer eindeutigen Darstellung von $\widetilde{\mathcal{P}_+^\uparrow}$ macht, den Wert 1. Es ist also $g \to \gamma(g)$ eine gewöhnliche eindimensionale Darstellung von $\mathcal{P}_+^\uparrow$, wofür nur die triviale Möglichkeit $\gamma(g) = 1$ zur Verfügung steht. (9.6.1) geht damit über in

$$U_I\, U_g = U_{IgI}\, U_I. \tag{9.6.2}$$

Hieraus folgt

$$\omega(I, g) = \omega(IgI, I).$$

Die Kozykelrelationen zu $U_I\, U_g\, U_h$ und $U_g\, U_h\, U_I$ liefern

$$\omega(Ig, h) = \frac{\sigma_I\big(\omega(g,h)\big)\omega(I, gh)}{\omega(I, g)}$$

$$\omega(g, hI) = \frac{\omega(g,h)\omega(gh, I)}{\omega(h, I)}.$$

Multiplikation von (9.6.2) mit $U_{I'} U_h$ – wo auch $I' \in \mathcal{V}_4$ ist – liefert schließlich

$$\omega(Ig, I'h) = \frac{\omega(I, I')\omega(II', h)\omega(IgI, II'h)}{\omega(I, g)\sigma_I(\omega(I', h))},$$

so daß tatsächlich ω auf $\mathcal{P}$ bis auf Äquivalenz bekannt ist, sobald die Werte auf $\mathcal{P}_+^\uparrow$ und $\mathcal{V}_4$ vorliegen, da wir $\omega(I, g)$ durch Wahl von λ_{Ig} (Umnormieren der Phase von U_{Ig}) zu 1 machen können (s.u.).

Zur Entscheidung, welche der Spiegelungen nun linear, welche antilinear darzustellen sind, wenden wir (9.6.2) mit $g = (Ia, E)$ auf die Vektoren $|\, p, \ldots \rangle$ in (9.4.1) an. Da $IgI = (0, I)(Ia, E)(0, I) = (a, E)$, wird

$$\begin{aligned} U_a U_I \,|\, p, \ldots \rangle &= U_I U_{Ia} \,|\, p, \ldots \rangle = U_I \exp(i(Ia)^k p_k) \,|\, p, \ldots \rangle = \\ &= \sigma_I\big(\exp(ia^k (Ip)_k\big) U_I \,|\, p, \ldots \rangle. \end{aligned}$$

Dies bedeutet, daß $U_I \,|\, p, \ldots \rangle$ Eigenvektor von U_a zum Eigenwert $\exp(\sigma_I(i) a^k (Ip)_k)$ ist. Wollen wir also in den „physikalischen" Darstellungen a_+), b_+) von Abschnitt 9.4 verbleiben, muß für $I = P$, wo ja $(Pp)_0 > 0$ für $p_0 > 0$ gilt, $\sigma_P(i) = +i$ sein, also P *linear* dargestellt werden. Ist hingegen $I = T$ oder $I = PT$, so ist $(Ip)_0 < 0$ für $p_0 > 0$, und es muß $\sigma_T(i) = \sigma_{PT}(i) = -i$ gewählt werden, damit wieder ein zukunftsgerichteter Viererimpuls (positive Energie!) entsteht: T und PT sind somit *antilinear* darzustellen.

Die vier inäquivalenten Kozykel auf $\mathcal{V}_4$, die zu Darstellungen gehören, bei denen $\{E, P\}$ linear, $\{T, PT\}$ antilinear dargestellt werden, wurden in Aufgabe 4 von Abschnitt 9.2 angegeben. Sie sind durch die $T^2 = E = (PT)^2$ entsprechenden Relationen

$$U_T^2 = \alpha \,\mathrm{id}_{\mathbf{H}}, \qquad (U_{PT})^2 = \beta \,\mathrm{id}_{\mathbf{H}} \tag{9.6.3}$$

charakterisiert, wo α und β unabhängig voneinander die Werte ± 1 annehmen können, die ja wegen der Antilinearität von einer Umnormierung der Phasen von U_T, U_{PT} nicht betroffen werden. Wir spezifizieren nun die Phasen von U_{Pg}, U_{Tg} durch

$$\begin{aligned} &U_{Pg} := U_P U_g, \qquad U_{Tg} := U_T U_g, \\ &\text{d.h.} \quad \omega(P, g) = 1 = \omega(T, g) \end{aligned}$$

und können unabhängig von der bereits in der genannten Aufgabe für $\mathcal{V}_4$ gemachten Phasenkonvention

$$U_{PT} = U_P U_T, \quad \text{d.h.} \quad \omega(P, T) = 1,$$

überprüfen, daß (9.6.2) für $I = PT$ erfüllt ist, wenn es für $I = P$ und $I = T$ gilt. Wir können daher schließlich in konsistenter Weise

$$U_{PTg} = U_{PT} U_g, \qquad \text{d.h.} \quad \omega(PT, g) = 1$$

wählen und haben damit tatsächlich den gesamten Kozykel auf $\mathcal{P}$ aus seinen Werten auf $\mathcal{P}_+^\uparrow$ und $\mathcal{V}_4$ bis auf Äquivalenz eindeutig konstruiert. Es ist natürlich möglich und z.T. in konkreten feldtheoretischen Modellen auch üblich, von obigen Wahlen abweichende Phasenkonventionen zu benützen – hier war das Ziel, die möglichen Äquivalenzklassen von Strahldarstellungen zu finden, die also zusätzlich zu m^2 und s bzw. λ durch α $(= \pm 1)$, β $(= \pm 1)$ klassifiziert werden.

Gleichzeitig wurde erreicht, den Wertebereich für ω von U(1) auf $\{1, -1\} \cong \mathcal{Z}_2$ einzuengen und dadurch die zugehörigen Erweiterungsgruppen möglichst klein zu halten. Es sei hier nochmals betont, was schon für O(3) und $\mathcal{L}$ hervorgehoben wurde: auch das Ziel, auf $\mathcal{Z}_2$ einzuengen, kann auf *mehrere* Art erreicht werden, obige ist nur eine von ihnen; sie gehen alle ineinander über, wenn Umnormierungen $\lambda_g \in$ U(1) gestattet sind, *nicht* jedoch, wenn nur $\lambda_g \in \{1, -1\}$ zugelassen wird. Für letztere Beschränkung besteht aber (derzeit) von der Physik her kein Anlaß.

Nunmehr sind die den Sätzen 1, 2 und ihren Zusätzen von Abschnitt 9.2 zugrundeliegende Aufspaltung $\mathcal{G} = \mathcal{G}_1 \cup \mathcal{G}_2$ – hier $\mathcal{P} = \mathcal{P}^\uparrow \cup \mathcal{P}^\downarrow$ – und die Erweiterungskozykel ω gefunden: wir können sie anwenden, um aus den relevanten irreduziblen Darstellungen von $\mathcal{P}_+^\uparrow$ jene von $\mathcal{P}$ zu finden, die sie subduzieren. Die detaillierte Durchführung erfordert aber noch einigen Aufwand, den wir uns hier versagen müssen. Eine ausführliche Diskussion in moderner Sprache samt Literaturhinweisen, vor allem auf den Artikel von E. Wigner in Gürzey (1964), findet man in der gut lesbaren Arbeit von R. Shaw und J. Lever, Commun. math. Phys. *38*, 279 (1974).

Das Ergebnis für $\mathcal{P}^\uparrow$ allein ist, da bis auf Äquivalenz nur ein nichttrivialer Erweiterungskozykel sowie keine Antilinearität auftritt, einfacher zu erhalten – es genügt die Anwendung der Sätze und Zusätze von Abschnitt 7.9 – und wurde schon am Ende von Abschnitt 9.4 angeführt.

Für $\mathcal{P}_+^\uparrow$ tritt, wenn von einer Darstellung von $\mathcal{P}_+^\uparrow$ mit $m^2 > 0$ und Spin s ausgegangen wird, außer im Fall $\alpha = \beta = (-1)^{2s}$ (Typ I) eine Verdopplung der Dimension der „kleinen" Vektorräume auf (Typen II, III); geht man von $m^2 = 0$ und Helizität λ aus, tritt für $\lambda = 0$ außer im Fall $\alpha = \beta = 1$ (Typ I) eine Verdopplung und für $\lambda \neq 0$ im Fall $\alpha = (-1)^{2\lambda}$ eine Verdopplung, im Fall $\alpha = -(-1)^{2\lambda}$ eine Vervierfachung ein.

In den üblichen feldtheoretischen Modellen ist $\alpha = \beta = (-1)^{2s}$ bzw. $(-1)^{2\lambda}$. Wir müssen hier darauf verzichten, solche Modelle wie in Abschnitt 9.5 im Hinblick auf Spiegelungen systematischer zu untersuchen. Für skalare Felder ist $\alpha = \beta = 1$ klar (vgl. Anhang D.1). Für elektromagnetische Felder liegt es nahe, sich das Zeitspiegelungsverhalten des klassischen Feldes (siehe Abschnitt 8.5) zum Vorbild zu nehmen und für die quantenmechanischen Wellenfunktionen, die ja zur Komplexifizierung des Raumes der klassischen gehören, noch eine komplexe Konjugation hinzuzunehmen; dann ist wieder $\alpha = \beta = 1$ klar. Für Dirac-Spinorfelder ist die Situation etwas komplizierter, wir erklären sie in Anhang C.2, wobei sich tatsächlich $\alpha = \beta = -1$ ergibt. (Dies legt nahe, daß in feldtheoretischen Modellen $\alpha = \beta = (-1)^{2s}$ gilt, wie vorher erwähnt.)

Man kann dabei konkret sehen, daß die in Abschnitt 8.5 erwähnte Frage nach den nichtisomorphen zweiblättrigen Überlagerungsgruppen von ganz $\mathcal{L}$ sowie jenen davon, die durch die Bispinordarstellung beschrieben werden können (siehe Abschnitt 9.1), für das Problem der semiunitären Strahldarstellungen von $\mathcal{P}$, die dadurch realisiert werden, irrelevant ist. In diesem Zusammenhang handelt es sich nur um unterschiedliche Phasenkonventionen, wobei allerdings bei der konkreten Formulierung der Theorie an einer derselben festgehalten werden muß.

Es wird in diesem Zusammenhang immer wieder die Frage erhoben, ob es nicht doch „richtige" Phasenwahlen gibt, die z.B. als relative Phasen in Interferenzexperimenten bestätigt werden können.

Bekanntlich (Theorie: Y. Aharonov, L. Susskind, Phys. Rev. *158*, 1237 (1967); Experiment: H. Rauch et al., Phys. Lett. *A 54*, 425 (1975)) ist ja etwa die Phasenänderung um (-1) bei 360°-Drehungen von Spinoren experimentell durch Neutroneninterferenz gezeigt worden. Dazu ist es allerdings nötig, einen Neutronenstrahl aufzuspalten, die Drehung an nur einem Teilstrahl vorzunehmen und die Teilstrahlen wieder zu vereinen. Dies geschieht konkret so, daß die Spindrehung durch Spinpräzession in einem Magnetfeld erzielt wird, also durch einen dynamischen Effekt. Demgegenüber haben wir es bei unseren Betrachtungen von Symmetrieoperatoren in der Quantenmechanik – wie schon in Abschnitt 9.2 bemerkt – stets mit Operationen am Gesamtsystem zu tun, wobei nur die allgemeinen Konsequenzen der Struktur der Symmetriegruppe untersucht werden, aber keine dynamischen Effekte an Teilsystemen. Der genannte Effekt steht aber durchaus im Einklang mit der Spinornatur der Neutronwellenfunktion; es erscheint jedoch schwer vorstellbar, eine der Spiegelungsoperationen an einem Teilsystem dynamisch imitieren zu können, da sie in $\mathcal{P}$ nicht kontinuierlich mit der Identität verbunden sind.

Anders verhielte es sich mit Experimenten, die Effekte wie jenen testen würden, der in der am Ende von Abschnitt 1.5 erwähnten Arbeit von DeWitt & DeWitt besprochen ist. Dabei wird allerdings das Raumzeitkonzept der speziellen Relativitätstheorie – genauer, die globale Translationsinvarianz – verlassen.

Aufgabe

Man zeige, daß die in Anhang C.2 hergeleitete Zeitumkehroperation für Dirac-Spinoren im Sinn des Skalarproduktes (9.5.20) antiunitär ist.

10 Erhaltungssätze in der relativistischen Feldtheorie

In Abschnitt 5.9 wurden die Erhaltungssätze für Energie und Impuls des elektromagnetischen Feldes hergeleitet. In diesem Kapitel wollen wir allgemein zeigen, daß die Erhaltung von Energie, Impuls, Drehimpuls und das Gesetz der Schwerpunktsbewegung mit der Poincaré-Kovarianz verknüpft ist.

Es besteht ganz allgemein ein enger Zusammenhang zwischen Symmetriegruppen einer Theorie und Erhaltungsgrößen. Dieser Zusammenhang ist in der Quantentheorie am natürlichsten und direktesten: zu jeder Symmetrie (des Hamiltonoperators) gehört eine Erhaltungsgröße. Falls die Bewegungsgleichungen (Feldgleichungen) in der klassischen Mechanik und Feldtheorie als Euler-Gleichungen eines Wirkungsprinzips geschrieben werden können, so ist auch dort jeder einparametrigen Invarianzgruppe des Wirkungsintegrals eine Erhaltungsgröße zugeordnet. Der Beweis dieses von E. Noether stammenden Theorems liefert eine explizite Konstruktionsvorschrift der Erhaltungsgrößen. Dies ist in der Quantenmechanik nicht der Fall, jedoch lassen sich die klassisch gewonnenen Erhaltungsgrößen meist übertragen. Beim Übergang zu zusammengesetzten Systemen, die aus nicht wechselwirkenden Teilsystemen bestehen, sind diese Erhaltungsgrößen additiv, während die zu diskreten Symmetrien (z.B. Parität) gehörenden, spezifisch quantenmechanischem Erhaltungsgrößen multiplikativ sind.

Wir[1] wollen in diesem Kapitel vorwiegend deduktiv vorgehen und die Anwendung auf konkrete Beispiele in Aufgaben behandeln.

10.1 Wirkungsprinzip und Noether-Theorem

Die Feldgleichungen für ein Feld $\phi_\mu(x^k)$ (μ ist irgendein Index, der Tensor-, Spinor- und andere Indizes oder mehrere Felder zusammenfaßt) sind in vielen Fällen äquivalent zu Gleichungen der Form

$$\partial_i \frac{\partial \mathcal{L}}{\partial \phi_{\mu,i}} - \frac{\partial \mathcal{L}}{\partial \phi_\mu} = 0 \tag{10.1.1}$$

(*„Euler-Gleichungen“*), wo $\mathcal{L}(x^k, \phi_\mu, \phi_{\mu,i})$ eine Funktion der Variablen x^k, ϕ_μ, $\phi_{\mu,i}$ ist (*„Lagrange-Dichte“*) und nach Ausführung der Differentiation nach $\phi_{\mu,i}$ die auch bisher verwendete Identifizierung $\phi_{\mu,i} \equiv \partial\phi_\mu/\partial x^i$ vorzunehmen ist.

Mit Gleichungen der Gestalt (10.1.1) ist, wie wir gleich sehen werden, folgende Fragestellung verknüpft. Gegeben sei das *„Wirkungsintegral“*

$$W = \int_B d^4x\, \mathcal{L}(\phi_\mu, \phi_{\mu,i}, x^k), \tag{10.1.2}$$

[1] „Wir“ schließt den Leser ein.

wo B ein vierdimensionaler Bereich des Minkowskiraumes mit dem Rand ∂B ist. Wie ändert sich W, wenn sowohl ϕ_μ als auch B infinitesimal verändert werden? Zur genauen Spezifizierung nehmen wir an, daß 1) an jeder Stelle x der dort vorhandene Funktionswert $\phi_\mu(x)$ um $\delta\phi_\mu(x)$ geändert wird, und daß 2) in jedem Punkt x – wenigstens auf ∂B und dessen Umgebung – ein Verschiebungsvektor Δx^k definiert ist, um den der Punkt verschoben wird (Abb. 10.1).

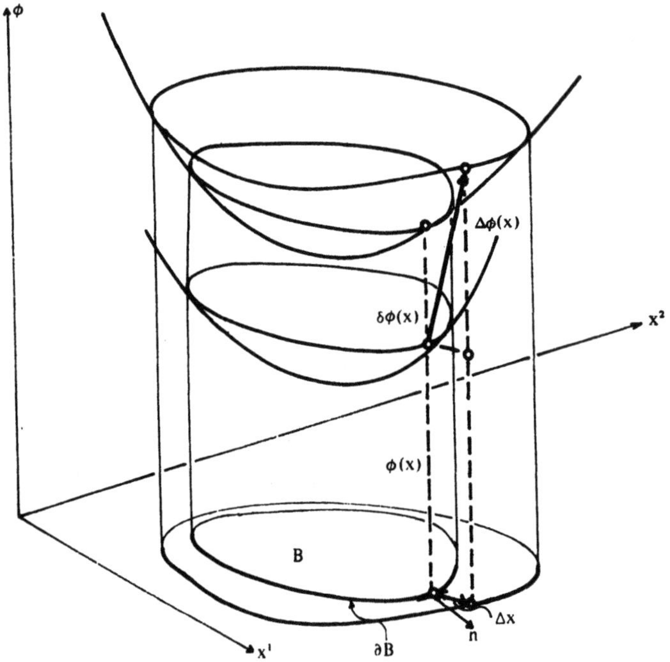

Abb. 10.1. Die Fläche $\phi_\mu = \phi_\mu(x)$ und ihre Variation im (x, ϕ)-Raum

Da jedes Oberflächenelement[1] $d\sigma$ von ∂B zur Änderung von W in niedrigster Ordnung den Beitrag $\mathcal{L}\, d\sigma\, n_k\, \Delta x^k = \mathcal{L}\, \Delta x^k\, d\sigma_k$ gibt (n_k ist der Normaleneinheitsvektor; vgl. Abb. 10.1), folgt für die Änderung von W in niedrigster Ordnung

$$\begin{aligned} \Delta W &= \int_B d^4x \left[\frac{\partial \mathcal{L}}{\partial \phi_\mu}\delta\phi_\mu + \frac{\partial \mathcal{L}}{\partial \phi_{\mu,i}}\delta\phi_{\mu,i}\right] + \int_{\partial B} d\sigma_i\, \mathcal{L}\, \Delta x^i = \\ &= \int_B d^4x \left[\frac{\partial \mathcal{L}}{\partial \phi_\mu} - \partial_i \frac{\partial \mathcal{L}}{\partial \phi_{\mu,i}}\right]\delta\phi_\mu + \int_{\partial B} d\sigma_i \left[\frac{\partial \mathcal{L}}{\partial \phi_{\mu,i}}\delta\phi_\mu + \mathcal{L}\, \Delta x^i\right] . \end{aligned} \tag{10.1.3}$$

Hier haben wir benützt, daß sich bei der obigen Variation die Ableitung $\phi_{\mu,i}(x)$ im Punkt x um $\partial_i \delta\phi_\mu(x)$ ändert, d.h.,

$$\delta\phi_{\mu,i} = \partial_i \delta\phi_\mu \tag{10.1.4}$$

[1]Wegen einer einwandfreien Ausführung dieser Variation siehe z.B. Funk (1962).

ist, und den Gaußschen Satz (5.6.11) angewendet. Wenn (10.1.1) gilt, ist ΔW ein Randintegral. Wir schreiben ΔW um, indem wir die Differenz zwischen $\phi_\mu(x)$ und dem Wert der variierten Funktion $\phi_\mu + \delta\phi_\mu$, genommen an der verschobenen Stelle $x + \Delta x$, einführen (siehe Abb. 10.1, aus der auch hervorgeht, warum man $\delta\phi$ die „gerade" oder lokale, $\Delta\phi$ die „schräge" oder totale Variation nennt):

$$\Delta\phi_\mu := \delta\phi_\mu + \phi_{\mu,k}\Delta x^k. \tag{10.1.5}$$

Mit der weiteren Definition

$$\Theta^i{}_k := \frac{\partial \mathcal{L}}{\partial \phi_{\mu,i}}\phi_{\mu,k} - \delta^i{}_k\,\mathcal{L} \tag{10.1.6}$$

wird

$$\Delta W = \int_{\partial B} d\sigma_i \left[\frac{\partial \mathcal{L}}{\partial \phi_{\mu,i}}\Delta\phi_\mu - \Theta^i{}_k\,\Delta x^k\right] + \int_B d^4x \left[\frac{\partial \mathcal{L}}{\partial \phi_\mu} - \partial_i \frac{\partial \mathcal{L}}{\partial \phi_{\mu,i}}\right]\delta\phi_\mu. \tag{10.1.7}$$

Aus (10.1.7) ziehen wir zunächst folgenen Schluß: Die Lösungen von (10.1.1) haben die charakteristische Eigenschaft, daß für sie der Wert des Integrals (10.1.2) stationär ist ($\Delta W = 0$) gegenüber solchen Variationen, bei denen der Rand ∂B und die Funktionswerte auf ihm festgehalten werden ($\Delta x^k = 0$, $\delta\phi_\mu = 0$ auf ∂B). Die spezielle Wahl von B hat dabei keinen Einfluß auf die Bedingung (10.1.1) und spielt nur insofern eine Rolle, als die Werte von ϕ_μ auf ∂B als Randwerte für spezielle Lösungen von (10.1.1) auftreten. Wir sagen deshalb, $\mathcal{L}$ definiere ein *Wirkungs-* oder Variations*prinzip* für (10.1.1), während die Stationaritätsforderung bei Vorgabe von B und Randwerten auf ∂B ein (sehr spezielles) Variations*problem* darstellt. Auf Variationsprobleme wollen wir hier nicht eingehen; vgl. Funk (1962).

Obige Charakterisierung der Lösungen von (10.1.1) hat viele nützliche Konsequenzen. Liegt eine Transformation $(x,\phi) \to (x',\phi')$ des (x,ϕ)-Raumes (sogenannter *Faserraum* oder *Faserbündel* über dem Minkowskiraum) vor, so machen natürlich die Lösungen der transformierten Gleichungen (10.1.1) das transformierte Wirkungsintegral (10.1.2) stationär. Es ist aber einfacher, zuerst (10.1.2) zu transformieren und dann (10.1.1) zu bilden, statt direkt (10.1.1) zu transformieren. Insbesondere bleibt (10.1.1) forminvariant (kovariant) gegen solche Transformationen, wenn (10.1.2) forminvariant bleibt. Letzteres ist aber meist leichter zu entscheiden.

Um den Begriff der Forminvarianz von (10.1.2) zu präzisieren und gleichzeitig eine wichtige Konsequenz zu ziehen, schreiben wir für die Transformation explizit

$$x^i \to x'^i = X^i(x^k, \phi_\nu) \tag{10.1.8a}$$

$$\phi_\mu \to \phi'_\mu = \Phi_\mu(x^k, \phi_\nu). \tag{10.1.8b}$$

Setzt man in (10.1.8) für ϕ_μ ein Feld $\phi_\mu(x)$ (ein *Querschnitt* des Faserbündels) ein und denkt sich die x eliminiert, erhält man das transformierte Feld in der Form $\phi'_\mu(x')$. Der Bereich B, über den in (10.1.2) integriert wird, geht dabei in einen Bereich B' über. Der Wert des Wirkungsintegrals des transformierten Feldes $\phi'_\mu(x')$, genommen über den transformierten Bereich, ist

$$W' = \int_{B'} \mathcal{L}(x', \phi'(x'), \phi'_{,i'}(x'))\, d^4x' = \int_B \mathcal{L}'(x, \phi(x), \phi_{,i}(x))\, d^4x, \tag{10.1.9}$$

wobei die letzte Form durch Wiedereinführung der x als Integrationsvariable erhalten wird und die Funktion $\mathcal{L}'$ dadurch *definiert* ist. Die Forminvarianz des Wirkungsintegrals besagt nun gerade, daß $\mathcal{L}$ und $\mathcal{L}'$ als Funktionen ihrer drei Argumente identisch sind, $\mathcal{L} \equiv \mathcal{L}'$. Setzt man dies voraus, so wird auch $W = W'$.

Hat man nun statt (10.1.8) eine einparametrige Gruppe solcher Transformationen

$$x'^i = X^i(x, \phi; \tau), \qquad \phi'_\mu = \Phi_\mu(x, \phi; \tau), \tag{10.1.10}$$

wobei für $\tau = 0$ die Identität entsteht, so können wir das Resultat $W' - W = 0$ für *infinitesimales* $\tau = \Delta\tau$ mit der Formel (10.1.7) vergleichen, worin nun

$$\Delta x^k = \frac{\partial X^k}{\partial \tau}\bigg|_{\tau=0} \Delta\tau, \qquad \Delta\phi_\mu = \frac{\partial \Phi_\mu}{\partial \tau}\bigg|_{\tau=0} \Delta\tau \tag{10.1.11}$$

zu setzen ist. (Man beachte, daß die Transformation (10.1.10) des (x, ϕ)-Raumes einer schrägen Variation entspricht, wie sie der Pfeil in Abb. 10.1 andeutet.) Setzen wir nun weiter voraus, daß $\phi_\mu(x)$ (10.1.1) erfüllt, so ergibt dieser Vergleich

$$\int_{\partial B} d\sigma_i \, j^i = 0, \qquad \text{wo} \qquad j^i \Delta\tau := \frac{\partial \mathcal{L}}{\partial \phi_{\mu,i}} \Delta\phi_\mu - \Theta^i{}_k \Delta x^k. \tag{10.1.12}$$

Mittels des Gaußschen Satzes folgt daraus auch $\int_B d^4x \, j^i{}_{,i} = 0$, und da B beliebig ist, schließlich

$$\partial_i j^i = 0. \tag{10.1.13}$$

Die „Viererstromdichte" j^i genügt also einer Kontinuitätsgleichung, und wir schließen bei geeignetem Abfallen von ϕ_μ im räumlich Unendlichen wie in Abschnitt 5.7, daß die „Gesamtladung"

$$Q := \int_\sigma d\sigma_i \, j^i \tag{10.1.14}$$

von der speziellen Wahl der raumartigen Hyperfläche σ unabhängig ist. Wählen wir σ als $x^0 = t = const.$, $d\sigma_k = (d^3x, \mathbf{0})$, so wird $Q = \int d^3x \, j^0$. Für die in einem endlichen Teilvolumen $\mathcal{V} \subset \sigma$ enthaltene Ladung $Q_\mathcal{V}$ folgt aus (10.1.13)

$$\frac{\partial}{\partial t} Q_\mathcal{V} = \int_\mathcal{V} d^3x \, \frac{\partial j^0}{\partial x^0} = -\int_\mathcal{V} d^3x \, \nabla \mathbf{j} = -\int_{\partial\mathcal{V}} d\mathbf{O} \, \mathbf{j}. \tag{10.1.15}$$

Dies ergibt die Interpretation von j^0 als „Ladungsdichte" und $\mathbf{j}$ als „Stromdichtevektor".

Wir erhalten also zu jeder einparametrigen Transformationsgruppe des (x, ϕ)-Raumes, die das Wirkungsintegral (10.1.2) forminvariant läßt, einen lokalen Erhaltungssatz (10.1.13) bzw. eine Erhaltungsgröße (10.1.14) für die Lösungen von (10.1.1). Dies ist das (erste) *Noether-Theorem* über invariante Wirkungsprinzipe.

Die Transformationen (10.1.10) werden meist nicht in dieser Allgemeinheit benötigt, sondern entweder in der Form

$$x'^i = x^i, \qquad \phi'_\mu = \phi'_\mu(\phi_\nu; \tau), \tag{10.1.16}$$

welche sogenannte *„innere Symmetrien"* charakterisiert (die bekannte Isospin- oder die SU(3)-Symmetrie der starken Wechselwirkungen sei nur als Beispiel erwähnt; vgl. z.B. Rollnik (1971)), oder in der Form

$$x'^i = x'^i(x^k;\tau), \qquad \phi'_\mu = \phi'_\mu(x^k, \phi_\nu; \tau), \tag{10.1.17}$$

die Raum-Zeit-Symmetrien charakterisiert. Die Erhaltungsgrößen, die zu letzteren gehören, bezeichnet man deshalb auch als *„geometrische Erhaltungsgrößen"*. Wir wollen im nächsten Abschnitt die Erhaltungsgrößen der letzteren Art näher betrachten, wenn für (10.1.17) Untergruppen der Poincaré-Gruppe $\mathcal{P}_+^\uparrow$ genommen werden.

Das Theorem gestattet noch einige Verallgemeinerungen. Wichtig ist vor allem die Bemerkung, daß die Euler-Gleichungen (10.1.1) die Lagrange-Dichte $\mathcal{L}$ nicht eindeutig festlegen, so daß (10.1.1) auch gegen Transformationen kovariant sein kann, die (10.1.2) nicht forminvariant lassen. Ersetzt man z.B. $\mathcal{L}$ durch $\mathcal{L}' = const.\mathcal{L} + \mathcal{F}$, wo $\mathcal{F}(x, \phi, \phi_{,i})$ die Form einer *„vollständigen Divergenz"* hat:

$$\mathcal{F} = \frac{\partial f^i}{\partial x^i} + \frac{\partial f^i}{\partial \phi_\mu}\phi_{\mu,i}, \qquad f^i = f^i(x,\phi), \tag{10.1.18}$$

so ergeben $\mathcal{L}$, $\mathcal{L}'$ äquivalente Euler-Gleichungen, wie als Aufgabe gezeigt werden möge. Für die Existenz einer zu (10.1.14) analogen Erhaltungsgröße genügt es vorauszusetzen, daß die in (10.1.9) auftretende Funktion $\mathcal{L}'$ bei *infinitesimalen* Transformationen (10.1.10) die Form $\mathcal{L}' = \mathcal{L} + \mathcal{F}\Delta\tau + O(\Delta\tau^2)$ hat, wo $\mathcal{F}$ eine vollständige Divergenz (10.1.18) ist. Der erhaltene Strom unterscheidet sich dann von (10.1.12) um $f^i(x,\phi)$.

Eine andere Verallgemeinerung besteht darin, die Transformationen (10.1.10) auch von den $\phi_{\mu,i}$ abhängen zu lassen. Eine „anschauliche" Beschreibung der Situation ist dann nur in der Terminologie der Faserbündel und ihrer „jet extensions" möglich (vgl. Hermann (1970); Trautman, Comm. Math. Phys. *6*, 248 (1967)). Diese Verallgemeinerung hat aber – wie schon die allgemeine Form (10.1.10) – in der Physik bisher keine Anwendung gefunden, abgesehen von dem Fall einer einzigen unabhängigen Variablen, für den aber der kanonische Formalismus (siehe Goldstein (1963)) übersichtlicher ist.

Schließlich sei erwähnt, daß es noch ein zweites Noether-Theorem über invariante Wirkungsprinzipe gibt, das sich auf Transformationsgruppen mit willkürlichen Funktionen statt willkürlichen Parametern bezieht, wie etwa die Eichtransformationen

$$A_i \longrightarrow A_i + \partial_i\Lambda \tag{10.1.19}$$

des Viererpotentials der Elektrodynamik. Dies wollen wir aber hier nicht betrachten. Vgl. Funk (1962).

Aufgaben

1. Man zeige, daß

$$W = \int d^4x \cdot \frac{1}{2}(\Phi_{,i}\Phi^{,i} - m^2\Phi^2) \tag{10.1.20}$$

$$W = \int d^4x\, \bar{\psi}\,(i\gamma^k\partial_k\psi - m\psi) \tag{10.1.21}$$

Wirkungsintegrale für die Klein-Gordon- und die Dirac-Gleichung sind.
Hinweis: Man überlege sich, daß man ψ und $\bar{\psi}$ unabhängig variieren darf.

2. Befriedigt man die 2. Maxwellgleichungen durch den Ansatz $F_{ik} = A_{k,i} - A_{i,k}$ identisch, so kann man für die 1. Maxwellgleichungen $F^{ik}{}_{,k} = -4\pi j^i$ das Wirkungsprinzip

$$W = \int d^4x \left\{ \frac{1}{16\pi}(A^{i,k} - A^{k,i})(A_{k,i} - A_{i,k}) - j_i A^i \right\} \qquad (10.1.22)$$

verwenden. Dabei ist zu beachten, daß auch im quellfreien Fall $j^i \equiv 0$, wo $W = -\frac{1}{16\pi}\int d^4x \cdot F^{ik}F_{ik}$ ist, dennoch A_i als Feldvariable zu betrachten ist, nicht F_{ik}! Ohne Verwendung von A_i läßt sich der Kopplungsterm nicht in lokaler Weise anschreiben.

3. Man zeige, daß

$$W = \int d^4x \left\{ \frac{1}{4}(A_{i,k} - A_{k,i})(A^{k,i} - A^{i,k}) + \frac{1}{2}m^2 A_i A^i \right\} \qquad (10.1.23)$$

ein Wirkungsintegral für die Proca-Gleichungen (9.3.22) ist.
Hinweis: Man bilde die Divergenz der aus (10.1.23) resultierenden Eulergleichungen und beachte die Voraussetzung $m \neq 0$.

4. Wie sieht der Formalismus des Wirkungsprinzips im Fall einer unabhängigen Variablen aus? Man zeige, daß die relativistische Bewegungsgleichung einer Punktladung im elektromagnetischen Feld, (4.1.10), (5.3.2), das Wirkungsintegral

$$W = \int \left\{ \frac{m}{2}\eta_{ik}\frac{dx^i}{ds}\frac{dx^k}{ds} + e\,A_i(x)\frac{dx^i}{ds} \right\} ds \qquad (10.1.24)$$

hat, wo $A_i(x)$ das Viererpotential ist.

5. Man zeige, daß die Lösung der Eulergleichungen zu

$$W = \int ds = \int \sqrt{1 - \left(\frac{d\mathbf{x}}{dt}\right)^2}\, dt \qquad (10.1.25)$$

die geraden Linien des Minkowskiraums sind. Weiter betrachte man die Gerade durch einen gegebenen Punkt $P(t_1, \mathbf{x}_1)$, die zu einer Hyperfläche F, $F(t, \mathbf{x}) = 0$, führen und zeige, daß das von P bis F erstreckte Integral W gegen Variation des Endpunktes auf F dann stationär wird, wenn die Gerade auf F im Minkowski-Sinn orthogonal steht.
Hinweis: Man benutze eine zu (10.1.7) analoge Formel für die Änderung von W beim Variieren des Endpunktes und berücksichtige, daß der variierte Endpunkt ebenfalls auf F liegen muß.

6. Man zeige, daß $\mathcal{L}$ und $\mathcal{L}' = const.\mathcal{L} + \mathcal{F}$ zu denselben Eulergleichungen führen, wenn $\mathcal{F}$ die Form (10.1.18) hat.
Hinweis: Man kann dies direkt verifizieren oder die Variation mit festen Randwerten ausführen, wobei $\mathcal{F}$ nur zu Randtermen führt.

7. Das Wirkungsintegral

$$W = \int d^4x \, (\Phi^*_{,i} \Phi^{,i} - m^2 \Phi^* \Phi)$$

für ein *komplexes* skalares Feld ist invariant unter $\Phi \rightarrow e^{i\tau}\Phi$, ebenso wie (10.1.21) unter $\psi \rightarrow e^{i\tau}\psi$ invariant ist. Man berechne die beiden erhaltenen „Ströme" und vergleiche mit (9.1.47), (9.5.15) bzw. (9.1.46), (9.3.20)!

10.2 Anwendung auf Poincaré-kovariante Feldtheorien

Wie die Beispiele des vorigen Abschnittes zeigen, lassen sich für alle bisher betrachteten Feldgleichungen Wirkungsprinzipe angeben. Die Poincaré-Kovarianz ist dabei unmittelbar ersichtlich, da d^4x invariant ist und die Lagrange-Dichten $\mathcal{L}$ in jedem Fall Skalare sind, die aus den Feldern und ihren Ableitungen gebildet werden (das Fehlen expliziter x-Abhängigkeit garantiert die Translationsinvarianz). Umgekehrt kann man für beliebige Tensor- oder Spinorfelder Poincaré-kovariante Wirkungsprinzipe konstruieren und aus ihnen Feldgleichungen herleiten. Dies ist insbesondere für die Aufstellung der Dynamik wechselwirkender Felder wichtig. Um Wechselwirkungen zwischen Feldern zu konstruieren, addiert man im einfachsten Fall die Lagrange-Dichten der entsprechenden freien Felder und fügt einen „Kopplungsterm" hinzu, der Produkte der zu koppelnden Felder enthält. Oft wird dabei die Form des Kopplungsterms allein schon durch die Forderung stark eingeschränkt, daß er eine skalare Konkomitante der zu koppelnden Felder sein muß.

Die Kopplung der Felder aneinander ermöglicht es, die Erhaltungsgrößen, die aus der Poincaré-Kovarianz gemäß dem Noether-Theorem folgen, physikalisch zu deuten. Beim freien elektromagnetischen Feld zeigt sich nämlich, daß die zur Translationssymmetrie gehörenden Erhaltungsgrößen mit den in Abschnitt 5.9 angegebenen Ausdrücken für Energie und Impuls übereinstimmen. Da bei gekoppelten Systemen nur Gesamtenergie und Gesamtimpuls erhalten sind, ergibt sich für die zur Translationssymmetrie gehörenden Erhaltungsgrößen auch in allen anderen Fällen die Deutung als Energie und Impuls. Genauso ist bei Drehimpuls und Schwerpunktsbewegung zu argumentieren.

Wir betrachten nun Translationen und Lorentztransformationen einzeln, wobei wir uns auf den Fall beschränken, daß die Lagrange-Dichte ein aus Tensor- und Spinorfeldern aufgebauter Skalar ist, die Lorentz-Kovarianz also manifest ist. Setzen wir infinitesimal $x'^i = x^i + a^i \Delta\tau$, so ist nach Definition des Transformsationsverhaltens von Tensor- und Spinorfeldern φ:

$$\varphi'(x') = \varphi(x) \Rightarrow \Delta\varphi = 0. \tag{10.2.1}$$

Man beachte, daß hier die *schräge* Variation $\varphi'(x') - \varphi(x)$ berechnet wurde, während etwa bei der Bestimmung der Erzeugenden der Translationen im Raum der Felder die *gerade* Variation $\varphi'(x) - \varphi(x) = \varphi(x - a\Delta\tau) - \varphi(x)$ benützt wurde – vgl. (9.3.12). Im Zusammenhang mit Raum-Zeittransformationen wird das Negative der geraden Variation, bei der also die Werte von φ und φ' im *selben* Punkt verglichen werden, auch als *Lie-Differential* von φ in Richtung Δx^k bezeichnet.

Weiter ist zu beachten, daß (10.2.1) nicht gilt, wenn Felder mit anderem Translationsverhalten beteiligt sind. Man könnte etwa in (9.1.1) die Darstellung $(a, L) \to \mathrm{D}(L)$ durch eine endlichdimensionale Darstellung $\mathrm{D}(a, L)$ von $\mathcal{P}$ ersetzen, bei der die Translationen nicht trivial dargestellt werden. Beispielsweise kann die Bispinor-Darstellung durch Hinzunahme von $(a, E) \to E + a_k\gamma^k(1-\gamma^5)/2$ zu einer derartigen Darstellung ergänzt werden: Objekte mit diesem Translationsverhalten wollen wir aber nicht als Bispinoren bezeichnen.

Gehen wir nun mit $\Delta x^k = a^k \Delta\tau$, $\Delta\varphi = 0$ in (10.1.12) ein, so finden wir den divergenzfreien Vierervektor $j^i = -\Theta^i{}_k\, a^k$. Da die a^k beliebig sind, folgt

$$\partial_i \Theta^i{}_k = 0$$
$$P_k := \int_\sigma d\sigma_i\, \Theta^i{}_k = \text{Erhaltungsgröße}. \tag{10.2.2}$$

$\Theta^i{}_k$ heißt der *kanonische Energie-Impulstensor* des Feldes, P_k der *Energie-Impulsvektor*[1]. Wegen

$$P^k = \int_{t=const.} d^3x\, \Theta^{0k}, \qquad \frac{\partial}{\partial t}\int_V d^3x\, \Theta^{0k} = -\int_V dO^\alpha\, \Theta^{\alpha k} \tag{10.2.3}$$

würde man Θ^{00} als Energie-, $\Theta^{0\alpha}$ als Impuls-, $\Theta^{\alpha 0}$ als Energiestrom- und $\Theta^{\alpha\beta}$ als Spannungstensordichte deuten. Dagegen kann man jedoch einwenden, daß die dadurch vorgenommene Lokalisierung von Energie, Impuls, ... willkürlich ist, wie wir nun zeigen wollen. Wenn nämlich $f^{ji}{}_k$ ein beliebiges, in i und j antisymmetrisches Tensorfeld ist (das im räumlich Unendlichen geeignet verschwindet), so gilt erstens

$$\partial_i\left(\partial_j f^{ji}{}_k\right) \equiv 0 \tag{10.2.4}$$

und zweitens

$$\int_\sigma d\sigma_i\, \partial_j f^{ji}{}_k = \int d^3x\, \partial_j f^{j0}{}_k = \int d^3x\, \partial_\alpha f^{\alpha 0}{}_k = 0, \tag{10.2.5}$$

da das Integral über σ von σ unabhängig ist und die d^3x-Integration in eine Oberflächenintegration im räumlich Unendlichen umgewandelt werden kann. Daher ist der Tensor

$$T^i{}_k := \Theta^i{}_k + \partial_j f^{ji}{}_k \tag{10.2.6}$$

ebenfalls divergenzfrei und liefert den gleichen Gesamtwert P_k für Energie und Impuls. Die in einem Teilvolumen enthaltenen Energie-Impulswerte sind jedoch von $f^{ji}{}_k$ abhängig. Es sind also weitere Argumente nötig, um $f^{ji}{}_k$ zu bestimmen. Wir merken vorläufig nur an, daß für das freie Maxwell-Feld der aus (10.1.22) gebildete kanonische Tensor $\Theta^i{}_k$ *nicht* mit dem spurfreien, symmetrischen und unter Eichtransformationen (10.1.19) invarianten Energie-Impulstensor (5.9.13) übereinstimmt – die Gesamtwerte für Energie und Impuls sind jedoch dieselben.

Wir betrachten jetzt infinitesimale Lorentztransformationen $x'^i = x^i + \omega^i{}_k x^k \Delta\tau$. Wenn φ ein Tensor- oder Spinorfeld ist, wird

$$\varphi'(x') = \mathrm{D}(L)\,\varphi(x) \Rightarrow \Delta\varphi = \frac{1}{2}\omega_{ab}\Sigma^{ab}\varphi, \tag{10.2.7}$$

[1] Genauer gesagt ist $\Theta^i{}_k$ ein Tensor*feld*, aber P_k ein Vierervektor, kein Vektorfeld.

wobei $\Sigma^{ab} = -\Sigma^{ba}$ die sechs erzeugenden Operatoren der endlichdimensionalen Darstellung D(L) sind (sie unterscheiden sich nur um den Faktor i von den in (9.3.16) eingeführten und in (9.3.17 – 19) für konkrete Fälle angegebenen Operatoren S^{ab}). (10.1.12) liefert jetzt die Divergenzfreiheit von

$$j^i = \frac{\partial \mathcal{L}}{\partial \varphi_{,i}} \frac{1}{2} \omega_{ab} \Sigma^{ab} \varphi - \Theta^i{}_a \omega^{ab} x_b, \tag{10.2.8}$$

oder, da ω_{ab} bis auf seine Antisymmetrie beliebig ist:

$$\partial_i j^i{}_{ab} = 0, \qquad j^i{}_{ab} := \frac{\partial \mathcal{L}}{\partial \varphi_{,i}} \Sigma_{ab} \varphi - \left(\Theta^i{}_a x_b - \Theta^i{}_b x_a\right). \tag{10.2.9}$$

(Die Komponentenindizes an φ und Σ^{ab} wurden unterdrückt). Um die sich daraus ergebenden sechs Erhaltungsgrößen

$$j_{ab} := \int_\sigma d\sigma_i \, j^i{}_{ab} \tag{10.2.10}$$

zu deuten, betrachten wir zuerst den Fall eines Skalarfeldes, für welches $\Sigma^{ab} \equiv 0$. Die Gleichung $\partial_i j^i{}_{ab} = 0$ ergibt in diesem Fall wegen $\partial_i \Theta^i{}_a = 0$, daß $\Theta_{ab} = \Theta_{ba}$: für ein *skalares* Feld ist der kanonische Energie-Impulstensor *symmetrisch.* Wir werden später ein Verfahren angeben, zu jedem Feld einen symmetrischen divergenzfreien Energie-Impulstensor zu konstruieren, indem wir $f^{ji}{}_k$ in (10.2.6) geeignet wählen, und nehmen vorläufig an, $T^i{}_k$ sei ein Tensor mit diesen Eigenschaften:

$$T_{ik} = T_{ki}, \qquad \partial_i T^i{}_k = 0, \tag{10.2.11}$$

der auch Energie und Impuls richtig lokalisiert. Daraus bilden wir das Analogon zu dem Ausdruck, den (10.2.9) für ein skalares Feld liefert, d.h. die Momente

$$J^i{}_{ab} := x_a T^i{}_b - x_b T^i{}_a, \qquad \partial_i T^i{}_k = 0, \tag{10.2.12}$$

die zu den Erhaltungsgrößen

$$J^{ab} = \int d\sigma_i \left(x^a T^{ib} - x^b T^{ia}\right) = \int d^3x \left(x^a T^{0b} - x^b T^{0a}\right) \tag{10.2.13}$$

führen. Da wir annehmen, daß

$$T^{00} =: \mathcal{E}, \qquad T^{0\mu} =: \mathcal{P}^\mu \tag{10.2.14}$$

Energie- und Impulsdichte sind, ist

$$\mathcal{J}_\gamma := \frac{1}{2} \epsilon_{\gamma\alpha\beta} J^{0\alpha\beta} = \epsilon_{\gamma\alpha\beta} x^\alpha \mathcal{P}^\beta \tag{10.2.15}$$

als Drehimpulsdichte und

$$\mathbf{J} = \int d^3x \, \mathbf{x} \times \vec{\mathcal{P}} \tag{10.2.16}$$

als *Gesamtdrehimpuls* zu deuten. Die Erhaltung von $J^{\alpha 0}$,

$$\int d^3x\,(x^\alpha \mathcal{E} - x^0 \mathcal{P}^\alpha) = J^{\alpha 0} = const.\,, \tag{10.2.17}$$

kann durch Division mit der Gesamtenergie $E := P^0 = \int d^3x\, \mathcal{E}$ auf die Form

$$\frac{\int d^3x\, \mathbf{x}\, \mathcal{E}}{\int d^3x\, \mathcal{E}} = \frac{\mathbf{P}}{E} t + \mathbf{const.} \tag{10.2.18}$$

gebracht werden und drückt somit das Gesetz der Bewegung des *„Energieschwerpunkts"* (Zentroids) aus: er bewegt sich geradlinig-gleichförmig mit der Geschwindigkeit $\mathbf{P}/E$.

Es ist zu betonen, daß alle so durch Raum-Zeit-Aufspaltung erhaltenen Größen vom speziellen Inertialsystem abhängen, in welchem diese vorgenommen wird. Insbesondere hängt die Lage der durch (10.2.17,18) gegebenen Weltlinie von der Wahl des Inertialsystems ab, und lediglich ihre Richtung ist durch den Vierervektor P^k eindeutig gegeben. Ein Inertialsystem ist hier jedoch ausgezeichnet: das Ruhsystem von P^k, d.h. jenes, für das $\mathbf{P} = \mathbf{0}$ ist. Die für dieses Inertialsystem aus (10.2.17,18) hervorgehende Weltlinie beschreibt den *relativistischen Schwerpunkt* (also ein spezielles und ausgezeichnetes Zentroid). Der Drehimpuls (10.2.16) im Ruhsystem des Impulses ist der *Gesamtspin.*

Zur Existenz dieses Ruhsystems ist notwendig, daß P^k ein zeitartiger Vektor ist, $P_k P^k > 0$. Dies ist sicher der Fall, wenn für jeden Beobachter mit Vierergeschwindigkeit u^k der Energiestromvierervektor $E^i := T^i{}_k u^k$ zeitartig und zukunftsgerichtet ist ($E_i u^i > 0$, $E_i E^i > 0$), denn die Summe bzw. das Integral von Vektoren dieser Eigenschaft liegt ebenfalls im vorderen Lichtkegel (vgl. Aufgabe 1 zu Abschnitt 3.2). Die genannte Bedingung wird manchmal als *(starke) Energiedominanzbedingung* bezeichnet.

Wir wollen für Spin und Schwerpunktsweltlinie noch vierdimensionale Ausdrücke herleiten. Dazu beachten wir, daß P^k und J^{ik} sich in ihrem Translationsverhalten unterscheiden. Während P^k ein echter Vierervektor ist und sich also bei Translationen nicht ändert, gilt für J^{ab} bei der Translation $x \to \tilde{x} = x - a$:

$$J^{ik} \to \tilde{J}^{ik} = \int d^3\tilde{x}\,(\tilde{x}^i T^{0k} - \tilde{x}^k T^{0i}) = J^{ik} - a^i P^k + a^k P^i, \tag{10.2.19}$$

d.h., (P^i, J^{ik}) transformiert nach der adjungierten Darstellung der Poincaré-Gruppe (vgl. (9.3.4*d*)). Um die Weltlinie des Zentroids (10.2.17,18) vierdimensional zu beschreiben, führen wir die Vierergeschwindigkeit u^i des Beobachters ein, in dessen Inertialsystem die Raum-Zeit-Aufspaltungen (10.2.14 – 18) durchgeführt wurden. Diese Weltlinie ist dann der Ort aller Punkte a^i, für die

$$\tilde{J}^{ik} u_k = 0 \tag{10.2.20}$$

gilt; denn im Ruhsystem von u^i folgt aus (10.2.20) $\tilde{J}^{\alpha 0} = 0$ oder

$$a^\alpha = a^0 \frac{P^\alpha}{P^0} + \frac{J^{\alpha 0}}{P^0}, \tag{10.2.21}$$

in Übereinstimmung mit (10.2.17,18). Vierdimensional geschrieben lautet (10.2.21)

$$a^i = \lambda \frac{P^i}{Pu} + \frac{J^{ik} u_k}{Pu}, \tag{10.2.22}$$

da diese Gleichungen im Ruhsystem von u für $i = 0$ den Parameterwert $\lambda = a^0$ und für $i = \alpha$ (10.2.21) reproduzieren. Setzen wir $u = P/\sqrt{P^2}$, so geht (10.2.22) in die Weltlinie des relativistischen Schwerpunkts über,

$$a^i = \lambda \frac{P^i}{\sqrt{P^2}} + \frac{J^{ik} P_k}{P^2}, \tag{10.2.23}$$

wobei λ seine Eigenzeit ist.

Den Drehimpulstensor in bezug auf den relativistischen Schwerpunkt bezeichnen wir als den *Spintensor* S^{ik}. Er erfüllt (10.2.20) mit $u \propto P$, d.h.,

$$S^{ik} P_k = 0. \tag{10.2.24}$$

Aufgrund dieser Relation ist in S^{ik} nicht mehr Information enthalten als in dem translationsinvarianten relativistischen *Spinvektor* $S_i/\sqrt{P^2}$,

$$S_i := \frac{1}{2} \epsilon_{iabc} S^{ab} P^c = \frac{1}{2} \epsilon_{iabc} J^{ab} P^c \tag{10.2.25}$$

(vgl. (9.3.8)), aus dem er gemäß

$$S_{ab} = -\epsilon_{abik} S^i P^k / P^2 = J_{ab} + (P_a J_{bc} - P_b J_{ac}) P^c / P^2 \tag{10.2.26}$$

rekonstruiert werden kann. Wie es sein muß, ergibt sich (10.2.26) auch durch Einsetzen von (10.2.23) in (10.2.19). S_i ist orthogonal auf P^i,

$$S_i P^i = 0\,; \tag{10.2.27}$$

da P^i für alle diese Überlegungen als zeitartig vorausgesetzt werden mußte, ist S_i ein raumartiger Vektor:

$$S_i S^i = -\frac{1}{2} S_{ab} S^{ab} P^2 < 0. \tag{10.2.28}$$

Es sei betont, daß alle hier betrachteten Größen gebildet werden können, sobald ein symmetrischer divergenzfreier Energie-Impulstensor zur Verfügung steht, für den P zeitartig ist, also insbesondere, wenn die Energiedominanzbedingung erfüllt ist. Dies bietet die Möglichkeit, physikalische Systeme *phänomenologisch* durch ihren Energie-Impulstensor zu beschreiben, ohne zu sagen, wie dieser aus Feldern aufgebaut ist. – Eine interessante allgemeine Aussage erhält man aus obigen Formeln, wenn ein *konvexer* Körper mit Energie-Impulstensor $T^i{}_k$ betrachtet wird. Jedes Zentroid liegt stets in seinem Inneren, wie aus dem Ausdruck $\int d^3x\, \mathbf{x}\, \mathcal{E} / \int d^3x\, \mathcal{E}$ hervorgeht. Definiert $\tilde{J}^{ik}$ das Zentroid für den Beobachter u^i und ist a^i die Verbindung zum relativistischen Schwerpunkt, so folgt aus $\tilde{J}^{ik} u_k = 0$ und $\tilde{J}^{ik} = S^{ik} - a^i P^k + a^k P^i$:

$$a^i = \frac{ua}{Pu} P^i + \frac{S^{ik} u_k}{Pu}. \tag{10.2.29}$$

Die Projektion von a^i normal zu P^i ist der raumartige Vektor $S^{ik}u_k/Pu$, dessen Länge $r = r(u)$ durch

$$r^2(u) = -\frac{S^{ik}u_k S_{ij}u^j}{(Pu)^2} = \frac{-S^2}{(P^2)^2} - \frac{u^2(-S^2)}{P^2(Pu)^2} - \frac{(Su)^2}{P^2(Pu)^2} \qquad (10.2.30)$$

gegeben ist. Der erste Term ist nach (10.2.28) positiv, die anderen negativ. Variiert man u, so variiert das Zentroid, und rückt u gegen einen lichtartigen Vektor orthogonal zu S, so strebt $r^2(u)$ gegen

$$r^2 := \frac{-S^2}{(P^2)^2} = \frac{1}{2}\frac{S_{ab}S^{ab}}{P^2}. \qquad (10.2.31)$$

Da alle Zentroide innerhalb des konvexen Körpers liegen müssen, ergibt sich aus (10.2.31) ein Mindestradius r für konvexe Körper mit gegebener Masse und gegebenem Spin, den man größenordnungsmäßig auch durch das Argument erhält, die Umfangsgeschwindigkeit des als starr angenommenen Körpers dürfe die Lichtgeschwindigkeit nicht überschreiten.

Zuletzt wenden wir uns der Frage zu, wie man im allgemeinen Fall aus dem kanonischen Tensor $\Theta^i{}_k$ einen Tensor $T^i{}_k$ mit den Eigenschaften (10.2.11) konstruiert. Durch Ausführung der Divergenz in (19.2.9) erhalten wir unter Berücksichtigung von (10.2.2)

$$\Theta_{ba} - \Theta_{ab} = \partial_i \left(\frac{\partial \mathcal{L}}{\partial \varphi_{,i}} \Sigma_{ab}\, \varphi \right). \qquad (10.2.32)$$

Machen wir für $T^i{}_k$ den Ansatz (10.2.6), so ergibt sich für $f^{ji}{}_k$ neben der Antisymmetriebedingung

$$f^{ji}{}_k + f^{ij}{}_k = 0 \qquad (10.2.33)$$

noch die aus $T_{ik} = T_{ki}$ und (10.2.32) folgende Gleichung

$$\partial_j \left(f^j{}_{ik} - f^j{}_{ki} \right) = \partial_j \left(\frac{\partial \mathcal{L}}{\partial \varphi_{,j}} \Sigma_{ik}\, \varphi \right), \qquad (10.2.34)$$

d.h.,

$$f^j{}_{ik} - f^j{}_{ki} = \frac{\partial \mathcal{L}}{\partial \varphi_{,j}} \Sigma_{ik}\, \varphi + \partial_l\, g^{lj}{}_{ik} =: g^j{}_{ik}, \qquad (10.2.35)$$

wobei $g^{lj}{}_{ik}$ in l, j sowie in i, k jeweils antisymmetrisch, aber sonst beliebig ist. (Es ist z.B. hinreichend, $g^{lj}{}_{ik} \equiv 0$ zu wählen.) Die eindeutige Lösung von (10.2.33,35) ist

$$f_{jik} = \frac{1}{2}(g_{jik} + g_{ikj} - g_{kji}). \qquad (10.2.36)$$

Für ein so gebildetes T_{ik} besteht zwischen $J^i{}_{ab}$ (10.2.12) und $j^i{}_{ab}$ (10.2.9) der Zusammenhang

$$J^i{}_{ab} = j^i{}_{ab} + \partial_l \left(x_a f^{li}{}_b - x_b f^{li}{}_a + g^{li}{}_{ab} \right), \qquad (10.2.37)$$

so daß die Integrale $\int d\sigma_i\, J^i{}_{ab}$ und $\int d\sigma_i\, j^i{}_{ab}$ übereinstimmen und die Wahl von $g^{li}{}_{ab}$ nur die Lokalisierung des Drehimpulses beeinflußt.

Nach Klärung der formalen Seite erhebt sich das Problem, ob durch die Symmetrieforderung (10.2.11) und eine bestimmte Wahl von $g^{lj}{}_{ab}$ Energie, Impuls und Drehimpuls richtig lokalisiert werden. Am Beispiel des Maxwell-Feldes kann man sich überzeugen, daß obige Symmetrisierungsprozedur mit $g^{lj}{}_{ab} \equiv 0$ tatsächlich auf den in

Abschnitt 5.9 betrachteten Energie-Impulstensor führt (Aufgabe). Eine weitere Frage ist, wo die Lokalisierung der Feldenergie und des Feldimpulses eine Rolle spielt. Einstein hat erkannt, daß diese Größen als Quelle von Gravitationsfeldern fungieren, so wie die elektrische Viererstromdichte die Quelle des elektromagnetischen Feldes ist. In der Standardform dieser relativistischen Gravitationstheorie, der allgemeinen Relativitätstheorie, wird nun ein Verfahren angegeben, aus der Lagrange-Dichte der nichtgravischen Felder einen Energie-Impulstensor zu berechnen, das von dem hier beschriebenen (von Belinfante[1] stammenden) völlig verschieden ist und ebenfalls einen symmetrischen divergenzfreien Tensor liefert, wie es die Konsistenz dieser Theorie erfordert[2]. Rosenfeld[3] hat gezeigt, daß dieser mit den oben konstruierten für ${g^{lj}}_{ab} \equiv 0$ übereinstimmt – ein weiteres Argument für diesen Tensor.

Bereits 1914, also vor der Aufstellung des Noether-Theorems, der Existenz der Symmetrisierungsmöglichkeit und des Zusammenhangs mit der Gravitation, schreibt M. Abraham (Jahrb. d. Radioakt. *11*, 470) nach der Diskussion des elektromagnetischen Energie-Impulstensors: „Wenn sich alle Naturkräfte in das Schema des symmetrischen Welttensors einfügen lassen, so kommt dem Satze vom Impulse des Energiestroms und dem aus ihm abgeleiteten von der Trägheit der Energie eine allgemeine Gültigkeit zu ...“.

Es gibt aber eine Alternative zur allgemeinen Relativitätstheorie, die Einstein-Cartan-Theorie[4], die den kanonischen Tensor bevorzugt. Die Entscheidung in dieser Problematik ist noch nicht gefallen, und es scheint schwierig, das Experiment dazu heranzuziehen.

Zur experimentellen Demonstration von Impuls und Drehimpuls elektromagnetischer Strahlung sei einerseits auf die in Scientific American *226*, Nr. 2, 62 (1972) besprochenen Laser-Experimente zum Lichtdruck[5], andererseits auf den Film „The Angular Momentum of Circularly Polarized Radiation“, EDC College Physics Film Series, verwiesen, in dem gezeigt wird, wie ein Metallzylinder durch Absorption zirkularpolarisierter Mikrowellen in Drehung gerät. (Die bekannte Drehung von Radiometerrädchen bei Bestrahlung erfolgt übrigens *gegen* die Richtung, die man aufgrund des Lichtdruckes zu erwarten hätte, und beruht auf einem Restgaseffekt (Thermodiffusion).)

Unsere in diesem Abschnitt durchgeführten Betrachtungen waren rein klassisch. Obwohl nur das elektromagnetische Feld (und das aus anderen Gründen hier ausgeschlossene Gravitationsfeld) klassisch-makroskopisch beobachtbar sind, haben die Überlegungen dennoch einen größeren Anwendungsbereich: Erstens übertragen sich die Erhaltungsgrößen mit geringen Modifikationen formal auf die Theorie der quantisierten Felder, und zweitens können sie stets aufgestellt werden, wenn einem physikalischen System rein phänomenologisch ein symmetrischer, divergenzfreier Energie-Impulstensor zugeordnet wird. Im nächsten Abschnitt wollen wir diese Vorgangsweise am Beispiel der relativistischen Hydrodynamik illustrieren.

Aufgaben

1. Man bestimme den kanonischen und den symmetrischen Energie-Impulstensor

[1] F. Belinfante, Physica *6*, 887 (1939).
[2] Siehe z.B. Sexl & Urbantke (1987).
[3] L. Rosenfeld, Mem. Acad. Roy. Belgique *6*, 30 (1940).
[4] Siehe z.B. F. Hehl, Rev. Mod. Phys. *48*, 393 (1976).
[5] Siehe auch K. Treml, Physik in unserer Zeit, Juli 1974, S. 100.

für das skalare Feld, (10.1.20), das elektromagnetische Feld, (10.1.22) mit $j^i = 0$, das Procafeld, (10.1.23), das Dirac- und das Weyl-Feld!

2. Für welchen dieser Tensoren gilt die Energiedominanzbedingung, eventuell in der schwächeren Form, daß für jeden Beobachter u^i der Energiestrom-Vierervektor nicht raumartig ist:
$$E^i := T^{ik}u_k \quad \text{erfüllt} \quad E^i u_i > 0, \quad E^i E_i \geq 0. \tag{10.2.38}$$
Für welche elektromagnetischen Felder ist $E^i E_i = 0$?

3. Man zeige, daß die Energiedominanzbedingung äquivalent ist zur Aussage:
$$T^{00} \geq |T^{ab}| \tag{10.2.39}$$
in jedem Inertialsystem.

4. Man verifiziere (10.2.26) und die Übereinstimmung der beiden Ausdrücke in (10.2.28).

5. Man verifiziere (10.2.30).

6. Man verifiziere (10.2.36) und (10.2.37).

7. Der Vektor S_i kann auch im Fall $P_i P^i = 0$ gebildet werden, da in (10.2.25) auf eine Division durch $(P_i P^i)^{1/2}$ verzichtet wurde. Versucht man, in Analogie zu (10.2.20) auch für $P_i P^i = 0$ durch $S^{ik}P_k = 0$ einen Spintensor zu definieren, ergibt sich als notwendige Bedingung $J^{ik}P_k \propto P^i$.

   a) Man zeige, daß diese Bedingung translationsinvariant und zur Bedingung $S_i \propto P_i$ gleichwertig ist. Der hier auftretende Proportionalitätsfaktor entspricht der *Helizität* λ ($S_i = \lambda P_i$). (Vgl. (9.3.11), (9.4.37).)

   b) Der lichtartige Vektor P^i bestimmt nach (8.4.23) einen Spinor π^A bis auf einen Phasenfaktor $e^{i\varphi}$. Man zeige, daß die Bedingung $J^{ik}P_k \propto P^i$ bewirkt, daß einer der beiden Hauptspinoren von J^{ik} zu π^A proportional ist. Ist α^A der andere, so ist durch das Paar (P^j, J^{ik}) das Paar $(\alpha^A, \pi^*{}_{\dot{X}})$ bis auf den Phasenfaktor $e^{-i\varphi}$ bestimmt („*Twistor*").

   c) Welches Transformationsverhalten ergibt sich (bis auf einen Phasenfaktor) für das Paar $(\alpha^A, \pi^*{}_{\dot{X}})$?

   d) Man zeige, daß $\alpha^A \pi_A - \alpha^{*\dot{X}} \pi^*{}_{\dot{X}}$ auch translationsinvariant ist. Wie hängt diese Invariante mit λ zusammen?

8. Man zeige, daß die im Text erwähnte Zuordnung
$$(a, L) \to \left[1 + \frac{1}{2} a_i \gamma^i (1 - \gamma^5)\right] S(L) \tag{10.2.40}$$

($S(L)$ ist wie in (9.1.21) definiert) eine vierdimensionale, reduzible (jedoch nicht vollreduzible) Darstellung von $\mathcal{P}_+^\uparrow$ ist, bei der von den unter $\mathcal{L}_+^\uparrow$ invarianten Formen (9.1.33,34,38,39) nur (9.1.39) invariant bleibt. Man zeige die Äquivalenz dieser Darstellung von $\mathcal{P}_+^\uparrow$ mit derjenigen, die aus Punkt c) der vorigen Aufgabe resultiert, und gebe die Relation der Invarianten von Punkt d) mit (9.1.39) an. *Bemerkung:* Es sei betont, daß im Gegensatz zu dieser *„Twistordarstellung“* die Bispinordarstellung von $\mathcal{P}_+^\uparrow$ in der Zuordnung $(a, L) \to S(L)$ besteht. Zusammen mit der (10-dimensionalen) adjungierten Darstellung und der 5-dimensionalen Darstellung (9.3.6) ist (10.2.40) ein weiteres Beispiel einer endlichdimensionalen Darstellung von $\mathcal{P}_+^\uparrow$, bei der die Translationen nicht trivial dargestellt werden. – Zu Aufgabe 7 und 8 vergleiche man Penrose-Rindler (1986) und die dort zitierte Literatur.

10.3 Relativistische Hydrodynamik

(gemeinsam mit R. Mansouri)

Die relativistische Hydrodynamik war lange Zeit eine Disziplin innerhalb der Relativitätstheorie, die besonders fern jeder Anwendung schien. Wo sollte man Flüssigkeiten finden, deren Strömungsgeschwindigkeit mit der Lichtgeschwindigkeit vergleichbar sind? So dienten die zahlreichen theoretischen Untersuchungen zur Hydrodynamik vor allem begrifflichen Klarstellungen, wobei einige unerwartete Probleme auftraten, die wir noch kennenlernen werden.

Heute hat sich die Situation geändert. Relativistische Hydrodynamik bildet sowohl einen wichtigen Teil der Kosmologie als auch der Theorie der Vorgänge in der Umgebung von Neutronensternen und schwarzen Löchern (siehe z.B. Sexl & Urbantke (1987)). Die dort auftretenden starken Gravitationsfelder lassen Gase mit relativistischen Geschwindigkeiten auf diese Himmelskörper strömen, wobei es zu starker Aufheizung und zur Emission von Röntgenstrahlen kommt. Diese konkreten Anwendungen der Theorie liegen allerdings außerhalb des Rahmens der speziell-relativistischen Hydrodynamik, so daß wir hier auf die Besprechung dieser Anwendungen verzichten müssen.

Die nichtrelativistische Hydrodynamik idealer Flüssigkeiten und Gase wird durch die Gleichungen

$$\frac{\partial \rho}{\partial t} + \operatorname{div}(\rho \mathbf{v}) = 0 \tag{10.3.1}$$

$$\rho \frac{d\mathbf{v}}{dt} + \operatorname{grad} p = \mathbf{k} \tag{10.3.2}$$

definiert, wobei ρ und p *Dichte* bzw. *Druck* der Flüssigkeit sind und $\mathbf{k}$ eine äußere Volumskraft ist. Die obigen Gleichungen sind noch durch die *Zustandsgleichung*

$$p = p(\rho) \tag{10.3.3}$$

zu ergänzen.

Man könnte zunächst vermuten, daß (10.3.1) durch Definition eines *Massenstrom-Vierervektors* $j^i = \rho(x)\, u^i$ in eine kovariante Gleichung der Form $j^i{}_{,i} = 0$ übergeht.

Es ist jedoch charakteristisch für die Relativitätstheorie, daß die Massendichte $\rho(x)$ keinem derartigen Erhaltungssatz genügt – tatsächlich wird sich eine modifizierte Form der Kontinuitätsgleichung ergeben.

Um zu den korrekten Gleichungen zu gelangen, gehen wir in Analogie zu Abschnitt 5.9 vor. Dort wurden die einzelen Komponenten des Energie-Impulstensors T_{ik} im Fall der Elektrodynamik physikalisch gedeutet. Wir gehen hier von dieser Deutung aus und setzen für den *Energie-Impulstensor* einer *idealen Flüssigkeit*

$$T_{ik} = \begin{pmatrix} \rho & 0 & 0 & 0 \\ 0 & p & 0 & 0 \\ 0 & 0 & p & 0 \\ 0 & 0 & 0 & p \end{pmatrix} \qquad (10.3.4)$$

im Ruhsystem eines Flüssigkeitselements. Ideale Flüssigkeiten sind ja gerade dadurch charakterisiert, daß ihr Spannungstensor $T_{\alpha\beta}$ keine Scherungskräfte beschreibt, also proportional zu $\delta_{\alpha\beta}$ ist.

Die Verallgemeinerung von (10.3.4) auf ein beliebiges Inertialsystem lautet offensichtlich

$$T_{ik} = (\rho + p)\, u_i u_k - \eta_{ik}\, p, \qquad (10.3.5)$$

wobei u_i die Vierergeschwindigkeit der Flüssigkeit ist. Dabei ist $\rho(x)$ bzw. $p(x)$ die im Ruhsystem gemessene Dichte bzw. der Druck; beide hängen über die Zustandsgleichung (10.3.3) zusammen.

Die Bewegungsgleichungen der Flüssigkeit ergeben sich aus den Erhaltungssätzen $T^{ik}{}_{,k} = 0$ (bei Abwesenheit äußerer Volumskräfte) zu

$$T^{ik}{}_{,k} = [(\rho + p)\, u^i u^k]_{,k} - p^{,i} = 0. \qquad (10.3.6)$$

Um die nichtrelativistischen Näherungen daraus zu gewinnen, multiplizieren wir (10.3.6) zunächst mit u^i. Es folgt nach kurzer Rechnung (mit $u^i u_i = 1$, $u^i{}_{,k}\, u_i = 0$)

$$(\rho u^k)_{,k} + p\, u^k{}_{,k} = 0. \qquad (10.3.7)$$

Der Massenstromvektor ρu^k ist also nicht erhalten. Bevor wir auf die Bedeutung dieses Resultates eingehen, betrachten wir den Raumteil von (10.3.6):

$$[(\rho + p)\, \mathbf{u}\, u^k]_{,k} + \operatorname{grad} p = 0. \qquad (10.3.8)$$

Definieren wir die *konvektive Ableitung* („mitbewegte Ableitung") eines beliebigen Tensors T durch

$$\dot{T} = T_{,k}\, u^k, \qquad (10.3.9)$$

so läßt sich (10.3.8) unter Berücksichtigung von (10.3.7) auf die Form

$$\dot{p}\, \mathbf{u} + (\rho + p)\, \dot{\mathbf{u}} + \operatorname{grad} p = 0 \qquad (10.3.10)$$

bringen.

Dies ist die relativistische Verallgemeinerung der *Euler-Gleichungen* der Hydrodynamik, wie man durch Übergang zum mitbewegten Inertialsystem $u^i = (1, \mathbf{0})$ sofort sieht. Von den Gleichungen der nichtrelativistischen Theorie unterscheidet sich (10.3.10) vor allem durch Hinzutreten des Druckes p zur Massendichte im Trägheitsterm.

Für elektromagnetische Strahlung ist $p = \rho/3$. Es ergibt sich daher in der Euler-Gleichung ein Faktor 4/3, der analog zu den Faktoren 4/3 ist, die bei der Untersuchung geladener Teilchen auftraten. (10.3.10) ergänzt die Überlegungen insofern, als der hier auftretende Faktor 4/3 genau der Rechnung Hasenöhrls aus dem Jahre 1904 entspricht (siehe dazu Abschnitt 5.10).

Wir kehren nun zu (10.3.7) zurück. Der Zeitteil von (10.3.6) hat sich nicht als die gesuchte *Kontinuitätsgleichung* (10.3.1) erwiesen, diese ist vielmehr zu postulieren. Im Gegensatz zur Massendichte $\rho(x)$ genügt nämlich z.B. die *Baryonendichte*[1] $n(x)$ einer *Kontinuitätsgleichung*

$$(n\, u^k)_{,k} = 0, \tag{10.3.11}$$

die die Erhaltung der Baryonenzahl (Konstanz und Unabhängigkeit vom Inertialsystem) ausdrückt. Dabei soll $n(x)$ so festgelegt sein, daß $n = \rho$ für einen Normalzustand, z.B. ein verdünntes Wasserstoffgas, gilt.

Für ein Elektronengas ist an Stelle der Baryonendichte[1] die *Leptonendichte*[1] in der Kontinuitätsgleichung zu verwenden. Für Photonen (Mesonen) existiert *keine* Kontinuitätsgleichung, da sie beliebig erzeugt und vernichtet werden können.

Der Zusammenhang zwischen n, p und ρ folgt aus der Zustandsgleichung (10.3.3) und der Definition des Druckes

$$p = \frac{d\,(\text{Energie pro Baryon})}{d\,(\text{Volumen pro Baryon})} = \frac{d\,(\rho/n)}{d\,(1/n)} = n\frac{d\rho}{dn} - \rho \tag{10.3.12}$$

oder

$$\int \frac{d\rho}{p(\rho) + \rho} = \int \frac{dn}{n}. \tag{10.3.13}$$

Damit ist auch $n(\rho)$ bekannt.

Massendichte ρ und Baryonendichte n unterscheiden sich durch die Dichte $n\varepsilon$ der inneren Energie ($\varepsilon =$ *spezifische innere Energie* $=$ innere Energie pro Baryon):

$$\rho = n(1 + \varepsilon). \tag{10.3.14}$$

Die innere Energie ist negativ, wenn Energie bei der Bildung des Zustandes ρ abgegeben wird (z.B. Bindungsenergie bei Atomkernen); ε ist positiv, wenn dabei Energie aufgewendet werden muß (z.B. Kompressionsarbeit).

Spezifische *Entropie* s (= Entropie pro Baryon) und die *Temperatur* T werden durch die Forderung definiert, daß $1/T$ der integrierende Faktor der Gleichung

$$ds = \frac{1}{T}\left(d\varepsilon + p\, d\left(\frac{1}{n}\right)\right) \tag{10.3.15}$$

[1] Zu den Begriffen Baryonen, Leptonen siehe die zitierten Lehrbücher der Teilchenphysik.

ist, da $v = 1/n$ das spezifische Volumen ist. Die Konstanz der Entropie entlang der Stromlinien einer idealen Flüssigkeit folgt direkt aus (10.3.7):

$$\dot{p} = [(\rho + p)\, u^k]_{,k} = [(n + \varepsilon n + p)\, u^k]_{,k} = n\dot{\varepsilon} + p\, u^k{}_{,k} + \dot{p}. \qquad (10.3.16)$$

Division durch n liefert mit (10.3.11)

$$T\dot{s} = \dot{\varepsilon} + p \left(\frac{1}{n}\right)^{\cdot} = 0. \qquad (10.3.17)$$

Die Zeitkomponente der Erhaltungssätze (10.3.6) liefert also im Fall einer idealen Flüssigkeit die Aussage, daß keine Enegie in Wärme übergeht und die Entropie daher konstant bleibt.

Für *nichtideale* Flüssigkeiten ist der Ansatz (10.3.5) auf

$$T_{ik} = (\rho + p)\, u_i u_k + (q_i u_k + q_k u_i) - \eta_{ik} p - \pi_{ik} \qquad (10.3.18)$$

zu verallgemeinern. Dabei hat q_i die Bedeutung eines Energieflusses relativ zu u^i, und π^{ik} ist der anisotrope Teil der Druckverteilung. Siehe dazu G.F.R. Ellis in Sachs (1971). Dort sind auch kosmologische Anwendungen zu finden, ferner Verallgemeinerungen der Begriffe Rotations- und Scherungsfreiheit einer Strömung auf den relativistischen Fall. Die relativistische Theorie reibender Flüssigkeiten findet sich bei Weinberg (1972).

Der hier gewählte Zugang zu den Gleichungen der Hydrodynamik hat den Vorteil, einfach und unmittelbar zu sein. Es ist auch möglich, Euler-Gleichungen aus einem *Variationsprinzip* herzuleiten, siehe dazu z.B. Yourgrau und Mandelstam (1968). Die relativistische Hydrodynamik kann auch auf *geladene* Flüssigkeiten verallgemeinert werden. Dazu addiert man einfach den Energie-Impulstensor (5.9.12) des elektromagnetischen Feldes zu (10.3.5) und bildet wiederum die Divergenz (10.3.6). Man erhält dann die Lorentzkraft als Zusatzterm in den Euler-Gleichungen.

In den vorstehenden Überlegungen haben wir Flüssigkeiten bzw. Gase phänomenologisch durch Dichte, Druck und Temperatur beschrieben, um zu einer relativistischen Hydrodynamik zu gelangen. Dabei haben sich automatisch auch erste Ansätze einer *Thermodynamik* mit ergeben. Von einem fundamentaleren Standpunkt aus wären diese Überlegungen auf einer relativistischen kinetischen Theorie bzw. statistischen Mechanik aufzubauen.

In der relativistischen Thermodynamik wurde bisher vorwiegend das Verhalten thermodynamischer Größen bei Koordinatentransformationen untersucht. Welche Temperatur, Entropie etc. eines Systems mißt ein bewegter Beobachter? Die ersten Überlegungen zu diesem Problem wurden von Einstein und Planck im Jahre 1907 angestellt (M. Planck, Berlin. Berichte 1907, p. 152; Ann. der Physik *26*, 1 (1908), A. Einstein, Jahrb. d. Radioaktivität und Elektronik *4*, 411 (1907)). Das Resultat dieser Autoren war, daß die Entropie eine relativistische Invariante ist und die Temperatur nach $T = T_0\sqrt{1-v^2}$ transformiert. Später hat vor allem Tolman diese Gedanken weiter ausgeführt und eine allgemein-relativistische Thermodynamik geschaffen (Tolman (1934)). Damit schienen die Probleme der Thermodynamik gelöst, bis Ott (H. Ott, Z. Phys. *175*, 70 (1963)) ein von Einstein und Planck abweichendes Transformationsverhalten für die Temperatur herleitete, nämlich $T = T_0/\sqrt{1-v^2}$. In der Folge erschienen noch zahlreiche Arbeiten über diese Problematik (D. ter Haar & H. Wergeland, Phys. Rep. *C1*, 31 (1971), P.T. Landsberg, in: Conn & Fowler (1970), O. Grøn, Nuovo Cim. *B17*, 141 (1973), D. Eimerl, Ann. Phys. (N.Y.) *91*, 481 (1975), G. Horwitz, J. Katz, Ann. Phys. (N.Y.) *76*, 301 (1973)).

Bei der Diskussion um die Transformation der thermodynamischen Größen dürfte es sich allerdings weitgehend um Scheinprobleme handeln. So kommt z.B. der Unterschied zwischen den von Einstein und Planck hergeleiteten Resultaten und dem Ergebnis von Ott dadurch zustande, daß Wärmezufuhr Energiezufuhr bedeutet und dadurch auch die Masse des thermodynamischen Systems erhöht wird. Man kann nun postulieren, daß Wärmezufuhr bei konstanter Geschwindigkeit oder bei konstantem Impuls des Systems erfolgen soll. Je nachdem, welche Forderung man wählt, erhält man eines der beiden oben angegebenen Resultate. Charakteristisch für die Diskussion ist, daß sich in den Arbeiten kein einziger Hinweis darauf findet, wie man experimentell das verschiedene Transformationsverhalten für die Temperatur unterscheiden könnte. Wie mißt man die Temperatur eines bewegten Systems? Denken wir uns etwa einen Hohlraum, der mit Strahlung erfüllt ist. Wenn sich dieser Raum relativ zu uns bewegt, werden wir die Strahlung in verschiedenen Richtungen durch den Dopplereffekt einmal zu kurzen und einmal zu langen Wellenlängen hin verschoben sehen. Es ergibt sich also, vom bewegten Beobachter aus gesehen, keinesfalls das Bild einer isotropen Strahlung, deren Temperatur nach irgendeinem Gesetz transformiert, sondern vielmehr eine anisotrope Strahlungsverteilung. Eine derartige Anisotropie sieht man z.B. aufgrund der Bewegung der Erde in der kosmischen Hintergrundstrahlung (3K-Strahlung); siehe G. Smoot et al., Phys. Rev. Lett. *39*, 898 (1977), Ap. J. *371*, L1, (1991).

Da die Messung thermodynamischer Größen Gleichgewicht voraussetzt, ist es sinnvoller, die Hauptsätze der Thermodynamik im Ruhsystem zu formulieren und als form-invariant zu betrachten. Es gibt allerdings einen Spezialfall, der einer gesonderten Behandlung bedarf. Landau und Lifschitz zeigen, daß die Gleichgewichtsbedingungen der statistischen Mechanik nur erfüllbar sind, wenn ein System insgesamt eine konstante Translationsgeschwindigkeit aufweist oder starr um eine Achse rotiert (Landau-Lifschitz (1969)). Während die Behandlung der gleichförmig bewegten Systeme mit den als skalar aufgefaßten Hauptsätzen der Wärmelehre trivial ist, erfordert die Thermodynamik rotierender Systeme eine eingehende Betrachtung. Dabei ist die Frage des Zusammenhanges zwischen den globalen Größen (Gesamtentropie, Gesamtenergie etc.) und den lokalen Größen (Druck, Dichte, Temperatur etc.) zu klären. Dieses Problem wurde von Horwitz und Katz, loc. cit., behandelt. Diese Autoren zeigen, daß die Gleichgewichtsbedingung durch $T_G = T_L\sqrt{1-v^2}$ gegeben ist, wobei T_G die globale, T_L die lokale Temperatur und v die Geschwindigkeit des jeweiligen Volumselements des Körpers relativ zur Drehachse ist. Ein rotierender Körper weist daher im Gleichgewicht keine konstante, sondern eine räumlich variable lokale Temperatur auf.

Die relativistische Formulierung der statistischen Mechanik nichtwechselwirkender Teilchen wurde erstmals von Jüttner (Ann. Physik *34*, 856 (1911)) angegeben und bietet im Gegensatz zur relativistischen Statistik wechselwirkender Teilchen keinerlei Schwierigkeit. Theorie und Anwendung sind in Huang (1973) oder Landau-Lifschitz (1969) zu finden. In den letzten Jahren ist vor allem die Theorie des frühen Universums (siehe z.B. E.R. Harrison, Ann. Rev. Astron. Astrophys. (1973)) als Anwendung der relativistischen Thermodynamik bei höchsten Temperaturen von Interesse gewesen, ferner die Aufstellung von Zustandsgleichungen für Neutronensterne (V. Canuto, Ann. Rev. Astron. Astrophys. (1974)).

Das Problem der statistischen Mechanik wechselwirkender Teilchen wurde in den letzten Jahren von zwei Gesichtspunkten her behandelt. Es wurde einerseits die Boltzmanngleichung im Rahmen einer relativistischen kinetischen Theorie wechselwirkender Teilchen aufgestellt (siehe dazu die Überblicksartikel von Ehlers in Sachs (1971) und Stewart (1971)). Andererseits hat vor allem Balescu (J. Phys. Soc. Japan *26*, Suppl. 313-315; Artikel in Stuart & Brainard (1970)) versucht, die Problematik einer echten statistischen Mechanik wechselwirkender relativistischer Teilchen direkt zu behandeln. Diese Problematik ist darin begründet, daß die in Abschnitt 5.1 erwähnten „No-interaction-Theoreme" die Beschreibung der Wechselwirkung durch retardierte Fernwirkung weitgehend ausschließen. Betrachtet man andererseits Wechselwirkungen zwischen Teilchen als durch Felder vermittelt (wie z.B. in der relativistischen Elektrodynamik), so ergeben sich mathematisch sehr schwer zu lösende Probleme, da Felder stets eine unendliche Zahl von Freiheitsgraden aufweisen, die auch für die Umgehung der „No-interaction-Theoreme" essentiell ist. Die korrekte Formulierung von Begriffen wie Phasenraum etc. für Systeme mit unendlich vielen Freiheitsgraden ist aber eine sehr heikle Aufgabe der mathematischen Physik, insbesondere, wenn es sich letztlich um die Vorhersage von Phänomenen wie Phasenübergängen handelt.

Anhang A

Gruppentheoretisches Glossar

Eine nichtleere Menge $\mathcal{G}$ heißt eine *Gruppe,* wenn in ihr eine Zusammensetzungsvorschrift („*Multiplikationsregel*") gegeben ist, die jedem Elementpaar $(g,h) \in \mathcal{G} \times \mathcal{G}$ ein Element $gh \in \mathcal{G}$ zuordnet, und dabei folgendes gilt:

1) *Assoziativität:* $(g_1g_2)g_3 = g_1(g_2g_3) =: g_1g_2g_3$ für jedes Tripel $(g_1, g_2, g_3) \in$ $\in \mathcal{G} \times \mathcal{G} \times \mathcal{G}$

2) *Einheitselement:* Es existiert ein Element $e \in \mathcal{G}$, so daß $eg = g$ für alle $g \in \mathcal{G}$

3) *Inverses Element:* Zu jedem $g \in \mathcal{G}$ existiert ein Inverses g^{-1}, so daß $g^{-1}g = e$.

Die Gruppe heißt *kommutativ* oder *abelsch,* wenn zusätzlich gilt $gh = hg$ für alle $(g,h) \in \mathcal{G} \times \mathcal{G}$. Aus 1), 2), 3) folgt, daß auch $ge = g$, $gg^{-1} = e$ für alle $g \in \mathcal{G}$, und daß e, g^{-1} durch obige Eigenschaften eindeutig bestimmt sind. Weiter gilt $(g_1g_2g_3\ldots)^{-1} =$ $= \ldots g_3^{-1}g_2^{-1}g_1^{-1}$.

Eine nichtleere Teilmenge $\mathcal{G}_1 \subset \mathcal{G}$ heißt *Untergruppe* von $\mathcal{G}$, wenn sie bezüglich der Multiplikation von $\mathcal{G}$ eine Gruppe bildet. Dazu genügt, daß für alle $(g,h) \in \mathcal{G}_1 \times \mathcal{G}_1$ gilt $gh^{-1} \in \mathcal{G}_1$. Der Durchschnitt zweier Untergruppen ist wieder eine Untergruppe.

Im folgenden schreiben wir, wenn $\mathcal{H} \subset \mathcal{G}$ eine Teilmenge von $\mathcal{G}$ ist, $g\mathcal{H}$ bzw. $\mathcal{H}g$ für die Menge aller Produkte gh bzw. hg, wo $h \in \mathcal{H}$ und g ein festes Element aus $\mathcal{G}$ ist. Ebenso sei für zwei Teilmengen $\mathcal{H}$, $\mathcal{H}'$ die Menge $\mathcal{H}\mathcal{H}'$ bzw. $\mathcal{H}'\mathcal{H}$ definiert als Vereinigung der Mengen $\mathcal{H}h'$ bzw. $h'\mathcal{H}$, wo h' ganz $\mathcal{H}'$ durchläuft (Multiplikation von Teilmengen).

Ist $\mathcal{G}_1 \subset \mathcal{G}$ Untergruppe, so nennt man Mengen der Form $g\mathcal{G}_1$ bzw. $\mathcal{G}_1g$ linksseitige bzw. rechtsseitige *Nebenklassen* von $\mathcal{G}_1$. Ist $g \in \mathcal{G}_1$, so ist $g\mathcal{G}_1 = \mathcal{G}_1$. Zwei verschiedene Nebenklassen sind elementfremd, und $\mathcal{G}$ kann als disjunkte Vereinigung

$$\mathcal{G} = \mathcal{G}_1 \cup g\mathcal{G}_1 \cup h\mathcal{G}_1 \cup \ldots \text{ oder } = \mathcal{G}_1 \cup \mathcal{G}_1 g \cup \mathcal{G}_1 h \cup \ldots$$

geschrieben werden, wo die Elemente g, h, ... jeweils nicht in der Vereinigung der vorhergehenden Mengen liegen. Jedes Element von $\mathcal{G}$ liegt genau in einer Nebenklasse einer solchen *Zerlegung von $\mathcal{G}$ in Nebenklassen nach der Untergruppe $\mathcal{G}_1$*, deren Menge mit $\mathcal{G}/\mathcal{G}_1$ bezeichnet wird.

Wenn für die Untergruppe $\mathcal{G}_1 \subset \mathcal{G}$ jede rechte Nebenklasse $\mathcal{G}_1g$ mit der entsprechenden linken Nebenklasse $g\mathcal{G}_1$ übereinstimmt, heißt $\mathcal{G}_1$ ein *Normalteiler* von $\mathcal{G}$. Jede Untergruppe, zu der nur eine von $\mathcal{G}_1$ verschiedene Nebenklasse gehört („Untergruppe von Index 2"), ist Normalteiler. In einer abelschen Gruppe ist jede Untergruppe Normalteiler. Der Durchschnitt zweier Normalteiler ist wieder Normalteiler.

Ein Element, das mit allen Gruppenelementen kommutiert, heißt *zentral* in $\mathcal{G}$. Die Gesamtheit der zentralen Elemente bildet das *Zentrum* von $\mathcal{G}$, ein spezieller Normalteiler.

Die Nebenklassen nach einem Normalteiler $\mathcal{G}_1$ von $\mathcal{G}$ bilden bezüglich der oben beschriebenen Multiplikation von Teilmengen eine Gruppe, die Faktorgruppe $\mathcal{G}/\mathcal{G}_1$.

Eine Abbildung einer Gruppe $\mathcal{G}$ *in* eine Gruppe $\mathcal{G}'$ heißt ein *Homomorphismus* von $\mathcal{G}$ *in* $\mathcal{G}'$, wenn dem Produkt zweier Elemente das Produkt der Bildelemente in $\mathcal{G}'$ zugeordnet ist. Wenn die Abbildung dabei surjektiv ist, d.h., alle Elemente von $\mathcal{G}'$ als Bildelemente auftreten, spricht man von einem Homomorphismus von $\mathcal{G}$ *auf* $\mathcal{G}'$. Ein *Isomorphismus* ist noch zusätzlich injektiv, d.h. umkehrbar eindeutig, also bijektiv. $\mathcal{G}$, $\mathcal{G}'$ heißen dann zueinander isomorph. Isomorphismen von $\mathcal{G}$ auf sich selbst nennt man *Automorphismen.* Diese bilden eine Gruppe bezüglich Zusammensetzung. Spezielle Automorphismen sind die *inneren Automorphismen,* die durch die Elemente von $\mathcal{G}$ vermittelt werden: ist $h \in \mathcal{G}$, so ist die Zuordnung $g \to hgh^{-1}$ ein Automorphismus. Die dabei einander zugeordneten Gruppenelemente heißen *konjugiert,* ebenso die Untergruppen $\mathcal{G}_1 \subset \mathcal{G}$ und $g\,\mathcal{G}_1 g^{-1}$ zueinander konjugiert. Normalteiler sind selbstkonjugiert, d.h. unter inneren Automorphismen *invariante Untergruppen.* Die inneren Automorphismen bilden einen Normalteiler der Automorphismengruppe.

Bei Homomorphismen $\mathcal{G} \to \mathcal{G}'$ werden i.a. mehrere Elemente von $\mathcal{G}$ das gleiche Bild in $\mathcal{G}'$ haben. Die Menge der Elemente in $\mathcal{G}$, die auf das Einselement von $\mathcal{G}'$ abgebildet werden (der *Kern* des Homomorphismus), bildet einen Normalteiler $\mathcal{G}_1$ in $\mathcal{G}$, zu dem die anderen Elemente von $\mathcal{G}$, die jeweils gleiche Bilder in $\mathcal{G}'$ besitzen, Nebenklassen sind. Das Bild von $\mathcal{G}$ unter diesem Homomorphismus ist zur Faktorgruppe $\mathcal{G}/\mathcal{G}_1$ isomorph. (Die Zuordnung $g \to g\,\mathcal{G}_1$ heißt der *kanonische Homomorphismus* von $\mathcal{G}$ auf $\mathcal{G}/\mathcal{G}_1$.)

Ist $\mathcal{G}_1$ Normalteiler und $\mathcal{G}_2$ Untergruppe in $\mathcal{G}$, so ist $\mathcal{G}_1\mathcal{G}_2 = \mathcal{G}_2\mathcal{G}_1$ eine Untergruppe von $\mathcal{G}$; schränkt man den kanonischen Homomorphismus $\mathcal{G} \to \mathcal{G}/\mathcal{G}_1$ auf $\mathcal{G}_2$ ein, so ist sein Kern $\mathcal{G}_1 \cap \mathcal{G}_2$ und sein Bild $\mathcal{G}_1\mathcal{G}_2/\mathcal{G}_1$, so daß $\mathcal{G}_2/\mathcal{G}_1 \cap \mathcal{G}_2 \cong \mathcal{G}_1\mathcal{G}_2/\mathcal{G}_1$ isomorph sind. Gilt dabei $\mathcal{G}_1 \cap \mathcal{G}_2 = \{e\}$ sowie $\mathcal{G}_1\mathcal{G}_2 = \mathcal{G}$, so folgt $\mathcal{G}/\mathcal{G}_1 \cong \mathcal{G}_2$ und umgekehrt, und jedes $g \in \mathcal{G}$ hat eine eindeutige Zerlegung $g = g_1 g_2$, $g_i \in \mathcal{G}_i$.

Eine Gruppe $\mathcal{G}$ heißt *Erweiterung* einer Gruppe $\mathcal{G}_0$ *durch* eine Gruppe $\mathcal{G}_1$, wenn sie einen zu $\mathcal{G}_1$ isomorphen Normalteiler mit zu $\mathcal{G}_0$ isomorpher Faktorgruppe enthält. Eine Erweiterung bei gegebenen $\mathcal{G}_0$, $\mathcal{G}_1$ muß weder existieren noch eindeutig sein; die Terminologie soll auch nicht zu der Annahme verleiten, daß $\mathcal{G}$ eine zu $\mathcal{G}_0$ isomorphe Untergruppe $\mathcal{G}_2$ enthält. Ist dies doch der Fall, heißt die Erweiterung *unwesentlich,* man ist in der im vorigen Absatz beschriebenen Situation, und $\mathcal{G}$ ist auch zu einem semidirekten Produkt (s.u.) $\mathcal{G}_1 \times \mathcal{G}_2$ isomorph. Ist der $\mathcal{G}_1$ in $\mathcal{G}$ entsprechende Normalteiler zentral, heißt die Erweiterung *zentral.*

Eine Gruppe $\mathcal{G}$ heißt *einfach,* wenn sie keinen echten (d.h. vom Einheitselement und $\mathcal{G}$ verschiedenen) Normalteiler hat. Darstellungen einfacher Gruppen sind treu oder trivial. Nichttreue Darstellungen sind treue Darstellungen entsprechender Faktorgruppen. Homomorphismen einfacher Gruppen sind Isomorphismen oder trivial.

Das *direkte Produkt* zweier Gruppen ist in Aufgabe 6 zu Abschnitt 3.1 definiert; eine Charakterisierung einer Gruppe $\mathcal{G}$ als isomorph zum direkten Produkt zweier Untergruppen ist in Aufgabe 4 von Abschnitt 7.9 angegeben. Eine in diesem Buch häufig anzutreffende Verallgemeinerung ist das *semidirekte Produkt* $\mathcal{G}_1 \times_\Sigma \mathcal{G}_2$ zweier Gruppen $\mathcal{G}_1$, $\mathcal{G}_2$ bezüglich eines Homomorphismus Σ von $\mathcal{G}_1$ in die Automorphismengruppe $Aut(\mathcal{G}_2)$. Hier wird das kartesischen Produkt $\mathcal{G}_1 \times \mathcal{G}_2$ gemäß einer der beiden Regeln (die nicht wesentlich verschieden sind) $(g_1, g_2) \circledS (h_1, h_2) := (g_1 h_1, g_2 \Sigma_{g_1} h_2)$ oder $:= (g_1 h_1, (\Sigma_{h_1}^{-1} g_2) h_2)$ zur Gruppe gemacht. In ihr sind $\mathcal{G}_1$, $\mathcal{G}_2$ durch $g_1 \to (g_1, e_2)$,

$g_2 \to (e_1, g_2)$ isomorph eingebettet, wobei $\mathcal{G}_2$ isomorph zu einem Normalteiler und $\mathcal{G}_1$ isomorph zu dessen Faktorgruppe wird (s.o.) und die Wirkung des zu g_1 gehörenden Automorphismus Σ_{g_1} auf g_2 der Konjugation mit (g_1, e_2) entspricht. Der Spezialfall $\Sigma_{g_1} = \mathrm{id}_{\mathcal{G}_2}$ für alle $g \in \mathcal{G}_1$ führt auf das direkte Produkt zurück.

Die Lie-Algebra des semidirekten Produkts zweier Lie-Gruppen ist eine semidirekte Summe der Lie-Algebren der beiden Faktoren. Allgemein ist dabei eine *semidirekte Summe zweier Lie-Algebren* $\mathbf{L}_1$, $\mathbf{L}_2$ folgendermaßen erklärt. Eine *Derivation* in einer (Lie-) Algebra $\mathbf{L}$ ist eine lineare Abbildung $D\colon \mathbf{L} \to \mathbf{L}$, die bezüglich Produktbildung die Leibniz-Regel $D(A \circ B) = D(A) \circ B + A \circ D(B)$ erfüllt. Die Derivationen von $\mathbf{L}$ bilden bezüglich des Kommutators $[D, D']$ selbst eine Lie-Algebra $Der(\mathbf{L})$. Ist nun ein Homomorphismus $\sigma : \mathbf{L}_1 \to Der(\mathbf{L}_2)$ gegeben, kann der Vektorraumsumme $\mathbf{L}_1 \oplus \mathbf{L}_2$ durch $(A_1, A_2) \circ (B_1, B_2) = (A_1 \circ B_1, A_2 \circ B_2 + \sigma_{A_1}(B_2) - \sigma_{B_1}(A_2))$ die Struktur einer Lie-Algebra gegeben werden. Der Fall, wo $\sigma_{A_1} = 0$ für alle $A_1 \in \mathbf{L}_1$, ergibt die direkte Summe der Algebren.

Man sagt, eine Gruppe $\mathcal{G}$ wirkt als *Transformationsgruppe* auf einer Menge M, oder ist auf M *realisiert,* wenn zu jedem $g \in \mathcal{G}$ und jedem $m \in M$ ein Bild $\rho(g, m) \equiv$ $\equiv \rho_g(m) \in M$ definiert ist, wobei im Falle einer *Links*wirkung (bzw. *Rechts*wirkung) $\rho_{gh}(m) = \rho_g(\rho_h(m))$ (bzw. $= \rho_h(\rho_g(m))$) und $\rho_e(m) = m$ für alle $m \in M$ gelten soll. $\mathcal{G}$ wirkt *effektiv* (bzw. *frei*) auf M, wenn „$\rho_g(m) = m$ für alle m (bzw. irgendein m)" impliziert, daß $g = e$. $\mathcal{G}$ wirkt *transitiv,* wenn zu jedem Paar m, m' ein $g \in \mathcal{G}$ mit $\rho_g(m) = m'$ existiert.

(Lineare) Darstellungen sind Realisierungen durch lineare Transformationen auf einem Vektorraum $\mathbf{V}$. Bei Darstellungen in einem etwas weiteren Sinn läßt man in der Physik auch semilineare Transformationen (siehe Anhang B) zu. Strahldarstellungen sind Realisierungen durch projektive Transformationen auf einem projektiven Raum (= Menge der eindimensionalen Teilräume eines Vektorraums $\mathbf{V}$; projektive Transformationen werden durch semilineare Abbildungen $\mathbf{V} \to \mathbf{V}$ induziert).

Anhang B

Abstrakte multilineare Algebra

Lineare und *multilineare Algebra* ist eine der elementarsten und meistverwendeten mathematischen Disziplinen, und zahlreiche (auch deutschsprachige) Lehrbücher bringen sie bereits in ihrer abstrakten, d.h. primär basis- und komponentenunabhängig abgehandelten Form, die ursprünglich für die Zwecke der unendlichdimensionalen Räume erdacht, dann jedoch auch im Fall endlicher Dimension als zweckmäßig befunden wurde. Ihre derzeit allgemeinste Form (Moduln über nichtkommutativen Ringen) steht z.B. in Bourbaki (1970). Wir bringen hier einige für unsere Zwecke angepaßte Abschnitte, teilweise als Hintergrund für die im Text angegebenen Komponentenversionen von Begriffen wie kontragrediente Transformation, komplexe Konjugation, Tensoren, Tensorprodukt von Vektorräumen und Abbildungen, Komplexifizierung, und teilweise als Vorbereitung für das in einem späteren Anhang zu besprechende allgemeine Schema der sogenannten zweiten Quantisierung.

Wir betrachten hier *Vektorräume* $\mathbf{V}$ über einem (kommutativen) Körper $\mathbf{K}$, der dann sofort auf $\mathbf{R}$ oder $\mathbf{C}$ spezialisiert wird. Für $\mathbf{V}$ wollen wir einfachheitshalber *endliche Dimension* voraussetzen, teils, um die andernfalls bei der Einführung des Tensorprodukts erforderliche noch höhere Abstraktheit zu vermeiden, teils, um analytische Zusatzbegriffe zu vermeiden. $\mathbf{K}$ ist in trivialer Weise ein eindimensionaler Vektorraum über $\mathbf{K}$, aber auch Vektorraum über jedem Teilkörper. Erweiterungskörper von $\mathbf{K}$ sind Vektorräume über $\mathbf{K}$; in unserem Fall konkret: $\mathbf{C}$ ist zweidimensionaler Vektorraum über $\mathbf{R}$, eindimensional über $\mathbf{C}$.

B.1 Semilineare Abbildungen

Sind $\mathbf{V}$, $\mathbf{W}$ Vektorräume über $\mathbf{K}$ und σ ein Automorphismus von $\mathbf{K}$, so heißt eine Abbildung $A : \mathbf{V} \to \mathbf{W}$ bezüglich σ $\mathbf{K}$-*semilinear,* wenn $A(\alpha v + v') = \sigma(\alpha)A(v) + A(v')$ $\forall v, v' \in \mathbf{V}$, $\alpha \in \mathbf{K}$. Ist $\sigma = \mathrm{id}_{\mathbf{K}}$, heißt A *linear;* ist $\mathbf{K} = \mathbf{C}$ und $\sigma(\alpha) = \alpha^*$ die komplexe Konjugation, heißt A *antilinear.* Ist $\mathbf{W} = \mathbf{K}$, nennt man A auch ein Funktional auf $\mathbf{V}$. Bilder und Urbilder linearer Teilräume sind lineare Teilräume.

Ist $\mathbf{W} = \mathbf{V}$, bilden die invertierbaren A bezüglich Zusammensetzung eine Gruppe, wenn σ eine Untergruppe der Automorphismengruppe von $\mathbf{K}$ durchläuft.

Bei festem σ können die semilinearen Abbildungen auch addiert und mit Zahlen aus $\mathbf{K}$ multipliziert werden, indem man $\alpha A + B$ durch $(\alpha A + B)v = \alpha Av + Bv$ definiert. Die semilinearen Abbildungen bilden daher für jedes feste σ einen Vektorraum über $\mathbf{K}$.

Bei Spezialisierung auf $\mathbf{K} = \mathbf{R}$ kommt nur $\sigma = \mathrm{id}_{\mathbf{R}}$, bei $\mathbf{K} = \mathbf{C}$ nur $\sigma = \mathrm{id}_{\mathbf{C}}$ oder $\sigma =$ komplexe Konjugation infrage[1]. Wir behanden im folgenden nur diese Fälle weiter, verwenden aber gelegentlich das gemeinsame Symbol σ, wobei $\sigma^2 = \mathrm{id}$ zu beachten ist.

[1] Die übrigen Automorphismen von $\mathbf{C}$ sind unstetig; $\mathbf{R}$ hat keine weiteren.

B.2 Dualraum[1]

Der von den **K**-linearen Funktionalen auf **V** gebildete Vektorraum $\widetilde{\mathbf{V}}$ über **K** heißt der *Dualraum* zu **V**, seine Elemente auch *Kovektoren* oder kovariante Vektoren (dann nennt man die Elemente von **V** kontravariante Vektoren). Ist $\{b_i\}$ eine Basis in **V**, hat jeder Vektor $v \in \mathbf{V}$ eine Zerlegung $v = v^i b_i$, und die linearen Funktionale $\tilde{b}^i : v \to v^i$ bilden die zu $\{b_i\}$ *duale Kobasis* $\{\tilde{b}^i\}$ in $\widetilde{\mathbf{V}}$. Jedes $a \in \widetilde{\mathbf{V}}$ kann nämlich damit als $a = a_i \tilde{b}^i$ mit $a_i = a(b_i)$ geschrieben werden, wie man durch Anwendung auf $v = v^i b_i$ sieht.

Jedes $v \in \mathbf{V}$ definiert auf $\widetilde{\mathbf{V}}$ ein lineares Funktional $\tilde{\tilde{v}}$ gemäß $\tilde{\tilde{v}}(a) := a(v)\ \forall a \in \widetilde{\mathbf{V}}$. Dies bettet **V** auf basisunabhängige („kanonische" oder „natürliche", d.h. keine weiteren Strukturelemente erfordernde) Weise in $\tilde{\tilde{\mathbf{V}}}$ ein. Bei endlicher Dimension können **V** und $\tilde{\tilde{\mathbf{V}}}$ dadurch identifiziert werden, während dies bei **V**, $\widetilde{\mathbf{V}}$ nicht ohne weitere Struktur (z.B. inneres Produkt auf **V**) möglich ist. Die bilineare Abbildung $\mathbf{V} \times \widetilde{\mathbf{V}} \to \mathbf{K}$, die dem Paar (v, a) den Wert $a(v) =: (a \mid v) =: (v \mid a)$ zuordnet, heißt auch das (kanonische) *innere* (oder *skalare*) *Produkt zwischen* **V** *und* $\widetilde{\mathbf{V}}$.

B.3 Komplex-konjugierter Raum[1]

Der von den *anti*linearen Funktionalen auf **V** gebildete Vektorraum $\widetilde{\mathbf{V}}^*$ heißt *komplex-konjugierter Dualraum.* Zu jedem Kovektor $a \in \widetilde{\mathbf{V}}$ gehört der *komplex-konjugierte* Kovektor $a^* \in \widetilde{\mathbf{V}}^*$, der durch $a^*(v) := (a \mid v)^*\ \forall v \in \mathbf{V}$ gegeben ist. Die (antilineare) komplexe Konjugation führt also von $\widetilde{\mathbf{V}}$ in $\widetilde{\mathbf{V}}^*$.

Analog heißt der Raum $\mathbf{V}^*$ der antilinearen Funktionale auf $\widetilde{\mathbf{V}}$ der *zu* **V** *konjugiert-komplexe Vektorraum*, und die komplexe Konjugation $\mathcal{K} : \mathbf{V} \ni v \to v^* \in \mathbf{V}$ ist durch $v^*(a) = (a \mid v)^*\ \forall a \in \widetilde{\mathbf{V}}$ definiert. ($\mathbf{V}^*$ ist kanonisch isomorph mit **V**, versehen mit der neuen Multiplikationsregel $\alpha \circ v := \alpha^* v$, wo rechts die ursprüngliche Regel für Multiplikation mit Skalaren gemeint ist.) Ebenso isomorph sind auch die Paare $\mathbf{V} \cong \mathbf{V}^{**}$, $\widetilde{\mathbf{V}^*} \cong \widetilde{\mathbf{V}}^*, \ldots$, und in diesem Sinn ist $(v^*)^* = v$, $(a^*)^* = a$ für $v \in \mathbf{V}$, $a \in \widetilde{\mathbf{V}}$.

Zu jeder Basis $\{b_i\}$ von **V** gehört die duale Basis $\{\tilde{b}^i\}$ in $\widetilde{\mathbf{V}}$, die komplex-konjugierte Basis $\{b_i^*\}$ in $\mathbf{V}^*$ und die komplex-konjugierte Dualbasis $\{\tilde{b}^{*i}\}$ in $\widetilde{\mathbf{V}}^*$. Man beachte nochmals, daß nur eine ganze Basis dualisiert werden kann, während bereits einzelne Vektoren komplex konjugiert werden können. Zu jeder antilinearen Abbildung $A : \mathbf{V} \to \mathbf{W}$ gehört eine *lineare* Abbildung $\mathcal{K} \circ A$ von **V** in $\mathbf{W}^*$.

B.4 Transposition, komplexe und hermitische Konjugation von Abbildungen

Eine semilineare Abbildung $A : \mathbf{V} \to \mathbf{W}$ definiert zu jedem $b \in \widetilde{\mathbf{W}}$ ein lineares Funktional auf **V** gemäß $v \to \sigma(b \mid Av)$; wir bezeichen es mit $A^T b$. Das definiert

[1]Die heute in der Mathematik meistgebräuchliche Symbolik für Dualraum bzw. komplex-konjugierten Raum ist $\mathbf{V}^*$ bzw. $\overline{\mathbf{V}}$.

die (semilineare) *transponierte* (oder duale) *Abbildung* zu A, $A^T : \widetilde{\mathbf{W}} \to \widetilde{\mathbf{V}}$. Für invertierbares A heißt $\breve{A} := (A^T)^{-1} = (A^{-1})^T$ die zu A *kontragrediente* Abbildung.

Analog ist die *hermitisch-konjugierte Abbildung* $A^\dagger : \widetilde{\mathbf{W}}^* \to \widetilde{\mathbf{V}}^*$ durch $(A^\dagger b \,|\, v) := := \sigma(b \,|\, Av)$ für $b \in \widetilde{\mathbf{W}}^*$, $v \in \mathbf{V}$ und die *komplex-konjugierte Abbildung* $A^* : \mathbf{V}^* \to \mathbf{W}^*$ durch $(A^*v^* \,|\, b) := \sigma(v^* \,|\, A^T b)$ für $v^* \in \mathbf{V}^*$, $b \in \widetilde{\mathbf{W}}$ definiert. Die Bildungen $*$, ^{T}, † kommutieren miteinander, und es ist $(A^T)^T = (A^*)^* = (A^\dagger)^\dagger = A$, $(A^*)^T = A^\dagger, \ldots$, $(Av)^* = A^*v^*$; bezüglich der Zusammensetzung von Abbildungen gilt $(B \circ A)^* = = B^* \circ A^*$, $(B \circ A)^T = A^T \circ B^T$, $(B \circ A)^\dagger = A^\dagger \circ B^\dagger$.

Wird A bezüglich Basen $\{b_i\}$ in $\mathbf{V}$, $\{e_\mu\}$ in $\mathbf{W}$ durch die Zerlegung $Ab_i = A_i^\alpha e_\alpha$ die Matrix (A_i^α) zugeordnet, so gehören zu den Abbildungen A^T, A^*, $A^\dagger$ bezüglich der dualen, der komplex-konjugierten und der dualen komplex-konjugierten Basen in den entsprechenden Räumen die im üblichen Sinn transponierten, komplex- und hermitisch-konjugierten Matrizen.

B.5 Bi- und Sesquilinearformen

Eine lineare Abbildung $g : \mathbf{V} \to \widetilde{\mathbf{V}}$ bestimmt durch $g(v, v') := (gv \,|\, v')$ eine ebenso bezeichnete Bilinearform auf $\mathbf{V}$ (vgl. (7.5.11), (7.5.13*a*)), und umgekehrt bestimmt eine Bilinearform g durch $v \to g(v, .)$ eine solche Abbildung. Zu $g^T : \mathbf{V} \to \widetilde{\mathbf{V}}$ gehört die transponierte Bilinearform. Analog bestimmt eine lineare Abbildung $g^\# : \widetilde{\mathbf{V}} \to \mathbf{V}$ eine Bilinearform auf $\widetilde{\mathbf{V}}$. Kommutiert eine invertierbare lineare Abbildung $S : \mathbf{V} \to \mathbf{V}$ mit der Wirkung von g, d.h., $gS = \breve{S}g$, so ist die zugehörige Bilinearform unter S invariant: $g(Sv, Sv') = g(v, v')$, und umgekehrt. Sind die Abbildungen g, $g^\#$ invertierbar, so sind die zugehörigen Bilinearformen nichtentartet (vgl. (7.5.12)) und umgekehrt. Insbesondere kann man dann $g^\# = g^{-1}$ wählen oder auch $g^\# = (g^T)^{-1} = \breve{g}$; allerdings ist nur die letztere Wahl „natürlich“ in dem Sinn, daß die durch die entsprechenden Bilinearformen definierten Tensoren (s.u.) auseinander durch die von g, $g^\#$ zwischen den Tensorräumen induzierten Abbildungen (s.u.) hervorgehen. (Diese Beobachtung liegt der Vorzeichenwahl (8.5.3) zugrunde.)

Eine lineare Abbildung $\beta : \mathbf{V} \to \widetilde{\mathbf{V}}^*$ bestimmt durch $v \to (\beta v)^*$ eine antilineare Abbildung $\mathbf{V} \to \widetilde{\mathbf{V}}$ und eine Sesquilinearform β auf $\mathbf{V}$ (vgl. (7.5.11), (7.5.13*b*)), und umgekehrt. Zur hermitisch-konjugierten Abbildung $\beta^\dagger : \mathbf{V} \to \widetilde{\mathbf{V}}^*$ gehört die hermitisch-konjugierte Sesquilinearform. Bezüglich Invarianz, Nichtentartung usw. gelten analoge Bemerkungen wie vorher. Schreiben wir Komponenten bezüglich der Basis $\{\tilde{b}^{k*}\}$ in $\widetilde{\mathbf{V}}^*$ mit gepunkteten Indizes, haben wir $\beta(b_i) = \beta_{\dot{k}i}\tilde{b}^{k*}$.

Wegen der Beziehung nichtausgearteter Bi- und Sesquilinearformen mit speziellen Symmetrieeigenschaften ($g^T \propto g$, $\beta^\dagger \propto \beta$) zu euklidischen, symplektischen und unitären Geometrien in $\mathbf{V}$ vgl. Abschnitt 7.5.

B.6 Realitätsstrukturen und komplexe Strukturen

Lineare Abbildungen $D : \mathbf{V} \to \mathbf{V}^*$ bestimmen antilineare Abbildungen $\mathcal{D} : \mathbf{V} \to \mathbf{V}$ gemäß $v \to (Dv)^*$, und umgekehrt. Die unter $\mathcal{D}$ invarianten Vektoren v bilden einen reellen Vektorraum $\mathbf{V}'$, der aber nur dann nichttrivial ist, wenn die lineare Abbildung

D^*D den Eigenwert 1 besitzt. Die maximale Dimension dieses reellen Vektorraums, nämlich die komplexe Dimension von $\mathbf{V}$, wird für $D^*D = \mathrm{id}_\mathbf{V}$ erreicht, wobei dann $\mathcal{D}$ *involutiv* ist, $\mathcal{D}^2 = \mathrm{id}_\mathbf{V}$. Man nennt $\mathcal{D}$ in diesem Fall eine *Antiinvolution 1. Art* oder eine *komplexe Konjugation in* $\mathbf{V}$ oder eine *Realitätsstruktur*. Vektoren v mit $\mathcal{D}v = v$ und lineare Abbildungen $S\colon \mathbf{V} \to \mathbf{V}$ mit $DS = S^*D^*$ oder $\mathcal{D}S = S\mathcal{D}$ (Invarianz der Realitätsstruktur) heißen bezüglich ihr *reell*. S führt dann aus $\mathbf{V}'$ nicht heraus und hat bezüglich einer reellen Basis eine reelle Matrix; D ist die Einheitsmatrix zugeordnet; $\mathbf{V}$ ist isomorph zur Komplexifizierung (s.u. wegen einer abstrakten Definition) von $\mathbf{V}'$. Für einen Teilraum $\mathbf{W} \in \mathbf{V}$ heißt $\dim(\mathbf{W} \cap \mathcal{D}\mathbf{W})$ sein *reeller* Index bezüglich $\mathcal{D}$.

Sowohl die orthogonalen, symplektischen und unitären Strukturen in Vektorräumen wie auch Realitätsstrukturen können also durch Basiswahl auf bekannte einfache Normalformen gebracht werden; allerdings ist dies für mehrere von ihnen im allgemeinen nicht simultan möglich. Auch das rechtfertigt die abstrakte Charakterisierung dieser Strukturen. Als Anwendung verweisen wir auf den Anhang über Majorana-Spinoren.

In einem *reellen* Vektorraum $\mathbf{V}$, in dem es ja keine antilinearen Transformationen gibt, unterscheidet man zwischen *Involutionen* 1. Art und 2. Art, d.h. linearen Transformationen J mit $J^2 = +\mathrm{id}_\mathbf{V}$ bzw. $J^2 = -\mathrm{id}_\mathbf{V}$. Erstere definieren komplementäre Projektionen $P_\pm = \frac{1}{2}(\mathrm{id}_\mathbf{V} \pm J)$ und somit eine Zerlegung von $\mathbf{V}$. Eine Involution 2. Art heißt auch *komplexe Struktur* auf $\mathbf{V}$, sie erlaubt es, $\mathbf{V}$ als komplexen Vektorraum zu betrachten, indem man die Multiplikation von Vektoren v mit komplexen Zahlen α durch $\alpha v := (\mathrm{Re}\,\alpha)v + (\mathrm{Im}\,\alpha)Jv$ erklärt. (Alle Axiome eines Vektorraums über $\mathbf{C}$ sind erfüllt. Die reelle Dimension von $\mathbf{V}$ muß dabei gerade sein, $\dim_\mathbf{R}\mathbf{V} = 2m$. Die Dimension von $\mathbf{V}$ über $\mathbf{C}$ ist dann m.)

Dies ist streng zu unterscheiden von der Komplexifizierung von $\mathbf{V}$ (s.u.), die eine Verdopplung der reellen Dimension mit sich bringt, aber keine Involution 2. Art benötigt.

In komplexen Vektorräumen hat die Unterscheidung zwischen (linearen) Involutionen 1. und 2. Art keinen Sinn, da $J \to iJ$ zwischen beiden vermittelt. *Antiinvolutionen 2. Art,* für die definitionsgemäß $\mathcal{D}^2 = -\mathrm{id}_\mathbf{V}$ gilt, erlauben es, einen komplexen Vektorraum als Vektorraum über dem Schiefkörper der Hamiltonschen Quaternionen zu betrachten und dadurch die Dimension zu halbieren. (Sie heißen deshalb auch quaternionische Strukturen.) Dies wird jedoch in diesem Buch nicht weiter verwendet. (Beispiele wären 1) $\mathcal{D}(u_1, u_2) = (-u_2^*, u_1^*)$ in $\mathbf{C}^2$, kommutiert mit SU(2); 2) $\mathcal{D}' = \mathcal{D}\gamma$ in Anhang C.2.)

B.7 Direkte Summen

Die *direkte Summe* $\sum \oplus \mathbf{V}_i$ von Vektorräumen $\mathbf{V}_1, \mathbf{V}_2, \ldots$ wurde in Abschnitt 6.6 für zwei Summanden bereits abstrakt eingeführt. Bei beliebiger (abzählbarer) Summandenzahl definiert man eine analoge Vektorraumstruktur auf der Menge aller Folgen $(v_1, v_2, \ldots) = v_1 \oplus v_2 \oplus \ldots,\ v_i \in \mathbf{V}_i$. (Dabei seien bei unendlich vielen Summanden nur endlich viele Folgenglieder $\neq 0$.) Aus Basen $\{b_{(i)\mu_i} \,|\, \mu_i = 1, \ldots, \dim \mathbf{V}_i\}$ in den $\mathbf{V}_i$ konstruiert man Vektoren der Form $0 \oplus \ldots \oplus 0 \oplus b_{(i)\mu_i} \oplus 0 \oplus \ldots$, die zusammen eine Basis für $\sum \oplus \mathbf{V}_i$ bilden. Dessen Dimension ist daher $\sum \dim \mathbf{V}_i$.

Hat man semilineare Abbildungen $A_i : \mathbf{V}_i \to \mathbf{W}_i$, so erhält man daraus ihre *direkte Summe* $A = \sum \oplus A_i$, eine semilineare Abbildung $\sum \oplus \mathbf{V}_i \to \sum \oplus \mathbf{W}_i$, indem man $A(\sum \oplus v_i) := \sum \oplus A_i v_i$ setzt.

Die Bildung direkter Summen vertauscht mit der Dualbildung und komplexen Konjugation im Sinn der Existenz natürlicher Isomorphismen $\widetilde{\mathbf{V}_1 \oplus \mathbf{V}_2} \cong \widetilde{\mathbf{V}}_1 \oplus \widetilde{\mathbf{V}}_2$ etc. bzw. von Relationen $(A_1 \oplus A_2)^T = A_1^T \oplus A_2^T$ etc. (Eine natürliche Isomorphie besteht auch zwischen $\mathbf{V}_1 \oplus \mathbf{V}_2$ und $\mathbf{V}_2 \oplus \mathbf{V}_1$ usw.) Deshalb ergeben sich in natürlicher Weise innere Produkte, komplexe und Realitätsstrukturen auf $\sum \oplus \mathbf{V}_i$ aus solchen für die Summanden.

B.8 Tensorprodukte

Das Tensorprodukt $\prod \otimes \mathbf{V}_i$ von Vektorräumen $\mathbf{V}_1$, $\mathbf{V}_2, \ldots$ (endlich viele Faktoren) wurde im Text basisabhängig eingeführt. Man kann es abstrakt als den von den multilinearen Funktionalen $f : \widetilde{\mathbf{V}}_1 \times \widetilde{\mathbf{V}}_2 \times \ldots \to \mathbf{K}$ auf dem kartesischen Produkt der Dualräume gebildeten Vektorraum einführen. Für jedes solche f ist also $f(a_1, a_2, \ldots) \in \mathbf{K}$, wo $a_i \in \widetilde{\mathbf{V}}_i$, und f ist in jedem Argument separat linear. Sind $v_i \in \mathbf{V}_i$, definiert man das Tensorprodukt dieser Vektoren $f = v_1 \otimes v_2 \otimes \ldots = \prod \otimes v_i$ als jenes multilineare Funktional, für das

$$f(a_1, a_2, \ldots) = a_1(v_1)\, a_2(v_2)\, \ldots, \qquad a_i \in \widetilde{\mathbf{V}}_i.$$

Hat man wie oben Basen in den $\mathbf{V}_i$, so bilden alle möglichen Produkte $\prod_i \otimes b_{(i)\mu_i}$ zusammen eine Basis für $\prod \otimes \mathbf{V}_i$, dessen Dimension damit $\prod \dim \mathbf{V}_i$ beträgt. Jedes $f \in \prod \otimes \mathbf{V}_i$ hat bezüglich dieser Produktbasis die Komponentenzerlegung

$$f = f^{\mu_1 \mu_2 \ldots} b_{(1)\mu_1} \otimes b_{(2)\mu_2} \otimes \ldots \quad \text{mit} \quad f^{\mu_1 \mu_2 \ldots} := f\left(\tilde{b}_{(1)}^{\mu_1}, \tilde{b}_{(2)}^{\mu_2}, \ldots\right),$$

aus der sofort das Transformationsverhalten der Komponenten bei Basiswechsel folgt.

Zu semilinearen Abbildungen $A_i : \mathbf{V}_i \to \mathbf{W}_i$ definiert man ihr Tensorprodukt $\prod \otimes A_i$ als semilineare Abbildung $A \colon \prod \otimes \mathbf{V}_i \to \prod \otimes \mathbf{W}_i$ gemäß[1]

$$(Af)(b_1, b_2, \ldots) = \sigma\, f(A_1^T b_1, A_2^T b_2, \ldots), \qquad b_i \in \widetilde{\mathbf{W}}_i.$$

Daraus folgt für $v_i \in \mathbf{V}_i$

$$A \prod \otimes v_i = \prod \otimes A_i v_i,$$

sowie die Multiplikationsregel (vgl. (6.5.5))

$$\left(\prod \otimes B_i\right) \circ \left(\prod \otimes A_i\right) = \prod \otimes (B_i \circ A_i).$$

Durch Anwendung auf die Produktbasis ergibt sich im linearen Fall die im Text verwendete Komponentenform (Kroneckerprodukt von Matrizen).

Hinsichtlich des Verhältnisses der Konstruktion von $\otimes$ und der früheren Konstruktionen ist wieder auf einige mehr oder weniger offensichtlich zu definierende natürliche Isomorphien hinzuweisen, wie $\mathbf{V}_1 \otimes \mathbf{V}_2 \cong \mathbf{V}_2 \otimes \mathbf{V}_1, \ldots$ $(\mathbf{V}_1 \otimes \mathbf{V}_2) \otimes \mathbf{V}_3 \cong \mathbf{V}_1 \otimes \mathbf{V}_2 \otimes \mathbf{V}_3$,

[1] Es ist wichtig, daß hier alle semilinearen A_i zum selben Automorphismus σ von $\mathbf{K}$ gehören! Das Tensorprodukt einer linearen mit einer antilinearen Abbildung hat keinen basisunabhängigen Sinn.

$\ldots\ \widetilde{V_1 \otimes V_2} \cong \tilde{V}_1 \otimes \tilde{V}_2, \ldots\ (V_1 \otimes V_2)^* \cong V_1^* \otimes V_2^*,\ (V_1 \oplus V_2) \otimes V_3 \cong (V_1 \otimes V_3) \oplus$ $\oplus (V_2 \otimes V_3), \ldots, V \otimes K \cong V$. Im Sinn dieser Isomorphien bestehen dann auch analoge Relationen für Abbildungen wie $(A_1 \otimes A_2)^T = A_1^T \otimes A_2^T$, $(A_1 \oplus A_2) \otimes A_3 =$ $= (A_1 \otimes A_3) \oplus (A_2 \otimes A_3)$ usw. Ferner ist $L(\mathbf{V}, \mathbf{W})$, der Raum der linearen Abbildungen $\mathbf{V} \to \mathbf{W}$, in natürlicher Weise zu $\tilde{\mathbf{V}} \otimes \mathbf{W}$ isomorph, indem $f \in L(\mathbf{V}, \mathbf{W})$ jenes bilineare Funktional auf $\mathbf{V} \times \tilde{\mathbf{W}}$ zugeordnet ist, dessen Wert für das Argumentepaar $v \in \mathbf{V}$, $b \in \tilde{\mathbf{W}}$ gleich $(b\,|\,fv)$ ist. [In der Komponentenschreibweise verwandeln sich alle diese Isomorphismen in Identitäten. Man hat deshalb versucht, eine „abstrakte Indexschreibweise" einzuführen (vgl. Penrose-Rindler (1984)), bei der die Indizes keine Zahlenwerte annehmen, sondern nur die Größen symbolisieren, die nach vollzogener Identifizierung entsprechend den natürlichen Isomorphismen resultieren, und die Operationen mit ihnen.]

Gemäß diesen Konstruktionen induzieren innere Produkte, komplexe und Realitätsstrukturen auf Räumen $\mathbf{V}_i$ Entsprechendes im Produkt $\prod \otimes \mathbf{V}_i$. Man beachte aber, daß sich dabei die Vertauschungseigenschaften ändern können. Beispielsweise induziert ein symplektisches Skalarprodukt auf $\mathbf{V}$ ein symmetrisches auf $\mathbf{V} \otimes \mathbf{V}$ oder $\mathbf{V} \otimes \mathbf{V}^*$, und die komplexe Konjugation $\mathbf{V} \to \mathbf{V}^*$ induziert eine Realitätsstruktur auf $\mathbf{V} \otimes \mathbf{V}^*$. (Dies liegt für $\dim\mathbf{V} = 2$ der Beziehung zwischen Spinoren und Tensoren zugrunde.)

B.9 Komplexifizierung

Eine elegante Anwendung des Tensorprodukts ist die abstrakte Definition der *Komplexifizierung* $\mathbf{V}^c$ eines reellen Vektorraums $\mathbf{V}$. Der Erweiterungskörper $\mathbf{C} \supset \mathbf{R}$ wird als (zweidimensionaler) Vektorraum über $\mathbf{R}$ aufgefaßt, und man bildet $\mathbf{V}^c =$ $= \mathbf{C} \otimes \mathbf{V}$ (Tensorprodukt über $\mathbf{R}$!). Hier kann man nun das Produkt mit komplexen Zahlen α dadurch eindeutig *definieren,* daß es für Elemente der Gestalt $\beta \otimes v \in \mathbf{C} \otimes \mathbf{V}$ gleich $\alpha\beta \otimes v$ und im übrigen distributiv ist. Dieses Verfahren ist wegen $\mathbf{C} = \mathbf{R} \oplus \mathbf{R}$ äquivalent damit, $\mathbf{V}^c = \mathbf{V} \oplus \mathbf{V}$ und $\alpha(v \oplus v') = (\operatorname{Re}\alpha v - \operatorname{Im}\alpha v') \oplus (\operatorname{Re}\alpha v' + \operatorname{Im}\alpha v)$ zu setzen. [Wichtiger wird das $\otimes$-Verfahren erst bei Körpererweiterungen höheren Grades, die hier aber nicht weiter interessieren.] $\mathbf{V}^c$ hat dann eine kanonische Realitätsstruktur $\mathcal{D} : \alpha \otimes v \to \alpha^* \otimes v$ mit dem reellen Teilraum $\mathbf{R} \otimes \mathbf{V} \cong \mathbf{V}$.

Nach obigen Bemerkungen ist $\mathbf{V}^c$ auch die Menge der $\mathbf{R}$-linearen Abbildungen $\tilde{\mathbf{V}} \to \mathbf{C}$ mit der offensichtlichen $\mathbf{C}$-Multiplikation, definiert durch Multiplikation im Wertebereich. Es gelten kanonische Isomorphismen wie $(\mathbf{V}^c)^c \cong \mathbf{V}^c$, $(\mathbf{V} \oplus \mathbf{W})^c \cong \mathbf{V}^c \oplus \mathbf{W}^c$, $(\mathbf{V} \otimes_{\mathbf{R}} \mathbf{W})^c \cong \mathbf{V}^c \otimes_{\mathbf{C}} \mathbf{W}^c$, $(\tilde{\mathbf{V}})^c \cong \widetilde{\mathbf{V}^c}, \ldots$

B.10 Die Tensoralgebra über einem Vektorraum

Ausgehend von einem Vektorraum $\mathbf{V}$ bilden wir die *tensoriellen Potenzen* $\mathbf{V}^2 =$ $= \mathbf{V} \otimes \mathbf{V}, \ldots, \mathbf{V}^p, \ldots$ und setzen ferner $\mathbf{V}^1 = \tilde{\tilde{\mathbf{V}}} \cong \mathbf{V}$, $\mathbf{V}^0 = \mathbf{K}$. Die direkte Summe $\sum \oplus \mathbf{V}^p$ wird zu einer assoziativen Algebra bezüglich des Tensorprodukts als Multiplikation (nach Berücksichtigung einiger der oben erwähnten natürlichen Isomorphien): die *kontravariante Tensoralgebra* über $\mathbf{V}$. Dieselbe Konstruktion liefert, von $\tilde{\mathbf{V}}$ anstelle von $\mathbf{V}$ ausgehend, die *kovariante Tensoralgebra* über $\mathbf{V}$, und schließlich ist $(\sum \oplus \mathbf{V}^p) \otimes (\sum \oplus \widetilde{\mathbf{V}}^q)$ die *gemischte Tensoralgebra* (oder Tensoralgebra schlechthin) über $\mathbf{V}$. Elemente daraus, die nur eine nichtverschwindende Komponente im Summenterm $\mathbf{V}^p_q := \mathbf{V}^p \otimes \widetilde{\mathbf{V}}^q$ besitzen, heißen (homogene) Tensoren vom Typ (p, q). Hier neu hinzukommende Operationen sind die *Verjüngungen* oder *Kontraktionen,* lineare Abbildungen $C^i_j : \mathbf{V}^p_q \to \mathbf{V}^{p-1}_{q-1}$, die Elementen der Produktform $v_1 \otimes \ldots \otimes v_i \otimes \ldots \otimes v_p \otimes a_1 \otimes \ldots \otimes a_j \otimes \ldots \otimes a_q$ mit $v_1, \ldots \in \mathbf{V}$, $a_1, \ldots \in \widetilde{\mathbf{V}}$ das Bild $a_j(v_i) \otimes \ldots \not{v}_i \ldots \otimes v_p \otimes a_1 \otimes \ldots \not{a}_j \ldots \otimes a_q$ zuordnen (Durchstreichung bedeutet die Weglassung des betreffenden Faktors). Durch *Überschiebung,* d.h. tensorielle Multiplikation und nachfolgende Kontraktionen zwischen den Faktoren, können Elemente von $\mathbf{V}^p_q$ auf mannigfache Art $\mathbf{V}^a_b$ linear in $\mathbf{V}^{a+p-n}_{b+q-n}$ abbilden (n = Anzahl der Kontraktionen); umgekehrt gehört zu jeder solchen Abbildung ein Element aus $\mathbf{V}^p_q$ (vgl. $L(\mathbf{V}, \mathbf{V}) \cong \mathbf{V} \otimes \widetilde{\mathbf{V}}$ sowie das „Quotiententheorem").

Ganz entsprechende Konstruktionen können (über $\mathbf{C}$) durch Hinzunahme von $\mathbf{V}^*$, $\widetilde{\mathbf{V}}^*$ ausgeführt werden.

Zu einer semilinearen Abbildung $A : \mathbf{V} \to \mathbf{W}$ gehören die *tensoriellen Potenzen* $A^{\otimes p}$, semilineare Abbildungen $\mathbf{V}^p \to \mathbf{W}^p$ und

$$A^{T\otimes q} : \widetilde{\mathbf{W}^q} \equiv \mathbf{W}_q \to \widetilde{\mathbf{V}}^q \equiv \mathbf{V}_q .$$

(Wir setzen $A^{\otimes 1} = A$, $A^{\otimes 0} = \mathrm{id}_{\mathbf{K}}$ usw.) Ist A invertierbar, geht

$$\widetilde{A}^{\otimes q} : \mathbf{V}_q \to \mathbf{W}_q, \qquad A^{\otimes p} \otimes \widetilde{A}^{\otimes q} : \mathbf{V}^p_q \to \mathbf{W}^p_q,$$

d.h., A kann in natürlicher Weise zu einer semilinearen *typenerhaltenden* Abbildung $A^{\otimes}$ der Tensoralgebren ausgedehnt werden, die auch mit der Tensormultiplikation sowie jeder Kontraktion vertauscht. Umgekehrt entstehen alle invertierbaren Abbildungen der beiden Tensoralgebren mit dieser Eigenschaft auf die beschriebene Weise.

Ist $\mathbf{W} \equiv \mathbf{V}$, kann auch eine beliebige lineare Abbildung $\mathbf{V} \to \mathbf{V}$ auf die gemischte Tensoralgebra in natürlicher Weise fortgesetzt werden, allerdings auf andere Art, die sich sofort aufdrängt, wenn man sich die Abbildung als Erzeugende einer 1-parametrigen Gruppe von Isomorphismen $U(\tau) : \mathbf{V} \to \mathbf{V}$ vorstellt. Letztere induziert in jedem $\mathbf{V}^p_q$ die Gruppe $U^{\otimes p}(\tau) \otimes \widetilde{U}^{\otimes q}(\tau)$, die ihrerseits wieder eine Erzeugende D hat (wir lassen die Typenindizes weg). Durch Differentiation sieht man, daß D mit Kontraktionen kommutiert und für beliebige Tensoren T', T'' der Algebra die *Leibnizregel*

$$D(T' \otimes T'') = D(T') \otimes T'' + T' \otimes D(T'')$$

erfüllt. Eine typenerhaltende lineare Abbildung D mit diesen (rein algebraischen!) Eigenschaften heißt eine *Derivation* der Tensoralgebra. Derivationen bilden bezüglich $[D, D'] = DD' - D'D$ eine Lie-Algebra. Jede lineare Abbildung $A : \mathbf{V} \to \mathbf{V}$ kann durch die Definitionen: $D = 0$ auf $\mathbf{V}^0 = \mathbf{K}$, $D = A$ auf $\mathbf{V}^1$, $D = -A^T$ auf $\mathbf{V}_1$ und Forderung der Leibnizregel eindeutig auf die Tensoralgebra als Derivation fortgesetzt werden, und jede Derivation entsteht so.

Die beiden letzten Konstruktionen sind bei der sogenannten 2. Quantisierung von Bedeutung, ebenso wie die folgenden Abschnitte.

B.11 Symmetrische und äußere Algebra

Zu jeder Permutation π von p Elementen gehört eine lineare Abbildung $A_\pi : \mathbf{V}^p \to \mathbf{V}^p$ gemäß

$$(A_\pi f)(a_1, \ldots, a_p) := f(a_{\pi^{-1}(1)}, \ldots, a_{\pi^{-1}(p)}), \qquad (a_1, \ldots \in \widetilde{\mathbf{V}}),$$

die für jedes $A : \mathbf{V} \to \mathbf{V}$ mit $A^{\otimes p}$ kommutiert. Es gilt $A_\rho A_\pi = A_{\rho\pi}$ für das Produkt der Permutationen ρ, π; $\pi \to A_\pi$ ist also eine Darstellung der symmetrischen Permutationsgruppe G_p von p Elementen im Raum $\mathbf{V}^p$. Diese Darstellung ist reduzibel, die Ausreduktion liefert die verschiedenen Symmetrieklassen von Tensoren. (Vgl. Boerner (1955)). Besonders wichtig sind hier die beiden eindimensionalen Darstellungen von G_p, $\pi \to \mathrm{id}$ und $\pi \to \mathrm{sign}(\pi)\,\mathrm{id}$. Tensoren $T \in \mathbf{V}^p$ mit $A_\pi T = T$ bzw. $A_\pi T = \mathrm{sign}(\pi) T$ heißen (total) symmetrisch bzw. (total) antisymmetrisch. Die symmetrischen bzw. antisymmetrischen Tensoren von $\mathbf{V}^p$ bilden je einen unter allen Abbildungen $A^{\otimes p}$ invarianten Teilraum $\bigvee^p(\mathbf{V})$ bzw. $\bigwedge^p(\mathbf{V})$, auf den der Operator

$$Sym = \frac{1}{p!} \sum_{\pi \in G_p} A_\pi \quad \text{bzw.} \quad Alt = \frac{1}{p!} \sum_{\pi \in G_p} \mathrm{sign}(\pi)\, A_\pi$$

projiziert. Die direkte Summe $\sum_{p=0}^{\infty} \oplus \bigvee^p(\mathbf{V}) =: \bigvee(\mathbf{V})$ bzw. $\sum_{p=0}^{\infty} \oplus \bigwedge^p(\mathbf{V}) =:$ $=: \bigwedge(V)$ wird zu einer assoziativen Algebra (*symmetrische* bzw. *alternierende* oder *äußere Algebra* über $\mathbf{V}$) bezüglich der *symmetrischen* bzw. *alternierenden* (oder äußeren) *Multiplikation*, die durch

$$T \vee D = \frac{(p+q)!}{p!\,q!} Sym(T \otimes D) \in \textstyle\bigvee^{p+q}(\mathbf{V}) \ \text{ für } T \in \bigvee^p(\mathbf{V}),\ D \in \bigvee^q(\mathbf{V}),$$

$$T \wedge D = \frac{(p+q)!}{p!\,q!} Alt(T \otimes D) \in \textstyle\bigwedge^{p+q}(\mathbf{V}) \ \text{ für } T \in \bigwedge^p(\mathbf{V}),\ D \in \bigwedge^q(\mathbf{V})$$

und Distributivität bezüglich direkter Summen erklärt ist. Dabei gilt

$$T \vee D = D \vee T, \quad \text{bzw.} \quad T \wedge D = (-1)^{pq} D \wedge T \ \text{ für } T \in \textstyle\bigwedge^p(\mathbf{V}),\ D \in \bigwedge^q(\mathbf{V}).$$

(In der Literatur sind bei der Definition von $\wedge$, $\vee$ rechts unterschiedliche kombinatorische Faktoren gebräuchlich, je nach Verwendungszweck: für die Volumsmessung etwa ist bei $\wedge$ obiger Faktor günstig, für die Isomorphie mit einer Polynomalgebra (vgl. Abschnitt 7.6) bei $\vee$ der Faktor 1. Wesentlich ist, daß die Assoziativität gesichert ist, die etwas mühsam zu verifizieren ist.)

Zu jeder semilinearen Abbildung $A : \mathbf{V} \to \mathbf{W}$ gehören die $\bigvee^p(\mathbf{V})$ in $\bigvee^p(\mathbf{W})$ bzw. $\bigwedge^p(\mathbf{V})$ in $\bigwedge^p(\mathbf{W})$ abbildenden *symmetrischen* bzw. *äußeren Potenzen* $A^{\vee p}$ bzw. $A^{\wedge p}$, die $A^{\otimes p}$ zwischen diesen Teilräumen induziert, wodurch auch eine semilineare Wirkung $A^\vee$ bzw. $A^\wedge$ von A auf ganz $\bigvee(\mathbf{V})$ bzw $\bigwedge(\mathbf{V})$ definiert ist (direkte Summe der Potenzen). Dadurch übertragen sich z.B. Skalarprodukte etc. auf diese Räume.

Wie im Fall der gesamten Tensoralgebra lassen sich lineare Operatoren $\mathbf{V} \to \mathbf{V}$ noch auf eine zweite Art, nämlich als *Derivationen* auf $\bigvee(\mathbf{V})$ bzw. $\bigwedge(\mathbf{V})$ fortsetzen, wobei nunmehr die Produktregel bezüglich $\vee$ bzw. $\wedge$ gilt.

Es sei erwähnt, daß im Formalismus der „zweiten Quantisierung" die Einteilchenobservablen auf diese Weise vom Einteilchenraum auf den Fockraum übertragen werden.

Die Dualräume $\widetilde{\bigvee^p(\mathbf{V})}$ bzw. $\widetilde{\bigwedge^p(\mathbf{V})}$ sind in natürlicher Weise isomorph zu $\bigvee^p(\widetilde{\mathbf{V}})$ bzw. $\bigwedge^p(\widetilde{\mathbf{V}})$. Das ist analog zur erwähnten Isomorphie $\widetilde{\mathbf{V}\otimes\mathbf{W}} \cong \widetilde{\mathbf{V}} \otimes \widetilde{\mathbf{W}}$, wir wollen aber hier wegen des Auftretens kombinatorischer Faktoren etwas expliziter sein. Im letztgenannten Fall wird die Zuordnung dadurch hergestellt, daß ein lineares Funktional f auf $\mathbf{V} \otimes \mathbf{W}$ ein bilineares Funktional f' auf $\mathbf{V} \times \mathbf{W}$ definiert durch $f'(v,w) = f(v \otimes w)$. Hier legt umgekehrt f' auch f bereits fest, wie man unter Verwendung einer Basis sieht, und ein möglicher konstanter Zahlenfaktor in der Definition von f' wurde gleich 1 gesetzt, um zu erreichen, daß das Urbild von $a \otimes b \in \widetilde{\mathbf{V}} \otimes \widetilde{\mathbf{W}}$ auf $v \otimes w$ ausgewertet $(a \otimes b)(v,w) = a(v)b(w)$ liefert. Entsprechend geht man bei mehreren Faktoren vor. Ist aber $\mathbf{W}, \ldots = \mathbf{V}$ so liefert die einfache Einschränkung der obigen Zuordnung $\widetilde{\mathbf{V}^p} \cong (\widetilde{\mathbf{V}})^p$ auf die symmetrischen bzw. antisymmetrischen Teilräume unerwünschte kombinatorische Faktoren, die man durch eine Neuverfügung über den oben erwähnten möglichen Zahlenfaktor ($= 1/p!$ bei unserer Konvention über $\vee$, $\wedge$) beseitigt. D.h. man hat, wenn $a_1 \vee \ldots \vee a_p$ bzw. $a_1 \wedge \ldots \wedge a_p$ als Elemente von $\widetilde{\bigvee^p(\mathbf{V})}$ bzw. $\widetilde{\bigwedge^p(\mathbf{V})}$ aufgefaßt werden, als Definition der inneren Produkte

$$(a_1 \vee \ldots \vee a_p \,|\, v_1 \vee \ldots \vee v_p) = \operatorname{perm} a_i(v_j) = (a_1 \vee \ldots \vee a_p)(v_1, \ldots, v_p)$$

$$(a_1 \wedge \ldots \wedge a_p \,|\, v_1 \wedge \ldots \wedge v_p) = \det a_i(v_j) = (a_1 \wedge \ldots \wedge a_p)(v_1, \ldots, v_p).$$

(Die *Permanente* entsteht aus der Determinante, indem alle Vorzeichen als + gewählt werden.)

Im Sinn dieser Konvention sind dann auch die in diesen Räumen induzierten Skalarprodukte zu verstehen, die durch lineare oder antilineare Abbildungen $\mathbf{V} \to \widetilde{\mathbf{V}}$ entstehen. So ist dann auch die aus den Produkten $\tilde{b}^{i_1} \vee \ldots \vee \tilde{b}^{i_p}$ der dualen Basisvektoren gebildete Basis von $\bigvee^p(\widetilde{\mathbf{V}})$ im Sinn von $\widetilde{\bigvee^p(\mathbf{V})}$ dual zur Produktbasis $b_{i_1} \vee \ldots \vee b_{i_p}$ (analog für $\wedge$). Ist ferner in $\mathbf{V}$ ein symmetrisches oder hermitisches Skalarprodukt eingeführt und ist die Basis $\{b_i\}$ orthonormiert, dann auch die Produktbasis bezüglich des erwähnten induzierten Skalarprodukts.

$\bigwedge(\widetilde{\mathbf{V}})$ heißt manchmal auch *Graßmann-Algebra* über $\mathbf{V}$; $\bigvee(\widetilde{\mathbf{V}})$ ist isomorph zur Algebra der *Polynome* in $\dim \mathbf{V}$ Variablen.

B.12 Inneres Produkt, Erzeugungs- und Vernichtungsoperatoren

Ein Element T aus $\bigvee(\mathbf{V})$ bzw. $\bigwedge(\mathbf{V})$ bestimmt durch $T' \to T \vee T'$ bzw. $T' \to T \wedge T'$ einen linearen Operator $\mu(T)$ auf diesem Raum ($T \to \mu(T)$ ist die linke „reguläre Darstellung" dieser Algebra). Desgleichen bestimmt ein Element $\widetilde{T}$ aus $\bigvee(\widetilde{\mathbf{V}})$ bzw. $\bigwedge(\widetilde{\mathbf{V}})$ Abbildungen in diesen letzteren Räumen, deren Transponierte dann Operatoren $\iota(\widetilde{T})$ in $\bigvee(\mathbf{V})$ bzw. $\bigwedge(\mathbf{V})$ sind. Das Bild eines Tensors T' unter diesem Operator heißt sein (linkes) *inneres Produkt* mit $\widetilde{T}$ (statt $\iota(\widetilde{T})T'$ findet man auch $\widetilde{T} \lrcorner T'$). Für uns ist der Fall am wichtigsten, wo $T = v \in \mathbf{V}$, $\widetilde{T} = a \in \widetilde{\mathbf{V}}$ ist. Explizit ist $\iota(a)$ die Überschiebung mit a: $\iota(a)\,T' = C_1^1(a \otimes T')$ oder

$$\big(\iota(a)\,T'\big)(a_1, \ldots, a_{p-1}) = T'(a, a_1, \ldots, a_{p-1})$$

$$\text{für} \quad T' \in \bigvee^p(\mathbf{V}) \quad \text{bzw.} \quad \bigwedge^p(\mathbf{V}) \quad \text{und} \quad a_1, \ldots \in \widetilde{\mathbf{V}}.$$

Für $v, v' \in \mathbf{V}$ folgt aus der Assoziativität und obigen Vertauschungsregeln für $\vee$, $\wedge$:

$$\mu(v)\,\mu(v') = \mu(v')\,\mu(v) \quad \text{bzw.} \quad = -\mu(v')\,\mu(v)\,;$$

für $a, a' \in \widetilde{\mathbf{V}}$ gilt Entsprechendes im Dualraum, also durch Transponiertenbildung

$$\iota(a)\,\iota(a') = \iota(a')\,\iota(a) \quad \text{bzw.} \quad = -\iota(a')\,\iota(a).$$

Mit etwas kombinatorischer Mühsal verifiziert man, daß $\iota(a)$ eine Derivation bzw. Antiderivation ist, d.h.,

$$\iota(a)(T' \vee T'') = \big(\iota(a)\,T'\big) \vee T'' + T' \vee \iota(a)\,T''$$

bzw.

$$\iota(a)(T' \wedge T'') = \big(\iota(a)\,T'\big) \wedge T'' + (-1)^p\,T' \wedge \iota(a)\,T'' \quad \text{für} \quad T' \in \bigwedge^p(\mathbf{V}).$$

Daraus folgt, indem man $T' = v \in \mathbf{V}$ setzt, die weitere Vertauschungsregel

$$\iota(a)\,\mu(v) - \mu(v)\,\iota(a) = a(v)\,\mathrm{id} \quad \text{bzw.} \quad \iota(a)\,\mu(v) + \mu(v)\,\iota(a) = a(v)\,\mathrm{id}.$$

Die gefundenen *Vertauschungsregeln* sind bereits im wesentlichen jene zwischen den *Erzeugungs-* ($\mu(v)$) und *Vernichtungsoperatoren* ($\iota(a)$) des Formalismus der sogenannten *zweiten Quantisierung,* der sich damit in algebraischer Hinsicht als Teil der Tensorrechnung entpuppt. (Wir merken an, daß bei anderer Wahl der kombinatorischen Faktoren in der Definition von $\vee$, $\wedge$ die Definition von μ, ι auch mit geeigneten Faktoren zu versehen wäre, um die obige Form der Vertauschungsrelationen zu garantieren. Umgekehrt ist bei Verwendung der hiesigen Konvention auf die erwähnte Umnormierung von Skalarprodukten zu achten.)

Für die Untersuchung der relativistischen Kovarianz in der 2. Quantisierung stellen wir hier die Relation zwischen $\mu(Av)$, $\iota(\widetilde{A}v)$ und $\mu(v)$, $\iota(a)$ auf, wenn A eine semilineare Abbildung $\mathbf{V} \to \mathbf{W}$ bezeichnet, die wie erläutert die Abbildungen $A^\vee\colon \bigvee(\mathbf{V}) \to \bigvee(\mathbf{W})$ bzw. $A^\wedge\colon \bigwedge(\mathbf{V}) \to \bigwedge(\mathbf{W})$ induziert. Aus den Definitionen ergibt sich

$$A^\vee \mu(v) = \mu(Av)\,A^\vee$$

(entsprechend für $\bigwedge$), und durch Transponieren der entsprechenden Relation für die Dualräume mit A^T statt A, a statt v:

$$\iota(a)\,A^\vee = A^\vee\,\iota(A^T a)$$

(entsprechend für $\bigwedge$). Ist A invertierbar, folgt

$$\mu(Av) = A^\vee \mu(v) (A^\vee)^{-1}, \qquad \iota(\widetilde{A}a) = A^\vee \iota(a) (A^\vee)^{-1}$$

(analog für $\bigwedge$). (Dabei wurden offensichtlich Relationen wie $(A^T)^\vee = (A^\vee)^T$ usw. benutzt.)

B.13 Poincaré- und Hodge-Dualität

Nach elementaren kombinatorischen Regeln folgt im Falle endlicher Dimension $\dim \mathbf{V} = n$, daß die Dimensionen der Räume $\bigvee^p(\mathbf{V})$, $\bigvee^p(\widetilde{\mathbf{V}})$ bzw. $\bigwedge^p(\mathbf{V})$, $\bigwedge^p(\widetilde{\mathbf{V}})$ gleich $\binom{n+p-1}{p}$ bzw. $\binom{n}{p}$ sind. Aus einer Basis $\{b_i\}$ für $\mathbf{V}$ erhält man eine Basis für $\bigvee^p(\mathbf{V})$ bzw. $\bigwedge^p(\mathbf{V})$, indem man die Produkte

$$b_I := \underbrace{b_{i_1} \vee \ldots \vee b_{i_1}}_{p_{i_1}} \vee \underbrace{b_{i_2} \vee \ldots \vee b_{i_2}}_{p_{i_2}} \vee \ldots \vee \underbrace{b_{i_s} \vee \ldots \vee b_{i_s}}_{p_{i_s}} = \bigvee_{i=1}^{n} b_i^{\vee p_i}$$

$$\text{mit } 1 \leq i_1 < i_2 < \ldots < i_s \leq n, \quad \textstyle\sum_{k=1}^{s} p_{i_k} = p = \sum_{i=1}^{n} p_i,$$

bzw.

$$b_I := b_{i_1} \wedge b_{i_2} \wedge \ldots \wedge b_{i_p} = \bigwedge_{i=1}^{n} b_i^{\wedge p_i} \quad \text{mit} \quad 1 \leq i_1 < i_2 < \ldots < i_p \leq n$$

heranzieht. In den zweiten Versionen ist $0 \leq p_i \leq p$ bzw. 0 oder 1, wobei $b_i^{\vee 0} = b_i^{\wedge 0} = 1$ bedeutet. Entsprechendes gilt für $\bigvee^p(\widetilde{\mathbf{V}})$ bzw. $\bigwedge^p(\widetilde{\mathbf{V}})$.

In der Sprache der 2. Quantisierung sind die p_i die *Besetzungszahlen* des „Einteilchenniveaus" b_i. Nach einer Bemerkung von Ehrenfest und Kammerlingh-Onnes ergibt sich

$$\dim \bigvee^p(\mathbf{V}) = (p+n-1)!/p!(n-p)!$$

als Anzahl aller Permutationen von $p+n-1$ Symbolen, von denen p untereinander gleich ($= \mathfrak{b}$) und $n-1$ untereinander gleich ($= \vee$) sind, indem man bemerkt, daß die angegebenen Basisvektoren bijektiv zu Verteilungssymbolen

$$\mathfrak{b} \ldots \mathfrak{b} \vee \mathfrak{b} \ldots \mathfrak{b} \vee \vee \ldots$$

sind, wobei zwei aufeinanderfolgende Symbole $\vee$ das Nichtauftreten eines der b_i in b_I bedeuten.

Insbesondere nimmt die Dimension von $\bigwedge^p(\mathbf{V})$ und $\bigwedge^p(\widetilde{\mathbf{V}})$ erst zu und dann wieder ab, es ist ja $\binom{n}{p} = \binom{n}{n-p}$. Daraus ergibt sich aber ohne zusätzliche Struktur noch keine *natürliche* Isomorphie zwischen $\bigwedge^p(\mathbf{V})$ (oder $\bigwedge^p(\widetilde{\mathbf{V}})$) und $\bigwedge^{n-p}(\mathbf{V})$ (oder $\bigwedge^{n-p}(\widetilde{\mathbf{V}})$). Die „sparsamste" Zusatzstruktur, die dies ermöglicht, ergibt sich, wenn wir einen speziellen Isomorphismus von $\bigwedge^0(\mathbf{V}) = \mathbf{K}$ und dem ebenfalls eindimensionalen Raum $\bigwedge^n(\widetilde{\mathbf{V}})$ spezifizieren durch Angabe des Bildes $\tilde{e} \in \bigwedge^n(\widetilde{\mathbf{V}})$, das dabei dem Basis„vektor" $1 \in \mathbf{K} = \bigwedge^0(\mathbf{V})$ zugeordnet ist. Im reellen Fall heißt $\tilde{e}$ ein *orientiertes Volumselement* auf $\mathbf{V}$, weil es jedem von n Vektoren $v_1, \ldots, v_n$ aus $\mathbf{V}$ aufgespannten Parallelepiped eine reelle Zahl $\tilde{e}(v_1, \ldots, v_n)$ zuordnet, die linear von jeder Kante abhängt und genau dann verschwindet, wenn die Vektoren linear abhängig sind, das Parallelepiped also degeneriert. Im komplexen Fall wollen wir lieber von einer Unimodularitätsstruktur oder Determinantenfunktion sprechen. Die Auszeichnung von $\tilde{e}$

liefert nun lineare Abbildungen (beachte $\mu(1) = \mathrm{id} \Rightarrow \iota(1) = \mathrm{id}$)

$$\bigwedge^p(\mathbf{V}) \xrightarrow[*]{} \bigwedge^{n-p}(\widetilde{\mathbf{V}}) : T \to {}_*T := \iota(T)\tilde{e},$$

und unter Verwendung der zur Basis $\{\tilde{e}\}$ von $\bigwedge^n(\widetilde{\mathbf{V}})$ dualen Basis $\{e\}$ im (eindimensionalen) Raum $\bigwedge^n(\mathbf{V})$ auch lineare Abbildungen

$$\bigwedge^p(\widetilde{\mathbf{V}}) \xrightarrow{*} \bigwedge^{n-p}(\mathbf{V}) : \widetilde{T} \to {}^*\widetilde{T} := \iota(\widetilde{T})\, e.$$

Diese Abbildungen sind, wie wir nicht im Detail beweisen wollen, im wesentlichen invers zueinander: für $T \in \bigwedge^p(\mathbf{V})$, $\widetilde{T} \in \bigwedge^p(\widetilde{\mathbf{V}})$ ist

$${}^*({}_*T) = (-1)^{p(n-p)}\, T, \qquad {}_*({}^*\widetilde{T}) = (-1)^{p(n-p)}\, \widetilde{T};$$

daraus folgt, daß sie für alle p Isomorphismen sind. Weiters bleibt das innere Produkt zwischen $\bigwedge^p(\widetilde{\mathbf{V}})$ und $\bigwedge^p(\mathbf{V})$ erhalten, d.h.,

$$(\widetilde{T} \,|\, D) = ({}_*D \,|\, {}^*\widetilde{T}).$$

Der Leser prüfe nach, daß Ausführungen in Abschnitt 5.5 gerade die Komponentenversionen dieser *Poincaré-Dualität* $\bigwedge^p(\mathbf{V}) \overset{*}{\underset{*}{\longleftrightarrow}} \bigwedge^{n-p}(\widetilde{\mathbf{V}})$ sind, bezogen auf unimodulare Basen $\{b_i\}$ in $\mathbf{V}$ – das sind Basen mit $b_1 \wedge \ldots \wedge b_n = e \Leftrightarrow \tilde{e}(b_1, \ldots, b_n) = 1$, die alle auseinander durch Transformationen $b_i' = S^k{}_i b_k$ mit $\det(S^k{}_i) = 1$ hervorgehen. (Beachte: für eine Abbildung $S : \mathbf{V} \to \mathbf{V}$ ist die durch $S^{\wedge n} e =: (\det S)\, e$ definierte *Determinante* vom speziellen e unabhängig.)

Ist eine nichtsinguläre Abbildung $g : \mathbf{V} \to \widetilde{\mathbf{V}}$ gegeben, z.B. durch ein inneres Produkt auf $\mathbf{V}$ ($g^T = \gamma g$, $\gamma = \pm 1$), so kann man auch $\bigwedge^p(\mathbf{V}) \to \bigwedge^{n-p}(\mathbf{V})$ abbilden durch die Operation

$$\tilde{g} \circ {}_* \equiv \frac{1}{g(e,e)}\, {}^* \circ g.$$

(Hier haben wir die induzierten Abbildungen und Bilinearformen zur Vereinfachung der Schreibweise alle mit g bezeichnet.) Unter dieser Abbildung ist $g(\cdot,\cdot) =: \langle \cdot \,|\, \cdot \rangle$ „fast“ invariant, aus der oben angeführten Erhaltung des inneren Produkts zwischen $\bigwedge^p(\mathbf{V})$ und $\bigwedge^p(\widetilde{\mathbf{V}})$ folgt

$$\langle T \,|\, D \rangle = \langle \tilde{g}_* D \,|\, {}^* g T \rangle = \langle e \,|\, e \rangle \langle \tilde{g}_* D \,|\, \tilde{g}_* T \rangle.$$

Die Formeln vereinfachen sich noch etwas, wenn ein mit g *verträgliches* Volumselement gewählt wird, d.i., wenn $\langle e \,|\, e \rangle = 1$. Über $\mathbf{C}$ ist das stets möglich, über $\mathbf{R}$ hängt diese Möglichkeit von der Signatur der durch $\langle \cdot \,|\, \cdot \rangle$ in $\bigwedge^p(\mathbf{V})$ induzierten quadratischen Form ab, und nur $|\langle e \,|\, e \rangle| = 1$ ist stets erreichbar. Die Operation $\tilde{g} \circ {}_* =: *$, eventuell mit umgekehrtem Vorzeichen je nach Konvention, heißt dann *Hodge-*-Operation* oder *Hodge-Dualität.* (In den Anwendungen des Texts etwa, wo g der Minkowskimetrik η entspricht, ist $\langle e \,|\, e \rangle = -1$ erreichbar.) Wenn ferner wie bei inneren Produkten auf $\mathbf{V}$ $g^T = \gamma g$ gilt, ergeben obige Formeln für die Iteration des Hodge-Operators

$$** = \gamma \frac{(-1)^{p(n-p)}}{\langle e \,|\, e \rangle} \,\mathrm{id}.$$

Eine einfache geometrische Deutung der Operationen dieses Abschnitts ergibt sich, wenn die betrachteten Tensoren *einfach* sind, d.h. die Produktgestalt $v_1 \wedge \ldots \wedge v_p$ etc. besitzen. p-dimensionale Teilräume $\mathbf{V}'$ von $\mathbf{V}$ kann man entweder als von p unabhängigen Vektoren v_i aufgespannt denken, und $v_1 \wedge \ldots \wedge v_p$ ist bis auf einen Zahlenfaktor unabhängig von ihrer speziellen Wahl in $\mathbf{V}'$. Man kann sie aber auch durch $n-p$ unabhängige lineare Gleichungen $(a_{p+1} \,|\, v) = 0, \ldots, (a_n \,|\, v) = 0$ beschreiben; dabei kommt es aber nur auf den von den $a_i \in \widetilde{\mathbf{V}}$ aufgespannten Annullatorraum $\widetilde{\mathbf{V}}' \subset \widetilde{\mathbf{V}}$ an, und das Produkt $a_{p+1} \wedge \ldots \wedge a_n$ dieser Kovektoren ist wieder bis auf einen Zahlenfaktor von der speziellen Wahl der a_i in $\widetilde{\mathbf{V}}'$ unabhängig. Für ein und denselben Teilraum sind die beiden Beschreibungsarten durch $v_1 \wedge \ldots \wedge v_p \propto *(a_{p+1} \wedge \ldots \wedge a_n)$ verbunden – wegen des freien Zahlenfaktors ist dabei die Wahl des speziellen Volumselements egal. Ist ferner $\langle \cdot \,|\, \cdot \rangle$ gegeben, gehören $v_1 \wedge \ldots \wedge v_p$ und $*(v_1 \wedge \ldots \wedge v_p)$ zu orthogonalen Teilräumen von $\mathbf{V}$.

B.14 $\mathcal{G}$-Geometrien in Vektorräumen und Größen vom Typ $(\mathcal{G}, \sigma)$

In der abstrakten Version der linearen Algebra wurden Vektoren und Tensoren ohne Benützung von Komponenten und deren Transformationsverhalten eingeführt; vielmehr ist letzteres eine Konsequenz der abstrakten Definitionen. Obwohl die Nützlichkeit letzterer außer Zweifel steht, gibt es Fälle, wo man im wesentlichen auf die „Komponentendefinition" angewiesen ist.

Betrachten wir etwa zu einem n-dimensionalen Vektorraum $\mathbf{V}$ die eindimensionalen Räume $\mathbf{W}^{(p)} := (\bigwedge^n(\mathbf{V}))^{\otimes p}$. Eine lineare Transformation $S\colon \mathbf{V} \to \mathbf{V}$ induziert in $\mathbf{W}^{(p)}$ eine Transformation, die in der Multiplikation mit $(\det S)^p$ besteht. Dies gibt zu jedem ganzzahligen $p \geq 0$ eine eindimensionale Darstellung der Gruppe $\mathrm{GL}(\mathbf{V})$ aller nichtsingulären S; durch Betrachtung der von $\widetilde{S}$ induzierten Transformationen auf $(\bigwedge^n(\widetilde{\mathbf{V}}))^{\otimes p}$ kann dies auch auf negative ganze p ausgedehnt werden. Arbeiten wir über $\mathbf{K} = \mathbf{C}$, ist aber auch $S \to |\det S|^p$ für beliebige reelle p eine Darstellung, über $\mathbf{K} = \mathbf{R}$ auch noch $S \to \operatorname{sign} \det S$. Die Räume, auf denen diese Darstellungen operieren, können nun aber nicht aus $\mathbf{V}$ durch Anwendung der bisherigen tensoriellen Konstruktion abgeleitet werden, weil (nach Wahl einer beliebigen Basis in $\mathbf{V}$) die Elemente der Darstellungsmatrizen – im Gegensatz zu den $S^{\otimes p}$, $\widetilde{S}^{\otimes q}$ usw. – keine rationalen Funktionen der Matrixelemente von S sind. Dennoch sind solche Darstellungen und ihre Tensorprodukte mit Tensordarstellungen in der Physik oft nötig, besonders für $p = \pm 1/2$ (*relative Tensoren vom Gewicht* p etc.).

Schränken wir diese „neuen" Darstellungen auf $\mathrm{SL}(\mathbf{V})$ (d.h., $\det S = 1$) ein, kollabieren sie zur trivialen Darstellung. Bei weiterer Einschränkung können aber wieder „neue" nichttensorielle (= nichtrationale) Darstellungen auftauchen. Sei z.B. $\mathbf{V}$ vierdimensional über $\mathbf{R}$ und $\eta(\cdot \,|\, \cdot)$ ein symmetrisches Skalarprodukt der Signatur $(+---)$. Die Untergruppe von $\mathrm{SL}(\mathbf{V})$, die den Tensor η invariant läßt, ist die eigentliche Lorentzgruppe $\mathcal{L}_+$. Die unter $\mathcal{L}_+$ invariante Menge $\{v \in \mathbf{V}\colon \eta(v,v) \geq 0,\ v \neq 0\}$ zerfällt (im Sinn der Standardtopologie eines reellen Vektorraums) in zwei Zusammenhangskomponenten (physikalisch: Vorwärts- und Rückwärtslichtkegel + jeweiliges Inneres). Die Invarianzgruppe einer solchen Zusammenhangskomponente ist $\mathcal{L}_+^\uparrow$. Für

$\mathcal{L}_+ = \mathcal{L}_+^\uparrow \cup \mathcal{L}_+^\downarrow$ ist „$S \to 1$ bzw. $\to -1$, wenn $S \in \mathcal{L}_+^\uparrow$ bzw. $\in \mathcal{L}_+^\downarrow$" eine nichttriviale eindimensionale Darstellung, doch kann der zugehörige Darstellungsraum wieder nicht aus **V** durch die bisherigen abstrakten Tensorkonstruktionen erhalten werden. Gleichzeitig sieht man, daß in diesem Beispiel spezielle Eigenschaften der Grundkörper **C**, **R** ($|\ldots|$ auf **C** und **R** definiert und multiplikativ; $>$ und $\alpha^p > 0$ für $\alpha > 0$ in **R** wohldefiniert) sowie topologische Betrachtungen eingehen.

Da man sich in der Physik einen puristisch-algebraischen Standpunkt nicht leisten kann, geben wir nun eine modernisierte Version der „Komponentendefinition" von Tensoren und allgemeinen Größen über **V**, die nach Produkten von Darstellungen obiger Art transformieren, an, wie sie heute vielfach verwendet wird. Im folgenden bedeute $\mathbf{K}^n$ entweder $\mathbf{C}^n$ oder $\mathbf{R}^n$, den **K**-Vektorraum der n-zeiligen Spaltenvektoren aus Zahlen $\in \mathbf{K}$, der in $\{(1,0,0,\ldots)^T, (0,1,0,\ldots)^T, \ldots\}$ eine kanonische Basis besitzt, von der wir wieder loskommen wollen.

Es sei $\mathbf{B}(\mathbf{V})$ die Menge aller Basen in **V**: ein Element $\mathbf{b} = \{b_i\}$ fungiert dann als Isomorphismus $\mathbf{b}\colon \mathbf{K}^n \to \mathbf{V}$, indem jedem Spaltenvektor $\mathbf{v} = (v^i) \in \mathbf{K}^n$ der Vektor $\mathbf{bv} = b_i v^i \in \mathbf{V}$ zugeordnet wird. (Wir haben hier die Multiplikation von Vektoren mit Zahlen als Rechtsmultiplikation geschrieben, um **bv** sowohl symbolisch als auch als Matrixmultiplikation lesen zu können, wenn man **b** als Zeilenmatrix aus Basisvektoren liest.) Ebenso liefern die Elemente $\tilde{\mathbf{b}} = \{\tilde{b}^i\}$ von $\tilde{\mathbf{B}}(\mathbf{V}) := \mathbf{B}(\tilde{\mathbf{V}})$ Abbildungen $\tilde{\mathbf{b}} : \mathbf{V} \to \mathbf{K}^n$, $\tilde{\mathbf{b}}v := \mathbf{v} = (v^i) = (\tilde{b}^i(v))$, und in diesem Sinn ist $\tilde{\mathbf{b}} = \mathbf{b}^{-1} : \mathbf{b} \circ \tilde{\mathbf{b}} = \mathrm{id}_\mathbf{V}$, $\tilde{\mathbf{b}} \circ \mathbf{b} = \mathbf{1}$. (Diesen Gleichungen kann man wieder eine Matrixlesart geben, wenn man $\tilde{\mathbf{b}}$ als Spalte von Kovektoren und $\circ$ als $\otimes$ in der vorletzten, als $(\ |\ )$ in der letzten Gleichung liest.)

Die Auszeichnung einer beliebigen Basis **b** stellt eine umkehrbar eindeutige Zuordnung $\mathbf{B}(\mathbf{V}) \leftrightarrow \mathrm{GL}(n,\mathbf{K})$ (nichtsinguläre $n \times n$-Matrizen mit Elementen aus **K**) her, bei der jedem $\mathbf{b}' \in \mathbf{B}(\mathbf{V})$ die Matrix $\mathbf{S} = \tilde{\mathbf{b}}\mathbf{b}'$, (d.h., $S^k{}_i = (\tilde{b}^k \,|\, b'_i)$) und jedem **S** die Basis $\mathbf{b}' = \mathbf{bS}$ (d.h., $b'_i = b_k S^k{}_i$) entspricht. Da diese Zuordnung wegen der willkürlichen Auszeichnung von **b** nicht kanonisch ist, geht nur wenig von der Gruppenstruktur von $\mathrm{GL}(n,\mathbf{K})$ auf $\mathbf{B}(\mathbf{V})$ über: es gibt keine neutrale Basis, keine zueinender inversen Basen und keine Multiplikation *in* $\mathbf{B}(\mathbf{V})$, die natürlich definiert wären. Lediglich der Rechtsmultiplikation $\mathbf{S} \to \mathbf{SS}'$ in $\mathrm{GL}(n,\mathbf{K})$ entspricht eine *Rechtswirkung* von $\mathrm{GL}(n,\mathbf{K})$ auf $\mathbf{B}(\mathbf{V})$: $\mathbf{b} \to \mathbf{bS}'$. (Der Linksmultiplikation $\mathbf{S} \to \mathbf{S'S}$ in $\mathrm{GL}(n,\mathbf{K})$ hingegen entspricht nichts unmittelbar Natürliches; formal ist aber durch $\mathbf{b} \to \mathbf{bS}'^{-1}$ eine Linkswirkung von $\mathrm{GL}(n,\mathbf{K})$ auf $\mathbf{B}(\mathbf{V})$ gegeben.) Diese Rechtswirkung $\mathbf{b} \to \mathbf{bS}$ von $\mathrm{GL}(n,\mathbf{K})$ auf $\mathbf{B}(\mathbf{V})$ ist *einfach-transitiv,* d.h. *frei* (für $\mathbf{S} \neq \mathbf{1}$ ist $\mathbf{bS} \neq \mathbf{b}$) und *transitiv* (zu jedem Paar **b**, **b'** existiert ein **S** ($= \tilde{\mathbf{b}}\mathbf{b}'$) mit $\mathbf{b}' = \mathbf{bS}$).

Die Gruppe $\mathrm{GL}(n,\mathbf{K})$ wirkt auf $\mathbf{K}^n$ in der üblichen Weise: $\mathbf{v} \to \mathbf{Sv}$. Dies ist eine *Linkswirkung.* Dadurch wirkt $\mathrm{GL}(n,\mathbf{K})$ auch auf dem kartesischen Produkt $\mathbf{B}(\mathbf{V}) \times \mathbf{K}^n$ von links, indem **S** das Paar $(\mathbf{b},\mathbf{v})$ in das Paar $(\mathbf{bS}^{-1}, \mathbf{Sv})$ überführt. Bezeichnet man zwei Paare als äquivalent, wenn sie durch ein $\mathbf{S} \in \mathrm{GL}(n,\mathbf{K})$ ineinander übergeführt werden können, kann man den Quotienten $(\mathbf{B}(\mathbf{V}) \times \mathbf{K}^n)/\mathrm{GL}(n,\mathbf{K})$ bezüglich dieser Äquivalenzrelation bilden. Es ist klar, daß diese Äquivalenzklassen umkehrbar eindeutig den Vektoren aus **V** entsprechen: $v = \mathbf{bv} = \mathbf{bS}^{-1}\mathbf{Sv} \leftrightarrow$Klasse von $(\mathbf{b},\mathbf{v})$. Dies entspricht genau der Komponentendefinition von Vektoren: **v** und

$\mathbf{S}v$ sind Komponenten von v in den Bezugssystemen $\mathbf{b}$ und $\mathbf{bS}^{-1}$.

Bei dieser „Rekonstruktion" von $\mathbf{V}$ aus $\mathbf{B(V)}$ und $\mathbf{K}^n$, deren Ziel die Beseitigung der Vorzugsrolle der kanonischen Basis in $\mathbf{K}^n$ ist, spielen $\mathbf{B(V)}$ und $\mathrm{GL}(n,\mathbf{K})$ die primäre Rolle. Während vorher die $\mathbf{b} \in \mathbf{B(V)}$ als Abbildungen $\mathbf{K}^n \to \mathbf{V}$ fungierten, ist es von dieser Warte aus angebrachter, die $v \in \mathbf{V}$ als Abbildungen $\mathbf{B(V)} \to \mathbf{K}^n$, $v: \mathbf{b} \to \tilde{\mathbf{b}}v$ anzusehen, die bezüglich der Wirkung von $\mathrm{GL}(n,\mathbf{K})$ auf $\mathbf{B(V)}$ und $\mathbf{K}^n$ *äquivariant* sind, d.h., $v(\mathbf{bS}^{-1}) = \mathbf{S}v(\mathbf{b})$. Der primären Rolle von $\mathbf{B(V)}$ entspricht es dann auch sinngemäß, hierfür nur mehr $\mathbf{B}$ zu schreiben und es einfach als Menge anzusehen, auf der $\mathrm{GL}(n,\mathbf{K})$ frei und transitiv von rechts wirkt.

Durch zwei kleine Änderungen dieser Konstruktion können wir nun die erwähnten nicht rein tensoriellen Größen (relative Tensoren nicht ganzzahliger Gewichte, Raum-, Zeit-Pseudotensoren bezüglich $\mathcal{L}$, ...) miterfassen. Ganz abstrakt betrachten wir statt $\mathrm{GL}(n,\mathbf{K})$ irgendeine Gruppe $\mathcal{G}$ und statt der definierenden Darstellung von $\mathrm{GL}(n,\mathbf{K})$ irgendeine Menge $\mathbf{M}$, auf der $\mathcal{G}$ als Transformationsgruppe realisiert ist, d.h. eine Abbildung $\sigma : \mathcal{G} \to$ Gruppe der Bijektionen von $\mathbf{M}$ in sich liege vor. Die abstrakte Konstruktion verläuft wie vorher: $\mathbf{B} = \mathbf{B}_{\mathcal{G}}$ sei eine Menge, auf der $\mathcal{G}$ frei und transitiv von rechts wirkt, deutbar als Menge von Bezugssystemen, die unter $\mathcal{G}$ ineinander übergehen, über deren nähere Natur hier nichts ausgesagt wird. Wir bilden den Quotienten $(\mathbf{B} \times \mathbf{M})/\mathcal{G}$ bezüglich der Äquivalenzrelation „$(\mathbf{b},\mathbf{m}) \sim (\mathbf{b}',\mathbf{m}')$, falls $\mathbf{m}' = \sigma(g)\mathbf{m} \in \mathbf{M}$ und $\mathbf{b}' = \mathbf{b}g^{-1}$ für ein $g \in \mathcal{G}$" (die Rechtswirkung von g^{-1} auf $\mathbf{b}$ wurde einfach $\mathbf{b}g^{-1}$ geschrieben). Die Äquivalenzklassen entsprechen wieder bijektiv den $\mathcal{G}$-äquivarianten Abbildungen $\mathbf{B} \to \mathbf{M}$ (d.h. wenn $\mathbf{b} \to \mathbf{m}$, so $\mathbf{b}g^{-1} \to \sigma(g)\mathbf{m}$). Ist $\mathbf{M} = \mathbf{K}^m$ und $\sigma : \mathcal{G} \to \mathrm{GL}(m,\mathbf{K})$ eine Matrixdarstellung von $\mathcal{G}$ in $\mathbf{K}^m$, so erbt dieser Quotient von $\mathbf{K}^m$ eine isomorphe Vektorraumstruktur: jede Klasse hat einen Standardvertreter der Form $(\mathbf{b}_0,\mathbf{v})$, wo $\mathbf{b}_0$ beliebig, aber für alle Klassen gleich ist; bezeichnet $\sim$ Klassenbildung, kann $\alpha(\mathbf{b}_0,\mathbf{v})^\sim + \beta(\mathbf{b}_0,\mathbf{w})^\sim := (\mathbf{b}_0,\alpha\mathbf{v}+\beta\mathbf{w})^\sim$ definiert werden, was vom speziellen $\mathbf{b}_0$ nicht abhängt.

Ist nun $\mathbf{V}$ ein gegebener n-dimensionaler Vektorraum und $\mathbf{B} = \mathbf{B}_{\mathcal{G}}(\mathbf{V}) \subset \mathbf{B(V)}$ eine Teilmenge von $\mathbf{B(V)}$, wodurch $\mathcal{G}$ (isomorph zu einer) Untergruppe von $\mathrm{GL}(n,\mathbf{K})$ wird, so sagt man, es sei in $\mathbf{V}$ eine *$\mathcal{G}$-Geometrie* (oder *$\mathcal{G}$-Struktur*) definiert: eine Teilmenge von Basen, auf der $\mathcal{G}$ einfach-transitiv wirkt. Wir nennen die $\mathbf{b} \in \mathbf{B}_{\mathcal{G}}(\mathbf{V})$ *$\mathcal{G}$-Basen.* Für je zwei von ihnen, $\mathbf{b}$ und $\mathbf{b}'$, gehört also die Matrix $\tilde{\mathbf{b}}\mathbf{b}' = \mathbf{S}$ zu $\mathcal{G} \subset \mathrm{GL}(n,\mathbf{K})$, und keine $\mathcal{G}$-Basis ist vor einer anderen bevorzugt. Ist σ eine Darstellung von $\mathcal{G}$ in $\mathbf{K}^m$, so heißen die Elemente des Vektorraums $(\mathbf{B}_{\mathcal{G}}(\mathbf{V}) \times \mathbf{K}^m)/\mathcal{G}$ *Größen vom Typ $(\mathcal{G},\sigma)$ über* $\mathbf{V}$. Sie können wieder als äquivariante Abbildungen $\mathbf{B}_{\mathcal{G}}(\mathbf{V}) \to \mathbf{K}^m$ aufgefaßt werden. Ist σ eine Tensordarstellung von $\mathcal{G} \subset \mathrm{GL}(n,\mathbf{K})$, kann dieser Vektorraum natürlich mit einem Tensorraum über $\mathbf{V}$ identifiziert werden (wie oben gezeigt mit $\mathbf{V}$ selbst, wenn σ die definierende Darstellung ist). Wieder ist die Essenz dieser anscheinend umständlichen Konstruktion, daß man auf $\mathbf{V}$ verschiedene – wenn auch isomorphe – $\mathcal{G}$-Geometrien zu festem $\mathcal{G}$ haben kann – sie entsprechen $1:1$ den Nebenklassen in $\mathrm{GL}(n,\mathbf{K})/\mathcal{G}$.

Die bisherige Definition von (pseudo)euklidischen, symplektischen und (pseudo-) unitären Geometrien (vgl. Abschnitt 7.5) ordnet sich diesem Schema dadurch unter, daß durch Basiswahl die Matrix der Skalarprodukte $\langle b_i \mid b_k \rangle$ jeweils auf eine bekannte Standardform gebracht werden kann, die nur unter einer Untergruppe $\mathcal{G} \subset \mathrm{GL}(n,\mathbf{K})$

invariant bleibt ($\mathcal{G}$ = (pseudo)orthogonale, symplektische, (pseudo)unitäre Gruppe; $\mathcal{G}$-Basen = (pseudo)orthogonale, symplektische Basen). Auch Realitätsstrukturen ordnen sich unter: $\mathcal{G} = \mathrm{SL}(n, \mathbf{R})$, $\mathcal{G}$-Basen = reelle Basen; desgleichen komplexe und quaternionische Strukturen. Wir hatten diese $\mathcal{G}$-Geometrien bisher mit rein tensoriellen Mitteln gekennzeichnet, und bei vielen anderen $\mathcal{G}$-Geometrien ist dies möglich, wie bei $\mathcal{G} = \mathrm{SL}(n, \mathbf{K})$ oder $\mathcal{L}^\uparrow$ (pseudoeuklidische Geometrie mit *Zeitorientierung:* Invarianz einer der beiden Zusammenhangskomponenten von $\{v \in \mathbf{V} \mid \eta(v,v) \geq 0,\ v \neq 0\}$ – eine allerdings nicht rein algebraische Methode). Es gibt aber Gruppen $\mathcal{G}$, bei denen dies prinzipiell unmöglich ist (nichtalgebraische Gruppen), so daß bei der Definition zugehöriger $\mathcal{G}$-Geometrien auf die explizite Einführung von $\mathbf{B}_\mathcal{G}(\mathbf{V})$ nicht verzichtet werden kann, und Gruppen, wo die tensorielle Charakterisierung der $\mathcal{G}$-Geometrien äußerst umständlich wäre (z.B. bei den sogenannten exzeptionellen einfachen Lie-Gruppen).

Die Benützung von $\mathbf{B}_\mathcal{G}$ für $\mathcal{G} = \mathcal{L}_+^\uparrow$ war vor allem physikalisch primär: wir gingen ja zu Beginn des Buches von der Menge $\mathbf{B} = \mathcal{J}$ aller Inertialsysteme I aus, von der wir aufgrund zweier Prinzipien fanden, daß sie von der Art $\mathbf{B}_{\mathcal{P}_+^\uparrow}$ ist. Die spezielle Struktur von $\mathcal{P}_+^\uparrow$ (semidirektes Produkt von $\mathcal{L}_+^\uparrow$ mit der 4-dimensionalen Translationsgruppe $\mathcal{T}$) ermöglichte es, aus $\mathbf{B}_{\mathcal{P}_+^\uparrow}$ und dem $\mathbf{R}^4$ der Ereigniskoordinaten den Minkowskiraum $\mathbf{X}^4 = (\mathbf{B}_{\mathcal{P}_+^\uparrow} \times \mathbf{R}^4)/\mathcal{P}_+^\uparrow$ zu konstruieren, ihm die Struktur eines affinen Raums mit Pseudometrik zu geben und den zugrundeliegenden Vektorraum $\mathbf{V}^4$ mit Skalarprodukt η zu studieren. Dabei haben wir im Text nur mit $\mathcal{L}$-Basen in $\mathbf{V}^4$ gearbeitet, ja sogar aus Gründen praktischer Realisierbarkeit nur an $\mathcal{L}^\uparrow$-Basen gedacht.

Ist $\mathcal{G} \subset \mathcal{G}'$, so ist eine mit einer $\mathcal{G}$-Struktur verträgliche $\mathcal{G}'$-Struktur ($\mathbf{B}_\mathcal{G} \subset \mathbf{B}_{\mathcal{G}'}$) durch $\mathbf{B}_\mathcal{G}$ bereits eindeutig bestimmt. Wie wir sahen, bedeutet dies aber nicht, daß zu allen Größen vom Typ $(\mathcal{G}, \sigma)$ auch Größen vom Typ $(\mathcal{G}', \sigma)$ existieren, da sich die Darstellung σ im allgemeinen nicht auf $\mathcal{G}'$ ausdehnen läßt.

Anhang C

Majorana-Spinoren, Zeitumkehr und einige mit der Bispinor-Darstellung in Zusammenhang stehende Gruppenisomorphismen

C.1 Wiederholung aus Abschnitt 9.1

Wir erinnern an den Satz, daß ein Quadrupel linearer Operatoren γ_i, das auf einem komplexen Vektorraum $\mathbf{\Sigma}$ irreduzibel wirkt und die Relationen $\gamma_{(i}\gamma_{k)} = \eta_{ik}\,\mathrm{id}_{\mathbf{\Sigma}}$ erfüllt, bis auf Äquivalenz eindeutig bestimmt ist, wobei $\dim\mathbf{\Sigma} = 4$. Die Quadrupel $-\gamma_i^T$, $\gamma_i^\dagger$, $-\gamma_i^*$ erfüllen dieselben formalen Relationen auf $\widetilde{\mathbf{\Sigma}}$, $\widetilde{\mathbf{\Sigma}}^*$, $\mathbf{\Sigma}^*$ und wirken ebenfalls irreduzibel; daraus schließen wir auf die Existenz von Äquivalenzabbildungen $C\colon \mathbf{\Sigma} \to \widetilde{\mathbf{\Sigma}}$, $\beta\colon \mathbf{\Sigma} \to \widetilde{\mathbf{\Sigma}}^*$, $D\colon \mathbf{\Sigma} \to \mathbf{\Sigma}^*$, so daß

$$-\gamma_i^T = C\gamma_i C^{-1}, \qquad \gamma_i^\dagger = \beta\gamma_i\beta^{-1}, \qquad -\gamma_i^* = D\gamma_i D^{-1}.$$

Dabei sind C, β, D bis auf komplexe Faktoren eindeutig bestimmt. Anwendung von ^{T}, †, * auf die letzten Relationen und nochmalige Verwendung derselben sowie des Schurschen Lemmas ergibt

$$C^T = cC, \qquad \beta^\dagger = b\beta, \qquad D^*D = d\,\mathrm{id}_{\mathbf{\Sigma}}, \qquad (c, b, d \in \mathbf{C}).$$

Anwendung von ^{T}, †, * liefert $c = \pm 1$, $|b|^2 = 1$, $d = d^*$. Durch Verfügen über die noch freien Faktoren kann $b = 1$, $|d| = 1$ erreicht werden, während das in Aufgabe 5 zu Abschnitt 9.1 angegebene Argument $c = -1$ zeigt. Damit bleibt der freie Faktor von C noch beliebig komplex ($\neq 0$), der von β beliebig reell ($\neq 0$) und der von D ein beliebiger Phasenfaktor. Aus den definierenden Relationen für β, C folgt dann, daß neben $\beta^\dagger = \beta$, $C^T = -C$ auch (γ wie in (9.1.29))

$$(\beta\gamma_k)^\dagger = \beta\gamma_k, \quad (\beta\gamma)^\dagger = \beta\gamma, \quad (\beta i\gamma\gamma_k)^\dagger = \beta i\gamma\gamma_k, \quad (\beta i\gamma_{[k}\gamma_{l]})^\dagger = \beta i\gamma_{[k}\gamma_{l]},$$
$$(C\gamma)^T = -C\gamma, \quad (C\gamma\gamma_k)^T = -C\gamma\gamma_k, \quad \text{aber } (C\gamma_k)^T = C\gamma_k, \quad (C\gamma_{[k}\gamma_{l]})^T = C\gamma_{[k}\gamma_{l]}.$$

Tatsächlich kann man (z.B. unter Verwendung einer speziellen Matrixdarstellung, vgl. Aufgabe 6 von Abschnitt 9.1) zeigen, daß die hermitische Form $\mathbf{\Sigma} \ni \psi \to \to (\psi^* \,|\, \beta\gamma_0\psi)$ *definit* ist; also kann positive Definitheit erreicht werden, wonach nur noch ein positiver Faktor in β frei bleibt.

Hier ist die gewählte Signatur $\eta_{ik} = \mathrm{diag}(+\,-\,-\,-)$ wesentlich: Für die Konvention $(-\,+\,+\,+)$ hat $\beta' := \beta\gamma$ mit γ wie in (9.1.29) (so daß $\beta'\gamma_i\beta'^{-1} = -\gamma_i^\dagger$) diese Definitheitseigenschaft. Für die *euklidische* Signatur $(+\,+\,+\,+)$ ist die β entsprechende Form β^{eukl} definit: Sie ist unter der Gruppe Spin(4,0) invariant (vgl. Abschnitt 9.1 für Spin(1,3)); diese Gruppe gestattet aber als kompakte zweiblättrige Überlagerung von SO(4,**R**) auf $\mathbf{\Sigma}$ eine invariante *positiv-definite* hermitische Form, und β^{eukl} ist ja ebenfalls bis auf einen reellen Faktor eindeutig. Für unsere Signatur $(+\,-\,-\,-)$ kann man $\gamma_0 = \gamma_0^{\mathrm{eukl}}$, $\gamma_\mu = i\gamma_\mu^{\mathrm{eukl}}$ und somit $\beta = \beta^{\mathrm{eukl}}\gamma_0^{\mathrm{eukl}}$ nehmen; somit ist $\beta\gamma_0$ definit, und etwas allgemeiner: ist x^i zeit- bzw. licht- bzw. raumartig, so ist $\beta\gamma_i x^i$ definit bzw. semidefinit bzw. indefinit, wobei positive bzw. negative (Semi-)definitheit zu Zukunfts- bzw. Vergangenheitsorientierung gehört, wenn eine entsprechende Konvention für β getroffen wird.

Transponiert man $\gamma_i^\dagger$, benützt den Ausdruck für $-\gamma_i^T$ und vergleicht mit $-\gamma_i^*$, liefert das Schursche Lemma weiter $(\beta^T)^{-1}C \propto D$, und bei geeigneter Wahl des Faktors bei C können nun die noch freien Faktoren von β, D eindeutig so gewählt werden, daß

$$(\beta^T)^{-1} C = D$$

gilt, was weiterhin vereinbart sei. Mit dieser Proportionalität kann gezeigt werden, daß tatsächlich $d > 0$, also $d = 1$ nach obiger Faktorwahl. Es gilt nämlich unter Benützung der bisherigen Relationen

$$\begin{aligned} d(\varphi^* \,|\, \beta\gamma_0\psi) &= (\varphi^* \,|\, \beta\gamma_0 D^* D\psi) = -(\varphi^* \,|\, \beta D^* \gamma_0^* D\psi) = -(\varphi^* \,|\, C^* \gamma_0^* D\psi) = \\ &= +(\gamma_0^\dagger C^* \varphi^* \,|\, D\psi) = (\beta\gamma_0\beta^{-1} C^* \varphi^* \,|\, D\psi) = (D\psi \,|\, \beta\gamma_0 (D\varphi)^*), \end{aligned}$$

und die Definitheit von $\beta\gamma_0$ liefert $d > 0$, wenn $\varphi = \psi$ gesetzt wird.

Aus dem schon erreichten $D^* D = 1$, $\beta = \beta^\dagger$ folgt

$$D = (\beta^T)^{-1} C = (D^*)^{-1}\beta = -C^{\dagger\,-1}\beta$$

(vgl. Aufgabe 7 von Abschnitt 9.1). Die erhaltenen Relationen bedeuten, daß C, β, D auf $\boldsymbol{\Sigma}$ ein symplektisches inneres Produkt, ein hermitisches inneres Produkt und eine Realitätsstruktur definieren, wobei folgendes Diagramm kommutativ ist (Abb. C.1):

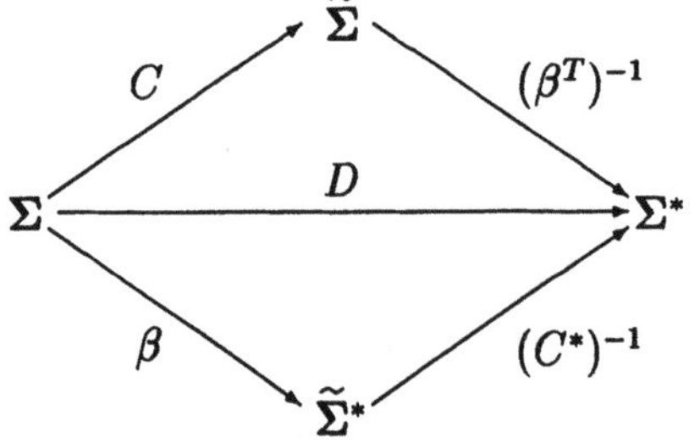

Abb. C.1

Dabei hat, wie aus

$$(\varphi^* \,|\, \beta\varphi) = -(D\varphi \,|\, \beta(D\varphi)^*)$$

(wie oben zu sehen) folgt, die zu β gehörende hermitische Form die Signatur $(++--)$.

Wegen $C \in L(\boldsymbol{\Sigma}, \tilde{\boldsymbol{\Sigma}}) \cong \tilde{\boldsymbol{\Sigma}} \otimes \tilde{\boldsymbol{\Sigma}}$ und $C^T = -C$ kann C als Element von $\bigwedge^2 \tilde{\boldsymbol{\Sigma}}$ aufgefaßt werden, das zusammen mit $C\gamma$, $C\gamma\gamma_k$ eine Basis dieses Raumes bildet. (In diesem Sinn ist die Argumentation in Aufgabe 5, Abschnitt 9.1 basisunabhängig.) Wir definieren nun durch $\tilde{e} := -\frac{1}{2} C \wedge C$ eine Determinantenfunktion auf $\boldsymbol{\Sigma}$; bezüglich dieser Konvention gilt dann $({}^*C \,|\, C) = -2$. In einer unimodularen Basis, die $\gamma =$

$= \gamma^0\gamma^1\gamma^2\gamma^3$ diagonalisiert, sind dann die Matrizen für C und D bis auf ein gemeinsames Vorzeichen und jene für β überhaupt eindeutig gegeben durch

$$C = \begin{pmatrix} -\epsilon & \mathbf{0} \\ \mathbf{0} & \epsilon \end{pmatrix}, \quad D = \begin{pmatrix} \mathbf{0} & \epsilon \\ -\epsilon & \mathbf{0} \end{pmatrix}, \quad \beta = \begin{pmatrix} \mathbf{0} & \mathbf{1} \\ \mathbf{1} & \mathbf{0} \end{pmatrix}, \quad \text{mit} \quad \epsilon = \begin{pmatrix} 0 & 1 \\ -1 & 0 \end{pmatrix}.$$

(Wir erinnern daran, daß dies die vorherigen Konventionen $D^*D = \mathrm{id}$, $D = (\beta^T)^{-1}C$, $\beta = \beta^\dagger$, $(\psi^* \,|\, \beta\gamma_0\psi) > 0$ für ein $\psi \neq 0$ berücksichtigen soll. Ferner sei bemerkt, daß Relationen wie $\beta = \gamma_0$, $\beta^2 = E$, $C^2 = -E, \ldots$ nur als Matrixrelationen bezüglich gewisser Klassen von Basen Sinn haben, nicht als Relationen für Abbildungen.) Die Relation (9.1.36) zeigt, daß die Basis in $\mathbf{\Sigma}$, auf die sich die Matrix für β bezieht, zu der zukünftigen Zeitorientierung $[(\psi^* \,|\, \beta\gamma_0 \,|\, \psi) > 0]$ im Minkowskiraum gehört; vgl. die ausführliche Diskussion dazu im 2-Komponentenkalkül von Abschnitt 8.4, wo die Semispinorräume $\frac{1}{2}(\mathbf{1} \pm \gamma_5)\mathbf{\Sigma}$ mit $\mathbf{S}$ und $\dot{\mathbf{S}}$ bezeichnet sind.

C.2 Majorana-Spinoren, Zeitumkehr

Die Abbildung D definiert aufgrund von $D^*D = \mathrm{id}_{\mathbf{\Sigma}}$ auf $\mathbf{\Sigma}$ eine Realitätsstruktur. Dabei folgt aus (9.1.27,36) und $D = (\beta^T)^{-1}C$

$$S^{-1*}(L)\, D\, S(L) = d(L)\, \mathrm{sign} L^0{}_0\, D,$$

so daß die Realitätsstruktur jedenfalls unter $\mathcal{L}_+^\uparrow$ (für $d(L) = \mathrm{sign} L^0{}_0$ sogar unter $\mathcal{L}$) invariant ist. Die diesbezüglich reellen Spinoren nennt man *Majorana-Spinoren,* sie haben in einer Majoranabasis reelle Komponenten, die $S(L)$ dann reelle Matrizen. Aus $-\gamma_i^* = D\gamma_i D^{-1}$ folgert man auch, daß in einer Majoranabasis die *Matrizen für die γ_i rein imaginär werden* (Majoranadarstellung).

Bei der Signaturkonvention $\eta_{ik} = (-+++)$ ergäben sich reelle Matrizen, weil dann D durch $D' := D\gamma$ mit $D'\gamma_i D'^{-1} = +\gamma_i^*$ zu ersetzen wäre, um $D'^*D' = +\mathrm{id}$ zu erreichen.

Die durch D definierte antilineare Abbildung $\mathcal{D} : \mathbf{\Sigma} \to \mathbf{\Sigma}$ heißt *Ladungskonjugation:* Genügt ein Spinorfeld ψ der Dirac-Gleichung mit elektromagnetischem Feld (A_k ... Viererpotential, $\hbar = c = 1$):

$$\gamma^k (i\partial_k - eA_k(x))\, \psi(x) = m\, \psi(x),$$

so genügt $\psi' = \mathcal{D}\psi = (D\psi)^*$ der Gleichung

$$\gamma^k (i\partial_k + eA_k(x))\, \psi'(x) = m\, \psi'(x)$$

mit umgekehrtem Ladungsvorzeichen. (Vgl. Lehrbücher der Teilchenphysik wegen einer ausführlicheren und allgemeineren Behandlung des Konzepts.)

Der antilineare Operator $\mathcal{D}$, der wegen $D^*D = \mathrm{id}_{\mathbf{\Sigma}}$ die Relation $\mathcal{D}^2 = \mathrm{id}_{\mathbf{\Sigma}}$ erfüllt, ermöglicht es auch, die im Sinn von Abschnitt 9.6 richtige Form der Lorentztransformationen mit Zeitumkehr, $L \in \mathcal{L}^\downarrow$, für Dirac-Felder anzugeben, die ja antilinear sein muß. Die in (9.1.21) konstruierte Transformation $S(L)$ garantiert zwar die richtige Kovarianzeigenschaft, (9.1.26) ist aber linear und entspricht auch nicht der in

Abschnitt 8.5 angegebenen Zeit-Pseudovektornatur des elektromagnetischen Viererpotentials, wenn dieses wie oben geschehen in der Dirac-Gleichung inkludiert wird. Aus ihr folgt nämlich durch Anwenden von $S(L)$

$$\gamma^k(iL_k{}^j\partial_j - eL_k{}^jA_j)S(L)\psi = mS(L)\psi,$$

und es ist für $x^{i'} = L^i{}_k x^k$ zwar $L_k{}^j\partial_j = \partial'_k$, aber aus physikalischen Gründen $A'_k = \operatorname{sign} L^0{}_0 \cdot L_k{}^jA_j$. Beide Mängel werden gleichzeitig behoben, indem man für $L \in \mathcal{L}^\downarrow$ als transformierten Spinor

$$\psi'(x) = \mathcal{D}\,S(L)\,\psi(L^{-1}x)$$

setzt, wie die Anwendung von $\mathcal{D}$ (unter Berücksichtigung der Antilinearität und von $\mathcal{D}\gamma_i\mathcal{D}^{-1} = -\gamma_i$) auf die vorige Gleichung zeigt. Im Hinblick auf das in Abschnitt 9.6 Gesagte ist es von Interesse, das Quadrat der Operatoren zu T und PT zu bestimmen. Es war (vgl. (9.1.29)) bis auf hier unwesentliche Phasenfaktoren $S(PT) = \gamma$, $S(P) = \gamma^0$, also $S(T) = \gamma^1\gamma^2\gamma^3$, oder allgemeiner $S(n) = \gamma\gamma_i n^i$ für die Spiegelung an einer Hyperebene mit dem zeitartigen Normaleneinheitsvektor n. Damit verifiziert man mittels der in C.1 angegebenen Relationen

$$(\mathcal{D}S(n))^2 = (\mathcal{D}S(T))^2 = (\mathcal{D}S(PT))^2 = -\mathrm{id}_\Sigma.$$

Wir führen hier noch konkret die Transformation durch, die von der Basis (b_1, b_2, b_3, b_4), auf die sich die Matrixdarstellung (9.1.13) der γ_i bezieht, zu einer Majoranabasis (m_1, m_2, m_3, m_4) führt. (Andere Majoranabasen erhält man dann durch beliebige (reguläre) reelle Substitutionen.) Zur Matrixdarstellung (9.1.13) haben wir oben die Matrix D angegeben; schreiben wir für die Spalte eines Majoranaspinors in dieser Basis $\begin{pmatrix} u \\ v \end{pmatrix}$, wo u, v zweizeilige Spalten sind, ergibt die Realitätsbedingung $D\psi = \psi^*$ einfach u =beliebig, $v = -\epsilon u^*$. Um eine Basis zu erhalten, nehmen wir für u der Reihe nach $\begin{pmatrix} 1 \\ 0 \end{pmatrix}, \begin{pmatrix} 0 \\ 1 \end{pmatrix}, \begin{pmatrix} i \\ 0 \end{pmatrix}, \begin{pmatrix} 0 \\ i \end{pmatrix}$. (Man beachte, daß diese über $\mathbf{C}$ linear *abhängigen* Spalten wegen der Nichtlinearität der Bedingung $D\psi = \psi^*$ über $\mathbf{C}$ zu unabhängigen Majorana-Basisvektoren über $\mathbf{R}$ führt!) Die so entstehenden Spalten $\begin{pmatrix} u \\ v \end{pmatrix}$ bilden auch die Spalten der Transformationsmatrix S zwischen den Basen:

$$(m_1, m_2, m_3, m_4) = (b_1, b_2, b_3, b_4)\begin{pmatrix} 1 & 0 & i & 0 \\ 0 & 1 & 0 & i \\ 0 & -1 & 0 & i \\ 1 & 0 & -i & 0 \end{pmatrix} = (b_1 + b_4, b_2 - b_3, i(b_1 - b_4), i(b_2 + b_3))$$

$$\Rightarrow (b_1, b_2, b_3, b_4) = \frac{1}{2}(m_1 - im_3, m_2 - im_4, -m_2 - im_4, m_1 + im_3).$$

Aus der zweiten Zeile liest man S^{-1} ab und findet damit für $(\gamma^k)_{\mathrm{Majorana}} = S^{-1} \cdot (9.1.13) \cdot S$ die rein imaginären Matrizen

$$\gamma^0_{\mathrm{Maj}} = \begin{pmatrix} 0 & 0 & 0 & i \\ 0 & 0 & -i & 0 \\ 0 & i & 0 & 0 \\ -i & 0 & 0 & 0 \end{pmatrix} = \begin{pmatrix} 0 & -\sigma_2 \\ -\sigma_2 & 0 \end{pmatrix}, \quad \gamma^1_{\mathrm{Maj}} = \begin{pmatrix} 0 & 0 & i & 0 \\ 0 & 0 & 0 & -i \\ i & 0 & 0 & 0 \\ 0 & -i & 0 & 0 \end{pmatrix} = \begin{pmatrix} 0 & i\sigma_3 \\ i\sigma_3 & 0 \end{pmatrix},$$

$$\gamma^2_{\mathrm{Maj}} = \begin{pmatrix} i & 0 & 0 & 0 \\ 0 & i & 0 & 0 \\ 0 & 0 & -i & 0 \\ 0 & 0 & 0 & -i \end{pmatrix} = \begin{pmatrix} i\mathbf{1} & 0 \\ 0 & -i\mathbf{1} \end{pmatrix}, \quad \gamma^3_{\mathrm{Maj}} = \begin{pmatrix} 0 & 0 & 0 & -i \\ 0 & 0 & -i & 0 \\ 0 & -i & 0 & 0 \\ -i & 0 & 0 & 0 \end{pmatrix} = \begin{pmatrix} 0 & -i\sigma_1 \\ -i\sigma_1 & 0 \end{pmatrix}.$$

C.3 Einige mit der Bispinordarstellung in Zusammenhang stehende Gruppenisomorphismen

Unter der Bispinordarstellung $L \to \pm S(L)$ von $\mathcal{L}_+^\uparrow$ bleiben die drei durch C, β und D definierten Strukturen auf $\boldsymbol{\Sigma}$ invariant. Man könnte nun fragen, welche Gruppen man erhält, wenn man nur an je einer dieser Invarianzen festhält. Wir erinnern zunächst, daß $C : \boldsymbol{\Sigma} \to \widetilde{\boldsymbol{\Sigma}}$ auch als Element von $\bigwedge^2 \widetilde{\boldsymbol{\Sigma}}$ aufgefaßt werden kann, wobei wir die Invarianz (9.1.27) auch als $\widetilde{S}(L)^{\wedge 2}\, C = d(L)\, C$ schreiben können. Aus ihr folgt $\widetilde{S}(L)^{\wedge 4}\,(C \wedge C) = C \wedge C$, also $\det S(L) = 1$.

An der Bedingung $\det S = 1$ wollen wir bei allen folgenden Verallgemeinerungen festhalten. Die Abbildungen S lassen dann die oben eingeführte Determinantenfunktion $\tilde{e}$ invariant und vertauschen mit den dadurch definierten Dualitätsoperationen. Sie lassen daher auch das durch $\langle F \,|\, G \rangle := \frac{1}{2}({}^*F \,|\, G)$ definierte symmetrische Skalarprodukt auf $\bigwedge^2 \widetilde{\boldsymbol{\Sigma}}$ invariant. Wir erhalten also nach Parameterzahlvergleich den *lokalen* Isomorphismus

$$\mathrm{SL}(4,\mathbf{C}) \cong \mathrm{SO}(6,\mathbf{C}),$$

der natürlich wieder ein 2 : 1-Homomorphismus ist ($S = \pm \mathrm{id}_{\boldsymbol{\Sigma}} \Rightarrow \widetilde{S}^{\wedge 2} = \mathrm{id}_{\wedge^2 \widetilde{\boldsymbol{\Sigma}}}$).

Für das Folgende zeigen wir, daß C, $C\gamma$, $C\gamma\gamma_k$ eine Orthogonalbasis bilden. Dazu benützen wir die (z.B. durch eine Rechnung mit Indizes zu verifizierende) Identität

$$\widetilde{F} := C^{-1} F\, C - \frac{1}{2}\mathrm{Sp}(C^{-1}F)\, C^{-1} \equiv \frac{1}{2}({}_*C^{-1} \,|\, C^{-1})^*F,$$

in der links die Tensoren als Abbildungen zu interpretieren sind (Sp = Spur = = Kontraktion) und unsere Konvention bei (|) zu berücksichtigen ist. Aus ihr folgt $\widetilde{C} = -C^{-1}$ sowie $-\frac{1}{2}\,\mathrm{Sp}\widetilde{F}G = (\widetilde{F} \,|\, G) = ({}_*C^{-1} \,|\, C^{-1})\langle F \,|\, G \rangle$. Für $F = G = C$ liefert das $({}_*C^{-1} \,|\, C^{-1}) = -2$ oder

$$\widetilde{F} = -{}^*F, \qquad \langle F \,|\, G \rangle = \frac{1}{4}\,\mathrm{Sp}\widetilde{F}G.$$

Aus den Spureigenschaften der γ_i, insbesondere $\frac{1}{4}\,\mathrm{Sp}\,\gamma_i\gamma_k = \frac{1}{4}\,\mathrm{Sp}\,\gamma_{(i}\gamma_{k)} = \eta_{ik}$, kann nun leicht die Orthogonalität der Basis und

$$\langle C \,|\, C \rangle = \langle C\gamma \,|\, C\gamma \rangle = -1, \qquad \langle C\gamma\gamma_i \,|\, C\gamma\gamma_k \rangle = \eta_{ik}$$

verifiziert werden.

Betrachten wir die Untergruppe, die nicht nur $C \wedge C$, sondern C selbst invariant läßt, d.h. die symplektische Gruppe Sp(4,**C**), so bleibt damit ein eindimensionaler Teilraum von $\bigwedge^2 \widetilde{\boldsymbol{\Sigma}}$ invariant. Da $({}^*C \,|\, C) \neq 0$, folgt wie vorher

$$\mathrm{Sp}(4,\mathbf{C}) \underset{\text{lokal}}{\cong} \mathrm{SO}(5,\mathbf{C}).$$

Analoges gilt bei Invarianz von $C\gamma, \ldots$; durch Durchschnittsbildung kann zu den niedrigeren komplexen Drehgruppen abgestiegen werden, insbesondere zu SO(4,**C**).

Lassen die S die durch D auf Σ definierte Realitätsstruktur invariant, so lassen die $\widetilde{S}^{\wedge 2}$ die durch $\widetilde{D}^{\wedge 2}$ auf $\bigwedge^2 \widetilde{\Sigma}$ induzierte Realitätsstruktur invariant. Die Einschränkung der quadratischen Form $F \to \langle F \,|\, F \rangle$ auf den entsprechenden reellen Teilraum ist dabei reell, wie sich aus der folgenden Signaturbestimmung ergibt. Die induzierte Realitätsbedingung für $F \in \bigwedge^2 \widetilde{\Sigma}$, aufgefaßt als Abbildung $\Sigma \to \widetilde{\Sigma}$, lautet $\widetilde{D}F = F^* D$. Sie wird durch die Basis $iC, iC\gamma, C\gamma\gamma_k$ erfüllt, wie man leicht nachrechnet. Im reellen Vektorraum, der von dieser Basis aufgespannt wird, ist $\langle \cdot \,|\, \cdot \rangle$ reell, und die zugeordnete quadratische Form hat die Signatur $+++---$. Also:

$$\mathrm{SL}(4,\mathbf{R}) \underset{\text{lokal}}{\cong} \mathrm{SO}(3,3).$$

Lassen die S die durch β auf Σ definierte pseudounitäre Geometrie (Signatur $++--$) invariant, dann auch eine neue Realitätsstruktur in $\bigwedge^2 \widetilde{\Sigma}$, die durch die Abbildung

$$R\colon \textstyle\bigwedge^2 \widetilde{\Sigma} \xrightarrow{\widetilde{\beta}^{\wedge 2}} \bigwedge^2 \Sigma^* \xrightarrow[\text{Dualität}]{\text{Poincaré-}} \bigwedge^2 \widetilde{\Sigma}^*$$

gegeben wird. Die Überprüfung, ob $R^* R = \mathrm{id}$ gilt, erfordert eine ähnliche Rechnung wie die für die Iteration der Hodge-$*$-Operation und läuft auf die Verträglichkeitsbedingung $(\beta^{\wedge 4} e \,|\, e^*) = 1$ hinaus, die erfüllt ist ($\det \beta = 1$ in einer unimodularen Basis). (Hätte β die Signatur $+++-$, wäre das unmöglich.) Bezüglich R ist F reell, wenn $\widetilde{\beta} F \beta^{-1} = {}^*(F^*) = -\widetilde{F}^*$, und dies ist für die Basisvektoren C, $iC\gamma$, $C\gamma\gamma_k$ der Fall. Im von ihnen aufgespannten reellen Raum hat $\langle \cdot \,|\, \cdot \rangle$ die Signatur $(-++---)$, folglich

$$\mathrm{SU}(2,2) \underset{\text{lokal}}{\cong} \mathrm{SO}(4,2).$$

Damit ist die zu Beginn dieses Abschnitts gestellte Frage beantwortet. Der Vollständigkeit halber sei noch gezeigt, wie man zu den reellen Gruppen SO(5,1) und SO(6,**R**) gelangt. Die $S(L)$ kommutieren für $L \in \mathcal{L}_+^\uparrow$ mit γ, lassen daher auch die durch $C\gamma$, $\beta\gamma$, $D\gamma = D'$ gegebenen Strukturen invariant. Die Invarianz von $C\gamma$ wurde schon besprochen; $\beta\gamma$ liefert ebenfalls eine pseudounitäre Geometrie (Signatur $++--$) in Σ und damit nichts wesentlich Neues (jetzt werden iC, $C\gamma$, $C\gamma\gamma_k$ reell, $\langle \cdot \,|\, \cdot \rangle$ wird $\mathrm{diag}(+-+---)$). $D' = D\gamma$ erfüllt $D'^* D' = -\mathrm{id}_\Sigma$ und definiert daher eine quaternionische Struktur auf Σ; beim Quadrieren verliert sich aber das störende Vorzeichen, d.h., $\widetilde{D'}^{\wedge 2}$ liefert eine Realitätsstruktur auf $\bigwedge^2 \widetilde{\Sigma}$. Die Realitätsbedingung lautet jetzt $\widetilde{D'} F = F^* D'$ und wird von C, $C\gamma$, $C\gamma\gamma_k$ erfüllt, was $\langle \cdot \,|\, \cdot \rangle$ die Signatur $(--+---)$ verleiht. Bezeichnet man den Schiefkörper der Hamiltonschen Quaternionen mit **H**, so schreibt man den erhaltenen lokalen Isomorphismus aus Gründen, die in Abschnitt B.6 angedeutet sind,

$$\mathrm{SL}(2,\mathbf{H}) \underset{\text{lokal}}{\cong} \mathrm{SO}(5,1).$$

Um SO(6,**R**) zu erhalten, also eine kompakte Gruppe, ist von einer kompakten Gruppe im Spinorraum auszugehen, vermutlich von SU(4), die durch die Invarianz einer positiv-definiten hermitischen Form gekennzeichnet wird. Als Kandidat für die Verifikation in unserem Formalismus bietet sich an, in obiger Prozedur β durch $\beta\gamma_0$ zu ersetzen. Man verifiziert dann tatsächlich, daß iC, $iC\gamma$, $C\gamma\gamma$ in diesem Sinn reell sind; die Form $\langle\cdot|\cdot\rangle$ bekommt die Signatur $(++++++)$, und es gilt

$$\mathrm{SU}(4) \underset{\text{lokal}}{\cong} \mathrm{SO}(6,\mathbf{R}).$$

Von diesen Gruppen spielt in der Physik vor allem SU(2,2) als vierblättrige Überlagerungsgruppe der ***konformen Gruppe*** des Minkowskiraums (Invarianzgruppe der Gleichung $ds^2 = 0$) eine Rolle; vgl. Penrose-Rindler (1986).

Anhang D

Poincaré-Kovarianz in der zweiten Quantisierung

Wir erwähnten in Abschnitt 9.5 die durch das notwendige Auftreten „negativer Frequenzen (Energien)“ bewirkten Schwierigkeiten des Einteilchenbildes. Die Antiteilcheninterpretation der Zustände negativer Energie zwingt bei Wechselwirkung im allgemeinen zum Arbeiten in einem Mehrteilchenformalismus, dessen Aufbau deshalb bereits im wechselwirkungsfreien Fall zweckmäßig ist (Fock-Raum). Bei Wechselwirkung, etwa in einem teilchenerzeugenden äußeren Feld, ist dann mit (wenigstens) zwei derartigen Fock-Räumen zu arbeiten („ein“- und „auslaufender“ Fock-Raum), die der zur Wechselwirkung gehörende sogenannte S-Operator ineinander abbildet und so Streu-, Erzeugungs- und Vernichtungsprozesse beschreibt. (Siehe z.B. Henley & Thirring (1975); H. Rumpf & H. Urbantke, Ann. Phys. (N.Y.) *114*, 332 (1978)).

Wir wollen in diesem Anhang lediglich für den einfachsten Fall, das freie, neutrale (Teilchen $\equiv$ Antiteilchen) skalare Feld, die Poincaré-Kovarianzeigenschaft dieses Formalismus aufzeigen. Eine ausführlichere Behandlung mit Berücksichtigung der wegen der auftretenden (unendlichdimensionalen) Hilberträume nötigen *Analysis* gibt z.B. Kastler (1961) (der mehr als die Hälfte seines Buches den freien Feldern widmet und vor allem das Maxwell- und Diracfeld diskutiert). Die physikalische Diskussion von Observablen und Zuständen sowie der nichttrivialen Züge relativistischer freier Felder findet man in Henley & Thirring (1975); es mag aber auch von Vorteil sein, sich einmal vor Augen zu führen, welche Aspekte der Theorie „triviale lineare Algebra“ sind.

D.1 Der Einteilchenraum

Wir betrachten den Raum $\mathbf{H}_m$ der *komplexwertigen* Lösungen φ der Klein-Gordon-Gleichung $(\Box + m^2)\varphi = 0$, für die die Norm im Sinn des aus (9.5.11) durch Weglassen von $2\pi\delta(m'^2 - m^2)$ entstehenden Skalarprodukts $\langle\!\langle \mid \rangle\!\rangle_m$ existiert. $\mathbf{H}_m$ ist die orthogonale direkte Summe $\mathbf{H}_m^+ \oplus \mathbf{H}_m^-$, wo $\mathbf{H}_m^+$ bzw. $\mathbf{H}_m^-$ nur Lösungen positiver bzw. negativer Frequenzen ($A_-(\mathbf{p}) \equiv 0$ bzw. $A_+(\mathbf{p}) \equiv 0$) enthält. Das von $\langle\!\langle \mid \rangle\!\rangle$ auf $\mathbf{H}^\pm$ induzierte Skalarprodukt kann auch (siehe (9.5.16); wir lassen den Massenparameter m jetzt meist als Index weg) in der Form $\pm\langle \mid \rangle$ geschrieben werden, wo $\langle \mid \rangle$ die durch (9.5.15) gegebene hermitische Sesquilinearform ist.

Die *Einteilchenzustände* freier, neutraler spinloser Teilchen werden nun zwecks Vermeidung negativer Energien durch die eindimensionalen Teilräume (Strahlen; siehe Abschnitt 9.2) von $\mathbf{H}^+$ beschrieben. Auf diesem Raum haben wir die irreduzible unitäre Wirkung $\varphi \to U(a, L)\varphi$ von $\mathcal{P}^\uparrow$ gemäß

$$(U(a,L)\varphi)(x) = \varphi(L^{-1}(x-a)) \quad \text{für} \quad L \in \mathcal{L}^\uparrow.$$

Für $L \in \mathcal{L}^\downarrow$ hingegen würde uns dies, wie schon früher bemerkt, aus $\mathbf{H}^+$ nach $\mathbf{H}^-$ führen; dies kann aber durch eine zusätzliche komplexe Konjugation repariert werden, die von $\mathbf{H}^\pm$ nach $\mathbf{H}^\mp$ führt:

$$(U(a,L)\,\varphi)(x) = \left(\varphi\left(L^{-1}(x-a)\right)\right)^* \quad \text{für} \quad L \in \mathcal{L}^\downarrow,$$

wie ein Blick auf die Fouriertransformierte zeigt. (Während eine komplexe Konjugation in einem abstrakten Vektorraum über **C** die Auszeichnung einer Zusatzstruktur, einer Realitätsstruktur, erforderte, genügt beim vorliegenden Funktionenraum **H** die Konjugation im Wertebereich $\subset$ **C** zur Definition einer Konjugation in **H**!) Der so definierte Operator ist dann *antiunitär,* d.h., er führt $\langle \varphi \,|\, \psi \rangle$ in $\langle \varphi \,|\, \psi \rangle^*$ über (vgl. Abschnitt 9.2).

Zu den nunmehr unter $\mathcal{P}$ invarianten Teilräumen $\mathbf{H}^\pm$ gehören mit den $U(a, L)$ kommutierende Projektionsoperatoren $P^\pm$, die bezüglich $\langle \;|\; \rangle$ durch Integralkerne $\Delta^\pm(x; x')$ dargestellt werden können. Ist $\{^+\varphi_k \in \mathbf{H}^+,\ ^-\varphi_l \in \mathbf{H}^-\}$ irgendein an $\mathbf{H}^\pm$ angepaßtes vollständiges Orthonormalsystem in **H**, so daß also

$$\langle ^+\varphi_k \,|\, ^+\varphi_{k'} \rangle = \delta_{kk'}, \qquad \langle ^+\varphi_k \,|\, ^-\varphi_l \rangle = 0, \qquad \langle ^-\varphi_l \,|\, ^-\varphi_{l'} \rangle = -\delta_{ll'}$$

(die $^-\varphi_l$ können z.B. als $(^+\varphi_l)^*$ gewählt werden, müssen aber nicht), dann haben wir die Entwicklung

$$\varphi = \sum_k \langle ^+\varphi_k \,|\, \varphi \rangle\, ^+\varphi_k - \sum_l \langle ^-\varphi_l \,|\, \varphi \rangle\, ^-\varphi_l = P^+\varphi + P^-\varphi,$$

also ausgeschrieben

$$(P^\pm\varphi)(x) = \int_\sigma d\sigma'^j\, \Delta^\pm(x; x')\, \overleftrightarrow{\partial'_j}\, \varphi(x')$$

mit

$$\Delta^+(x; x') := +i \sum_k {}^+\varphi_k(x)\, {}^+\varphi_k^*(x'), \qquad \Delta^-(x; x') := -i \sum_l {}^-\varphi_l(x)\, {}^-\varphi_l^*(x').$$

Da $P^+ + P^- = \mathrm{id}_\mathbf{H}$, gibt der Integralkern

$$\Delta(x; x') := \Delta^+(x; x') + \Delta^-(x; x')$$

die Lösung des Cauchy-Problems für die Klein-Gordon-Gleichung mit Anfangswerten auf σ:

$$\varphi(x) = \int_\sigma d\sigma'^j \Delta(x; x')\, \overleftrightarrow{\partial'_j}\, \varphi(x').$$

Nehmen wir hier für σ die Hyperfläche $t' = t$, wo $x = (\mathbf{x}, t)$ in irgendeinem Inertialsystem, so sehen wir, daß gelten muß

$$\Delta(x; x')\big|_{t\,=\,t'} = 0, \qquad \partial_{t'}\Delta(x; x')\big|_{t\,=\,t'} = -\delta(\mathbf{x} - \mathbf{x}').$$

(Da „$t' = t$ in irgendeinem Inertialsystem" geometrisch nur bedeutet, daß x zu x' raumartig liegt, folgt, daß $\Delta(x; x') = 0$ für $(x - x')^2 < 0$.)

Aufgrund der Definitionen erfüllen die Kerne $\Delta^\pm(x; x')$, $\Delta(x; x')$ in jedem Argument die Klein-Gordon-Gleichung, und es folgen auch noch die Relationen

$$\Delta^\pm(x; x')^* = -\Delta^\pm(x'; x) = \Delta^\mp(x; x'),$$

$$\Delta(x; x')^* = -\Delta(x'; x) = \Delta(x; x').$$

Definieren wir zu jedem dieser Kerne $K(x;x')$ eine vom Parameter x abhängige (verallgemeinerte) Wellenfunktion K_x gemäß

$$K_x(x') = K(x';x),$$

so schreiben sich die Projektionen $P^{\pm}$ auch als

$$(P^{\pm}\varphi)(x) = \left\langle \frac{1}{i}\Delta_x^{\pm} \,\middle|\, \varphi \right\rangle .$$

Diese Schreibweise wird in den folgenden Abschnitten nützlich sein.

D.2 Fockraum und Feldoperator

Wie bei (7.8.5) macht man sich plausibel, daß der Hilbertraum eines quantenmechanischen Mehrteilchensystems das Tensorprodukt der Einteilchenräume ist. Sind diese Teilchen identisch (ununterscheidbar), handelt es sich um eine tensorielle Potenz eines Einteilchenraums, auf der die Permutationsgruppe wie in Abschnitt B.11 wirkt. Das Prinzip der Ununterscheidbarkeit erzwingt aber weiter, daß nur die triviale oder die alternierende Darstellung der Permutationsgruppe auftreten darf (vgl. z.B. Landau-Lifschitz (1971)), was zur *Bose-* oder *Fermistatistik* führt. Erlegen wir Bosestatistik auf – wir erwähnten bereits, daß in der relativistischen Theorie Fermistatistik bei ganzzahligem Spin zu Schwierigkeiten führt –, so sind p-Teilchenzustände durch Strahlen von $\bigvee^p(\mathbf{H}^+)$ zu beschreiben.

Als Raum aller *Zustände des freien neutralen Skalarfelds* nimmt man nun die Strahlen der direkten Summe $\bigvee(\mathbf{H}^+)$, des *Fockraums* über $\mathbf{H}^+$. Der durch den eindimensionalen Teilraum $\bigvee^0(\mathbf{H}^+) = \mathbf{C}$ gegebene Strahl des Fockraums stellt den *Vakuumzustand* dar, aus dem durch Anwendung von aus sogenannten *Erzeugungsoperatoren* $a^\dagger(\varphi) = \mu(\varphi)$, $\varphi \in \mathbf{H}_m^+$ (siehe Abschnitt B.12) gebildeten Polynomen alle anderen Zustände gewonnen werden. Die durch inhomogene Tensoren gebildeten Zustände entsprechen keiner wohldefinierten Anzahl von Teilchen (im ursprünglichen Sinn). Das Skalarprodukt $\langle\ |\ \rangle$ in $\mathbf{H}^+$ ordnet jedem $\varphi \in \mathbf{H}^+$ *anti*linear ein Element des Dualraums zu, und den Operator des inneren Produkts ι mit diesem Element nennt man den zu φ gehörenden *Vernichtungsoperator* $a(\varphi)$. Aufgrund der Definition von ι ist $a(\varphi)$ zu $a^\dagger(\varphi)$ hermitisch konjugiert im Sinn des durch $\langle\ |\ \rangle$ auf $\bigvee(\mathbf{H}^+)$ induzierten Skalarprodukts; und es gelten die *Vertauschungsrelationen* (vgl. Abschnitt B.12)

$$[a(\varphi), a(\psi)] = 0 = [a^\dagger(\varphi), a^\dagger(\psi)],$$

$$[a(\varphi), a^\dagger(\psi)] = \langle \varphi \,|\, \psi \rangle \, \mathrm{id}_{\bigvee(\mathbf{H}^+)}.$$

Als *Feldoperator* bezeichnet man den Operator

$$\Phi(x) = \underbrace{a^\dagger\left(\frac{1}{i}\Delta_x^+\right)}_{=:\, {}^-\Phi(x)} + \underbrace{a\left(\frac{1}{i}\Delta_x^+\right)}_{=:\, {}^+\Phi(x)}$$

auf $\bigvee(\mathbf{H}^+)$. $\Phi(x)$ genügt in x der Klein-Gordon-Gleichung und hat als hermitischer Operator *reelle* Erwartungswerte. (Man spricht deshalb auch von einem *reellen Skalarfeld,* doch bezieht sich das *nicht* auf die zu den Einteilchenzuständen gehörenden komplexwertigen Wellenfunktionen $\varphi \in \mathbf{H}^+$!) Einsetzen der Entwicklung von Δ_x^+ gibt die übliche Zerlegung von $\Phi(x)$ nach einem vollständigen System, $\Phi(x) = {}^+\Phi(x) + {}^-\Phi(x)$

$$ {}^+\Phi(x) = \sum_k a_k\, {}^+\varphi_k(x), \quad {}^-\Phi(x) = \sum_k a_k^\dagger\, {}^+\varphi_k^*(x), \quad a_k := a({}^+\varphi_k), \quad a_k^\dagger := a^\dagger({}^+\varphi_k). $$

Aus den obigen allgemeinen Vertauschungsrelationen folgt

$$ [a_k, a_{k'}] = 0, \qquad [a_k, a_{k'}^\dagger] = \delta_{kk'}, \qquad [a_k^\dagger, a_{k'}^\dagger] = 0, $$

und für den Kommutator von Feldoperatoren $[\Phi(x), \Phi(y)] = \langle -i\Delta_x^+ \,|\, -i\Delta_y^+ \rangle - \langle -i\Delta_y^+ \,|\, -i\Delta_x^+ \rangle$. Da P^+ Projektion ist und Δ_y^+ nur positive Frequenzen enthält, gilt $\langle -i\Delta_x^+ \,|\, \Delta_y^+ \rangle = \Delta_y^+(x) = \Delta^+(x,y)$, und wir erhalten schließlich[1] die *Vertauschungsrelation des Feldoperators*

$$ [\Phi(x), \Phi(y)] = -i\Delta(x,y). $$

Aus den oben angegebenen Relationen für $\Delta(x,y)$ bei gleichem Zeitargument folgen noch die (bezüglich irgendeines Inertialsystems) *gleichzeitigen Vertauschungsrelationen*

$$ [\Phi(x), \Phi(x')]_{t=t'} = 0, \qquad [\dot\Phi(x), \dot\Phi(x')]_{t=t'} = 0, $$
$$ [\Phi(x), \dot\Phi(x')]_{t=t'} = i\delta(\mathbf{x} - \mathbf{x}'). $$

Bei der sogenannten kanonischen Quantisierung eines klassischen reellen Skalarfelds geht man umgekehrt vor: man bringt die durch die Klein-Gordon-Gleichung gegebene Dynamik auf Hamiltonsche Form, ermittelt dabei also den zu $\Phi(\mathbf{x},t)$ kanonisch konjugierten Impuls $\Pi(\mathbf{x},t)$ $(= \dot\Phi(\mathbf{x},t))$ und „quantisiert", indem man die Algebra der $\Phi(\mathbf{x},t)$, $\Pi(\mathbf{x},t)$ als nicht kommutativ ansieht und statt dessen die eben erhaltenen Vertauschungsrelationen rein algebraisch fordert. Danach versucht man sie als Operatorrelationen auf einem geeigneten Hilbertraum zu realisieren. Eine wichtige Realisierung stellt die oben skizzierte Konstruktion dar (Fockdarstellung). Man kann sie auch – weiter auf dem Niveau der „Feld-Algebra" bleibend – erhalten, indem man nach Entwicklung von $\Phi(x)$ nach einem vollständigen System in $\mathbf{H}^+$ und $\mathbf{H}^-$ die Vertauschungsrelationen der auftretenden Operatorkoeffizienten a_k, $a_k^\dagger$ (siehe oben) – die sie als Erzeugungs- und Vernichtungsoperatoren ausweisen – mittels einer Standardkonstruktion darstellt.

D.3 Poincaré-Kovarianz des Formalismus und Erhaltungsgrößen

Da die physikalische Interpretation des Formalismus über die Absolutbeträge von Ausdrücken wie $\langle Z \,|\, \Phi(x)\, \Phi(y) \ldots Z' \rangle$ erfolgt, wo Z, Z' Vektoren des Fockraums $\bigvee(\mathbf{H}^+)$ und $\langle\ |\ \rangle$ das dort induzierte Skalarprodukt sind, erfordert die Poincaré-Kovarianz (wir schreiben U statt $U(a,L)$):

$$ |\langle U^\vee Z \,|\, \Phi(Lx+a)\, \Phi(Ly+a) \ldots U^\vee Z' \rangle| = |\langle Z \,|\, \Phi(x)\, \Phi(y) \ldots Z' \rangle|. $$

[1]Bei Fermistatistik wäre hier der Antikommutator $\Phi(x)\,\Phi(y) + \Phi(y)\,\Phi(x) = -i(\Delta^+(x,y) - \Delta^-(x,y)) =: -i\Delta_1(x,y)$ zu stehen gekommen, der für raumartige Trennung der Argumente *nicht* verschwindet und so Lokalitätsprobleme erzeugt.

Dies ist sicher gegeben, wenn $(U^\vee)^{-1}\,\Phi(Lx+a)\,U^\vee = \Phi(x)$ oder

$$(U^\vee)^{-1}\,\Phi(x)\,U^\vee = \Phi\big(L^{-1}(x-a)\big).$$

Zum Nachweis dieser fundamentalen *Transformationseigenschaft des Feldoperators* gehen wir auf seine Definition und die am Schluß von Abschnitt B.12 gezeigten Eigenschaften von Erzeugungs- und Vernichtungsoperatoren zurück. Wir haben

$$(U^\wedge)^{-1}\,a^\dagger(-i\Delta_x^+)\,U^\wedge = a^\dagger(-iU^{-1}\Delta_x^+)$$

und eine analoge Relation für den Vernichtungsoperator, wenn die Unitarität von U berücksichtigt wird. (Wir beschränken uns hier zur Platzersparnis auf $\mathcal{P}^\uparrow$; ähnliche Umformungen mit Zwischenschaltung einiger komplexer Konjugationen sind für $\mathcal{P}^\downarrow$ auszuführen.) Der Beweis wird also erbracht sein, wenn

$$U^{-1}\,\Delta_x^\pm = \Delta_{L^{-1}(x-a)}^\pm$$

gezeigt ist, was auch die $\mathcal{P}^\uparrow$-Invarianz der Kerne

$$\Delta^\pm(x,x') = \Delta^\pm\Big(L^{-1}(x-a), L^{-1}(x'-a)\Big)$$

liefert. Dies folgt aber aus der $\mathcal{P}^\uparrow$-Invarianz der Räume $\mathbf{H}^\pm$, die sich in $P^\pm U = UP^\pm$ ausdrückt: für beliebiges $\varphi \in \mathbf{H}$ ist

$$\begin{aligned}\langle U^{-1}(-i\Delta_x^\pm)\,|\,\varphi\rangle &= \langle\, -i\Delta_x^\pm\,|\,U\varphi\rangle = (P^\pm U\varphi)(x) = \\ &= (UP^\pm\varphi)(x) = (P^\pm\varphi)\big(L^{-1}(x-a)\big) = \langle -i\Delta_{L^{-1}(x-a)}^\pm\,|\,\varphi\rangle.\end{aligned}$$

Damit haben wir das Ziel dieses Anhangs, den Zusammenhang zwischen der Wirkung von $\mathcal{P}$ auf Wellenfunktionen und der Wirkung auf Feldoperatoren zu illustrieren, erreicht.

Zur Vervollständigung bemerken wir, daß aufgrund der mitgezeigten $\mathcal{P}^\uparrow$-Invarianz von $\Delta(x,x')$ auch die Vertauschungsrelation für $\Phi(x)$ invariant bleibt; man sagt, $\Phi(x) \to \Phi(Lx+a)$ sei ein *Automorphismus der Feldalgebra.* Wie zeigen hier noch, daß es sich dabei (wenigstens bei $\mathcal{P}_+^\uparrow$) um einen *inneren* Auromorphismus handelt (vgl. Anhang A), indem wir die (hermitischen) Erzeugenden der Wirkung von $\mathcal{P}_+^\uparrow$ auf $\bigvee(\mathbf{H}^+)$ durch den Feldoperator ausdrücken.

Nach unseren Bemerkungen in Abschnitt B.12 sind dies durch ihre Wirkung auf $\mathbf{H}^+$ bestimmte Derivationen. Die Erzeugenden von $\mathcal{P}_+^\uparrow$ auf $\mathbf{H}^+$ sind die in (9.3.12,15) angegebenen Differentialoperatoren, die wir hier einheitlich in der Form $\varphi \to X\varphi$, $(X\varphi)(x) = i\xi^k(x)\,\varphi_{,k}(x)$ schreiben, wobei das Vektorfeld $\xi^k(x)$ der *Killing-Gleichung* (5.9.29) genügt. Nun gilt für $\varphi \in \mathbf{H}^+$, daß $\varphi = P^+\varphi$, also

$$\mathrm{id}_{\mathbf{H}^+}\varphi = i\int_\sigma d\sigma'^j(-i\Delta_{x'}^+)\,\overleftrightarrow{\partial}'_j\,\varphi(x') = i\int_\sigma d\sigma'^j(-i\Delta_{x'}^+)\,\overleftrightarrow{\partial}'_j\,\langle -i\Delta_{x'}^+\,|\,\varphi\rangle,$$

bzw. wegen der Invarianz von $\mathbf{H}^+$ unter X auch

$$X|_{\mathbf{H}^+}\varphi = i\int_\sigma d\sigma'^j(-i\Delta^+_{x'})\overleftrightarrow{\partial'_j}\, i\xi^k(x')\,\partial'_k\varphi(x') =$$

$$= i\int_\sigma d\sigma'^j(-i\Delta^+_{x'})\overleftrightarrow{\partial'_j}\left\langle i\xi^k(x')\,\partial'_k\frac{1}{i}\Delta^+_{x'}\middle|\varphi\right\rangle.$$

Dieselbe Wirkung auf $\mathbf{H}^+$ haben offensichtlich die Operatoren

$$N := i\int_\sigma d\sigma'^j\,{}^-\Phi(x')\overleftrightarrow{\partial'_j}\,{}^+\Phi(x') \quad \text{bzw.} \quad N_\xi := i\int_\sigma d\sigma'^j\,{}^-\Phi(x')\overleftrightarrow{\partial'_j}\left(i\xi^k(x')\,\partial'_k\,{}^+\Phi(x')\right)$$

(man erinnere sich an die Definition von ${}^\pm\Phi(x)$ und von $a(\ldots)$, $a^\dagger(\ldots)$), die aber auch Derivationen auf $\bigvee(\mathbf{H}^+)$ sind, weil allgemein für $v \in \mathbf{V}$, $a \in \tilde{\mathbf{V}}$ Produkte $\mu(v)\,\iota(a)$ auf $\bigvee(\mathbf{V})$ ebenso wie auf $\bigwedge(\mathbf{V})$ als Derivation wirken (Verifikation mittels der Formeln in Abschnitt B.12). Aus der Derivationseigenschaft folgt für $\varphi \in \bigvee^p(\mathbf{H}^+)$

$$N|_{\bigvee^p(\mathbf{H}^+)} = p\,\mathrm{id}_{\bigvee^p(\mathbf{H}^+)}$$

$$\left(N_\xi|_{\bigvee^p(\mathbf{H}^+)}\varphi\right)(x_1,\ldots,x_p) = \left(i\xi^k(x_1)\frac{\partial}{\partial x_1^k} + \ldots + i\xi^k(x_p)\frac{\partial}{\partial x_p^k}\right)\varphi(x_1,\ldots,x_p).$$

Der Operator N heißt wegen dieses Resultats *Teilchenzahloperator*.

Die fundamentalen Erzeugenden hängen auf einfache Art mit den in Abschnitt 10.2 gefundenen Erhaltungsgrößen $\int d\sigma_i\Theta^i{}_k\xi^k$ für ein klassisches, reelles freies Skalarfeld zusammen. Für das klassische Feld gilt

$$\int_\sigma d\sigma_i\Theta^i{}_k\xi^k = -\frac{1}{2}\int_\sigma d\sigma_i\,\Phi\,\overleftrightarrow{\partial^i}(\xi^k\partial_k\Phi),$$

weil die Differenz der Integranden unter Verwendung von Feldgleichungen und Killing-Gleichung in $(\Phi\,\Phi^{[i}\xi^{k]})_{,k}$ und $\int d\sigma_i$ hiervon in ein Oberflächenintegral im Unendlichen umgeformt werden kann, das unter den üblichen Randbedingungen verschwindet (man sieht das am einfachsten durch Verwendung von σ: $x^0 = const.$ wie in Abschnitt 10.2). Dieselbe Umformung ist auch (ohne Gebrauch des kommutativen Gesetzes) für das Operatorfeld $\Phi(x)$ möglich, wenn unter $\Theta^i{}_k$ der hermitisch gemachte Ausdruck verstanden wird (d.h., $\Phi^{,i}\Phi_{,k} \to \frac{1}{2}(\Phi^{,i}\Phi_{,k} + \Phi_{,k}\Phi^{,i})$).

Die gefundene Erzeugende N_ξ ist dann die sogenannte *normalgeordnete* Form

$$N_\xi =: \int d\sigma_i\Theta^i{}_k\xi^k :$$

dieses Ausdrucks, die entsteht, wenn $\Phi = {}^+\Phi + {}^-\Phi$ substituiert und überall die Faktoren ${}^+\Phi$ rechts der ${}^-\Phi$ geschrieben werden (man beachte die Orthogonalität zwischen Funktionen mit nur positiven und nur negativen Frequenzen im rechtsstehenden Integral). Sie unterscheidet sich von der ungeordneten Form um ein (etwas schlecht definiertes) Vielfaches von $\mathrm{id}_{\bigvee(\mathbf{H}^+)}$. Man sieht dies am deutlichsten, wenn man ${}^+\Phi$

nach orthonormalen Eigenfunktionen φ_k von $X|_{\mathbf{H}^+}$ entwickelt (und ${}^-\Phi$ nach deren konjugiert-komplexen). Es ergibt sich ($X_k \ldots$ Eigenwerte von X, nur zur Vereinfachung der Schreibweise als rein diskret angesetzt)

$$N = \sum_k a_k^\dagger a_k, \qquad N_\xi = \sum_k X_k \, a_k^\dagger a_k,$$

$$-\frac{1}{2}\int_\sigma d\sigma_i \, \Phi \, \overleftrightarrow{\partial}^i(\xi^k \partial_k \Phi) = \frac{1}{2}\sum_k X_k \left(a_k^\dagger a_k + a_k a_k^\dagger\right) = N_\xi + \frac{1}{2}\mathrm{Sp}\, X|_{\mathbf{H}^+}\mathrm{id}$$

aufgrund der Vertauschungsrelationen. Für Impuls und Drehimpuls berechtigt die aus deren Vektoroperatornatur folgende Form des Spektrums, den „Nullpunktsterm" $\frac{1}{2}\,\mathrm{Sp}\, X|_{\mathbf{H}^+}$ gleich Null zu wählen. Das positive Energiespektrum aber bewirkt eine unendliche Nullpunktsenergie, deren restloses Verständnis, insbesondere im Zusammenhang mit der Gravitation, noch nicht geglückt ist.

Notation und Konventionen

1. Allgemeine mathematische Symbole

$\Rightarrow$ daraus folgt
$\rightarrow$ strebt gegen, oder: geht über in
$\approx$ ungefähr gleich (in der betrachteten Genauigkeit)
$\propto$ ist proportional zu
$A := B$, $B =: A$ — A ist definiert durch B
$\equiv$ identisch gleich
$\mathbf{R}$ ... Menge der reellen Zahlen (als Vektorraum auch: $\mathbf{R}^1$)
$\mathbf{C}$ ... Menge der komplexen Zahlen (als Vektorraum auch: $\mathbf{C}^1$)
* ... komplexe Konjugation
$*$ ... vorangestellt: Dualenbildung bei Tensoren gemäß (5.5.10)
$m \in M$, $M \ni m$ ... m ist Element der Menge M
$N \subset M$, $M \supset N$ ... N ist Teilmenge von M
$M = \{m \,|\, \ldots\}$ M ist die Menge aller m, die durch ... spezifiziert sind
$M \cap N$ Durchschnitt der Mengen M, N
$M \cup N$ Vereinigung der Mengen M, N
$\emptyset$ leere Menge
$M \times N$ cartesisches Produkt der Mengen M, N (Menge aller geordneten Paare (m, n), wo $m \in M$, $n \in N$)

2. Differentiation und Integration

$$\frac{\partial f}{\partial x} =: \partial_x f =: f_{,x}$$

$$\frac{\partial f}{\partial x^i} =: \partial_i f =: f_{,i} =: \nabla_i f$$

d^3x Volumselement im $\mathbf{R}^3$, $= dx^1\, dx^2\, dx^3 = dx\, dy\, dz$
d^4x Volumselement im $\mathbf{R}^4$ oder Minkowskiraum
$d\mathbf{O}$ vektorielles Flächenelement einer Fläche im $\mathbf{R}^3$
$d\sigma_i$ vektorielles Flächenelement einer Hyperfläche des Minkowskiraumes gemäß (5.6.8)
∂G ... Rand des Integrationsgebietes G

3. Dirac-Funktion

eindimensional: $\delta(x)$, $\int \delta(x)\, f(x)\, dx = f(0)$
dreidimensional: $\delta^3(x)$
vierdimensional: $\delta^4(x)$
Für Funktionen $g(x)$ mit einfachen Nullstellen x_A gilt

$$\delta(g(x)) = \sum_A \frac{\delta(x - x_A)}{|g'(x_A)|}\,.$$

4. Lineare Räume, Operatoren, Matrizen

$\mathbf{R}^n$ ... Vektorraum der n-tupel reeller Zahlen
$\mathbf{C}^n$ ... Vektorraum der n-tupel komplexer Zahlen
$\mathbf{S}^n$ ... Einheitssphäre des $\mathbf{R}^{n+1}$
$\mathbf{V}, \mathbf{W}, \ldots$ abstrakte Vektorräume (über $\mathbf{C}$ oder $\mathbf{R}$)
$\mathbf{H}$ ... Hilbertraum
$\dim_{\mathbf{K}} \mathbf{V}$ ... Dimension des Vektorraumes $\mathbf{V}$ über dem Körper $\mathbf{K}$
$\mathbf{V} \oplus \mathbf{W}$ ... direkte Summe der Vektorräume $\mathbf{V}$, $\mathbf{W}$, siehe Abschnitt 6.6 und B.7
$\mathbf{V} \otimes \mathbf{W}$ ... Tensorprodukt der Vektorräume $\mathbf{V}$, $\mathbf{W}$, siehe Abschnitt 6.6 und B.8
$T \colon \mathbf{V} \to \mathbf{W}$ Abbildung (Operator) von $\mathbf{V}$ in $\mathbf{W}$
$\mathrm{id}_{\mathbf{V}}$ ... Einheitsoperator (identische Abbildung) von $\mathbf{V}$ auf sich (oft wird nur id geschrieben)
$\mathbf{1}$ ... Einheitsoperator (Einheitsmatrix) in $\mathbf{C}^2$ oder $\mathbf{R}^3$, $\mathbf{C}^3$
E ... Einheitsoperator (Einheitsmatrix) in $\mathbf{R}^4$
R ... 3×3-Matrix
$T \otimes T'$ ... Kronecker- oder Tensorprodukt der Operatoren bzw. Matrizen T, T'
$T \oplus T'$ ... direkte Summe der Operatoren bzw Matrizen T, T'
M^T, M^{-1}, M^*, $M^\dagger$, $\widetilde{M}$ ... transponierte, inverse, komplex-konjugierte, hermitisch-konjugierte, kontragrediente zur Matrix M ($M^\dagger = (M^T)^* = (M^*)^T$, $\widetilde{M} = (M^T)^{-1} = (M^{-1})^T$)
$\mathrm{diag}\,(a, b, \ldots)$ ... Diagonalmatrix mit Diagonalelementen a, b, ...

5. Gruppen

$\mathcal{G}, \mathcal{H}, \ldots$ abstrakte Gruppen
e ... Einheitselement von $\mathcal{G}$
g^{-1} ... Inverses Element von $g \in \mathcal{G}$
$\mathcal{G} \cong \mathcal{H}$ ... Isomorphie
$\mathcal{P}$ ... Poincarégruppe
$\mathcal{L}$ ... Lorentzgruppe
$\mathcal{T}$ ... Translationsgruppe
Die Untergruppen $\mathcal{L}_+^\uparrow$, $\mathcal{L}_+$, $\mathcal{L}^\uparrow$, $\mathcal{L}_0$ von $\mathcal{L}$ sind in Abschnitt 6.3 definiert;
ihnen entsprechen Untergruppen $\mathcal{P}_+^\uparrow$, $\mathcal{P}_+$, $\mathcal{P}^\uparrow$, $\mathcal{P}_0$ von $\mathcal{P}$
$\mathrm{O}(n)$ bzw. $\mathrm{O}(n, \mathbf{C})$ ... orthogonale Gruppe des Raumes $\mathbf{R}^n$ bzw. $\mathbf{C}^n$
$\mathrm{O}(p, q)$ ... pseudoorthogonale Gruppe von $\mathbf{R}^{p+q}$ (läßt die quadratische Form $x_1^2 + \ldots + x_p^2 - x_{p+1}^2 - \ldots - x_{p+q}^2$ invariant)
$\mathrm{U}(p, q)$ ... pseudounitäre Gruppe des $\mathbf{C}^{p+q}$ (läßt die hermitische Form $|x_1|^2 + \ldots + |x_p|^2 - |x_{p+1}|^2 - \ldots - |x_{p+q}|^2$ invariant)
$\mathrm{U}(n) := \mathrm{U}(n, 0)$

GL(n) bzw. GL(n, **C**) ... Gruppe der nichtsingulären $n \times n$-Matrizen (reell bzw. komplex)
SL(n) bzw. SL(n, **C**): unimodulare (det = 1) Untergruppen von GL(n), GL(n, **C**)
SO(p,q) bzw. SU(p,q) ... $O(p,q) \cap SL(p+q)$ bzw. $U(p,q) \cap SL(p+q, \mathbf{C})$

6. Vektoren, Tensoren, Spinoren

$x^0 = t$ ... (inertiale) Zeitkoordinate
$(x^1, x^2, x^3) = \mathbf{x}$ ... orthogonale cartesische Koordinaten

Indexschreibweise: x^i, $i = 0,1,2,3$
x^μ, $\mu = 1,2,3$

Summenkonvention: $x^i a_i := \sum_i x^i a_i$, etc., d.h., bei doppelt vorkommenden Indizes ist – wenn nichts Gegenteiliges vermerkt – über deren Wertebereich zu summieren.

Spinorindizes: φ^A, $\psi^{\dot{X}}$, ... : $A = 1,2$, $\dot{X} = 1,2$

Kroneckersymbol: $\delta^i{}_k$, $\delta^\mu{}_\nu$, $\delta_{\mu\nu}$, $\delta_A{}^B$, ... = 1 wenn Indizes gleich; 0 wenn Indizes ungleich

Verallgemeinertes Kroneckersymbol: $\delta^{ikm\ldots}_{abc\ldots}$, siehe (5.5.4)

Totale Symmetrisierung bzw. Antisymmetrisierung: $T_{(ik\ldots m)}$ bzw. $T_{[ik\ldots m]}$, siehe ebendort

Permutationssymbol: $\epsilon(ikmn\ldots) :=$
- 0 wenn gleiche Indizes vorkommen
- +1 wenn Indizes durch gerade Permutation aus natürlicher Reihenfolge hervorgehen
- −1 wenn dazu ungerade Permutation nötig ist

ϵ-Tensoren: $\epsilon_{ikmn} := \epsilon(ikmn)$ im Minkowskiraum; weiteres siehe (5.5.8ff.)
$\epsilon_{\mu\nu\lambda} := \epsilon(\mu\nu\lambda)$ für $\mathbf{R}^3$
$\epsilon_{AB} := \epsilon(AB)$ für den Spinorraum

Metrischer Tensor: $\eta_{ik} := \mathrm{diag}\,(1,-1,-1,-1)$ (Vorzeichenkonvention)

Bemerkung: Diese Konvention eignet sich gut für den Zweikomponenten-Spinorkalkül und kommt der Tatsache entgegen, daß die wichtigsten Vierervektoren zeitartig sind. Sie ist ungünstiger für Raum-Zeit-Aufspaltungen, wie folgende etwas umständliche Regel für den Indextransport zeigt.

Indextransport: An Größen mit Vierertensorcharakter mittels η_{ik}, η^{ik} wie in

(3.4.1,5). An Größen, die 3-tensoriell sind, aber *nicht* als Teile eines 4-Tensors desselben Typs auffaßbar sind, sowie im ganzen Kapitel 7: mittels $\delta_{\mu\nu}$, $\delta^{\mu\nu}$. Solche Größen sind z.B. die 3-Geschwindigkeit $\mathbf{v} = (v^\mu) = (v_\mu)$ oder die Feldstärken $\mathbf{E} = (E_\mu) = (E^\mu)$, $\mathbf{B} = (B_\mu) = (B^\mu)$, sowie $\epsilon_{\mu\nu\lambda} = \epsilon^{\mu\nu\lambda} = \epsilon_\mu{}^{\nu\lambda} = \ldots$.

An Spinorgrößen $\Phi^A = \epsilon^{AB}\Phi_B$, $\Phi_A = \Phi^B\epsilon_{AB}$

Raum-Zeit-Aufspaltung: $(x^i) = (x^0, x^\mu) = (t, \mathbf{x})$
$(x_i) = (t, -\mathbf{x})$ usw.

$$\text{Ausnahme: } \partial_i := \left(\frac{\partial}{\partial x^0}, \frac{\partial}{\partial x^\mu}\right) = (\partial_t, +\nabla)$$

Abstrakte, Index- und Matrixschreibweise:

v, v', ... Vierervektoren
v^i, v'^i, ... Komponenten von v, v', ... in einem Bezugssystem, zur Verdeutlichung v^i geschrieben.
$v^{i'}$ ... Komponenten von v in einem „gestrichenen" Bezugssystem
$\mathrm{v} = (v^i)$ ... Spaltenmatrix der Komponenten v^i (im Text auch als Zeile)
Viererskalarprodukt: $uv := u^i v^k \eta_{ik} =: \mathrm{u}\,\mathrm{v}$

3-Vektoren: $\mathbf{v}$, $\vec{\mathcal{P}}$ für die Spalte der Komponenten, oder auch abstrakt
∇, ... Nablaoperator
Skalarprodukt: $\mathbf{uv}$
Vektorprodukt: $\mathbf{u} \times \mathbf{v}$
Tensorprodukt: $\mathbf{u} \otimes \mathbf{v}$ = Tensor mit Komponenten $u^\mu v^\nu$

Skalarprodukt in Hilberträumen: $\langle x, y \rangle$, oder $\langle x \,|\, y \rangle$ in Dirac-Symbolik

7. Physikalische Konventionen

c ... Lichtgeschwindigkeit, durch geeignete Einheitenwahl = 1 gesetzt
h = Plancksches Wirkungsquantum
$\hbar = h/2\pi$, meist durch geeignete Einheitenwahl = 1 gesetzt
v... Relativgeschwindigkeit zwischen Inertialsystemen

$$\gamma := \frac{1}{\sqrt{1 - v^2/c^2}}, \quad \text{oft } =: \gamma_{\mathrm{v}} \text{ geschrieben}$$

$$s := \int \sqrt{1 - v^2/c^2}\, dt \ \ldots \text{ Eigenzeit}$$

Viererpotential: $(A^i) = (V, \mathbf{A})$, wo V ... skalares Potential, $\mathbf{A}$ ... Vektorpotential
Konvention für den elektromagnetischen Feldstärkentensor: (5.2.18)
Vorzeichenkonvention für den elektromagnetischen Energie-Impulstensor: (5.9.12) (T^{00} = Energiedichte)

Buchliteratur

1. Zitierte Werke

Alexandrow, P.S. (& Autorenkollektiv) (1971)
Die Hilbertschen Probleme (Ostwalds Klassiker).
Leipzig: Geest & Portig.

Anderson, J. (1967)
Principles of Relativity Physics. New York: Academic Press.

Bacry, H. (1967)
Leçons sur la théorie des groupes et les symétries des particules élémentaires. Paris: Dunod.

Barut, A.O. (1973) (ed.)
Studies in Mathematical Physics. (Nato Advanced Study Institute Series C1). Dordrecht: Reidel.

Bjørken, J.D., Drell, S.D. (1966, 1967)
Relativistische Quantenmechanik. Relativistische Quantenfeldtheorie.
Mannheim: Bibliographisches Institut A.G.

Blaschke, W. (1929)
Differentialgeometrie, Bd. 3. Berlin: Springer.

Blatt, J.M., Weißkopf, V.F. (1952)
Theoretical Nuclear Physics. New York: Wiley.

Boerner, H. (1955)
Darstellungen von Gruppen. Berlin-Göttingen-Heidelberg:
Springer. 2. Auflage 1963
Englische Neuauflage (1970): Representations of Groups.
Amsterdam: North Holland.

Bogolubov, N.N., Logunov. A.A., Oksak, A.I., Todorov, I.T. (1990)
General Principles of Quantum Field Theory. Dordrecht: Kluwer.

Bogolyubov, N.N., Shirkov, D.V. (1980)
Introduction to the Theory of Quantized Fields. New York: Wiley.
Kürzere deutschsprachige Version (1984): Quantenfelder.
Weinheim: Physik-Verlag.

Borel, É. (1914)
Introduction Géométrique à quelques théories physiques.
Paris: Gauthier-Villars.

Born, M., Wolf, E. (1970)
Principles of Optics. Oxford: Pergamon Press.

Bourbaki, N. (1970)
Algèbre, Ch. II, III. Paris: Hermann & Cie.
Englische Übersetzung bei Addison-Wesley, 1974.

Brillouin, L. (1960)
Wave Propagation and Group Velocity. New York: Academic Press.

Byckling, E., Kajantie, K. (1973)
Particle Kinematics. New York: Wiley.

Cartan, E. (1966)
The Theory of Spinors. Cambridge (Mass.): MIT Press.

Chevalley, C. (1946)
The Theory of Lie Groups. Princeton: University Press.

Conn, G.K.T., Fowler, G.N. (1970)
Essays in Physics, Vol. 2. London, New York: Academic Press.

Cornwell, J.F. (1985)
Group Theory in Physics, Vol. 2. London: Academic Press.

Davies, P.C.W. (1974)
The Physics of Time Asymmetry. London: Surrey Univ. Press.

DeWitt, C., DeWitt, B. (1973) (ed.)
Black Holes. New York: Gordon and Breach.

Dieudonné, J. (1976)
Grundzüge der modernen Analysis, Bd. 3. Braunschweig: Vieweg.

Dingle, H. (1961)
The Special Theory of Relativity. London: Methuen. New York: Wiley.

Edmonds, A.R. (1964)
Drehimpulse in der Quantenmechanik.
Mannheim: Bibliographisches Institut A.G.

Feynman, R.P. (1965)
Lectures on Physics, Vol. 3. Reading (Mass.): Addison-Wesley.

Flügge, S. (1964)
Quantentheorie I. Berlin-Göttingen-Heidelberg: Springer.

Fock, W.A. (1960)
Theorie von Raum, Zeit und Gravitation. Berlin: Akademie-Verlag.

Fonda, L., Ghirardi, G.C. (1970)
Symmetry Principles in Quantum Physics. New York: Dekker Inc.

French, A.P. (1971)
Die spezielle Relativitätstheorie. Braunschweig: Vieweg.
MIT Einführungskurs Physik. Braunschweig: Vieweg.

Funk, P. (1962)
Variationsrechnung und ihre Anwendung in Physik und Technik.
Berlin-Göttingen-Heidelberg: Springer.

Gasiorowicz, S. (1966)
Elementary Particle Physics. New York: Wiley.
Deutsche Übersetzung (1975): Elementarteilchenphysik.
Mannheim: Bibliographisches Institut A.G.

Gelfand, I.M., Minlos, R.A., Shapiro, Z.Ya. (1963)
Representations of the Rotation and Lorentz Group and Their Applications. Oxford: Pergamon Press.

Goldstein, H. (1963)
Klassische Mechanik. Frankfurt: Akademische Verlagsgesellschaft.

Greub, W. (1975), (1978)
Linear Algebra. New York: Springer. Multilinear Algebra.
New York: Springer.

Grünbaum, A. (1973)
Philosophical Problems of Space and Time. Dordrecht: Reidel.
Gürzey, F. (1964)
Group Theoretical Concepts and Methods in Elementary Particle Physics. New York: Gordon & Breach.
Hagedorn, R. (1963)
Relativistic Kinematics. New York: Benjamin.
Halmos, P. (1974)
Finite Dimensional Vector Spaces. New York: Springer.
Halpern, F. (1968)
Special Relativity and Quantum Mechanics. Englewood Cliffs: Prentice-Hall.
Hawking, S.W., Ellis, G.F.R. (1973)
The Large Scale Structure of Space Time. Cambridge: University Press.
Hein, W. (1990)
Einführung in die Struktur- und Darstellungstheorie der klassischen Gruppen. Berlin: Springer.
Helgason, S. (1962)
Differential Geometry and Symmetric Spaces. New York: Academic Press.
Henley, E.M., Thirring, W. (1975)
Elementare Quantenfeldtheorie. Mannheim: Bibliographisches Institut A.G.
Hermann, R. (1966)
Lie Groups for Physicists. New York: Benjamin.
Hermann, R. (1970)
Vector Bundles in Physics. New York: Benjamin.
Holton, G. (1973)
Thematic Origins of Scientific Thought – Kepler to Einstein. Cambridge (Mass.): Harvard University Press.
Huang, K. (1973)
Statistische Mechanik, Bd. 2. Mannheim: Bibliographisches Institut A.G.
Jackson, J.D. (1983)
Klassische Elektrodynamik. Berlin: de Gruyter.
Jacobson, N. (1962)
Lie Algebras. New York: Interscience Publishers.
Janoschek. R. (1991) (ed.)
Chirality from Weak Bosons to the α-Helix. Berlin: Springer.
Jost, R. (1965)
The General Theory of Quantized Fields. Providence (Rh.I.): Am. Math. Soc.
Kabir, P.K. (1968)
The CP Puzzle. London, New York: Academic Press.

Kaczer, C. (1970)
Einführung in die Spezielle Relativitätstheorie.
Stuttgart: Berliner Union.
Källén, G. (1965)
Elementarteilchenphysik. Mannheim: Bibliographisches Institut A.G.
Erweiterte Neuauflage 1975 (mit J. Steinberger).
Kastler, D. (1961)
Introduction à l'électrodynamique quantique. Paris: Dunod.
Kerner, E.H. (1972)
The Theory of Action-at-a-distance in Relativistic Particle Dynamics.
New York: Gordon and Breach.
Kilmister, C.W. (1970)
Special Theory of Relativity. New York: Pergamon Press.
Kirillov, A.A. (1976)
Elements of the Theory of Representations. Berlin: Springer.
Klauder, J. (1972) (ed.)
Magic Without Magic: John Archibald Wheeler.
San Francisco: Freeman.
Kuhn, T.S. (1973)
Die Struktur wissenschaftlicher Revolutionen. Frankfurt: Suhrkamp.
Landau, L.D., Lifschitz, E.M. (1969)
Statistische Physik. Berlin: Akademie-Verlag.
Landau, L.D., Lifschitz, E.M. (1971)
Klassische Feldtheorie. Berlin: Akademie-Verlag.
Landau, L.D., Lifschitz, E.M. (1971)
Quantentheorie. Berlin: Akademie Verlag.
Larmor, J.J. (1900)
Aether and Matter. Cambridge: University Press.
Leinfellner, W. (1965)
Einführung in die Erkenntnis- und Wissenschaftstheorie.
Mannheim: Bibliographisches Institut A.G.
Loebl, E.M. (1968) (ed.)
Group Theory and Its Applications. New York: Academic Press.
Lorentz, H.A. (1909)
The Theory of Electrons. Leipzig: Teubner.
Lorentz, H.A., Einstein, A., Minkowski, H. (1958)
Das Relativitätsprinzip. Stuttgart: Teubner.
Mackey, G. (1968)
Induced Representations and Quantum Mechanics.
New York: Benjamin.
Marder, L. (1971)
Time and the Space Traveler. London: Allen & Unwin.
Deutsch bei Vieweg (1979).

Mittelstaedt, P. (1989)
Der Zeitbegriff in der Physik.
Mannheim: Bibliographisches Institut A.G.
Moszkowski, A. (1922)
Einstein – Einblicke in seine Gedankenwelt. Berlin: F. Fontane.
Nachtmann, O. (1986)
Elementarteeilchenphysik. Phänomene und Konzepte.
Braunschweig: Vieweg.
Neumark, M.A. (1959)
Normierte Algebren. Berlin: VEB Deutscher Verlag der Wissenschaften.
Neumark, M.A. (1963)
Unitäre Darstellungen der Lorentzgruppe.
Berlin: VEB Deutscher Verlag der Wissenschaften.
Penrose, R., Rindler, W. (1984), (1986)
Spinors and Space-Time.
Vol. 1: Two-Spinor Calculus and Relativistic Fields.
Vol. 2: Spinor & Twistor Methods in Space Time Geometry.
Cambridge: University Press.
Petrow, A.S. (1964)
Einstein-Räume. Berlin: Akademie-Verlag.
Pickert, G. (1961)
Analytische Geometrie. Leipzig: Geest & Portig.
Pietschmann, H.V.R. (1983)
Formulae and Results in Weak Interactions and Derivations.
Wien, New York: Springer.
Pontrjagin, L.S. (1957/58)
Topologische Gruppen. Leipzig: Teubner.
Popper, K. (1971)
Logik der Forschung. Tübingen: J. Mohr Verlag.
Post, E.J. (1962)
Formal Structure of Electromagnetics. General Covariance and Electromagnetics. Amsterdam: North Holland.
Riesz, F., Nagy, B.-Sz. (1956)
Vorlesungen über Funktionalanalysis.
Berlin: VEB Deutscher Verlag der Wissenschaften.
Rindler, W. (1977)
Special Relativity. Edinburgh und London: Oliver and Boyd.
Eine kurze Einführung mit vielen hervorragenden Beispielen.
Rindler, W. (1969)
Essential Relativity – Special, General and Cosmological.
New York: Springer. Neuauflage 1987.
Robertson, H.P., Noonan, Th.W. (1968)
Relativity and Cosmology. Philadelphia: W.B. Saunders.

Rohrlich, F. (1965)
Classical Charged Particles. Reading (Mass.): Addison-Wesley.
Rollnik, H. (1971)
Teilchenphysik (2 Bde). Mannheim: Bibliographisches Institut A.G.
Roman, P. (1960)
Theory of Elementary Particles. Amsterdam: North Holland.
Roman, P. (1969)
Introduction to Quantum Field Theory. New York: Wiley.
Sachs, R.K. (1971)
General Relativity and Cosmology. New York, London: Academic Press.
Samelson, H. (1990)
Notes on Lie-Algebras. New York: Springer.
Schiff, L.I. (1968)
Quantum Mechanics. New York: McGraw-Hill.
Schmutzer, E. (1968)
Relativistische Physik. Leipzig: Teubner.
Schwartz, H.M. (1968)
Introduction to Special Relativity. New York: McGraw-Hill.
Schweber, S. (1961)
An Introduction to Relativistic Quantum Field Theory.
Evanston: Row & Peterson.
Sexl, R.U., Sexl, H. (1973)
Weiße Zwerge – Schwarze Löcher. Reinbek bei Hamburg: rororo vieweg.
Sexl, R.U., Urbantke, H.K. (1987)
Gravitation und Kosmologie.
Mannheim: Bibliographisches Institut A.G.
Shaw, R. (1982), (1983)
Linear Algebra & Group Representations.
Vol. I. Linear Algebra and Introduction to Group Representations.
Vol. II. Multilinear Algebra & Group Representations.
London: Academic Press.
Silberstein, L. (1914)
The Theory of Relativity. London: Mac Millan.
Simms, D.J. (1968)
Lie Groups and Quantum Mechanics.
Berlin-Heidelberg-New York: Springer.
(Lecture Notes im Mathematics 52)
Smirnow, W.I. (1955)
Lehrgang der höheren Mathematik, Bd. III_2.
Berlin: VEB Deutscher Verlag der Wissenschaften.
Spivak, M. (1965)
Calculus on Manifolds. New York: Benjamin.

Stewart, J. (1971)
Non Equilibrium Relativistic Kinetic Theory.
Berlin-Heidelberg-New York: Springer.
Streater, R., Wightman, A.S. (1969)
PCT - Die Prinzipien der Quantenfeldtheorie.
Mannheim: Bibliographisches Institut A.G.
Strubecker, K. (1969)
Differentialgeometrie I, II, III. Sammlung Göschen.
Stuart, E.B., Brainard, A.J. (1970)
A Critical Review of Thermodynamics. Baltimore: Mono Book Corp.
Talman, J.D., Wigner, E.P. (1968)
Special Functions: A Group Theoretic Approach. New York: Benjamin.
Terletskii, Y.P. (1968)
Paradoxes in The Theory of Relativity. New York: Plenum Press.
Thomson, J.J. (1904)
Elektrizität und Materie. Braunschweig: Vieweg.
Tits, J. (1983)
Liesche Gruppen und Algebren. Berlin: Springer.
Tolman, R.C. (1934)
Relativity, Thermodynamics, and Cosmology. Oxford: Clarendon Press.
Urban, P. (1964) (ed.)
Acta Physica Austriaca 1964, Suppl. I. Wien, New York: Springer.
Van der Waerden, B.L. (1966, 1967)
Algebra I, II. Berlin, Heidelberg, New York: Springer.
Weinberg, S. (1972)
Gravitation and Cosmology. New-York: Wiley.
Weitzenböck, R. (1923)
Invariantentheorie. Groningen: Noordhoff.
Wentzel, G. (1949)
Quantum Theory of Fields. New York: Interscience.
Deutsche Originalauflage (1943): Einführung in die Quantentheorie der Wellenfelder. Wien: Deuticke.
Weyl, H. (1923)
Mathematische Analyse des Raumproblems. Berlin: Springer.
Weyl, H. (1931)
Gruppentheorie und Quantenmechanik. Leipzig: Hirzel.
Englische Neuauflage 1955 (Dover).
Weyl, H. (1946)
The Classical Groups. Princeton: University Press.
Whittaker, E. (1960)
A History of the Theories of Aether and Electricity (2 Bde).
New York: Harper Torchbooks.

Wigner, E.P. (1959)
Group Theory and Its Applications to The Quantum Mechanics of Atomic Spectra. New York: Academic Press.
Unveränderter Nachdruck 1977 der deutschen Erstauflage 1931: Gruppentheorie und ihre Anwendungen auf die Quantenmechanik der Atomspektren. Braunschweig: Vieweg.

Yourgrau, W., Mandelstam, S. (1968)
Variational Principles in Dynamics and Quantum Theory. London: Pitman.

2. Ausgewählte andere und weiterführende Werke

Aharoni, J. (1965)
The Special Theory of Relativity. Oxford: Clarendon Press.

Barut, A.O. (1964)
Electrodynamics and Classical Theory of Fields and Particles. New York: McMillan.

Budinich, P., Trautman, A. (1988)
The Spinorial Chessboard. Berlin: Springer.

Corson, E.M. (1953)
Introduction to Tensors, Spinors, and Relativistic Wave Equations. London: Blackie & Sons.

Deser, S., Ford, W. (1965) (ed.)
Brandeis Summer Institute 1964. Englewood Cliffs (N.J.): Prentice-Hall.

DeWitt, C.M., DeWitt, B.S. (1964) (ed.)
Relativity, Groups, and Topology. New York: Gordon and Breach.

DeWitt, C.M., Omnès, R. (1960) (ed.)
Relations de dispersion et particules élémentaires. Paris: Hermann & Cie. (Artikel von A.S. Wightman).

DeWitt, B.S., Stora, R. (1984) (ed.)
Relativity, Groups, and Topology II. Amsterdam: North Holland. Dyson, F
Symmetry Groups. New York: Benjamin.

Hamermesh, M. (1962)
Group Theory and Its Application to Physical Problems. Reading (Mass.): Addison-Wesley. London: Pergamon Press.

Kahan, Th. (1965)
Theory of Groups in Classical and Quantum Physics. Edinburgh: Oliver & Boyd.

Lipkin, H.J. (1967)
Anwendung von Lieschen Gruppen in der Physik. Mannheim: Bibliographisches Institut A.G.

Ljubarski, G.J. (1962)
Darstellungen von Gruppen und ihre Anwendungen in der Physik.
Berlin: VEB Deutscher Verlag der Wissenschaften.
Møller, C. (1952)
The Theory of Relativity. Oxford: Clarendon Press.
Deutsche Übersetzung 1977: Relativitätstheorie.
Mannheim: Bibliographisches Institut A.G.
Pauli, W. (1958)
Theory of Relativity. New York: Pergamon Press.
Segal, I. (1963)
Mathematical Problems of Relativistic Physics.
Providence (Rh.I.): Am. Math. Soc.
Smirnow, W.I. (1954)
Lehrgang der höheren Mathematik, Bd. III_1.
Berlin: VEB Deutscher Verlag der Wissenschaften.
Synge, J.L. (1965)
Relativity: The Special Theory. Amsterdam: North Holland.

Namenverzeichnis

Sachverzeichnis[1]

[1]Siehe auch Inhaltsverzeichnis und Anhänge!

FSC
www.fsc.org
MIX
Papier aus verantwortungsvollen Quellen
Paper from responsible sources
FSC® C105338

If you have any concerns about our products,
you can contact us on
ProductSafety@springernature.com

In case Publisher is established outside the EU,
the EU authorized representative is:
Springer Nature Customer Service Center GmbH
Europaplatz 3, 69115 Heidelberg, Germany

Printed by Libri Plureos GmbH
in Hamburg, Germany